中國科技典籍選刊
第五輯
叢書主編：孫顯斌

中國科學院自然科學史研究所
李儼圖書館藏李星源鈔校本

中西數學圖說

【上】

[明]李篤培◇著　高峰◇整理

CNS
K
湖南科學技術出版社

國家古籍整理出版專項經費資助項目

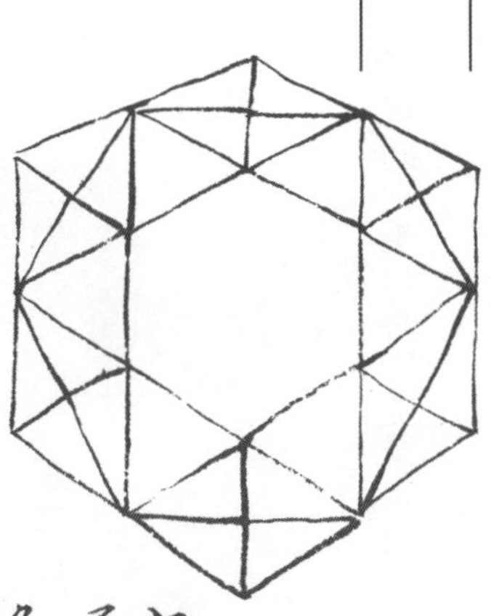

中國科技典籍選刊

中國科學院自然科學史研究所組織整理

《中國科技典籍選刊》總序

我國有浩繁的科學技術文獻，整理這些文獻是科技史研究不可或缺的基礎工作。竺可楨、李儼、錢寶琮、劉仙洲、錢臨照等我國科技史事業開拓者就是從解讀和整理科技文獻開始的。二十世紀五十年代，科技史研究在我國開始建制化，相關文獻整理工作有了突破性進展，涌現出许多作品，如胡道静的力作《夢溪筆談校證》。

改革開放以來，科技文獻的整理再次受到學術界和出版界的重視，這方面的出版物呈現系列化趨勢。巴蜀書社出版《中華文化要籍導讀叢書》（簡稱《導讀叢書》），如聞人軍的《考工記導讀》、傅維康的《黄帝内經導讀》、繆啓愉的《齊民要術導讀》、胡道静的《夢溪筆談導讀》及潘吉星的《天工開物導讀》。上海古籍出版社與科技史專家合作，爲一些科技文獻作注釋并譯成白話文，刊出《中國古代科技名著譯注叢書》（簡稱《譯注叢書》），包括程貞一和聞人軍的《周髀算經譯注》、聞人軍的《考工記譯注》、郭書春的《九章算術譯注》、繆啓愉的《東魯王氏農書譯注》、陸敬嚴和錢學英的《新儀象法要譯注》、潘吉星的《天工開物譯注》、李迪的《康熙幾暇格物編譯注》等。

二十世紀九十年代，中國科學院自然科學史研究所組織上百位專家選擇并整理中國古代主要科技文獻，編成共約四千萬字的《中國科學技術典籍通彙》（簡稱《通彙》）。它共影印五百四十一種書，分爲綜合、數學、天文、物理、化學、地學、生物、農學、醫學、技術、索引等共十一卷（五十册），分别由林文照、郭書春、薄樹人、戴念祖、郭正誼、唐錫仁、苟翠華、范楚玉、余瀛鰲、華覺明等科技史專家主編。編者爲每種古文獻都撰寫了『提要』，概述文獻的作者、主要内容與版本等方面。自一九九三年起，《通彙》由河南教育出版社（今大象出版社）陸續出版，受到國内外中國科技史研究者的歡迎。近些年來，國家立項支持《中華大典》數學典、天文典、理化典、生物典、農業典等類書性質的系列科技文獻整理工作。類書體例容易割裂原著的語境，這對史學研究來説多少有些遺憾。

總的來看，我國學者的工作以校勘、注釋、白話翻譯爲主，也研究文獻的作者、版本和科技内容。例如，潘吉星將《天工開物校注及研究》分爲上篇（研究）和下篇（校注），其中上篇包括時代背景，作者事迹，書的内容、刊行、版本、歷史地位和國際影響等方面。

《導讀叢書》、《譯注叢書》和《通彙》等爲讀者提供了便于利用的經典文獻校注本和研究成果，也爲科技史知識的傳播做出了重要貢獻。不過，可能由於整理目標與出版成本等方面的限制，這些整理成果不同程度地留下了文獻版本方面的缺憾。《導讀叢書》、《譯注叢書》和其他校注本基本上不提供保持原著全貌的高清影印本，并且録文時將繁體字改爲簡體字，改變版式，還存在截圖、拼圖、換圖中漢字等現象。《通彙》的編者們儘量選用文獻的善本，但《通彙》的影印質量尚需提高。

歐美學者在整理和研究科技文獻方面起步早於我國。他們整理的經典文獻爲科技史的各種專題與綜合研究奠定了堅實的基礎。有些科技文獻整理工作被列爲國家工程。例如，萊布尼茲（G. W. Leibniz）的手稿與論著的整理工作於一九〇七年在普魯士科學院與法國科學院聯合支持下展開，文獻内容包括數學、自然科學、技術、醫學、人文與社會科學，萊布尼茲所用語言有拉丁語、法語和其他語種。該項目因第一次世界大戰而失去法國科學院的支持，但在普魯士科學院支持下繼續實施。第二次世界大戰後，項目得到東德政府和西德政府的資助。迄今，這個跨世紀工程已經完成了五十五卷文獻的整理和出版，預計到二〇五五年全部結束。

二十世紀八十年代以來，國際合作促進了中文科技文獻的整理與研究。我國科技史專家與國外同行發揮各自的優勢，合作整理與研究《九章算術》、《黄帝内經素問》等文獻，并嘗試了新的方法。郭書春分别與法國科研中心林力娜（Karine Chemla）、美國紐約市立大學道本周（Joseph W. Dauben）和徐義保合作，先後校注成中法對照本《九章算術》（*Les Neuf Chapters*，二〇〇四）和中英對照本《九章算術》（*Nine Chapters on the Art of Mathematics*，二〇一四）。中科院自然科學史研究所與馬普學會科學史研究所的學者合作校注《遠西奇器圖説録最》，在提供高清影印本的同時，還刊出了相關研究專著《傳播與會通》。

按照傳統的説法，誰占有資料，誰就有學問，我國許多圖書館和檔案館都重『收藏』輕『服務』。在全球化與信息化的時代，國際科技史學者們越來越重視建設文獻平臺，整理、研究、出版與共享寶貴的科技文獻資源。德國馬普學會（Max Planck Gesellschaft）的科技史專家們提出『開放獲取』經典科技文獻整理計劃，以『文獻研究+原始文獻』的模式整理出版重要典籍。編者盡力選擇稀見的手稿和經典文獻的善本，向讀者提供展現原著面貌的複製本和帶有校注的印刷體轉録本，甚至還有與原著對應編排的英語譯文。同時，編者爲每種典籍撰寫導言或獨立的學術專著，包含原著的内容分析、作者生平、成書與境及參考文獻等。

任何文獻校注都有不足，甚至引起對某些内容解讀的争議。真正的史學研究者不會全盤輕信已有的校注本，而是要親自解讀原始文獻，希望看到完整的文獻原貌，并試圖發掘任何細節的學術價值。與國際同行的精品工作相比，我國的科技文獻整理與出版工作還可以精益求精，比如從所選版本截取局部圖文，甚至對所截取的内容加以『改善』，這種做法使文獻整理與研究的質量打了折扣。

實際上，科技文獻的整理和研究是一項難度較大的基礎工作，對整理者的學術功底要求較高。他們須在文字解讀方面下足够的功夫，并且準確地辨析文本的科學技術内涵，瞭解文獻形成的歷史與境。顯然，文獻整理與學術研究相互支撑，研究決定着整理的質量。隨着研究的深入，整理的質量自然不斷完善。整理跨文化的文獻，最好藉助國際合作的優勢。如果翻譯成英文，還須解決語言轉换的難題，找到合適的以英語爲母語的合作者。

在我國，科技文獻整理、研究與出版明顯滯後於其他歷史文獻，這與我國古代悠久燦爛的科技文明傳統不相稱。相對龐大的傳統科技遺産而言，已經系統整理的科技文獻不過是冰山一角。比如《通彙》中的絶大部分文獻尚無校勘與注釋的整理成果，以往的校注工作集中在幾十種文獻，并且没有配套影印高清晰的原著善本，有些整理工作存在重複或雷同的現象。近年來，國家新聞出版廣电總局加大支持古籍整理和出版的力度，鼓勵科技文獻的整理工作。學者和出版家應該通力合作，借鑒國際上的經驗，高質量地推進科技文獻的整理與出版工作。

鑒於學術研究與文化傳承的需要，中科院自然科學史研究所策劃整理中國古代的經典科技文獻，并與湖南科學技術出版社合作出版，向學界奉獻《中國科技典籍選刊》。非常榮幸這一工作得到圖書館界同仁的支持和肯定，他們的慷慨支持使我們倍受鼓舞。國家圖書館、上海圖書館、清華大學圖書館、北京大學圖書館、日本國立公文書館、早稻田大學圖書館、韓國首爾大學奎章閣圖書館等都對『選刊』工作給予了鼎力支持，尤其是國家圖書館陳紅彦主任、上海圖書館黄顯功主任、清華大學圖書館馮立昇先生和劉薔女士以及北京大學圖書館李雲主任還慨允擔任本叢書學術委員會委員。我們有理由相信有科技史、古典文獻與圖書館學界的通力合作，《中國科技典籍選刊》一定能結出碩果。這項工作以科技史學術研究爲基礎，選擇存世善本進行高清影印和録文，加以標點、校勘和注釋，排版採用圖像與録文、校釋文字對照的方式，便於閲讀與研究。另外，在書前撰寫學術性導言，供研究者和讀者參考。受我們學識與客觀條件所限，《中國科技典籍選刊》還有諸多缺憾，甚至存在謬誤，敬請方家不吝賜教。

我們相信，隨着學術研究和文獻出版工作的不斷進步，一定會有更多高水平的科技文獻整理成果問世。

張柏春　孫顯斌

於中關村中國科學院基礎園區

二〇一四年十一月二十八日

目録

導　言

一、著者介紹

李篤培（一五七五—一六三一）〔一〕，字汝植，别號仁宇，山東登州府招遠縣人。伯父李驥千，萬曆丁丑（一五七七）進士，官至鳳陽知府、潁州兵備使〔二〕。父李驥驤，邑庠生，敕封承德郎工部主事。母丁氏，封安人〔三〕。

李篤培少與從父弟李乃蘭（字汝佩，號明馨）「入山攻苦，幾于目不窺園」，萬曆三十七年（一六〇九），同中舉人，次年同登進士〔四〕，授河南開封府儒學教授，四十年（一六一二），任國子監助教〔五〕。四十二年（一六一四），陞工部營繕司主事〔六〕。四十四年（一六一六）十月至次年三月間，主持修繕行人司，費省工速，爲時人所稱〔七〕。又奉旨督工箭樓，逾年之限，三月而竣工，且省縻費二十萬計〔八〕，神宗温旨褒答，有「朕心甚悦」之諭。爲人方正嚴肅，不阿權貴，爲魏忠賢所忌恨。以父疾辭官歸養，朝夕問視者十餘

〔一〕李篤培生平，參李篤培次子李唐明所撰《永思録》（見李星源覆李儼信附「山東招遠縣李氏家乘節録」）、《順治招遠縣志》卷九「人物」及《萬曆庚戌科序齒録》，並見本書附録。

〔二〕清·張鳳羽《順治招遠縣志》卷八「科貢」、卷九「人物」，《中國地方志集成·山東府縣志輯》第四十七册影印順治十七年刻本。

〔三〕楊守勤《工部營繕清吏司主事李篤培并妻敕命》，《寧澹齋文集》卷十，《四庫禁燬書叢刊》集部第六十五册影明末刻本。

〔四〕《中華進士全傳·山東卷》（泰山出版社，二〇〇七）第二四一頁云：「李篤培……明萬曆三十七年（一六〇九）舉人，翌年考取第八名進士，民間稱其爲李八進士。」據《萬曆庚戌科序齒録》及《明清進士題名碑録索引》二五八九，李篤培會試十三名，廷試三甲一百四十名，非第八名。所謂李八進士，可能指李篤培在家族同輩中的排序。

〔五〕此據《萬曆庚戌科序齒録》，以下科貢職官履歷，俱詳此書。又《欽定國子監志》卷四八「官師志八·官師表」，李篤培於萬曆四十一年（一六一三）任國子監助教。

〔六〕營繕司，全稱營繕清吏司，明代工部四司之一，有郎中、員外郎、主事等官，分掌宮府器杖、城垣壇廟，經營興造之事。參《大明會典》卷一八一「工部」。

〔七〕楊守勤《重修行人司碑記》，《寧澹齋文集》卷五。參鄭誠《中西數學圖説提要》，見本書附録。

〔八〕參李星源覆李儼信附「山東招遠縣李氏家乘節録」、《順治招遠縣志》。又《明熹宗都察院實録》（中央研究院歷史語言研究所，一九六二年）卷一「天啟元年三月十二日」：「今之不足者，非財也。即有爲皇上節冒濫之費者，非當亟拔者耶？乃箭樓之役，李篤培監其事；桂王府之役，王惟光董其成；浦口之役，石應嵩、歐陽照任其勞。弊精竭思，寢食俱廢。大者省數萬，小者不下數千。」

年。父卒，潛入古萊九青山中，教書育才。崇禎四年（一六三一）十一月，卒於家。著有《學易叢書》《之野集》《看書三要》《醉吟艸》《雲屯別墅集》，未刻梓，屢遭兵燹，今皆散失。

李篤培精於算學，始著《方圓雜說》，一名《方圓圖說》。書凡二卷，「前卷列形說二、圖說八，後卷備載方圓容，凡例百四十余則。」[一]前卷見録於《中西數學圖說》午集卷七「少廣」前，有「方圓雜說序」一篇，正文條目十，包括「圓形說」「方形說」形說二，「圓無外」「圓無內」「圓無偏」「圓無斜」「圓不可分」「圓不可合」「圓無有餘無不足」「圓無不容無不入」圖說八，凡圖八十九。其文字部分又見鈔於《順治招遠縣志》卷九「人物」李篤培傳中。

除《方圓雜說》外，又著《筭衍初稿》[二]及《再稿》，後合之，名爲《中西數學圖說》[三]。

二、成書與流傳

《中西數學圖說》原書無序跋，未詳具體成書時間。其申集商功章第六篇「推步」諸問皆以崇禎元年（一六二八）至崇禎三年（一六三〇）設問，推測該書當成於李篤培晚年[四]。未及刊行，而李氏云亡，二子尚幼，又遭值戰亂。康熙二十三年（一六八四），李篤培次子李唐明撰《永思録》，追述先父遺事，云「奈家世寒素，不能授梓以公世」，呼吁「有賢士君子出，點校表章之，如昌黎得永

〔一〕劉掄升《方圓雜說序》，見《招遠李氏族譜》（二〇〇五年重修）第三四九七—三四九八頁。原書云「摘自清《山東通志》」，查《宣統山東通志》，並無此序。疑此序出自《方圓圖說》原書。據《招遠李氏族譜》，招遠文物管理所（今山東招遠市文物局）藏《方圓圖說》二卷（《招遠李氏族譜》第三三六四頁），《招遠李氏族譜》第十二冊末附有該書封面與正文書影各一幅，封面題「立中堂鈔」，正文爲卷上，與《中西數學圖說》午集所載「方圓襍說」內容相同。又據王紹增《山東文獻書目》載，山東省博物館藏有《方圓圖說》九卷，明抄底本，《招遠李氏族譜》（第三三六四頁）云此書原九卷，缺一至三卷，今存六卷。今未見此書，從篇幅來推測，應非《方圓雜說》，恐係《中西數學圖說》誤題。

〔二〕《宣統山東通志》卷一三七「藝文志第十・子部」誤著爲「算術初稿」。據《招遠李氏族譜》記載（第三三六四頁），山東招遠文物管理所藏有《筭衍初稿》十卷（又云九卷），《族譜》第十二冊末附《筭演初稿》三冊封面照片及其中兩冊正文書影。封面俱題「立中堂鈔」，各冊篇目分別爲「曆法 盤量 奇零 方田 粟布」、「少廣 商工」、「均輸 盈朒 方田 句股」。正文書影其一爲方田篇，其一爲方程篇，方田篇內容爲形積相求，不見於《中西數學圖說》，此內容恐怕正是《中西數學圖說》所佚失的部分，詳後文；方程章爲雞鴨鵝三色方程解法，見於《中西數學圖說》戌集方程章第三篇「正負方程」下，內容較後者簡略。

〔三〕見李唐明《永思録》。

〔四〕李儼《明代算學書志》「中西數學圖說提要」云：「篤培卒於崇禎四年，而書中有崇禎三年之語，則此書蓋其絕筆也。」（《圖書館學季刊》第一卷第四期，一九二六年十二月，第六七六—六七七頁）

叔而始傳」，而終未如願。書稿一直藏於家中，未能面世。

宣統元年（一九〇九），李篤培從兄李乃芝（李乃蘭長兄，招遠李氏第六世）十世孫李星源（字崑海，招遠李氏第十五世），整理謄録書稿，並請濰縣劉掄升撰序，準備刻行，因事未果。〔一〕

民國十一年（一九二二）七月六日至二十六日間，山東省教育廳招集，在山東省圖書館舉辦山東歷史博物展覽會，在山東全境徵訪文物參展。時任招遠高小教員的李星源，作爲該展覽會的招遠縣協贊員〔二〕，送來四件文物參展，其中即包括李星源本人纂輯的《夏小正證解》二冊及李篤培的《中西數學圖説》十二冊。〔三〕

展覽會對《中西數學圖説》的評述如下：

中西數學圖説十二冊　明招遠進士李篤培字仁［宇］甫著，抄本。明季西人利瑪竇來華，帶有西國算書，李氏閲之，悉以中法演出，所有一切方法，分類納之九章之中。其所用之法，並有中西所無者，推（彙）［類］以充其極，著之各章之中。世徒知有徐光啟輩，而先生反堙没不彰，豈非有幸有不幸歟！〔四〕

民國十四年（一九二五），正竭力搜羅中算典籍的李儼可能從《山東歷史博物展覽會報告書》中得知此書，先後寄信兩封給李星源購求此書，並徵訪李篤培事跡。次年春，李星源在山東龍口覆函，抄録《招遠縣志》中李篤培傳記及《李氏族譜》中李篤培事跡三則，附於信

〔一〕劉掄升《方圓雜説序》云：「今其後人方擬爲之并刻以傳」，指《方圓雜説》與《筭衍初稿》。據前文所述，《方圓雜説》卷一收録於《中西數學圖説》中，而《筭衍初稿》即《中西數學圖説》之雛形。劉掄升序言中所云「並刻以傳」者，應即《中西數學圖説》。今傳鈔本《中西數學圖説》卷首云：「徵序 濰邑劉子秀序文，俟刊板時首列之。」劉子秀即劉掄升。又卷一署名云：「招遠李篤培仁宇甫著，裔孫星源校」。正文約有四種抄寫字體，其中抄録最多者，與李儼所藏李星源信函字體完全一致，知此鈔本主要出自李星源之手，李星源還做過統校工作，對全書多有補充和句畫。綜上可推測，宣統元年，李星源組織人員抄録《中西數學圖説》，併統校全書，繪製圖表，請劉掄升作序，準備刊行，而終未能刻梓。我們在寅集末尾發現一張襯葉，是一份朱色印刷的學生履歷一覽表，包括姓名、年歲、籍貫、入校年月、所習學科、前在何校畢業或修業幾年、備考諸項内容，其格式與民國二年十月二十三日教育部公布的高等小學學生一覽表第一號格式相仿（見《教育法規彙編》，教育部總務廳文書科編，一九一九年，惟「所習學科」作「所學門類」）。該紙與正文紙張不同，不能據之斷定抄録時限，然可推測該書裝訂大概完成於李星源任招遠高等小學教員期間。

〔二〕《山東歷史博物展覽會報告書》第一編，民國十一年（一九二二）十二月印行，第三二頁。

〔三〕《山東歷史博物展覽會報告書》第二編，第一二六頁。招遠縣四件展品於七月十一日方送至展會，根據展覽會每周一閉展更新的規定，招遠四件展品當於下個周一即十七日上展。展覽會閉幕後，於九月十四日返還。參《山東歷史博物展覽會報告書》第一編，第五八、七〇頁。

〔四〕《山東歷史博物展覽會報告書》第二編，第五六頁。「世徒」及以下文字，附於《中西數學圖説》書前的展覽會書籤作「可爲習算學者參考之品」。

函之後，與《中西數學圖說》一併寄與李儼。〔一〕

李儼在民國十五年六月發表的《李儼所藏中國算學書目録續編》〔二〕中，首次提及《中西數學圖說》：

《中西數學圖說》十卷，明李篤培撰，傳鈔本，十二冊。

此書曾陳列於山東歷史博物展覽會，書爲招遠縣前明進士李篤培所著，凡十卷，一方田，二方田，三粟米，四衰分，五少廣，六商功，七均輸，八盈朒，九方程，十句股。蓋以利瑪竇傳來西算書，以中法演出，分類納入九章。書約成於崇禎四年云。

在同年十二月發表的《明代算學書志》中，李儼再次提到《中西數學圖說》，其提要中引用李氏家乘與《招遠縣志》，均引自李星源信函。

李儼去世後，將所藏中算典籍贈予中國科學院自然科學史研究所圖書館，保存至今。

三、編排體例與知識來源

中國科學院自然科學史研究所圖書館藏鈔本《中西數學圖說》，訂爲十二冊，依十二地支標序。其中，子、丑、寅、午、未冊目録分別標註卷之一、卷之二、卷之三、卷之七、卷之八，其餘七冊未標卷次。通過卷序與冊序的對應關係可知，一冊即一卷，十二冊即十二卷〔三〕。

〔一〕李星源覆李儼信函有兩通，第一函附《中西數學圖說》與李篤培事跡，原函已佚；第二函見附録所載，未署年份。按：自一九二〇年起，李儼陸續將所藏中算書目發佈於《科學》雜誌中，隨藏隨發，以此在全國範圍内征購中算典籍。《中西數學圖說》首次見於李儼在《科學》第十一卷第六期（一九二六年六月）發表的所藏書目中，而在《科學》第十卷第四期（一九二五年七月）公佈的書目尚未見此書，可見李儼在一九二五年七月至一九二六年六月間入藏此書。則至遲在一九二六年六月前，李儼已收到李星源的第一封信函與李篤培書。李星源信函云：「弟自夏正中到海，接讀閣下自鄭州頒發瑤章，兼惠銀壁拾元，當即鄙家乘中關於鄙先人仁宇公者，立鈔三則，與書一並掛號郵遞鄭州局中，刻應獲邀洞鑒。嗣由敝舍轉到閣下客臘函件，内開各節，除鄙先人之生卒年月等均已函貯呈奉左右。」夏正即農曆正月，正月中約爲一九二六年二月末三月初，海指山東龍口。由此可知，一九二六年二月末三月初，李星源離家至山東龍口，收到李儼信函，内有銀幣十元，當是購書之資，立即抄録李篤培傳記三則，與《中西數學圖說》一併寄給李儼。稍後，又收到招遠老家轉來的去年臘月（若以公曆計算，約一九二六年一月）李儼寄給李星源的第一封信，信中李儼詢問李篤培生平等事。又李儼所藏信函中有一封山東省立圖書館的回信，時間在一九二六年三月九日，從回信内容可知，李儼向山東圖書館征詢李篤培事跡。從山東省圖書館收信時間爲三月八日推測，李儼寄信時間當在三月初，此時他還未收到李星源信件，因李星源第一封信中已附《招遠縣志》所載李篤培傳，若已收到，李儼斷不會再向魯圖徵訪。亦可佐證李儼收到第一封信及李篤培著作的時間，在一九二六年三月或以後。

〔二〕《科學》第十一卷第六期。一九二六年六月發行的《科學》第十一卷第六期公佈的算書序號爲二一六—二五三，《中西數學圖說》爲二四八號。

〔三〕李儼《明代算學書志》作「十卷」，按九章門類分卷，其中「方田」分爲兩卷，子集「方田・形求相求補」爲卷一、丑集「方田・畝法」爲卷二，餘各一卷，共計十卷，後世多因之，實與原書不符。

卷册	九章名目	篇目	凡	問	圖
子集（卷一）	方田	形積相求補	二六	二八	一二三
		畝法	四	一〇	九
丑集（卷二）		量田式			四〇
		奇零	一七	四〇	四九
		句股密率			
寅集（卷三）	粟布	第一篇單準	一一	一七	
		第二篇紊準	七	二七	一〇二
		第三篇變準	四	七	一七
		第四篇重準	九	三〇	一〇五
卯集（卷四）		第五篇成色法	四	八	
		第六篇斤兩法	七	一二	四
		第七篇年月法	二	七	二
		第八篇盤量法	四	一四	二六
辰集（卷五）	衰分	第一篇合率衰分	二	二三	二
		第二篇等級衰分	七	三七	三〇
		第三篇照本衰分	三	一三	三
		第四篇貴賤衰分	三	一二	
巳集（卷六）		第五篇子母衰分	二	一三	
		第六篇匿價衰分	二	九	
		第七篇雜和衰分	一五	四五	二七
		第八篇借徵法	五	一三	一
午集（卷七）	少廣	方圓雜説			八九
		第一篇平方	二	一〇	一二
		第二篇縱方	四	一二	二八
		第三篇立方	一	六	九
		第四篇立方帶縱	一	四	一四
		第五篇諸乘方	三	一二	二二
未集（卷八）		第六篇圓法	二	二	二
		第七篇角法	三	四	四
		第八篇雜角	五	五	五
		第九篇束法	六	八	一六
		第十篇堆法	七	九	一一
		第十一篇帶縱諸變	一一	一五	四四
		第十二篇闕疑			
申集（卷九）	商功	第一篇修築	二	六	
		第二篇高廣變法	三	八	四
		第三篇開濬	三	三	
		第四篇課工	八	二三	七
		第五篇料計	三	一〇	
		第六篇推步	六	八	
		第七篇曆法論			
		第八篇聲律	五	五	二
	盈朒	第一篇定賦役	四	一五	
		第二篇計僦裡	一	六	
		第三篇均法	六	一七	二
酉集（卷十）		第四篇加法	一三	三三	二四
	均輸	第一篇盈不足	四	七	五
		第二篇兩盈兩不足	一	二	二
		第三篇盈足朒足	一	二	二
		第四篇開方盈朒	二	四	二
		第五篇子母盈朒	四	九	一二
		第六篇借徵盈朒	一	一九	二四
戌集（卷十一）	方程	第一篇二種方程	一	七	八
		第二篇多種方程	一	三	二五
		第三篇正負方程	一	三	一八
		第四篇子母方程	一	二	五
		第五篇較方程	二	三	八
		第六篇等方程	一	六	一一
	句股	句股相求	一	三	二〇
		句股較和	一六	一六	三六
亥集（卷十二）		和較諸法補	九〇		五七
		句股容	八	一三	一九
		句股測	一六	九	四〇
合计			三七六	六八八	一一四六

全書按照九章分類，除方田、句股兩章未標目外，其餘皆依九章標目。每章分爲若干篇，其中，方田章五篇，粟布八篇，衰分八篇，少廣十二篇，商功八篇，均輸四篇，盈朒六篇，方程六篇，句股五篇。各篇内容大致按「凡—問—答—法—解—圖（含表格）」體例編排，首先給出同類問題的通行解法，即「凡」，相當於傳統算書中的術文。然後設問作答，再通過「法」文，依據術文對設問進行演草運算，復通過「解」文對術文和設問予以闡釋，最後以圖表形式對術文進行證明，直觀而明晰。各篇統計情況如前表所示。

本書各章内容及相關知識來源如下。

方田章

方田章包括子、丑兩集，即卷一與卷二。原書未標篇次，根據具體内容，大概可分作五篇。即卷一「形積相求補」，卷二「畝法」「量田式」「奇零」「句股密率」四篇。

「形積相求補」篇討論正三角、五角、六角、七角、九角、十角、十二角諸形徑、積互求問題。除三角、六角外，其餘各正角形均不見於前代算書。本篇名爲「形積相求補」，按照常理而論，先有「形積相求」，才能有「補」，正如本書句股章先有「句股較和」篇，繼而爲「句股和較補」。傳統算書中的方田章主要問題是求正方形、長方形、圓形等各類田畝的面積，而本書方田章各篇並無此類問題。考慮到本書將傳統算書九章的内容悉數收録在内，斷不會遺漏如此重要内容。又「形積相求補・七角」第三術「七角諸徑自求」解中與「句股密率」之「太乙書」中皆提到「定率篇」，前條云：「若周無確法，定率篇已詳之矣」，後條云：「徽密二術，即定率篇徑一圍三論中所稱也」，可知原書本有「定率篇」，内有圓率内容。而在傳統九章中，圓率的内容即出現於方田章求解各類田畝面積中。又「形積相求補」篇開篇「三角」第一術「三角以面求積」解文云：「面自乘即角外圓積也，故與圓求三角同率」；「九角」第一術「圓徑求九角諸徑」解文云：「前篇圓容三角之率」，説明前篇有圓容三角的内容，而此内容在傳統算書中，亦可歸於田畝各類面積求法之中。二〇〇五年修訂的《招遠李氏族譜》第十二册末附有《算演初稿》書影若干幅，其中一幅屬方田章，小節題作「積求形」，下有圓積求徑問題；小節標題之前有句股求積、長田求積問題，應爲「形求積」，可知此部分内容即形積相求。綜上所述，在「形積相求補」篇之前應當還有一篇，名爲「定率」（或形積相求），與傳統算書方田章求各類田畝面積内容相當，涉及圓率、圓容三角、梯形求積、弧矢求積等問題，其中包括田畝計算中各種給定的比率，是「形積相求補」篇各類問題的準備知識，構成後者求各正角形徑積比率及各形面積的基礎。定率篇因何不存，不得而知。不過作爲一書的首篇，在保存和流傳過程中損毀佚失，也是情理之中的事情。

「畝法」篇討論田地步數、畝數互求，及田畝征税問題。其中，田地步畝互求是傳統算書的基本科目；田畝征税不見於《九章詳註比類算法大全》《算法統宗》等書，涉及乘除、比例運算。本篇後附「畝法立成」九圖，爲步數化畝速查表，係本書所創。

「量田式」篇羅舉各種形狀田地，並利用出入相補原理給出每種形狀田地的求積方法，相似内容見《算法統宗》卷三方田章，而大部分田形不見於彼書。其中磬、冑、斧田等形，分別與《九章詳註比類算法大全》磬田、欖核田半段、錠田半段形狀相似。

「奇零」篇討論分數運算，内容主要出自《同文算指》。本篇篇首云：「余見西國之書，其剖析奇零，特爲玄暢，撮其約略著於篇，其用固不止方田而已也。」細查各法，其分數約分、通分及加減乘除諸法，出自《同文算指前編》卷下。「開方零求徑零」法，係在求得整數方根的基礎上，繼續開方，求出帶零數方根，法出《同文算指通編》卷六「開平奇零法」。而奇零命法，即開方命分法，出自傳統九章少廣章，是開方術的重要内容。「縱橫兩零同母求積」及「縱橫兩零異母求積」「橫縱一有零一無零求積」「圓角諸形徑零求積」四法，出自《算法統宗》卷三方田章「帶分母用約分」，實則爲奇零乘法。本篇結構與它篇不同，先列術、問、法、解，而圖説則集中置於篇末。

「句股密率」篇討論各家圓率，包括古率、徽率、祖沖之密率、邢雲路真率，出自邢雲路《古今律曆考》卷三十五「律吕・句股密率」。後附太乙書内容，出邢雲路《太乙書》，邢書今不存。

粟布章

粟布章分爲八篇，包括寅、卯兩集，即卷三與卷四。本章章首云：「舊法所列粟布之屬，以事類分之……名目雖別，法則雜出。愚者徒滋其棼，智者殊覺其複。近見西國筭書，有準測之法，又有變準，有重準。因法立名，層疊深入。今依其法，又演爲單準、纍準，並變準、重準而四。其諸事類，隨法附見。蓋以法爲經，以事爲緯，觸手燦然，極有綱領。」前四篇討論三率比例，出自《同文算指通編》卷一。《同文算指通編》原有「三率準測」「變測」「重準」三目，本書將「三率準測」中以一物求多物歸入「單準」，將以多物求多物歸入「纍準」，分作「單準」「纍準」「變準」「重準」四篇。又將《算法統宗》粟布章各類算題，按三率算法納入各篇之中，如官糧帶耗問題，納入「單準」中；就物抽分問題，納入「重準」中；熔煉銅鐵礦問題，納入「纍準」中。

第五篇「成色法」，爲金銀成色換算法；第六篇「斤兩法」，爲斤兩換算法；第八篇「盤量法」，爲倉窖容積及平地堆、倚壁堆等米堆體積求法，皆爲傳統算書中的常見科目，均出《算法統宗》粟布章。其中，「盤量法」中收録「積求形還原」算題，以倉窖積求倉窖長寬高，即倉窖求積的逆運算。此類問題涉及開方，見於《算法統宗》卷六少廣章「米求倉窖」。第七篇「年月法」，求年月日時換算，不見於之前算書。其「元會運世」内容，出自邵雍《皇極經世書》卷一。

衰分章

衰分章分爲八篇，包括辰、巳兩集，即卷五與卷六。前七篇分別爲「合率」「等級」「照本」「貴賤」「子母」「匿價」「雜和」，與傳統算書中的衰分章内容相當。本章章首云：「合不齊之率，以取諸總，謂之合率分。合率者，實衰分之通局也。合率之中，先定其等，以次爲差，謂之等級分。視其所出以爲入，謂之照本分。物之分價與人之分物同法，反覆求之，謂之貴賤分。此三者，衰分之正法也。分之較總，與諸分自相較，得其幾何，謂之子母分。顯其差而隱其法，以加減而定之，謂之匿價分。顯其總而混其數，以揣摩而得之，謂之襍和分。此三者，所謂錯綜以盡其變者也。」

合率衰分，即已知總數與各衰，求各衰之數。《算法統宗》衰分章有「合率差分」，名稱與「合率衰分」相似，但本書「合率衰分」的範圍比《算法統宗》狹小。本篇卿大夫授祿、農夫授田等算題，不見於前代算書，係據《孟子》編制。

等級衰分，即各衰按照一定等級進行分配的衰分問題。包括一九、二八、三七、四六衰分，折半、互和減半衰分，挨次衰分，奇數偏分、偶數平分等，與《算法統宗》卷五衰分章「四六差分」「二八差分」「三七差分」「折半差分」「遞減挨次差分」「互和減半差分」內容相當。

照本衰分，即本利衰分問題，在《算法統宗》中屬「合率差分」。《同文算指通編》卷二「合數差分上」有若干本利算題，亦被收入此篇之中。

貴賤衰分，《算法統宗》衰分章有「貴賤差分」，其基本形式爲：共價買共物若干，已知貴物與賤物單價，求貴物數與賤物數。本書將此類問題歸入第七篇「雜和衰分」中，而此處貴賤衰分所收算題一般形式爲：已知共價若干，貴物與賤物單價，以及貴物與賤物的比例關係，求貴物數與賤物數。這類問題在《算法統宗》中亦屬「合率差分」。

子母衰分，即已知總數及各數與總數比例，或各數間比例關係的衰分問題。此篇算題包括《算法統宗》衰分章「互和減半差分」所附「十分之六」「十分之七」「十分之八」衰分類算題，及《同文算指通編》卷三「合率衰分下」中若干類似算題。

匿價衰分，其一般形式爲：已知總銀、貴物數、賤物數，以及貴賤單價之差，求貴賤單價各若干，與《算法統宗》衰分章「匿價差分」內容相當。

雜和衰分，根據算題性質，分爲「相攙之和」「相併之和」「相搭之和」「流行之和」與「顛倒之和」五類，內容繁雜，《算法統宗》衰分章「貴賤差分」「仙人換影」（又曰貴賤相和）、《同文算指通編》卷三「和較三率」部分算題被收入此篇之中。

第八篇爲「借徵法」，出《同文算指通編》卷三「借衰互徵法」。《同文算指通編》云：「數有隱伏，非衰分可得者，則別借虛數，以類徵之。」即設立一數作爲虛數，來徵求實數。本書將借徵法分爲三類，即子母借徵、遞加借徵、匿數借徵，稱借徵法爲「鼓舞以盡其神者」，衰分至借徵法，「於是衰分無餘蘊矣。」〔一〕

少廣章

少廣章包括午、未兩集，即卷七與卷八。少廣章前有「方圓雜説」，録自李篤培《方圓雜説》卷上，除序文外，包括形説二：圓形説、方形説「圖説八：圓無外、圓無內、圓無偏、圓無斜、圓不可分、圓不可合、圓無有餘無不足、圓無不容無不入，論述方圓之理。其論述五角、六角、七角、九角、十角，與卷一「形積相求補」內容相通。

少廣章分爲十二篇，第一篇「平方」、第二篇「縱方」、第三篇「立方」、第四篇「立方帶縱」，皆傳統算書中的重要科目。平方篇中開

〔一〕本書辰集衰分章首。

四位、五位兩題，出自《同文算指通編》卷六「開平方法」。其開方不盡欲開盡之法，實爲開微數法，原出《九章算術》少廣章「開方術」劉徽注，不見於《算法統宗》與《同文算指》。《同文算指通編》卷六有「開平奇零法」，亦爲無盡開方法，與開微數法不同，而與本書方田章「奇零」篇之「開方零求徑零」法相同。篇末有「算盤定位」，知本書開方係珠算開方法，同《算法統宗》，與《同文算指》筆算開方隔位作點定商法不同。縱方篇分爲四類，即積與較求長、積與較求闊、積與和求長、積與和求闊，每類又各以數法求之，出自《同文算指通編》卷七「積較和相求開平方諸法」。《同文算指》之法，原出《神道大編曆宗算會》卷四「開方」〔一〕。立方帶縱篇諸算題，出自《算法統宗》少廣章「開立方帶縱法」。

立方帶縱篇後附有「方廉隅相生相併圖」「諸乘方尋源定率」及「諸乘方求方廉隅通用法」。其「方廉隅相生相併圖」，即賈憲「開方作法本源圖」，今稱「賈憲三角」，始見楊輝《詳解九章算術》，僅至五乘方。元朱世傑《四元玉鑑》卷首列「古法七乘方圖」，演至七乘方。《算法統宗》作「開方求廉率作法本源圖」，亦至五乘方，而「有圖無説」。李篤培據《同文算指通編》卷八「廣諸乘方法」中的通率表，「參對旬日，乃始豁然」，悟其造表方法，演至十一乘方。「諸乘方尋源定率」出《同文算指通編》，本書據之作「諸乘方求方廉隅通用法」圖。篇末有「定位法」，指出傳統珠算十二字定位口訣「乘從每下得術，歸從法前得令」頗爲煩碎。采用懸空定位法，與《算學寶鑑》卷二「懸空定數」法相同，與現在的公式定位法基本一致〔二〕。以上所附各篇，是解決諸乘方問題的準備知識，應當入「諸乘方」篇。

第五篇「諸乘方」，内容來自《同文算指通編》卷八「廣諸乘方法」。《同文算指》列至七乘方，本書止列五乘方。篇末引録西書云云，亦出「廣諸乘方法」。

第六篇「圓法」，由圓積開平方求圓徑，立圓積開立方求立圓徑，各設一題，與《算法統宗》少廣章「平圓法」「立圓法」内容相當，而設問所用數據不同。

第七篇「角法」，分別由平三角積、立三角積求三角面、徑，舊無對應内容，而皆不出開平方、開立方範圍。

第八篇「雜角」，由五角至九角積分別求各角面，與卷一「形積相求補」可互參。

第九篇「束法」，涉及方束、圓束、三角束周積互求問題，出自《算法統宗》少廣章。

第十篇「堆法」，包括四角、三角、靠壁、長尖堆及上述四類半堆，與《算法統宗》商功章「堆垛」「半堆」内容相當。

十一篇「帶縱諸變」，出《同文算指通編》卷七「積較和相求開平方」中「帶縱負隅減縱開平方」、「帶縱負隅減縱翻法開平方」所附虛長闊積和求長求闊及卷八「帶縱諸變開平方」；原出《神道大編曆宗算會》。其中「積零求徑」「徑零求積」兩法，見《算法統宗》少廣章「開平方通分法」。

〔一〕潘亦寧《李篤培〈中西數學圖説〉中的方程解法問題》，《内蒙古師範大學學報（自然科學漢文版）》第三八卷第五期，二〇〇九年九月，第五二六—五三一頁。

十二篇「闕疑」，包括「立圓容立方」「立圓容立角」「立角容立圓」「立圓外餘方」「立方外餘圓」「立圓半形」「立圓與八角相容」「縱圓」「縱立圓」「雜圓形」「雜方形」「方圓並形」「八角形」「諸角形」「諸角錐」「雜形」等十六目，諸形存疑者入此，皆爲立形，不見於之前算書。

商功章

本章以事類分爲八篇，一曰修築，二曰高廣變法，三曰開濬，四曰課工，五曰料計，六曰推步，七曰曆法論，八曰聲律。修築篇包括台錐、長堤求積等法；高廣變法篇包括築墻高廣互變、台錐互改等法；開濬篇包括河渠求積、穿地求土、挑土計方等法；課工篇包括工程用工及行程類算題；料計篇收録木料換算、砌溝用磚、量木梱等與工料有關算題。以上五篇，修築、開濬、課工、料計四者，本書稱作「商功之正法」，而高廣變法從屬修築。皆出自《算法統宗》商功章。課工篇算題，亦有引自《同文算指通編》卷一「三率準測」「重測」諸篇者。

推步篇據《授時曆》推求冬至、立春、次氣、經朔、閏月；曆法論闡釋宋蔡沈《書集傳》卷一《堯典》中有關曆法的相關論述；聲律篇包括求黄鍾之實、黄鍾之律、求變律、求正聲、求變聲諸法，内容出自邢雲路《古今律曆考》卷二十九至卷三十。以上三篇，推步、聲律二者，本書稱作「廣商功」，而曆法論從屬推步，三者皆不在傳統九章商功之内。

均輸章

本章凡四篇，分别爲「定賦役」「計僦里」「均法」「加法」。「定賦役」篇收録賦税、差役攤派問題；「計僦里」篇收録腳價類算題，此二者，本書稱作「均輸之正法」，主要出自《算法統宗》均輸章。「均法」篇匯録求平均數的算題，與衰分章算題多有重合。「加法」篇分爲「順加」「超加」「倍加」「層加」四類，順加爲公差 d=1 的等差數列；超加爲公差 d≥2 的等差數列；倍加爲等比數列；層加爲二階等差數列。其中，「順加」「超加」「倍加」出自《同文算指通編》卷五「遞加法」與「倍加法」。「層加」係本書新增。本書稱：有均法，則天下無錯雜矣；有加法，則天下無繁賾矣。此二者，皆推其所以然之故。然亦隨事可通，故不專爲均輸而設也。」〔一〕

盈朒章

本章分爲六篇，第一篇「盈不足」、第二篇「兩盈兩不足」、第三篇「盈足朒足」，此三者本書稱作「盈朒之正法」，爲盈不足基本問題，出《算法統宗》盈朒章。第四篇「開方盈朒」，任設兩數，用盈朒求開方，屬於借徵盈朒範疇，因開方較其他問題特殊，故單列一篇。第五篇「子母盈朒」，即分數盈朒。此二者，本書稱作「盈朒之變法」，前篇不見於他書，後篇即《算法統宗》盈朒章「取錢買物」問題。第六篇「借徵盈朒」，即任設兩數，用盈朒法解決非盈朒類問題，出自《同文算指通編》卷四「疊借互徵」。本書稱借徵與疊借互徵二法云「余嘗謂借徵，筭之賢也，因此識彼，觸類而旁通「疊借互徵，筭之聖也，信手拈來，頭頭是道。殆所謂執其兩端，從心而不踰者乎？」〔二〕推

〔一〕本書申集均輸章首。
〔二〕本書酉集盈朒章首。

崇備至。

方程章

本章出自《算法統宗》方程章。《算法統宗》按未知數個數，將方程類算題分爲二色方程、三色方程、四色方程等。本書則分爲六篇，分别爲「二種方程」「多種方程」「正負方程」「子母方程」「較方程」「等方程」。前兩種按未知數個數分，二色爲「二種方程」，三色以上爲「多種方程」。三色以上方程，各等式中有缺項者，以有者爲正，無者爲負，稱作「正負方程」。各項係數含分數者爲「子母方程」。二物或多物相較，爲「較方程」。物不同而所得相同者，即各式等號右側相同，稱作「等方程」。本書又將方程問題歸結爲四法：一曰約繁爲簡，一曰化異爲同，一曰虚實更换，一曰首尾迴環。

《同文算指通編》將傳統九章中的方程類算題，收入卷三之中，名爲「和較三率法」，對本書方程問題的重新分類當有一定啟發。

句股章

本章分爲五篇，第一篇「句股相求」，包括句股弦互求、句股名義等内容。此篇中引録《周髀算經》本文有關句股論以及趙爽「句股圓方圖注」内容，並予以闡釋，該内容構成本書證明後文句股和較恒等式的依據。其句股名義十三事，出自《算法統宗》句股章。本書在十三事之外，又補充「句和較」「句較和」「句較較」「股和較」「股較較」「股較和」六事，不見於前代算書。篇末所引句股論的文字，出自《同文算指通編》卷六「測量三率法·附句股畧」，本書云「此論出西書」，實則原出顧應祥《句股算術》卷首「句股論説」，周述學《神道大編曆宗算會》收入卷三句股章之中。

第二篇「句股較和」，收録十六條句股和較相求問題，出自《同文算指通編》卷六「測量三率法·附句股畧」第八至第十五條，原出徐光啟《句股義》。《句股義》原有八條和較問題，《同文算指通編》删節收入「附句股畧」中，又本顧應祥《句股算術》，補充八條，比附在與原和較問題解法相同的條目下。《句股義》與《同文算指通編》仿照《幾何原本》的證明形式，在原有句股弦各邊上截取線段，構造幾何圖形，然後展開邏輯推理，通過論證兩個圖形等積，完成了對傳統算書中句股和較恒等式的證明。而本書則捨棄了二者繁複的構圖方法和證明形式，主要依據趙爽「句股圓方圖注」的有關文字，利用傳統中算的出入相補方法，給出各個恒等式的幾何證明，這在自魏晉劉徽與趙爽之後，屬於首次。

第三篇「句股和較補」，是對前篇句股和較内容的補充和完善。在「句股較和」諸問基礎之上，本篇對所有句股和較情形進行了系統總結，除前篇所証明八种外，本篇又利用出入相補原理，給出十四種和較情形的幾何證明。首次完成了句股和較問題的系統梳理和幾何證明，與清代梅文鼎《句股舉隅》以及《御製數理精蘊》、李鋭《句股算術細草》中的工作有諸多重合和相似之處。

第四篇「句股容」，包括句股容方、句股容圓、句股容句股三事，前兩者爲舊法，第三事係本書新增。句股容方與容圓爲傳統算書中的常見內容，《算法統宗》句股章有句股容方容圓歌訣，並有相關問題與圖例，而本書所收句股容方容圓主要出自《同文算指通編》卷六「測量三率法・附句股畧」，原出徐光啟《句股義》。

第五篇「句股測」，其目有表測、矩測、鏡測、尺測、平地測遠、知方之術與旋表之法。表測法出傳統算書，矩測、鏡測諸法出《同文算指通編》卷六「測量三率法」，原出徐光啟《測量法義》。知方之術，即辨別東南西北方位之法，出自《數術記遺》。本書以爲「矩測與表測，器異而理同」〔一〕，並用傳統句股知識中的立句卧股、卧句立股等術語闡釋矩測中的直影與表影，試圖會通中西，以見「此心此理之同」。

四、中西數學之會通

明初以降，宋元時期達到高潮的理論數學研究开始衰落，以解決實際運用問題爲旨歸的實用算學知識成爲主流〔二〕。明代中後期，以《九章詳註比類算法大全》（一四五〇）、《算法統宗》（一五九二）爲代表的珠算著作，大多以算題爲中心，缺乏系統，僅言算法，不解算理。萬曆十年（一五八二），意大利耶穌會士利瑪竇來華，於萬曆三十五年（一六〇七）與徐光啟合作完成《幾何原本》前六卷的翻譯工作。《幾何原本》體現出來的邏輯嚴密的推理形式，對徐光啟、李之藻等人產生很深的觸動。有感於傳統算書「第能言其法，不能言其義」〔三〕的弊端，他們希望藉助來自西算的知識體系與證明方法，對傳統九章知識進行系統梳理，並試圖説明傳統算法的所以然之理。徐光啟相繼撰寫《測量法義》《測量異同》《句股義》等書，《測量法義》介紹西方的矩測知識，以闡釋傳統算書中表測之理；《測量異同》則比較了中西句股測量之異同；《句股義》則在其學生孫元化總結的傳統算書中的十五條句股算術「正法」基礎上，仿照《幾何原本》，用西式繪圖方式及邏輯證明形式，一一予以證明，以此達到闡釋傳統算法之理的目的。李之藻與利瑪竇合譯《同文算指》（一六一四），其書主要譯自克拉維烏斯（Christoph Clavius）的《實用算術概論》（*Epitome Arithmaticae Practicae*，一五八三），在保留了西文母本的整體結構基礎上，將傳統九章算題，按照算法的不同，分類比附於各章之中，以算法統率算題。同時，將傳統算書中自成體系，而西算没有對應內容的知識，如帶縱開方、方程等，亦收録在內，並按照算法的不同重新分類，體現了條理化、系統化的特點。

在此背景下，李篤培採擇中西算學知識，撰成《中西數學圖説》一書，中法主要取自明末最爲流行的珠算著作《算法統宗》，本書稱作「舊刻」；西法則主要源自利瑪竇、李之藻合作編譯的《同文算指》，本書稱作「西書」。本書在保留傳統九章框架的基礎上，將來自於

〔一〕本書亥集「句股測・矩測」之「重矩測高遠」解文。
〔二〕郭书春《中国科学技术史・数学卷》，北京：科学出版社，二〇一〇，第五一四—五三四頁。
〔三〕徐光啟《句股義》卷首。

《同文算指》的西方數學知識，一一納入相應各章之中。「所有一切方法，分類納之九章之中」〔一〕。不過，雖然保留了九章框架，但章下分篇，篇下以術文統率例問，形成「凡—問—答—法—解—圖」的編排體例，與《九章詳註比類算法大全》《算法統宗》等傳統珠算著作有顯著的區別。後兩者可稱爲「應用問題集」編排形式，重視具體應用，將術文寓於具體例問的解法之中，以具體算例的運算過程爲主，而缺乏對術文的證明。本書則將所有算題納入相應術文之下，並結合圖式，對術文進行闡釋與證明，使「學者知其所以然，則變化通融，不必膠柱而調」〔二〕。這種先羅列術文，再設問解説、繪圖闡釋的編排體例，及術文以「凡」起首的形式，體現出對《幾何原本》《同文算指》等西算譯著編排形式的借鑒。另外，明代珠算著作中常見的因乘、九歸等各種基礎算法，河圖洛書、縱橫圖等各種雜法，以及便於計算的口訣和歌訣〔三〕，在《中西數學圖説》中全部消失不見，體現了本書重算法輕實用，重算理輕算題的特色。

對於以算題爲主的傳統算書缺乏系統性、邏輯性這一特點，李篤培深有感觸。他批評《算法統宗》等書對粟布章的編排「以事類分之……名目雖別，法則雜出。愚者徒滋其棼，智者殊覺其複」，與之形成鮮明對比的是，西書《同文算指》則「因法立名，層迭深入」。因此，《中西數學圖説》的粟布章採用《同文算指通編》的三率準測知識，對《算法統宗》粟布章的內容重新編排，將原書算題一一納入各術之下，使之「以法爲經，以事爲緯，觸手燦然，極有綱領。」〔四〕

探究算理、闡釋算法的「所以然」，是體現在《中西數學圖説》各章中一以貫之的思想。如方程章「較方程」篇「較方程多種者」第一題，將原圖「左右互移，上下輪轉」，反覆闡釋，只爲「使學者通其所以然」。方田章「奇零」篇「開方有零還原」第一題中，指出《算法統宗》所載舊法「徒知開方還原有補隅之法，而不深明所以然之故也」，故「各依本法，演之於後」。探求算法的「所以然」之故，體現了對徐光啟利用西算知識解説傳統算法之「義」的贊同和承繼。

對於井然有序、能言其義的西算知識，李篤培表現出十分欣賞的態度。同時，能夠闡明算理的傳統算法，如證明句股和較問題的出入相補方法，相較於《句股義》《同文算指》的邏輯推理證法，對於中算學者來講，更加易於理解和接受，而同樣可以達到闡明算法之理的目的。總之，無論西法抑或中法，只要有助於學者「通其所以然」，不妨兼收並蓄，體現了一種通脱、包容的會通態度。

〔一〕本書子集封面「山東歷史博物展覽會出品標籤」。
〔二〕本書戊集句股章「句股較和」篇「弦與句股和」條。
〔三〕郭書春主編《中國科學技術史·數學卷》，科學出版社，二〇一〇，第五二三—五二四頁。
〔四〕本書寅冊粟布章首。

五、校注説明

（一）本次整理以中國科學院自然科學史研究所李儼圖書館藏李星源鈔校本《中西數學圖説》爲底本。據《招遠李氏族譜》（二〇〇五重修）記載，招遠文物管理所（今山東招遠市文物局）藏《方圓圖説》二卷、《筭演初稿》九卷（一説十卷）「又據《山東文獻書目》記載，山東省博物館藏《方圓圖説》九卷，今均未能得見。

（二）底本係行書鈔寫，文字多簡體、異體，今統一改爲通行繁體字。凡底本訛字、衍字，皆用圓括號（）標出；改訂及補充的正字，用方括號[]標出。未能識別的文字，以□標誌。

（三）底本用圓圈〇來分隔文義，容易與數字〇相混，今將前者一律改作◎。

（四）爲便於讀者閲讀和引用，補充必要的章節標題，以黑括號【】標出。算題以阿拉伯數字標序，每條術文下算題重新編號。

（五）本次整理，對原書的彩色圖式全部依據底本重繪。底本圖式有誤，與圖註文字不相符者，酌情予以改動重繪，並出注説明。爲適應排版需求，原書豎排表格進行横排處理。

（六）注釋文字重在對算題來源的闡釋和算法原理的解讀，儘量簡潔明了，以期有裨於讀者對原書的理解。或有繁簡失當、錯訛脱漏之處，能力所限，敬請批評指正。

（七）本書在附録中收録了《順治招遠縣志》李篤培本傳、《萬曆庚戌科序齒録》李篤培傳、李星源覆李儼信函、招遠李氏譜系（節録），及劉擒升《方圓雜説序》、鄭誠《中西數學圖説提要》等與本書内容及作者生平密切相關的内容，以供讀者參考。

（八）爲簡潔起見，正文注釋中直接引録的文獻版本情況集中列於此處，正文不再一一羅列：

《十三經註疏》，中華書局影印阮元校刻本，一九七九

《四書章句集注》，宋・朱熹撰，中華書局，一九八三

《尚書孔傳參正》，清・王先謙撰，中華書局，二〇一一

《書集傳》，宋・蔡沈撰，中華再造善本影宋淳祐刻本

《周禮正義》，清・孫詒讓撰，中華書局，二〇一三

《周易評注》，唐明邦撰，中華書局，一九九五

《春秋穀梁經傳補注》，清・鍾文烝撰，中華書局，二〇〇九

《孟子正義》，清・焦循撰，中華書局，一九八七

《國語集解》，徐元誥撰，中華書局，二〇〇二

《史記》，中華書局點校本，中華書局，一九八二

《漢書》，中華書局點校本，中華書局，二〇〇二
《後漢書》，中華書局點校本，中華書局，一九七三
《晉書》，中華書局點校本，中華書局，一九七四
《民國濰縣志稿》，中國地方志集成·山東府縣志輯第四〇—四一冊影印民國三十年鉛印本
《順治招遠縣志》，中國地方志集成·山東府縣志輯第四七冊影印順治十七年刻本
《莊子集釋》，清·郭慶藩撰，中華書局，二〇一二年三版
《淮南鴻烈集解》，劉文典撰，中華書局，一九八九
《説苑校證》，向宗魯撰，中華書局，一九八七
《宋元學案》，清·黄宗羲撰，四部備要一九三六年版影印本第六一冊，中華書局，一九八九
《續高僧傳》，唐·道宣撰，中華書局，二〇一四
《大方廣佛華嚴經疏》，唐·澄觀撰，綫裝書局，二〇一六
《醫門秘旨》，明·張思維撰，日本國立公文書館藏抄同安張氏恒德堂刊本
《本草綱目》，明·李時珍撰，美國國會圖書館藏萬曆二十四年金陵胡承龍刻本
《夜航船》，明·張岱撰，三秦出版社，二〇一六
《太平御覽》，宋·李昉等編，美國國會圖書館藏萬曆刻本
《算經十書》，錢寶琮校，中華書局，一九六三
《周髀算經》，哈佛大學圖書館藏藏明津逮秘書本
《周髀算經》，中華再造善本影印南宋鮑澣之刻本
《九章算術譯註》，郭書春譯注，上海古籍出版社，二〇〇九
《數術記遺》，哈佛大學圖書館藏明津逮秘書本
《律吕新書》，宋·蔡元定撰，故宫珍本叢刊第二三冊影印本，海南出版社，二〇〇〇
《古今律曆考》，明·邢雲路撰，國家圖書館藏明萬曆二十七年徐安刻本
《算學寶鑒校注》，明·王文素撰，劉五然等校注，科學出版社，二〇〇八
《算法統宗》，明·程大位撰，續修四庫全書第一〇四三冊影康熙五十五年刻本
《同文算指》，意·利瑪竇口譯，明·李之藻筆述，故宫珍本叢刊第四〇一冊影印明刻本

中西數學圖説詳目

《中西數學圖説》校注　上

中西數學圖說

子

山東歷史博物展覽會出品標籤

品名　中西數學圖說

出品者　招遠縣前明進士李篤培著

說明

明季西人利瑪竇來華帶有西國算書李氏閱之悉以中法演出所有一切方法分類納之九章之中其所用之法並有中西所無者推類以充其極著之各章之中可為習算學者參考之品

招遠

中西數學圖説 子

山東歷史博物展覽會出品標籤		
品名	出品者	説明
中西數學圖説	招遠縣前明進士李篤培著	明季西人利瑪竇來華，帶有西國算書，李氏閲之，悉以中法演出。所有一切方法，分類納之九章之中。其所用之法，並有中西所無者，推類以充其極，著之各章之中，可爲習算學者參考之品。

徵序

濰邑劉子秀序文俟刻頒册首可也

徵序

濰邑劉子秀序文[1]，俟刊板時首列之。

---

1 濰邑，即濰縣，今山東濰坊。劉子秀，名掄升，民國《濰縣志稿》卷三十《人物 · 文學》云："劉掄升，字子秀，少學詩於膠州柯衡、李長霞夫婦，得其心傳。光緒癸巳（光緒十九年，1893）舉於鄉，北遊京師，與宗室盛昱、福山王文敏公懿榮相唱和，一時詩名噪甚。歷膺視學使者之聘，襄閱山西河南試卷，所至多見諸吟詠。山東通志局成立，總纂榮城孫葆田聘爲編纂。其後柯逢時巡撫湖北，以章學誠所修通志未成，延聘通儒分任纂輯，而以掄升主其事。會柯他遷，事中止。掄升有《濰上易》，縣人王壽彭提學湖北，爲刻之。未幾，卒於武昌辛亥革命，書甫裝校完成，因之散佚不傳。" 據同書卷三十七《藝文》，劉掄升著有《濰上易》二卷、《濰上詩》三卷、《濰上詞》一卷，今皆不傳。國家圖書館藏有《地理原原篇》四卷，署劉掄升注，光緒二十八年（1902）刊刻。

明杉遂李篤培仁宇甫著

卷之一

九章總目

形積相求補

明招遠李篤培仁宇甫著

卷之一

九章總目

一方田	二粟布	三衰分
四少廣	五商功	六均輸
七盈朒	八方程	九句股

形積相求補

一凡三角形以面求積者　　問一 圖一[1]

一凡三角形以正徑求積者　　問一 圖一

一凡三角容三角外徑求内徑外積求内積　　（問圖各一）

（一凡三角容三角内面對外角内角對外面　　問一）[2]

［問二　三角容三角求内徑内積］

偏圭容偏圭求内徑（面）［内］積[3]

一凡五角容五角求内徑者　　問一 圖一

一凡六角容六角求内面徑者　　問一 圖一

一凡六角容六角求内（面）平徑者　　問一 圖一

一凡六角形以面求積者　　問一 圖一

一凡六角形以尖徑求積者　　問一 圖一

1 問一圖一，原書作“問/圖一”，釋文補出重用文字。全書遇此情況，處理方法同，不再出注説明。

2 此條在原書正文中爲圖説文字，非術文。鈔録者見有“凡”字，誤以爲術文，故鈔入目録中，今依正文刪。

3 面，當作“内”，據原書正文改。各卷目録係從正文鈔録，多有誤鈔、漏鈔者。今文字錯訛，皆據正文内容校改；術文條目漏抄者，亦據正文予以補充。以後目録部分校改，如未出注説明，皆以正文爲據。

一凡六角形以平徑求積者　問一 圖一
一凡六角形以面與平徑求積者　問一 圖一
一凡七面圓虚不見圓邊爲七角形各面爲一徑
問二　七角形諸徑總圖
求隔二角徑
求隔一角徑
求面徑
求中徑
一凡圓求内七角
問一　求七角諸徑共四圖
一凡七角諸徑舉一可以相知　問一圖二
一凡七角形求外圓　問一
一凡七角形有圭形四梯形三　問一圖十三
一凡圓形九面直虚不見圓邊者
問一　九角諸徑總圖
圓法求九角諸徑共八圖[1]

1 圓法，正文作“面法”。

一凡九角形求外圓径草問一
一凡九角形有五等圭四等梯問一圖二十四
一凡圓容十角求積草問一
一凡十角形求圓径面径問一
十角面径与外圓径相求
一凡圓形十二面直容各兒圓边求十二角形問二
十二角求渋径圖九
十二角求渋積圖八
十二角渋圭總圖一
十二角渋梯總圖二
一凡十二角渋径求圓径草問一圖三
一凡十角形渋径与外圓径相求草問一圖二

［一凡九角形諸徑自求　問一 圖八］

一凡九角形求外圓徑者　問一

一凡九角形有五等圭、四等梯　［問一 圖二十一］

［一凡圓容十角求面徑］　問一 圖二十四

一凡圓容十角求積者　問一

一凡十角形求圓徑（面徑）

問一　十角面徑與圓徑相求

一凡圓形十二面直虛不見圓邊爲十二角形　問（二）［一］

［一凡十二面求積

問一］ 十二角求諸徑圖九

十二角求積圖八

十二角諸圭總圖一

十二角諸梯總圖二

一凡十二角諸徑求圓徑者　問一 圖三

一凡十角形諸徑與圓徑相求者　問一 圖二

中西數學圖說卷之一

指遠李篤培本寧甫著

孫星衍校

形積相求補

一凡三角形以面求積者面自乘以二千一百七十六除之以五百零九乘之

問今有三角形每面一十二步求積幾何

答六十二步三分二厘有奇

法十二步自乘得一百四十四步以二千一百七十六步除之得一二二四四九以五百零九乘之合問

解面自乘即角外圓積也旋而為圓求三角周率

三角以面求積圖

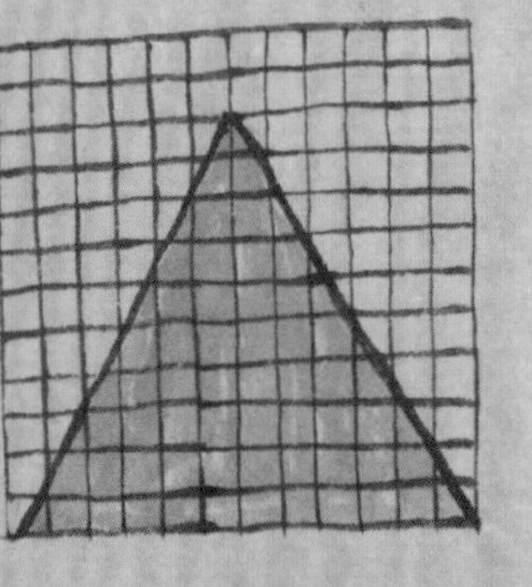

中西數學圖説卷之一

招遠李篤培仁宇甫著

裔孫星源校[1]

形積相求補

【三角形】

一、凡三角形以面求積者，面自乘，以一千一百七十六除之，以五百零九乘之[2]。

1.問：今有三角形，每面一十二步，求積若干？

答：六十二步三分二厘有奇。

法：十二步自乘，得一百四十四步。以一千一百七十六步除之，得一二二四四九。以五百零九乘之，合問。

解：面自乘，即角外圓積也[3]，故與圓求三角同率。

三角以面求積圖

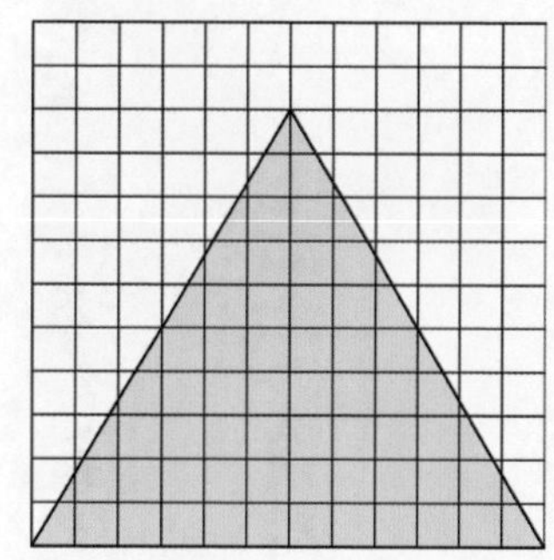

1 裔，原書似作“□□世”，墨筆塗改作“裔”。查《招遠李氏族譜》，李星源係招遠李氏十五世，李篤培係李氏六世。據此推測“□□世”原當作“十五世”，考慮到李篤培係招遠李氏六世，則此處書“十五世孫”不妥，遂改作“裔孫”。李星源，字崑海，附生，鴻臚寺司儀廳候補經歷。1922 年前後，曾任招遠高小教員，1930 年參與修纂李氏族譜。

2 如圖 1-1，三角面徑爲 a，三角正徑爲 h（亦稱“中徑”，即三角形高），三角外接圓徑爲 d。當 $d=28$ 時，則 $h=\frac{3}{4}d=21$，由句股定理得：$a^2-\left(\frac{1}{2}a\right)^2=h^2$，求得：$a^2=\frac{4}{3}h^2=\frac{4}{3}\times 21^2=588$，解得三角積爲：

$$S=\frac{1}{2}ah=\frac{\sqrt{3}}{4}a^2=\frac{\sqrt{3}}{4}\times 588\approx 254.6$$

故：

$$\frac{S}{a^2}\approx\frac{588}{254.6}\approx\frac{1176}{509}$$

三角面即六角平徑，參本卷“六角以面求積”注釋。

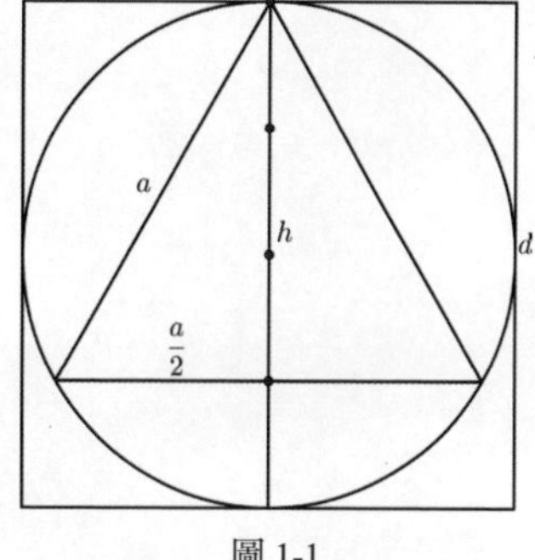

圖 1-1

3 如圖 1-1，由圖易知：

$$a^2-\left(\frac{1}{2}a\right)^2=h^2;\ \ h=\frac{3}{4}d$$

得：$a^2=\frac{3}{4}d^2$。當圓周率 π 取 3 時，$\frac{3}{4}d^2$ 即圓積，故云：“面自乘即角外圓積”。

面一十二步自乘得一百四十四步以千一百七十六步除之得一二二四四九以五百零九乘之得

六十二步三分二厘有奇

一凡三角形以中径求積者自乘以首率除之以五百零九乘之

問今有三角形中径一十二步求積若干

荅六十三步一分有奇

法置中径一十二步自乘得一百四十四步以五百零九乘之得七三二九六以首率二

除之合問

解三角中径得圓径四分之三故也以角形除角圓周率

三角以中径求積圖

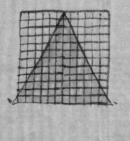

面一十二步，自乘得一百四十四步。以一千一百七十六步除之，得一二二四四九。以五百零九乘之，得六十二步三分二厘有奇。

一、凡三角形以正徑求積者，自乘，以八百八十二除之，以五百零九乘之[1]。

1.問：今有三角形，中徑一十二步，求積若干？

答：八十三步一分有奇。

法：置中徑一十二步，自乘得一百四十四步。以五百零九乘之，得七三二九六。以八百八十二除之，合問。

解：三角中徑得圓徑四分之三，故與六角形隔角圓同率。

三角以正徑求積圖

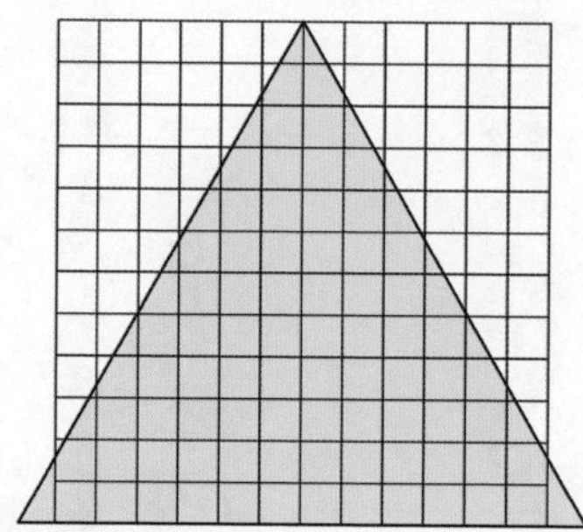

1 設三角面爲 a，正徑爲 h，三角外接圓徑爲 d。據前條術文注釋，當 $d=28$ 時，求得三角正徑 $h=21$，三角積 $S\approx 254.6$，則：

$$\frac{S}{h^2}\approx\frac{254.6}{21^2}\approx\frac{254.6}{441}\approx\frac{509}{882}$$

中径一十二步自乘得一百四十四步以五百零九乘之得七三二九六以八百八十三除之得八十三步
一分有奇

凡三角容三角外径求内径以三之一外积求内积以四之一不论锐钝偏圭俱同

问今有锐圭底径一十步中径一十二步旁径一十三步内容小锐圭形求各径及积若干

答小圭底五步面各六步五分中径六步积一十五步

法置大圭三径各半之得内三径大圭以半法求之得六十步四归之得内积合问

解锐钝圭形与此等边三角异而义同此举锐圭钝圭法同

三角容三角求内径内积图

凡三角容三角内角对外角内角对外面此外圭底十步内圭底五步外圭面一十三步

内圭旁面六步五分外圭中径一十二步内圭中径六步外积六十步内积一十五步合

左图此系锐圭底旁俱系圭旁俱系各半径四此举锐圭钝圭而推

问今有偏圭底径十五步长面一十三步短面八步中径八步五分求内容小偏圭各

并平积若干

答小圭底七步五分中径四步二分五厘短面四步长面六步五分积得

中徑一十二步，自乘得一百四十四步。以五百零九乘之，得七三二九六。以八百八十二除之，得八十三步一分有奇。

凡三角容三角，外徑求内徑，皆二之一；外積求内積，皆四之一。不論鋭、鈍、偏圭，俱同。

1.問：今有鋭圭，底徑一十步，中徑一十二步，旁徑一十三步。内容小鋭圭形，求各徑及積若干？

答：小圭底五步；　　面六步五分；

中徑六步。　　積一十五步。

法：置大圭三徑，各半之，得内三徑。大圭以圭法求之，得六十步，四歸之得内積。合問。

解：鋭鈍圭形雖與半邊三角異，而率同。此舉鋭圭，鈍圭法同。

三角容三角求内徑内積圖

凡三角容三角，内面對外角，内角對外面。如外圭底十步，内圭底必五步；外圭旁一十三步，内圭旁必六步五分；外圭中徑一十二步，内圭中徑必六步；外積六十步，内積必一十五步。◎左圖紫線爲圭底[1]，黄線爲圭旁，緑線爲中徑。◎此舉鋭圭，鈍圭可推。

2.問：今有偏圭底徑十五步，長面一十三步，短面八步，中徑八步五分，求内容小偏圭各若干？積若干？

答：小圭底七步五分；　　中徑四步二分五厘；

短面四步；　　長面六步五分。

積得

1 原書圖在文字右側，“左圖”似當作“右圖”，或圖本在左，鈔録者置於右側而未改正文。

一千二[illegible]步一分二厘五毫

法置大偏圭四徑各半之以內四徑〇大偏積以圭法求之得積五十二步五分四

归之得圭積合问

偏圭容偏圭求內徑內積圖

偏圭與正圭形面周寔同假如外底一十八步內底九步外徑面十步內徑面五

一十三步一分二厘五毫。

法：置大偏圭四徑，各半之，得内四徑。◎大偏積以圭法求之，得積五十二步五分[1]。四歸之，得中圭積。合問。

偏圭容偏圭求内徑内積圖

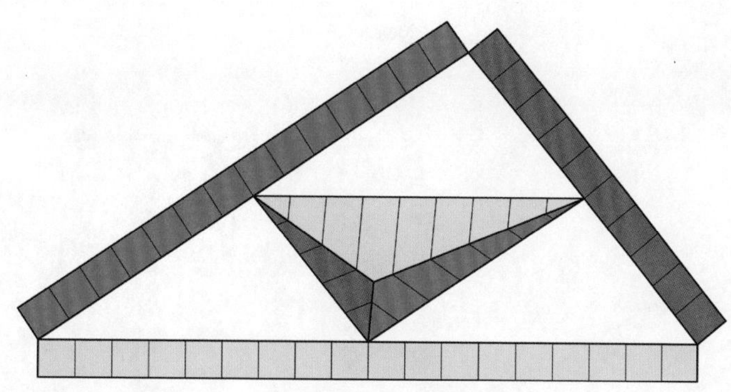

偏圭與正圭形不同而率同。假如外底一十八步，内底必九步；外短面十步，内短面必

1 如圖 1-2，ABC 爲偏圭三角，底徑 $AB=15$，長面 $AC=13$，短面 $CB=8$，求得中徑 $CD\approx 7$，三角積爲：

$$S=\frac{CD\times AB}{2}\approx\frac{7\times 15}{2}=52.5$$

原題以 8.5 爲中徑，未詳從何而來。

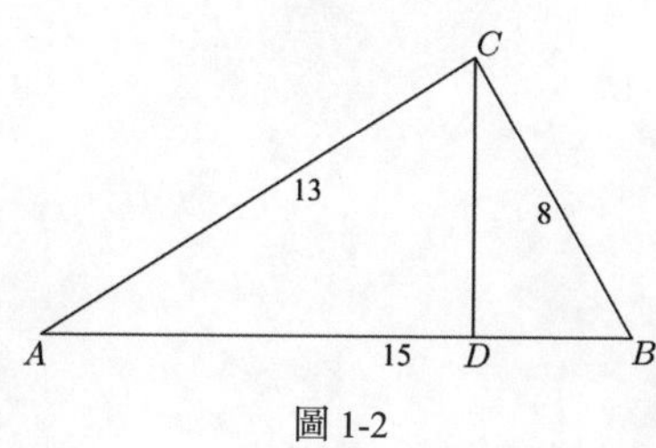

圖 1-2

五步外長面一十二步內長面七步外中徑七步七分有奇內中徑五步三分八分五釐有奇
外積二百九十步五分有奇內積一百一十七步三分有奇以徑除外之半積除外四周一也○
此算鈍偏圭銳偏圭亦推
凡五角形內徑此內除外五之四
問今有五角形每面十步內容五角求每面若干中徑若干
答面徑八步中徑一十二步
法置面徑十步因之得面徑外中徑定一十五步以八乘之得內中徑合問
解得面八步以十步歸之得一三三為長以九因之得數同
五角容五角求內徑圖

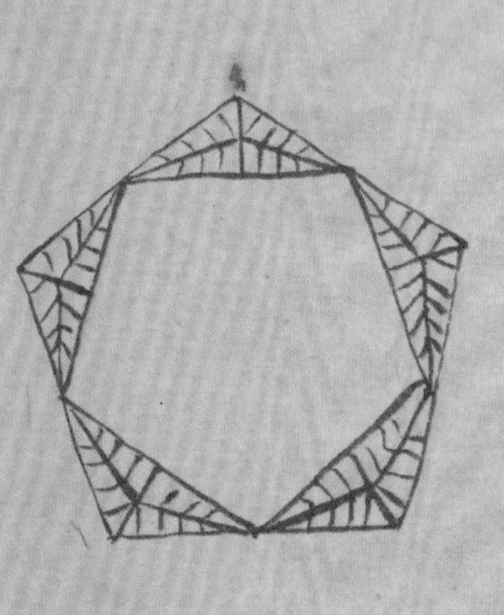

內徑常得外徑五之四十之八省一歸求
論形之大小以圖此率

五步；外長面一十四步，内長面必七步；外中徑七步七分有奇，内中徑必三步八分五厘有奇；外積六十九步五分有奇，内積必一十七步三分有奇。皆徑得外之半，積得外四之一也。◎此舉鈍偏圭，鋭偏圭可推。

【五角形】

凡五角求内徑者，内得外五之四。

1.問：今有五角形，每面十步，内容五角，求每面若干？中徑若干？

答：面徑八步；　　　　　　　　　　中徑一十二步。

法：置面徑十步，［八］因之得面徑[1]。外中徑應一十五步，以八乘之，得内中徑。合問。

解：將面八步以六歸之，得一三三不盡，以九因之，得數同。

五角容五角求内徑圖

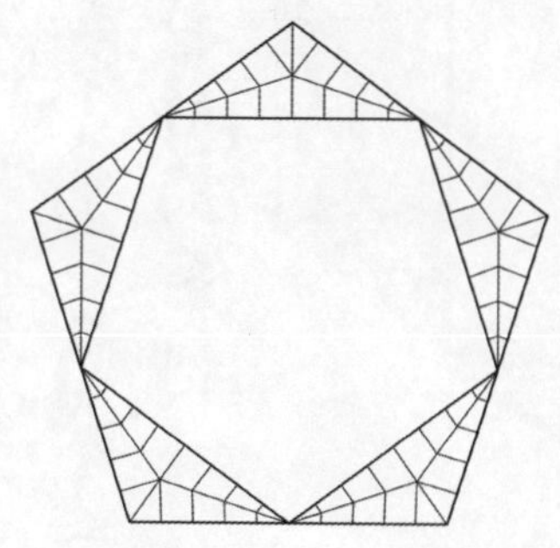

内徑常得外徑五之四，十之八省一歸。不論形之大小，皆同此率。

1 八，據文意補。

凡六角容二六角求內面徑者置面以面法二五四七归之或以面法八六六〇二因之俱得內六角之面

假令有六角形每面十五步五分內容二六角求每面若干

荅九步零九厘有奇

法置面十五步五分以面法一二五四七归之或以面法八六六〇二因之得數合問

解曰如每六角面徑內為三角形以面率若內復求內形以面率又轉為面率求之每

率為〇求如求此以面率因之以面率归之如此形故得一十二步二分二厘五毫

六角容二六角求內面徑圖

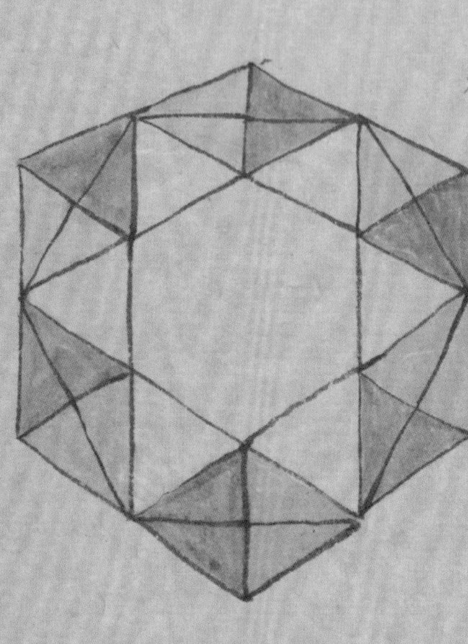

總內角平面之內截形為廿餘角等為平边三角廿十二以得角面廿二內得角徑廿二故知內面徑法如面法也

【六角形】

凡六角容六角求内面徑者，置面，以面法（二）［一一］五四七歸之[1]；或以正法八六六零二因之，俱得内六角之面[2]。

1.問：今有六角形，每面十步五分，内容六角，求每面若干？

答：九步零九厘有奇。

法：置面十步五分，以面法一一五四七歸之；或以正法八六六零二因之，得數合問。

解：外爲三角面率，内爲三角正率。若内復求内，則正率又轉爲面率矣，推之無窮。◎若外求者，以面率因之，以正率歸之，如此形，應得一十二步一分二厘五毫。

六角容六角求内面徑圖

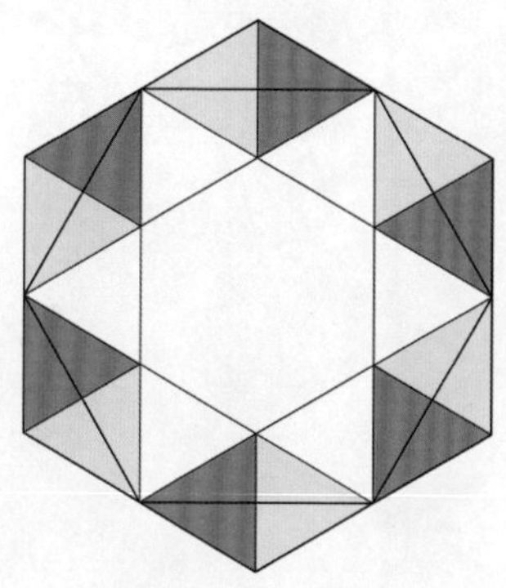

將内角平面之内，截形與餘角等，爲平邊三角者十二，皆得角面者二，内得角徑者二，故知内爲徑法，外爲面法也。

1 二，朱筆校改爲“一一”。

2 如圖 1-3，外六角面 $AB=a$，内六角面 $CD=b$，ACE 爲等邊三角，CH 爲三角中徑，則：

$$CH^2=\frac{3}{4}AC^2$$

又 $AC=\frac{a}{2}$，$CH=\frac{b}{2}$，則：

$$b^2=\frac{3}{4}a^2$$

解得：

$$b=\sqrt{\frac{3}{4}}a\approx 0.86602\times a$$

反之，解得：

$$a=\sqrt{\frac{4}{3}}b\approx 1.1547\times b$$

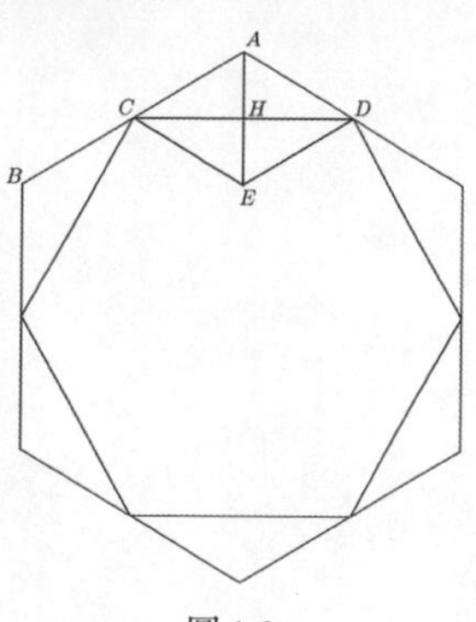

圖 1-3

凡六角容六角求内平徑此置外角徑四归三因之或置外面徑一五乘之

問今有六角形每面二十八步内容六角求平徑若干

答四十二步

法置面二十八步以一五乘之或三归二因之倍面徑得外角徑五十六步四归三因之或

以五乘之得數同合問

六角容六角求内平徑圖

中為外角之尖徑稍次為内角之平徑边為

外角之面徑平徑視中徑得四分之三如面

徑視内平徑得三分之二○以内平居中作

三段視中少緣一段視边多[illegible]一段

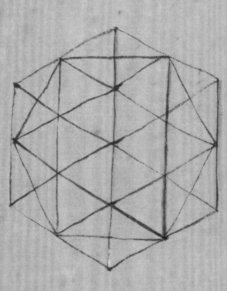

凡六角容六角求内平徑者，置外角徑，四歸三因之；或置外面徑，一五乘之。

1.問：今有六角形，每面二十八步，内容六角，求平徑若干？

答：四十二步。

法：置面二十八步，以一五乘之，或三歸二因之。倍面徑，得外角徑五十六步，四歸三因之；或以七五乘之，得數同。合問。

六角容六角求内平徑圖

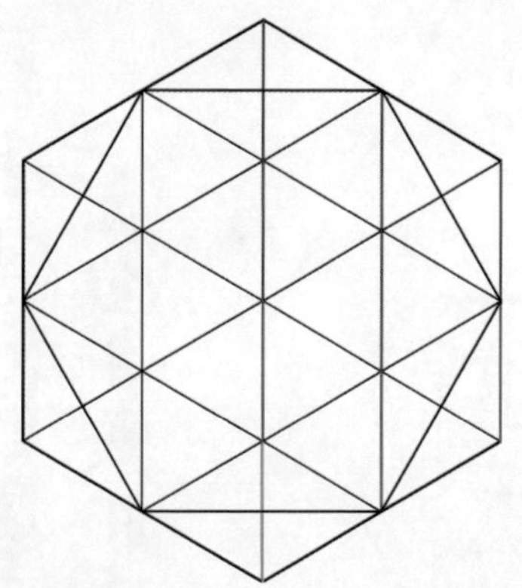

中爲外角之尖徑，稍次爲内角之平徑，邊爲外角之面徑。平徑視中徑得四分之三，外面徑視内平徑得三分之二。◎以内平居中，作三段，視中少緑一段，視邊多紫一段。

爲六角形以面求積者面自乘以一百九十六除之以五百零九乘之

問今有六角形每面二十八步求積若干

答二千零三十六步

法置面二十八步自乘得七百八十四步以一百九十六步除之得四以五百零九乘之合問

解面自乘得角徑自乘得四之一

六角面自乘求積圖

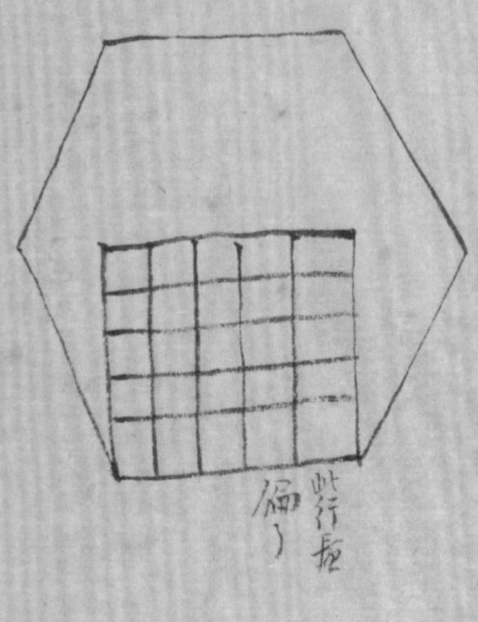

假如面五步自乘得二十五步以一百九十六步除之得一二七五五有奇以五百零九乘之得六十四步九分二厘二毫弱

凡六角形以面求積者，面自乘，以一百九十六除之，以五百零九乘之[1]。

1.問：今有六角形，每面二十八步，求積若干？

答：二千零三十六步。

法：置面二十八步，自乘得七百八十四步。以一百九十六步除之得四，以五百零九乘之，合問。

解：面自乘，得角徑自乘（得）四之一。

六角面自乘求積圖

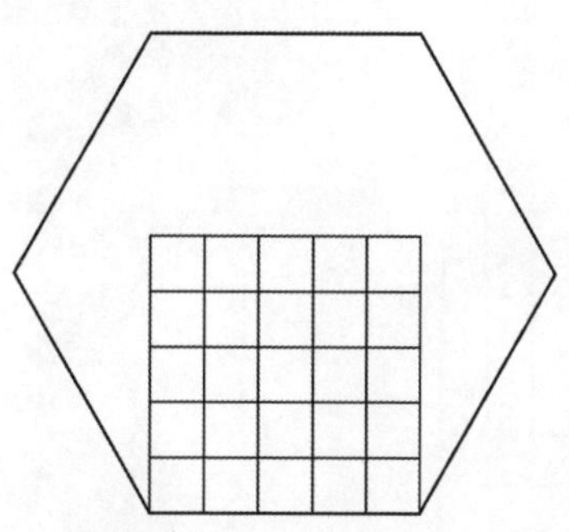

假如面五步，自乘得二十五步。以一百九十六步除之，得一二七五五有奇。以五百零九乘之，得六十四步九分二厘二毫弱。

---

1 如圖 1-4，設六角外接圓徑即六角尖徑 $d=28$，則六角面徑 $a=14$，六角平徑 $l=\sqrt{d^2-a^2}\approx 24.25$，據本卷"六角以面與平徑求積"，求得六角積爲：$S_{六角}=1.5\times al\approx 509$，故：

$$\frac{S_{六角}}{a^2}\approx\frac{509}{14^2}=\frac{509}{169}$$

同理得：

$$\frac{S_{六角}}{l^2}\approx\frac{509}{24.25^2}\approx\frac{509}{588}$$

$$\frac{S_{六角}}{d^2}\approx\frac{509}{28^2}=\frac{509}{784}$$

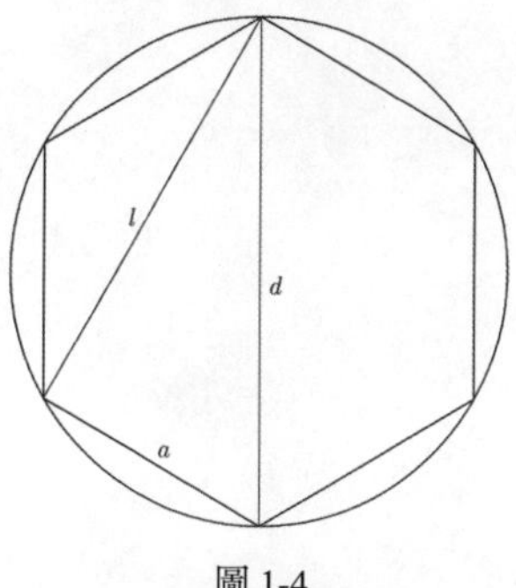

圖 1-4

六

凡六角形以實徑求積者徑自乘以七百八十四除之以五百零九乘之

問有六角形實徑一十六步一分六釐有奇求積若干

答一百六十九步六分有奇

法置實徑十六步一分六釐有奇自乘得二百六十一步有奇以七百八十四歸之得

三三以五百零九乘之得數合問

解徑自乘即角外之圓之外之方也故四倍於面率

六角實徑自乘求積圖

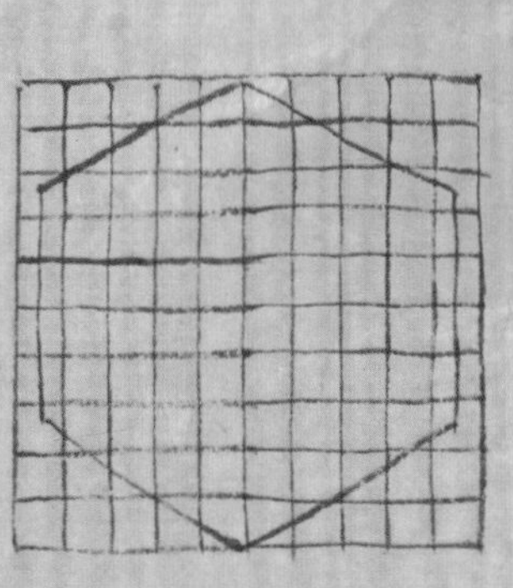

假如實徑十步自乘得一百步以五百零九乘之仍得五百零九以七百八十四除之得六十四步九分二釐零

凡六角形以尖徑求積者，徑自乘，以七百八十四除之，以五百零九乘之。

1.問：今有六角形，尖徑一十六步一分六厘有奇，求積若干？

答：一百六十九步六分有奇。

法：置尖徑一十六步一分六厘有奇，自乘得二百六十一步有奇。以七百八十四歸之，得三三。以五百零九乘之，得數合問。

解：徑自乘，即角外之圓，圓外之方也，故四倍於面率。

六角尖徑自乘求積圖

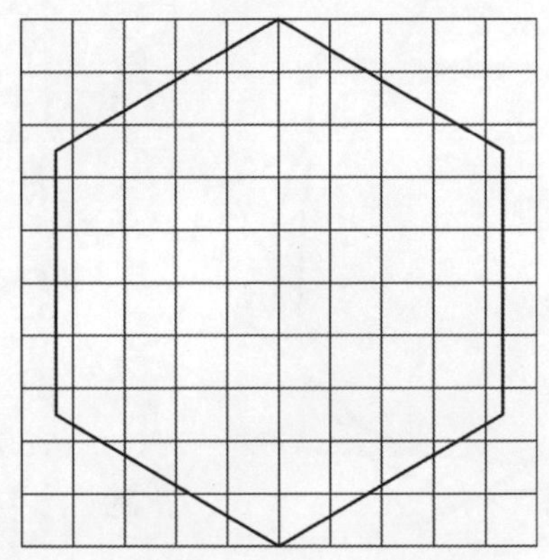

假如尖徑十步，自乘得一百步。以五百零九乘之，仍得五百零九。以七百八十四步除之，得六十四步九分二厘零。

凡六角形以平徑求積者，平徑自乘，以五百八十八除之，以五百零九乘之。

假如有六角形，平徑一十四寸，求積若干。

答：一百六十九寸六分六釐六毫長。

法置平徑一十四寸，自乘得一百九十六寸，以五百八十八除之，得三三三不盡，以五百零九乘之，合問。

解：平徑自乘，即角外圓也，故與圓同率。

六角平徑自乘求積圖

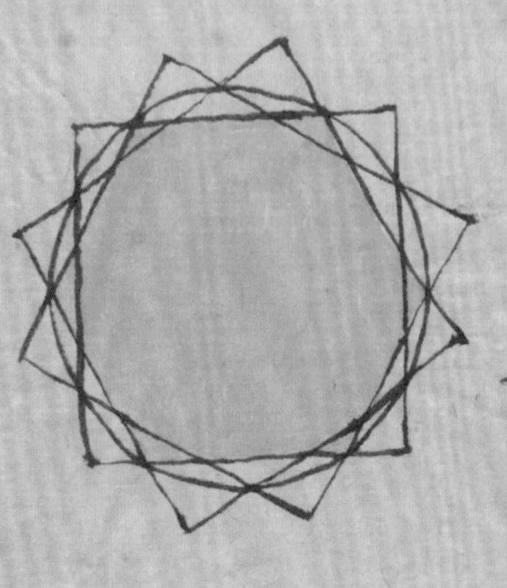

假如平徑一十二寸，自乘得一百四十四寸，以五百零九乘之，得七三二九六，以五百八十八除之，得一百二十四寸六分五釐三毫。猶奇〇六角之平徑，即三角之兩徑也，自乘與圓同積。蓋方圓相出入，方角出圓之外，方面入圓之內，圓邊出方面之外，入方角之內，較之數相當。

凡六角形以平徑求積者，平徑自乘，以五百八十八除之，以五百零九乘之。

1.問：今有六角形，平徑一十四步，求積若干？

答：一百六十九步六分六六不盡。

法：置平徑一十四步，自乘得一百九十六步。以五百八十八除之，得三三不盡。以五百零九乘之，合問。

解：平徑自乘，即角外圓也，故與圓同率。

六角平徑自乘求積圖

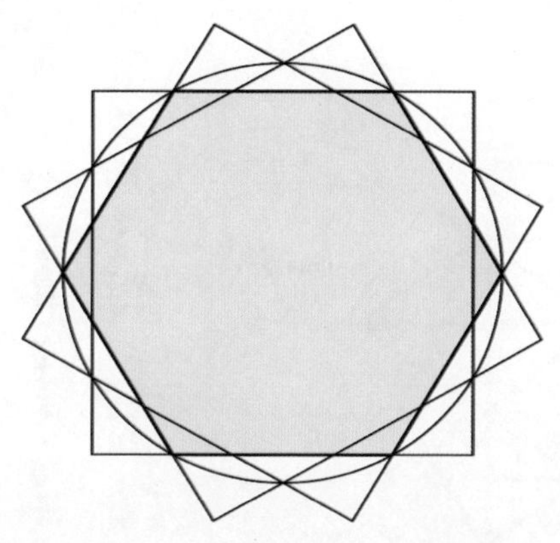

假如平徑一十二步，自乘得一百四十四步，以五百零九乘之，得七三二九六，以五百八十八除之，得一百二十四步六分五厘三毫有奇。◎六角之平徑，即三角之面徑也，自乘與圓同積。蓋方圓相出入，方角出圓之外，方面入圓之內；圓邊出方面之外、入方角之內，故二數相當。

設六角形以面與中半徑求積者面徑相乘以一五乘之

問今有六角形每面八步零八厘有奇半徑一十四步求積若干

答一百六十九步六分有奇

法置面八步零八厘以半徑一十四步乘之得一百一十三步一分二厘以一五乘之

得數合問

解六角分為一直二圭二圭得直形之半

六角以面徑相乘求積圖

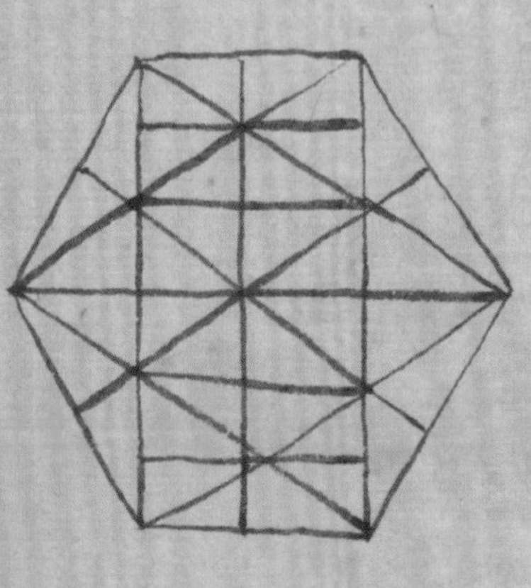

以面八步零八厘乘半徑十四步得一百一十三步一分二厘以一五乘之得一百六十九步六分有奇○如上圖全形為勾股形共三十六、中占二十四乃面徑相乘之數外兩角占一十二為中之半故以一五相乘乃得積也

凡六角形以面與平徑求積者，面、徑相乘，以一五乘之。

1.問：今有六角形，每面八步零八厘有奇，平徑一十四步，求積若干？

答：一百六十九步六分有奇。

法：置八步零八厘，以平徑一十四步乘之，得一百一十三步一分二厘。以一五乘之，得數合問。

解：六角分爲一直二圭，二圭得直形之半。

六角以面徑相乘求積圖

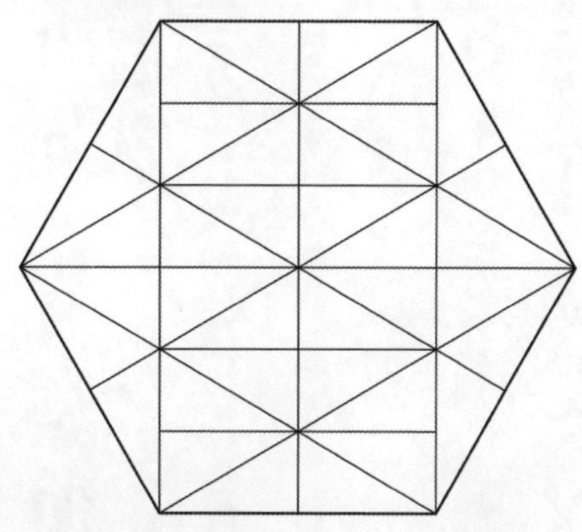

以面八步〇八厘乘平徑一十四步，得一百一十三步一分二厘。以一五乘之，得一百六十九步六分有奇。◎如上圖，全形爲句股形者三十六，中占二十四，乃面、徑相乘之數；外兩角占一十二，得中之半，故以一五相乘而得積也。

凡七面圓羅面見圓边悉角形各面為一徑隔一角為一徑隔二角為一徑從角求面為中徑。置圓徑十之以其六為大半弧矢以其四為小半弧矢以圓徑十之一為離徑通徑之數求得弧弦為隔二角之徑以半隔二之徑為内以圓徑十之六為股求得弦為隔一角之徑其股實常得弧弦之六句實常得弦之四置股實亦归之内實亦归之以得弦實半隔一之徑為弧弦以為股離徑減半圓為矢以為内求得弦為各面之徑半面徑以為内隔二徑以為弦求得股為中徑

假如有圓徑二十八分内容七角形求隔一角隔二角面徑中徑各若干

答中徑二十五分七分六釐五毫有奇隔一角二十一分五分以釐八毫有奇隔二角二十七分四分三釐四毫二絲八忽有奇各面徑一十二分〇〇三毫二絲有奇

法置圓徑十归之為二分八分六圍之得十六分八分為大半弧之矢四圍之得十一分二分為小半弧之矢半圓徑一十四分以減太半矢餘二分八分以小半之矢減之亦餘二分八分自乘得七分八分四釐以減半圓徑自乘得一百九十六分餘一百八十八分一分六釐平方開之得十三分七分一釐七毫一絲四忽有奇倍之為隔二角之徑。置大半矢自乘得二百八十二分二分四釐為股實半隔二之徑自乘一百八十八分一分六釐為句實併之得四百七十分四分為弦實平方開之為隔一角之徑或半置股實以六归之半置句實以四归之併得弦實四十半隔一徑自

【七角形】

凡七面圓虚不見圓邊，爲七角形。各面爲一徑，隔一角爲一徑，隔二角爲一徑，從角至面爲中徑。◎置圓徑十之，以其六爲大半弧矢，以其四爲小半弧矢，以圓徑十之一爲離徑、過徑之數，求得弧弦，爲隔二角之徑[1]。以半隔二之徑爲句，以圓徑十之六爲股，求得弦，爲隔一角之徑。其股實常得弧弦［實］之六，句實常得弦［實］之四。置股實六歸之、句實四歸之，皆得弦實[2]。半隔一之徑爲弧弦，以爲股；離徑減半圓爲矢，以爲句，求得弦，爲各面之徑[3]。半面徑以爲句，隔二徑以爲弦，求得股，爲中徑。[4]

1.問：今有圓徑二十八步，内容七角形，求隔一角、隔二角、面徑、中徑各若干？

答：中徑二十六步七分六厘五毫有奇；　　隔一角二十一步六分八厘八毫有奇；

隔二角二十七步四分三厘四毫二絲六忽有其；

各面徑一十二步〇〇三毫二絲有奇。

法：置圓徑十歸之，爲二步八分。六因之，得一十六步八分，爲大半弧之矢；四因之，得一十一步二分，爲少半弧之矢。半圓徑一十四步，以減大半矢，餘二步八分；以少半之矢減之，亦餘二步八分。自乘得七步八分四厘，以減半圓徑自乘得一百九十六步，餘一百八十八步一分六厘。平方開之，得一十三步七分一厘七毫一絲四忽有奇。倍之，爲隔二角之徑。◎置大半矢自乘，得二百八十二步二分四厘，爲股實；半隔二徑自乘一百八十八步一分六厘有奇，爲句實。併之，得四百七十步四分，爲弦實。平方開之，爲隔一角之徑。或單置股實，以六歸之；單置句實，以四歸之，俱得弦實。◎半隔一徑自

---

1 如圖 1-5 七角形，設七角面徑爲 a，隔一角徑爲 l_1，隔二角徑爲 l_2，中徑 $AR=h$，圓徑爲 d。大半弧矢 $AH=\frac{6}{10}d$，小半弧矢 $HP=\frac{4}{10}d$。在句股 OHF 中，句 OH 爲大半弧矢 AH 過徑之數，亦小半弧矢 HP 離徑之數，得：

$$OH=AH-OA=\frac{6}{10}d-\frac{1}{2}d=\frac{1}{10}d$$

或：

$$OH=OP-HP=\frac{1}{2}d-\frac{4}{10}d-=\frac{1}{10}d$$

弦 OF 爲半徑，求得隔二之徑爲：

$$l_2=CF=2HF=2\sqrt{OF^2-OH^2}=2\sqrt{\left(\frac{d}{2}\right)^2-\left(\frac{d}{10}\right)^2}=2\sqrt{\frac{24}{100}d^2}$$

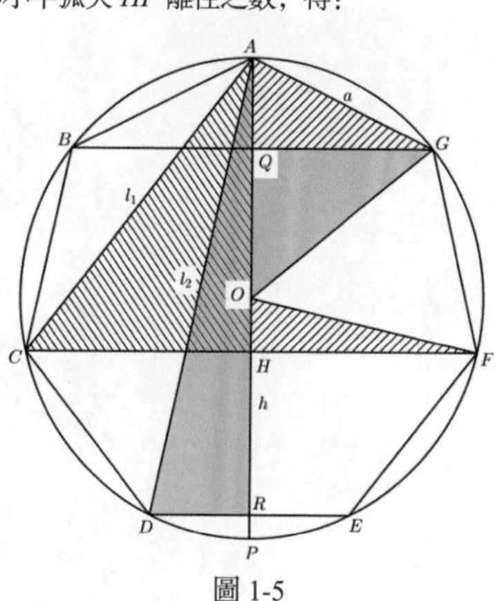

圖 1-5

2 如圖 1-5，在句股 ACH 中，股 $AH=\frac{6}{10}d$，句 $CH=\frac{l_2}{2}$，求得弦即隔一之徑爲：

$$l_1=AC=\sqrt{CH^2+AH^2}=\sqrt{\left(\frac{l_2}{2}\right)^2+\left(\frac{6d}{10}\right)^2}$$

由於句實 $CH^2=\left(\frac{l_2}{2}\right)^2=\frac{24}{100}d^2$，股實 $AH^2=\left(\frac{6}{10}d\right)^2=\frac{36}{100}d^2$，則弦實爲：

$$AC^2=CH^2+AH^2=\frac{60}{100}d^2$$

故：

$$\frac{AH^2}{AC^2}=\frac{6}{10};\quad \frac{CH^2}{AC^2}=\frac{4}{10}$$

（轉〇〇三七頁）

乘得一千一十七步六分以減半圓徑自乘一千九十六步餘七十八步四分平方開之得八步
八分五厘四毫加奇爲離徑以減半圓徑十四步餘五步一分四厘六毫加
奇自乘得二十六步四分八厘一毫爲奇爲內實以半隅一徑自乘爲股實併
之得四百四十四步四分八厘一毫爲奇爲弦實平方開之得面徑爲隅二徑自
乘得五百五十二步六分四厘爲弦股實減半面自乘內實得二十六步四分三
厘減二步有奇餘七百二十六步四分三厘有奇平方開之得半徑

問有圓徑五十六步內容七角形求隅一角隅二角面徑中徑各若干

答中徑五十三步三分三厘有奇隅一角四十三步三分七厘二毫四絲一忽有奇隅
二角五十四步八分六厘八毫五絲六忽有奇面徑二十四步三分六厘四毫有奇

法置圓徑三歸之爲五步六分爲太半弧之矢四因之得二十二步
四分九厘半弧之矢半圓徑二十八步以減太半矢餘五步六分以半弧之矢減之
餘五步六分自乘得三十一步三分六厘以減半圓徑自乘七百八十四步餘七
百五十二步六分三厘四毫二絲八忽有奇倍之得五十四步八分六厘八毫五絲六
忽有奇爲隅二角之徑以太矢三十三步六分自乘得一千一百二十八步九分六厘
爲股實半隅二徑二十七步四分三厘四毫二絲八忽有奇自乘得七百五十二
步六分四厘爲內實併之得一千八百八十一步六分爲弦實平方開之得四十三步

乘，得一百一十七步六分，以減半圓徑自乘一百九十六，餘七十八步四分。平方開之，得八步八分五厘四毫有奇，爲離徑。以減半圓徑一十四步，餘五步一分四厘六毫有奇。自乘得二十六步四分八厘一毫有奇，爲句實；以半隔一徑自乘爲股實。併之，得一百四十四步零八厘一毫有奇，爲弦實。平方開之，得面徑。◎隔二徑自乘，得七百五十二步六分四厘，爲弦實。減半面自乘句實得三十六步［零］二厘零二絲有奇，餘七百一十六步四分三厘有奇[1]。平方開之，得中徑。

2.問：有圓徑五十六步，内容七角形，求隔一角、隔二角、面徑、中徑各若干?

答：中徑五十三步五分三厘有奇；

隔一角四十三步三分七厘七毫四絲一忽有奇；

隔二角五十四步八分六厘八毫五絲六忽有奇；

各面徑二十四步零零六毫四忽有奇。

法：置圓徑十歸之，爲五步六分。六因之，得三十三步六分，爲大半弧之矢；四因之，得二十二步四分，爲少半弧之矢。半圓徑二十八步，以減大半矢，餘五步六分；以少半之矢減之，亦餘五步六分。自乘得三十一步三分六厘，以減半圓徑自乘得七百八十四步，餘七百五十二步六分［厘。平方開之，得二十七步四分］三厘四毫二絲八忽有奇[2]。倍之，得五十四步八分六厘八毫五絲六忽有奇，爲隔二角之徑。◎大矢三十三步六分，自乘得一千一百二十八步九分六厘，爲股實；半隔二徑二十七步四分三厘四毫二絲六忽有奇，自乘得七百五十二步六分四厘，爲句實。併之，得一千八百八十一步六分，爲弦實。平方開之，得四十三步

---

1 弦實爲 752 64，句實爲 36.0202，求得股實爲：$752.64-36.0202=716.6198$。原解法以句實 36.202 入算，求得股實爲：$752.64-36.202\approx 716.43$。與正解略有出入。

2 抄脱文字據文意及演算補。

（接〇〇三五頁）

3 如圖 1-5，在句股 QOG 中，股 $QG=\frac{l_1}{2}$，弦 $OG=\frac{d}{2}$，由句股定理求得股即離徑爲：

$$QO=\sqrt{OG^2-QG^2}=\sqrt{\left(\frac{d}{2}\right)^2-\left(\frac{l_1}{2}\right)^2}$$

在句股 AQG 中，句 $AQ=\frac{d}{2}-QO$，股 $QG=\frac{l_1}{2}$，求得弦即面徑爲：

$$a=AG=\sqrt{AQ^2+QG^2}=\sqrt{\left(\frac{d}{2}-QO\right)^2+\left(\frac{l_1}{2}\right)^2}$$

4 如圖 1-5，在句股 ADR 中，弦 $AD=l_2$，句 $DR=\frac{a}{2}$，求得弦即中徑爲：

$$h=AR=\sqrt{AD^2-DR^2}=\sqrt{l_2^2-\left(\frac{a}{2}\right)^2}$$

三分七厘七毫四絲一忽有奇為隔一角徑。或更置股實以六歸之，更置勾實以四因之，併得弦實一千八百〇一步六分，平開同。〇半隔一徑自乘得四百七十步零四分，以減半圓徑自乘七百八十四步，餘三百一十三步六分，平方開之，得一十七步七分零八毫七絲五忽有奇為離徑，以減半圓徑二十八步，餘一十步零二分九厘一毫二絲五忽有奇，自乘得一百零五步九分零九毫八絲二忽有奇為勾實，以半隔一徑乘積四百七十步零四分為股實，併之得五百七十六步三分零九毫八絲二忽有奇，平方開之，得二十四步零二分六毫四絲有奇，為合面之徑。

〇隔二徑自乘得二千零十五步六厘為弦實，減半面自乘勾實一百四十四步零七厘七毫四絲五忽有奇，餘二千八百七十一步四分八厘二毫五絲五忽有奇，平方開之，得五十三步五分三厘有奇，為半徑。

解　圓徑十之六為太半，七角居其三之四，為少半，七角居其三，併分係所值二角為七角，分係於少半為隔二角之徑，於太半為隔三角之徑也。其六三角一居中，二居旁，從分係之兩端斜至中角，即隔一之徑也。〇隔一角徑於弧法為股，向內以離徑為勾，以半圓徑為弦，向外以弧矢為勾，以面徑為弦，則知外內，故先求內勾也。

七角形求徑總圖

三分七厘七毫四絲一忽有奇，爲隔一角徑。或單置股實，以六歸之；單置句實，以四歸之，俱得弦實一千八百八十一步六分。平開同。◎半隔一徑自乘，得四百七十步零四分，以減半圓徑自乘七百八十四步，餘三百一十三步六分。平方開之，得一十七步七分零八毫七絲五忽有奇，爲離徑。以減半圓徑二十八步，餘一十步零二分九厘一毫二絲五忽有奇。自乘得一百零五步九分零九毫八絲二忽有奇，爲句實；以半隔一徑［自］乘數四百七十步零四分爲股實，併之，得五百七十六步三分零九毫八絲二忽有奇。平方開之，得二十四步零零六毫四絲有奇，爲各面之徑。◎隔二徑自乘，得三千零（一十五步）［一十步五分］六厘[1]，爲弦實。減半面自乘句實一百四十四步零七厘七毫四絲五忽有奇，餘二千八百六十六步四分八厘二毫五絲五忽有奇。平方開之，得五十三步五分三厘有奇，爲中徑。

解：圓徑十之六爲大半，七角居其三；之四爲少半，七角居其二。併分線所值二角[2]，爲七角。分線於少半，爲隔二角之徑；於大半，即隔三角之徑也。其三角，一居中，二居立方。從分線之兩端斜至中角，即隔一之徑也。◎隔一角徑，於弧法爲二股，向内以離徑爲句，以半圓徑爲弦[3]；向外以弧矢爲句，以面徑爲弦[4]。欲知外句，故先求内句也。

七角形諸徑總圖

---

1 隔二之徑 $l_2 = 54.86856$，自乘得：

$$l_2^2 = 54.86856^2 \approx 3010.56$$

原文“三千零一十五步六厘”，“一十五步”當作“一十步五分”，據演算改。

2 分線，即前圖 1-5 中線段 CF。

3 即前圖 1-5 中句股 QOG。

4 即前圖 1-5 中句股 AQG。

黄係為角徑　紅係為隔一角徑　青係為隔二角徑　綠係為平徑

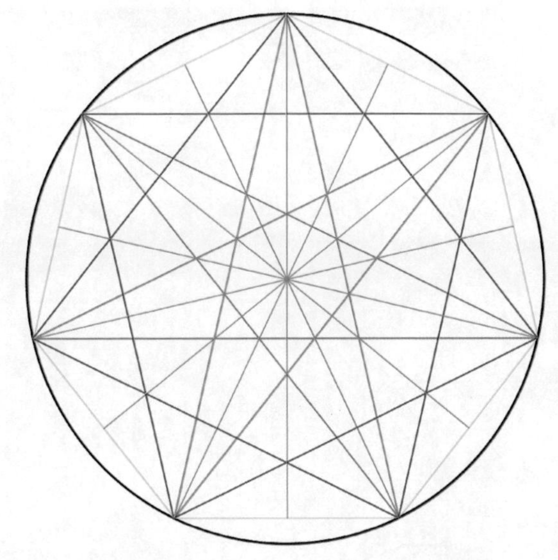

黄線爲面徑，紅線爲隔一角徑，青線爲隔二角徑，緑線爲中徑。

七角形求滿二角徑圖

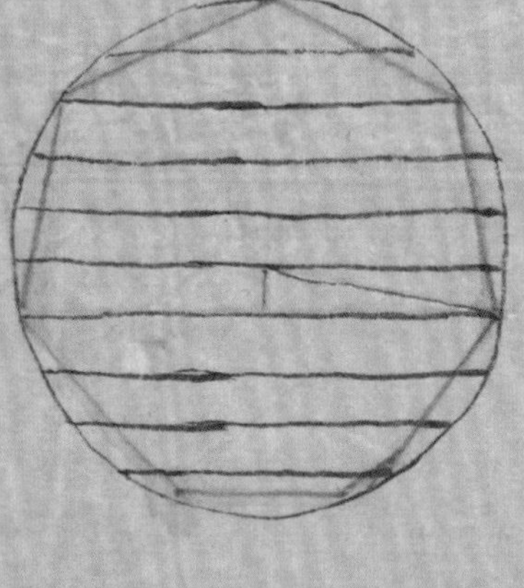

置圓徑十二以六為大半容三角四乘半容二角以十分之五為弦十分之一為句求得股倍之為滿二角之徑

七角形求隔二角徑圖

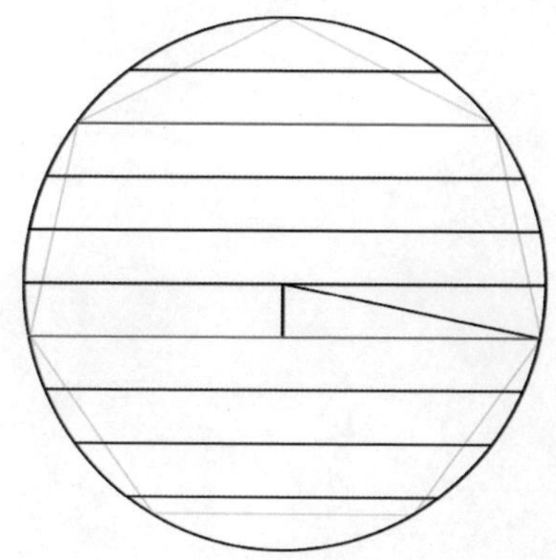

置圓徑十之，以六爲大半，容三角；四爲少半，容二角。以十分之五爲弦，十分之一爲句，求得股。倍之，爲隔二角之徑。

七角形求隔一角徑圖

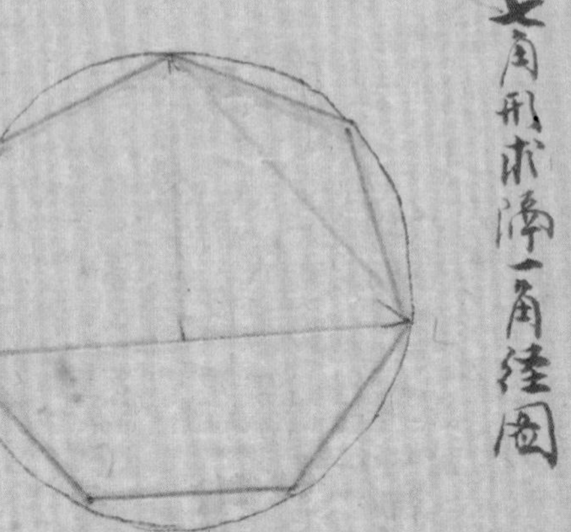

以圓徑之八爲股，以二角徑之半爲句，求得弦，爲隔一角之徑。

七角形求面徑圖

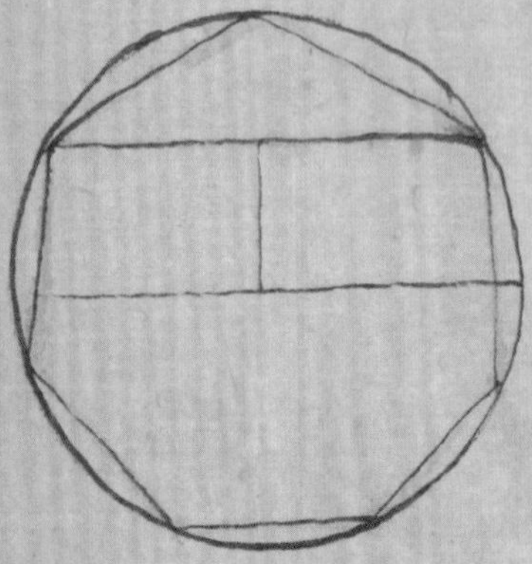

半圓徑，減離徑，餘爲句，以隔一徑之半爲股，求得弦，爲合面之徑。

七角形求隔一角徑圖

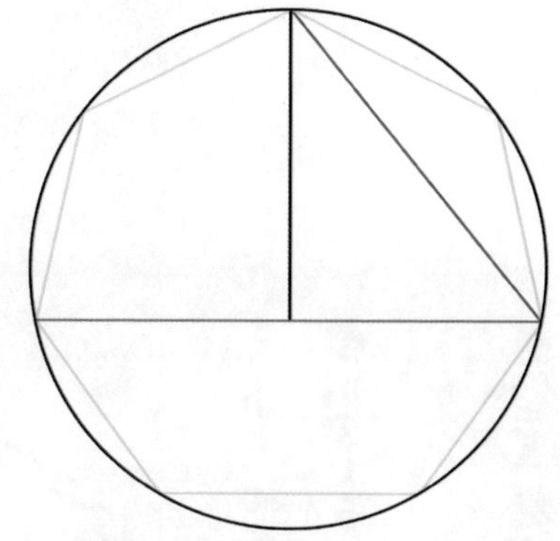

以圓徑之六爲股，以二角徑之半爲句，求得弦，爲隔一角之徑。

七角形求面徑圖

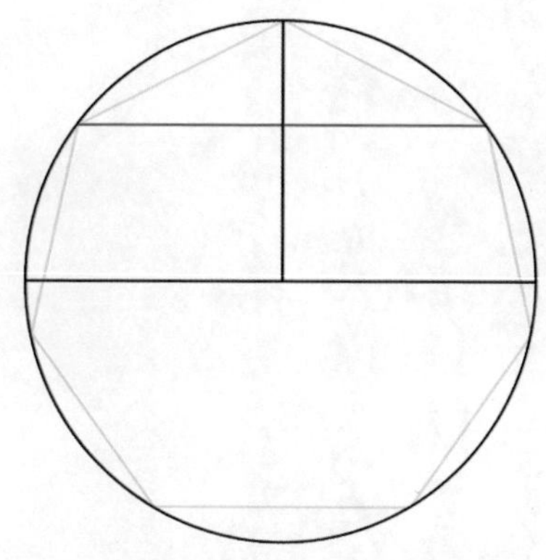

半圓徑減離徑，餘爲句，以隔一徑之半爲股，求得弦，爲各面之徑。

七角形求半徑圖

以隔一角之徑為弦以半面徑為股內求
句股為中徑

凡圓求內七角圓徑自乘以六乘之平方開之為隔一角之徑以十六乘之平方開之為隔二角之徑以四十九除之以九乘之為面徑

假如七角圓形徑五十六尺求面徑隔一角隔二角各若干

答面徑二十四尺　隔一角四十三尺三分七釐七毫有奇　隔二角五十四尺八分六釐八毫有奇

法圓徑自乘得三千一百三十六尺為徑冪以六乘之得一千八百八十一尺六寸平方開之得隔一之徑以十六乘之得三千零一十尺五分六釐平方開之得隔二之徑以九乘之得二萬八千二百二十四尺以四十九除之得五百七

七角形求中徑圖

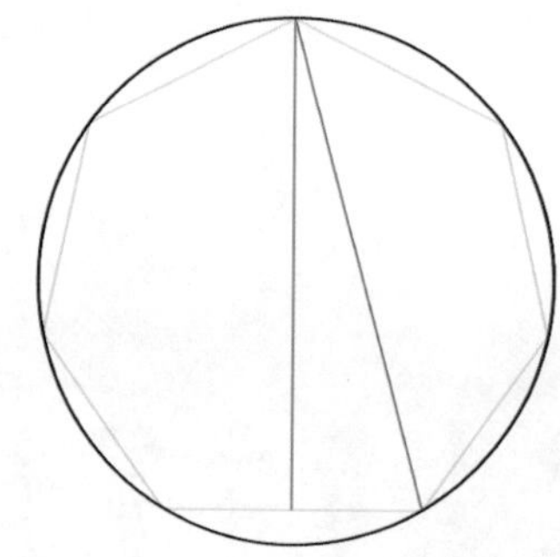

以隔二角之徑爲弦，以半面徑爲句，求得股，爲中徑。

凡圓求内七角，圓徑自乘，以六乘之，平方開之，爲隔一角之徑。以九十六乘之，平方開之，爲隔二角之徑。以四十九除之，以九乘之，爲面徑[1]。

1.問：今有圓形，徑五十六步，求面徑、隔一角、隔二角各若干？

答：面徑二十四步；

隔一角四十三步三分七厘七毫有奇；

隔二角五十四步八分六厘八毫有奇。

法：圓徑自乘，得三千一百三十六步，爲徑實。以六乘之，得一千八百八十一步六分，平方開之，得隔一之徑。以九十六乘之，得三千零一十步五分六厘，平方開之，得隔二之徑。以九乘之，得二萬八千二百二十四步，以四十九除之，得五百七

1 如圖 1-6，設七角面徑爲 a，隔一徑爲 l_1，隔二徑爲 l_2，圓徑爲 d。據“圓徑求七角諸徑”術文得：

$$HF^2 = OF^2 - OH^2 = \left(\frac{d}{2}\right)^2 - \left(\frac{d}{10}\right)^2 = \frac{24}{100}d^2$$

故：

$$l_2^2 = (2HF)^2 = 4 \times \frac{24}{100}d^2 = \frac{96}{100}d^2$$

$$l_1^2 = AC^2 = AH^2 + CH^2 = \left(\frac{6}{10}d\right)^2 + \frac{24}{100}d^2 = \frac{6}{10}d^2$$

假定七角周與圓周等長，設圓周爲 C，則 $a = \frac{C}{7} = \frac{3d}{7}$，故：

$$a^2 = \left(\frac{3d}{7}\right)^2 = \frac{9}{49}d^2$$

詳參後解。

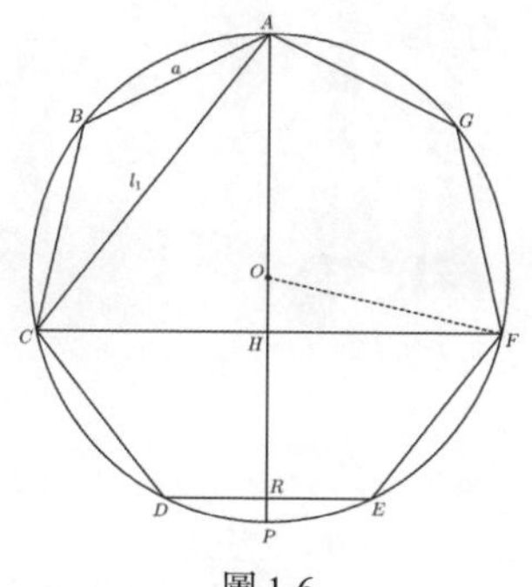

圖 1-6

十六乘平方開之得面徑

解：隅一徑之實，視太[?]之實為六之千，神隅一徑十分，太[?]得甚也。視全圓徑之實為十之六，神全圓徑十分隅一徑得其六也，蓋若如有物一百，為千之十，圓徑是也。六六三十六為六之六，太[?]是也，六千為十之六，六為六之十，隅一徑是也。蓋隅一徑視全徑則為六，視太半徑則為十，故置其全徑之實，以六乘之而得隅角之實也，此乘其六是乘多而少，伸十分中六得其幾，然乘少為多之乘也。〇半隅二之實，於隅一實得其四，全自乘視半自乘為四倍，則一十有六，實十為六十六為一三十六，故以九十六乘之而得隅二徑之實，皆兩實有以一八三之七有奇乘之，或以五四四不足大除之，乘法數多，除法不整，故以乘除兼用求之也。蓋角形自五方以上，便以圓周周七角，則當有[illegible]數不止周周，實已甚就同周計之，圓周得三，圓徑得一，角周分七，以化法通之，以圓周為三七二十一，以圓徑為七，角面得圓周七之一，為三，三自乘得九為角實，七自乘得四十九為徑實，或以圓周為一六十三，圓徑為二十一，角面為九，以八十一為角實，以四百四十一為徑實，其法同也。然九除四十九得五四四不足，以四十九除九得一八三六七有奇也。〇隅一率以圓除法在一六六五不足，有乘除兼用，無田可約，以不如乘法之簡而易也。〇其求中徑法，置圓徑實，或以九四乘之，或以一四九四除之，但數有善，故不入率，然以除[illegible]得其十六步，平方開之，得面徑[1]。

解：隔一徑之實視大矢之實，爲六之十，謂隔一徑十分，大矢得其六也；視全圓徑之實，爲十之六，謂全圓徑十分，隔一徑得其六也。譬如有物一百，爲十之十，圓徑是也；六六三十六，爲六之六，大矢是也；六十爲十之六，亦爲六之十，隔一徑是也。蓋隔一徑視全徑則爲六，視大半徑則爲十。故置全徑之實，以六乘之，而得隔角之實也。此乘亦是乘多爲少，謂十分中而得其幾，非乘少爲多之乘也。◎半隔二之實，於隔一實得其四。全自乘視半自乘，必四倍，則一十有六矣。十爲六十，六爲一三十六，故以九十六乘之，而得隔二徑之實也。◎面實應以一八三六七有奇乘之，或以五四四不盡除之。乘法數多，除法不整，故以乘除兼用求之也。蓋角形自五方以上，便與圓同周。七角則當有溢數，不止同周而已。姑就同周計之[2]，圓周得三，圓徑得一，角周分七。以化法通之，以圓周爲三七二十一，以圓徑爲七，角面得圓周七之一，爲三。三自乘得九，爲角實；七自乘得四十九，爲徑實。或以圓周爲六十三，圓徑爲二十一，角面爲九，以八十一爲角實，以四百四十一爲徑實，其法同也。以九除四十九，得五四四不盡；以四十九除九，得一八三六七有奇也。◎隔一率若用除法，應一六六不盡；隔二率若用除法，應一零四一六六不盡。若乘除兼用，無紐不可約，皆不如乘法之簡而整也。◎其求中徑法，置圓徑實，或以九一四乘之，或以一零九四除之，俱零數參差，故不入率。然後亦能得其

1 據術文，解得各徑爲：

$$l_1=\sqrt{\frac{6}{10}d^2}=\sqrt{\frac{6}{10}\times 56^2}=\sqrt{1881.6}\approx 43.377$$

$$l_2=\sqrt{\frac{96}{100}d^2}=\sqrt{\frac{96}{100}\times 56^2}=\sqrt{3010.56}\approx 54.868$$

$$a=\sqrt{\frac{9}{49}d^2}=\sqrt{\frac{9}{49}\times 56^2}=\sqrt{576}=24$$

2 七角周大於六角周，當圓周率 π 取 3 時，六角周與圓周等長，即 $C=3d$ 。則七角周大於圓周，於理不合，故假定七角周等同於圓周。

大略也○凡實相求係方之法其形面徑法單用乘則以八三五七方為率用除則五四四為率兼乘除兼用則以九乘之以四九除之又其方圓相求乘則七五除則一三三為率兼乘除兼用則三因四歸但所其首便如其實用之耳其求法之法以步除多以數以除法以多除步以數以乘法與所數相較求所經數較所數以乘除兼用之法也

圓求七角形徑圖一

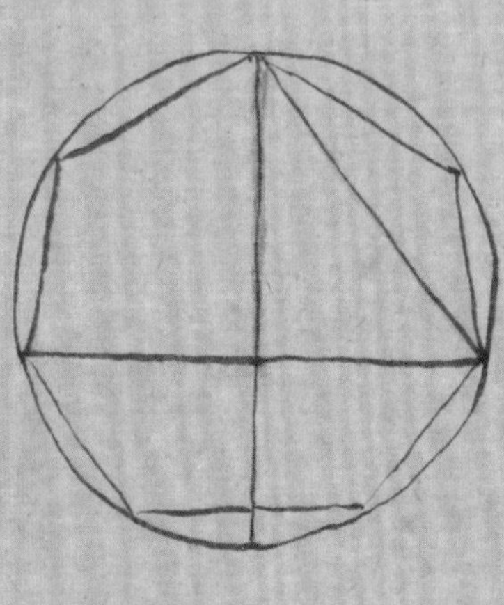

青為太半矢股實係為隅一徑往實以徑計之圓徑十步其太半之實步以六與全圓十步則太半徑六步是也以積計之太半實六則隅一之實為千九太矢積三十六則隅一積六千是也六千乘開是步是七以方其是圓徑十步內藏七角隅一之徑也故置其全徑之實以六乘之方得

大畧也。◎凡多寡相求，俱有三法。如此形面徑法，單用乘，則以八三六七有零；單用除，則五四四不盡；乘除兼用，則以九乘之，以四十九除之。又如方圓相求，乘則七五，除則一三三不盡；乘除兼用，則三因四歸。但取其省便整齊者而用之耳。其求法之法，以少除多得數，即除法；以多除少得數，即乘法；兩數相較，求得紐數，以較兩數，即乘除兼用之法也。

圓求七角諸徑圖一

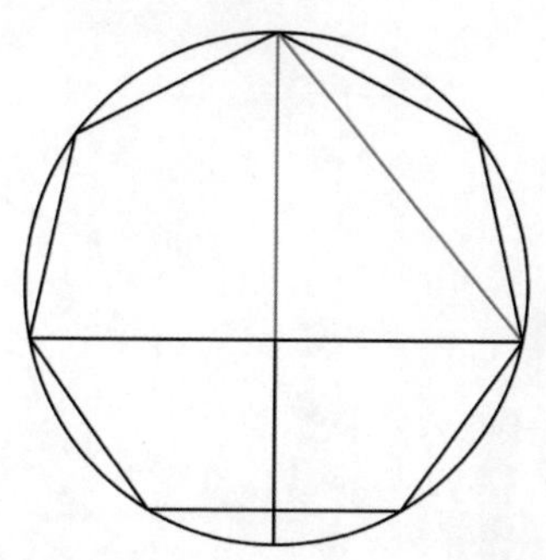

青爲大半矢股實，緑爲隔一徑弦實。以徑計之，圓徑十，其大半之矢必六，如全圓十步，則大半徑六步是也。以積計之，大半實六，則隔一之實必十，如大矢積三十六，則隔一積六十是也。六十平開，得七步七分有奇，是圓徑十步，内藏七角隔一之徑也。故置全徑之實，以六乘之而得。

圓求七角法徑圖二

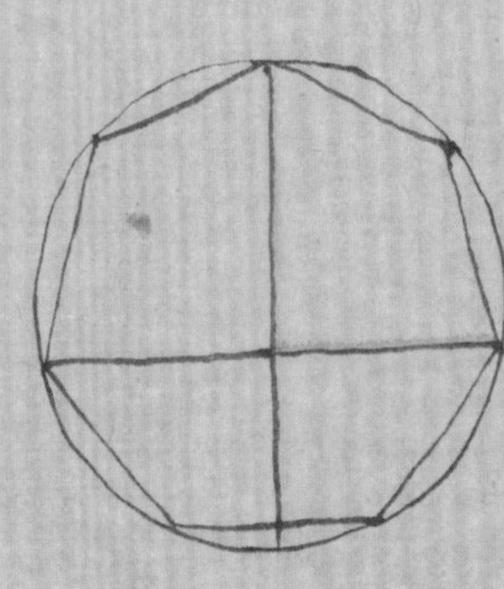

圓求七角法徑圖三

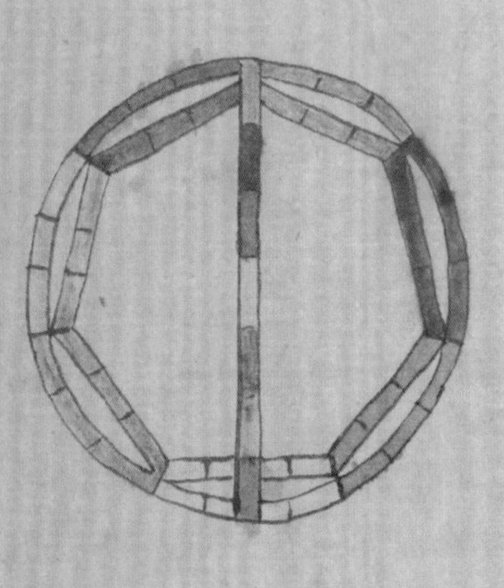

黄爲隅二徑之半句實係爲隅一徑旋隅
隅一角之實十則半隅二之實得四如前圖
隅一實六十則半隅二之實當三十四半闕
之得四十九以滿倍之得九十七以臨是
圓徑十步内旋七角隅二之徑也全徑自乘
視半徑自乘當如四倍則爲九十八殊於八
九十六乘之而得

以徑爲弦用句股算之則七角之面合之溢於
圓周之外矣故取同周爲法如徑七步則圓
周得二十一步七歸之各得三步是面徑也
以實計之徑實七七四十九則面實三三得九故
以四十九歸之以九乘之而得面積半闕之而得
面徑然積法不如徑法之簡易也

圓求七角諸徑圖二[1]

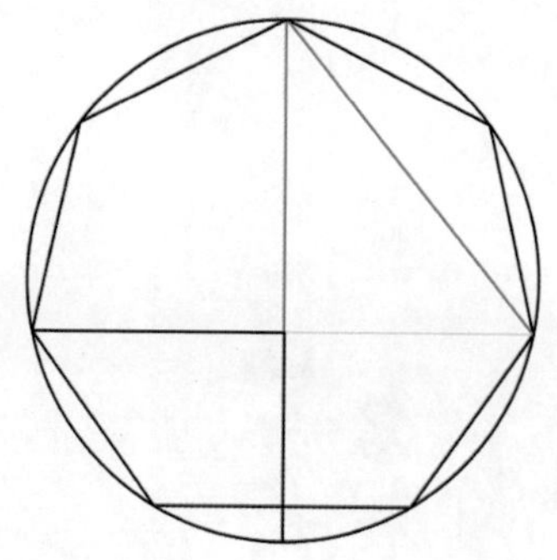

黄爲隔二徑之半句實，緑爲隔一徑弦實。隔一角之實十，則半隔二之實必四。如前圖，隔一實六十，則半隔二之實當二十四。平開之，得四步九分弱，倍之，得九步七分强。是圓徑十步，内藏七角隔二之徑也。全徑自乘視半徑自乘，當如四倍，則爲九十六矣，故以九十六乘之而得。

圓求七角諸徑圖三

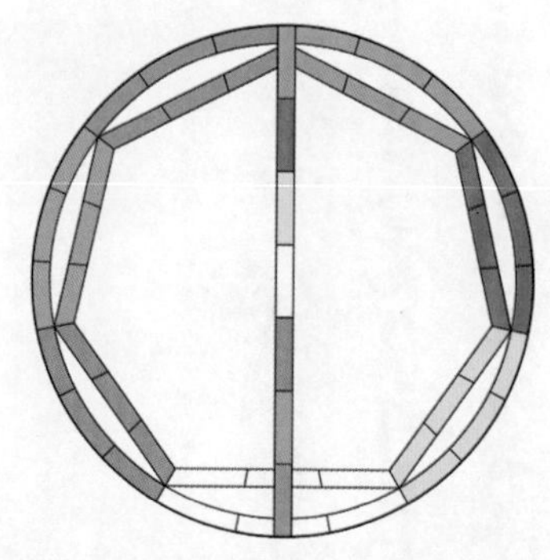

以徑爲率，用句股筭之，則七角之面合之溢於圓周之外矣。姑取同周爲法，如徑七步，則圓周必二十一步，七歸之，各得三步，是面徑也。以實計之，徑實七七四十九，則面實三三得九，故以四十九歸之，以九乘之而得面積，平開之而得面徑。然積法不如徑法之簡易也。

1 原圖缺緑線，據文意補繪。

圜求七角設徑圖四

以隔二角弦半面爲句求得中徑股實二十八萬三千六百八十四步四分八釐二毫零平開之得五百三十二步五分三釐有奇

法已見前以半圜徑爲弦七百八十四步減半面內過一百四十四步零七釐七毫四絲五忽餘六百三十九步九分二釐二毫有奇平開之得二十五步二分八釐有奇合半圜徑二十八步止五十三步二分八釐有奇爲已上長短二弦差二分五釐有奇也置圜徑實三千一百三十六步九一四乘之得實二千八百六十六步三分有奇以一六九四除之得實二千八百六十六步五分有奇二法六微有奇差故不得其大畧也

凡七角設徑舉一可以相知面徑得二角徑九之四一角徑得二角徑五之四

假如有七角形每面二十四步求隔一角隔二角各若干

圓求七角諸徑圖四

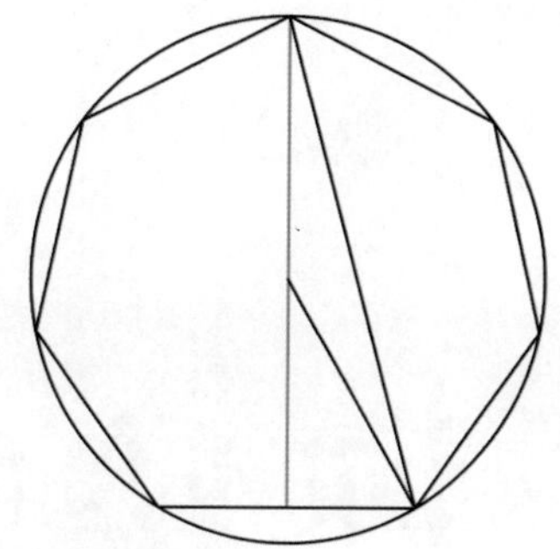

以隔二爲弦，半面爲句，求得中徑股實二千八百六十六步四分八厘三毫零。平開之，得五十三步五分三厘有奇。

法已見前。以半圓徑爲弦七百八十四步，減半面句一百四十四步零七厘七毫四絲五忽，餘六百三十九步九分二厘二毫有奇。平開之，得二十五步二分八厘有奇。合半圓徑二十八步，止五十三步二分八厘有奇而已。是長短二弦差二分五厘有奇也。置圓徑實三千一百三十六步，以九一四乘之，得實二千八百六十六步三分有奇；以一零九四除之，得實二千八百六十六步五分有奇。二法亦微有參差，故云得其大畧也。

凡七角諸徑，舉一可以相知。面徑得二角徑九之四，一角徑得二角徑五之四。[1]

1.問：今有七角形，每面二十四步。求隔一角、隔二角各若干？

1 設七角面徑爲 a，隔一徑爲 l_1，隔二徑爲 l_2。又任設圓徑 $d=56$，據前條“徑實求七角諸徑”術文，求得七角面徑爲：

$$a=\sqrt{\frac{9}{49}d^2}=\frac{3}{7}d=\frac{3}{7}\times 56=24$$

隔一徑爲：

$$l_1=\sqrt{\frac{6}{10}d^2}=\sqrt{\frac{6}{10}\times 56^2}=\sqrt{1881.6}\approx 43.377$$

隔二徑爲：

$$l_2=\sqrt{\frac{96}{100}d^2}=\sqrt{\frac{96}{100}\times 56^2}=\sqrt{3010.56}\approx 54.869$$

故：

$$\frac{a}{l_2}\approx\frac{24}{54.869}\approx\frac{24}{54}=\frac{4}{9}$$

$$\frac{l_1}{l_2}\approx\frac{43.377}{54.869}\approx\frac{44}{55}=\frac{4}{5}$$

答隔一角四十三步二分　隔二角五十四步

法置面徑二十四步四歸之得六九因之得五十四為二角徑○置二角徑五歸之得一十步八分四因之得四十三步二分為一角徑

解曰此角自求之法亦圜用徑周起率之法也圓徑五十六步周一百七十六步七角徑七因之恰合圓周之數此以密率之不但圓周不止於此即角亦不止於此也何以取之五角一角已與圓同周矣七角更出其外當有溢數可知如六角九角其溢更多証知每面不止二十四步而已也若圓無確法密率篇已詳之矣○若先得隔一徑則四歸五因得隔二以九歸四因得面先得隔二徑則五歸四因得隔一以之推逆之為立一率隔二徑四十五步隔一徑三十六面徑二十展轉保合此與句股法之總有參差也

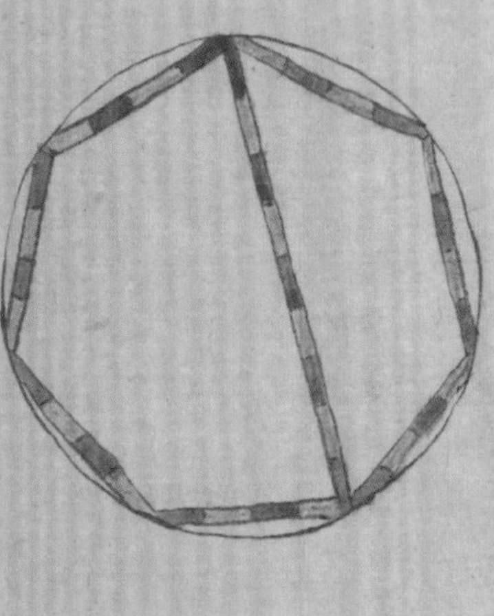

面徑得二角徑九之四

答：隔一角四十三步二分；　　　　　　　　隔二角五十四步。

法：置面徑二十四步，四歸之得六，九因之得五十四，爲二角徑。◎置二角徑，五歸之，得一十步八分；四因之，得四十三步二分，爲一角徑。

解：此七角自求之法，亦圓形從周起率之法也。圓徑五十六步，周應一百六十八步。今以圓徑七因之，恰合圓周之數。然以實求之，不但圓周不止於此，即周角亦不止於此也。何以明之？五角六角已與圓同周矣，七角更出其外，當有溢數可知，至八角九角，其溢更多，証知每面不止二十四步而已也。若周無確法，定率篇已詳之矣[1]。◎若先得隔一徑，則四歸五因，得隔二；以九歸四因，得面。先得隔二徑，則五歸四因，得隔一，皆可推也。今爲立一率，隔二徑四十五步，隔一徑三十六，面徑二十，展轉俱合，然與句股法亦微有參差也。

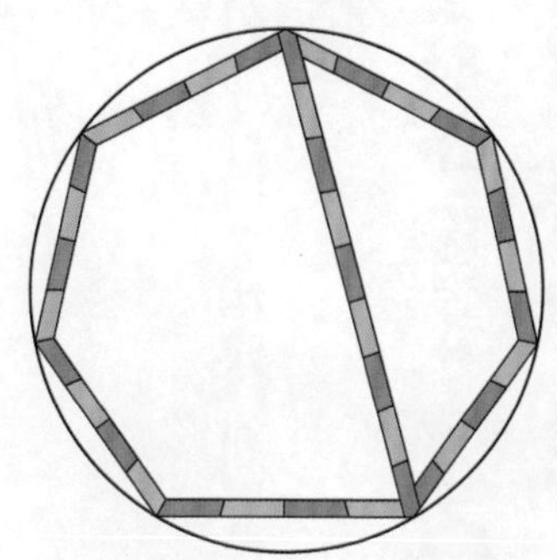

面徑得二角徑九之四。

1 前條"徑實求七角諸徑"題解略論周無確法，此處"定率篇"或指彼條。然以篇指術文，似不合例。本書卷二"太乙書"亦提及"定率篇"，疑本書原有"定率篇"，今不存。

一角徑得二一角徑五之四

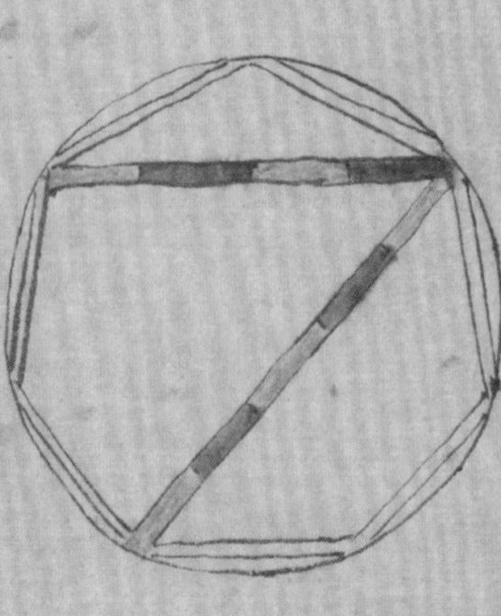

向七角形求外圓隔一角徑自乘以一百之平開之隔二角自乘以九十七百之平開之得外圓徑

假如七角形隔二角五十二步八分六釐八毫隔角隔一角四十二步三分七釐七毫隔角求外圓徑幾何

答五十八步

法隔一角自乘得一千八百二十一步六分以六百之得三千一百二十六步平開之

隔二角自乘得三千零一十五步五分六釐以九十七百之得三千一百三十六步平開之得圓徑

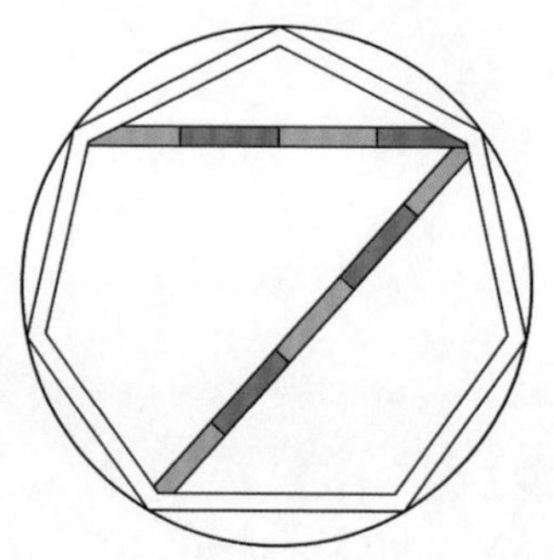

一角徑得二角徑五之四。

凡七角形求外圓，隔一角徑自乘，以六歸之，平開之；隔二角自乘，以九十六歸之，平開之，俱得圓徑[1]。

1.問：今有七角形，隔二角五十四步八分六厘八毫有奇，隔一角四十三步三分七厘七毫有奇。求外圓徑若干？

答：五十六步。

法：隔一角自乘，得一千八百八十一步六分，以六歸之，得三千一百三十六步，平開之；隔二角自乘，得三千零一十步五分六厘，以九十六歸之，得三千一百三十六步，平開之，得（面）［圓］徑。

1 此條與前條"徑實求七角諸徑"條互爲逆運算。設隔一徑爲 l_1，隔二徑爲 l_2，圓徑爲 d，七角諸徑求圓徑，法爲：

$$d=\sqrt{\frac{10}{6}l_1^2}$$

$$d=\sqrt{\frac{100}{96}l_2^2}$$

解此爲內圓求七角相表裏故易除爲乘易乘爲除也得之前反得多者以十分

內之幾分作爲十分乃歸少爲多之法　內分多爲少之歸法也

如七角形爲圭形四梯形三半徑圭以面爲底以圓徑之半減中徑餘爲徑合

七爲得全積角圭以隔一徑爲底以隔一徑出圓邊爲徑中圭以隔二徑爲底

以圓徑十之六爲徑長圭以面徑爲底以半徑爲徑◎面梯以面爲頂以隔二徑

爲底以圓徑十之六減中徑餘爲徑中梯以隔一徑爲頂以隔二徑爲底圓徑

十之六減圭角之徑餘爲徑通梯以面徑爲頂以隔一徑爲底中徑減角圭

之徑餘爲徑此圭梯形各求得積通總出漏湊合併得全積

問七角形每面二十四步零二六毫四絲求積若干

答二千一百四十五步

法以半圓徑二十八步減中徑五十三步五分三厘餘二十五步五分三厘與面徑相

乘得六百一十二步八分八厘折半得三百零六步四分四厘七角因之爲全積

角圭底四十三步四分徑一十步零三分相乘得四百四十七步折半得二百二十

三步五分

中圭底五十四步八分徑三十三步六分相乘得一千八百四十二步折半得九百二十

一步

解：此與圓求七角相表裡，故易除爲乘、易乘爲除而得之。歸反得多者，以十分内之幾分作爲十分，乃歸少爲多之法，非分多爲少之歸法也。

凡七角形，有圭形四、梯形三。半徑圭以面爲底，以圓徑之半減中徑餘爲徑，合七而得全積。角圭以隔一徑爲底，以隔一徑至圓邊爲徑。中圭以隔二徑爲底，以圓徑十之六爲徑。長圭以面徑爲底，以中徑爲徑[1]。◎面梯以面爲頂，以隔二徑爲底，以圓徑十之六減中徑餘爲徑[2]。中梯以隔一徑爲頂，以隔二徑爲底，圓徑十之六減（圭角）[角圭]之徑餘爲徑。通梯以面徑爲頂，以隔一徑爲底，中徑減角圭之徑餘爲徑[3]。諸圭梯形，各求得積，通融湊合，俱得全積。

1.問：今有七角形，每面二十四步零零六毫四絲，求積若干？

答：二千一百四十五步。

法：以半圓徑二十八步減中徑五十三步五分三厘，餘二十五步五分三厘。與面徑相乘，得六百一十二步八分八厘，折半得三百零六步四分四厘。七因之，爲全積。

角圭，底四十三步四分，徑一十步零三分。相乘得四百四十七步，折半得二百二十三步五分。

中圭，底五十四步八分，徑三十三步六分。相乘得一千八百四十二步，折半得九百二十一步。

---

1 如圖 1-7，設七角面徑爲 a，隔一徑爲 l_1，隔二徑爲 l_2，中徑爲 h，圓徑爲 d。ODE 爲半徑圭，底面 $DE=a$，圭徑 $OP=AP-OA=h-\frac{d}{2}$。ABG 爲角圭，底面 $BG=l_1$，圭徑 $AQ=OA-OQ=\frac{d}{2}-\sqrt{\left(\frac{d}{2}\right)^2-\left(\frac{l_1}{2}\right)^2}$。$ACF$ 爲中圭，底面 $CF=l_2$，圭徑 $AH=\frac{6}{10}d$。ADE 爲長圭，底面 $DE=a$，圭徑 $AP=h$。參後圖説。

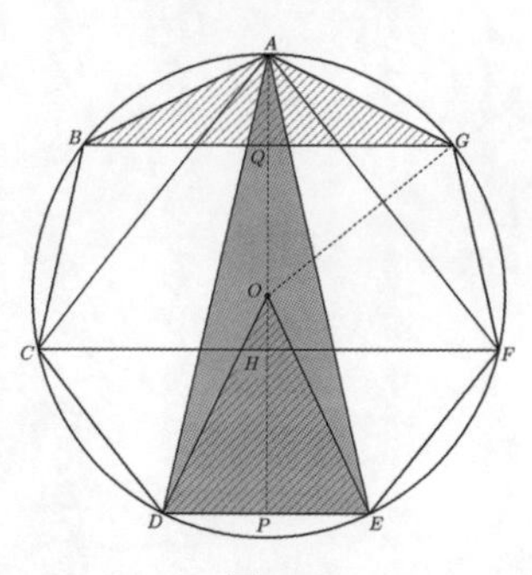

圖 1-7

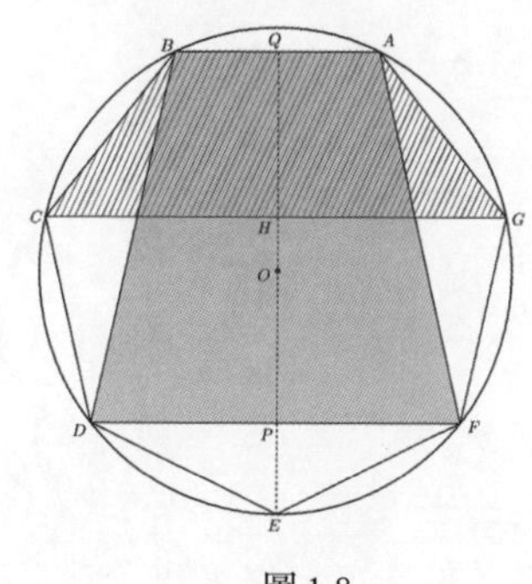

圖 1-8

2 圭角，當作“角圭”。後中梯圖説亦誤，並改。

3 如圖 1-8，$ABCG$ 爲面梯，頂面 $AB=a$，底面 $CG=l_2$，梯徑 $QH=QE-HE=h-\frac{6}{10}d$。$DFGC$ 爲中梯，頂面 $DF=l_1$，底面 $CG=l_2$，梯徑 $HP=HE-PE=\frac{6}{10}d-PE$。$ABDF$ 爲通梯，頂面 $AB=a$，底面 $DF=l_1$，梯徑 $QP=QE-PE=h-PE$。其中，PE 即角圭之徑，據前條注釋得：$PE=\frac{d}{2}-\sqrt{\left(\frac{d}{2}\right)^2-\left(\frac{l_1}{2}\right)^2}$。

長圭底二十四步零〻六毫四絲，徑五十四步五分二釐，相乘得一千二百八十五步，折

半得六百四十三步

面梯頂二十四步零〻六毫四絲，底五十四步八分六釐八毫五絲六忽，折闊二十

九步四分頂半徑一十九步九分，頂半相乘得一千八十四步有奇，以梯法求徑，先

將二角五十四步八分六釐八毫五絲六忽，減面徑二十四步零〻六毫四絲

餘三十步零八分二釐二毫一絲六忽，折半得一十五步四分一釐一毫零八

忽，自乘得二百三十八步一分一釐八毫二絲，以減面徑自乘五百七十七步三

分零七毫二絲四忽一微，餘三百三十八步一分九釐，平開之，得一十八步四分弱

為斜闊，三九步四分相乘得七百二十五步弱

中梯頂四十三步二分七釐，底五十四步八分六釐，折闊四十九步二分，徑二十三

步三分零八毫八絲，相乘得一千一百四十七步

通梯頂二十四步零六毫四絲，底四十三步四分，折闊三十三步七分，徑四十

三步七分相乘得一千四百五十九步

合面圭一，面梯一，中梯一，角圭二，中圭一，通梯一，角圭三，通梯一，長圭一，面

梯二，併得全積

解：圭梯分湊之法，各數不同，所云二千七百四十五步有奇，乃就七圭求之，如一角圭

長圭，底二十四步零零六毫四絲，徑五十（四）［三］步五分三厘。相乘得一千二百八十五步，折半得六百四十三步。

面梯，頂二十四步零零六毫四絲，底五十四步八分六厘八毫五絲六忽，折闊三十九步四分有奇，徑一十九步九分有奇，相乘得七百八十四步。若以梯法求徑者，隔二角五十四步八分六厘八毫五絲六忽，減面徑二十四步零零六毫四絲，餘三十步零八分六厘二毫一絲六忽。折半得一十五步四分三厘一毫零八忽，自乘得二百三十八步一分一厘八毫二絲，以減面徑自乘五百七十六步三分零七毫二絲四忽一微，餘三百三十八步一分九厘。平開之，得一十八步四分弱，與折闊三十九步四分相乘，得七百二十五步弱[1]。

中梯，頂四十三步三分七厘，底五十四步八分六厘，折闊四十九步二分，徑二十三步三分零八毫八絲，相乘得一千一百四十七步。

通梯，頂二十四步零［零］六毫四絲，底四十三步四分，折闊三十三步七分，徑四十三步三分，相乘得一千四百五十九步。

合角圭一、面梯一、中梯一；角圭二、中圭一、面梯一；角圭三、通梯一；長圭一、面梯二，俱得全積。

解：圭梯分湊之法，各數不同。所云二千一百四十五步者，乃就七圭求之。如一角圭、

1 如圖 1-9，$ABCD$ 爲面梯，AE 爲梯徑，在句股 ACE 中，弦 $AC = a = 24.0064$，句：

$$CE = \frac{CD - AB}{2} = \frac{l_2 - a}{2} = \frac{54.86856 - 24.0064}{2} = 15.43108$$

用句股法求得面梯中徑爲：

$$AE = \sqrt{AC^2 - CE^2} = \sqrt{a^2 - \left(\frac{l_2 - a}{2}\right)^2} \approx 18.39$$

據術文，求得面梯中徑爲：

$$AE = h - \frac{6}{10}d = 53.53 - \frac{6}{10} \times 56 = 19.93$$

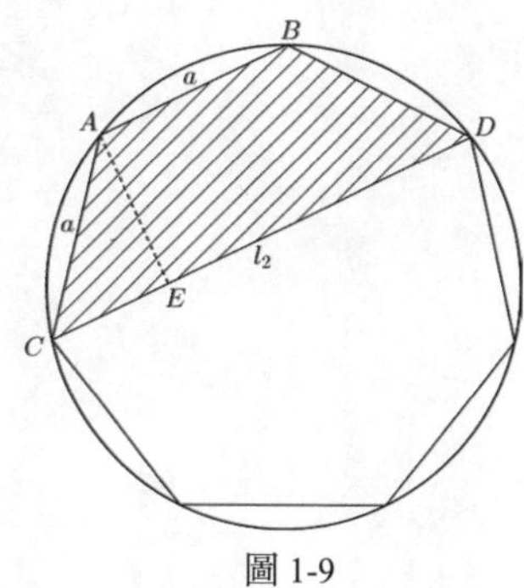

圖 1-9

一面積一中積合之得二千一百五十四步五分之九步為共和面積與徑求積
此二千四百九十五步為共少四十九步為共二角圭一中圭一面積合之得二千一百五
十二步之七步內面積與徑求積此二千四百九十三步少五十二步之三角圭一面積
合之得二千一百二十九步五分之少一十五步為共一長圭二面積合之得二千一百七十
一步之七十六步內面積與徑求積此二千四百九十三步少五十二步之減此減多
多數千步共良田四十五段錯雜收之則為一并之則縮經之差為少積差
如多且如面積二徑以徑句股乘之差至一步五分之為共乘步卅二十九
步為共之闊相乘宜其差至一千餘步也今再以闊句共股之法求之面徑
自乘五百七十六步二分零九毫八絲二忽隔一徑自乘一千八百八十一步六分
以面徑為短徑隔一為長徑隔二之徑在長為股在短為句以面實減隔
一實餘一千三百零五步二分九釐四毫一絲八忽以隔二徑五十四步八分六釐
矩率除之得二十三步七分八釐六毫矩率以減隔二徑餘三十一步零八
釐弱折半得一十五步五分矩率自乘得二百四十步矩率以減面徑餘三
百三十六步成將二十三步七分八釐六毫加入隔二徑得七十八步六分四釐折
半得三十九步三分二釐矩率自乘得一千五百四十六步四分六釐二毫四絲
以減隔一自乘餘亦三百三十六步平開之得一十八步三分矩率為求積法

一面梯、一中梯，合之得二千一百五十四步五分，多九步有奇；内面梯若從小積，止二千零九十五步有奇，少四十九步有奇。二角圭、一中圭、一面梯，合之得二千一百五十二步，多七步；内面梯若從小積，止二千零九十三步，少五十二步。三角圭、一通梯，合之得二千一百二十九步五分，少一十五步有奇。一長圭、二面梯，合之得二千二百一十一步，多六十六步；内面梯若從小積，止二千零九十三步，少五十二步。或少或多，動至數十步者，良由零數錯雜，收之則盈，棄之則縮，徑差雖少，積差必多。且如面梯二徑皆從句股而來，然差至一步五分有奇，更與三十九步有奇之闊相乘，宜其差至五十餘步也。今再以同句共股之法求之，面徑自乘五百七十六步三分零九毫八絲二忽，隔一徑自乘一千八百八十一步六分。以面徑爲短弦，隔一爲長弦，隔二之徑在長爲股，在短爲句。以面實減隔一實，餘一千三百零五步二分九厘零一絲八忽，以隔二徑五十四步八分六厘有奇除之，得二十三步七分八厘六毫有奇，以減隔二徑，餘三十一步零八厘弱，折半得一十五步五分有奇，自乘得二百四十步有奇，以減面徑［自乘］，餘三百三十六步。或將二十三步七分八厘六毫加入隔二徑，得七十八步六分四厘，折半得三十九步三分二厘有奇，自乘得一千五百四十六步零六厘二毫四絲。以減隔一自乘，餘亦三百三十六步。平開之，得一十八步三分有奇[1]，與梯法

1 如圖 1-10，$ABCD$ 爲面梯，AE 爲面梯徑。$AC=a$ 爲面徑，$AD=l_1$ 爲隔一徑，$CD=l_2$ 爲隔二徑。設 $DE=m$，$CE=n$，據圖可知：$a^2-n^2=l_1^2-m^2$，即：$m^2-n^2=l_1^2-a^2$，則：

$$m-n=\frac{l_1^2-a^2}{m+n}$$

得：

$$2n=(m+n)-\frac{l_1^2-a^2}{m+n}$$

又 $m+n=l_2$，解得：

$$\begin{aligned}n&=\frac{1}{2}\times\left(l_2-\frac{l_1^2-a^2}{l_2}\right)\\&\approx\frac{1}{2}\times\left(54.86856-\frac{43.37741^2-24.0064^2}{54.86856}\right)\\&\approx15.5\end{aligned}$$

由句股法求得 $AE=\sqrt{a^2-n^2}\approx\sqrt{24.0064^2-15.5^2}\approx18.33$。或先求 m，法同。

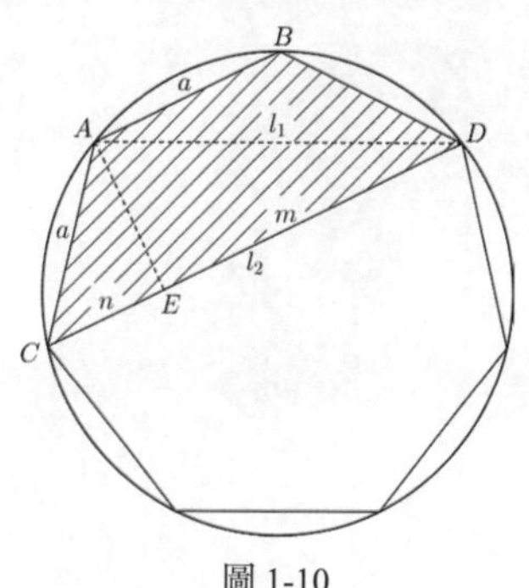

圖 1-10

不合相遠所謂七百二十五步共近其也矣酌之實以七圭求之其較密
然中徑有長短二法今七圭積亦用長股求之其短法半圓徑爲徑
半面爲勾求得中徑二十五步二分八釐有奇以七圭求之止二千一百二十五
步零七毫是二千一百零五步共已爲溢數五十按形用徑又從長股而來
以之合積宜其溢數之尤多也今立一粗率圓容七角五百八十三之五百
零九三分得其大都云

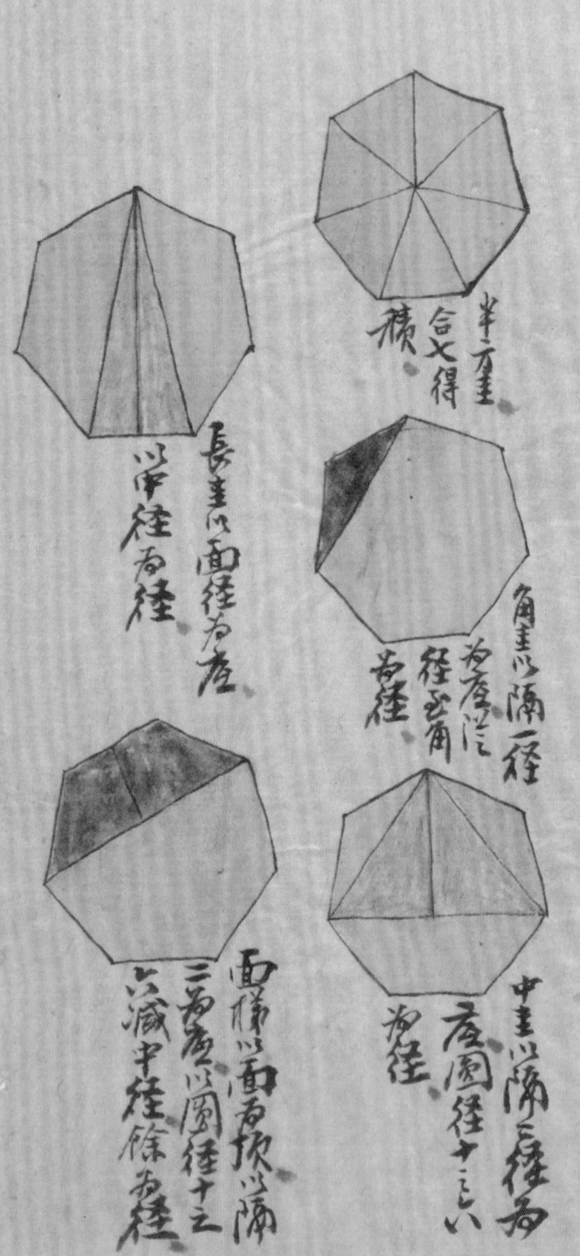

不甚相遠，則所謂七百二十五步者近是也。參酌多寡，以七圭求之者較密。然中徑有長短二法，今七圭積亦用長股求之者。若短法，半圓徑爲弦，半面爲句，求得中徑二十五步二分八厘有奇[1]。以七圭求之，止二千一百二十五步而已，是二千一百四十五步者，已爲溢數。至梯形諸徑，又從長股而來，以之合積，宜其溢數之尤多也。今立一粗率，圓容七角，五百六十之五百零九[2]，亦可得其大都云。

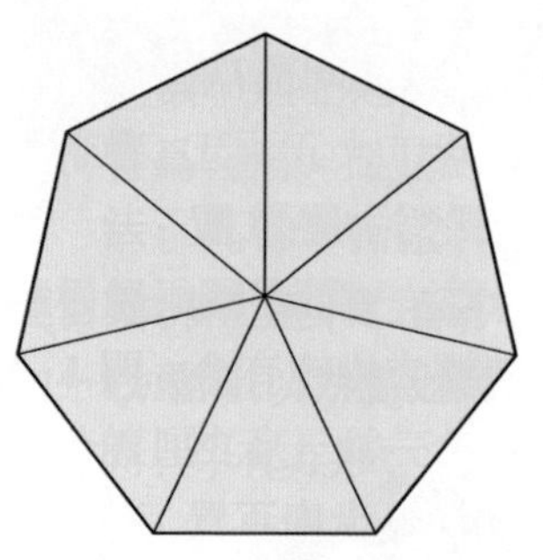

半方圭合七得積[1]。

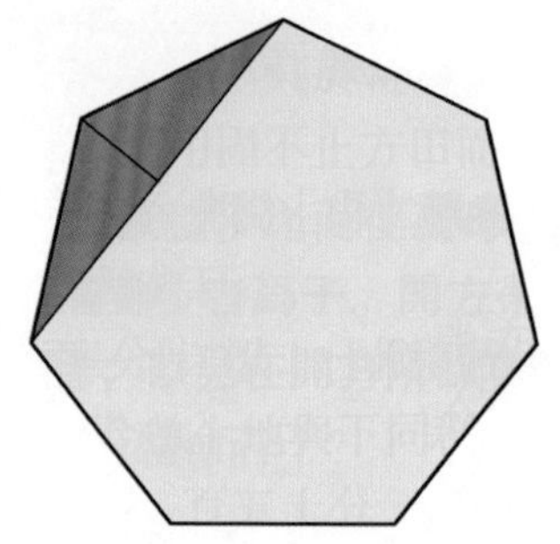

角圭以隔一徑爲底，從徑至角爲徑。

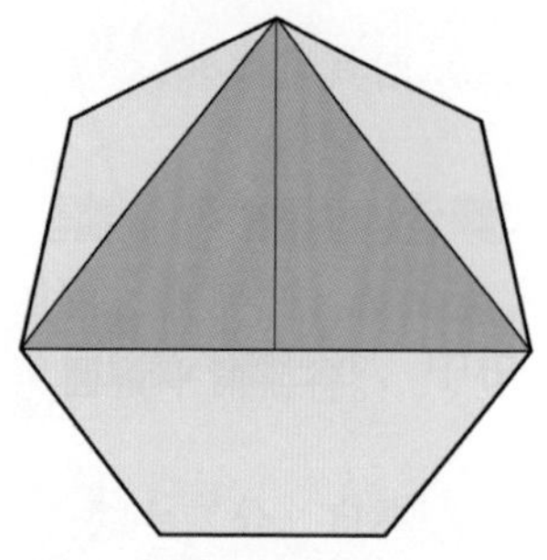

中圭以隔二徑爲底，圓徑十之六爲徑。

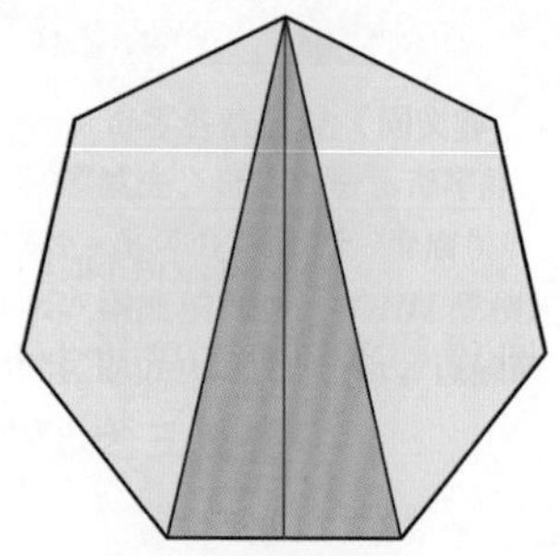

長圭以面徑爲底，以中徑爲徑。

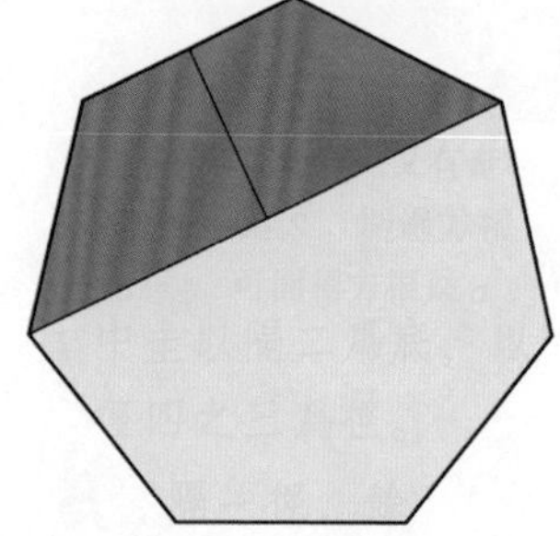

面梯以面爲頂，以隔二爲底，以圓徑十之六減中徑，餘爲徑。

---

1 參“徑實求七角諸徑”之“圓求七角諸徑圖四”。以長法得半徑圭之徑爲：$h_1=\sqrt{l_2^2-\left(\frac{a}{2}\right)^2}-\frac{d}{2}\approx 25.53$，七角積爲：

$$S_1=7\times\frac{a\times h_1}{2}\approx 2145$$。以短法求得半徑圭之徑爲：$h_2=\sqrt{\left(\frac{d}{2}\right)^2-\left(\frac{a}{2}\right)^2}\approx 25.28$，七角積爲：$S_2=7\times\frac{a\times h_2}{2}\approx 2125$。

2 圓徑 $d=56$，求得圓積：$S'=\frac{3}{4}d^2=\frac{3}{4}\times 56^2=2352$。與長法所求七角積比率爲：

$$\frac{S_1}{S'}=\frac{2145}{2352}\approx\frac{511}{560}$$

與短法所求七角積比率爲：

$$\frac{S_2}{S'}=\frac{2125}{2352}\approx\frac{506}{560}$$

今所立粗率 $\frac{509}{560}$，介於二者之間。

3 半方圭，即前文所云“半徑圭”，圓徑即方面，故“半徑”亦得云“半方”。

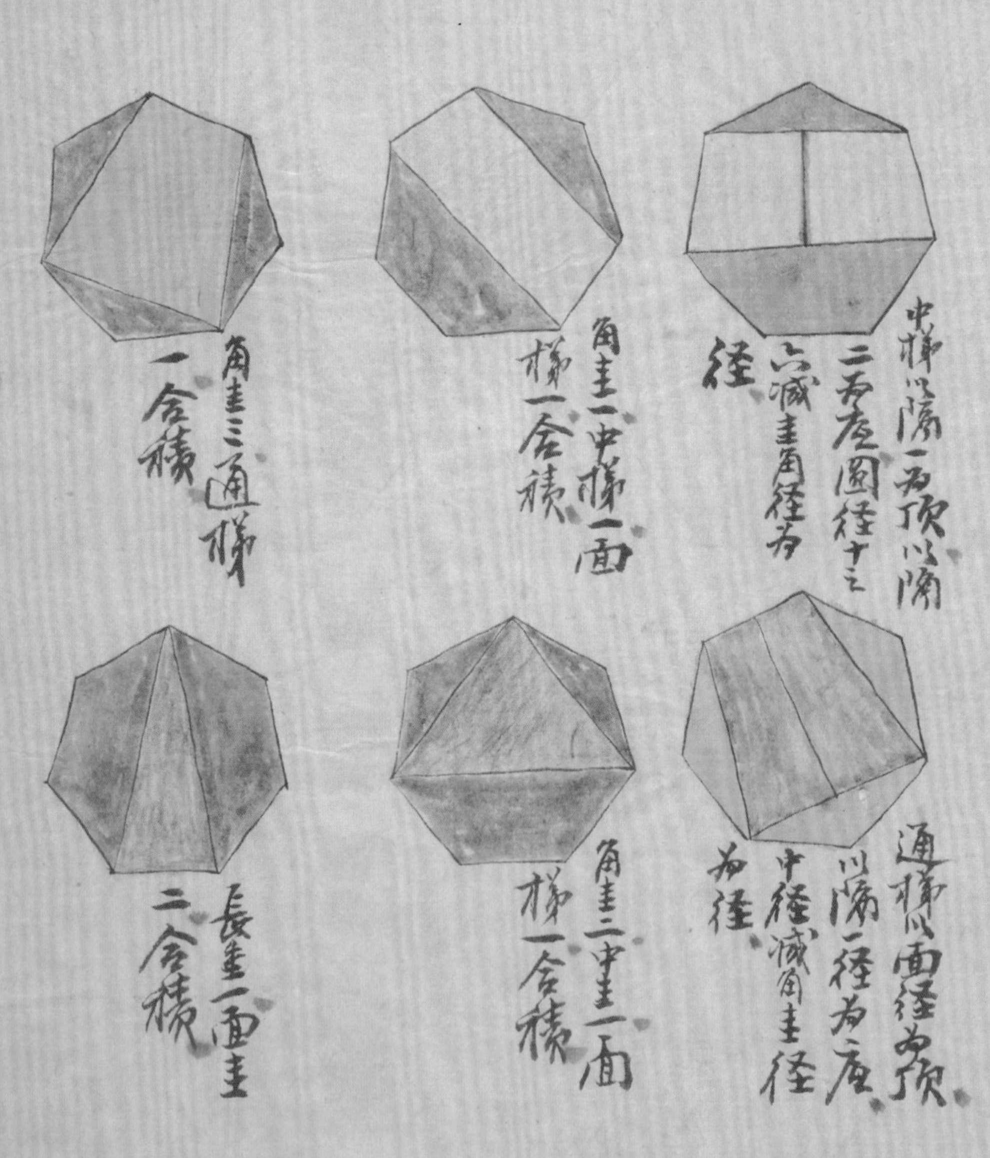
中梯以隅一為頂以隅
二為底圓徑十二
六減圭角徑為
徑
角圭一中梯一面
梯一合積
角圭三通梯
一合積
通梯以面徑為頂
以隅一徑為底
中徑減角圭徑
為徑
角圭二中圭一面
梯一合積
長圭一面圭
二合積

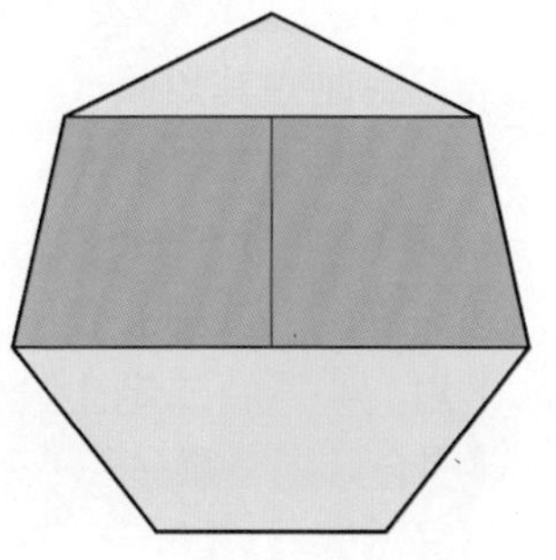

中梯以隔一爲頂，以隔二爲底，圓徑十之六減（圭角）［角圭］徑爲徑。

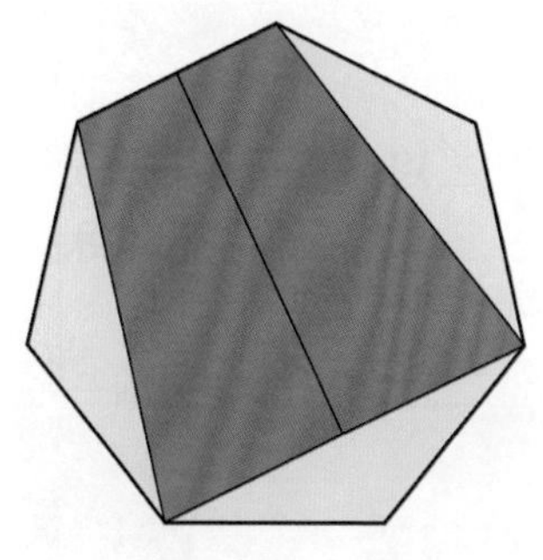

通梯以面徑爲頂，以隔一徑爲底，中徑減角圭徑爲徑。

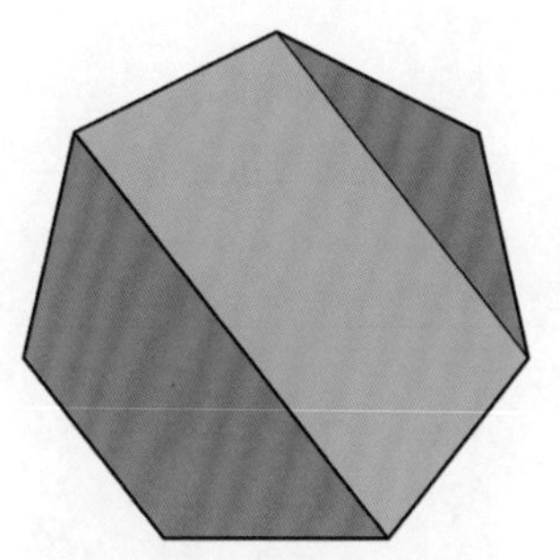

角圭一、中梯一、面梯一，合積。

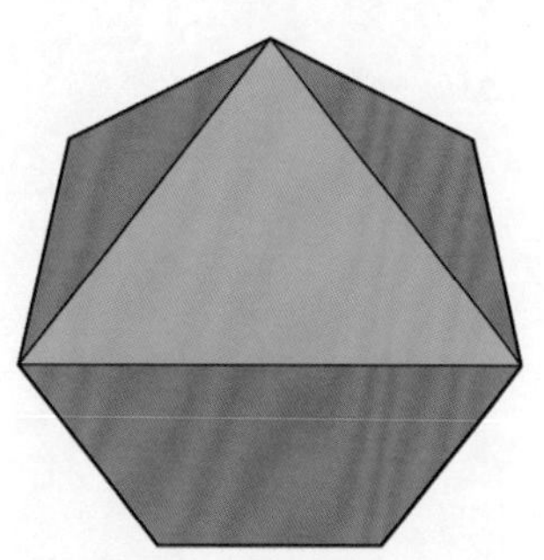

角圭二、中圭一、面梯一，合積。

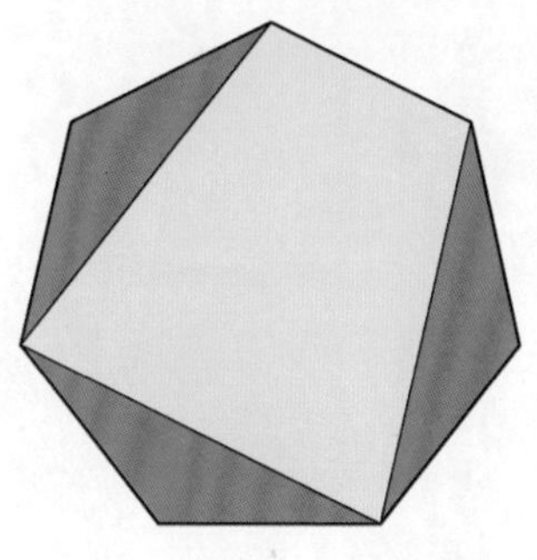

角圭三、通梯一，合積。

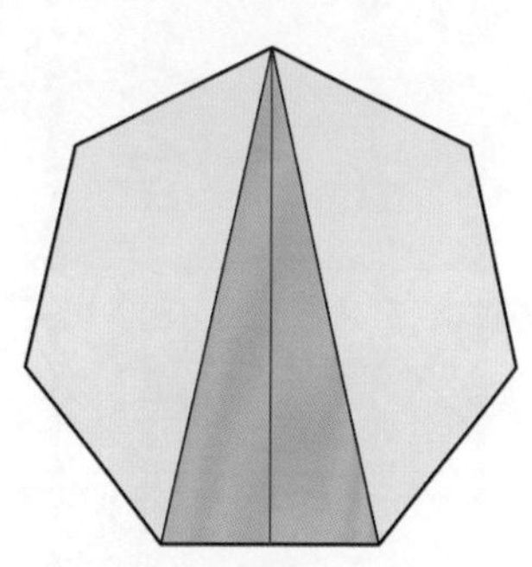

長圭一、面（圭）［梯］二，合積。

以勾股法求徑，以面徑一截
隔二徑兩分之三為內
面徑為弦，求得股為
橫徑

面徑為短弦，隔
一為長弦，在
長為股，在短
為內，求得
股，求得為
斜，求之徑即橫
徑也

設圓形九面，真若干，先以圓徑求之，以九角形隔一角隔二角隔三角併面徑中徑，實率圖
徑求之，并以七之三為弧矢，求得弦為隔三之徑，以四之三為弧矢，求得弦為隔二之徑，以二為
分之三十四為弧矢，求得弦為隔一之徑，以二分零八毫三絲，內一為面徑，以徑為二十八分
減一為中徑。以圓實求之，并置圓實平開之，得隔二之徑，以十六乘之平開之，得面徑
以二七五除之平開之，得隔一之徑，以五萬九千零四十九除之，以七萬七千一百二十五乘之
平開之，得隔三之徑，以二千八百二十二五三除之，以二千二百二十五乘平開之，得中徑
設九角形中徑四百二十步，實八分零八厘八毫二絲四忽六微，內容九角形面徑中
徑隔一角隔二角隔三角各徑若干
答 面徑 徑率一百四十五步九分，實率一百四十五步八分
中徑 徑率四百零五步八分五厘六毫五絲七忽五微，實率四百零五步九分
隔一角徑 率二百七十四步九分三厘九毫 截方實率二百七十五步五分三厘五毫 截方

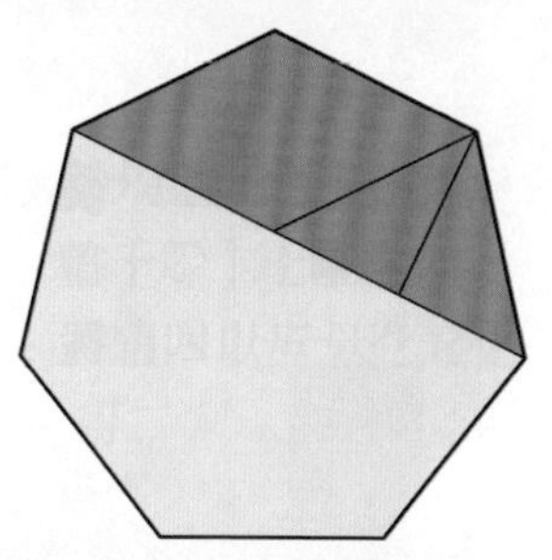

以梯法求徑，以面徑減隔二徑，兩分之爲句，面徑爲弦，求得股爲梯徑。

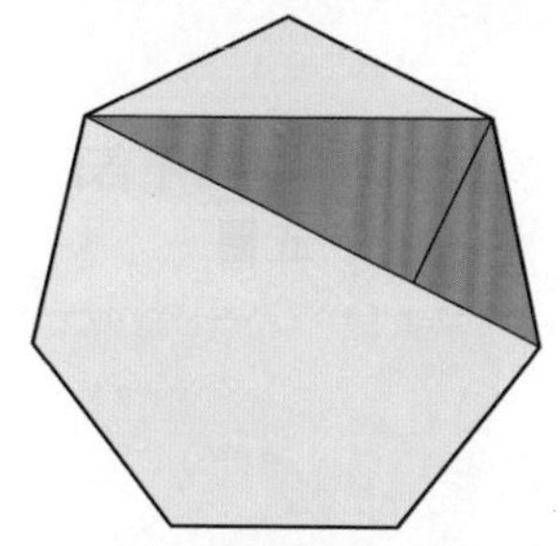

面徑爲短弦，隔一爲長弦，在長爲股，在短爲句，句求得股，股求得句，爲斜圭之徑，即梯徑也。

【九角形】

凡圓形九面直虛不見圓邊者，爲九角形。隔一角、隔二角、隔三角，併面徑、中徑而五。以圓徑求之者，以七之三爲弧矢，求得弦，爲隔三之徑；以四之三爲弧矢，求得弦，爲隔二之徑；以二百八十之三十四爲弧矢，求得弦，爲隔一之徑[1]；以二分八厘八毫三絲而一爲面徑[2]；以徑爲二十八分，減一爲中徑[3]。◎以圓實求之者，置圓實平開之，即隔二之徑[4]；以十六乘之[5]，平開之，得面徑[6]；以一七五除之，平開之，得隔一之徑[7]；以五萬九千零四十九除之，以七萬七千一百二十五乘之，平開之，得隔三之徑[8]；以（二）［一］千八百二十二五三除之[9]，以二千二百六十乘，平開之，得中徑[10]。

1.問：今有圓形，中徑四百二十步零八分八厘八毫（二）［三］絲四忽六微，内容九角，求面徑、中徑、隔一角、隔二角、隔三角各徑若干？

答：面徑徑率一百四十五步九分，實率一百四十五步八分；

中徑徑率四百零五步八分五厘六毫五絲七忽五微，實率四百零五步九分；

隔一角徑率二百七十四步九分三厘九毫有奇，實率二百七十五步五分三厘五毫有奇；

---

1 如圖 1-11，設圓徑爲 d，隔一徑爲 l_1，隔二徑爲 l_2，隔三徑爲 l_3，據術文，$AP=\frac{3}{7}d$，$AN=\frac{3}{4}d$，$AM=\frac{34}{280}d$，$AQ=\frac{27}{28}d$。用句股法解得各徑如下：

$$l_3=CH=2CP=2\sqrt{OC^2-OP^2}=2\sqrt{\left(\frac{d}{2}\right)^2-\left(\frac{d}{2}-\frac{3d}{7}\right)^2}$$

$$l_2=DG=2DN=2\sqrt{OD^2-ON^2}=2\sqrt{\left(\frac{d}{2}\right)^2-\left(\frac{3d}{4}-\frac{d}{2}\right)^2}$$

$$l_1=BI=2BM=2\sqrt{OB^2-OM^2}=2\sqrt{\left(\frac{d}{2}\right)^2-\left(\frac{d}{2}-\frac{34d}{280}\right)^2}$$

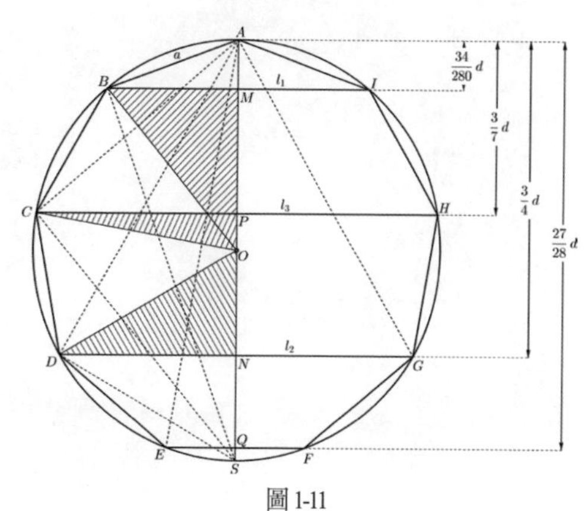

圖 1-11

2 設九角面徑爲 a，術文可表示爲：$a=\frac{d}{2.883}$。

3 設九角中徑爲 h，如圖 1-11，中徑 $d=AQ=\frac{27}{28}d$。

4 設圓積爲 S，圓徑爲 d，得：$S=\frac{3}{4}d^2$。據前條注釋得：$l_2=2\sqrt{\left(\frac{d}{2}\right)^2-\left(\frac{d}{4}\right)^2}=\sqrt{\frac{3}{4}d^2}=\sqrt{S}$，故平開圓積得隔二之徑，即三角面徑，詳本卷“三角以面求積”條。

（轉○○七三頁）

隅三角徑求四百十六步五分六釐，實求四百一十六步五分五釐相并
法用徑求實圓徑七之，得六十步零一分二釐六毫九絲，三因之，得一百八十步三分八
釐零七絲，為弦矢半弧之矢。離徑三十步六分三釐四毫五絲，自乘得九百零三
步八分一釐一毫，相并為內實。半圓徑自乘四萬四千二百八十七步七分五釐，為弦
實。弦內減內餘四萬三千三百八十二步九分三釐八毫，相并為股實，平開之，
得二百零八步二分八釐，相并倍之，為隅三之徑。○置圓徑四之，得一百零五步
二分二釐二毫零七忽五微，三乘之，得三百一十五步六分六釐六毫二絲二忽五微，
為矢半弧之矢。邊徑亦一百零五步二分二釐二毫零七忽五微，自乘得一萬
一千零七十一步六分八釐七毫五絲，為內實，以減半圓徑自乘弦實，餘三
萬三千二百一十五步零八釐二毫五絲，為股實，平開之，得一百八十二步二分五
釐，相并倍之，為隅二之徑。○置圓徑以三十四乘之，得一萬四千三百一十步二分
零二毫二絲，以二百八十除之，得五十一步一分零七毫八絲六忽五微，為邊徑弧
之矢。離徑一百五十九步三分三釐六毫二絲八忽五微，自乘得二萬五千三百
八十八步，相并為股實，以減半圓徑自乘弦實，餘一萬八千八百九十八步七分五
釐，為句實，平開之，得一百三十七步四分七釐，相并倍之，為隅一之徑。○置圓
徑以二分八釐八毫三絲相并除之，得面徑。○圓徑以二十八除之，得一十五步

［隔二角徑率三百六十四步五分有奇，實率三百六十四步五分有奇；］[1]

隔三角徑率四百一十六步五分六厘，實率四百一十六步五分五厘有奇。

法：用徑率。置圓徑七之，得六十步零一分二厘六毫九絲，三因之，得一百八十步三分八厘零七絲，爲少半弧之矢。離徑三十步（六分三厘四毫五絲）［零零六厘三毫四絲五忽］[2]，自乘得九百零三步八分一厘一毫有奇，爲句實；半圓徑自乘四萬四千二百八十六步七分五厘，爲弦實。弦内減句，餘四萬三千三百八十二步九分三厘八毫有奇，爲股實。平開之，得二百零八步二分八厘有奇。倍之，爲隔三之徑。◎置圓徑四之，得一百零五步二分二厘二毫零七忽五微，三乘之，得三百一十五步六分六厘六毫二絲二忽五微，爲大半弧之矢。過徑亦一百零五步二分二厘二毫零七忽五微，自乘得一萬一千零七十一步六分八厘七毫五絲，爲句實。以減半圓徑自乘弦實，餘三萬三千二百一十五步零六厘二毫五絲，爲股實。平開之，得一百八十二步二分五厘有奇。倍之，爲隔二之徑。◎置圓徑，以三十四乘之，得一萬四千三百一十步二分零二毫二絲。以二百八十除之，得五十一步一分零七毫八絲六忽五微，爲遠徑弧之矢。離徑一百五十九步三分三厘六毫二絲八忽五微，自乘得二萬五千三百八十八步有奇，爲股實。以減半圓徑自乘弦實，餘一萬八千八百九十八步七分五厘，爲句實。平開之，得一百三十七步四分七厘有奇。倍之，爲隔一之徑。◎置圓徑，以二分八厘八毫三絲有奇除之，得面徑。◎圓徑以二十八歸之，得一十五步

1 原書抄脱，據法文所求結果補。

2 如前圖 1-11，在句股 COP 中，離徑 $OP = OA - PA = \frac{1}{2}d - \frac{3}{7}d \approx 210.44415 - 180.3807 = 30.06345$。原文“三十步六分三厘四毫五絲”，當作“三十步零零六厘三毫四絲五忽”，據演算改。

（接〇〇七一頁）

5 在這裏實際以 0.16 入算，“十六”似當作“一六”。

6 據術文：$a = \frac{d}{2.883}$，得：$a = \sqrt{\left(\frac{d}{2.883}\right)^2} = \sqrt{\left(\frac{4}{3} \times \frac{1}{2.883^2}\right) \times \frac{3}{4}d^2} \approx \sqrt{0.16S}$

7 如前圖 1-11，在句股 ACS 中，AC 爲隔一之徑，AS 爲圓徑，得：$l_1^2 = AC^2 = AP \times AS = \frac{3}{7}d \times d = \frac{3}{4}d^2 \div \frac{7}{4} = \frac{S}{1.75}$，故：

$$l_1 = \sqrt{\frac{S}{1.75}}$$

8 設隔二之徑 $l_2 = 243$，則圓積 $S = l_2^2 = 243^2 = 59049$。圓徑實 $d^2 = \frac{4}{3}S = 78732$，據前文，求得隔三徑實爲：

$$l_3^2 = 4 \times \left[\left(\frac{d}{2}\right)^2 - \left(\frac{d}{2} - \frac{3d}{7}\right)^2\right] = \frac{192}{196} \times 78732 \approx 77125$$

故：

$$l_3 = \sqrt{\frac{77125}{59049}S}$$

9 二千，當作“一千”，據後法文改。

10 設圓徑 $d = 49.3$，求得中徑 $h^2 = \left(\frac{27}{28}d\right)^2 \approx 2260$，圓積 $S = \frac{3}{4}d^2 \approx 1822.87$，故：$h = \sqrt{\frac{2260}{1822.87}S}$，與術文略異，恐由計算過程中對於小數取捨不同所致。

11 二絲，當作“三絲”，後文皆以 420.8883 入算，知此處“二”當作“三”。

零三厘一毫七絲二忽五微，以減圓徑，餘爲中徑〇用實率置圓實一十三萬二千八百六十步二分五厘，平開之，得隔二之徑〇圓實以十六乘之，得二萬一千二百五十三步六分四厘，平開之，得面徑〇圓實以一七五除之，得七萬五千九百二十步，折半開之，得隔一之徑〇圓實以五萬九千零四十九除之，得二步二分五厘，以七萬七千一百二十五乘之，得一十七萬三千五百三十二步，平開之，得隔三之徑〇圓實以一千八百二十二五三除之，得七三九，以二千二百六十乘之，得一十六萬四千七百五十四步，平開之，得中徑。

解　七分圓徑四爲太半，二爲少半；四分圓徑三爲太半，一爲少半。倍之，得隔法求弦之。七分用少半，四分用太半者，以七分法隔三之徑占四分，果餘步邊占三角，太邊占四角；四分法隔二之徑占四分，果餘步邊占二角，太邊占五角。四角、二角以經數率面不能圓邊，且難起勾股，故用三、用五角，皆中數，況得圓邊，又可斜引之爲弦實，以較求餘徑也。半隔一實一萬八千八百九十八，四倍之，得全實七萬五千五百九十二，視後實率少三百二十，餘多，故平開之少一步，折半以自乘之率求之，七萬五千九百二十步爲的，說見後篇。全圓徑以二分八厘八毫三絲除，得面徑。其以徑實一不止圓三，自七面以上，以有溢數，故減法以就實，蓋法減則實自增也。若用徑圓三之率，置全徑以三歸之，止得一百四十步，少五步，有奇合零三厘一毫七絲二忽五微。以減圓徑，餘爲中徑。◎用實率。置圓實一十三萬二千八百六十步二分五厘，平開之，即隔二之徑。◎圓實以十六乘之，得二萬一千二百五十七步六分四厘，平開之，得面徑。◎圓實以一七五除之，得七萬五千九百二十步有奇，平開之，得隔一之徑。◎圓實以五萬九千零四十九除之，得二步二分五厘；以七萬七千一百二十五乘之，得一十七萬三千五百三十二步。平開之，得隔三之徑。◎圓實以一千八百二十二五三除之，得七二九；以二千二百六十乘之，得一十六萬四千七百五十四步。平開之，得中徑。

解：七分圓徑，四爲大半，三爲少半；四分圓徑，三爲大半，一爲少半，俱可以弧法求弦。今七分用少半，四分用大半者，七分法隔三徑占兩界，餘少邊占三角，大邊占四角；四分法隔二徑占兩界，餘少邊占二角，大邊占五角。四角二角皆隅數，平面不能至圓邊，且難起句股，故用三用五角居中央。既得圓邊，又可以斜引之爲弦實，以轉求餘徑也。半隔一實一萬八千八百九十八，四倍之，得全實七萬五千五百九十二，視後實率少三百三十餘步，故平開之少一步有奇。以自然之率求之，七萬五千九百二十者爲的，説見後篇。全圓徑以二分八厘八毫三絲除得面徑者，以徑實一不止圍三，自七面以上，皆有溢數，故減法以就實，蓋法減則實自增也。若用徑一圍三之率，置全徑以三歸之，止得一百四十步，少五步有奇，合

九面形差五十步矣以內股求之亦不合也然七率亦仍用其大勢云求未得毫數
必差之也中徑之率亦仍用其大勢以設實率亦依此而起然以內股求之少五步有奇
蓋隅之方弦半面爲勾中徑爲股弦實一十七萬三千五百三十一步有奇減勾
實五千三百一十四步有奇餘股一十六萬八千二百一十六步有奇平開之得四百一十步
有奇七徑之率自乘而再乘之所求得之實少一十六萬四千七百五十餘步少實
三千四百六十餘步故平開之少五步也隅之以平開圓實而得者以爲圓容
三角之率蓋以三角形者三維横置之則得九角也隅之爲中徑其數即變數
乘除兼用以求之除其母法也依於全實乘其子法也依於所求除法之所得
兼攝二數所連得也兩圓實以中實多少爲子求母則以除爲子以乘爲母
然其用法同也

九面則差五十步矣。以句股求之，皆不合也。然今率亦約畧大勢云爾，未必毫髮無差也。中徑率亦約畧大勢，後實率亦依此而起。若以句股求之，少五步有奇。蓋隔三爲弦，半面爲句，中徑爲股，弦實一十七萬三千五百三十一步有奇，減句實五千三百一十四步有奇，餘股一十六萬八千二百一十六步有奇。平開之，得四百一十步有奇[1]。今徑率自乘，與實率所求得之實，皆一十六萬四千七百五十餘步，少實三千四百六十餘步，故平開之而少五步也。隔二以平開圓實而得者，即前篇圓容三角之率。蓋以三角形者三，縱横置之，即得九角也。隔三與中徑，其數頗繁，故乘除兼用以求之。除者，母法也，依於全實；乘者，子法也，依於所求。除法之所得，兼攝二數，所謂紐也。内圓實少，中實多，爲子求母，則以除爲子，以乘爲母，然其用法同也。

---

1 如圖 1-12，句股形 ABC 中，弦 AB 爲隔三之徑，句 BC 爲半面徑，股 AC 爲中徑。由句股定理求得股爲：

$$h' = AC = \sqrt{AB^2 - BC^2} \approx \sqrt{173531 - 5314} \approx \sqrt{168216} \approx 410$$

前所求中徑爲：

$$h = \frac{27}{28}d = \frac{27}{28} \times 420.8883 \approx 405.856575$$

相差近 5 步。

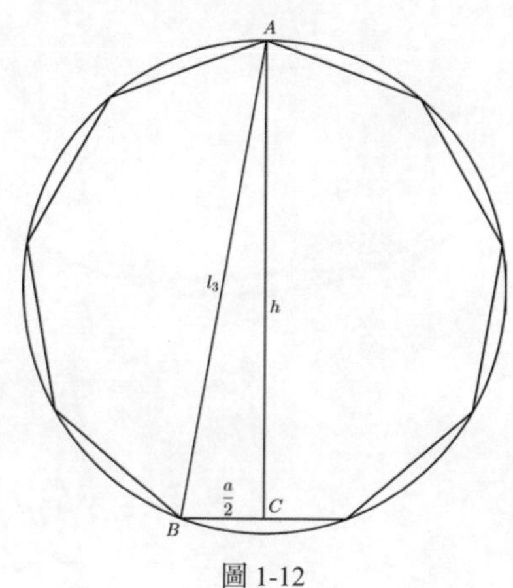

圖 1-12

九角斜径總圖

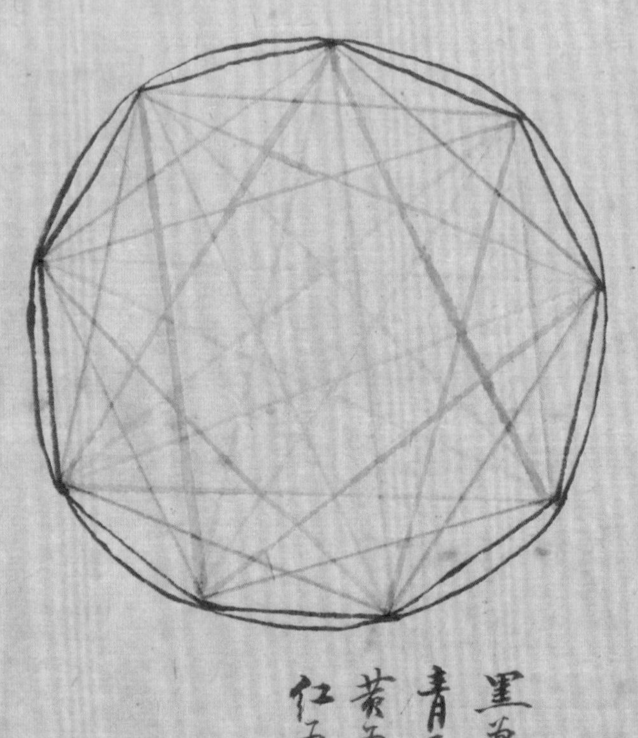

墨為面径
青為隔一之径
黄為隔二之径
红為隔三之径

九角諸徑總圖

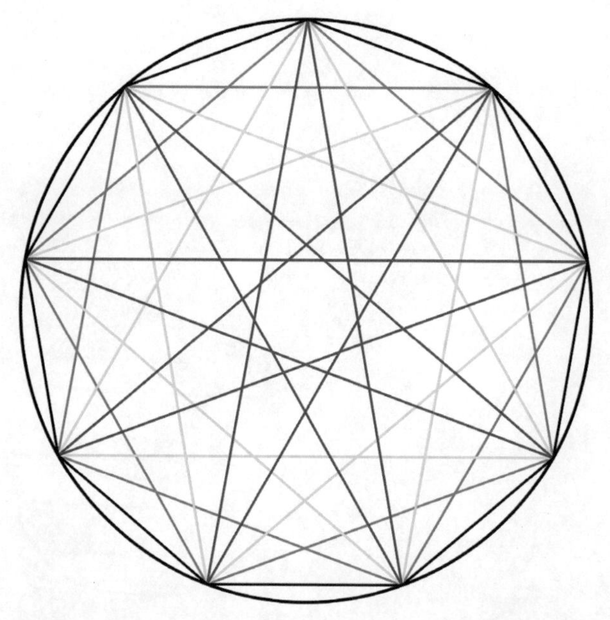

黑爲面徑。
青爲隔一之徑。
黃爲隔二之徑。
紅爲隔三之徑。

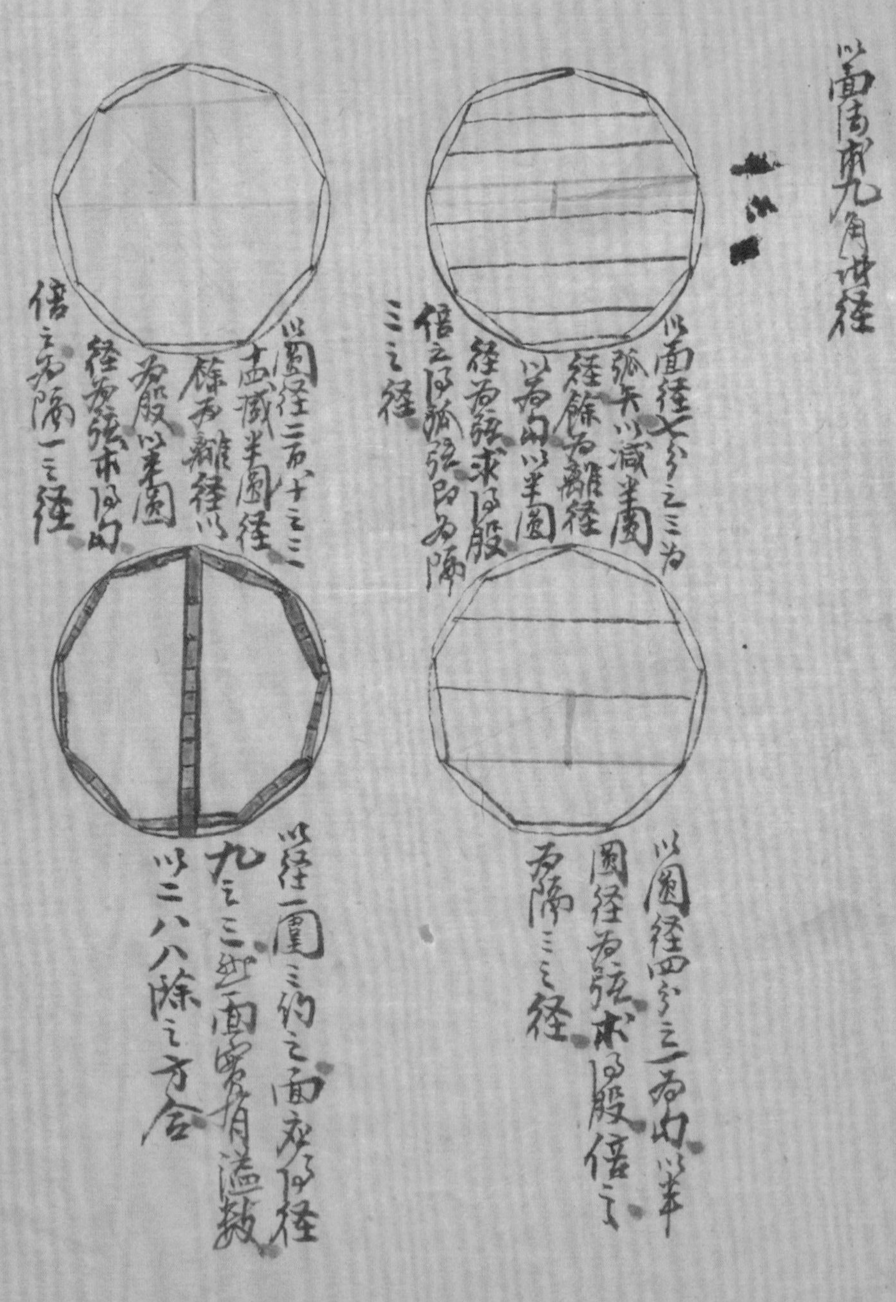

以面周求九角求徑
以面徑七分之三為弧矢，以減半圓徑，餘為離徑，以為勾，以半圓徑為弦，求得股，倍之得弧弦，即為隔三之徑
以圓徑四分之一為勾，以半圓徑為弦，求得股，倍之為隔三之徑
以圓徑二分十之三去減半圓徑，餘為離徑，以為股，以半圓徑為弦，求得勾，倍之為隔一之徑
以徑一圓三約之，面求得徑九之三，與面實有溢數，以二八八除之方合

以面法求九角諸徑

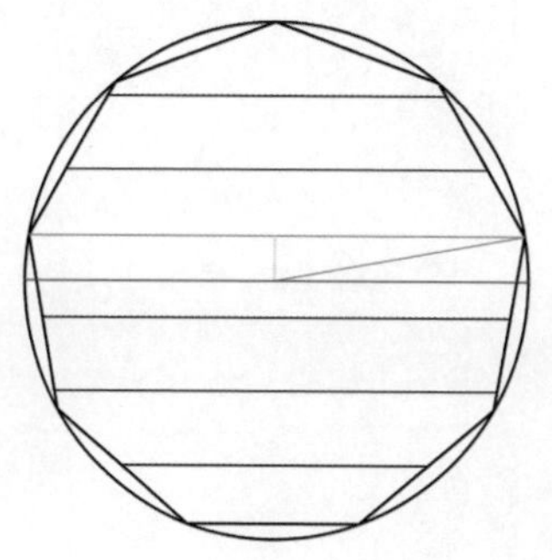

以面徑七分之三爲弧矢，以減半圓徑，餘爲離徑，以爲句，以半圓徑爲弦，求得股。倍之，得弧弦，即爲隔三之徑。

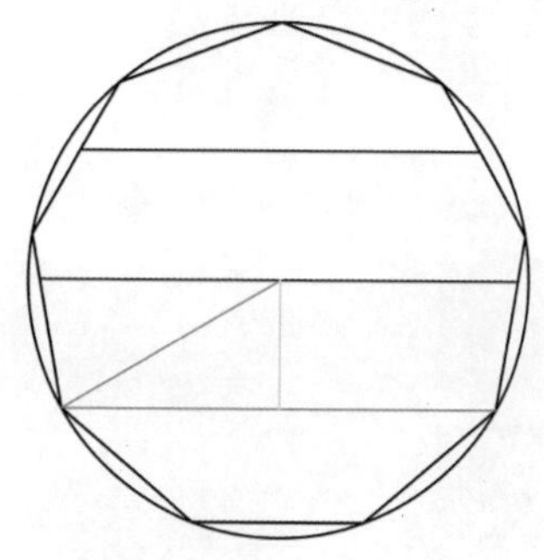

以圓徑四分之一爲句，以半圓徑爲弦，求得股。倍之，爲隔（三）［二］之徑。

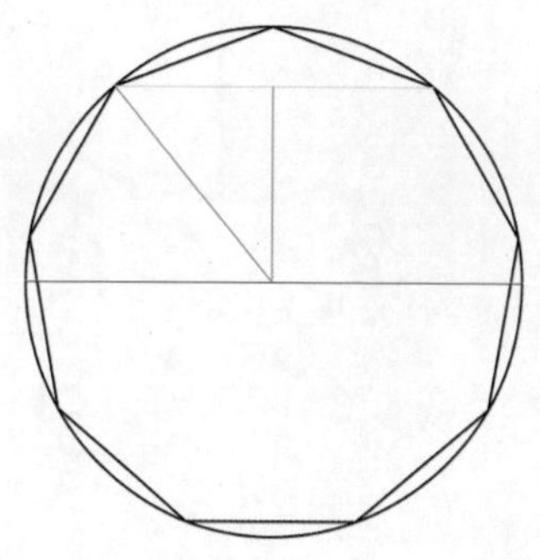

以圓徑二百八十之三十四減半圓徑，餘爲離徑，以爲股，以半圓徑爲弦，求得句。倍之，爲隔一之徑。

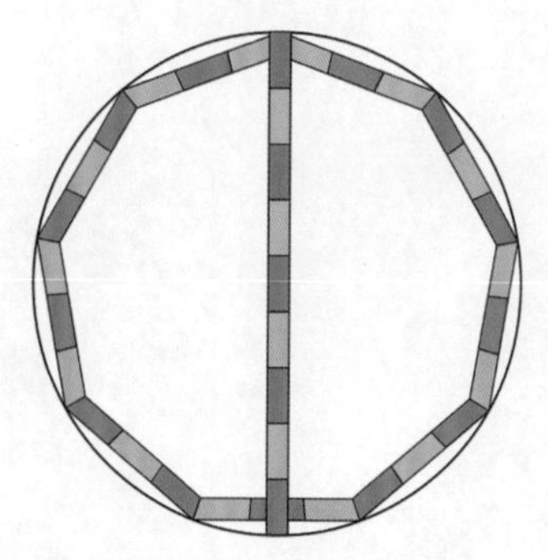

以徑一圍三約之，面應得徑九之三。然面實有溢數，以二八八除之方合。

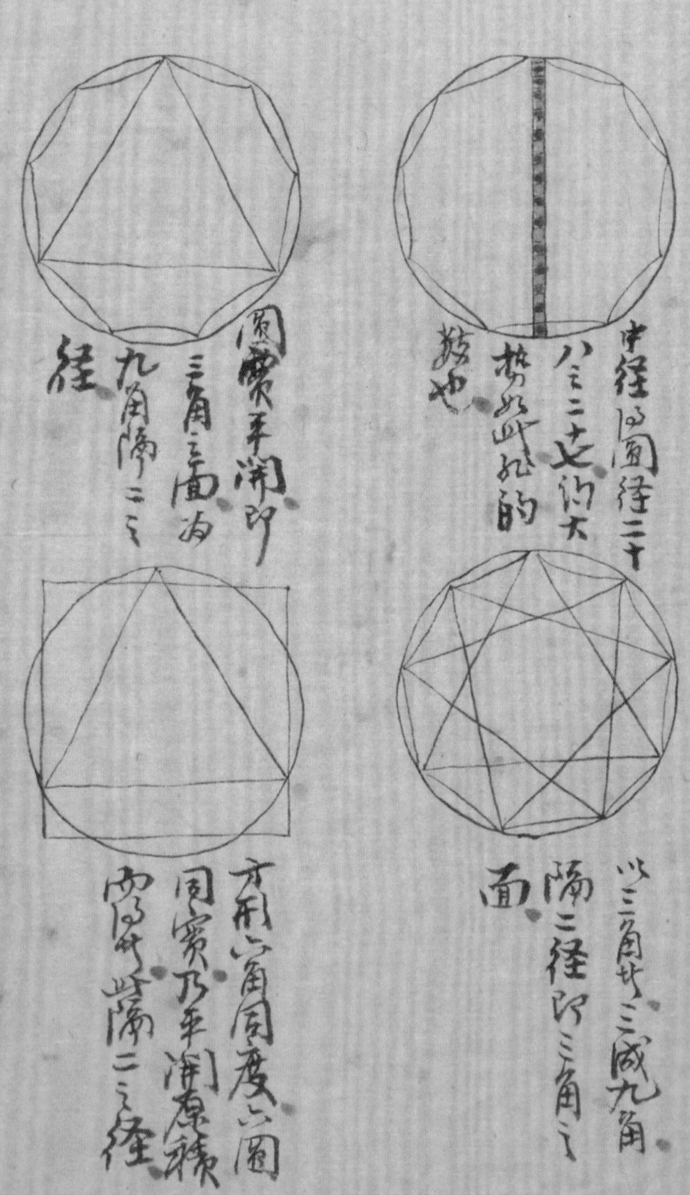
中径即圜径二十
八之二之边仍大
势如此九的
数也
圜觅平润即
三角三面为
九角隔二之
径
以三角共三成九角
隔二径即三角之
面
方形六角同度六圜
同觅乃平润原積
六角皆隔二之径

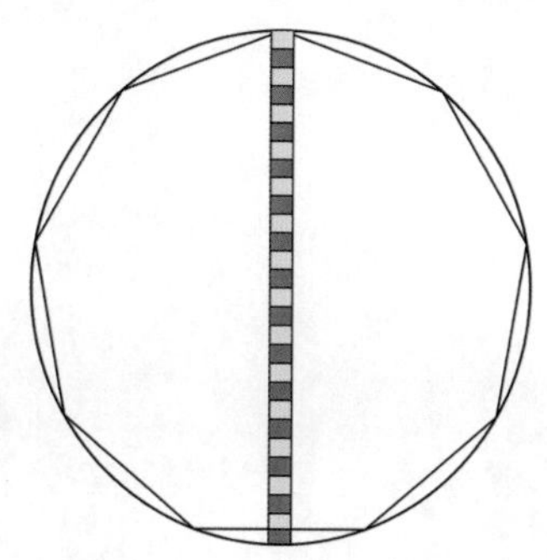

中徑得圓徑二十八之二十七，約大勢如此，非的數也。

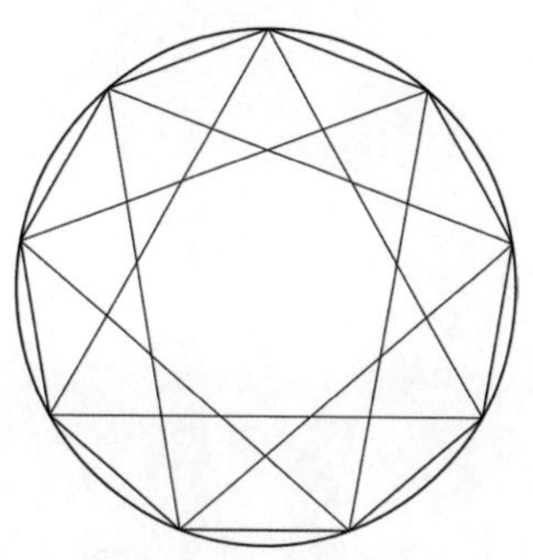

以三角者三成九角，隔二徑即三角之面。

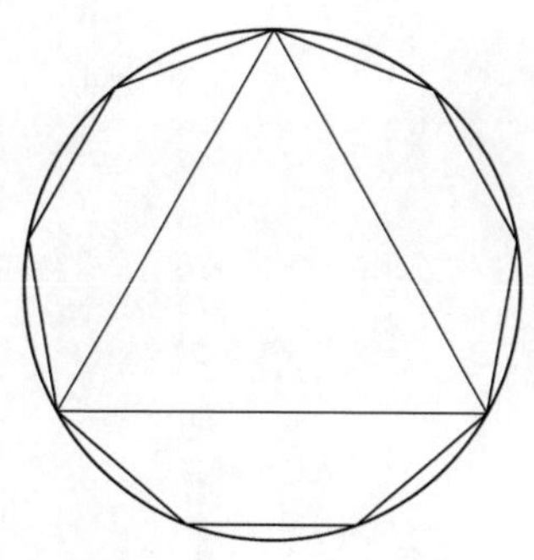

圓實平開，即三角之面，爲九角隔二之徑。

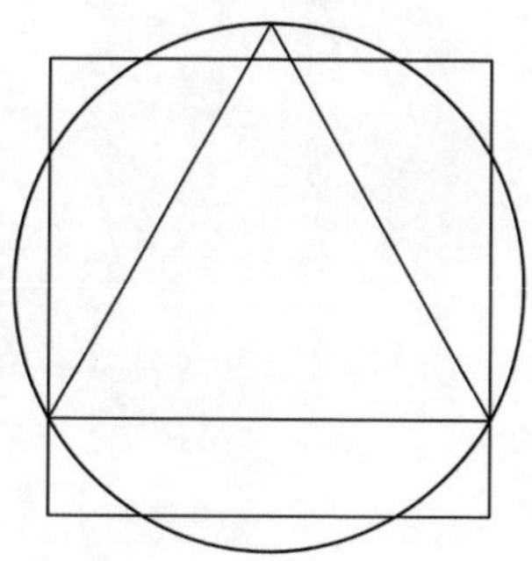

方形、六角同度，六、圓同實，乃平開（原）［圓］積而得者，此隔二之徑。

凡九角形設徑自求兩面徑得一十六隔一徑得三十隔二徑得四十隔三徑得四十五中徑得
四四七若以內股求之廿半隔三之徑以為股以少弧之矢為內求得弦為隔一之徑以求隔
一之徑如減少矢之內求得股為隔二之半半隔二之徑以為內以大弧之矢為股求得弦
五得隔二之徑半隔一之徑以為股以遠徑弧之矢為內求得弦為面徑以半面徑為
內以隔三徑為弦求得股為中徑或以半圓徑為弦半面徑為內求得股加半圓
徑為中徑

問今有九角形每面得一百四十五步八分求隔一隔二隔三中徑各若干

答隔一自求二百七十三步三分七厘五毫內股二百七十五步五分三厘五毫有奇
隔二自求三百六十四步五分內股三百七十四步五分
隔三自求四百一十步零六厘二毫五絲內股四百一十六步五分有奇
中徑自求四百零六步有奇長內股四百六十步一分四厘二毫有奇短內
股四百零七步八分零

法置面徑以十六歸之得九步一分二厘二毫五絲以三十乘之得隔一之徑以四十乘之得
隔二之徑以四十五乘之得隔三之徑以四十四七乘之得半徑〇半隔三之徑自乘四萬
三千三百八十三步為股冪徑七之三百八十步三分八厘零七絲自乘三萬二千五百
三十七步二分為內冪之得徑七萬五千九百二十步半隔之得隔一之徑〇半隔二

凡九角形諸徑自求者，面徑得一十六，隔一徑得三十，隔二徑得四十，隔三徑得四十五，中徑得四四七[1]。若以句股求之者，半隔三之徑以爲股，以少弧之矢爲句，求得弦，爲隔一之徑。若隔一之弦，内減少矢之句，求得股，爲隔三之半。半隔二之徑以爲句，以大弧之矢爲股，求得弦，互得隔二之徑。半隔一之徑以爲股，以遠徑弧之矢爲句，求得弦，爲面徑。以半面徑爲句，以隔三徑爲弦，求得股，爲中徑；或以半圓徑爲弦，半面徑爲句，求得股，加半圓徑爲中徑[2]。

1.問：今有九角形，每面隔一百四十五步八分，求隔一、隔二、隔三、中徑各若干？

答：隔一自求二百七十三步三分七厘五毫，句股二百七十五步五分三厘五毫有奇；

隔二自求三百六十四步五分，句股三百六十四步五分；

隔三自求四百一十步零六厘二毫五絲，句股四百一十六步五分有奇。

中徑自求四百零六步有奇；長句股四百（六）［一］十步一分四厘二毫有奇，短句股四百零七步八分零。

法：置面徑，以十六歸之，得九步一分一厘二毫五絲。以三十乘之，得隔一之徑；以四十乘之，得隔二之徑；以四十五乘之，得隔三之徑；以四十四七乘之，得中徑。◎半隔三之徑自乘，四萬三千三百八十三步爲股[3]；圓徑七之三，百八十步三分八厘零七絲自乘，三萬二千五百三十七步二分爲句。併之，得弦七萬五千九百二十步，平開之，得隔一之徑。◎半隔二

---

1 設九角面徑爲 a，隔一徑爲 l_1，隔二徑爲 l_2，隔三徑爲 l_3，中徑爲 h。若 $l_2=364.5$，由句股法求得（參例問）：$a\approx145.8$，$l_1\approx275.535$，$l_3\approx416.5$，$h\approx407.8$，則：

$$\frac{a}{l_2}\approx\frac{145.8}{364.5}\approx\frac{2}{5}=\frac{16}{40};\quad \frac{l_1}{l_2}\approx\frac{275.535}{364.5}\approx\frac{6}{8}=\frac{30}{40};\quad \frac{l_3}{l_2}\approx\frac{416.5}{364.5}\approx\frac{9}{8}=\frac{45}{40};\quad \frac{h}{l_2}\approx\frac{407.8}{364.5}\approx\frac{44.7}{40}$$

故：$a:l_1:l_2:l_3:h=16:30:40:45:44.7$。

2 如圖 1-13，在句股 APD 中，句 $AP=\frac{3}{7}d$，股 $DP=\frac{l_3}{2}$，弦 $AD=l_1$。得隔一之徑：

$$l_1=\sqrt{\left(\frac{3d}{7}\right)^2+\left(\frac{l_3}{2}\right)^2}$$

在句股 ANG 中，句 $NG=\frac{l_2}{2}$，股 $AN=\frac{3}{4}d$，弦 $AG=l_2$。得隔二之徑：

$$l_2=\sqrt{\left(\frac{3d}{4}\right)^2+\left(\frac{l_2}{2}\right)^2}$$

在句股 AST 中，句 $ST=\frac{a}{2}$，股 $AS=h$，弦 $AT=l_3$。得中徑：

$$h=\sqrt{{l_3}^2-\left(\frac{a}{2}\right)^2}$$

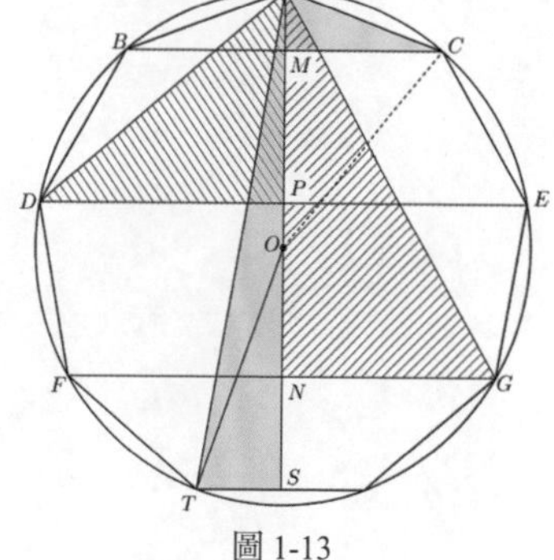

圖 1-13

此爲長句股所得之中徑。在句股 OST 中，句 $ST=\frac{a}{2}$，股 $OS=AS-OA=h-\frac{d}{2}$，弦 $OT=\frac{d}{2}$。得中徑：

$$h=\sqrt{\left(\frac{d}{2}\right)^2-\left(\frac{a}{2}\right)^2}+\frac{d}{2}$$

此爲短句股所得之中徑。

3 股，當作股實，此係省文。後文凡自乘所得之句、股、弦，皆分別爲句實、股實、弦實之省稱。

三徑自乘三萬二千二百一十五步有奇爲內圓徑四之二三百一十五步六分六厘六毫二
絲三忽五微自乘九萬九千六百零五步有奇爲股併之得一十三萬二千八百六十五步有奇
平濶之合隔三之徑半隔一之徑一萬八千九百八十步有奇以爲股以減半圓實四萬
千二百八十七步七分五厘餘一萬五千三百四十六步八分八厘爲離徑以減半圓徑二百一
十四步四分四厘四毫一絲五微餘五十步六分六厘四毫二絲弱自乘得二千五百六十八
步八分有奇爲內併內股二萬四千五百四十六步有奇平濶之得內圓徑一百四十六步
七分八厘有奇視原問多九分有奇隔一徑自乘七萬五千九百二十步之積內
減少冪自乘三萬三千五百三十七步八分二分之內餘四萬二千三百八十二步弱之
股平濶之得二百零八步八分八厘有奇倍之爲隔三之徑以半圓徑自乘五千
三百一十四步四分之內減隔三徑實一十七萬三千五百三十二步之弦餘一十六
萬八千二百一十七步六分之股平濶之爲中徑或以半圓實減半圓徑實四
萬四千二百八十六步七分五厘餘三萬八千九百七十二步三分五厘平濶之得
一百九十七步四分零加半徑二百一十步四分有奇共四百零七步有奇爲中徑
解曰徑惟隔一可據以平濶圓積爲自然之率故與隔三九分之八隔一同其
四分之三四八三六也面徑得其五分之二八五弓母故作四分以通之六八爲弓率五
八四十二九十五九四十五也八之八十五六三十也五之二十二八一十六也假令先得隔一即以

之徑自乘，三萬三千二百一十五步有奇爲句；圓徑四之三，三百一十五步六分六厘六毫二絲二忽五微自乘，九萬九千六百四十五步有奇爲股。併之，得一十三萬二千八百六十步有奇，平開之，合隔二之徑。◎半隔一之徑［自乘］[1]，一萬八千九百八十步有奇以爲股；以減半圓實四萬四千二百八十六步七分五厘，餘二萬五千三百零六步七分八厘，［平開得一百五十九步零八厘一毫零五微］[2]，爲離徑，以減半圓徑二百一十步四分四厘四毫一絲五微，餘五十步六分六厘四毫二絲弱，自乘得二千五百六十六步八分有奇爲句。併句股二萬一千五百四十六步有奇，平開之，得面徑一百四十六步七分八厘有奇，視原問多九分有奇。◎隔一徑自乘，七萬五千九百二十步之弦，内減少矢自乘三萬二千五百三十七步二分之句，餘四萬三千三百八十三步弱之股。平開之，得二百零八步二分八厘有奇，倍之爲隔三之徑。◎以半面徑自乘五千三百一十四步四分之句，減隔三徑實一十七萬三千五百三十二步之弦，餘一十六萬八千二百一十七步六分之股。平開之，爲中徑。或以半面實減半圓徑實四萬四千二百八十六步七分五厘，餘三萬八千九百七十二步三分五厘。平開之，得一百九十七步四分零。加半徑二百一十步四分有奇，共四百零七步有奇，爲中徑[3]。

解：諸徑惟隔二可據，以平開圓積，有自然之率故也。得隔三九分之八，隔一得其四分之三，即八之六也，面徑得其五分之二。八五異母，故作四十以通之。八爲本率，五八四十，［八］之九者，五九四十五也；八之六者，五六三十也；五之二者，二八一十六也。假令先得隔一，即以

1 自乘，原書抄脱，據文意補。

2 抄脱文字據演算補。按：前數“二萬五千三百零六步七分八厘”，平開得一百五十九步零八厘一毫零五微；而據後文反推，半圓徑二百一十步四分四厘四毫一絲五微減去餘數五十步六分六厘四毫二絲弱，應得一百五十九步七分七厘九毫九絲五微。二數略異，今據前數平開補。

3 如前圖 1-13，據術文，以長句股求得中徑爲：

$$h' = \sqrt{l_3^2 - \left(\frac{a}{2}\right)^2} \approx \sqrt{416.55^2 - \left(\frac{145.8}{2}\right)^2} \approx 410.143$$

以短句股求得中徑爲：

$$h = \sqrt{\left(\frac{d}{2}\right)^2 - \left(\frac{a}{2}\right)^2} + \frac{d}{2} \approx \sqrt{\left(\frac{420.8883}{2}\right)^2 - \left(\frac{145.8}{2}\right)^2} + \frac{420.8883}{2} \approx 407.8$$

三千除之先以隅二除以四千除之先以隅二除以四千五除之各得九步八分一厘二

毫五忽以各率乘之展轉相求無不合也其隅二之率視内股求其常步而得

為積若以内股為的何以取之圓徑七之二為内半隅三為股隅一為弦弦即七

内得三股得四試置内三萬二千五百三十七之二除七乘置股四萬三千二百八十三四除七

乘各得弦置弦七除之三乘得内四乘得股縱横反乘無不合者以此知其率自

然不易者也若用四千五之率股積止四萬一千一百二十八步全徑實止一千一百

八千一百五十五步差五十餘步矣中徑以面徑隅二率求其徑以面求圓率

其步步差之所得雖有内股十七角之九角全弦半徑二法以句股也而得數

不同豈内股當有誤乎以此知其四四七之率亦出於偶然自然也面率差

或九分以前零收棄之間積步成多遂致參錯不足為準隅二取角之率五

方内股説見前篇

三十除之；先得隔二，即以四十除之；先得隔三，即以四十五除之。各得九步一分一厘二毫五絲，以各率乘之，展轉相求，無不可也。其隔三之率，視句股求者常少，不可爲據，要當以句股爲的。何以明之？圓徑七之三爲句，半隔三爲股，隔一爲弦。弦得七，句得三，股得四。試置句三萬二千五百三十七，三除七乘；置股四萬三千三百八十三，四除七乘，各得弦。置弦七除之，三乘得句，四乘得股。縱横反覆，無不合者。以此知出乎自然，不可易也。若用四十五之率，股積止四萬二千零三十八步，全徑實止一十六萬八千一百五十五步，差五十餘步矣。中徑從面徑、隔三而求者多，從面、半圓而求者少。夫筭之所憑，惟有句股。今七角與九角全弦、半徑二法，皆句股也，而得數不同，豈句股亦有悮乎？以俟知者。至四四七之率，亦出約畧，非自然也。面法差至九分，以奇零收棄之間，積少成多，遂致參錯，不足爲異。隔三即角率，互爲句股，説見前篇。

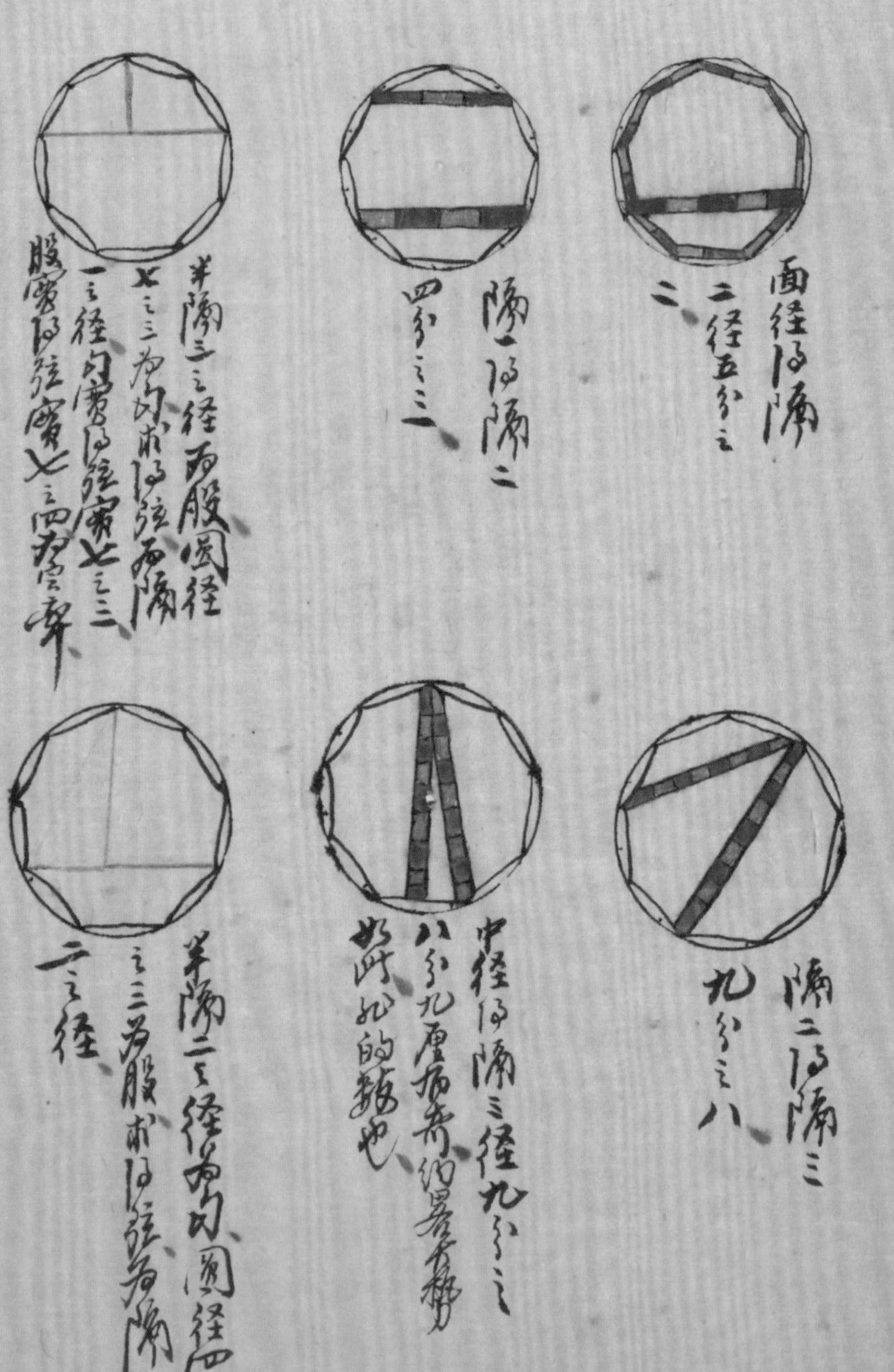

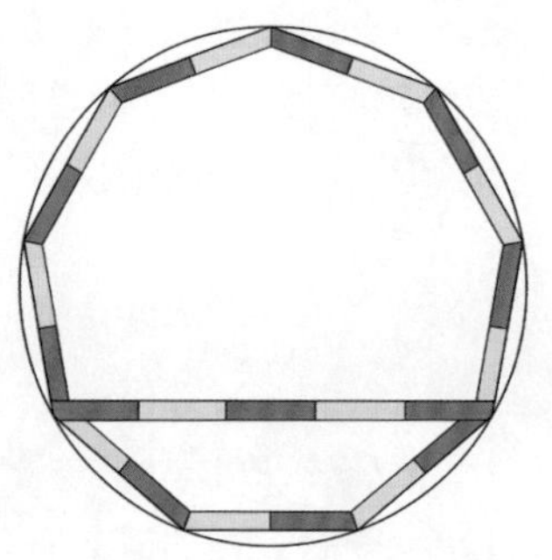

面徑得隔二徑五分之二。

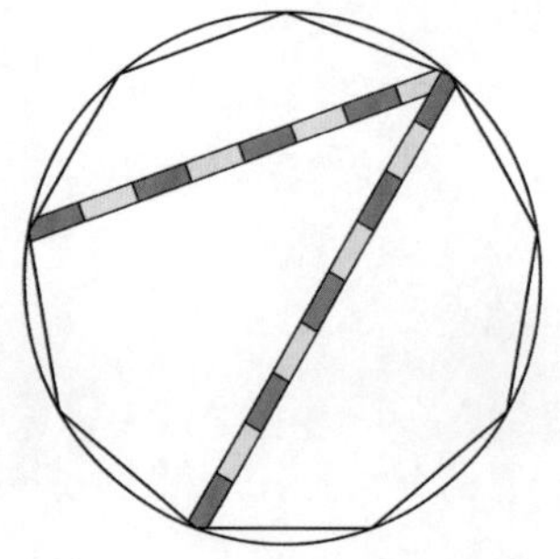

隔二得隔三九分之八。

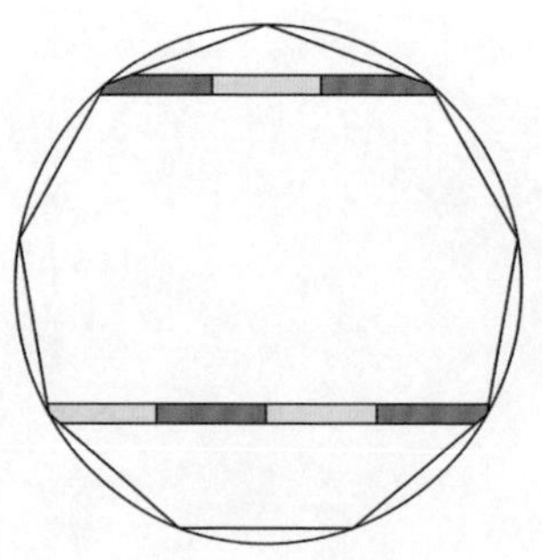

隔一得隔二四分之三。

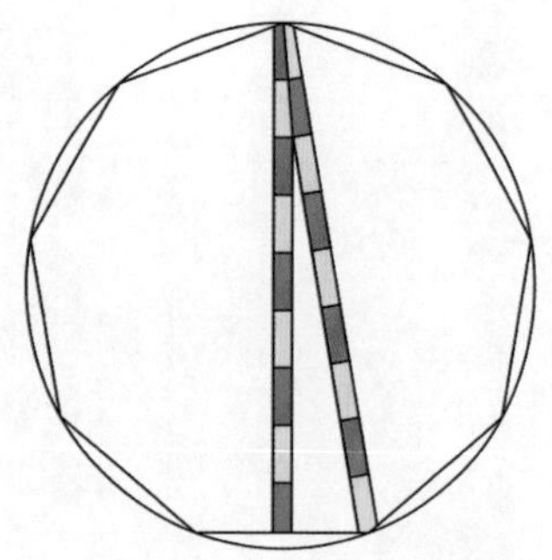

中徑得隔三徑九分之八分九厘有奇，約畧大勢如此，非的數也。

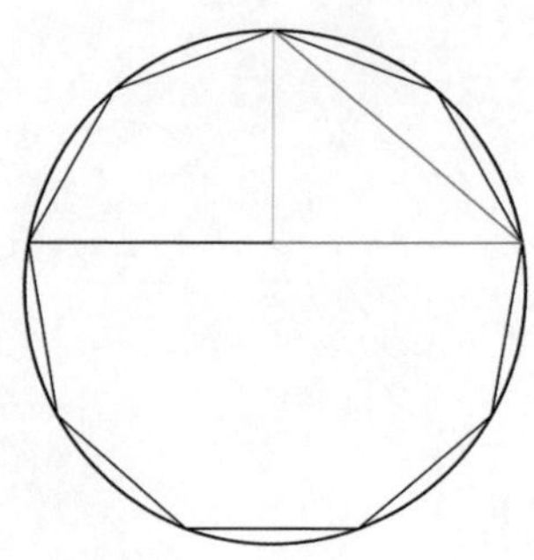

半隔三之徑爲股，圓徑七之三爲句，求得弦，爲隔一之徑[1]。句實得弦實七之三，股實得弦實七之四，爲定率。

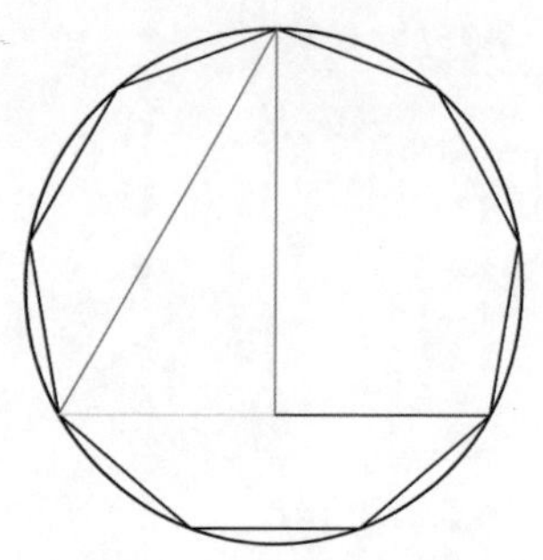

半隔二之徑爲句，圓徑四之三爲股，求得弦，爲隔二之徑。

1 原圖無隔一之徑，據圖說補繪。

并隅一径為股
并圓径減雖
径為句求得
弦為面径

以隅三径為弦半面為句求得股并径
其數常為以半
圓径為弦半
面径為句求得
股加半圓径并
径其數常與同句股
法為得數為同

凡九角形求外圓径法置隅三實十六歸之三因之得數平開之又三歸七因得外圓径隅二
實七五除之平開之得外圓径隅一實七歸之三因之平開得數三歸七因得外圓
径面實十二歸之平開得外圓径

問今有九角形面一百四十五步八分隅一角二百七十五步五分三厘五毫
隅二角三百六十四步五分隅三角四百二十六步五分求外圓径若干
答四百二十步〇八分八厘八毫三絲
法置面径自乘得二萬一千二百五十七步六分四厘十二除之得一千七萬
七千一百四十七步平開即圓径〇置隅一径自乘七萬五千九百

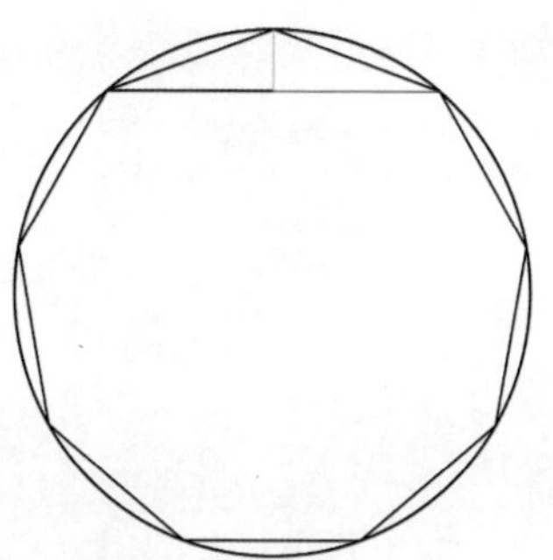

半隔一徑爲股，半圓徑減離徑爲句，求得弦爲面徑。

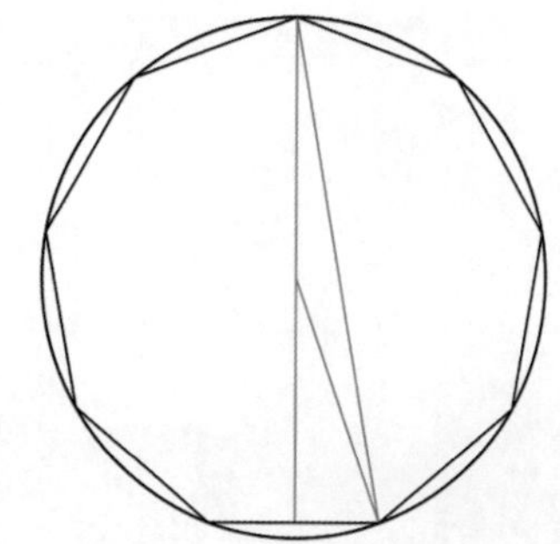

以隔三徑爲弦，半面爲句，求得股爲中徑，其數常多。以半圓徑爲弦，半面徑爲句，求得股，加半圓徑爲中徑，其數常少。同句股法，而得數不同。

凡九角形求外圓徑者，置隔三實，十六歸之，三因之，得數平開之，又三歸七因，得外圓徑；隔二實七五除之，平開之，得外圓徑；隔一實七歸之，三因之，平開得數，三歸七因，得外圓徑；面實十二歸之，平開得外圓徑[1]。

1.問：今有九角形，面一百四十五步八分，隔一角二百七十五步五分三厘五毫，隔二角三百六十四步五分，隔三角四百一十六步五分，求外圓徑若干？

答：四百二十步〇八分八厘八毫三絲。

法：置面徑自乘，得二萬一千二百五十七步六分四厘，十二除之，得一十七萬七千一百四十七步，平開即圓徑。◎置隔一徑自乘七萬五千九百

1 設九角面徑爲 a，隔一徑爲 l_1，隔二徑爲 l_2，隔三徑爲 l_3，外圓徑爲 d。如圖 1-14，在句股 ACS 中，$CP=\frac{l_3}{2}$ 爲句股徑，$AP=\frac{3}{7}d$，$SP=\frac{4}{7}d=\frac{4}{3}AP$，又 $CP^2=AP\times SP=\frac{4}{3}AP^2$，得：$AP^2=\frac{3}{4}CP^2=\frac{3}{16}l_3^2$。故：

$$d=\frac{7}{3}AP=\frac{7}{3}\times\sqrt{\frac{3}{16}l_3^2}$$

在句股 ACS 中，$l_1^2=AC^2=AP\times AS=AP\times\frac{7}{3}AP$，得：$AP^2=\frac{3}{7}l_1^2$，故：

$$d=\frac{7}{3}AP=\frac{7}{3}\times\sqrt{\frac{3}{7}l_1^2}$$

隔二之徑爲三角面徑，自乘得外圓積：$l_2^2=\frac{3}{4}d^2$，故：

$$d=\sqrt{\frac{l_2^2}{\frac{3}{4}}}=\sqrt{\frac{l_2^2}{0.75}}$$

據“圓徑求九角諸徑”術文：$a=\frac{d}{2.883}$，得：

$$d=\sqrt{\frac{a^2}{\left(\frac{1}{2.883}\right)^2}}\approx\sqrt{\frac{a^2}{0.12}}$$

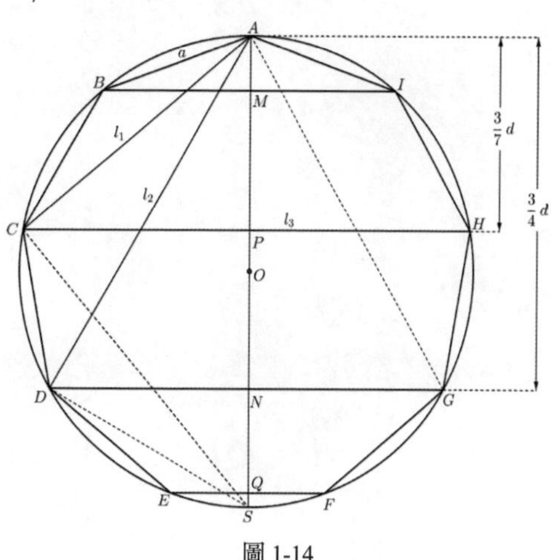

圖 1-14

二十七除之得一萬〇八百四十五步七分一厘有奇三因之得三萬二千五百
三十七步有奇平開之得一百八十步〇三分八厘〇七絲三歸之得六十
步〇一分二厘六毫七絲六忽二微七因之得圓徑〇隔二徑自乘一十三萬
二千八百六十步〇二分五忽七五除之得一十七萬七千一百四十七平開得
圓徑〇隔三徑自乘一十七萬三千五百三十二十六歸之得一萬〇八百四
十五步七分有奇三因平開三歸俱如隔一法得圓徑

解上問圓求角此問角求圓相為表裏故易除為乘易乘為除而
得之隔三用全徑故以十六為法蓋全徑四倍於半徑之十六即半之
四也〇五隔二徑自乘得寔減四分之一得九萬九千六百四十五平開
之得三百一十五步六分六厘六毫三歸之得一百〇五步二分二厘二毫
四因得圓徑又面徑以二八二三乘之亦得圓徑

一九為角形有五等圭四等梯半圓圭以面為底以面至心為徑角圭以隔
一徑為底以徑至邊為徑次圭以隔三徑為底以圓徑七之三為徑中
圭以隔二徑為底以圓徑四之三為徑奇圭以面為底以中徑為徑〇
面梯以面為頂以隔二為底中徑內減圓徑四之三為徑中梯以隔二
為頂以隔三為底以圓徑二十八之九為徑次中梯以隔一徑為頂以

二十，七除之，得一萬〇八百四十五步七分一厘有奇；三因之，得三萬二千五百三十七步有奇，平開之，得一百八十步〇三分八厘〇七絲。三歸之，得六十步〇一分二厘六毫七絲六忽二微；七因之，得圓徑。◎隔二徑自乘一十三萬二千八百六十步〇二分五（忽）［厘］，七五除之，得一十七萬七千一百四十七，平開得圓徑。◎隔三徑自乘一十七萬三千五百三十二，十六歸之，得一萬〇八百四十五步七分有奇，三因、平開、［七因］三歸，俱如隔一法，得圓徑。

解：上問圓求角，此問角求圓，相爲表裏，故易除爲乘、易乘爲除而得之。隔三用全徑，故以十六爲法，蓋全徑四倍於半，全之十六，即半之四也。◎又隔二徑自乘得寔，減四分之一，得九萬九千六百四十五。平開之，得三百一十五步六分六厘六毫。三歸之，得一百〇五步二分二厘二毫，四因得圓徑。又面徑以二八（二）［八］三乘之[1]，亦得圓徑。

一、凡九角形，有五等圭、四等梯。半圓圭以面爲底，以面至心爲徑；角圭以隔一徑爲底，以徑至邊爲徑；次圭以隔三徑爲底，以圓徑七之三爲徑；中圭以隔二徑爲底，以圓徑四之三爲徑；長圭以面爲底，以中徑爲徑。◎面梯以面爲頂，以隔二爲底，中徑内減圓徑四之三爲徑；中梯以隔二爲頂，以隔三爲底，以圓徑二十八之九爲徑[2]；次中梯以隔一徑爲頂，以

1 二八二三，後“二”當作“八”，據“圓徑求九角諸徑”術文改。

2 如圖 1-15，設圓徑爲 d，九角面徑 $EF=a$，隔一徑 $BI=l_1$，隔二徑 $DG=l_2$，隔三徑 $CH=l_3$，中徑 $AT=h$，角圭徑 $AP=m$，$AQ=\frac{3}{7}d$，$AS=\frac{3}{4}d$。$EFDG$ 爲面梯，頂面 $EF=a$，底面 $DG=l_2$，梯徑爲：

$$ST=AT-AS=h-\frac{3}{4}d$$

$DGCH$ 爲中梯，頂面 $DG=l_2$，底面 $CH=l_3$，梯徑爲：

$$QS=AS-AQ=\frac{3}{4}d-\frac{3}{7}d=\frac{9}{28}d$$

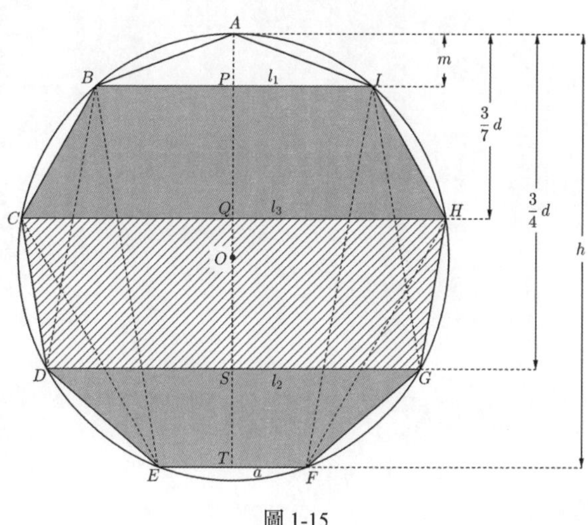

圖 1-15

隅三分底以圓徑七之三減角圭徑為徑通梯以面為頭以隅三分底合兩徑為
徑次通梯以隅一分頭以隅二分底合中兩徑為徑長梯以面為頭以隅一分底
以角圭徑減中徑為徑半徑圭合九分之減積餘圭梯形各求以積合之得全積

問方九角形每面一百四十五步八分求積幾何　方實二十三萬六千一百九十六半潤　以四面八千六

答一十二萬九千五百二十三步　以徑乘半周之底一十三萬一千三百二十五

法半圓徑二百一十步四分四厘四毫一絲五忽自乘四萬四千二百八十六步七分五厘
內減半面自乘五千三百一十四步四分一厘餘三萬八千九百七十二步三分四厘
平方開之得一百九十七步四分一厘四毫有奇此兩徑相乘得二萬八千七百八十
二步九分八厘一毫二絲以四五乘之得一十二萬九千五百二十三步三分二
厘五毫四絲餘圭梯形各以法求積○合一角圭二中梯一面梯○合一角
圭一長梯二面梯○合二角圭一次圭一面梯一中梯○合二角圭一次梯一通梯
○合三角圭一面梯一通梯○合四角圭一長圭二次圭○合四角圭一通梯一次圭
○合一中圭三面梯得全積

解半徑圭係分角析半法去以九乘之用四五乘者法也諸圭梯求積若有角
法其合積多少相懸至二千餘步八分差一步又此條徑相乘者差至數百
合舉諸積宜其所差之多也此形以黃鍾為實視前篇諸數積為潤

隔三爲底，以圓徑七之三減角圭徑爲徑；通梯以面爲頂，以隔三爲底，合兩徑爲徑；次通梯以隔一爲頂，以隔二爲底，合中兩徑爲徑；長梯以面爲頂，以隔一爲底，以角圭徑減中徑爲徑[1]。半徑圭合九而成積；餘圭梯形，各求得積，合之得全積。

1.問：今有九角形，每面一百四十五步八分，求積若干？方實二十三萬六千一百九十六，平開得四百八十六[2]。

答：一十二萬九千五百二十三步；

以徑率求之，應一十三萬一千三百三十五[3]。

法：半圓徑二百一十步四分四厘四毫一絲五忽自乘四萬四千二百八十六步七分五厘，内減半面自乘五千三百一十四步四分一厘，餘三萬八千九百七十二步三分四厘。平開之，得一百九十七步四分一厘四毫有奇。與面徑相乘，得二萬八千七百八十二步九分六厘一毫二絲。以四五乘之，得一十二萬九千五百二十三步三分二厘五毫四絲。餘圭梯形，各以法求積。◎合一角圭、二中梯、一面梯。◎合一角圭、一長梯、二面梯。◎合二角圭、一次圭、一面梯、一中梯。◎合（二）[三]角圭、一次梯、一通梯。◎合三角圭、一面梯、一通梯。◎合四角圭、一長圭、二次圭。[◎合二角圭、二次梯、一長圭][4]。◎合四角圭、一通梯、一次圭。◎合一中圭、三面梯，俱得全積。

解：半徑圭俱應用折半法，又以九乘。今用四五乘，省法也。諸圭梯求積，如七角法，其合積多少相懸，至二千餘步。若差一步，又與餘徑相乘，當差至數百。會萃諸積，宜其所差之多也。此形以黄鐘爲實，視前篇諸數，稍爲開

1 如前圖 1-15，$BICH$ 爲次中梯，頂面 $BI=l_1$，底面 $CH=l_3$，梯徑爲：

$$PQ=AQ-AP=\frac{3}{7}d-m$$

$EFCH$ 爲通梯，頂面 $EF=a$，底面 $CH=l_3$，合面梯、中梯兩徑爲梯徑：

$$QT=QS+ST=\left(h-\frac{3}{4}d\right)+\frac{9}{28}d$$

$BIDG$ 爲次通梯，頂面 $BI=l_1$，底面 $DG=l_2$，合中梯、次中梯兩徑爲梯徑：

$$PS=PQ+QS=\left(\frac{3}{7}d-m\right)+\left(h-\frac{3}{4}d\right)$$

$EFBI$ 爲長梯，頂面 $EF=a$，底面 $BI=l_1$，梯徑爲：

$$PT=AT-AP=h-m$$

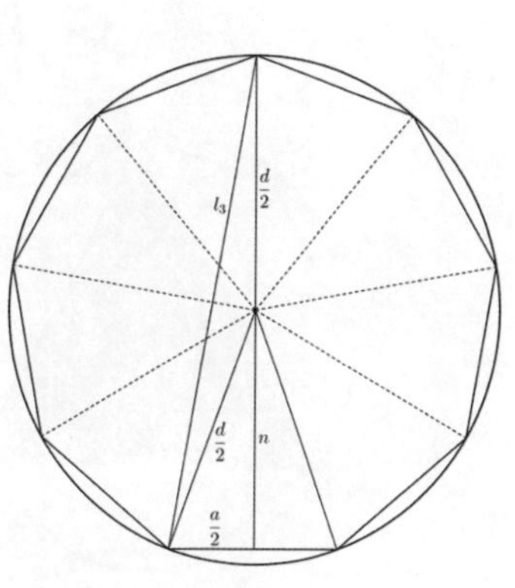

圖 1-16

2 “方實”至“四百八十六”二十一字，與題設無關，似衍文。

3 前者爲以短句股所求九角積，後者當爲長句股所求九角積。如圖 1-16，已知九角面徑 $a=145.8$，依法求得圓徑 $d=\sqrt{\frac{a^2}{0.12}}\approx 420.8883$。以短句股求得半圓圭徑爲：

$$n=\sqrt{\left(\frac{d}{2}\right)^2-\left(\frac{a}{2}\right)^2}\approx\sqrt{\left(\frac{420.8883}{2}\right)^2-\left(\frac{145.8}{2}\right)^2}\approx 197.414$$

求得九角積爲：

$$S=9\times\frac{a\cdot n}{2}\approx\frac{9}{2}\times 145.8\times 197.414\approx 129523$$

（轉〇〇九九頁）

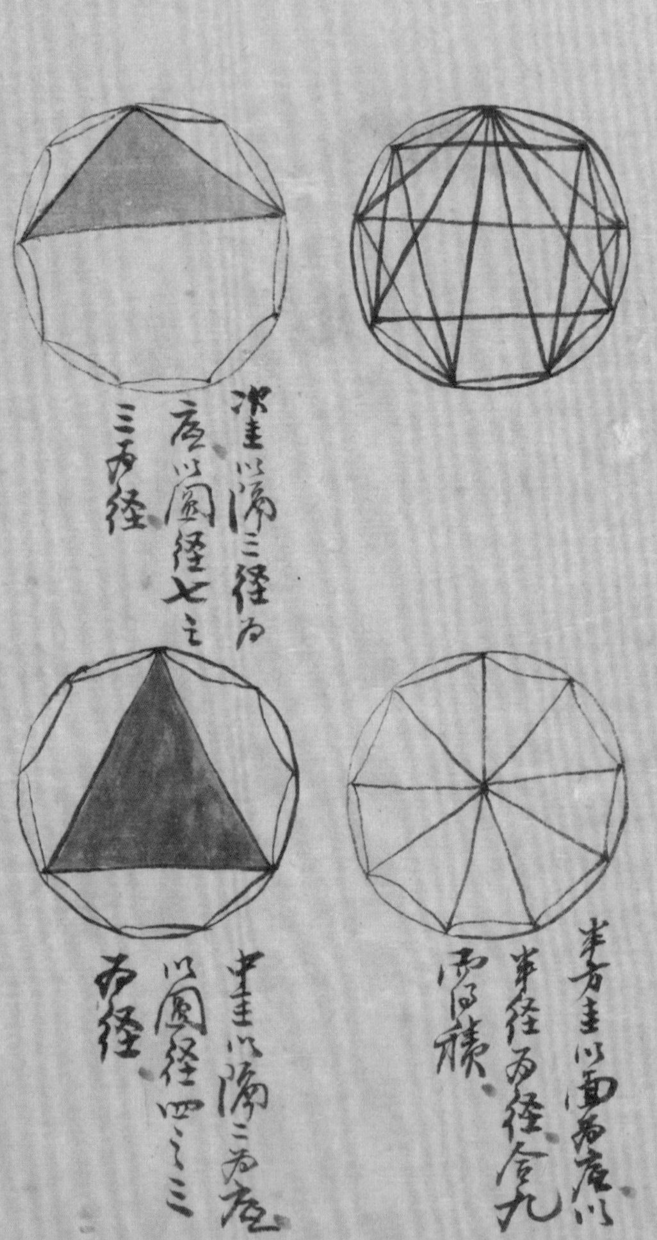

演算家使巨細混進而出於億兆其乎數，數差多難其差，以簡法推彼也。大段以多法求少，密則的；以少法求多，密則差。通融變化，存乎其人耳。

今立二粗率：圜容九角邊七百八十四之七百七千五，各長當邊也。

求圭以隔二徑爲底，以圜徑七之三爲徑。

求方圭以面爲底，以求徑爲徑，合九爲圜積。

求圭以隔二爲底，以圜徑四之三爲徑。

演，參差便已如此，況進而至於億兆者乎？要之差而知其差，以有法在故也。大段以多法求少實則的，以少法求多實則差。通融變化，存乎其人耳。今立一粗率：圓容九角，七百八十四之七百七十五[1]，不甚遠也。

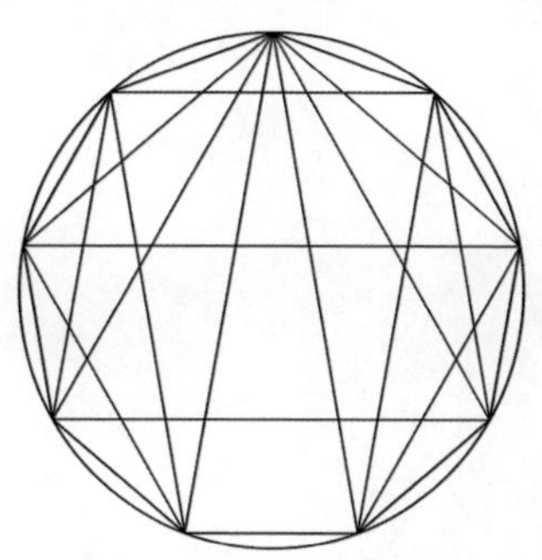

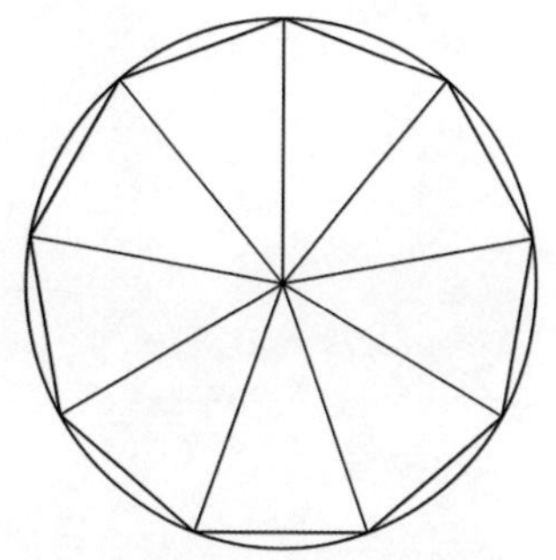

半方圭以面爲底[2]，以半徑爲徑，合九而得積。

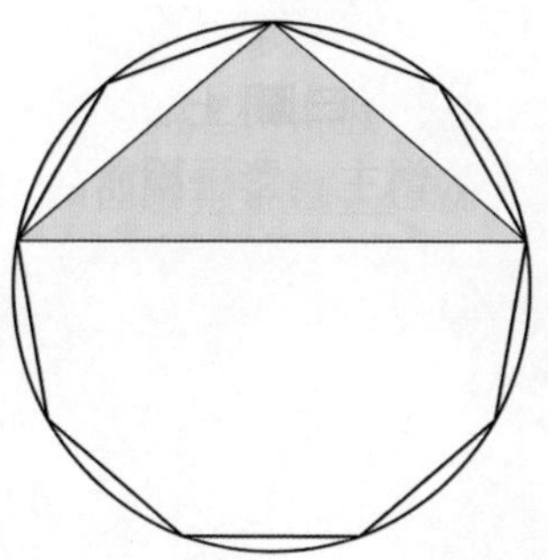

次圭以隔三徑爲底，以圓徑七之三爲徑。

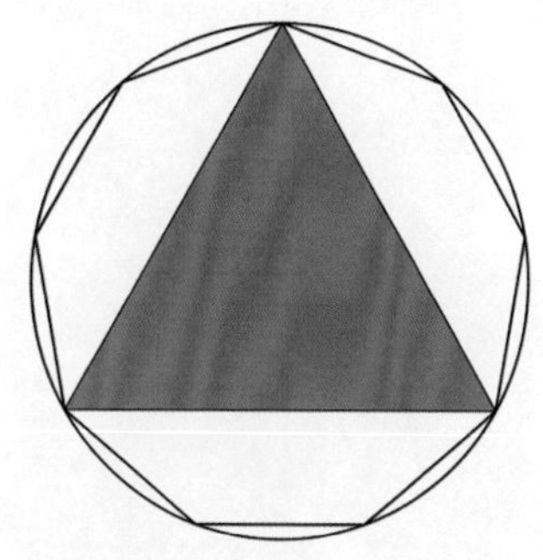

中圭以隔二爲底，以圓徑四之三爲徑。

1 圓徑 $d \approx 420.8883$，求得圓積爲：$S_1 = \frac{3}{4}d^2 \approx \frac{3}{4} \times 420.8883^2 \approx 132860.22$。以長句股求得九角積爲：$S' = 131335$。得二者比率爲：

$$\frac{S'}{S_1} \approx \frac{131335}{132860.22} \approx \frac{775}{784}$$

2 半方圭，即半圓圭。

（接○○九七頁）

以徑率（參“圓徑求九角諸徑”）求得隔三角之徑 $l_3 \approx 416.56$，則以長句股求得半圓圭徑爲：

$$n' = \sqrt{l_3^2 - \left(\frac{a}{2}\right)^2} - \frac{d}{2} \approx \sqrt{416.56^2 - \left(\frac{145.8}{2}\right)^2} - \frac{420.8883}{2} \approx 199.687$$

求得九角積爲：

$$S' = 9 \times \frac{a \cdot n'}{2} \approx \frac{9}{2} \times 145.8 \times 199.687 \approx 131015$$

原書以 $l_3 = 417.04$ 入算，求得九角積爲 131335，略有出入。

4 據後文圖說補。

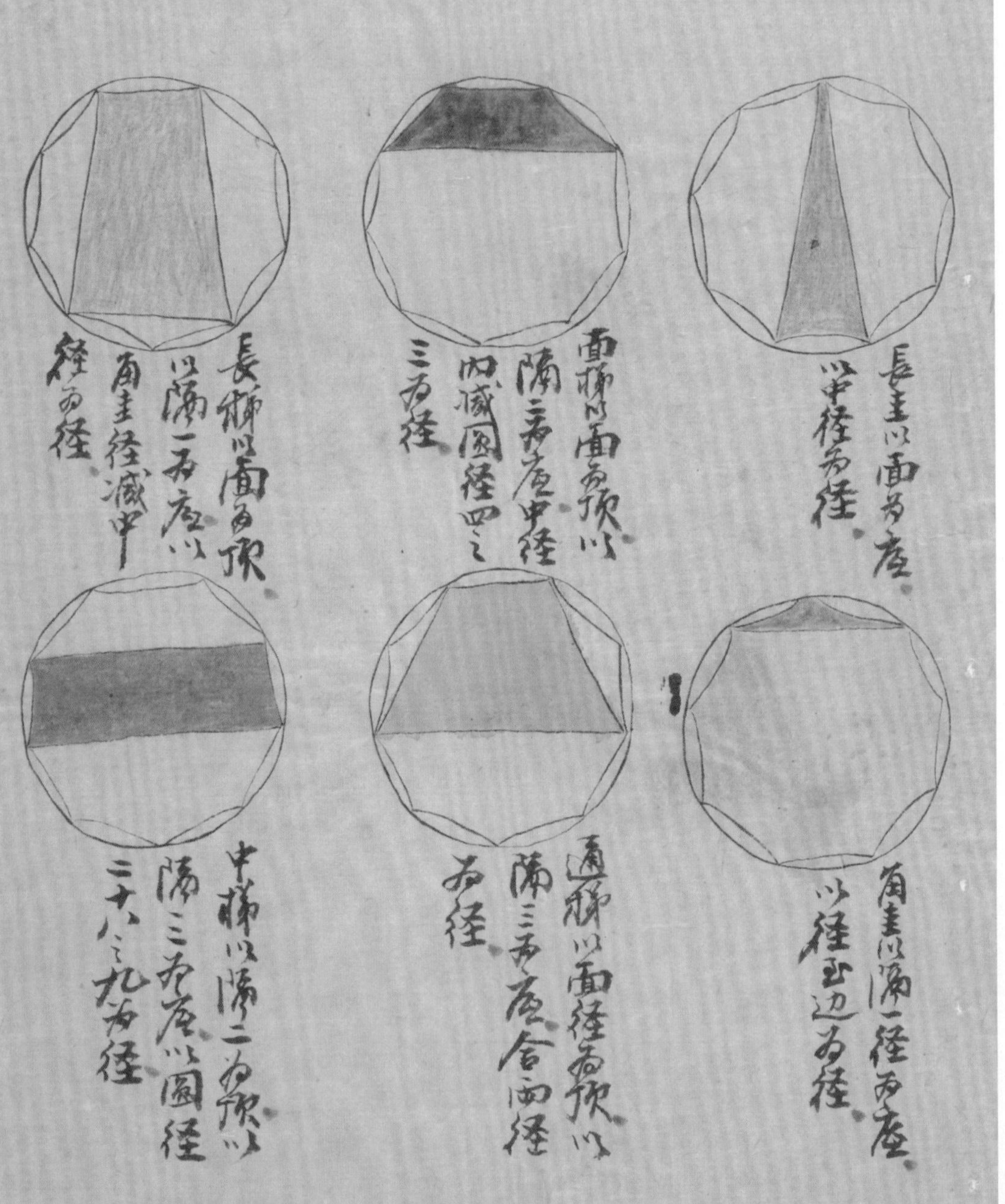
長圭以面爲底
以中徑爲徑

面梯以面爲頂以
隅二爲底中徑
内減圓徑四之
三爲徑

長梯以面爲頂
以隅一爲底以
面圭徑減中
徑爲徑

角圭以隅一徑爲底
以徑至边爲徑

通梯以面徑爲頂以
隅三爲底合兩徑
爲徑

中梯以隅二爲頂以
隅三爲底以圓徑
二十八之九爲徑

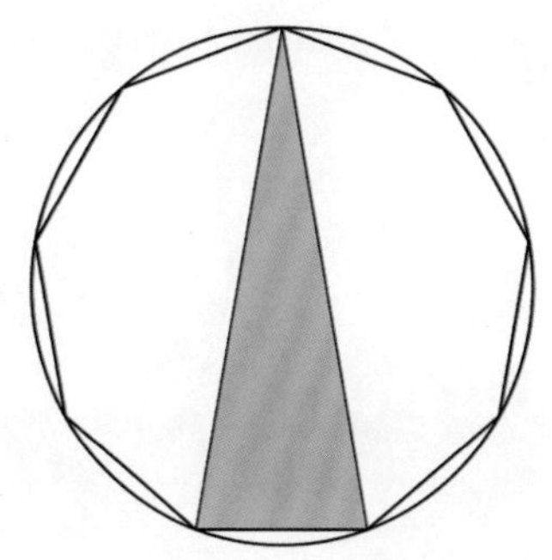

長圭以面爲底，以中徑爲徑。

角圭以隔一徑爲底，
以徑至邊爲徑。

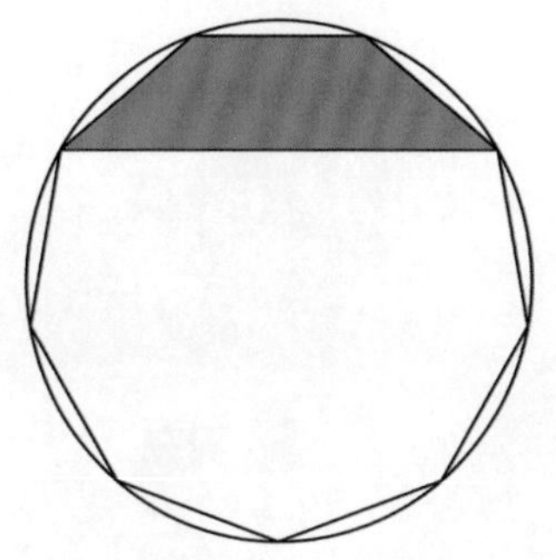

面梯以面爲頂，以隔二爲底，
中徑内減圓徑四之三爲徑。

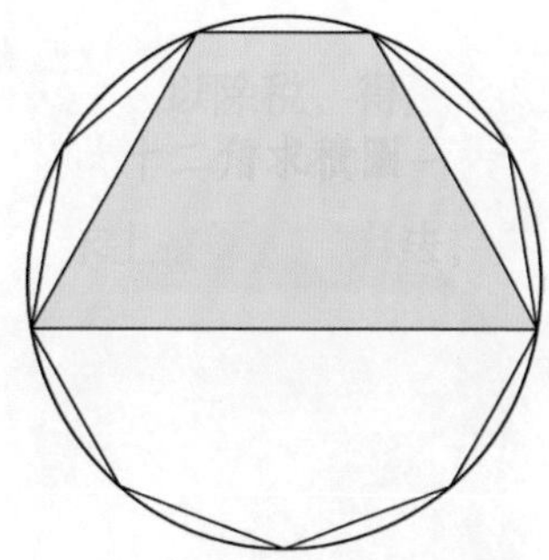

通梯以面徑爲頂，以隔
三爲底，合兩徑爲徑。

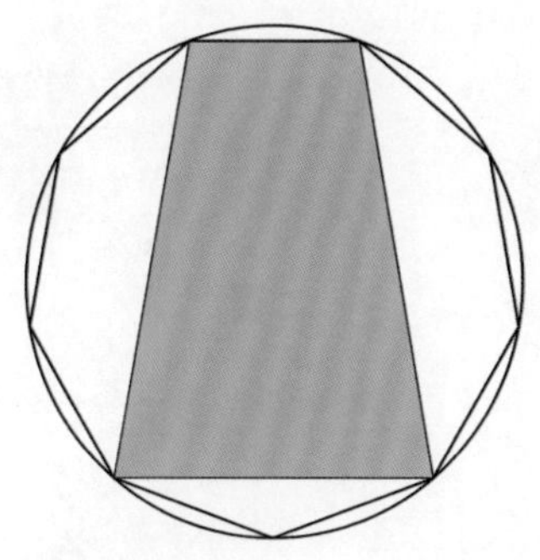

長梯以面爲頂，以隔一爲
底，以角圭徑減中徑爲徑。

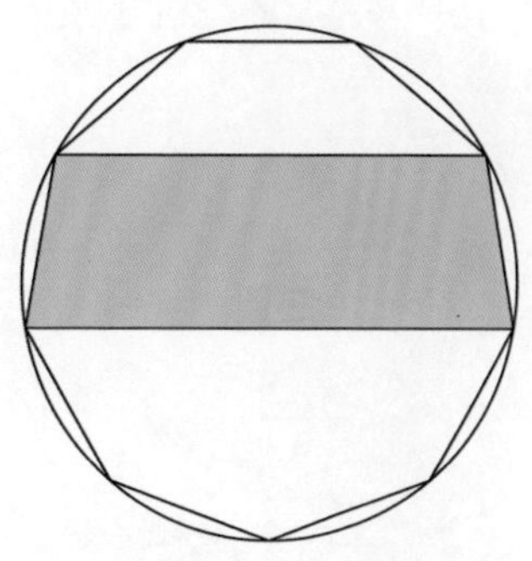

中梯以隔二爲頂，以隔三爲
底，以圓徑二十八之九爲徑。

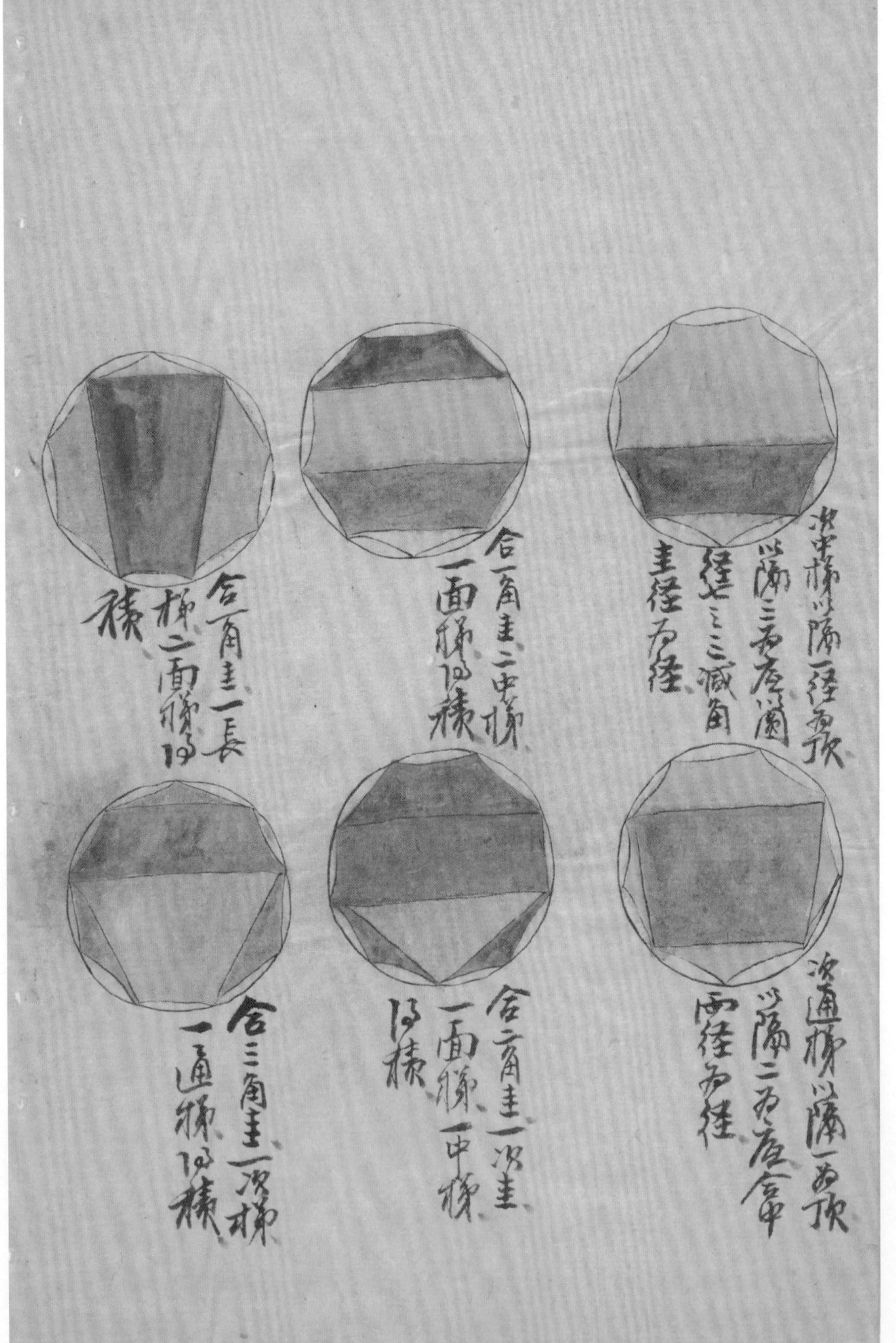
次中梯以隔一徑為股
以隔三為底以圓
徑七之三減角
圭徑為徑
合一角圭二中梯
一面梯得積
合二角圭一長
梯二面梯得
積
次通梯以隔一為股
以隔二為底
面徑為徑
合二角圭一次圭
一面梯一中梯
得積
合三角圭一次梯
一通梯得積

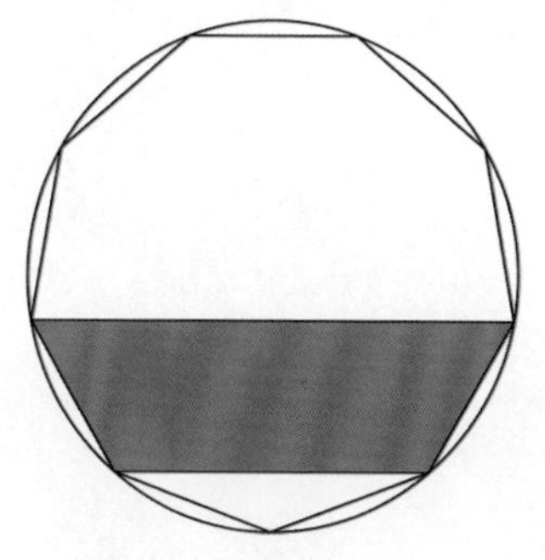

次中梯以隔一徑爲頂，以隔三爲底，以圓徑七之三減角圭徑爲徑。

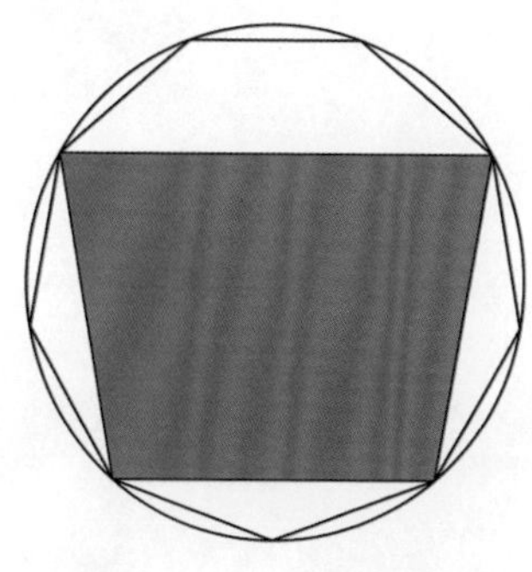

次通梯以隔一爲頂，以隔二爲底，合中兩徑爲徑。

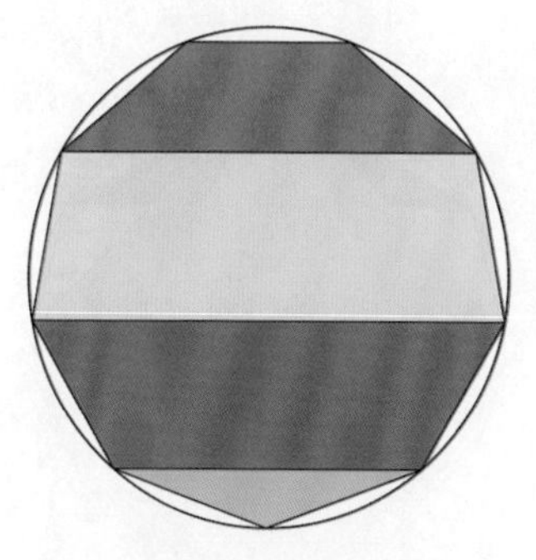

合一角圭、二中梯、一面梯，得積。

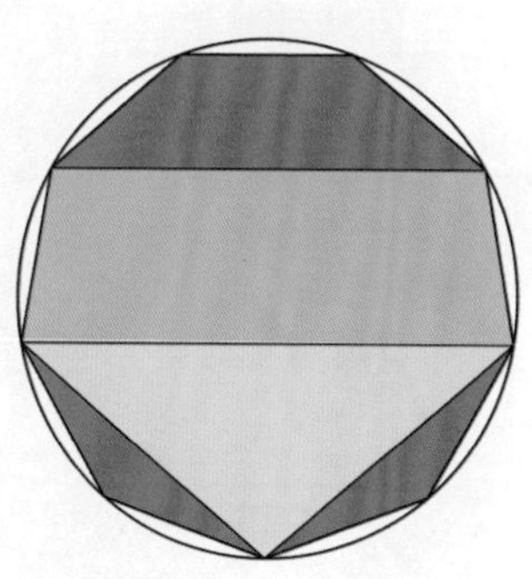

合二角圭、一次圭、一面梯、一中梯，得積。

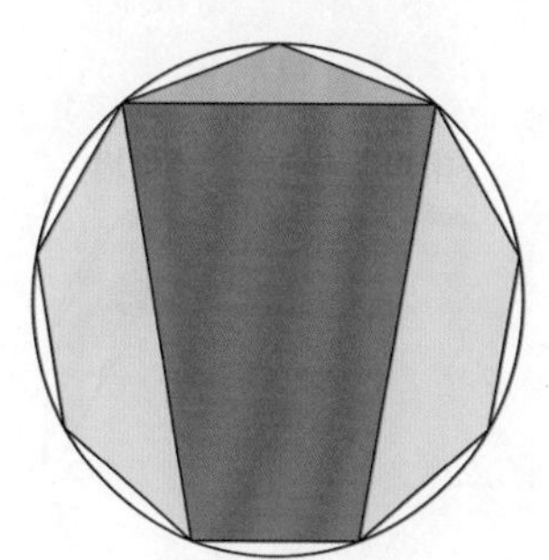

合一角圭、一長梯、二面梯，得積。

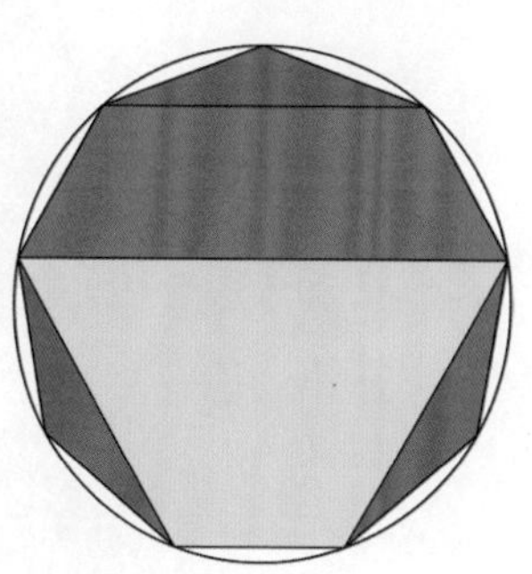

合三角圭、一次梯、一通梯，得積。

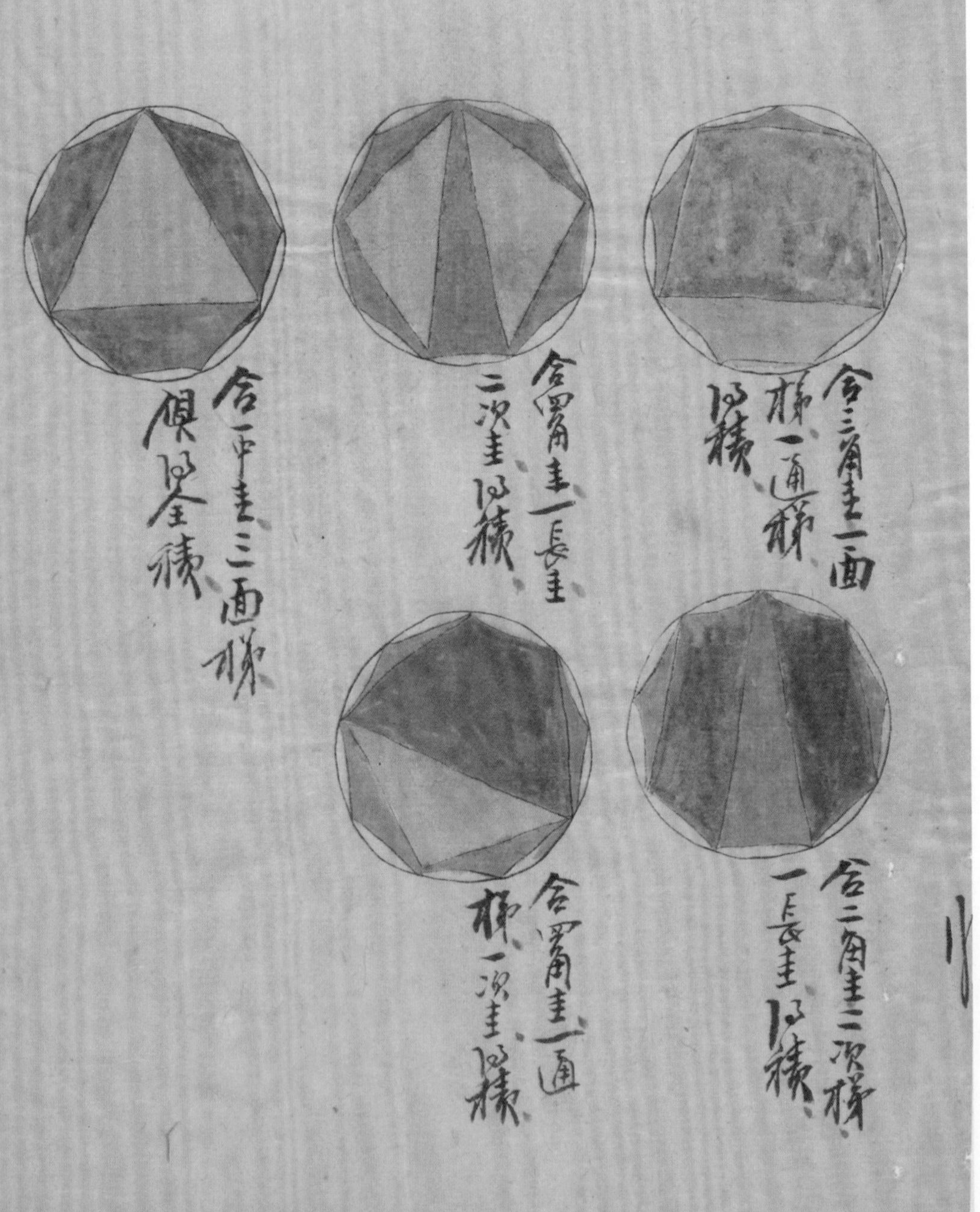
合三角圭一面
梯一面梯
以積
合四角圭一長圭
二次圭以積
合一中圭三面梯
俱以全積
合三角圭二次梯
一長圭以積
合四角圭一面
梯一次圭以積

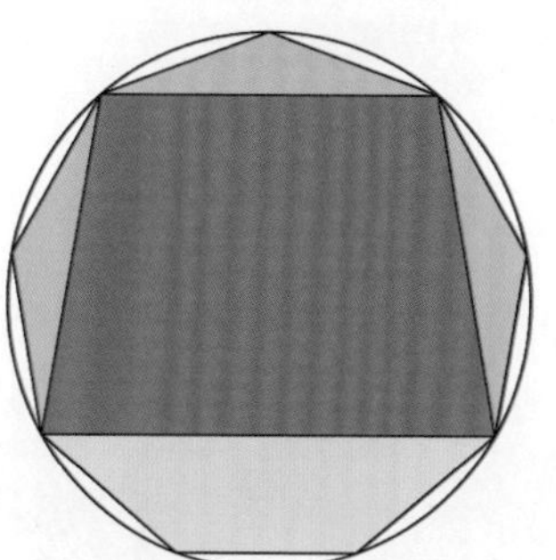
合三角圭、一面梯、一通梯，得積。

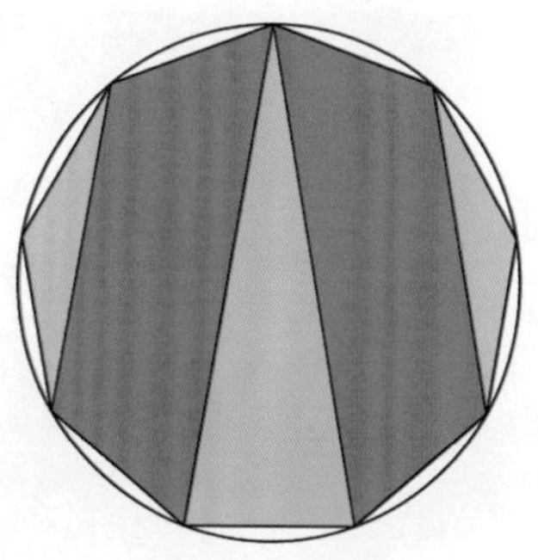
合二角圭、二次梯、一長圭，得積。

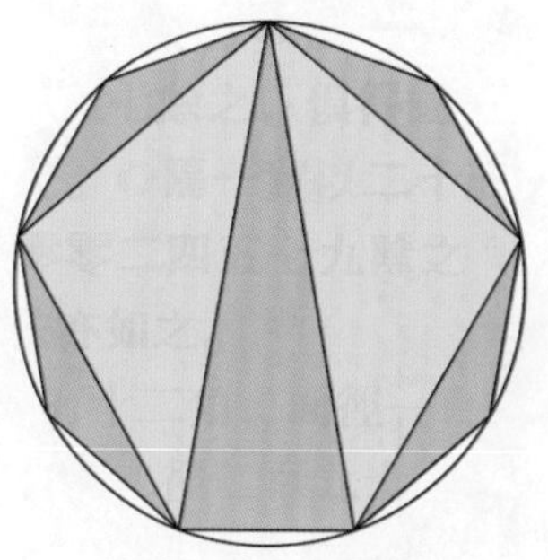
合四角圭、一長圭、二次圭，得積。

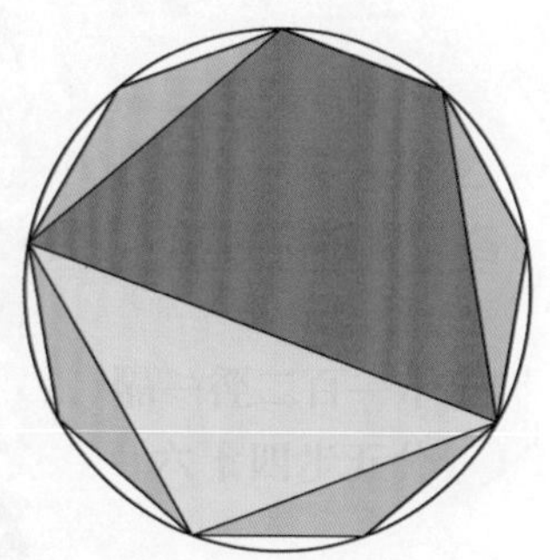
合四角圭、一通梯、一次圭，得積。

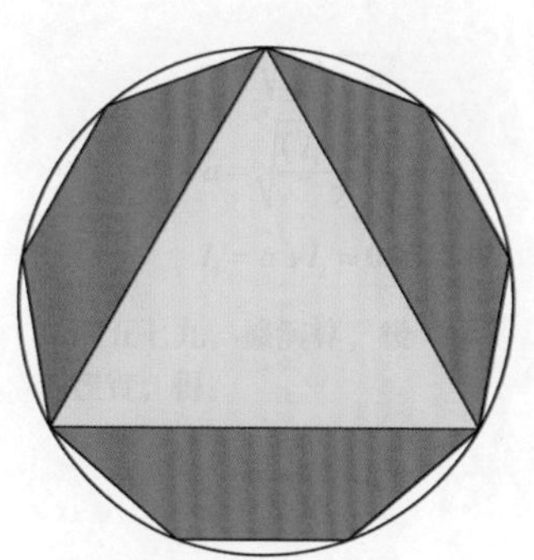
合一中圭、三面梯，俱得全積。

凡圓容十角求面徑，以圓徑十二丈一尺為句，以十二丈三尺為股，求得弦為面徑。

問：今有圓徑四百二十步八分八釐八毫三絲四忽六微，求容十角面若干。

答：每面一百三十三步一分。

法以圓之十一罕十一尋步八分八釐八毫八絲三忽自乘得一千七百七十二步零七釐為

句，又以十之三一百二十六步二分六釐六毫五絲自乘得一萬五千九百四十三步

為股，併二數共一萬七千七百一十四步，平開之得弦為每面之徑。

解：圓容五角者面又增一角為十角，五角以圓徑十二丈九，故以餘之一為句，五

角面以圓徑十二丈六，故以其半十二丈三為股，合之而得面徑。據徑一圍三之

說，圓周止應一千二百二十二步有奇，今角周反溢出七十步，豈有圓周

出其外而數反縮耶？此徑一不止圍三之明證也。

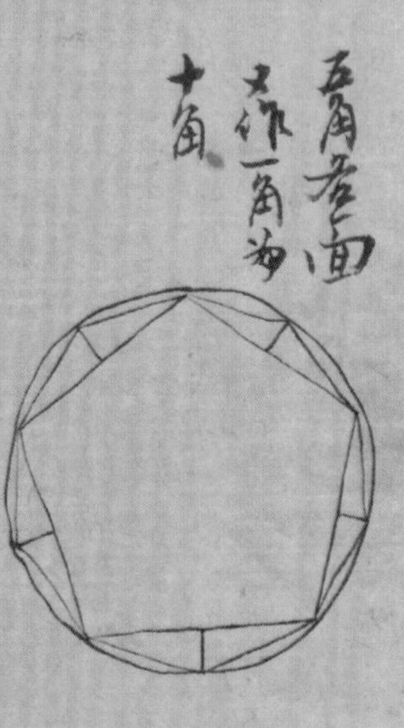

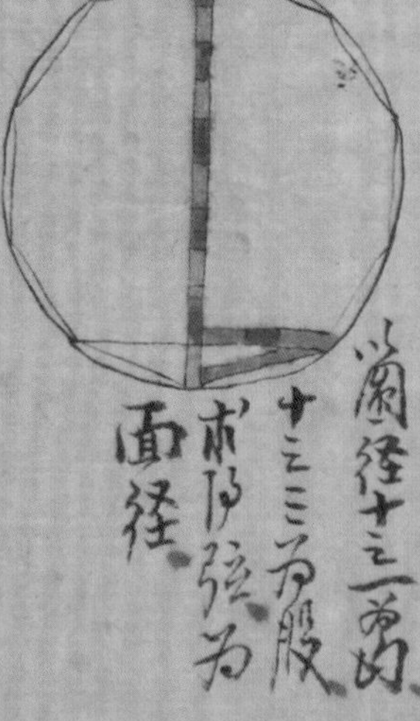

【十角形】

凡圓容十角求面徑者，以圓徑十之一爲句，以十之三爲股，求得弦，爲面徑。

1.問：今有圓徑四百二十步八分八厘八毫三絲四忽六微，求容十角面若干？

答：每面一百三十三步一分。

法：以圓十之一四十二步零八厘八毫八絲三忽自乘，得一千七百七十三步零七厘爲句[1]；又以十之三一百二十六步二分六厘六毫五絲自乘，得一萬五千九百四十三步爲股。併二數，共一萬七千七百一十四步。平開之，得弦，爲各面之徑。

解：圓容五角各面又增一角，爲十角。五角占圓徑十之九，故以餘之一爲句；五角面得圓徑十之六，故以其半十之三爲股，合之而得面徑。據徑一圍三之説，圓周止應一千二百六十二步有奇。今角周反溢出七十步，豈有圓周出其外，而數反縮者乎？此徑一不止圍三之明證也。

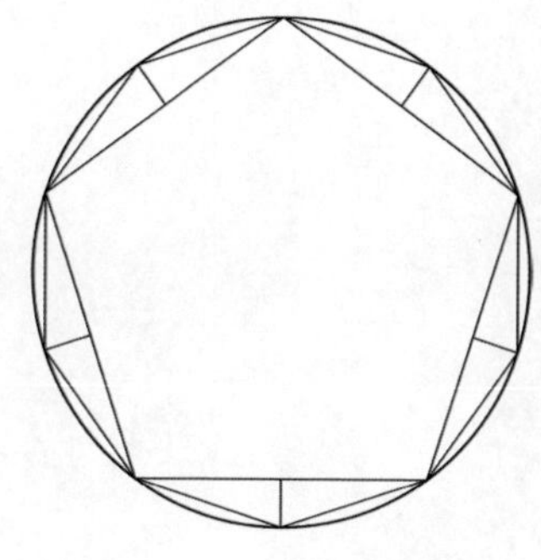

五角各面又作一角爲十角。

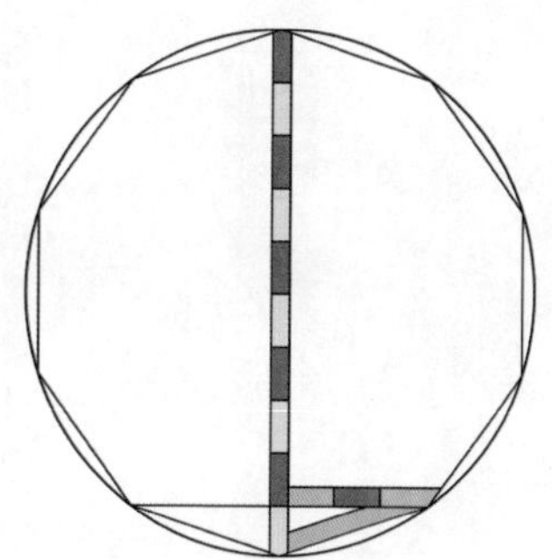

以圓徑十之一爲句，十之三爲股，求得弦，爲面徑。

1 依法求得句實爲：$42.08883^2 \approx 1771.47$。一千七百七十三步零七厘，當作“一千七百七十一步四分七厘”。

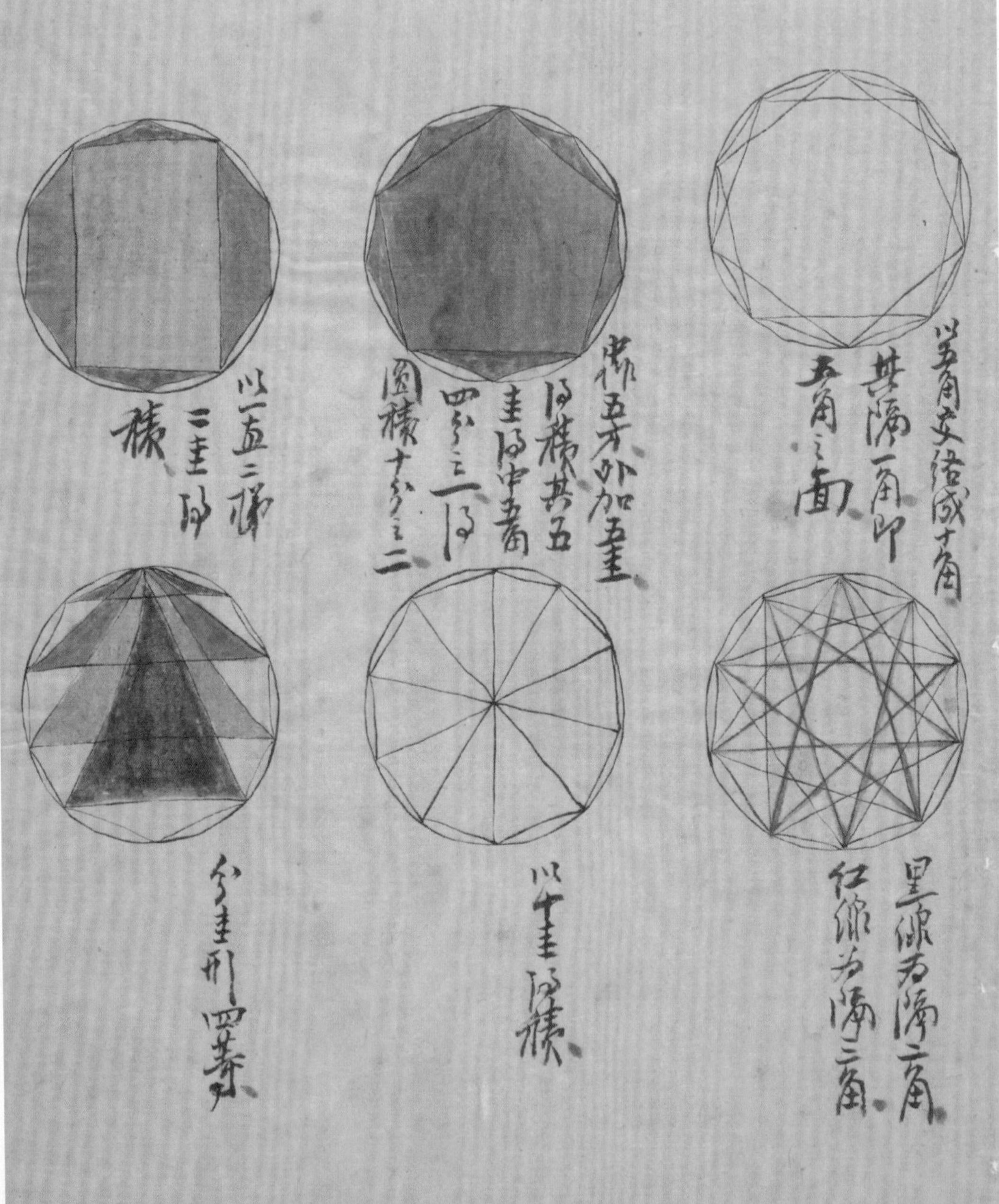
以十角交錯成十角
其隔一角即
五角之面
五方外加五圭
得積其五
圭得中者
四分之一得
圓積十分之二
以一直二梯
二圭得
積
星條者隔二角
紅條者隔三角
以十圭得積
分圭形四等

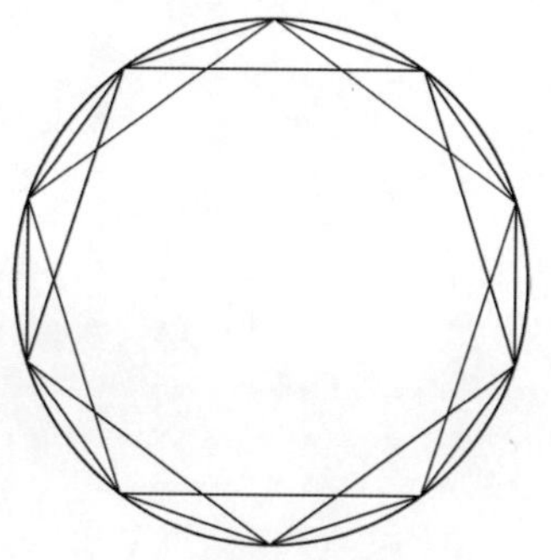

以五角交絡成十角，其隔一角即五角之面。

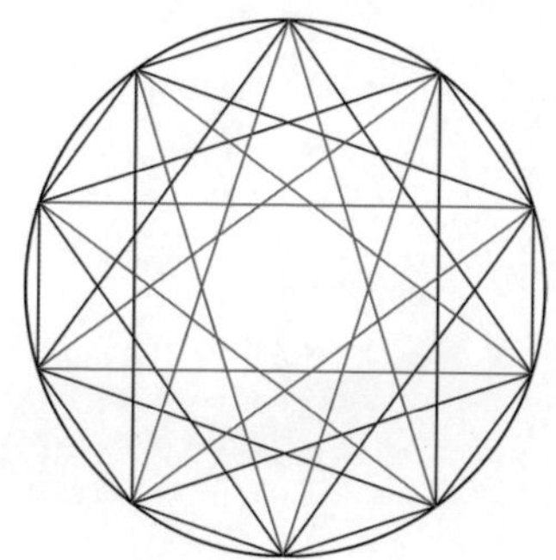

黑線爲隔二角，紅線爲隔三角。

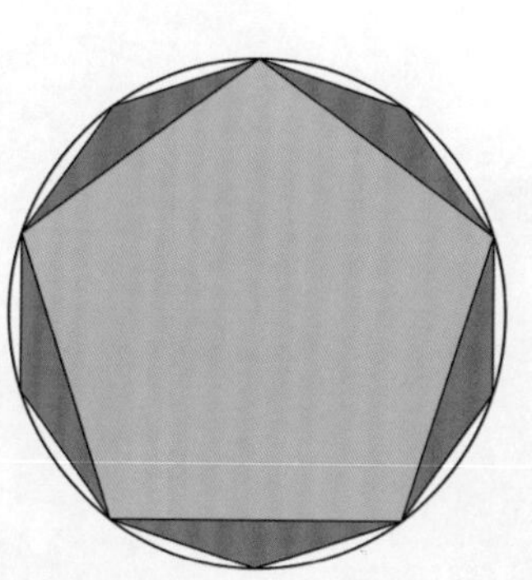

中作五方，外加五圭，得積。其五圭得中五角四分之一，得圓積十分之二。

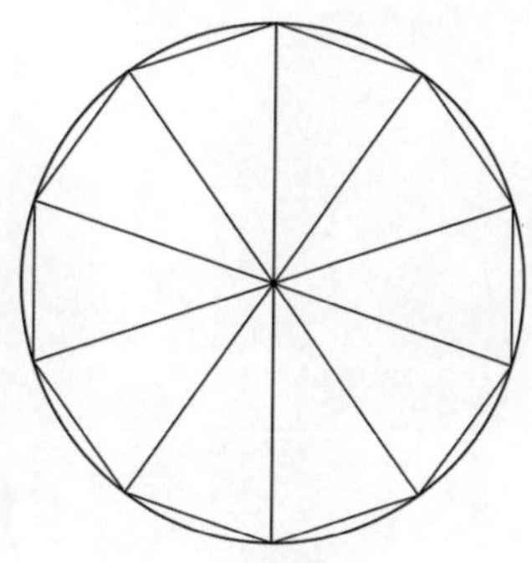

以十圭得積。

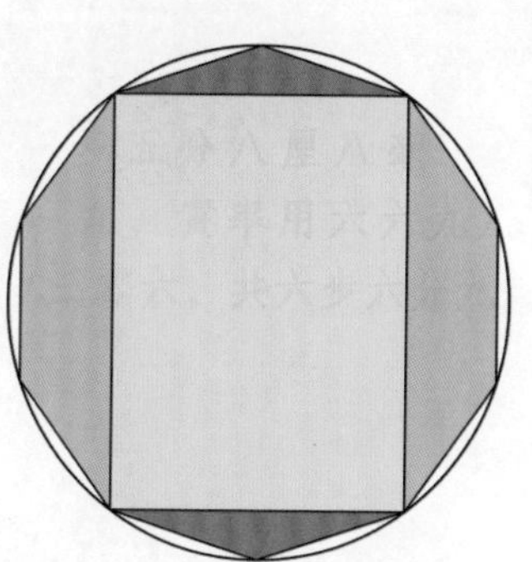

以一直二梯二圭得積。

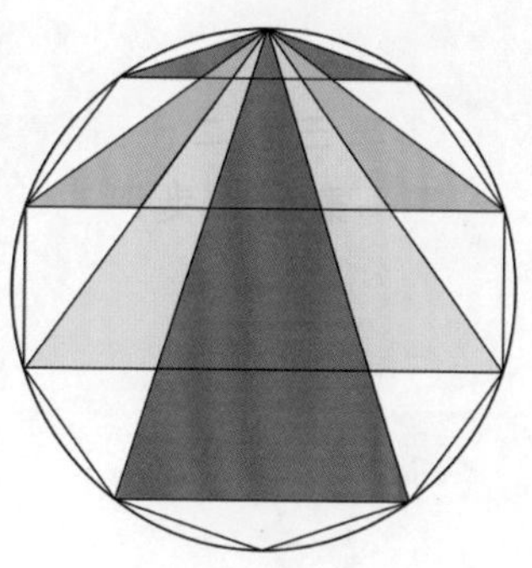

分圭形四等。

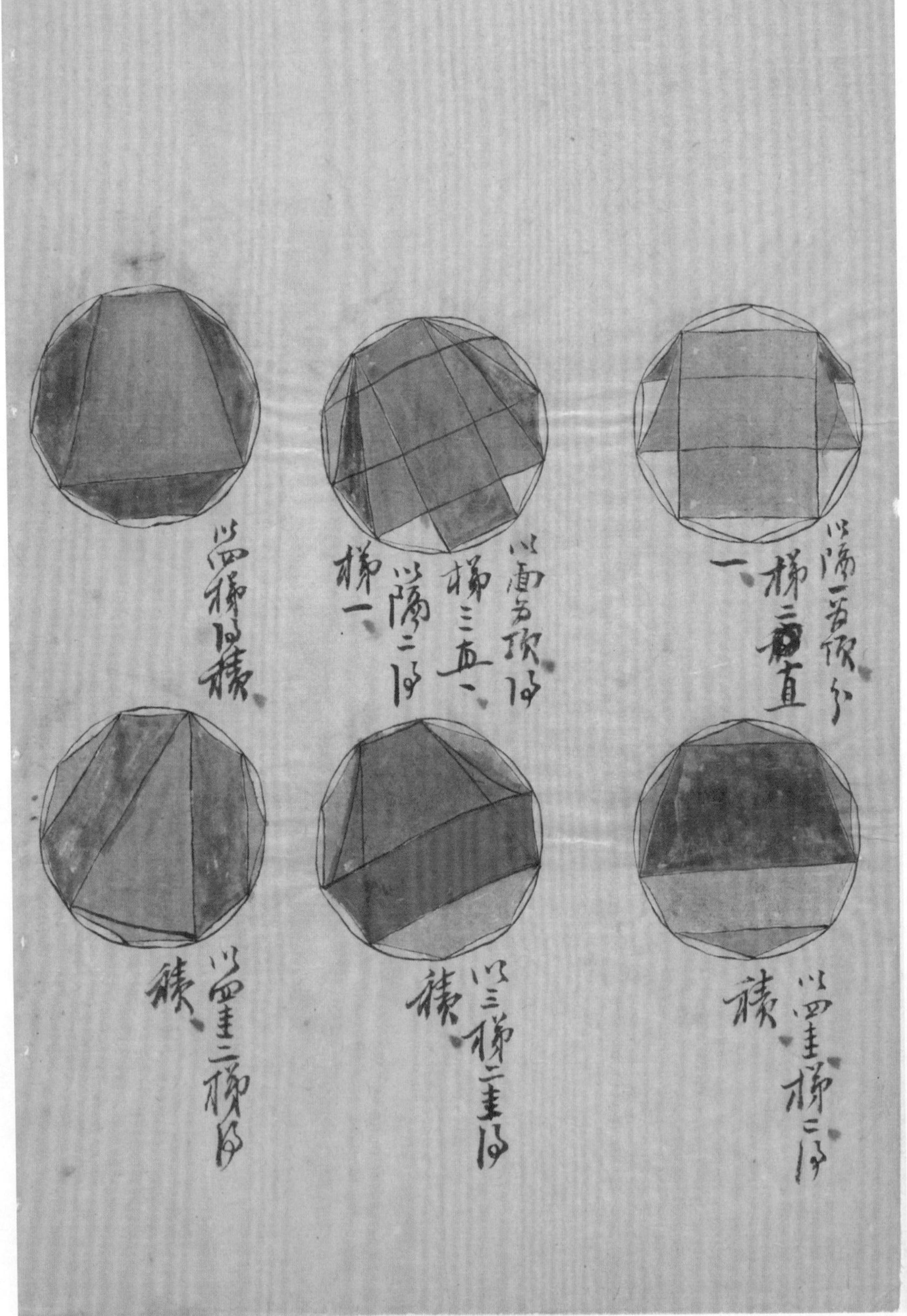

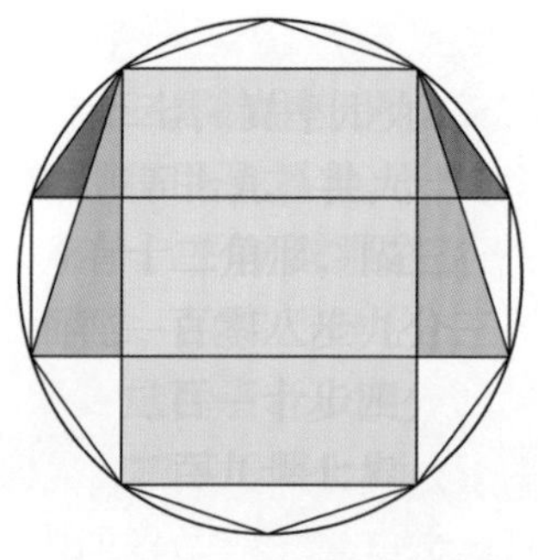

以隔一爲頂，分梯二直一。

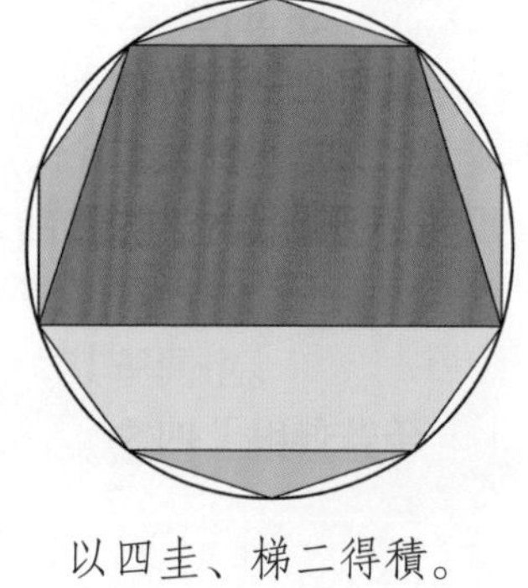

以四圭、梯二得積。

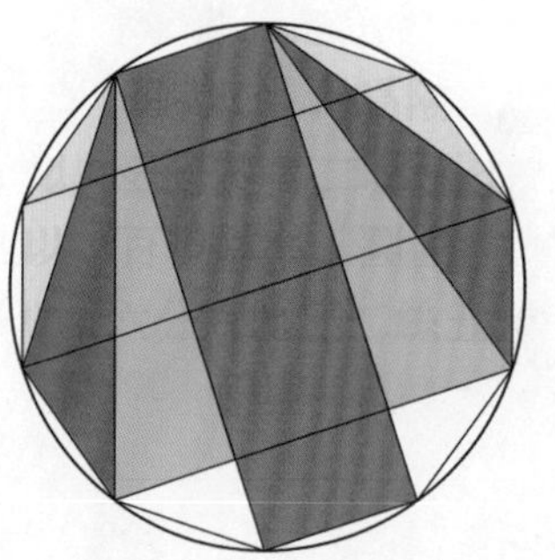

以面爲頂，得梯三直一；以隔二得梯一。

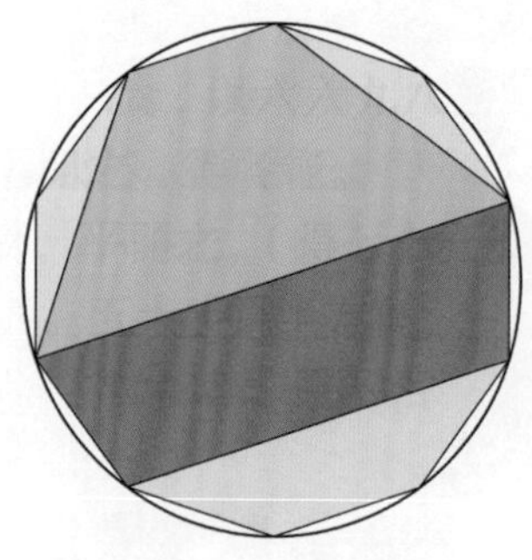

以三梯二圭得積。

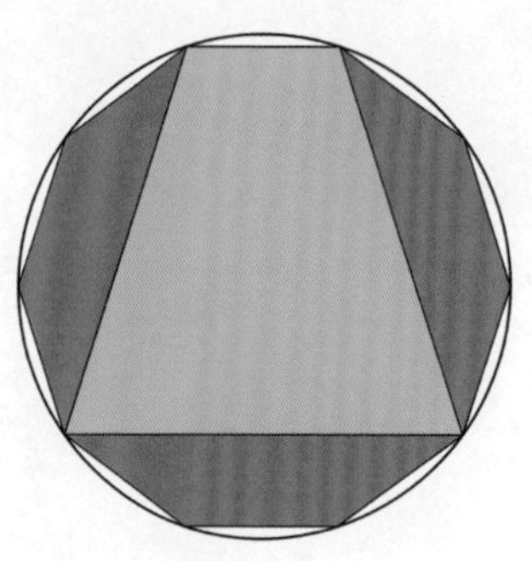

以四梯得積。

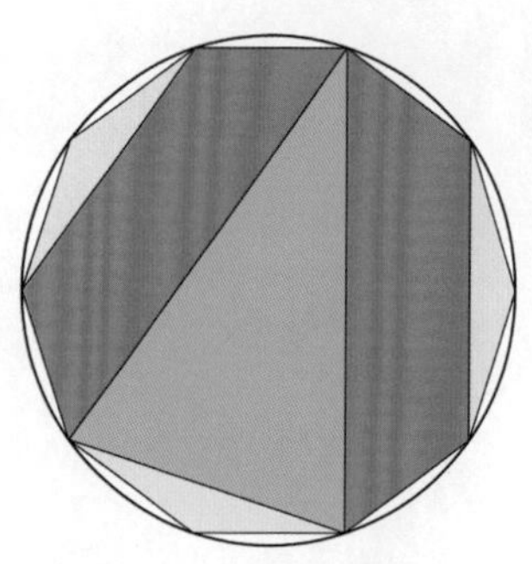

以四圭二梯得積。

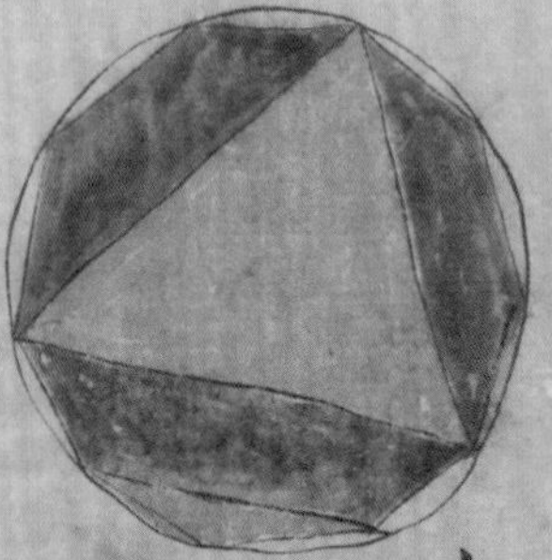

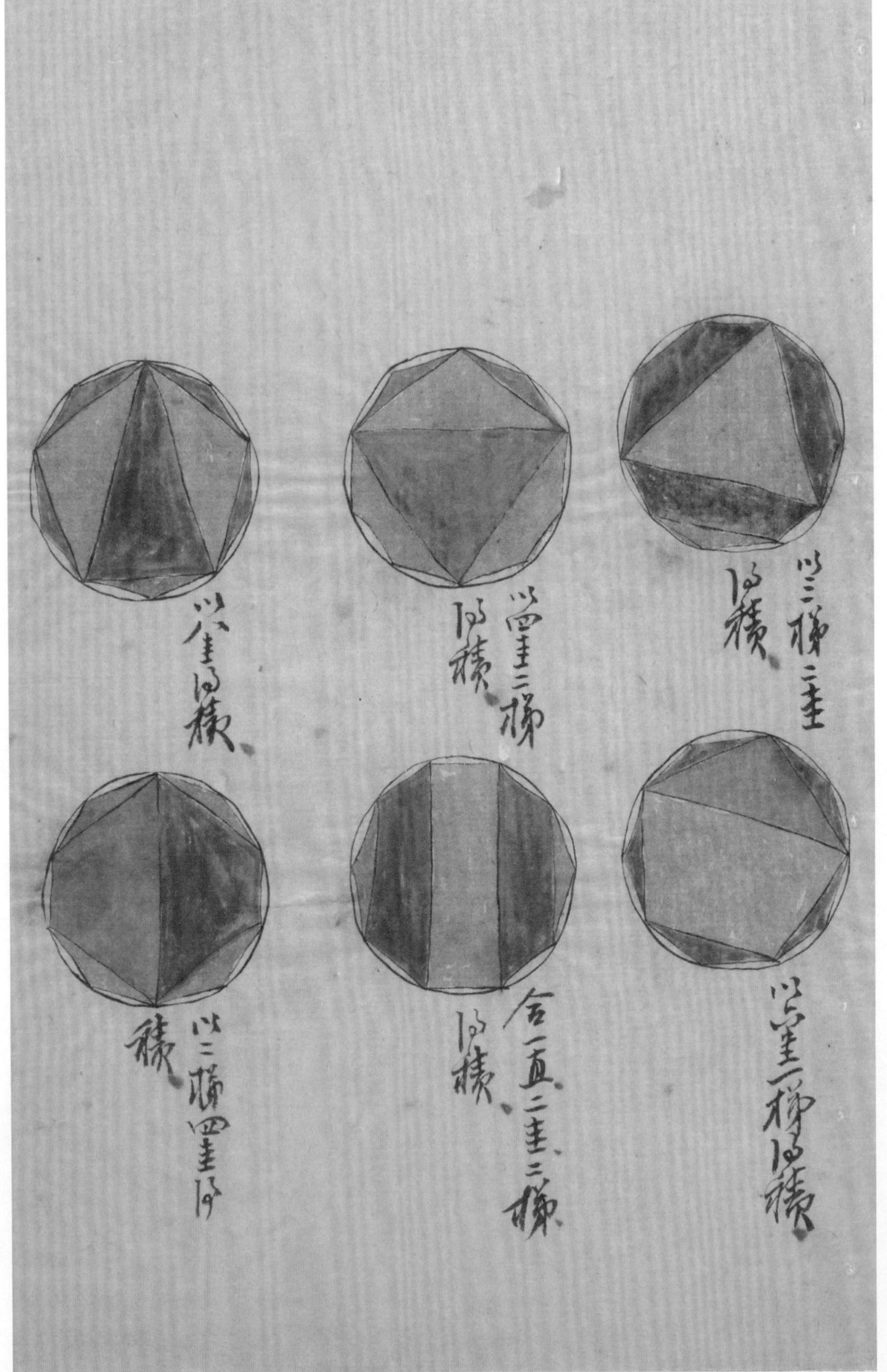

以三梯二圭爲積

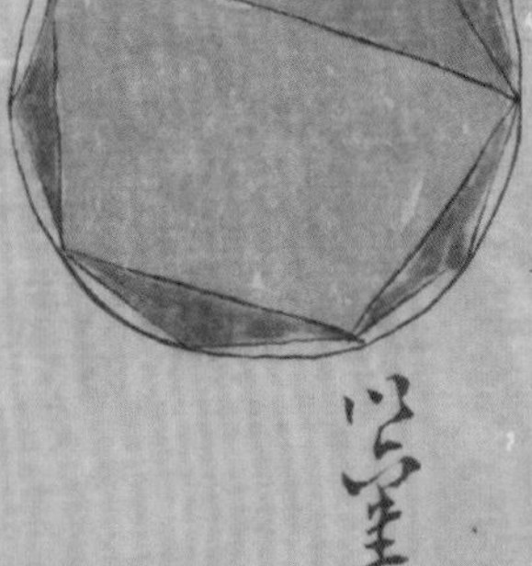

以六圭一梯爲積

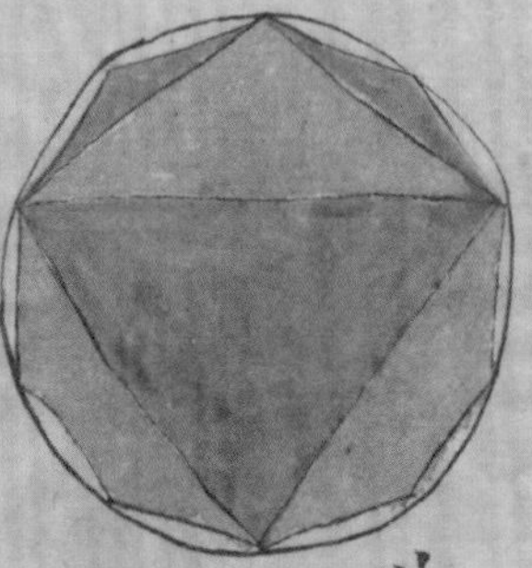

以四圭二梯爲積

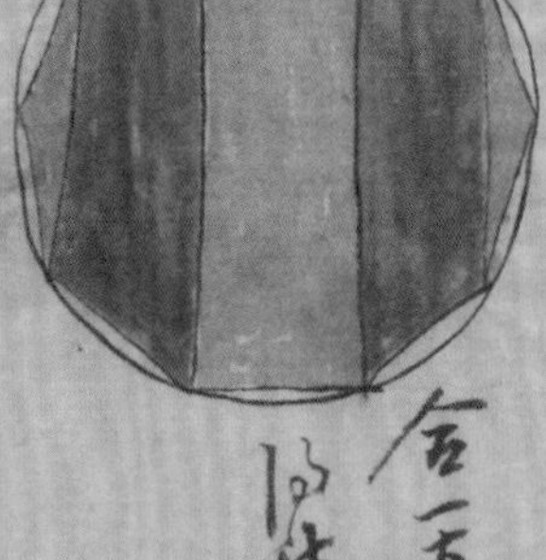

合一直二圭二梯爲積

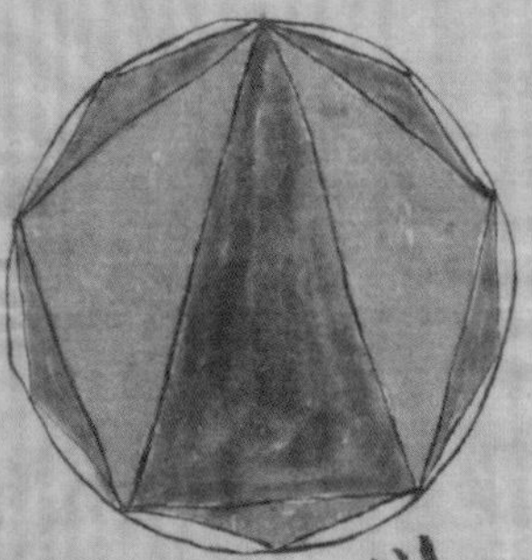

以六圭爲積

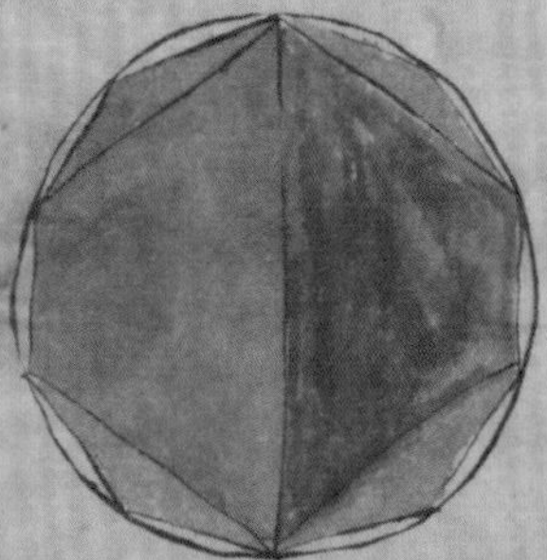

以二梯四圭爲積

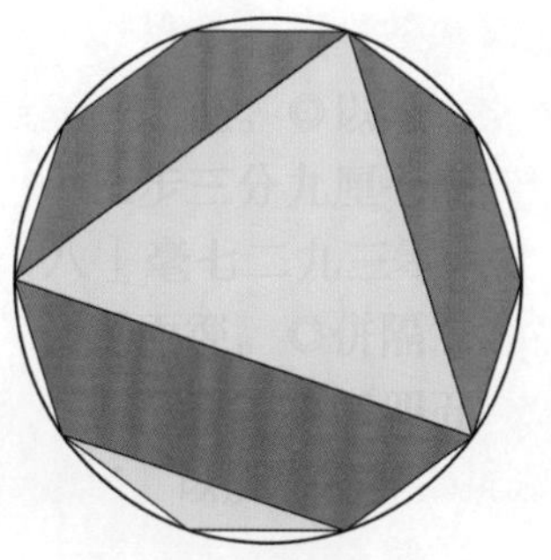

以三梯二圭得積。

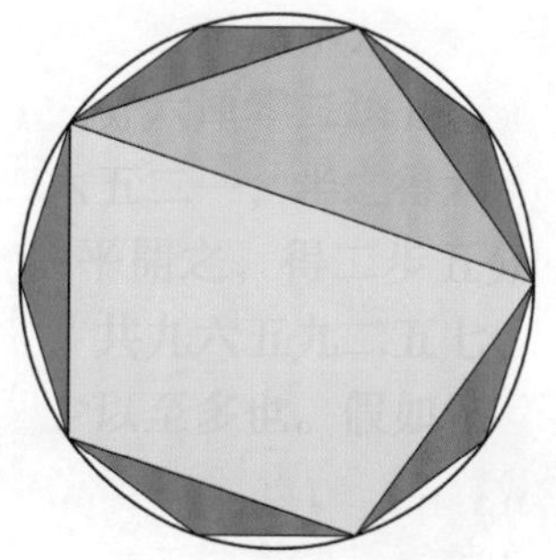

以六圭一梯得積。

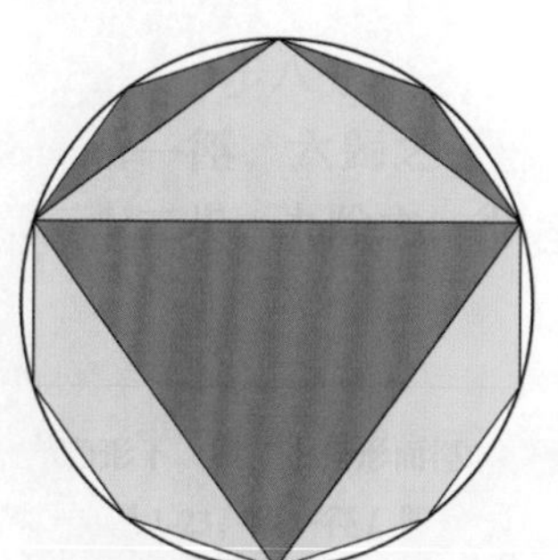

以四圭二梯得積。

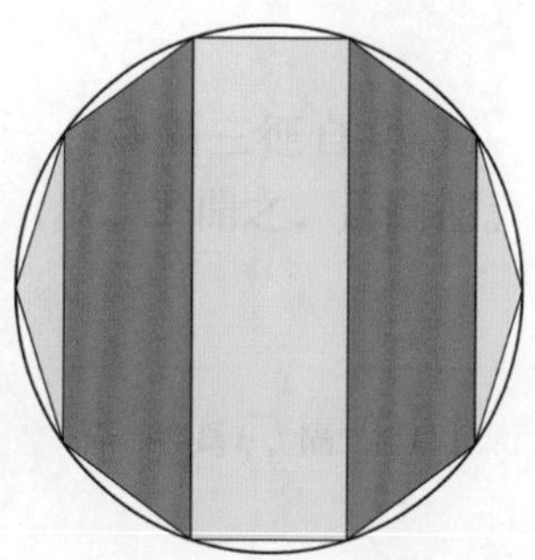

合一直二圭二梯得積。

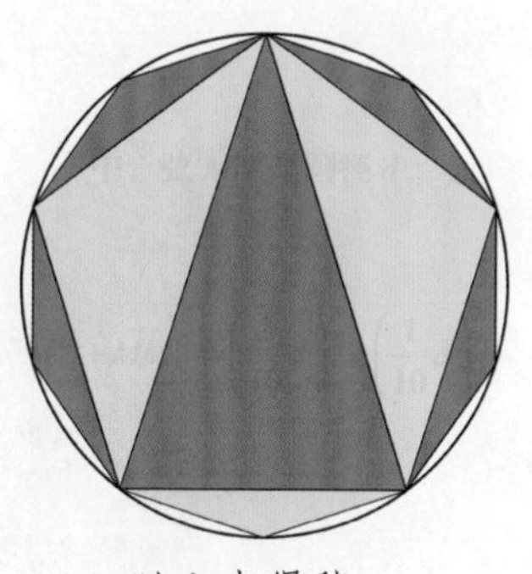

以八圭得積。

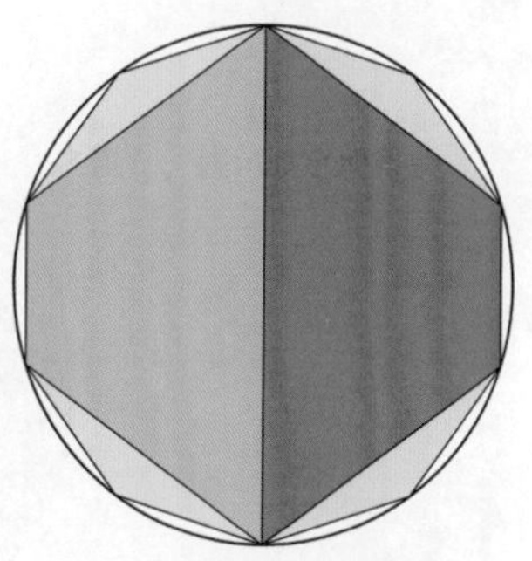

以二梯四圭得積。

以四圭得積

以三圭一梯得積

以直六圭得積

以四圭一梯一直得積

凡圓容十角求積者中作五方形用五方形求得積更以五方之面與圓徑十之一相乘折半五因之得積

假如有圓容十角形每面一百三十三步八分求積幾何

答一十三萬二千八百六十步有奇

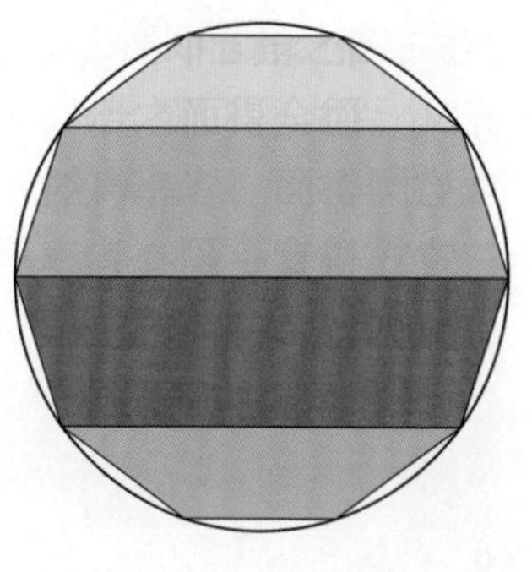

以四（圭）［梯］得積。

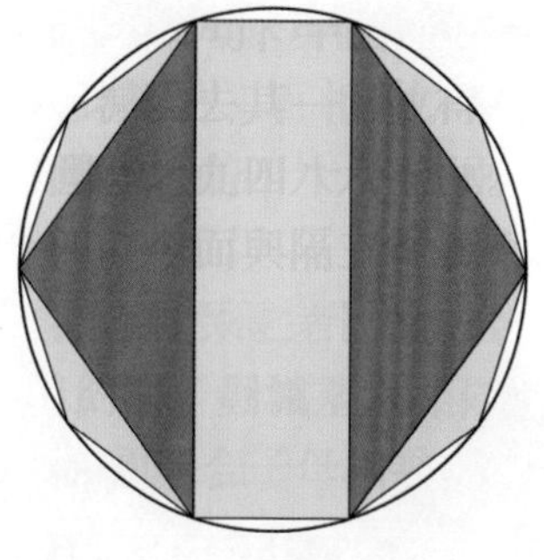

以一直六圭得積。

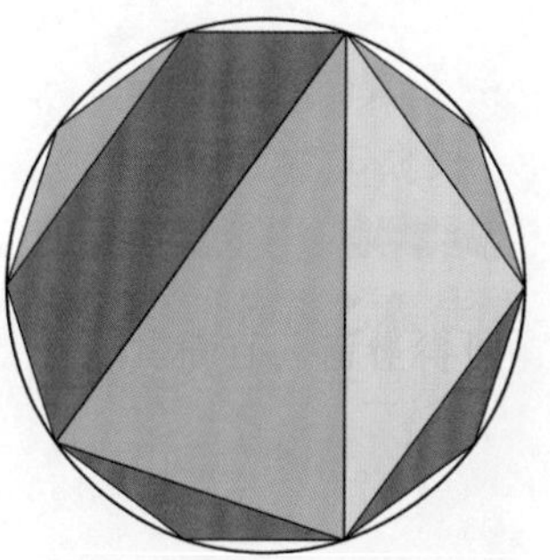

以六圭一梯得積。

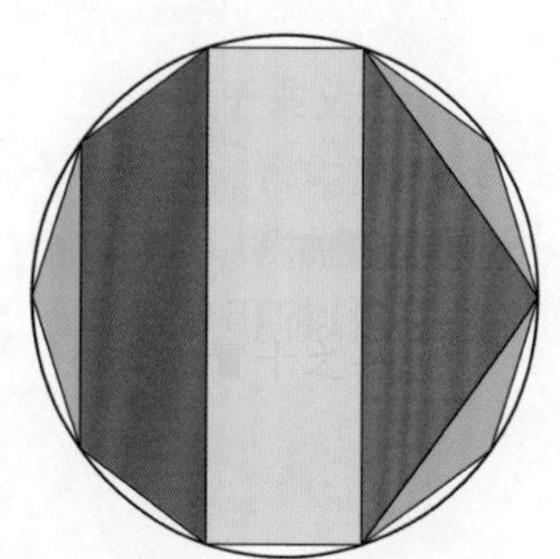

以四圭一梯一直得積。

凡圓容十角求積者，中作五方形，用五方率求得積，更以五方之面與圓徑十之一相乘，折半，五因之，得積[1]**。**

1.問：今有圓容十角形，每面一百三十三步一分，求積若干？

答：一十三萬二千八百六十步有奇。

---

1 如圖 1-17，設圓徑爲 d ，$DC=\frac{d}{10}$ ，五角面徑 $AB=a_5$ ，十角面徑 $AC=a_{10}$ ，得：

$$S_{十角}=S_{五角}+5\times S_{ABC}=S_{五角}+5\times\frac{AB\times DC}{2}=S_{五角}+5\times\frac{a_5\times\frac{d}{10}}{2}$$

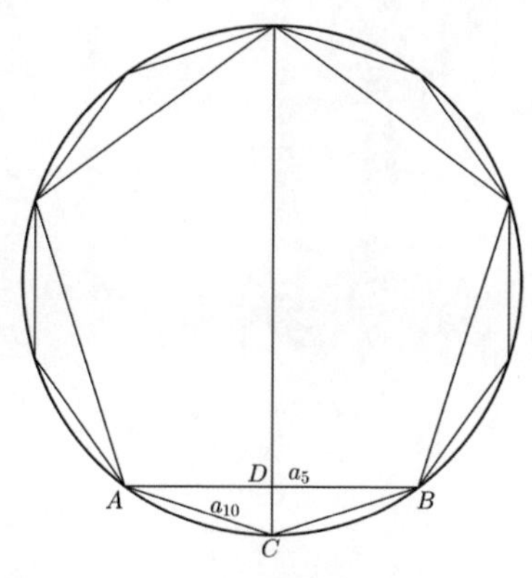

圖 1-17

法以面自乘，得一萬七千七百一十五步九因之，得一萬五千九百四十三步有奇，平開之，
得一百二十六步二分六厘六毫五絲弱，三歸之，得原圓徑四十二步八分八厘
八毫三絲六，因之，得二百五十二步五分三厘三毫，為五角之面，以五角率置
圓積一十三萬二千八百六十步二分五厘，八因之，得一十萬零六千二百八十八步八
分為五角之積，以五角面二百五十二步五分三厘三毫，與圓徑十二之四十二步
零八厘八毫八絲三忽相乘，得一萬零六百二十八步八分二厘，以二五乘之，
得二萬六千五百七十二步，合兩五角，得全積。

解：面積原合內股實，得內以圓十之一自乘，仍得一股，以圓徑十之三自乘，得九
其面實內藏內股實一，股實九也，以九因之，仍得股實，平開之，得五角之
半面，全面得圓徑十之二六，半面得十之一三，三歸之，得原圓徑，又六因之，而
仍得五角之面也。五角之外又有五圭，折半而得實，五因而得其一，以二五
乘之，省法也。方實一十七萬七千一百四十七七，置十角積，以七五除之，恰合，以
此知四分之三乃十角之率，非圓率也，圓之率當不止此，第未究確法耳，今
以外之弧形之半圓徑自乘四萬四千二百一十六步七分五厘，內減半面徑
自乘四千四百二十八步六分七厘五毫，餘三萬九千七百八十八步零七厘五
毫，平開之，得一百九十九步四分四厘四毫八絲有奇，為離徑，以減半圓

法：以面自乘，得一萬七千七百一十五步，九因之，得一萬五千九百四十三步有奇。平開之，得一百二十六步二分六厘六毫五絲弱。三歸之，得原圓徑四百二十步八分八厘八毫三絲。六因之，得二百五十二步五分三厘三毫，爲内五角之面。以五角率，置圓積一十三萬二千八百六十步二分五厘，八因之，得一十萬零六千二百八十八步二分，爲中五角之積。以五角面二百五十二步五分三厘三毫，與圓徑十之一四十二步零八厘八毫八絲三忽相乘，得一萬零六百二十八步八分二厘。以二五乘之，得二萬六千五百七十二步。合内五角，得全積[1]。

解：面積原合句股而得[2]，句以圓十之一自乘，仍得一；股以圓徑十之三自乘，得九，是面實内藏句實一、股實九也。以九因之，仍得股實。平開之，得五角之半面。全面得圓徑十之六，半面得十之三，故三歸之，得原圓徑；又六因之，而仍得五角之面也。五角之外，又爲五圭，折半而得實，五因而得共。只以二五乘之，省法也。方實一十七萬七千一百四十七，今置十角積，以七五除之，恰合。以此知四分之三乃十角之率，非圓率也。圓率當不止此，第未見確法耳。今以外之弧推之，半圓徑自乘四萬四千二百八十六步七分五厘，内減半面徑自乘四千四百二十八步六分七厘五毫，餘三萬九千八百五十八步零七厘五毫。平開之，得一百九十九步六分四厘四毫八絲有奇，爲離徑。以減半圓

1 如前圖 1-17，在句股 ADC 中，股 $AD=\frac{a_5}{2}=\frac{3}{10}d$，句 $DC=\frac{1}{10}d$，故 $AD^2=9DC^2$。又 $AC^2=AD^2+DC^2$，得：

$$AD=\sqrt{\frac{9}{10}AC^2}=\sqrt{\frac{9}{10}{a_{10}}^2}\approx 126.2665$$

求得圓徑：

$$d=\frac{10\times AD}{3}\approx 420.8883$$

求得五角面徑：

$$a_5=\frac{6}{10}d\approx 252.533$$

求得圓積：

$$S_{圓}=\frac{3}{4}d^2\approx 132680.25$$

五角積得圓積十分之八，則：

$$S_{五角}=\frac{8}{10}S_{圓}\approx 106288.2$$

又求得五角外五圭積爲：

$$S_{五圭}=5\times\frac{DC\times AB}{2}\approx 5\times\frac{\frac{d}{10}\times a_5}{2}\approx 26572$$

求得十角積：

$$S_{十角}=S_{五角}+S_{五圭}\approx 132860$$

2 面積，即十角面徑自乘積，亦稱“面實”。

徑二百一十步四分四釐四毫一絲五忽餘一十步零八分五釐以面一百三
十三步一分五釐弧弦周弧法求之得七百七十步合十弧得七千七百七十步
今十角內積已合圓積再加十弧通得一十四萬零六百三十餘步以較
四分之三三之說差七千七百七十餘步果由圓邊弧長弦短以弧法求之多
溢然大段其差當以數千計也數登十萬便已懸殊況進而萬億多乎

凡十角形求圓徑面徑自乘千倍平開方即得

問今有圓容十角形每面一百三十三步零求圓徑若干

答圓徑四百二十步八分八釐八毫三絲四忽六微

法面徑自乘得一萬七千七百一十四步七分十倍之為一十七萬七千一百四十
七步平開之得圓徑

解假如原徑十步自乘二百步取十分之一十步平方開之得三步一分
六釐二毫二絲有奇合十面三十一步六分二釐二毫有奇視徑一
圍三之率此圓周溢出一步六分二釐二毫有奇並周溢一徑求
圓徑故以六歸而得說已見前

十角形面徑與圓徑相求圖

徑二百一十步四分四厘四毫一絲五忽，餘一十步零八分，爲弧矢。以面一百三十三步一分爲弧弦，用弧法求之，得七百七十七步。合十弧，則七千七百七十步。今十角内積已合圓積，更加十弧，通得一十四萬零六百三十餘步，以較四分之三之説，差七千七百七十餘步矣[1]。雖圓邊弧長矢短，以弧法求之多溢，然大段其差當以數千計也。數登十萬，便已如此，況進而更多者乎？

凡十角形求圓徑，面徑自乘十倍，平開而得[2]。

1.問：今有圓容十角形，每面一百三十三步零，求圓徑若干？

答：圓徑四百二十步八分八厘八毫三絲四忽六微。

法：面徑自乘，得一萬七千七百一十四步七分，十倍之，得一十七萬七千一百四十七步。平開之，得圓徑。

解：假如（原）[圓]徑十步，自乘（二）[一]百步。取十分之一十步，平方開之，得三步一分六厘二毫二絲有奇。合十面三十一步六分二厘二毫有奇，視徑一圍三之率，此圓周溢出一步六分二厘二毫有奇。若用隔一徑求圓徑者，以六歸而得，説已見前。

十角形面徑與圓徑相求圖

---

1 如圖 1-18，爲十角局部圖，O 爲圓心，圓徑爲 d，$OA=OB=\frac{d}{2}$，$AB=a_{10}$ 爲十角面徑。在句股 ADO 中，弦 $OA=\frac{d}{2}$，句 $AD=\frac{a_{10}}{2}$，求得股：

$$l=OD=\sqrt{OA^2-AD^2}=\sqrt{\left(\frac{d}{2}\right)^2-\left(\frac{a_{10}}{2}\right)^2}\approx 199.6448$$

ACB 爲弧矢形，弧矢闊爲：

$$CD=OC-OD=\frac{d}{2}-l\approx 10.8$$

由弧矢求積公式，求得弧矢積爲：

$$S_{弧矢}=\frac{AB+CD}{2}\times CD\approx 777$$

則十弧矢積爲：

$$S_{十弧矢}=10\times S_{弧矢}=7770$$

併十弧矢積、十角積，得圓積：

$$S_{圓}=S_{十角}+S_{十弧矢}\approx 132860+7770=140630$$

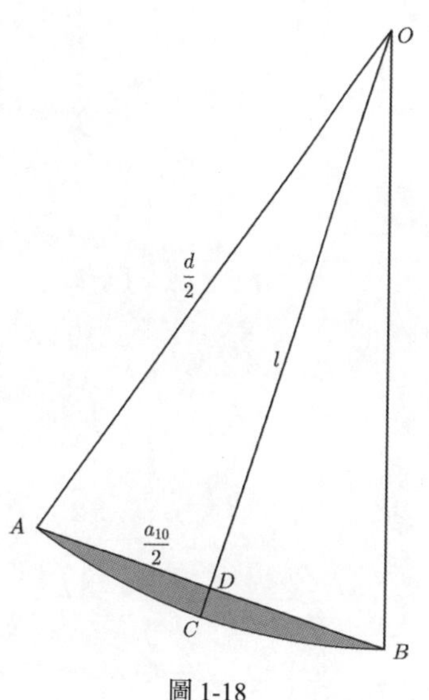

圖 1-18

2 如前圖 1-17，$AC^2=AD^2+DC^2$，即：

$$a_{10}{}^2=\left(\frac{3}{10}d\right)^2+\left(\frac{1}{10}d\right)^2$$

解得：

$$d=\sqrt{10\times a_{10}{}^2}$$

徑實百步十分之一平開得三步一分六釐二毫二絲有奇合十面視徑一圍三之率滋出一步六分二釐二毫有奇圓周在角周之外更多可知

一尺圓形十二面積虛不足也為十二角形空中徑即圓徑隅一為一徑隅二為一徑隅三為一徑隅四為一徑並面徑亦求以圓法求之其圓徑自乘得實以四分之三平開之得隅三之徑以二分之一平開之得隅二之徑以四分之一平開之得隅一之徑以隅一之徑減隅三之徑餘其自乘得數半之平開之為面徑合面徑與隅二之徑為隅四之徑以句股求之其以圓徑四分之一為股圓徑內減隅三之徑餘兩分之為句求得弦為面徑以圓徑為弦以隅三為股求

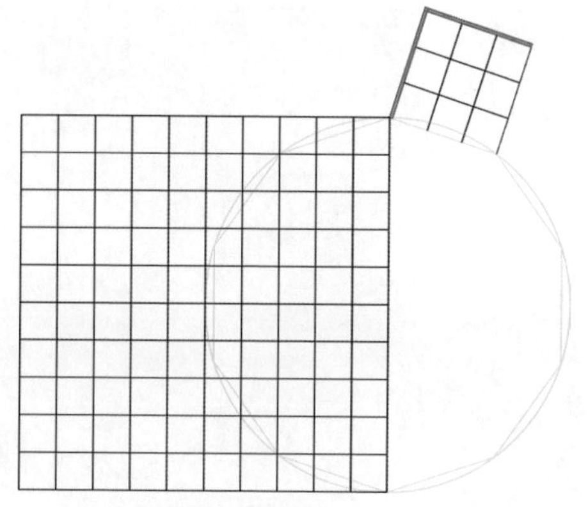

徑實百步十分之一，平開得三步一分六厘二毫二絲有奇。合十面，視徑一圍三之率，溢出一步六分二厘二毫有奇，圓周在角周之外。更多可知。

【十二角形】

一、凡圓形十二面直虛不見邊，爲十二角形。其中徑即圓徑，隔一爲一徑，隔二爲一徑，隔三爲一徑，隔四爲一徑，並面徑而五。以圓法求之者，圓徑自乘得實，以四分之三平開之，得隔三之徑；以二分之一平開之，得隔二之徑；以四分之一平開之，得隔一之徑。以隔一之徑減隔三之徑，餘者自乘，得數半之，平開之，爲面徑。合面徑與隔二之徑，爲隔四之徑[1]。以句股求之者，以圓徑四分之一爲股，圓徑内減隔三之徑，餘兩分之爲句，求得弦爲面徑。以圓徑爲弦，以隔三爲股，求

1 如圖 1-19，設圓徑爲 d，十二角面徑爲 a_{12}，隔一徑爲 l_1，即六角面徑；隔二徑爲 l_2，即四方面徑；隔三徑爲 l_3，即三角面徑；隔四徑爲 l_4。術文可表示爲：

$$l_3=\sqrt{\frac{3}{4}d^2};\ l_2=\sqrt{\frac{1}{2}d^2};\ l_1=\sqrt{\frac{1}{4}d^2};\ a_{12}=\sqrt{\frac{(l_3-l_1)^2}{2}};\ l_4=a_{12}+l_2$$

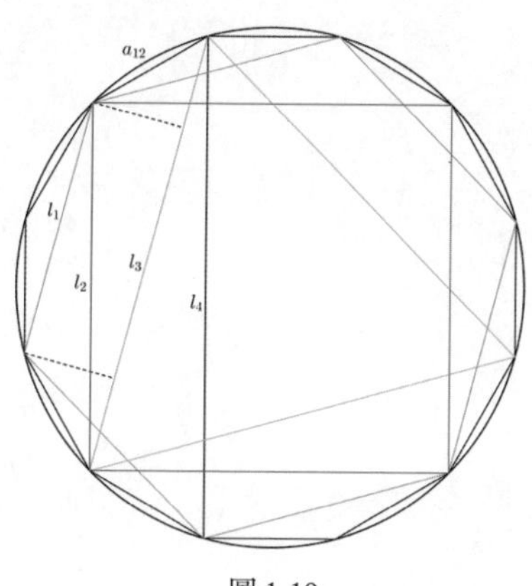

圖 1-19

得句為隅一之徑半圓徑為句股求得弦為隅二之徑以圓徑為弦以隅一為句求得股為隅三之徑以隅一之徑減三之徑餘兩分之以合隅一之徑為句股求得弦為隅四之徑

問今有圓徑四百二十步八分八釐八毫三絲內容十二角求面徑隅一隅二隅三隅四各若干

答面徑　圓率一百〇八步九分三釐三毫四絲
　　　　句股一百〇八步九分三釐三毫四絲

隅一　圓率二百一十步〇四分四釐四毫一絲有奇
　　　句股二百一十步〇四分四釐四毫一絲有奇

隅二　圓率二百九十七步六分一釐三毫
　　　句股二百九十七步六分一釐三毫

隅三　圓率三百六十四步五分
　　　句股三百六十四步五分

隅四　圓率四百〇六步五分四釐七毫
　　　句股四百〇六步五分四釐七毫

法圓徑自乘得實一十七萬七千一百四十七步四分之三為一十三萬二千八百六十步〇三分五釐平方開之得隅三之徑〇三分之一為八萬八千五百七十三步五分平方開之得隅二之徑〇四分之一為四萬四千二百八十六步七分五釐平方開之得隅一之徑〇隅三之徑內減隅一餘一百五十四步〇五釐五毫八絲自乘得二萬三千七百三十三步一分八釐九毫五絲有奇半之得一萬一千八百六十六步六分

得句，爲隔一之徑。半圓徑爲句股，求得弦，爲隔二之徑。以圓徑爲弦，以隔一爲句，求得股，爲隔三之徑。以隔一之徑減隔三之徑，餘兩分之，以合隔一之徑爲句股，求得弦，爲隔四之徑[1]。

1.問：今有圓徑四百二十步八分八厘八毫三絲，内容十二角，求面徑、隔一、隔二、隔三、隔四各若干？

答：面徑 圓率：一百〇八步九分三厘三毫四絲；

句股：一百〇八步九分三厘三毫四絲。

隔一 圓率：二百一十步〇四分四厘四毫一絲有奇；

句股：二百一十步〇四分四厘四毫一絲有奇。

隔二 圓率：二百九十七步六分一厘三毫；

句股：二百九十七步六分一厘三毫。

隔三 圓率：三百六十四步五分；

句股：三百六十四步五分。

隔四 圓率：四百〇六步五分四厘七毫；

句股：四百〇六步五分四厘七毫。

法：圓徑自乘，得實一十七萬七千一百四十七步，四分之三爲一十三萬二千八百六十步〇三分五厘，平方開之，得隔三之徑。◎二分之一爲八萬八千五百七十三步五分，平方開之，得隔二之徑。◎四分之一爲四萬四千二百八十六步七分五厘，平開之，得隔一之徑。◎隔三之徑内減隔一，餘一百五十四步〇五厘五毫八絲，自乘得二萬三千七百三十三步一分八厘九毫五絲有奇，半之得一萬一千八百六十六步六分

1 如圖 1-20，設十二角各徑如前，句股 ACB 中，求得面徑爲：

$$a_{12} = AB = \sqrt{AC^2 + BC^2} = \sqrt{\left(\frac{d - l_3}{2}\right)^2 + \left(\frac{d}{4}\right)^2}$$

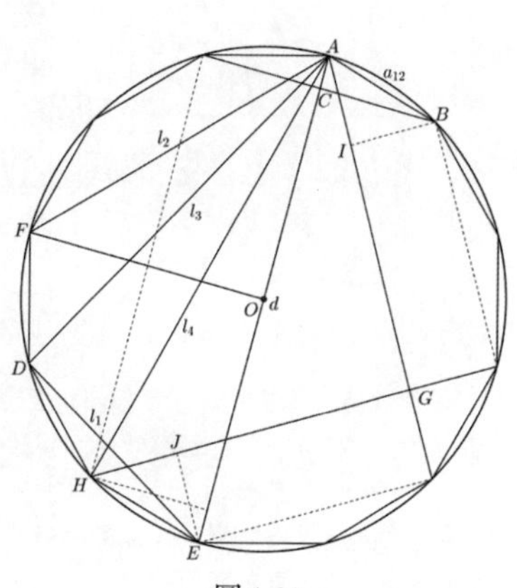

圖 1-20

在句股 ADE 中，圓徑 d 爲弦，隔三徑 l_3 爲股，隔一徑 l_1 爲句，隔二、隔三徑互求：

$$l_1 = DE = \sqrt{d^2 - l_3^2};\ l_3 = AD = \sqrt{d^2 - l_1^2}$$

在句股 AOF 中，句與股 $OF = OA = \dfrac{d}{2}$，隔二徑 l_2 爲弦，求得隔二徑爲：

$$l_2 = AF = \sqrt{OF^2 + OA^2} = \sqrt{2 \times \left(\frac{d}{2}\right)^2}$$

在句股 AGH 中，隔四徑 l_4 爲弦，句與股：

$$AG = HG = AI + IG = \left(\frac{l_3 - l_1}{2}\right) + l_1 = \frac{l_3 + l_1}{2}$$

求得隔四徑爲：

$$l_4 = AH = \sqrt{AG^2 + HG^2} = \sqrt{2 \times \left(\frac{l_3 + l_1}{2}\right)^2}$$

弱平冪之積面徑○面徑加隅二積隅四之徑○又法圓徑四分之一自乘一萬二千零八
七十一步六分七厘為股圓徑減隅三餘五十六步三分八厘八毫三絲半之積二十
八步一分九厘四毫二絲五忽自乘得七百九十六步九分一厘為內併句股一萬一
千八百四十六步五分八厘平冪之積面徑○圓徑自乘為實一十七萬七千一百一十七
內減隅三實一十三萬二千八百四十六步二分五厘餘四萬四千二百七十一步七分五厘
平冪之積隅一之徑○以半圓徑實四萬四千二百七十一步七分五厘廿二□為句一面
股合之積八萬八千五百七十三步五分平冪之積隅二之徑○圓徑實減隅一實
四萬四千二百七十一步七分五厘餘一十三萬二千八百六十步三分五厘平冪之積隅
三之徑○以隅一徑減隅三徑餘一百五十四步零五厘五毫九絲半之積七十
七步零二厘七毫九絲五忽加隅一徑積二百七十七步四分七厘二毫零五
忽自乘積八萬二千六百零八步一分五厘以為內加一倍為股共積一十六萬五千
二百八十一步平冪之積隅四之徑

解圓作十二角形四廿二面三也四廿六四廿二其隅一徑即六角之面隅二徑即容方之
徑隅三徑即三角之面也故其積如此又面徑法隅四徑減隅二徑餘為
面徑隅三徑減隅一徑餘面分之自乘倍之平冪之積面徑

凡十二面求積者先用圓容六角之法求得六角積次以面徑為底圓徑減

弱，平開之，得面徑。◎面徑加隔二，得隔四之徑。

◎又法：圓徑四分之一自乘一萬一千零七十一步六分七厘爲股；圓徑減隔三，餘五十六步三分八厘八毫三絲，半之得二十八步一分九厘四毫（二）[一] 絲五忽，自乘得七百九十四步九分一厘爲句。併句股一萬一千八百六十六步五分八厘，平開之，得面徑。◎圓徑自乘，爲方實一十七萬七千一百（一）[四] 十七，内減隔三實一十三萬二千八百六十（六）步二分五厘，餘四萬四千二百八十六步七分五厘。平開之，得隔一之徑。◎以半圓徑實四萬四千二百八十六步七分五厘者二,一爲句，一爲股，合之得八萬八千五百七十三步五分。平開之，得隔二之徑。◎圓徑實減隔一實四萬四千二百八十六步七分五厘，餘一十三萬二千八百六十步（三）[二] 分五厘。平開之，得隔三之徑。◎以隔一徑減隔三徑，餘一百五十四步零五厘五毫九絲，半之得七十七步零二厘七毫九絲五忽；加隔一徑，得二百八十七步四分七厘二毫零五忽。自乘得八萬二千六百四十步一分五厘，以爲句，加一倍爲股，共得一十六萬五千二百八十一步。平開之，得隔四之徑。

解：圓作十二角，爲四者三，爲三者四，爲六者二。其隔一徑即六角之面，隔二徑即容方之徑，隔三徑即三角之面也，故其率如此。又面徑法：隔四徑減隔二徑，餘爲面徑；隔三徑減隔一徑，餘兩分之，自乘倍之，平開，亦得面徑。

凡十二面求積者，先用圓容六角率，求得六角積；次以面徑爲主底，圓徑減

隔三之徑餘四分之三以為圭徑求得八圭積合之得全積以隔二自乘得方積即以隔三徑為底以面徑為腰求得四積合方積得全積

問六角十二面形每面一百零八步九分三厘三毫四絲求全積若干

答一十三萬二千八百六十步有奇

法置面徑自乘得一萬一千八百六十二步五分八厘倍之得二萬三千七百二十二步一分六厘平開之得一百五十四步零五厘五毫有奇以三六六零二五三九除之得四十二步零八厘八毫八絲有奇以五乘之得二百一十步四分四厘四毫有奇為隔一之徑倍之得圓徑四百二十步八分八厘八毫有奇求得圓實一十三萬二千八百六十步二分五厘用六角率以五百零九乘之以五百八十八歸之或以隔一徑自乘四倍之為方實一十七萬七千五百四十七以五百零九乘之以七百八十四歸之得六角實一十一萬五千零一十步再以面為圭底置隔一實三倍之平開之得隔三之徑因減圓徑餘五十六步三分八厘八毫三絲兩分之得二十八步一分九厘四毫一絲五忽為圭徑求得積六因之得一萬七千八百步以合中六角積得全積。隔二徑自乘得數倍之平開之得隔二徑自乘得八萬八千五百七十三步五分為方積再以面徑為底兩腰半面徑為徑求得梯積一萬一千零七十一步五分三厘四因之得四萬四千二百八十六步五分以合方積得

隔三之徑，餘兩分之，以爲圭徑，求得六圭積，合之得全積[1]**。以隔二自乘，得方積；即以隔（三）［二］徑爲底，以面徑爲頂，求得四梯，合方積，得全積**[2]**。**

1.問：今有十二面形，每面一百零八步九分三厘三毫四絲，求全積若干？

答：一十三萬二千八百六十步有奇。

法：置面徑自乘，得一萬一千八百六十六步五分八厘，倍之得二萬三千七百三十三步一分六厘。平開之，得一百五十四步零五厘五毫有奇。以三六六零二五三九除之，得四十二步零八厘八毫八絲有奇。以五乘之，得二百一十步四分四厘四毫有奇，爲隔一之徑[3]。倍之得圓徑四百二十步八分八厘八毫有奇，求得圓實一十三萬二千八百六十步二分五厘。用六角率，以五百零九乘之，以五百八十八歸之；或以隔一徑自乘，四倍之，爲方實一十七萬七千一百四十七，以五百零九乘之，以七百八十四歸之，俱得中六角實一十一萬五千零一十步。再以面爲圭底，置隔一實三倍之，平開之，得隔三之徑。用減圓徑，餘五十六步三分八厘八毫三絲，兩分之，得二十［八］步一分九厘四毫一絲五忽，爲圭徑。求得積，六因之，得一萬七千八百步。以合中六角積，得全積。

◎隔一徑自乘得數，倍之，平開之，得隔二徑。自乘得八萬八千五百七十三步五分，爲中方積。再以此徑爲底，面徑爲頂，半面徑爲徑，求得梯積一萬一千零七十一步五分三厘。四因之，得四萬四千二百八十六步五分。以合方積，得

---

1 如圖 1-21，圓徑爲 d，隔一徑爲 l_1，隔三徑爲 l_1。求得十二角積爲：

$$S_{十二角}=S_{六角}+6\times S_{ABC}=S_{六角}+6\times\frac{BC\times AD}{2}=S_{六角}+\frac{l_1\times\left(\frac{d-l_3}{2}\right)}{2}$$

其中，

$$S_{六角}=l_3^{\ 2}\times\frac{588}{509}=d^2\times\frac{509}{784}$$

六角求積，參“六角以平徑求積”與“六角以尖徑求積”，隔三徑 l_3 即六角平徑，圓徑 d 即六角尖徑。

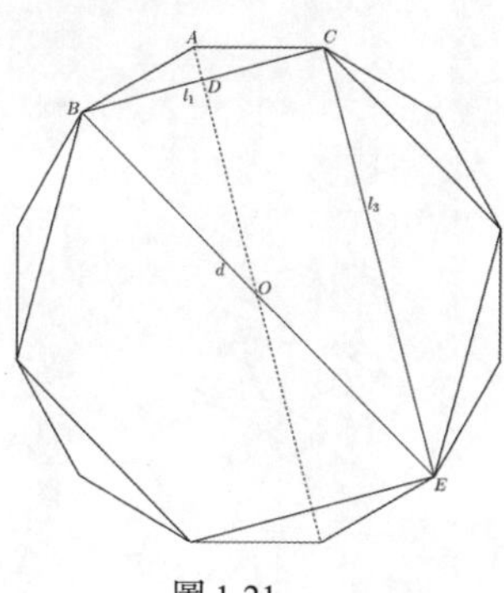

圖 1-21

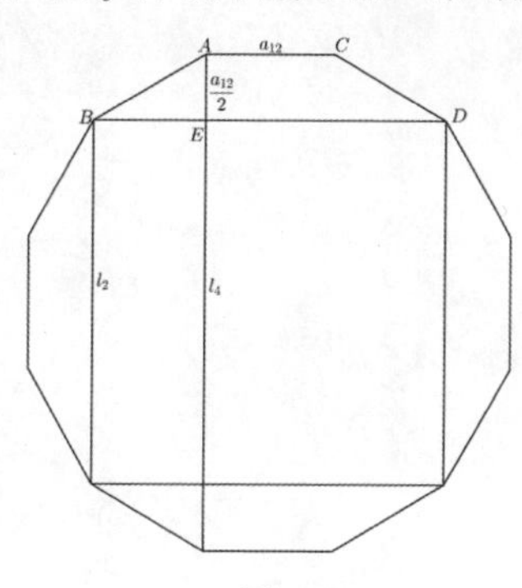

圖 1-22

2 如圖 1-22，求得十二角積爲：

$$S_{十二角}=S_{正方}+4\times S_{ACBD}=l_2^{\ 2}+4\times\left(\frac{a_{12}+l_2}{2}\times\frac{a_{12}}{2}\right)$$

3 由 $a_{12}=\sqrt{\frac{(l_3-l_1)^2}{2}}$，得 $l_3-l_1=\sqrt{2a_{12}^{\ 2}}\approx 154.055$。設圓徑 $d=10$，據“圓徑求十二角諸徑”得：

$$l_3=\sqrt{\frac{3}{4}d^2}=\sqrt{75}\approx 8.6602539\ ;\ l_1=\sqrt{\frac{1}{4}d^2}=\sqrt{25}=5$$

則：$l_3-l_1\approx 8.6602539-5=3.6602539$，故：$\frac{l_1}{l_3-l_1}\approx\frac{5}{3.6602539}$，求得隔一之徑爲：$l_1\approx 154.055\times\frac{5}{3.6602539}\approx 210.444$。詳本題“解”。

全積

解以隔一徑減隔三徑餘者自乘半之平濶而得面徑故面自乘倍之平濶仍得隔三多於隔一之度以五乘之而得隔一者假如方百步徑十步此全圓之徑率也四分之三得實七十五步平濶之得八步六分六釐零二五三九此得隔三之率也四分之一得實二十五步平濶之得五步此得隔一之率也以隔一徑減隔三徑餘得三步六六零二五三九故以之爲面率以五乘之而仍得隔一之徑也前一法用六角之圭求積者計少五十餘步以五百零九之率原短每二千餘步差一步今積五十二萬有餘故宜其有此之差也若用舊法七六之率則六角積止一十一萬三千八百餘步少一千一百餘步用八七之率則六角積當二十一萬六千二百五十餘步多一千二百餘步第以求之如上法之得其大界也此求的數者止以隔三與隔一相乘得七萬六千七百零六步九分以一五乘之得一十一萬五千零六十步有奇更以六圭合之則毫忽不差矣其故以一法以一方四勝求其最的大率四勝得中方二分之一每勝得中方八分之一此即以集此種圭勝得積其法當多條而以九角十角之例推之不復更贅○十二角形以前古法圓率圓積其外當有十二弧其溢出數千步也

全積。

解：以隔一徑減隔三徑，餘者自乘，半之，平開而得面徑。故面自乘，倍之，平開，仍得隔三多於隔一之度。以［三六六零二五三九除之，以］五乘之[1]，而得隔一者，假如方百步，徑十步，此全圓之徑率也；四分之三得實七十五步，平開之，得八步六分六厘零二五三九，此即隔三之率也；四分之一得實二十五步，平開之，得五步，此即隔一之率也。以隔一徑減隔三徑，餘得三六六零二五三九。故以之爲面率，以五乘之，而仍得隔一之徑也。前一法用六角六圭求積者，計少五十餘步，以五百零九之率原短，每二千餘步差一步。今積至十三萬有餘，故宜其有如此之差也。若用舊法七六之率，則六角積止一十一萬三千八百八十餘，少一千一百餘步[2]；用八七之率，則六角積當一十一萬六千二百五十餘步，多一千二百餘步矣[3]，皆不如上法之得其大畧也。若求的數者，止以隔三與隔一相乘，得七萬六千七百零六步九分。以一五乘之，得一十一萬五千零六十步有奇[4]。更以六圭合之，則毫忽不差矣。其後一法，以一方四梯求者最的，大率四梯得中方二分之一，每梯得中方八分之一。此外以集諸種圭梯得積，其法尚多，俱可以九角、十角之例推之，不復更贅。◎十二角形亦與古法圓率同積，其外尚有十二弧，當溢出數千步也。

---

1 抄脱文字據前法文補。

2 舊法七六之率，見《算法統宗》卷三方田章“圓容六角”：圓容六角，七分之六。即六角積得圓積七分之六。此題中，圓積爲：

$$S_{圓}=\frac{3}{4}d^2\approx 132860.25$$

六乘七歸，得六角積：

$$S_{六角}=\frac{6}{7}S_{圓}\approx 113880$$

3 八七之率，即六角積得圓積八分之七，不詳所出。據此率求得六角積：

$$S_{六角}=\frac{7}{8}S_{圓}\approx 116252$$

4 此法用公式可表示爲：

$$S_{六角}=1.5l_1l_3$$

解詳“六角以面與平徑求積”術文，十二角隔一徑 l_1 即六角面徑，隔三徑 l_3 即六角平徑。

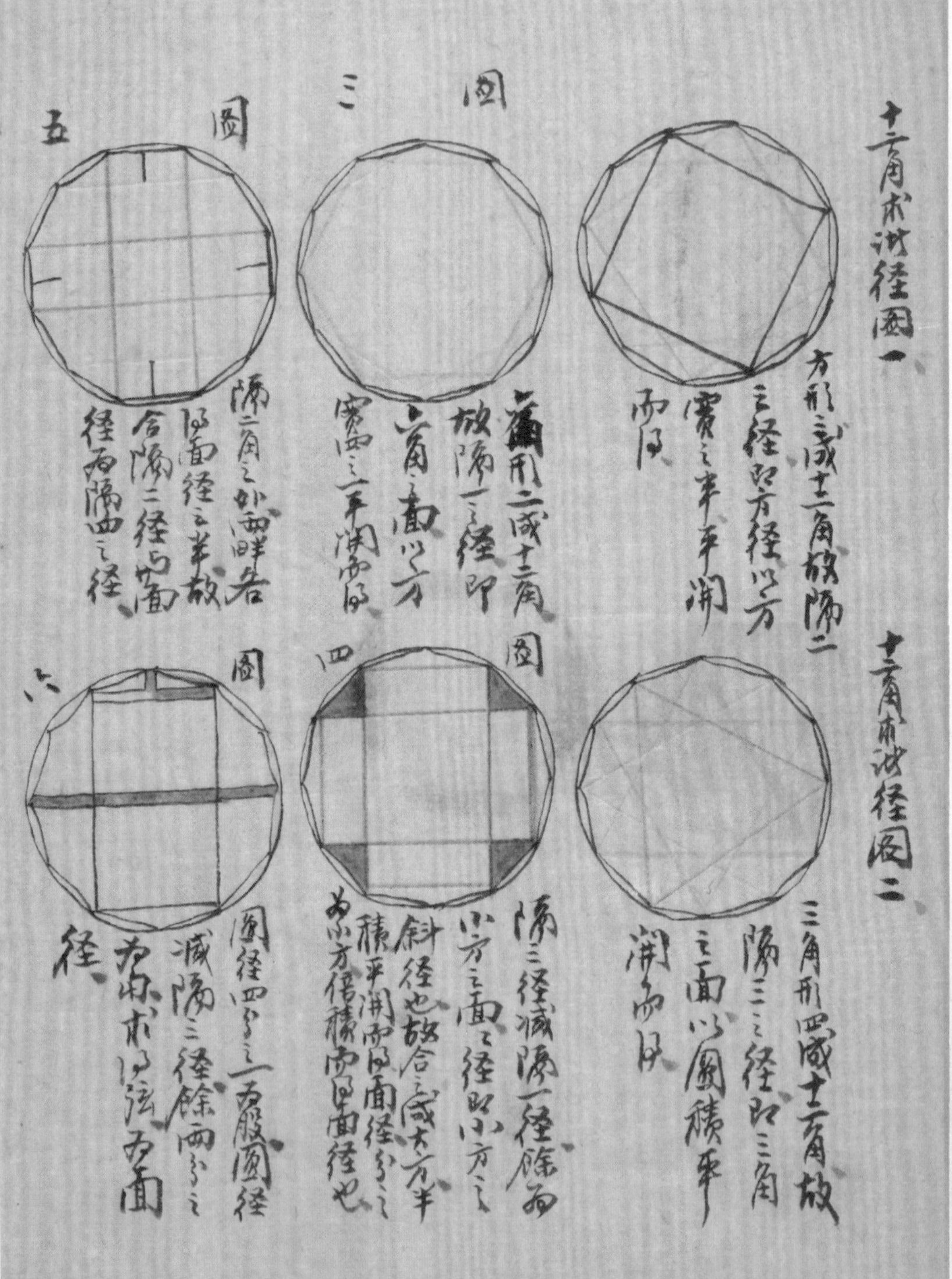

十二角求諸徑圖一

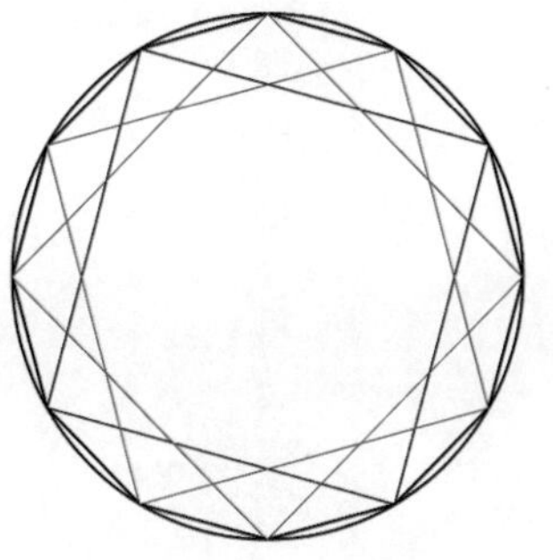

方形三成十二角，故隔二之徑即方徑。以方實之半平開而得。

十二角求諸徑圖二

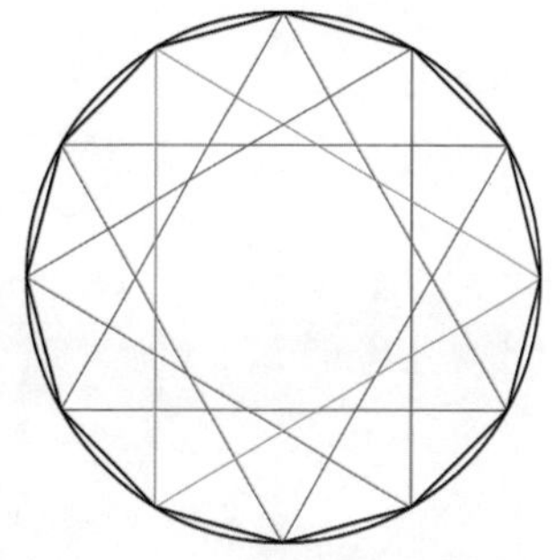

三角形四成十二角，故隔三之徑即三角之面。以圓積平開而得。

圖三

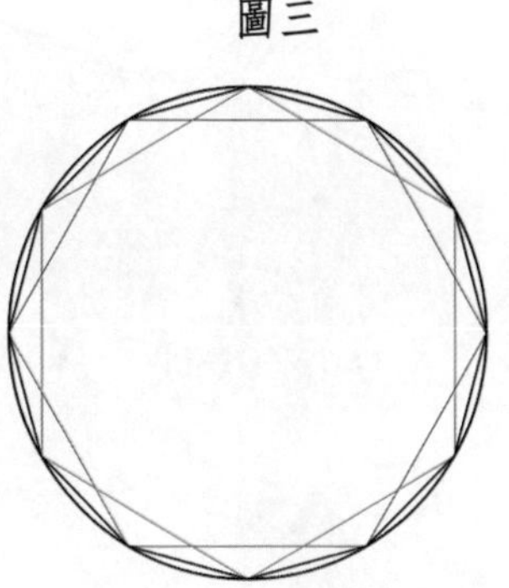

六角形二成十二角，故隔一之徑即六角之面。以方實四之一平開而得。

圖四

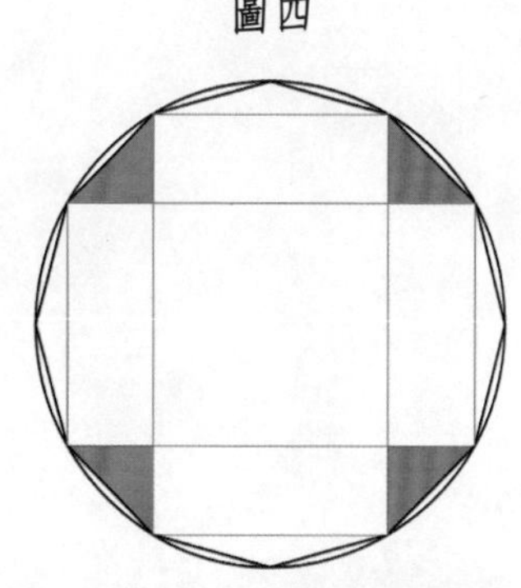

隔三徑減隔一徑，餘爲小方之面，面徑即小方之斜徑也。故合之成大方，半積平開而得面徑；分之爲小方，倍積［平開］而得面徑也[1]。

圖五

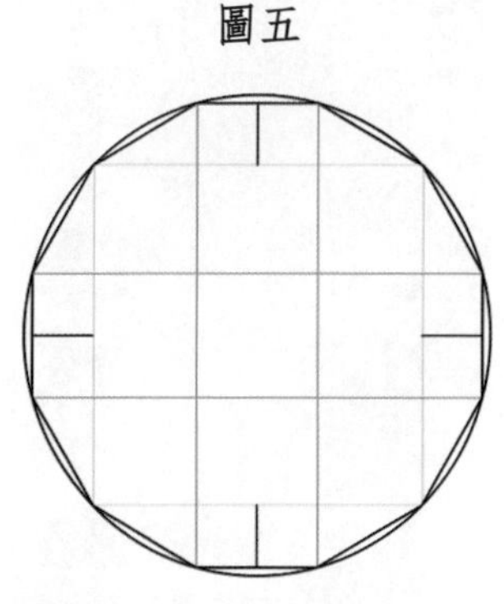

隔二角之外，兩畔各得面徑之半。故合隔二徑與面徑，爲隔四之徑。

圖六

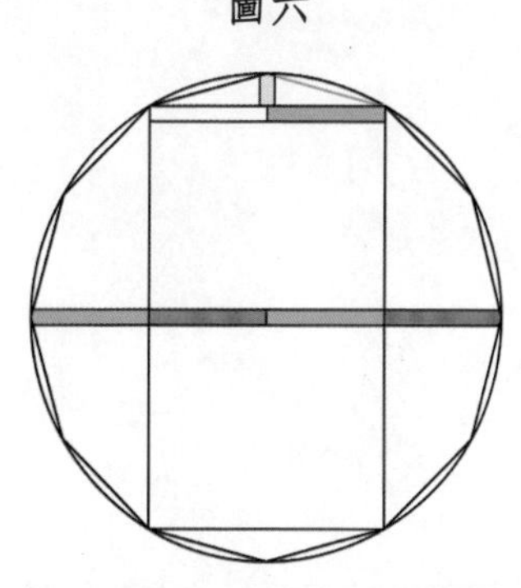

圓徑四分之一爲股，圓徑減隔三徑，餘兩分之爲句，求得弦，爲面徑。

1 平開，原書脱落，據文意補。

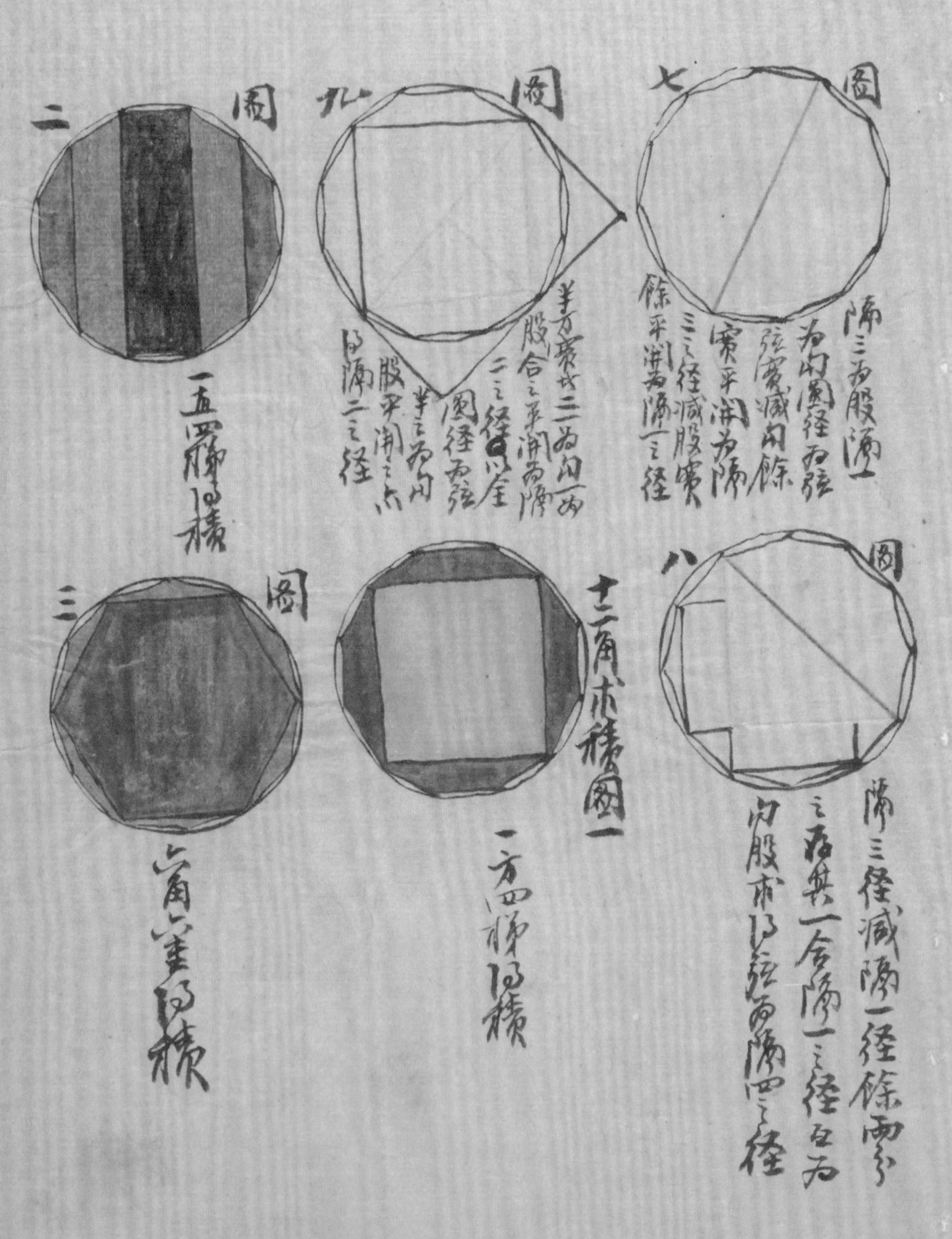
七圖
八圖
九圖
二圖
三圖
十二角求積圖一
一方四隔求積
六角六圭求積

圖七

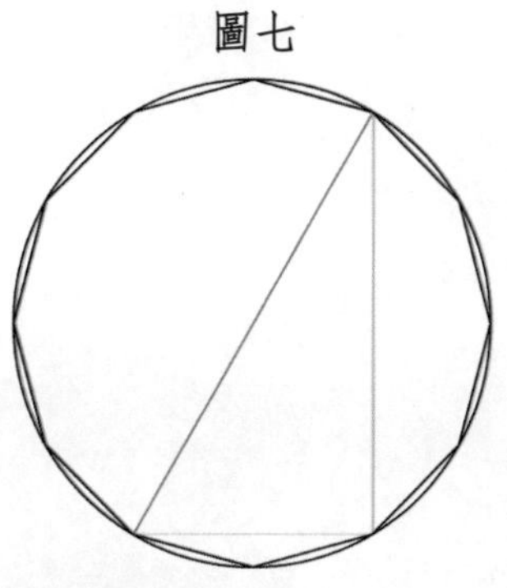

隔三爲股，隔一爲句，圓徑爲弦。弦實減句，餘實平開，爲隔三之徑；減股實，餘平開，爲隔一之徑。

圖八

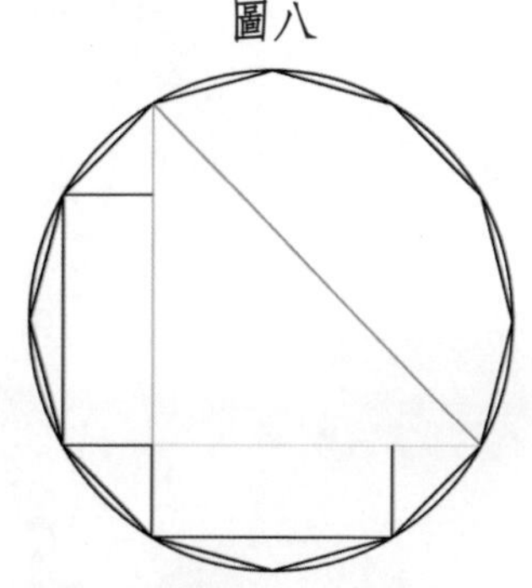

隔三徑減隔一徑，餘兩分之，存其一，合隔一之徑，互爲句股，求得弦，爲隔四之徑。

圖九

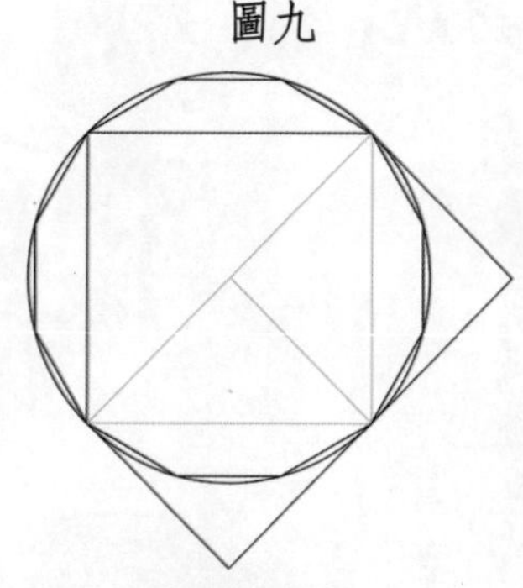

半方實者二[1]，一爲句，一爲股，合之平開，爲隔二之徑。◎以全圓徑爲弦，半之爲句股，平開之，亦得隔二之徑。

十二角求積圖一

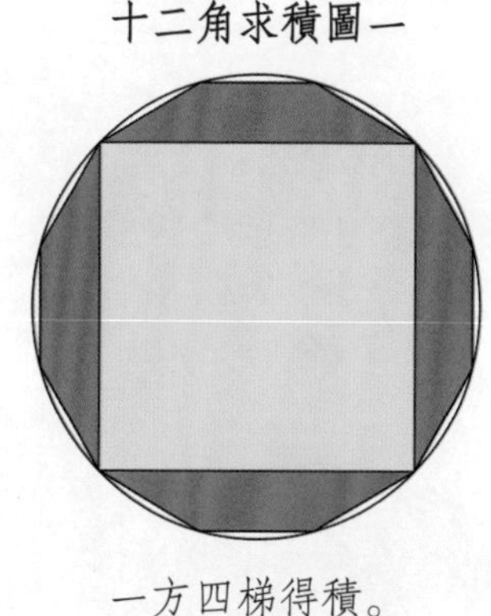

一方四梯得積。

圖二

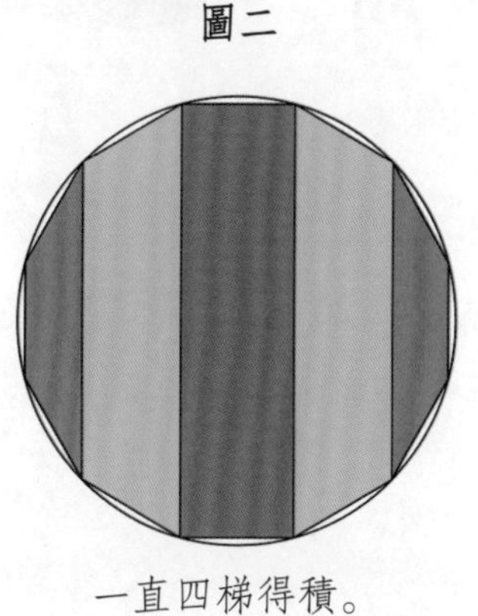

一直四梯得積。

圖三

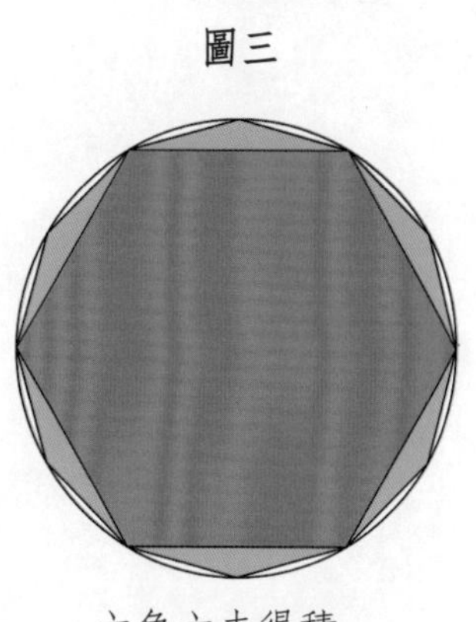

六角六圭得積。

1 半方實，即半方自乘積：$\left(\frac{d}{2}\right)^2$。

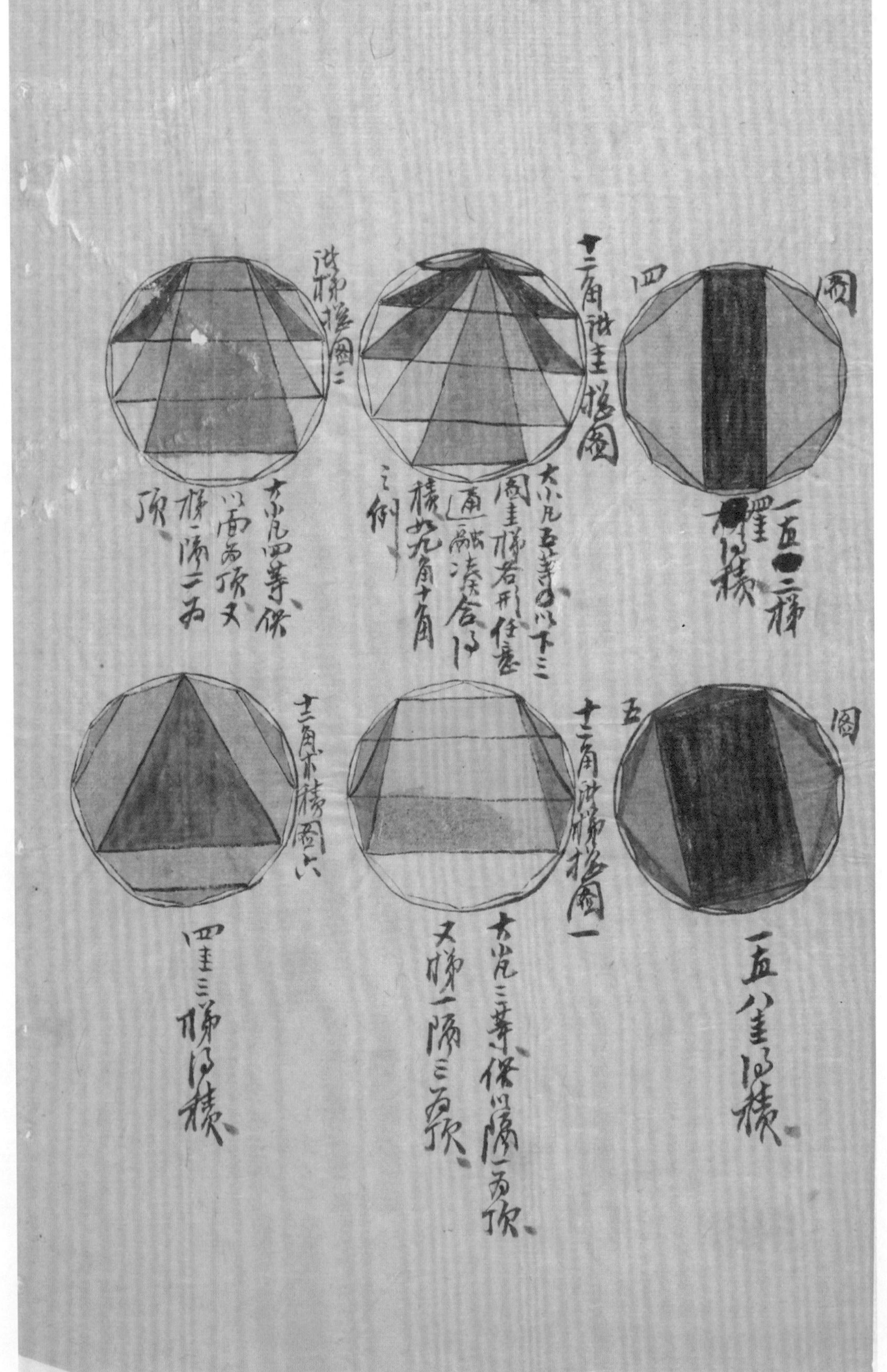

圖四

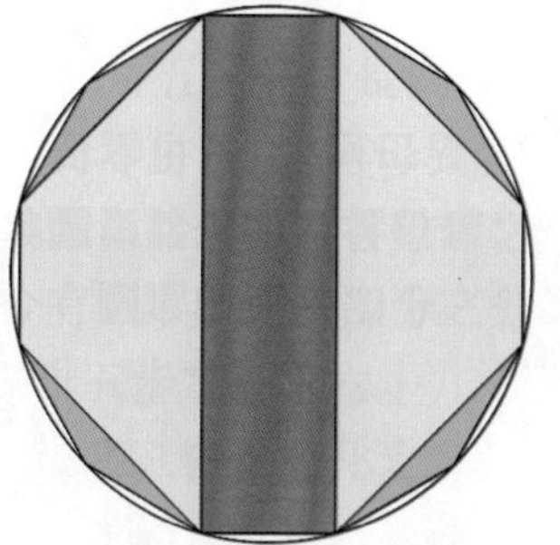

一直二梯四圭得積。

圖五

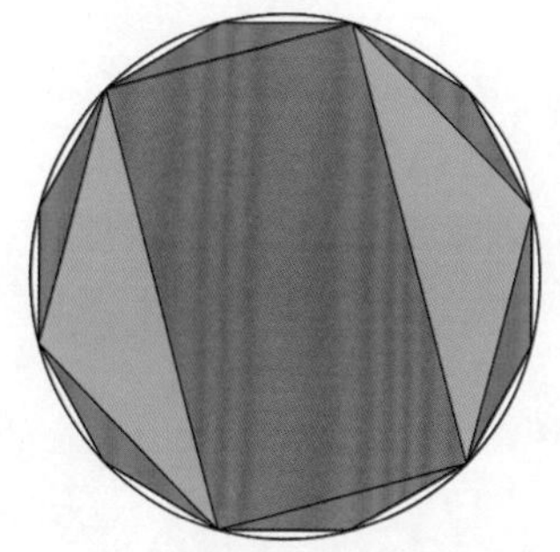

一直八圭得積。

十二角諸圭總圖

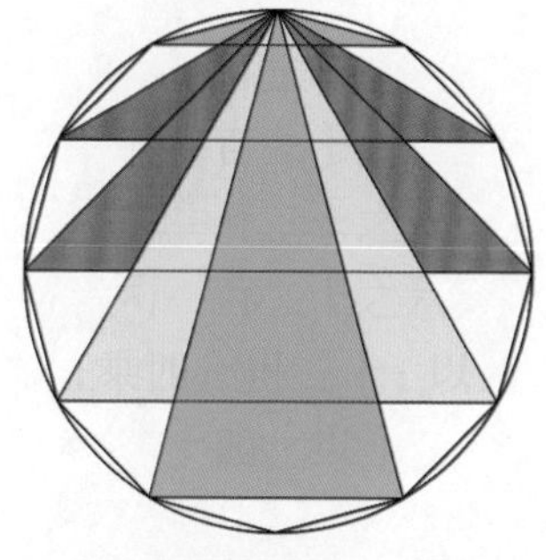

大小凡五等。◎以下三圖圭梯各形，任意通融湊合，得積，如九角十角之例。

十二角諸梯總圖一

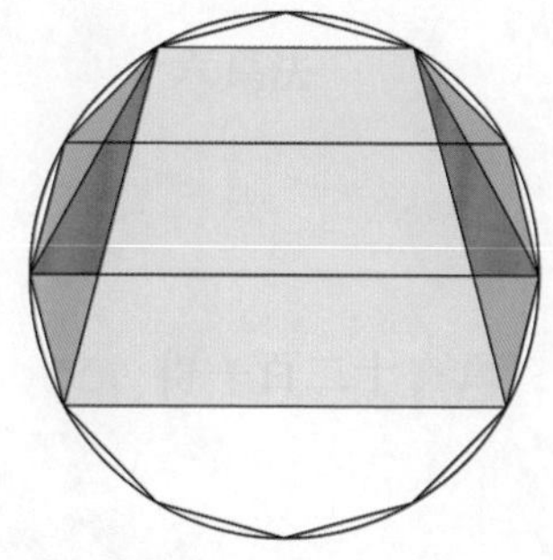

大小凡三等，俱以隔一爲頂。又梯一，隔三爲頂。

諸梯總圖二

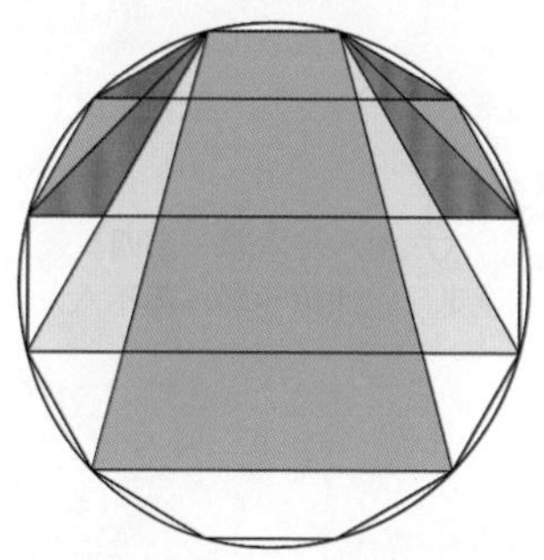

大小凡四等，以面爲頂。又梯一，隔二爲頂。

十二角求積圖六

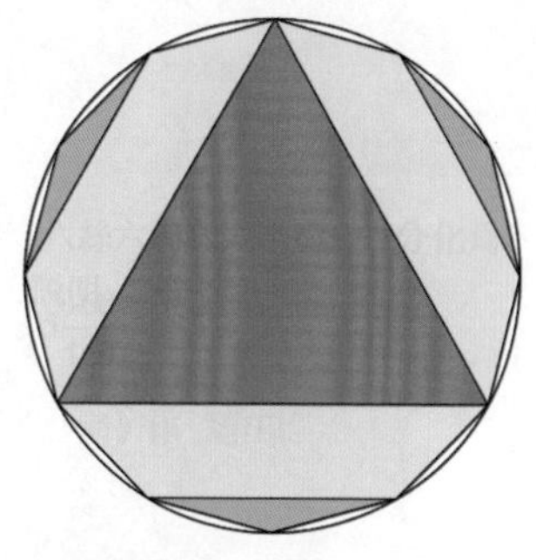

四圭三梯得積。

十二角求積圖七

一真二梯
四小積

十二角求積圖八

以十二三角積

凡十二角設徑求圓徑者，陽三徑以八六六零二五三九除之。○陽二徑以七零七一零六七除之。○陽一徑以五除之。○兩徑以二五八八一九除之。○陽四徑以九六五九二五七除之。俱得圓徑。若以設實求圓徑者，○陽三實以七十五除之。○陽二實以五除之。○陽一實以二十五除之。兩實以六六九八七二九三零六除之。○陽四實以九三三零二二四五零九除之，得實平開之為圓徑。設徑自相求，各以本徑除餘徑乘法亦如之。

假如十二角兩徑一百零八步九分三厘三毫四絲，陽一徑二百一十步四分四厘四毫一絲零，陽二徑二百九十七步六分一厘三毫，陽三徑三百六十四步五分，陽四徑四百零六步五分四厘七毫，求圓徑若干。

十二角求積圖六

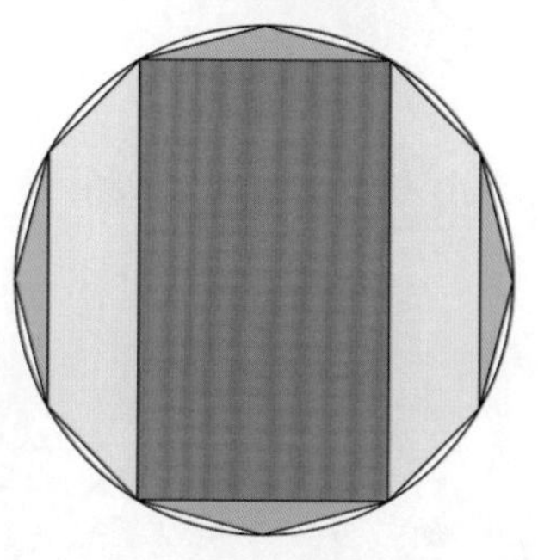

一直二梯四圭得積。

十二角求積圖八

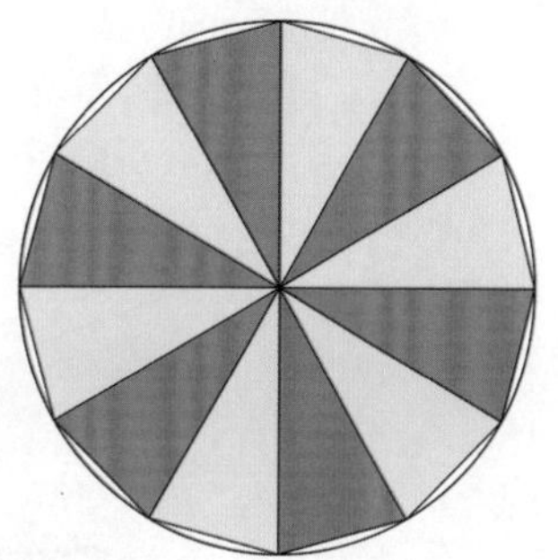

以十二圭得積。

凡十二角諸徑求圓徑者，隔三徑以八六六零二五三九除之。◎隔二徑以七零七一零六七除之。◎隔一徑以五除之。◎面徑以二五八八一九除之。◎隔四徑以九六五九二五七除之，俱得圓徑[1]**。若以諸實求圓徑者。◎隔三實以七十五除之。◎隔二實以五除之。◎隔一實以二十五除之。◎面實以六六九八七二九三零六除之。◎隔四實以九三三零零二四五七九除之**[2]**。得實，平開之，爲圓徑**[3]**。諸徑自相求，各以本徑除、餘徑乘，法亦如之。**

1.問：今有十二角，面徑一百零八步九分三厘三毫四絲，隔一徑二百一十步四分四厘四毫一絲零，隔二徑二百九十七步六分一厘三毫，隔三徑三百六十四步五分，隔四徑四百零六步五分四厘七毫，求圓徑若干？

1 此與“圓徑求十二角諸徑”互爲逆運算。設圓徑爲 d，十二角面徑爲 a，隔一至隔四徑分別爲 l_1、l_2 l_3 l_4，據“圓徑求十二角諸徑”術文，得：

$$l_3=\sqrt{\frac{3}{4}d^2}\approx 0.86602539d;\ l_2=\sqrt{\frac{1}{2}d^2}\approx 0.7071067d;\ l_1=\sqrt{\frac{1}{4}d^2}=0.5d;$$

$$a=\sqrt{\frac{(l_3-l_1)^2}{2}}\approx\sqrt{\frac{(0.86602539d-0.5d)^2}{2}}\approx 0.258819d$$

$$l_4=a+l_2\approx 0.258819d+0.7071067d=0.9659257d$$

2 九三三零零二四五七九，據演算，後“零”當作“一”，下文同。因對計算結果並無實際影響，姑從原書不改。

3 以圓徑實求各徑實，得：

$$l_3^2=\frac{3}{4}d^2=0.75d^2$$

$$l_2^2=\frac{1}{2}d^2=0.5d^2$$

$$l_1^2=\frac{1}{4}d^2=0.25d^2$$

$$a^2=\frac{(l_3-l_1)^2}{2}\approx(0.258819d)^2\approx 0.06698729306d^2$$

$$l_4^2=(a+l_2)^2\approx(0.9659257d)^2\approx 0.9330124579d^2$$

若圓徑四百二十步八分八厘八毫三絲四忽奇
法置求圓面以二五八八一九除之得圓徑以面徑自乘得一萬一千八百五十八步五分八厘
以六六九八七三九三除之得一十七萬七千一百四十六步平開之得圓置隅二徑以七零七
一零六七除之得圓徑隅二自乘得八萬八千五百七十三步五分以五除之得一十七萬
七千一百四十七步平開之得圓徑其餘可推
十二角求徑求圓徑圖

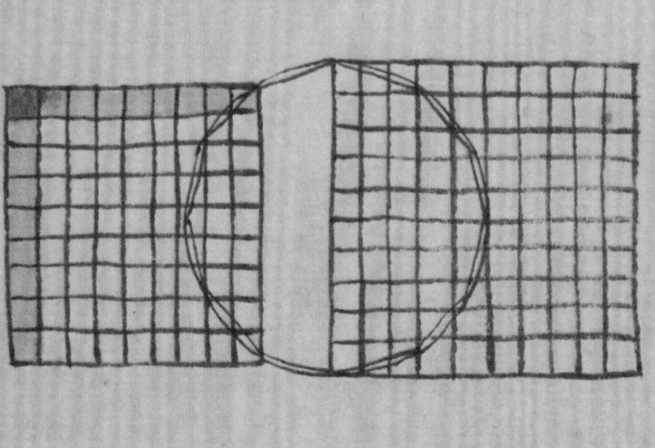

圓徑十其積百隅三徑八步六分六
厘零二五三九其積七十五步旋徑
平開八六六零二五三九寄平開七
五大方六十四兩廉一隅合十一共得
七十五

答：圓徑四百二十步八分八厘八毫三絲有奇。

法：角求圓，置面以二五八八一九除之，得圓徑；以面徑自乘，得一萬一千八百六十六步五分八厘，以六六九八七二九三除之，得一十七萬七千一百四十七，平開之，得圓。置隔二徑，以七零七一零六七除之，得圓徑；隔二自乘，得八萬八千五百七十三步五分，以五除之，得一十七萬七千一百四十七，平開之，得圓徑。其餘可推。

十二角諸徑求圓徑圖

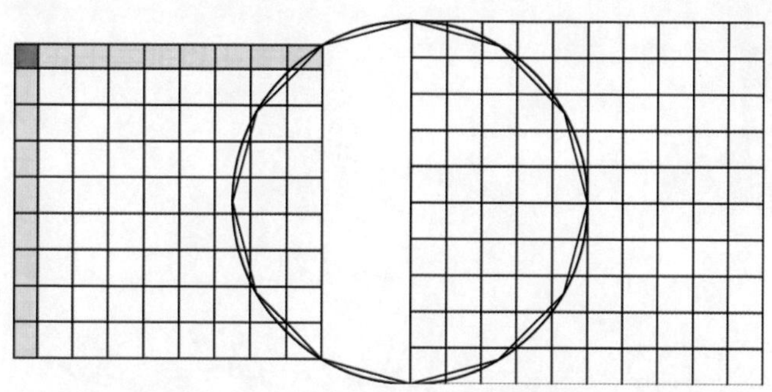

圓徑十，其積百，隔三徑八步六分六厘零二五三九，其積七十五步。故徑率用八六六零二五三九，實率用七五。大方六十四，兩廉一隅合十一，共得七十五。

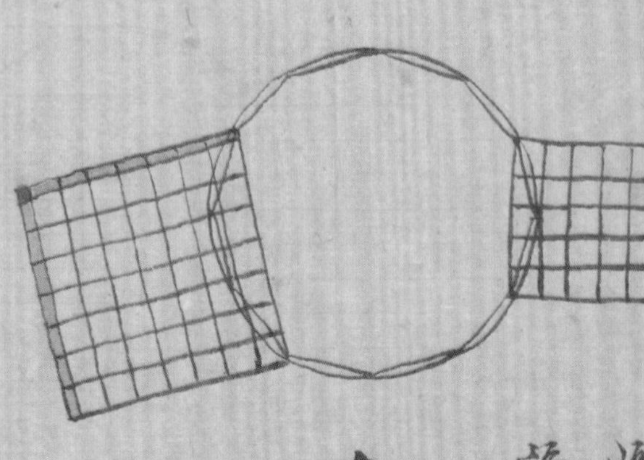

圜一徑五步共積二十五放徑容周五實容周二十五
圜二徑七步零七一零六七共積五十放徑容周七零七
一零六七實容周五十
大方四十九兩廉一隅合一步共五十

圜徑二步五分八釐八毫一絲九忽其積六六九八七
二九三零六放徑容周二五八八一九實容周六
六九八七二九三零六大方四步兩廉一隅合二
步六六九八七二九三零六共六步六六
九八七二九三零六

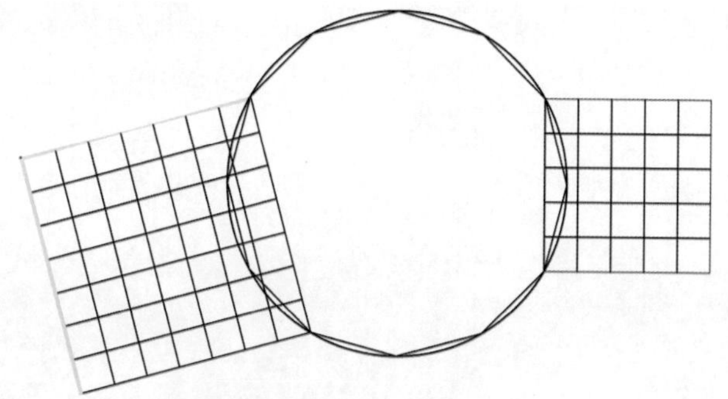

隔一徑五步，其積二十五，故徑率用五，實率用二十五。隔二徑七步零七一零六七，其積五十，故徑率用七零七一零六七，實率用五十。

大方四十九，兩廉一隅合一步，共五十。

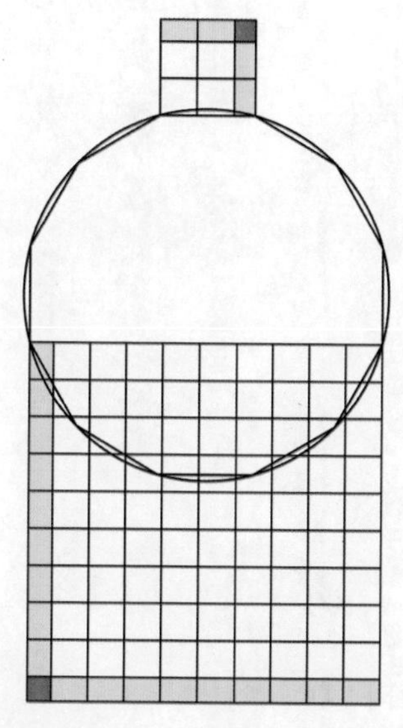

面徑二步五分八厘八毫一絲九忽，其積六六九八七二九三零六，故徑率用二五八八一九，實率用六六九八七二九三零六。大方四步，兩廉一隅合二步六分九八七二九三零六，共六步六分九八七二九三零六。

隅四徑九尺六寸五厘九毫二五七共積九三三零零二四五七故徑以周九六五
九二五七實帶周九三三零零二四五七九大方斗一亦廣一隅合十二尺三寸
零零二四五七九共九十三尺三寸零零二四五七九

問有十二角形隅三徑三百六十四尺五寸求徑若干

答面徑一百零八尺九寸三厘三三毫有奇
隅一二百一十尺四寸四厘四毫
隅二三百九十七尺六寸一厘三三毫
隅四四百零六尺五寸四厘七毫

法置隅三徑以八六六零二五三九除之得圓徑以二五八八一九乘之得面徑以七
零七一零六七乘之得隅二之徑以五乘之得隅一之徑以二五八八一九乘之得
隅四之徑○又法以實求其隅三之徑自乘得圓實一十三萬二千八百六千尺有
奇以七十五除之得方實以五乘為隅二實以二十五乘之得隅一實以六六九
八七二九乘之得面實以九三三零零二四五七九乘之得隅四實平開之
得各徑

解以一百尺為半圓徑十方實百七十五尺為圓實開之得七十五尺為圓實
之得八尺六寸六厘零二五四三微九纖為隅三之徑五千尺為半方實

隔四徑九步六分五厘九毫二五七，其積九三三零零二四五七［九］，故徑率用九六五九二五七，實率用九三三零［零］二四五七九。大方八十一，兩廉一隅合十二步三分零零二四五七九，共九十三步三分零零二四五七九。

1.問：今有十二角形，隔三徑三百六十四步五分，求諸徑若干？

答：面徑一百零八步九分三厘三毫有奇；

隔一二百一十步四分四厘四毫；

隔二二百九十七步六分一厘三毫；

隔四四百零六步五分四厘七毫。

法：置隔三徑，以八六六零二五三九除之，得圓徑。以二五八八一九乘之，得面徑；以七零七一零六七乘之，得隔二之徑；以五乘之，得隔一之徑；以（二五八八一九）［九六五九二五七］乘之，得隔四之徑。

◎若以實求者，隔三徑自乘，得圓實一十三萬二千八百六十步有奇。以七十五除之，得方實[1]；以五乘，爲隔二實；以二十五乘之，得隔一實；以六六九八七二九乘之，得面實；以九三三零零二四五七九乘之，得隔四實。平開之，得各徑。

解：以一百步爲率，圓徑十，方實百，七十五爲圓實，平開之，（得七十五步爲圓實開之）[2]得八步六分六厘零二絲五忽三微九纖，爲隔三之徑。五十步爲半方實，

---

1 方實，指十二角内容方實，方徑爲十二角隔二之徑 l_2。後解文“方實百”指圓外接方實，方徑即圓徑。二者不同。

2 得七十五步爲圓實開之，與前文重複，係衍文，據文意刪。

平濶之得七步零七厘一毫零六絲七微為隔二之徑二十五步為方實平
濶之得五步為隔一之徑四以隔一之徑減隔二之徑餘二步零七分六厘零
二毫五忽三微九纖自乘得一十三步二分九厘七毫四絲五忽八微六纖一二四
六五二一半之得六步六分九厘九毫七二九三零六二三二六零五為面實平
濶之得二步五分八厘八毫一絲九忽為面徑四倍隔二之徑七步零七厘一零
六七二九六五九二五七為隔四之徑自乘得九二二三零六二四五三九為隔四
之實其得少以四因之也假如先得隔一徑只以再徑除之以所求之徑實
乘之餘倣此以例推也
凡十角形欲徑與圓徑相求者隔一徑得圓徑十之六隔二徑得圓徑十之八隔
三徑之實得方實十二九欲徑至求亦以此為率
問十角形隔一徑二百五十二步五分三厘二毫隔二徑三百二十六步七
分一厘隔三徑三百九十九步二分八厘八毫求圓徑若干
答四百二十步八分八厘八毫三絲
法置隔一徑以歸之隔二徑以歸之得圓徑四隔三徑自乘得一十五萬
九千四百三十二步九除之得一十七萬七千一百四十七步八分平濶之為
圓徑

平開之，得七步零七厘一毫零六忽七微，爲隔二之徑。二十五步爲小方實，平開之，得五步，爲隔一之徑。◎以隔一之徑減隔三之徑，餘三步六分六厘零二絲五忽三微九纖，自乘得一十三步三分九厘七毫四絲五忽八微六纖一二四六五二一，半之得六步六分九厘（九）［八］毫七二九三零六二三二六零五，爲面實。平開之，得二步五分八厘八毫一絲九忽，爲面徑。◎併隔二之徑七步零七厘一零六七，共九六五九二五七，爲隔四之徑。自乘得九三三零零二四五七九，爲隔四之實。蓋即少以至多也。假如先得隔一徑，即以本徑除之，以所求之徑率乘之，餘俱可以例推也。

凡十角形諸徑與圓徑相求者，隔一徑得圓徑十之六，隔二徑得圓徑十之八，隔三徑之實得方實十之九，諸徑互求，亦以此爲率[1]。

1.問：今有十角形，隔一徑二百五十二步五分三厘二毫，隔二徑三百三十六步七分一厘，隔三徑三百九十九步二分八厘八毫，求圓徑若干？

答：四百二十步八分八厘八毫三絲。

法：置隔一徑，六歸之；隔二徑，八歸之，得圓徑。◎隔三徑自乘，得一十五萬九千四百三十二步，九除之，得一十七萬七千一百四十七步。平開之，爲圓徑。

---

1 此條當在十角形下，與"十角形面徑求圓徑"本爲一條。設十角面徑爲 a，隔一徑爲 l_1，隔二徑爲 l_2，隔三徑爲 l_3，圓徑爲 d。如圖 1-23，隔一徑 l_1 即五角面徑，故：

$$l_1 = \frac{6}{10}d$$

隔二徑 $l_2 = AB = MN - 2MM'$，據"圓徑求十角面徑"術文，知 $MM' = \frac{d}{10}$，故：

$$l_2 = d - 2\times\frac{d}{10} = \frac{8}{10}d$$

在句股 MAN 中，弦 MN 爲圓徑 d，股 AM 爲十角面徑 a，句 AN 爲隔三之徑 l_3，據句股定理得：

$$l_3{}^2 = d^2 - a^2$$

又 $a^2 = AM'^2 + MM'^2 = \left(\frac{3}{10}d\right)^2 + \left(\frac{1}{10}d\right)^2 = \frac{1}{10}d^2$，故：

$$l_3{}^2 = d^2 - \frac{1}{10}d^2 = \frac{9}{10}d^2$$

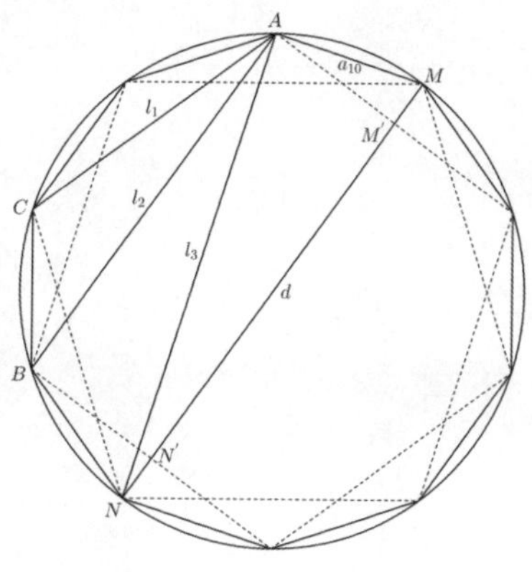

圖 1-23

解濶一径取五角之面故以三分為率濶之径以雖径三分為以半圓径五分為
弦求得股四分倍之為六得全径又五角之径九兩五角相錯減六去其一故得八
也濶三分卅面以径為斜卅面得圓径三三一六二二濶三径得圓径九九四八
六七九濶一濶二以濶為率廿濶一實得方實三十六濶二得方實七千
四百面卅濶三径實率取其總也濶一濶二径率數其省也

十角以径求圜径圖

圜径十其積百面
径得圜径三一六
二二其積十得
圜径實十之一

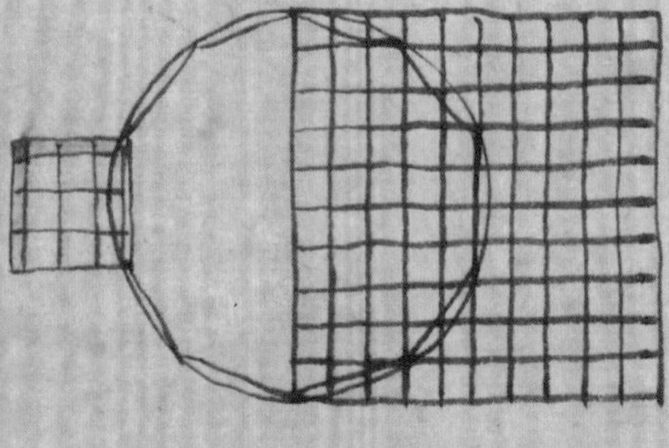

解：隔一徑即五角之面，故以六爲率。隔二徑以離徑三步爲句，半圓徑五步爲弦，求得股四步，倍之而得全徑。又五角之徑九，兩五角相絡，減尖去其一，故得八也。隔三與面若以徑爲率者，面得圓徑之三一六二二，隔三徑得圓徑之九四八六七九。隔一隔二若以實爲率者，隔一實得方實三十六，隔二得方實六十四。今面與隔三從實率，取其整也；隔一隔二從徑率，取其省也。

十角諸徑求圓徑圖

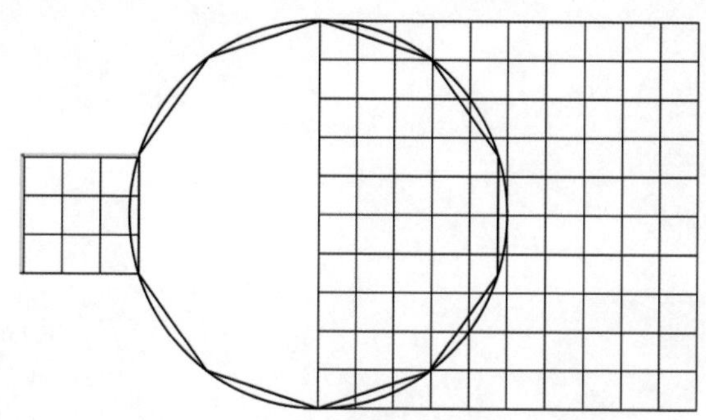

圓徑十，其積百，面徑得圓徑三一六二二；其積十，得圓徑實十之一。

隅一徑以圓徑十之六，其積以圓徑實之三十六

隅三徑以圓徑十之九四八六七九，其積以圓徑實十之九

隅二徑以圓徑十之八，其積以圓徑實之六十四

問：有十角形，隅二徑三百三十六步七分一厘，求隅一隅二兩徑若干

答：面徑一百三十二步有奇

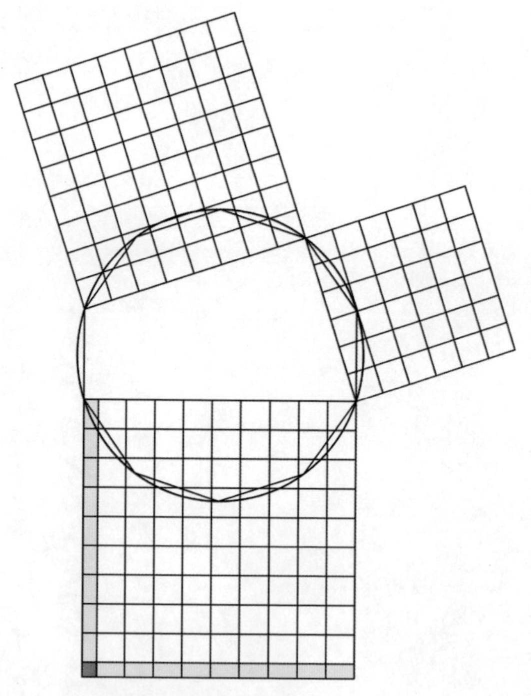

隔一徑得圓徑十之六，其積得圓徑實之三十六。

隔三徑得圓徑十之九四八六七九，其積得圓徑實十之九。

隔二徑得圓徑十之八，其積得圓徑實之六十四。

1.問：今有十角形，隔二徑三百三十六步七分一厘，求隔一、隔二、面徑若干?

答：面徑一百三十三步有奇；

淨一三百五十二步五分三厘二毫九絲
淨三[illegible]三百九十九步二分八厘八毫九絲
法置淨二徑八歸之得圓徑四百二十步八分八厘八毫以三一六二二乘
之得面徑以六乘之得淨一之徑以九四八六七九乘之得淨三之徑 ○用實
率淨二自乘得一十一萬三千二百七十一步二分實以六十四除之得
一十七萬七千一百四十七步以三七六歸之得淨一實以萬三千七百五
十六二五以九乘之得淨三實一十五萬九千四百三十二以一分乘之
得面實平開之得各徑

卷之一終

隔一二百五十二步五分三厘二毫有奇；

隔三三百九十九步二分八厘八毫有奇。

法：置隔二徑，八歸之，得圓徑四百二十步八分八厘八毫。以三一六二二乘之，得面徑；以六乘之，得隔一之徑；以九四八六七九乘之，得隔三之徑。◎用實率，隔二自乘，得一十一萬三千三百七十一步二分零，以六十四除之，得一十七萬七千一百四十七步。以三十六（歸）［乘］之，得隔一實六萬三千七百五十六二五；以九乘之，得隔三實一十五萬九千四百三十二；以一分乘之，得面實。平開之，得各徑。

卷之一終

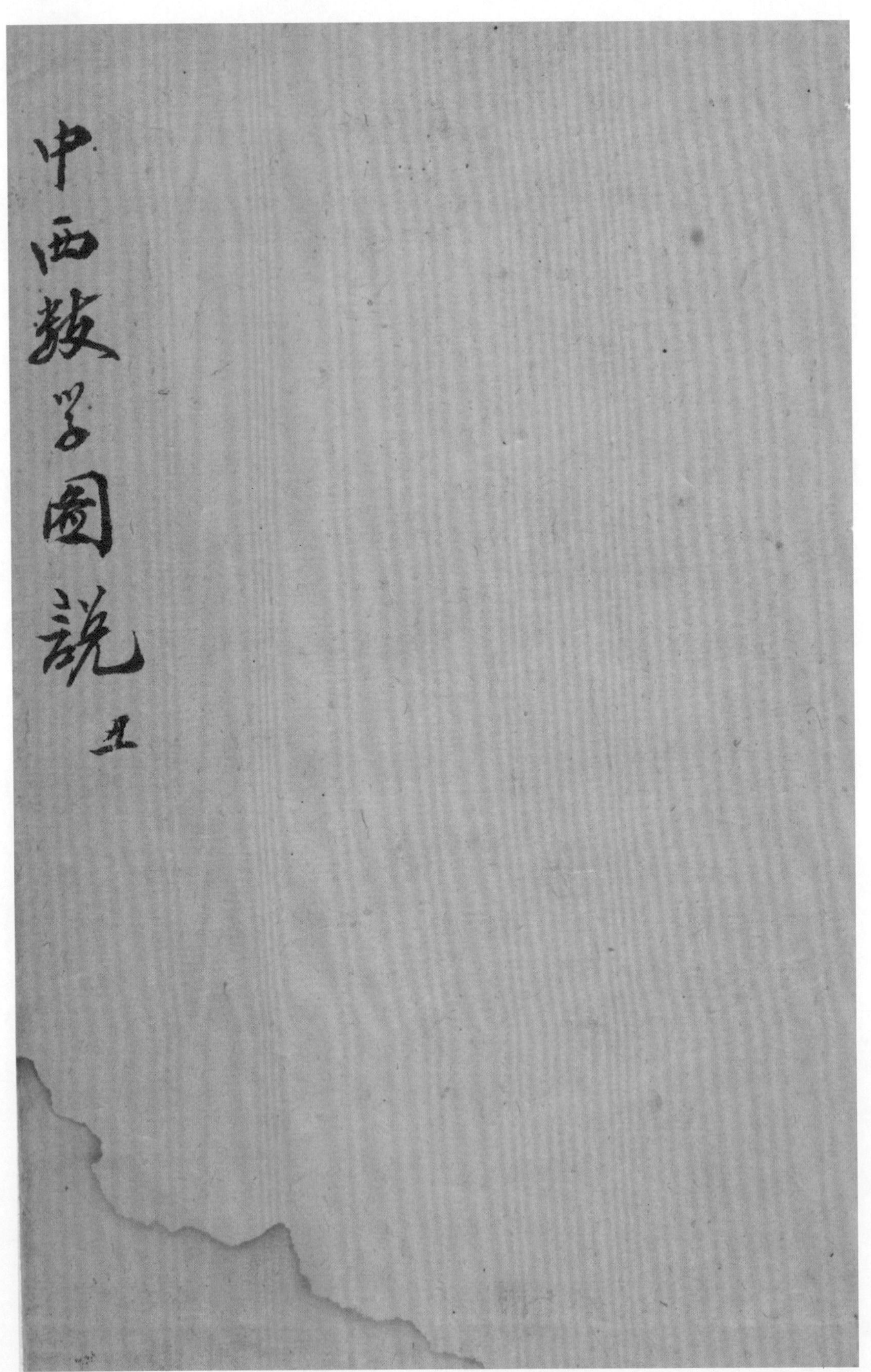
中西數學圖說
丑

中西數學圖説 丑

卷之二

畝法

一凡以步求畝者 問二 無圖

一凡以畑求畝者 問二 無圖

一凡畑同而積異形求同積者 問四 無圖

一凡積同而畑異形求同畑者 問一

畝法 方城 量田式

三角出四邊 四角出八邊

蹄虎 風翅 龜背 牙瓜

犀角 象鼻 冠 履 圭

冒 鞾 璜 鐘 磬 鼓

笠 斎 旗 冑 盾 刀

茶 舡 爐 斝 几 尊

筆架 琴 壺 枕 榴 瓜

葫蘆 梅花 竹節

奇零

一凡奇零除法 問十一 圖八 重零除法

一凡縱横兩徑俱有零[illegible]

一凡縱横兩徑俱有零[illegible]

一凡縱横兩徑一有零一無零 問一 圖二

一凡圓角斜形徑有零數 共問四

一凡以積零求徑零 共問三

一凡闊方有零形求徑零 共問 闊方有零二 減隅法二

一凡闊方有零形遠原 共問一

徑零補隅法二

勾股容率

太一書

卷之二

畝法

畝法立成

量田式

奇零[2]

1 正文有二問，“一”當作“二”，據改。

2 此目録照録術文首句，多有不確者。如“奇零命法徑帶零者”，查正文，術文包括徑帶零、積帶零、開方帶零三種，標目宜爲“奇零命法”。又“奇零併法兩母異者”，術文包括兩母異、多母異兩種，標目宜爲“奇零併法”。后多類此，不贅。

3 原書目録分作上下兩欄，首頁上欄接次頁上欄，再接首頁下欄。自“奇零命法徑帶零者”至“奇零減法”，原在次頁上欄，自“奇零除法”以下，原在首頁下欄。爲保持釋文連續性，今依正文先後次序，將首頁下欄與次頁上欄二者順序顛倒，自“奇零命法徑帶零者”至“奇零減法”移至此頁，自“奇零除法”以下移至後頁。

一凡奇零除法

問十一　　圖八

重零除盡法一 / 二 / 三

一凡縱橫兩徑俱有零數母同求積者　　問一 圖二

一凡縱橫兩徑俱有零數母異求積者　　問一 圖二

一凡縱橫兩徑一有零一無零　　問一 圖（二）［一］

一凡圓角諸形徑有零數者　　問四

一凡以積零求徑零者　　問三

一凡開方有零欲求徑零者

問二　　開方有零減隅法二

一凡開方有零欲還原者

問一　　徑零補隅法二

句股密率

太（一）［乙］書[1]

---

1 一，正文作“乙”，據改。

畝法

凡畝法以二百四十步爲一畝，無論地色不等，悉一律起科，無增減步以齊之

一凡以步求畝者，以二百四十步除之；以畝求步，以二百四十乘之

問今有田積二千三百五十二步，求畝若干　答九畝八分

法置積以二百四十步除之合問

問今有田九畝八分，求積步若干　答二千三百五十二步

法置田九畝八分，以二百四十步乘之合問

一凡以地求糧者，以地爲實，以糧額爲法乘之；若糧求地者，以全糧爲實，以糧額爲法除之

問今有地二千四百畝，每畝糧銀二分五釐九毫二絲三忽五微一纖，求共糧若干

答六十二兩二錢一分六釐四毫二絲四忽

法以地二千四百畝爲實，以糧銀爲法乘之合問

問今有糧銀六十二兩二錢一分六釐四毫二絲四忽，每地一畝該糧二分五釐九毫二絲三忽五微一纖，求地若干　答二千四百畝

法置糧銀之總數爲實，以每畝之數爲法除之合問

畝法

凡畝法，以二百四十步爲一畝。若地色不等，欲一律起科，則增減步積以齊之。

一、凡以步求畝者，以二百四十步除之；以畝求步，以二百四十乘之。

1.問：今有田積二千三百五十二步，求畝若干？

答：九畝八分。

法：置積，以二百四十步除之。合問。

2.問：今有田九畝八分，求積步若干？

答：二千三百五十二步。

法：置田九畝八分，以二百四十步乘之。合問。

一、凡以地求税者，以地爲實，以税額爲法乘之；若税求地者，以全税爲實，以税額爲法除之。

1.問：今有地二千四百畝，每畆税銀二分五厘九毫二絲三忽五微一纖，求共税若干？

答：六十二兩二錢一分六厘四毫二絲四忽。

法：以地二千四百畝爲實，以税銀爲法乘之。合問。

2.問：今有税銀六十二兩二錢一分六厘四毫二絲四忽，每地一畝該税二分五厘九毫二絲三忽五微一纖，求地若干？

答：二千四百畝。

法：置税銀之總數爲實，以每畝之數爲法除之。合問。

一凡地因兩稅異形求同稅者兩稅相衡得分數上求下則以分數加步為步畝下求上則以分數除減步為畝

問今有上中二則地俱二百四十步為畝上稅每畝二分五厘九毫二絲三忽五微一纖中稅每畝一分九厘九毫四絲一忽一微六纖今將中地與上地同稅應增步若干

答三百一十二步

法置二百四十步為實以中稅除上稅得一畝為法乘之〇又法二百四十步為實以上稅除中稅得七分六厘九毫二絲三忽七纖零為法除之合問

又法以二百四十畝乘上稅得六兩二十二分一厘六毫四絲二忽四微為實以中稅為法除之

解第一法以中除上得有餘之分數故用乘以為加第二法以上除中得不足之數故用除以為加〇第三法積乘上稅以一步為一畝也以中稅除之則以一畝為一步矣又法以中步自除稅得每步長若干為法以除上稅得數同但零星不如上法之便

問今有上稅二分五厘九毫二絲三忽五微一纖下稅一分五厘二毫四絲九忽一微二纖四塵步以二百四十步為一畝今將下地與上地同稅下

一、凡地同而税異，欲求同税者，兩税相衡，得其分數。上求下，則以其數加步爲畝；下求上，則以其數減步爲畝。

1.問：今有上中二則地，俱二百四十步爲畝，上税每畝二分五厘九毫二絲三忽五微一纖，中税每畝一分九厘九毫四絲一忽一微六纖。今欲中地與上地同税，應增步若干？

答：三百一十二步。

法：置二百四十步爲實，以中税除上税，得一畝［三分］，爲法乘之。◎又法：二百四十步爲實，以上税除中税，得七分六厘九毫二絲三忽七纖零，爲法除之。合問。又法：以二百四十步乘上税，得六兩二錢二分一厘六毫四絲二忽四微爲實，以中税爲法除之[1]。

解：第一法以中除上，得其有餘之分數，故用乘以爲加。第二法以上除中，得其不足之數，故用除以爲加。◎第三法積乘上税，以一步爲一畝也，以中税除之，則以一畝爲一步矣。又法以中步自除税，得每步銀若干爲法，以除上税，得數同，但零星不如上法之便。

2.問：今有上税二分五厘九毫二絲三忽五微一纖，下税一分五厘二毫四絲九忽一微二纖四塵，皆以二百四十步爲一畝。今欲下地與上地同税，下

---

1 此題意爲：上地 240 步，納税 0.02592351 兩；中地 240 步，納税 0.01994116 兩，今欲同上地納税數同，求中地應增步數。據題意得：

$$\frac{0.02592351}{\text{中地增步}}=\frac{0.01994116}{240}$$

第一法

$$\text{中地增步}=240\div\frac{0.01994116}{0.02592351}\approx 240\div 0.7692307=312\text{步}$$

第二法：

$$\text{中地增步}=\frac{240\times 0.02592351}{0.01994116}=\frac{6.2216424}{0.01994116}=312\text{步}$$

第三法：

$$\text{中地增步}=240\times\frac{0.02592351}{0.01994116}=240\times 1.3=312\text{步}$$

答四百○八步有奇

法置上稅以二百四十步乘得六兩二錢二分一釐六毫四絲二忽四微以下稅除之合問

解此用前第三法

問今有上稅二分五釐九毫二絲三忽五微一纖下稅一分一釐二毫七絲一忽○九纖皆以二百四十步為畝今移下地與上地同稅應增若干

答五百五十二步有奇

法置二百四十步為實以下稅除上稅得二畝三分為法乘之合問

解此用前第一法○以上皆上求下

問今有上中二地俱三百一十二步上稅三分三釐七毫○○五微六纖三沙中稅二分五釐九毫二絲三忽五微一纖今移上地與下同稅應減若干

答二百四十步

法以中稅除上稅得一畝三分以除積步得數合問

解此用前第一法主增故以乘為用此法主減故以除為用其餘可以類推○此以下求上

地應增若干？

答：四百〇八步有奇。

法：置上税，以二百四十步乘，得六兩二錢二分一厘六毫四絲二忽四微，以下税除之。合問。

解：此用前第三法。

3.問：今有上税二分五厘九毫二絲三忽五微一纖，下税一分一厘二毫七絲一忽〇九纖，皆以二百四十步爲畝。今欲下地與上地同税，應增若干？

答：五百五十二步有奇。

法：置二百四十步爲實，以下税除上税，得二畝三分，爲法乘之。合問。

解：此用前第一法。◎以上皆上求下。

4.問：今有上中二則地，俱三百一十二步，上税三分三厘七毫〇〇五微六纖三沙，中税二分五厘九毫二絲三忽五微一纖。今欲上地與下同税，應減若干？

答：二百四十步。

法：以中税除上税，得一畝三分，以除積步，得數合問。

解：前用前第一法，主增，故以乘爲用。此法主減，故以除爲用。其餘可以類推。◎此以下求上。

一凡稅同而地異者，則用此兩地相衡，得其分數，上求下者以其數減稅爲畝，下求上者以其數加稅爲畝。

問今有上中二則地，俱稅二分五厘九毫二絲三忽五微一纖，上地以二百四十步爲畝，中地以三百一十二步爲畝，今將中地照上地同步應稅若干？

答一分九厘九毫四絲一忽一微六纖

法置上步二百四十，以中步除之，得一畝二分，以除稅二分五厘九毫二絲三忽五微一纖，得數合問。

解此以上求下，用有餘之數，故除而得少，皆用不足法。此可推。或以上步來乘稅，得六兩二錢二分一厘六毫四絲二忽四微，以下步三百一十二除之亦同。

問今有上中二則地，俱稅二分五厘九毫二絲三忽五微一纖，上地以二百四十步爲畝，中地以三百一十二步爲畝，今將上地照中地同步應增稅若干？

答三分三厘七毫〇〇五微六纖三沙

法置上步以中步除之，得七分六厘九毫二絲三忽零，以除稅得數合問。

或置中步以上步除之，得一三，以乘稅亦同。

解前法用不足，後法用有餘之法可推。此以下求上，用有餘之法，更覺正而簡。

一、凡税同而地異，欲求同地者，兩地相衡，得其分數。上求下，則以其數減税爲畝；下求上，則以其數加税爲畝。

1.問：今有上中二則地，俱税二分五厘九毫二絲三忽五微一纖，上地以二百四十步爲畝，中地以三百一十二步爲畝。今欲中地與上地同步，應税若干？

答：一分九厘九毫四絲一忽一微六纖。

法：置上步二百四十，以（中步除之）[除中步]，得一畝三分，以除税二分五厘九毫二絲三忽五微一纖，得數合問[1]。

解：此以上求下，用有餘之數，故除而得少，其用不足法者可推。或以上步乘税，得六兩二錢二分一厘六毫四絲二忽四微，以下步三百一十二除之，並同。

2.問：今有上中二則地，俱税二分五厘九毫二絲三忽五微一纖，上地以二百四十步爲畝，中地以三百一十二步爲畝。今欲上地與中地同步，應增税若干？

答：三分三厘七毫〇〇五微六纖三沙。

法：置上步，以中步除之，得七分六厘九毫二絲三忽零，以除税，得數合問。或置中步，以上步除之，得一三，以乘税，並同。

解：前法用不足，後法用有餘，餘法可推。◎此以下求上，用有餘之法，更整而簡。

---

1 此法可表示爲：

$$\text{應税} = 0.02592351 \div \frac{312}{240} \approx 0.01994116\text{兩}$$

上地 240 步，中地 312 步，法文“以中步除之”，當作“以除中步”。

畝法立成

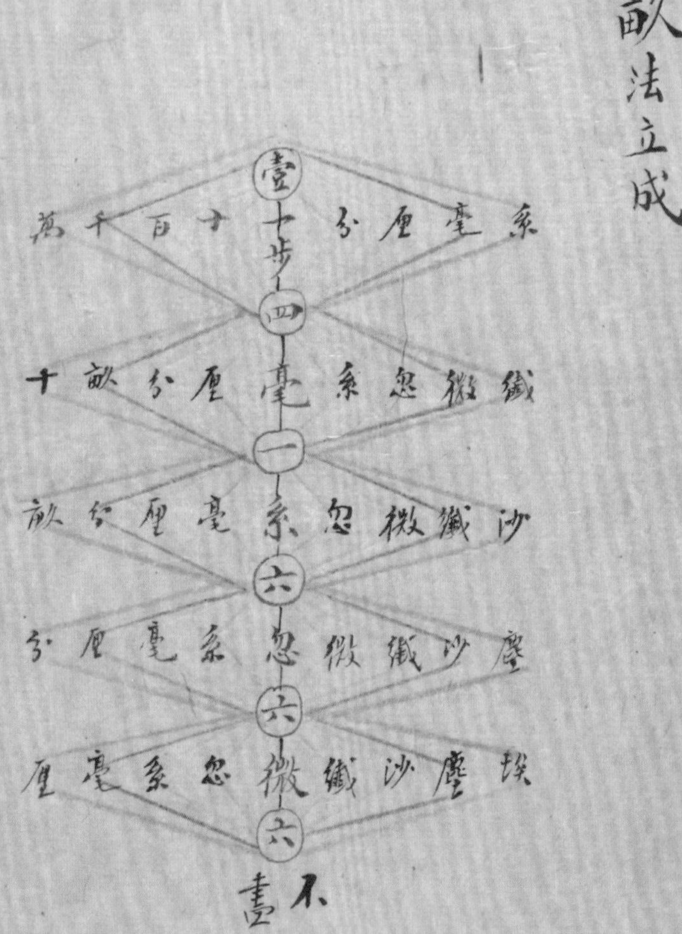

壹
萬 千 百 十 十步 分 厘 毫 絲
四
十 畝 分 厘 毫 絲 忽 微 纖
一
畝 分 厘 毫 絲 忽 微 纖 沙
六
分 厘 毫 絲 忽 微 纖 沙 塵
六
厘 毫 絲 忽 微 纖 沙 塵 埃
六
不盡

畝法立成[1]

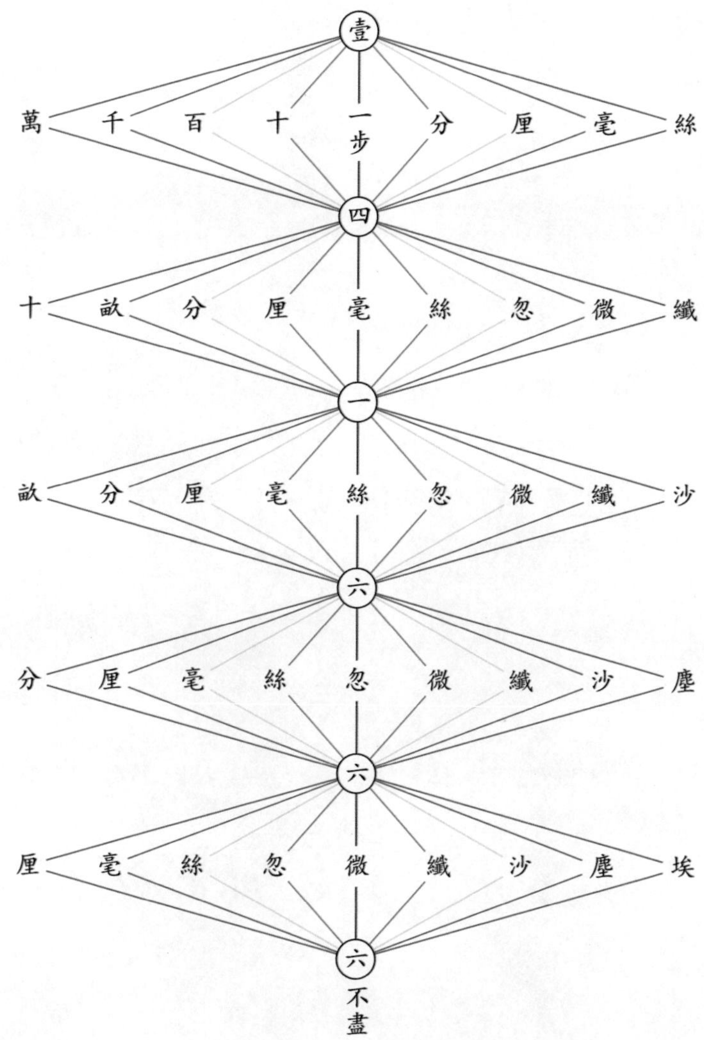

1 畝法立成，即以步求畝速查表。以第一圖爲例略作説明。1畝 = 240步，得：

$$1\text{步} = \frac{1}{240} \approx 0.00416666\text{畝}$$

一步化作畝，爲四毫一絲六忽六微六六不盡。十步化作畝，爲四厘一毫六絲六忽六六不盡；一分化爲畝，爲四絲一忽六微六纖六六不盡。餘可類推。二步至九步化畝，皆倣此。詳參圖後説明。

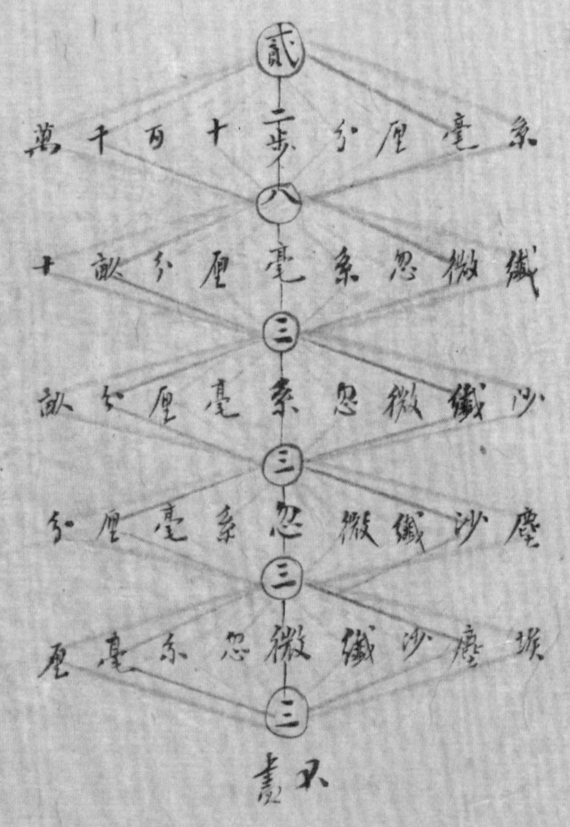

貳
萬 千 百 十 步 分 厘 毫 絲
八
十 畝 分 厘 毫 絲 忽 微 纖
三
畝 分 厘 毫 絲 忽 微 纖 沙
三
分 厘 毫 絲 忽 微 纖 沙 塵
三
厘 毫 絲 忽 微 纖 沙 塵 埃
三
盡尺

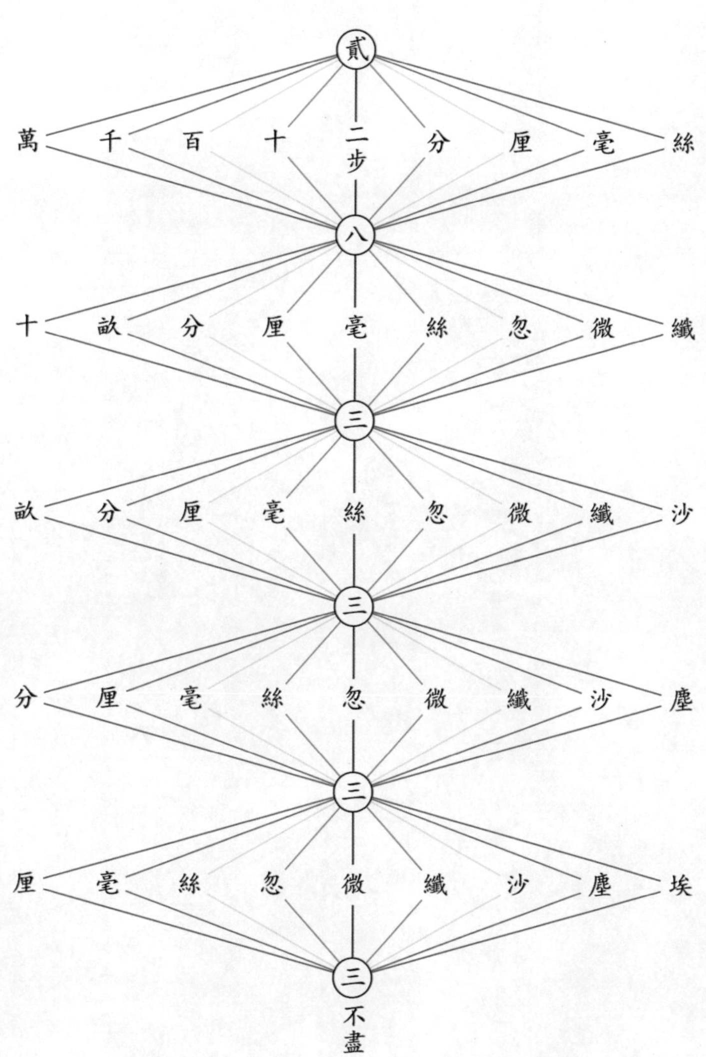

貳
萬 千 百 十 二步 分 厘 毫 絲
八
十 畝 分 厘 毫 絲 忽 微 纖
三
畝 分 厘 毫 絲 忽 微 纖 沙
三
分 厘 毫 絲 忽 微 纖 沙 塵
三
厘 毫 絲 忽 微 纖 沙 塵 埃
三
不盡

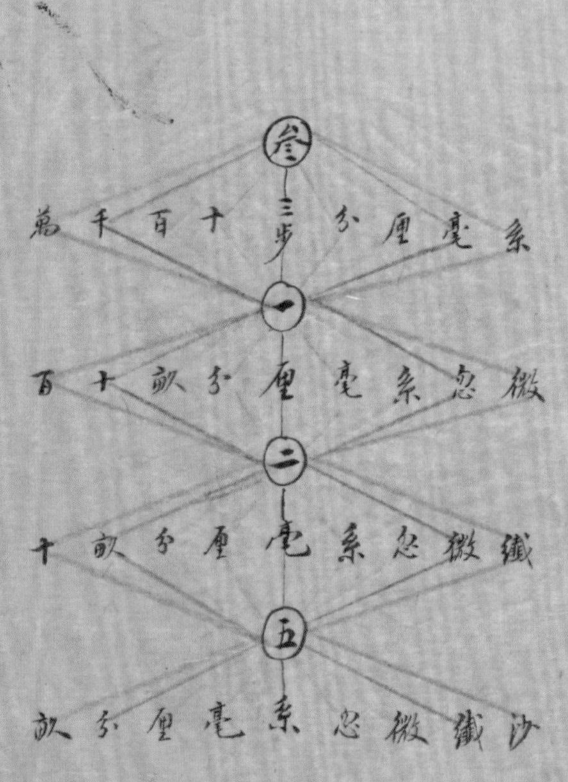
叁
萬 千 百 十 三步 分 厘 毫 系
一
百 十 畝 分 厘 毫 系 忽 微
二
十 畝 分 厘 毫 系 忽 微 纖
五
畝 分 厘 毫 系 忽 微 纖 沙

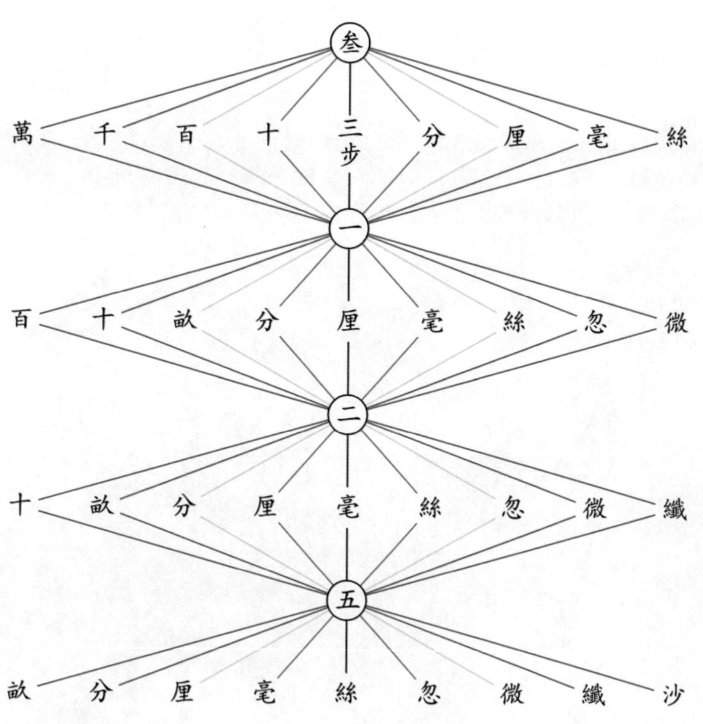
叁
萬 千 百 十 三步 分 厘 毫 絲
一
百 十 畝 分 厘 毫 絲 忽 微
二
十 畝 分 厘 毫 絲 忽 微 纖
五
畝 分 厘 毫 絲 忽 微 纖 沙

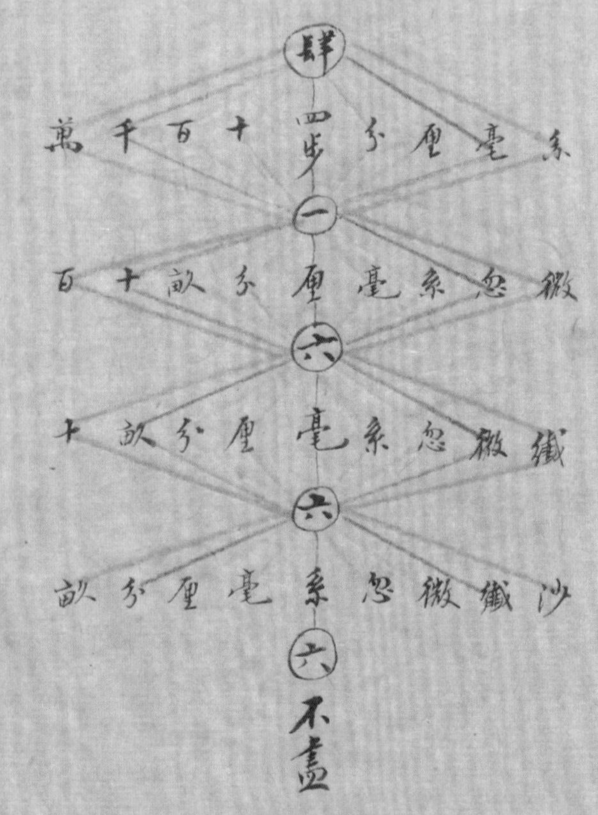
肆
萬 千 百 十 四步 分 厘 毫 絲
一
百 十 畝 分 厘 毫 絲 忽 微
六
十 畝 分 厘 毫 絲 忽 微 纖
六
畝 分 厘 毫 絲 忽 微 纖 沙
六
不盡

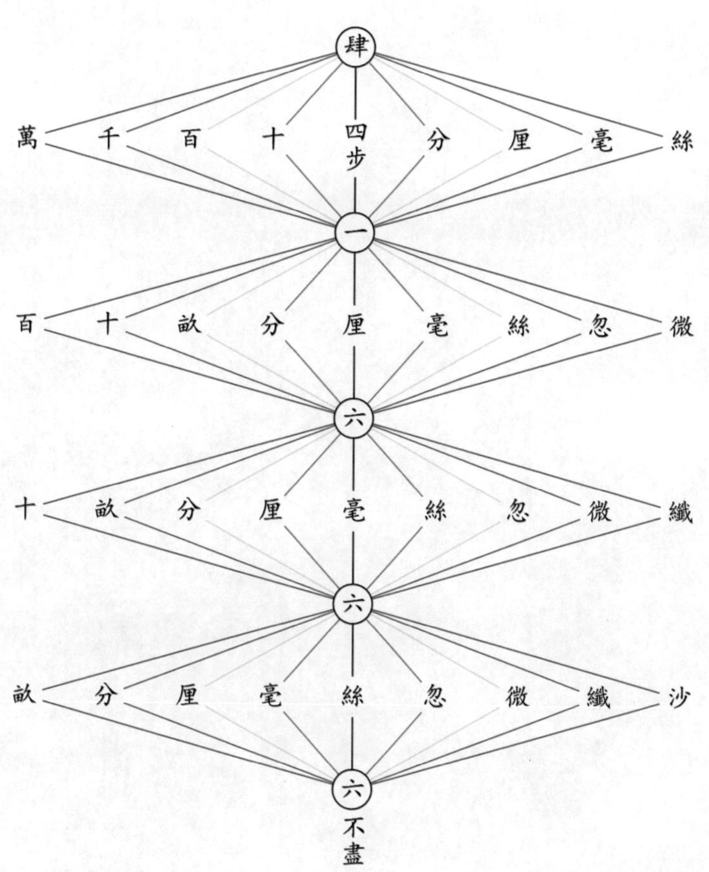
肆
萬 千 百 十 四步 分 厘 毫 絲
一
百 十 畝 分 厘 毫 絲 忽 微
六
十 畝 分 厘 毫 絲 忽 微 纖
六
畝 分 厘 毫 絲 忽 微 纖 沙
六
不盡

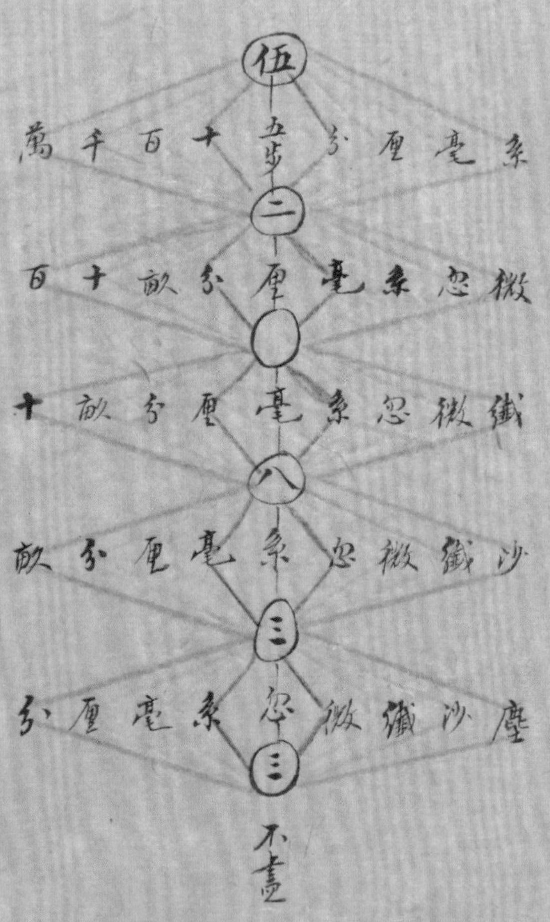
伍
萬 千 百 十 五步 分 厘 毫 絲
二
百 十 畝 分 厘 毫 絲 忽 微
〇
十 畝 分 厘 毫 絲 忽 微 纖
八
畝 分 厘 毫 絲 忽 微 纖 沙
三
分 厘 毫 絲 忽 微 纖 沙 塵
三
不盡

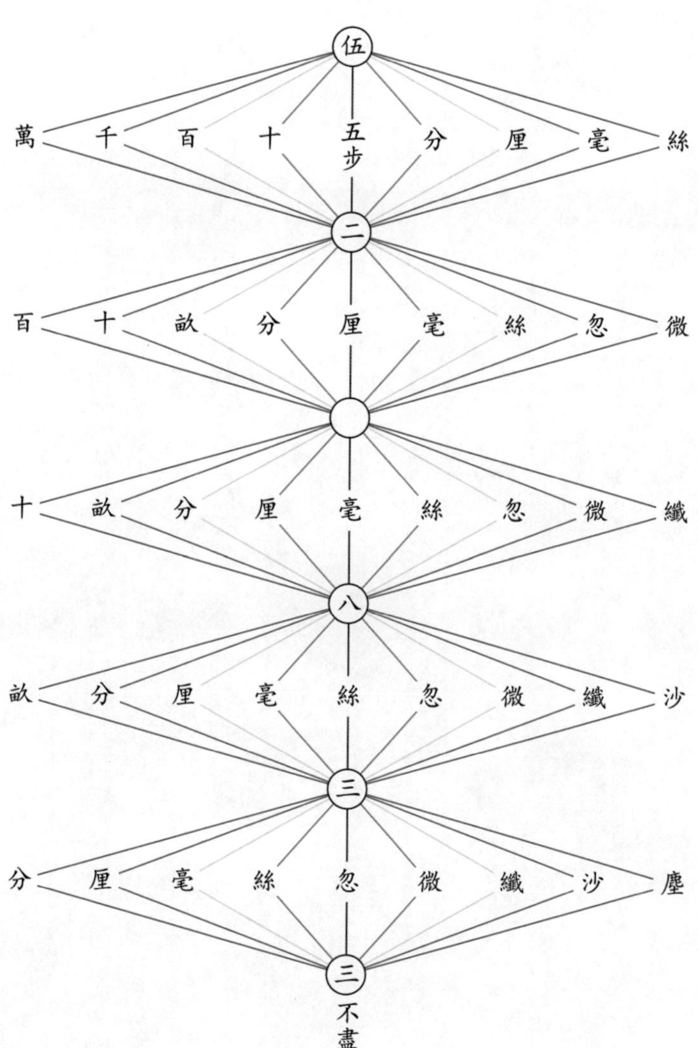
伍
萬 千 百 十 五步 分 厘 毫 絲
二
百 十 畝 分 厘 毫 絲 忽 微
十 畝 分 厘 毫 絲 忽 微 纖
八
畝 分 厘 毫 絲 忽 微 纖 沙
三
分 厘 毫 絲 忽 微 纖 沙 塵
三
不盡

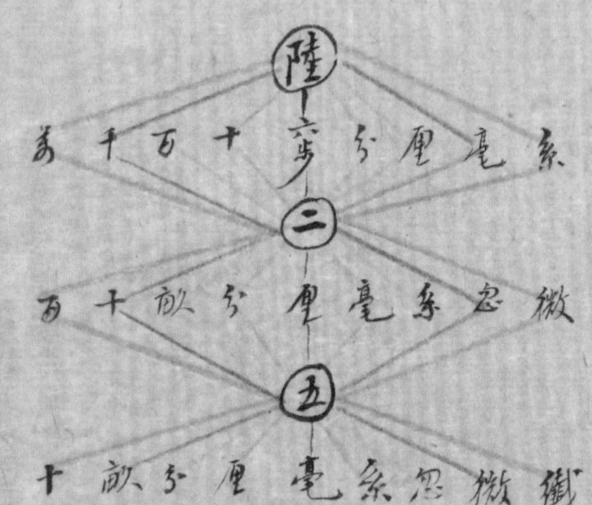
陸
萬 千 百 十 六步 分 厘 毫 絲
二
百 十 畝 分 厘 毫 絲 忽 微
五
十 畝 分 厘 毫 絲 忽 微 纖

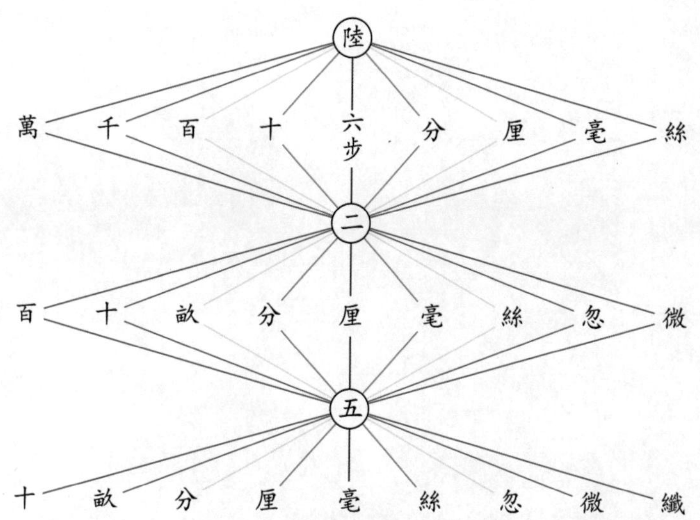
陸
萬 千 百 十 六步 分 厘 毫 絲
二
百 十 畝 分 厘 毫 絲 忽 微
五
十 畝 分 厘 毫 絲 忽 微 纖

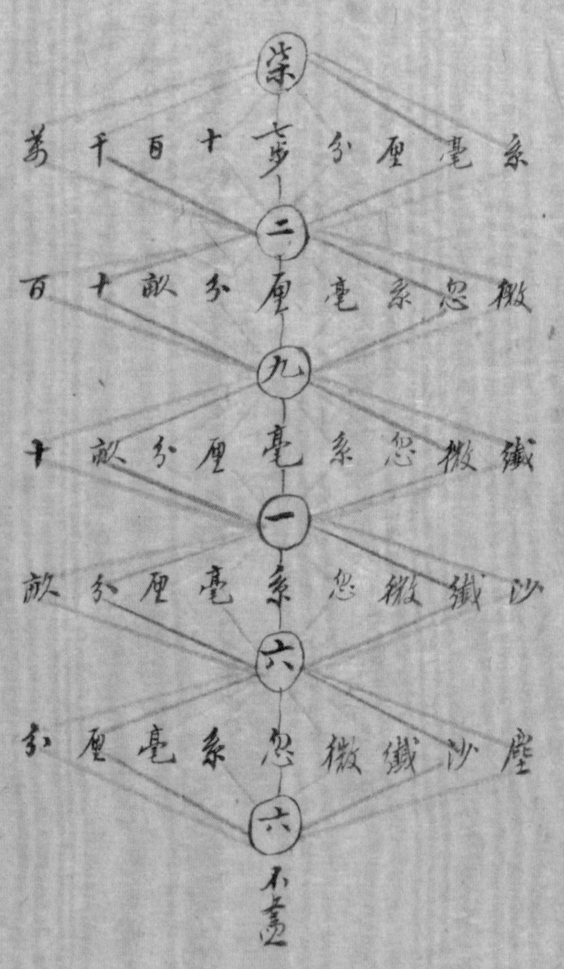

桒
萬 千 百 十 步 分 厘 毫 系
二
百 十 畝 分 厘 毫 系 忽 微
九
十 畝 分 厘 毫 系 忽 微 纖
一
畝 分 厘 毫 系 忽 微 纖 沙
六
分 厘 毫 系 忽 微 纖 沙 塵
六
不盡

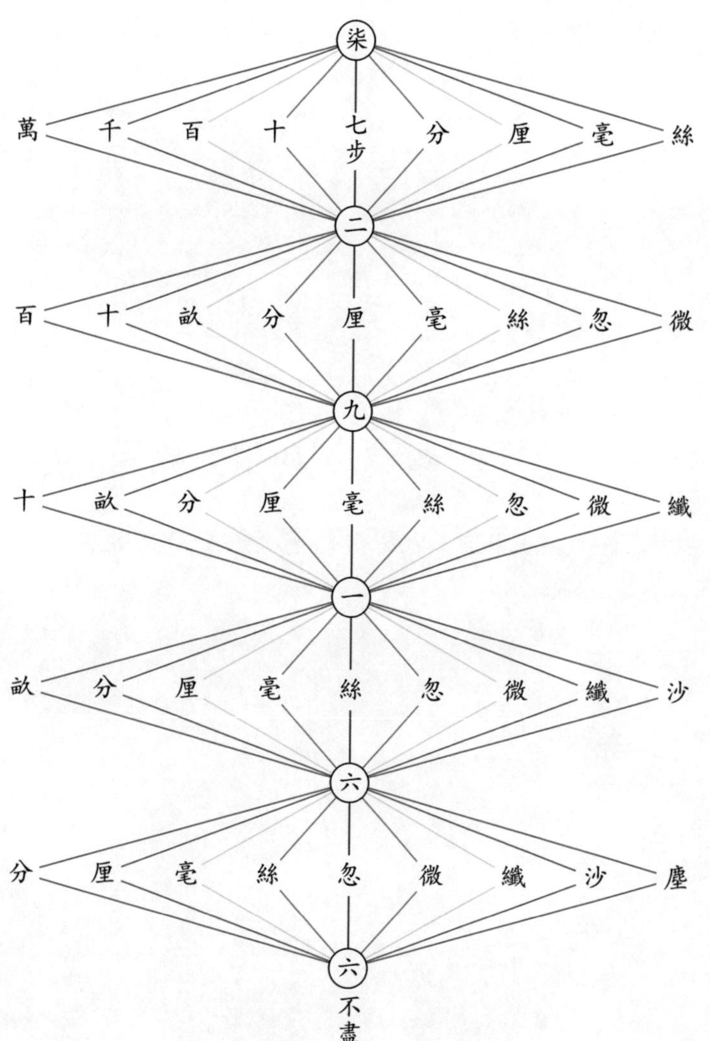
柒
萬 千 百 十 七步 分 厘 毫 絲
二
百 十 畝 分 厘 毫 絲 忽 微
九
十 畝 分 厘 毫 絲 忽 微 纖
一
畝 分 厘 毫 絲 忽 微 纖 沙
六
分 厘 毫 絲 忽 微 纖 沙 塵
六
不盡

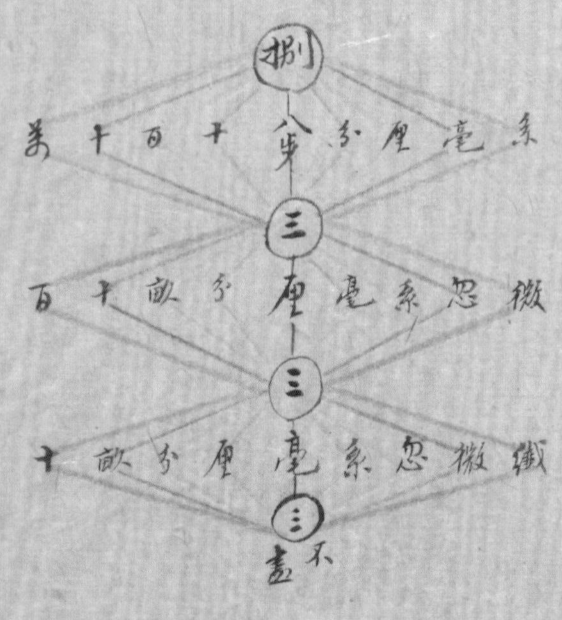
捌
萬 千 百 十 八步 分 厘 毫 絲
三
百 十 畝 分 厘 毫 絲 忽 微
三
十 畝 分 厘 毫 絲 忽 微 纖
三
不盡

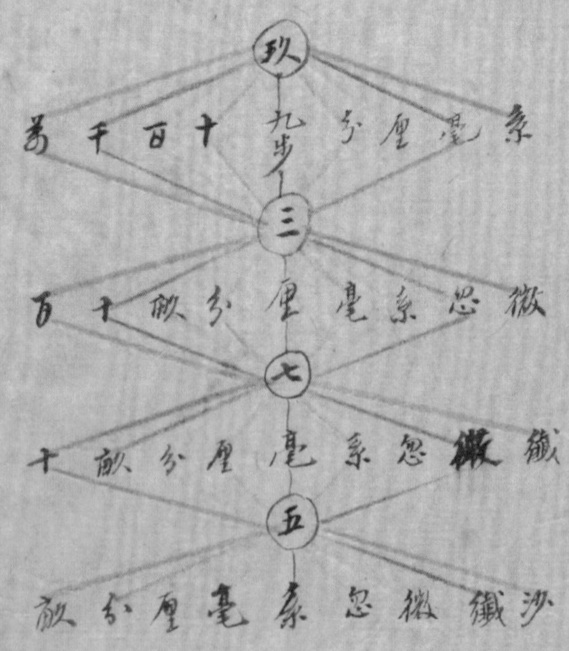
玖
萬 千 百 十 九步 分 厘 毫 絲
三
百 十 畝 分 厘 毫 絲 忽 微
七
十 畝 分 厘 毫 絲 忽 微 纖
五
畝 分 厘 毫 絲 忽 微 纖 沙

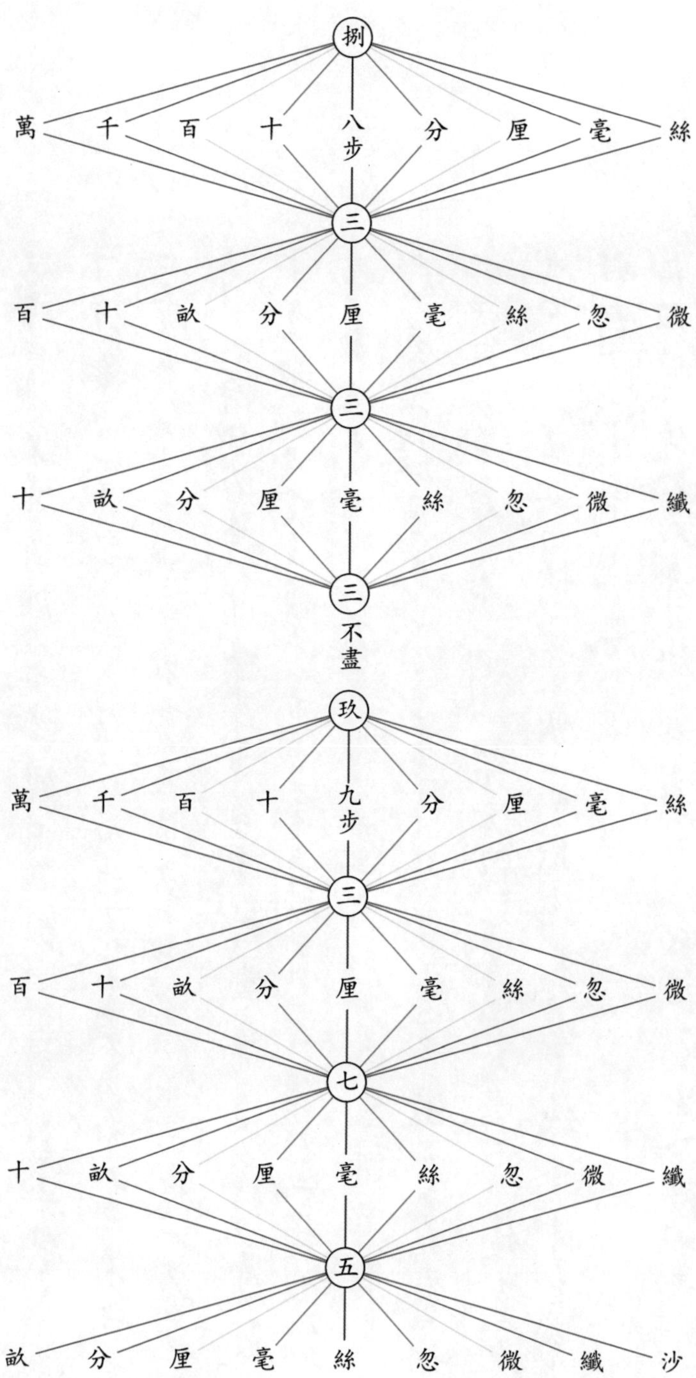
捌
萬 千 百 十 八步 分 厘 毫 絲
三
百 十 畝 分 厘 毫 絲 忽 微
三
十 畝 分 厘 毫 絲 忽 微 纖
三
不盡
玖
萬 千 百 十 九步 分 厘 毫 絲
三
百 十 畝 分 厘 毫 絲 忽 微
七
十 畝 分 厘 毫 絲 忽 微 纖
五
畝 分 厘 毫 絲 忽 微 纖 沙

右自一至九率成法假如有田一萬二千三百四十五步則先尋一字條萬數
下之四十一畝六分六厘六六不盡置位加入二字條下千數之八畝三分
三厘三毫不盡再加入三字條下百數之一畝二分五厘再加入四字條
下十數之一分六厘六毫六絲六六不盡再加入五字條下五步之
二厘○八絲三忽三三不盡共得五十一畝四分三厘七毫四絲九忽有
奇如有田九萬八千七百六十五步則先尋九字條萬數下之三百七
十五畝加入八字條千下之三十三畝三分三三不盡再加入七字條百下
之二畝九分一厘六毫六六不盡再加入六字條十下之二分五厘再
加入五字條五步下之二厘○八絲三忽三微三三不盡共得四百一十
一畝五分二厘有奇雖不諳算法者亦無復有厘毫之差
也○六六不盡過三不盡則成全數進一位○自萬以上絲以下
任推之皆準同之
凡田畔出入不齊微有參差依祖法出入相等之數取直量
之基線即田畔紅點用量法如左形

右自一至九，立爲成法。假如有田一萬二千三百四十五步，則先尋“一”字條萬數下之四十一畝六分六厘六六不盡，置位，加入“二”字條下千數之八畝三分三厘三毫不盡，再加入“三”字條下百數之一畝二分五厘，再加入下“四”字條下十數之一分六厘六毫六絲六六不盡，再加入“五”字條下五步之二厘〇八絲三忽三三不盡，共得五十一畝四分三厘七毫四絲九忽有奇[1]。如有田九萬八千七百六十五步，則先尋“九”字條萬數下之三百七十五畝，加入“八”字條千下之三十三畝三分三三不盡，再加入“七”字條百下之二畝九分一厘六毫六六不盡，再加入“六”字條十下之二分五厘，再加入“五”字條五步下之二厘〇八絲三忽三微三三不盡，共得四百一十一畝五分二厘有奇。雖不諳算法者，亦無復有厘毫之差也。◎六六不盡，遇三不盡，則成全數，進一位。◎自萬以上、絲以下，任推之，其率同也。

【量田式】

凡田畔出入不齊，微有參差者，視其出入相等之數，取直量之。墨線爲田畔，紅線爲量法。如左形。

1 五十一畝四分三厘七毫四絲九忽有奇，當爲“五十一畝四分三厘七毫五絲”，原書計算略有誤差。

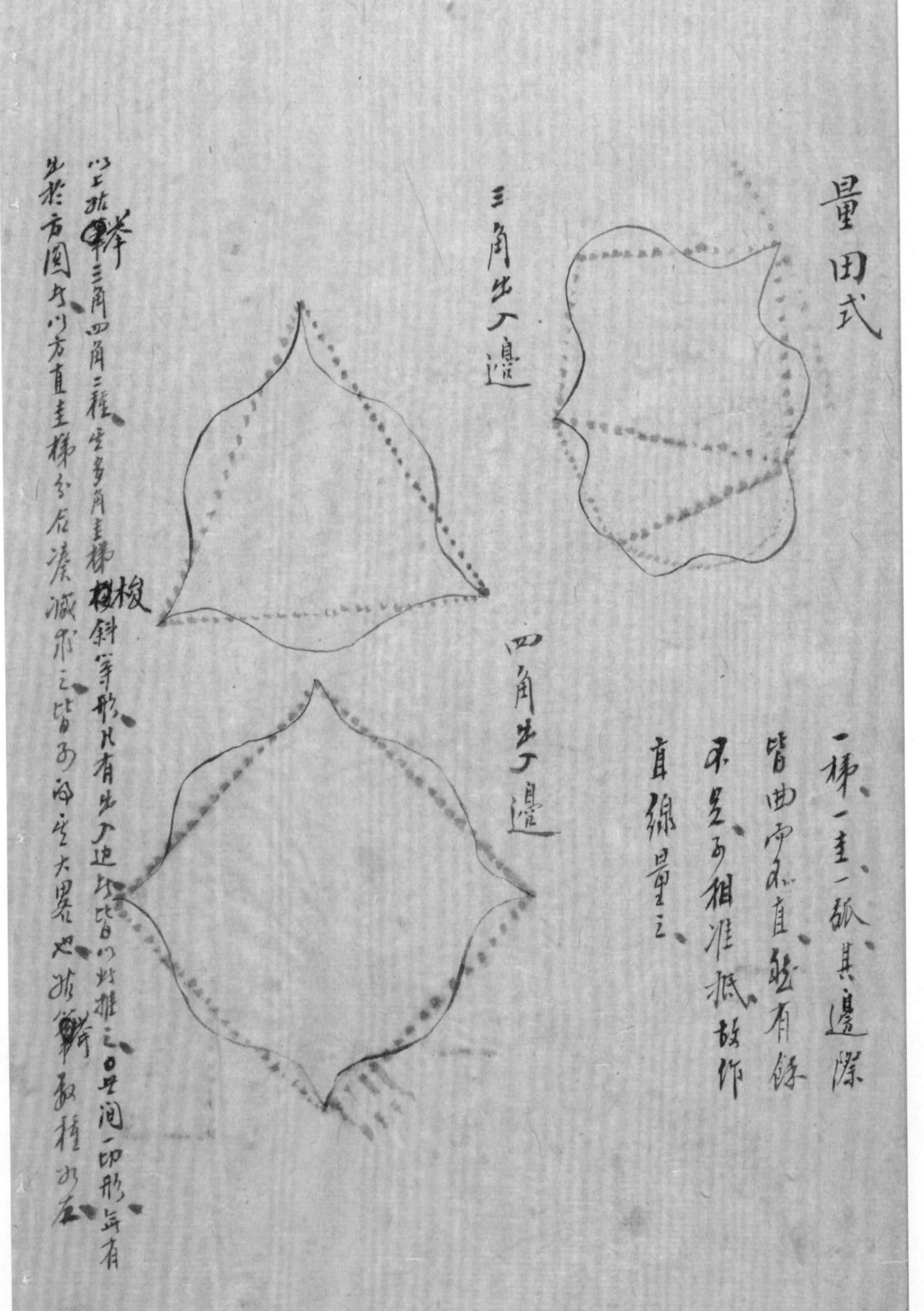
量田式

一梯一圭一弧其邊際皆曲而不直雖有餘不足可相准抵故作直線量之

三角出入邊

四角出入邊

以上所舉三角四角二種至多角圭梯梭斜等形凡有出入邊者皆以此推之要世間一切形無有生於方圓者以方直圭梯分合湊減求之皆可得其大略也茲舉數種如左

量田式

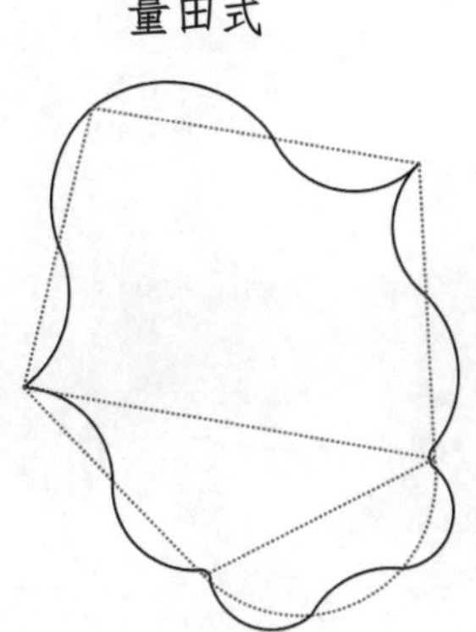

一梯一圭一弧，其邊際皆曲而不直，然有餘不足可相准抵，故作直線量之。

三角出入邊

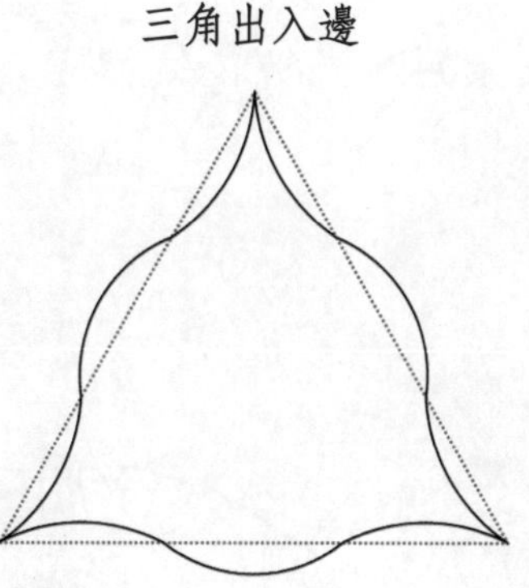

四角出入邊

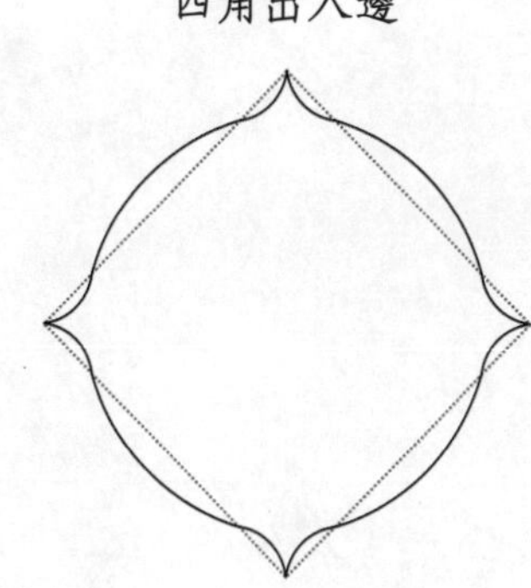

以上姑舉三角、四角二種，其多角圭梯梭斜等形，凡有出入邊者，皆以此推之。◎世間一切形，無有出於方圓者，以方直圭梯分合湊減求之，皆可得其大畧也。姑舉數種如左。

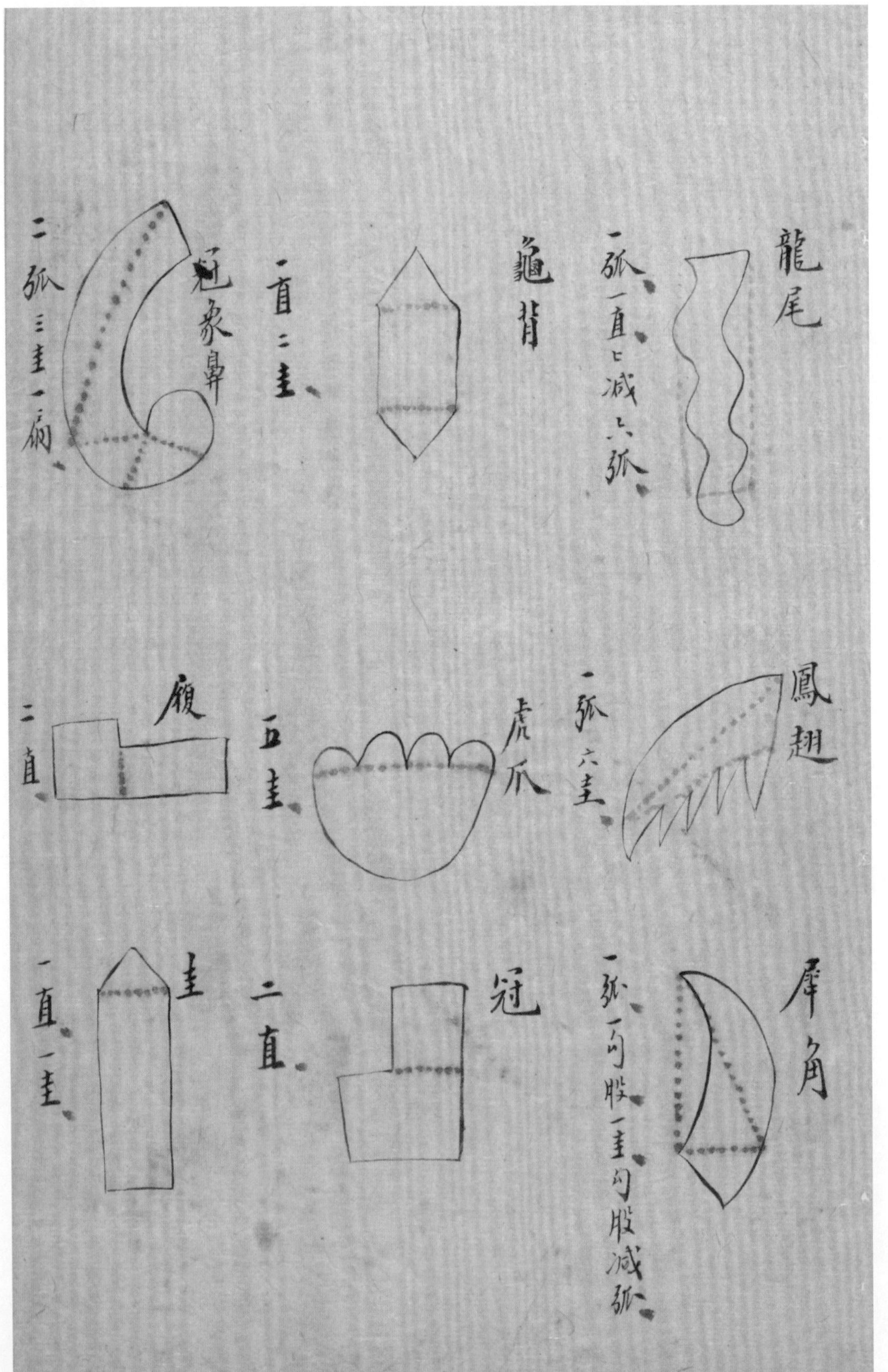
龍尾
一弧一直七減六弧
龜背
一直二圭
象鼻
二弧三圭一扇
鳳翅
一弧六圭
虎爪
五圭
履
二直
犀角
一弧一句股一圭句股減弧
冠
二直
圭
一直一圭

龍尾

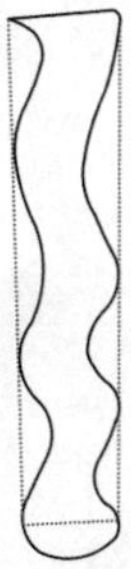

一弧一直，直減六弧

鳳翅

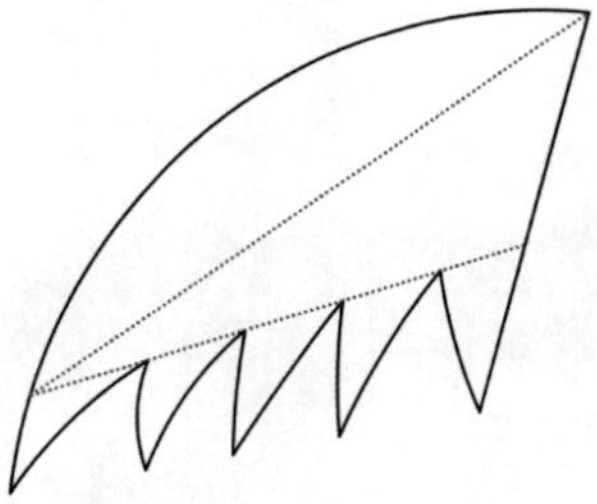

一弧六圭

犀角

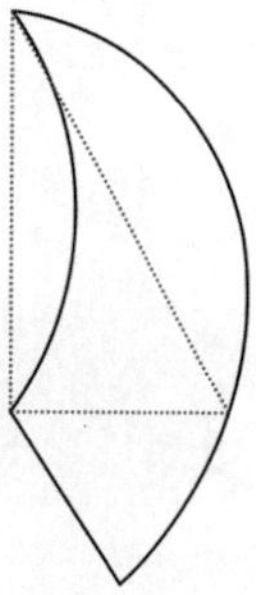

一弧一句股一圭，句股減弧

龜背

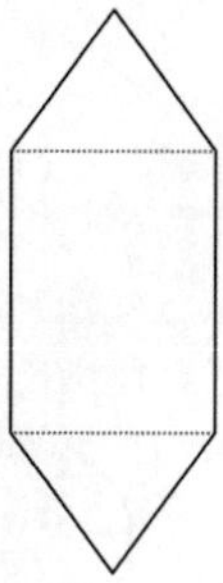

一直二圭

虎爪

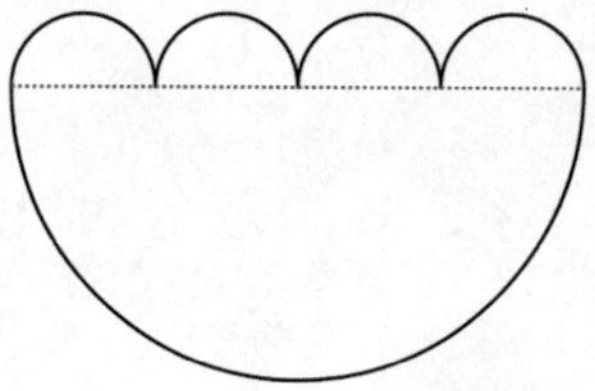

五（圭）［弧］

冠

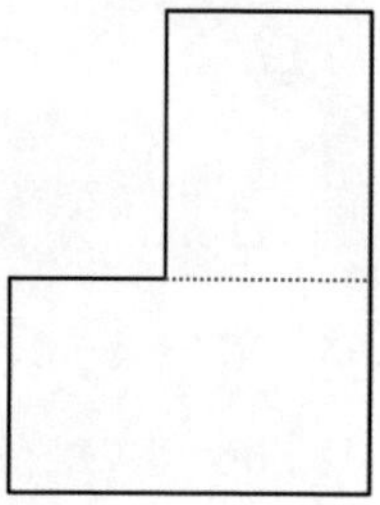

二直

象鼻

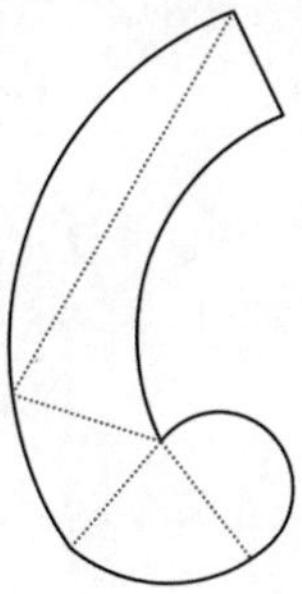

二弧三圭一扇

履

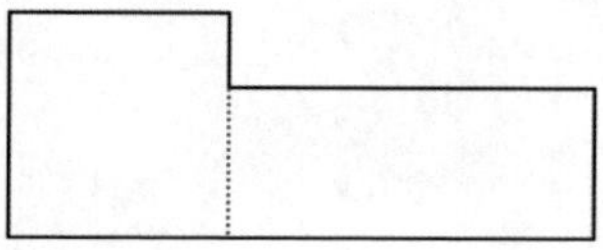

二直

圭

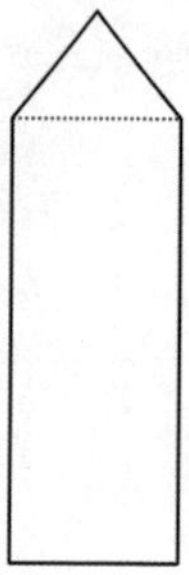

一直一圭

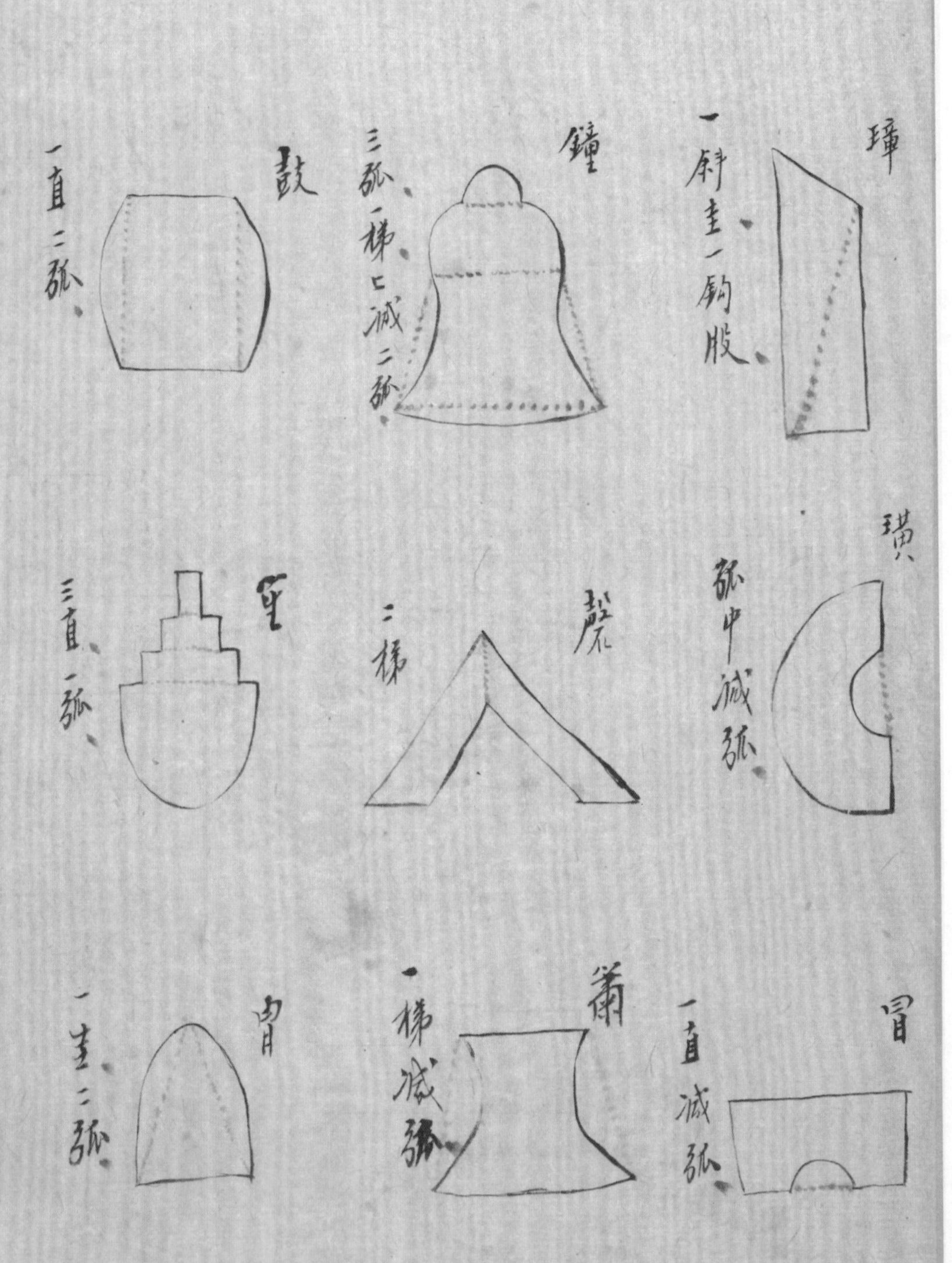
璋
一斜圭一鈎股
鐘
三弧一梯〻減二弧
鼓
一直二弧
璜
弧中減弧
磬
二梯
筆
三直一弧
冒
一直減弧
箫
一梯減弧
胄
一圭二弧

璋

一斜圭一（鈎）［句］股

璜

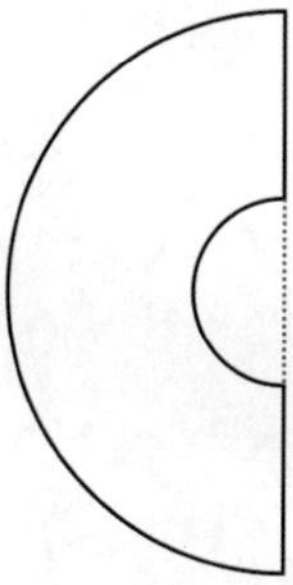

弧中減弧

冒

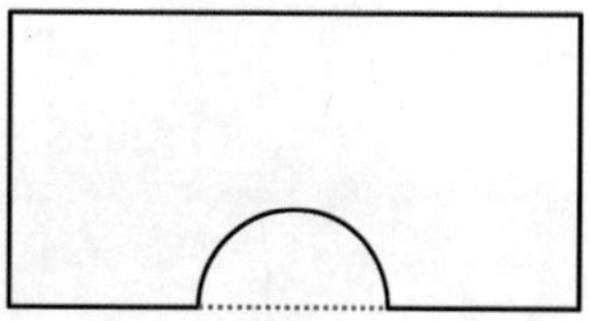

一直減弧

鐘

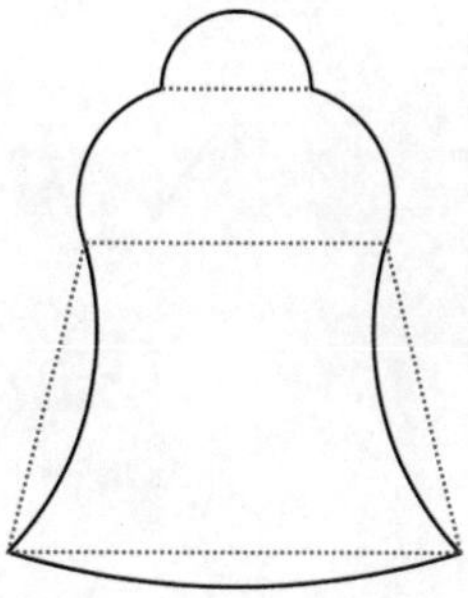

三弧一梯，梯減二弧

磬

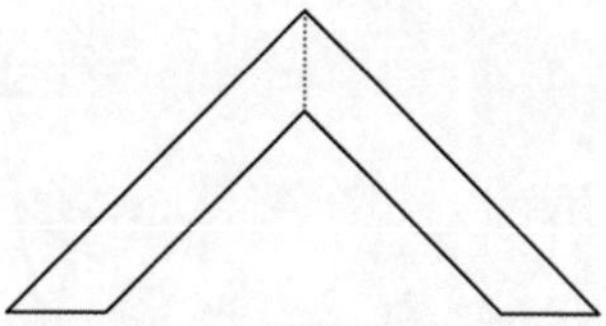

二梯

簫

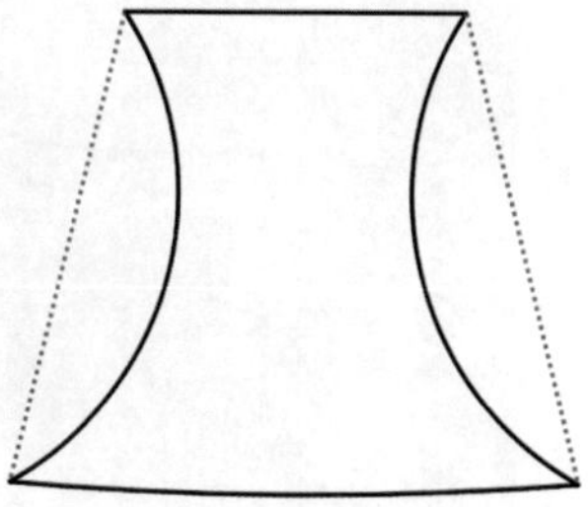

一梯減弧

鼓

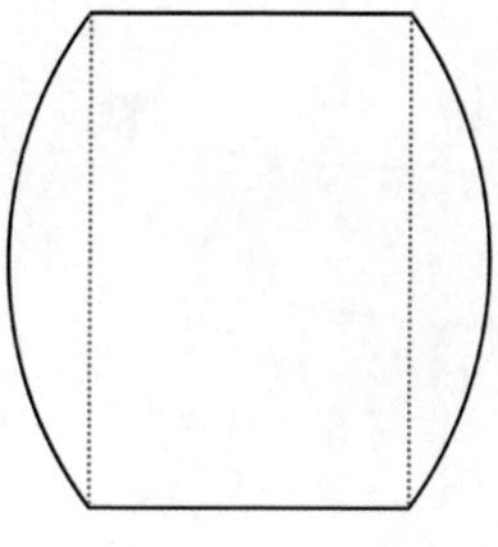

一直二弧

笙

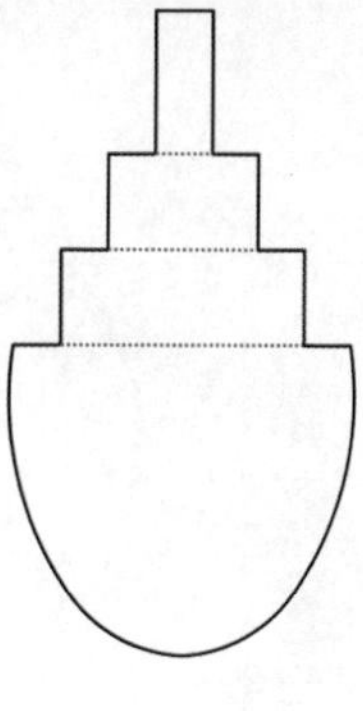

三直一弧

冑

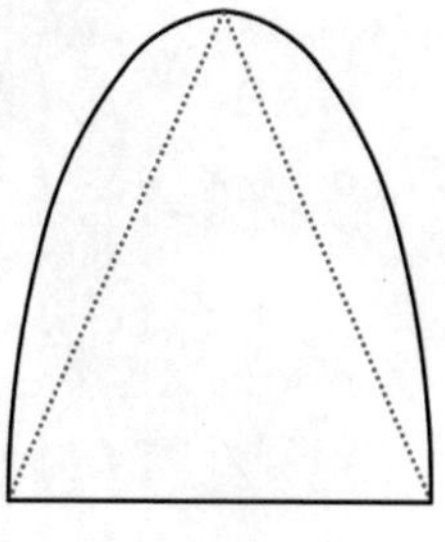

一圭二弧

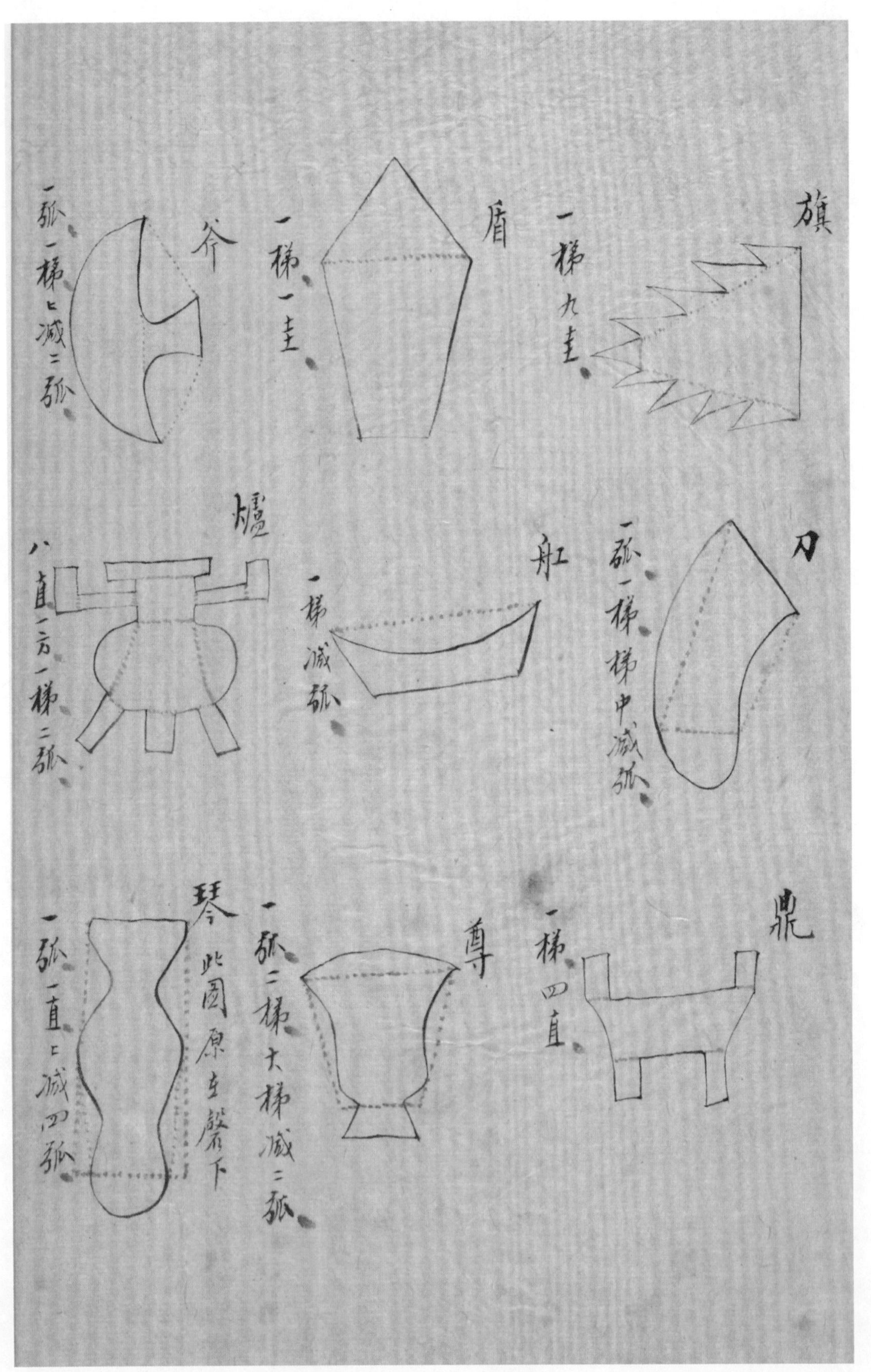
旗
一梯九圭
盾
一梯一圭
斧
一弧一梯〻減二弧
刀
一弧一梯梯中減弧
舡
一梯減弧
爐
八直一方一梯二弧
鼎
一梯四直
尊
一弧二梯大梯減二弧
琴
此圖原在磬下
一弧一直〻減四弧

旗

一梯九圭

刀

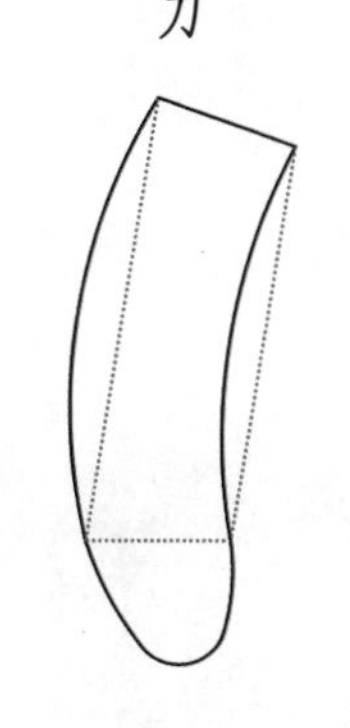

（一）［二］弧一梯，梯中減弧

鼎

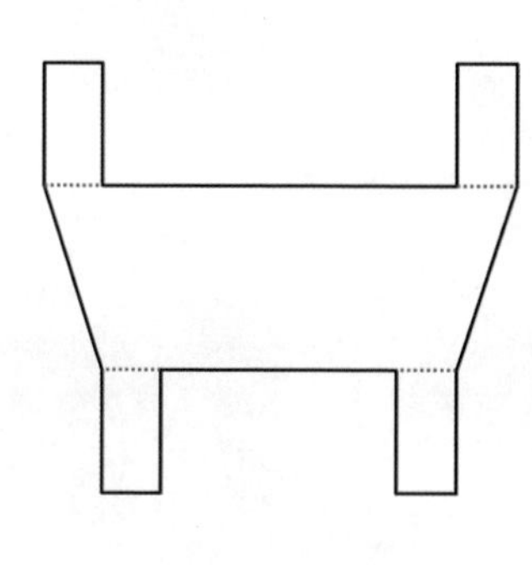

一梯四直

盾

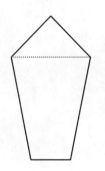

一梯一圭

舡

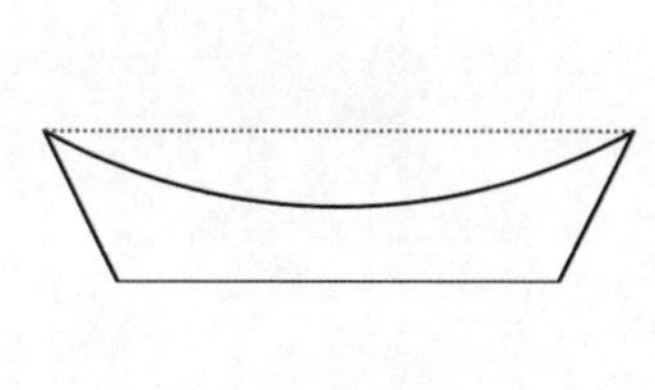

一梯減弧

尊

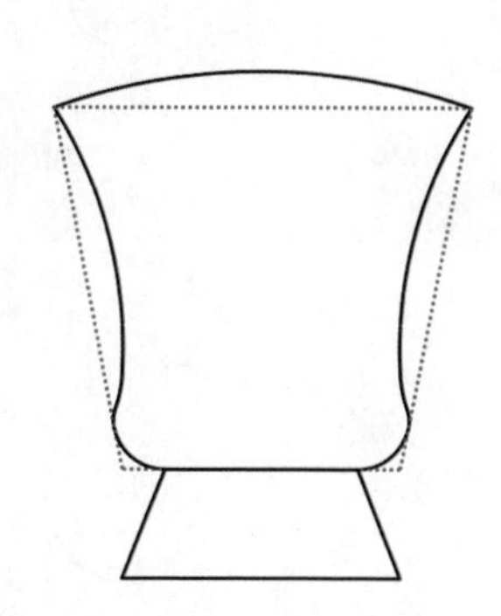

一弧二梯，大梯減二弧

斧

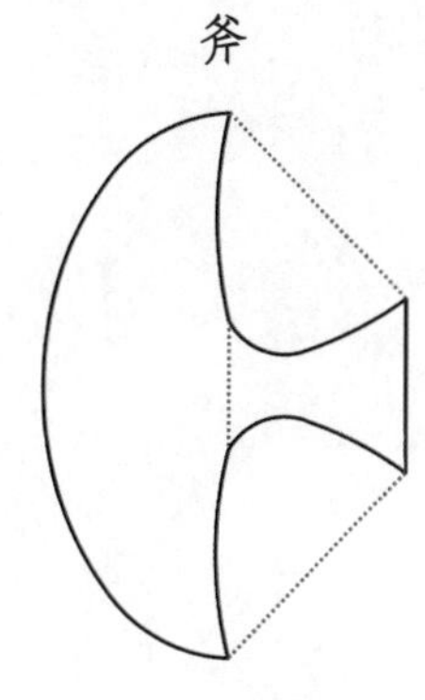

一弧一梯,梯減二弧

爐

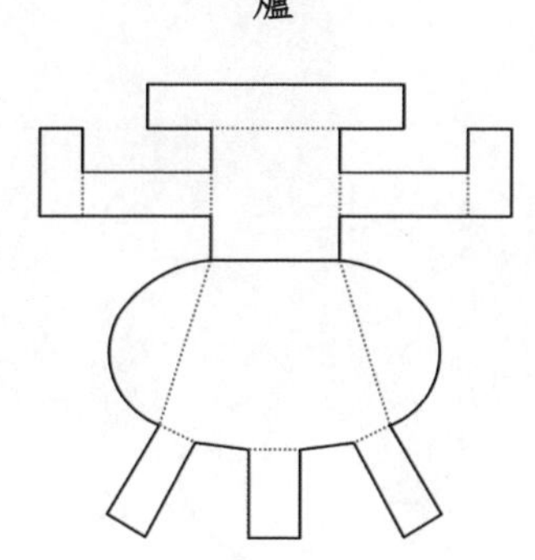

八直一方一梯二弧

琴此圖原在磬下。

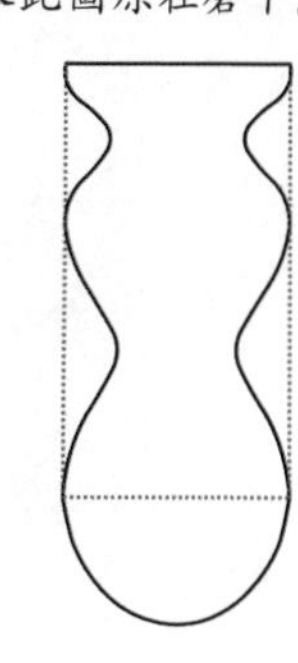

一弧一直，直減四弧

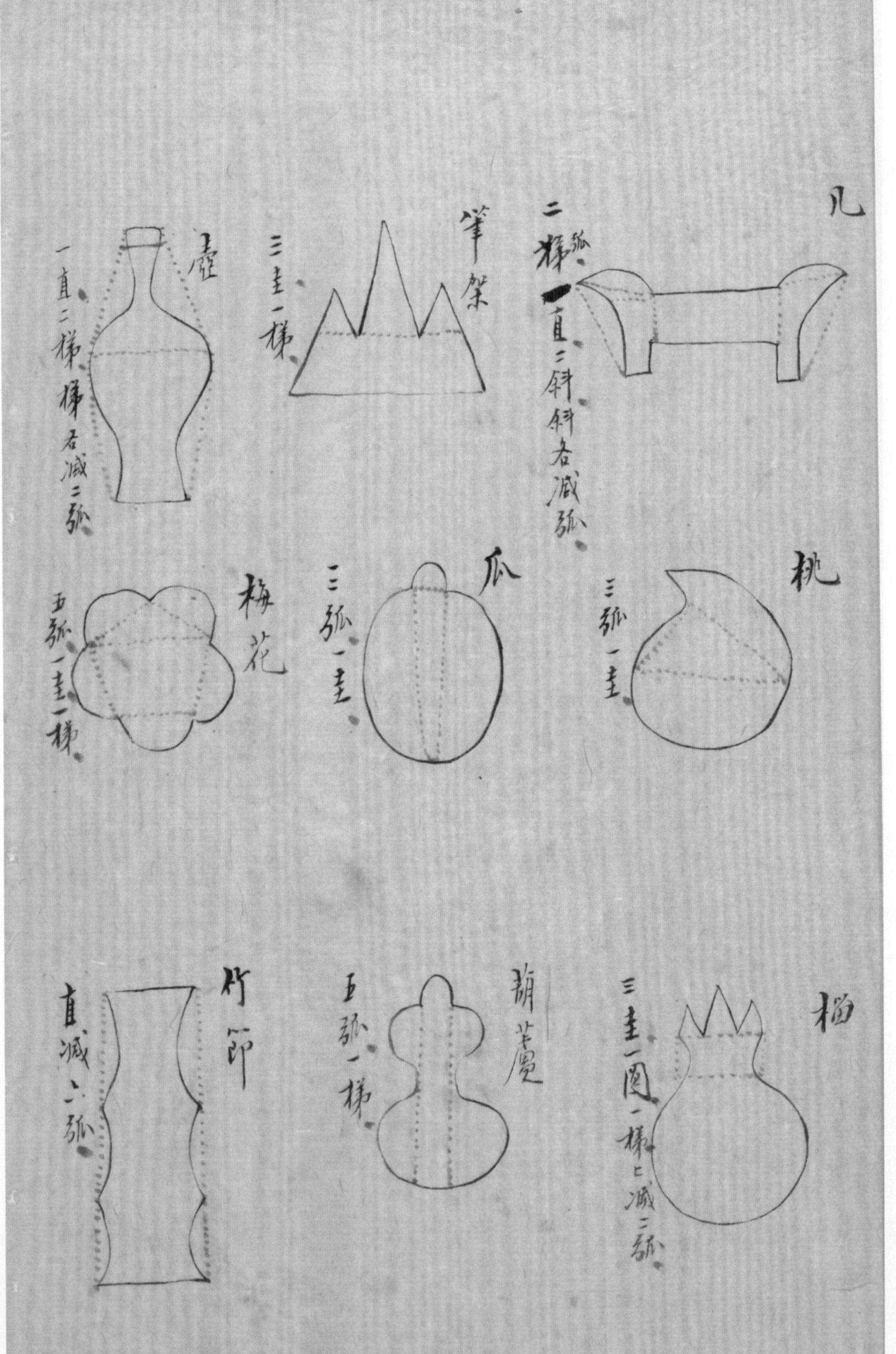
几
二梯弧
一直二斜斜各減弧
筆架
三圭一梯
壺
一直二梯梯各減二弧
桃
三弧一圭
瓜
三弧一圭
梅花
五弧一圭一梯
榴
三圭一圓一梯梯減二弧
葫蘆
五弧一梯
竹節
直減六弧

几

二弧一直二斜，斜各減弧

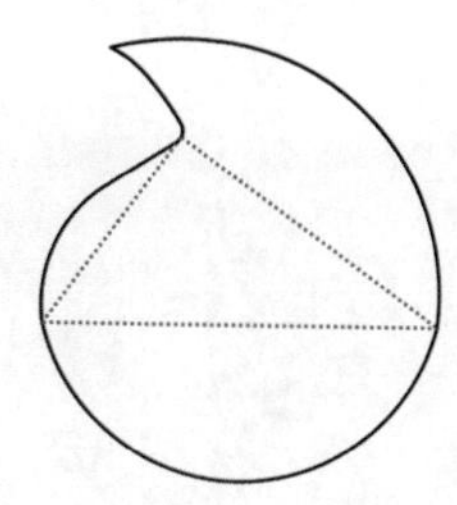

三弧一圭

榴

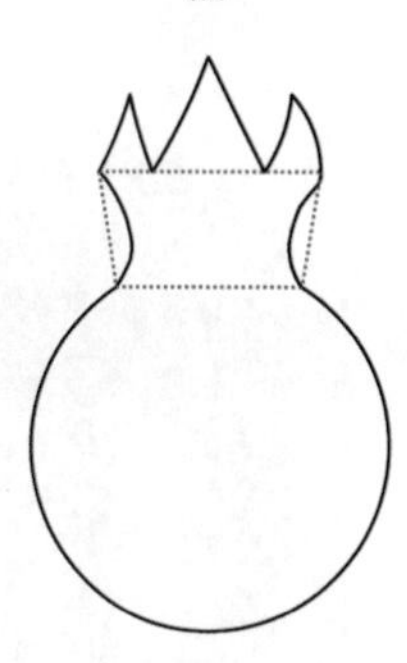

三圭一圓一梯，梯減二弧

筆架

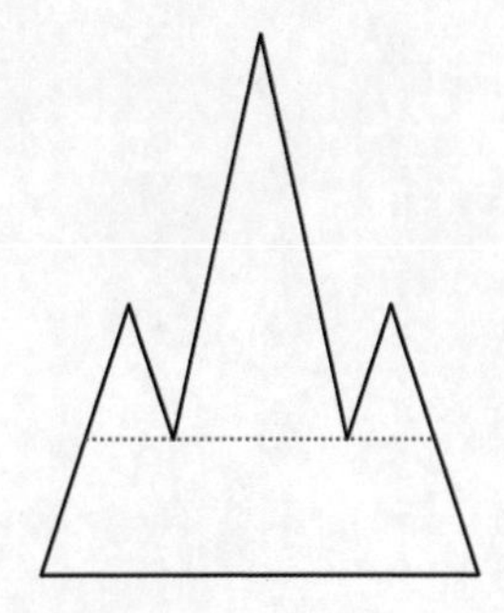

三圭一梯

瓜

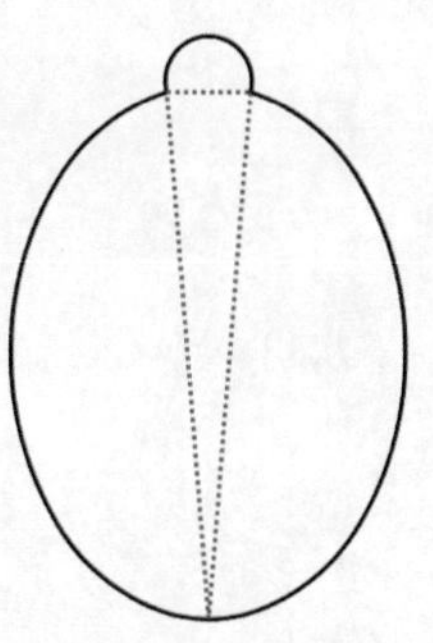

三弧一圭

葫蘆

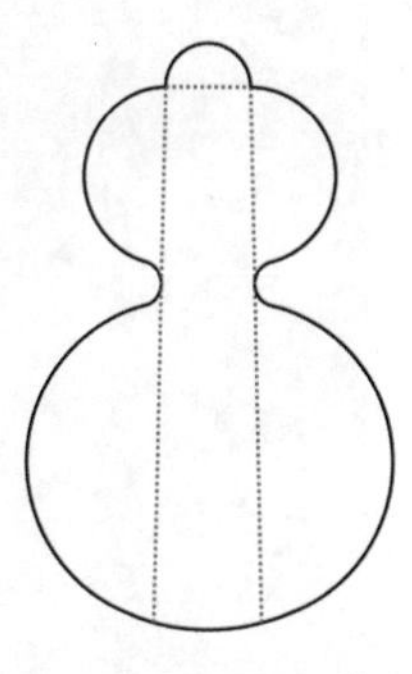

五弧一梯

壺

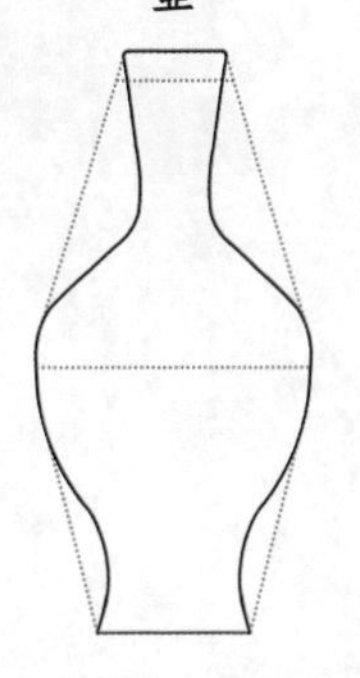

一直二梯，梯各減二弧

梅花

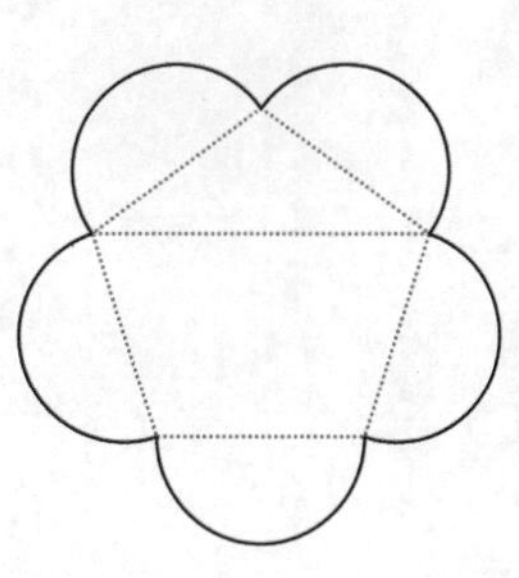

五弧一圭一梯

竹節

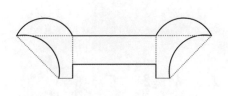

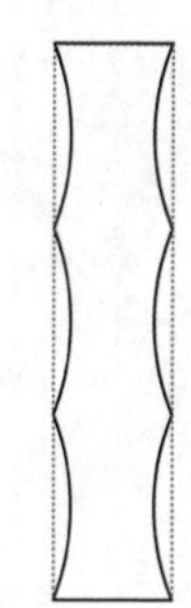

直減六弧

奇零

有餘不盡之數爲奇零，必以法命之，曰幾分之幾。上所謂幾，全分也，爲母；下所謂幾，於全分得若干也，爲子。有徑之奇零，有積之奇零，有闊之奇零。徑之零謂有其寸無其闊，有其闊無其寸也；積之零謂以寸闊相乘無其實也。二零雖盈縮多變，總之徑不滿一步之徑，積不滿一步之積。若闊方之零，但不滿兩廉一隅之實，雖百千億萬之整，必數通謂之奇零而已。明上三端，其於奇零思過半矣。余見西國之書其割析奇零，特爲直幅，撮其綱畧，著於篇，其開圓不止方田而已也。

一凡奇零命法，徑帶零者，以整步之面徑爲母，以零之面徑爲子；積帶零者，以徑自乘得全步之積爲母，以不滿全步者爲子；闊方帶零者，准闊過之數，倍之以爲廉，加一以爲隅，以零設廉隅全數爲母，以見在闊方所餘實數爲子。

問：今有方形徑三步零二尺，當命若干。　答：三步零五分步之二

法：全步平闊之得五尺爲母，零二尺爲子，是爲五之二。

解：此以徑論零整也，若就一面計之

奇零

有餘不盡之數爲奇零，必以法命之曰幾分之幾。上所謂幾，全分也，爲母；下所謂幾，於全分得若干也，爲子。有徑之奇零，有積之奇零，有開［方］之奇零。徑之零，謂有其長無其濶，有其闊無其長也。積之零，謂以長闊相乘，無其實也。二零雖盈縮多變，總之徑不滿一步之徑，積不滿一步之積。若開方之零，但不滿兩廉一隅之實，雖百千億萬之整數，通謂之奇零而已。明上三端，其於奇零思過半矣。余見西國之書，其剖析奇零，特爲玄暢，撮其約畧著於篇[1]，其用固不止方田而已也。

一、凡奇零命法，徑帶零者，以整步之面徑爲母，以零之面徑爲子。積帶零者，以徑自乘，得全步之積爲母，以不滿全步者爲子。開方帶零者，准開過之數，倍之以爲廉，加一以爲隅，以虛設廉隅全數爲母，以見在開方所餘實數爲子[2]。

1.問：今有方形，徑三步零二尺，當命若干？

答：三步零五分步之二。

法：全步平開之，得五尺爲母，零二尺爲子，是爲五之（一）［二］。

解：此以徑論零整也，各就一面計之。

---

1 奇零，即分數。奇零各法，見《同文算指前編》卷下。其目有：奇零約法、奇零併母子法、奇零纍析約法、化法、奇零加法、奇零減法、奇零乘法、奇零除法、重零除盡法、通問。《同文算指通編》卷六又有奇零開方法。

2 此即開方命法，出《九章算術·少廣》“開方術”劉徽注。如圖 2-1，設原積爲 S，開過方積 $S_1=a^2$，餘積 S_2。$AGJK$、$CDEF$ 兩廉積爲 $2a$，$GHIJ$ 隅積爲 1，方積 S_1 併兩廉一隅積 $2a+1$，可開得方根爲 $a+1$。今餘積 S_2 不足兩廉一隅之積，即以 $2a+1$ 爲分母，以餘積 S_2 爲分子，將餘積命分爲：

$$\sqrt{S}=\sqrt{S_1+S_2}\approx a+\frac{S_2}{2a+1}$$

參本書卷七少廣章“平方·開方命法”術文注釋。

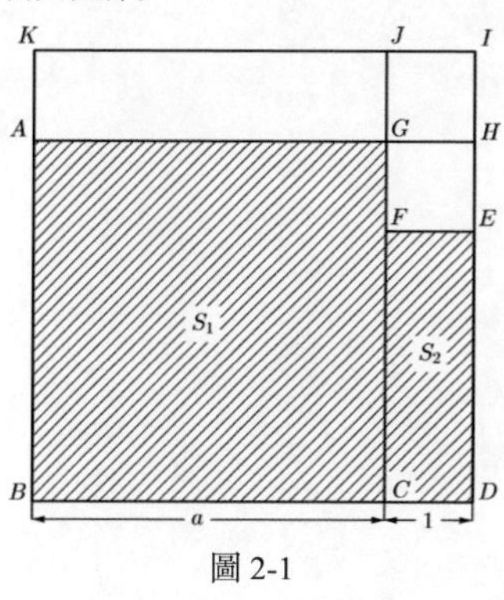

圖 2-1

3 按：1步＝5尺，故：

$$1步2尺=1\frac{2}{5}步$$

問今有方形徑三步零五分步之二求得積步及餘數當兩若干

答一十一步零二十五分步之一十四

法三步俱以徑母化之得一十五步加徑子二共一十七步自乘得二十五分

為母除得全步一十一消積二百七十五分餘積一十四分為子是為二十五之

一十四

解此以積論零數也以縱横相乘計之

問今有方形積一十一步平方開之得三步餘數當兩若干

答三步零七分步之二

法置一十一步平方開得三倍之得六為兩廉加一為隅共七為母原積一十

一步三三得九消過九步餘兩步正二步為子是為七分步之二

解此以開方論零數也每面三步計積九步若更加六步為兩廉加一

步為一隅共七合原方積得一十六步即平開之得四步矣今無此

數止有二步有奇而已故以零張四步全數為母見在之數為子

是為七分步之二也

一凡有零化法將整數以母化之併入子數

問今有整數六零五分之三又有整數七零五分之四若化若干

2.問：今有方形，徑三步零五分步之二，求得整步及餘數當命若干？

答：一十一步零二十五分步之一十四。

法：三步俱以徑母化之，得一十五步，加徑子二，共一十七步。自乘得［二百八十九分爲子，徑母五自乘得］二十五分爲母[1]，除得全步一十一，消積二百七十五分，餘積一十四分爲子，是爲二十五之一十四[2]。

解：此以積論零整也，以縱横相乘計之。

3.問：今有方形，積一十一步，平方開之，得三步，餘數當命若干？

答：三步零七分步之二。

法：置一十一步，平方開得三，倍之得六，爲兩廉，加一爲隅，共七爲母。原積一十一步，三三得九，消過九步，餘見在止二步爲子，是爲七分步之二。

解：此以開方論零整也。每面三步，計積九步，若更加六步爲兩廉，加一步爲一隅，共七，合原方積，得一十六步，即平開之得四步矣。今無此數，止有二步有奇而已，故以虚張四步全數爲母，見在之數爲子，是爲七分步之二也[3]。

一、凡奇零化法[4]，將整數以母化之，併入子數。

1.問：今有整數六零五分之三，又有整數七零五分之四，各化若干[5]？

---

1 抄脱文字據演算補。

2 此題運算過程如下所示：

$$\left(3\frac{2}{5}\right)^2=\frac{3\times5+2}{5}\times\frac{3\times5+2}{5}=\frac{17\times17}{5\times5}=\frac{289}{25}=11\frac{14}{25}$$

3 開方命法，詳本書卷七少廣章“平方·開方命法”。

4 奇零化法，即帶分數化假分數，見《同文算指前編》卷下“化法第九”。

5 此問出《同文算指前編》卷下“化法第九”。

答較正六零五之三化成三十三　較正七五之四化成三十九

法將較正六以五母化之得三十加子三〇較正七以五母化之得三十五加子四合問

一凡奇零併法兩母異者以兩母相乘為共母以兩母互乘兩子為各子〇有多母異者徧乘為共母以各母除之以各子乘之為各子

問今有二零數一四分之三一三分之二應併母若干各子若干

答共母一十二　四分之三爲一十二之九

三分之二爲一十二之八

法以母四乘母三得一十二爲共母以三乘三得九以四乘二得八合問

解詳二母異者

問今有四零數一五之一一四之三一三之二一二之一應共母若干各子若干

答共母一百二十　五之一一百二十之二十四　四之三一百二十之九十

三之二一百二十之八十　二之一一百二十之六十

法以五乘四得二十以三乘之得六十以二乘之得一百二十爲共母以五母除共母得二十四以子一乘仍得二十四以四母除共母得三十以子三乘得九

解詳多母異者更多者倣此

答：整六零五之三，化成三十三。

整［零］七五之四，化成三十九。

法：將整六以五母化之，得三十，加子三。◎整七以五母化之，得三十五，加子四。合問。

一、凡奇零併法[1]，兩母異者，以兩母相乘爲共母，以兩母互乘兩子爲各子。◎有多母異者，徧乘爲共母，以各母除之，以各子乘之爲各子。

1.問：今有二零數，一四分之三，一三分之二，應併母若干？各子若干？

答：共母一十二。

四分之三者，爲一十二之九。

三分之二者，爲一十二之八。

法：以母四乘母三，得一十二，爲共母。以三乘三得九，以四乘二得八。合問。

解：此二母異者。

2.問：今有四零數，一五之一，一四之三，一三之二，一二之一，應共母若干？各子若干[2]？

答：共母一百二十。

五之一，一百二十之二十四。

四之三，一百二十之九十。

三之二，一百三十之八十。

二之一，一百二十之六十。

法：以五乘四，得二十；以三乘之，得六十；以二乘之，得一百二十，爲共母。以五母除共母，得二十四，以子一乘，仍得二十四；以四母除共母，得三十，以子三乘，得九［十；以三母除共母，得四十，以子二乘，得八十；以二母除共母，得六十，以子一乘，仍得六十］[3]。

解：此多母異者，更多者倣此。

1 奇零併法，即分數通分。併，即多個分母併爲一母之義。見《同文算指前編》卷下"奇零併母子法第七"。

2 以上二問，俱出《同文算指前編》卷下"奇零併母子法第七"。

3 原題解法不完整，當有抄脱。抄脱文字據前文及演算補。

一凡奇零約法數多者約之使寡或用自約法以子分母而得

其不可自約者立通數求之其無通數者兩零互減之至相同

為紐數以紐數除兩數即為約數

問今有零一百二十之六十三十六之一十八○又有一百二十之四十三十六

之十二約之應得若干

答一百二十之六十三十六之一十八俱二分之一○一百二十之四十三十六

之一十二俱三分之一

法置母一百二十以子六十除之置母三十六以子一十八除之俱得二是為

二分之一○置母一百二十以子四十除之置母三十六以子一十二除之俱得

三是為三分之一

解此自約之法推此二三餘可推

問今有零八十一之五十四七十二之四十五○又有六十四之五十六四十八之三

十二約之應得若干

答八十一之五十四即九之六　七十二之四十五即八之五

六十四之五十六即八之七　四十八之三十二即六之四

法前二數俱以九為通數九除八十一得九除五十四得六故知為九之六八九七

一、凡奇零約法[1]，數多者，約之使寡。或用自約法，以子分母而得。其不可自約者，立通數求之。其無通數者，兩零互減，減至相同，爲紐數，以紐數除兩數，即爲約數。

1.問：今有零一百二十之六十，三十六之一十八。◎又有一百二十之四十，三十六之一十二，約之應得若干？

答：一百二十之六十，三十六之一十八，俱二分之一。

一百二十之四十，三十六之一十二，俱三分之一。

法：置母一百二十，以子六十除之；置母三十六，以子一十八除之，俱得二，是爲二分之一。◎置母一百二十，以子四十除之；置母三十六，以子一十二除之，俱得三，是爲三分之一。

解：此自約之法，姑舉二三，餘可推。

2.問：今有零八十一之五十四，七十二之四十五。◎又有六十四之五十六，四十八之三十二，約之應得若干？

答：八十一之五十四，即九之六。　　七十二之四十五，即八之五。

六十四之五十六，即八之七。　　四十八之三十二，即六之四。

法：前二數俱以九爲通數，九九八十一，六九五十四，故知爲九之六。八九七

---

1 奇零約法，即分數約分，見《同文算指前編》卷下"奇零約法第六"。《九章算術·方田章》約分術云："可半者半之，不可半者，副置分母、子之數，以少減多，更相減損，求其等也。以等數約之。"等數，即紐數，今稱最大公約數。

十二五九四十五故加為八之五〇復二數俱以八為通數八八六十四七八
五十六故加為八之七六八四十八四八三十二故加為六之四
解此通數之法始于八九餘可推
問今有二千三百五十二之一千五百六十八又有六百七十六之四百六十八
約之應得若干
答二千三百五十二之一千五百六十八即三之二
六百七十六之四百六十八即一十三之九
法置二千三百五十二以一千五百六十八減之餘七百八十四又以七百八十四
減一千五百六十八餘亦七百八十四是為兩數相同即以七百八十四
紐數以除母二千三百五十二得三以除子一千五百六十八得二故加
為三之二〇置六百七十六以四百六十八減之餘二百〇八又以二百〇八
減四百六十八餘二百六十再減二百〇八餘五十二又以五十二減二百
〇八餘一百五十六再減五十二餘一百〇四再減五十二餘亦五十二
是為兩數相同即以五十二為紐數以除母六百七十六得一十三以
除四百六十八得九故加為一十三之九
解此紐數之法定互減至要而為相同者即不須再約只就此數為

十二，五九四十五，故知爲八之五。◎後二數俱以八爲通數，八八六十四，七八五十六，故知爲八之七。六八四十八，四八三十二，故知爲六之四。

解：此通數之法，姑舉八九，餘可推。

3.問：今有二千三百五十二之一千五百六十八，又有六百七十六之四百六十八，約之應得若干？

答：二千三百五十二之一千五百六十八，即三之二。

六百七十六之四百六十八，即一十三之九。

法：置二千三百五十二，以一千五百六十八減之，餘七百八十四。又以七百八十四減一千五百六十八，餘亦七百八十四，是爲兩數相同。即以七百八十四［爲］紐數，以除母二千三百五十二，得三；以除子一千五百六十八，得二，故知爲三之二。◎置六百七十六，以四百六十八減之，餘二百〇八。又以二百〇八減四百六十八，餘二百六十；再減二百〇八，餘五十二。又以五十二減二百〇八，餘一百五十六；再減五十二，餘一百〇四；再減五十二，餘亦五十二，是爲兩數相同。即以五十二爲紐數，以除母六百七十六，得一十三；以除四百六十八，得九，故知爲一十三之九。

解：此紐數之法。其互減至盡而無相同者，即不復可約，只就見數爲

則以五十九之四十七以四十七減五十九餘一十二又以一十二減四十七三轉餘
一十一又以十一減一十二餘一其不可約者即以全法命之四十九之四十
七是也

一凡奇零較法欲以異零審定多寡同母者以子相較異母異子
者以併法通之然後以子相較異母而同子者母大則子小母小則子
大以母相較

問今有二零數甲十六分之十二乙十六分之八二零相較若干
答乙子得甲子三分之二
法母同單較子數以所得通數二四爲八三四一十二故知乙零得甲三分之二
解此同母異子者

問今有二零甲十六分之八乙十二分之六二零相較若干
答乙子與甲子同
法以子六乘母一十六得九十六以子八乘一十二亦得九十六
解此異母異子而實同者以母與母子與子俱得四分之三是宜用前
併法二母相乘得一百九十二爲共母後以甲母除之得十二以乙母除之
得十六今不用者以此有兩位相乘甲除之得乙乙除之得甲故捷徑

則。如五十九之四十七，以四十七減五十九，餘一十二；又以一十二減四十七，三轉餘一十一；又以十一減一十二，餘一。此不可約者，即以全法命之，五十九之四十七是也。

一、凡奇零較法[1]，欲以異零審其多寡。同母者，以子相較。異母異子者，以併法通之，然後以子相較；異母而同子者，母大則子小，母小則子大，以母相較。

1.問：今有二零數，甲十六分之十二，乙十六分之八，二零相較若干？

答：乙子得甲子三分之二。

法：母同單據子數，以四爲通數，二四爲八，三四一十二，故知乙零得甲三分之二。

解：此同母異子者。

2.問：今有二零，甲十六分之八，乙十二分之六，二零相較若干？

答：乙子與甲子同。

法：以子六乘母一十六，得九十六；以子八乘一十二，亦得九十六。

解：此異母異子而實同者，以母與母、子與子俱得四分之三也，宜用前併法。二母相乘，得一百九十二爲共母，後以甲母除之，得十二；以乙母除之，得十六。今不用者，以止有兩位相乘，甲除必得乙，乙除必得甲，故徑

---

1 奇零相較，即分數大小比較。《同文算指前編》無此名目，相應解法見於卷下"奇零約法第六"："若奇零有二項，辨其孰多孰寡，以子母二數互參，母數相同，則但據子數"，此爲同母異子相較。"若子數相等，母數不等者，其母數小，子數反大；母數大，子數反小"，此爲異母同子相較者。"若子母數俱不等，別其多寡者並列，以彼此母子互乘，得數各註其子數下"，此爲異母異子相較。《九章算術 · 方田章》有課分，與奇零相較法同。

以子互乘極省便之法凡母倍母子倍子及母數倍於母子數倍
於子者可類推
問今有二零甲十六分之八乙十二分之三二零相較若干
答乙子得甲子之半
法置十二以八乘之得九十六置十六以三乘之得四十八以四十八除九
十六得二故知乙得甲二分之一
解此異母異子者
問今有三零甲十六分之四乙十二分之四丙八分之四相較若干
答甲子得母四分之一得乙子四分之三得丙子二分之一
乙子得母三分之一得丙子三分之二視甲子多三之一
丙子得母二分之一視甲子倍之視乙子多二之一
法子同者但以母相較以四為通數甲得四乙得三丙得二乙母視甲母
得四分之三者甲子視乙子亦得四分之三丙母視甲母得二分之一
者甲子視丙子亦得二分之一丙母視乙母得三分之二者乙子視丙
子亦得三分之二
解此異母同子者母大者子小母小者子大本母大於異母之數即本

以子互乘，從省便也。◎其母倍母、子倍子，及母數倍於母、子數倍於子，皆可類推。

3.問：今有二零，甲十六分之八，乙十二分之三，二零相較若干？

答：乙子得甲子之半。

法：置十二，以八乘之，得九十六；置十六，以三乘之，得四十八。以四十八除九十六，得二，故知乙得甲二分之一。

解：此異母異子者。

4.問：今有三零，甲十六分之四，乙十二分之四，丙八分之四，相較若干？

答：甲子得母四分之一，得乙子四之三，得丙子二分一。

乙子得母三分之一，得丙子三之二，視甲子多三之一。

丙子得母二分之一，視甲子倍之，視乙子多二之一。

法：子同則但以母相較，以四爲通數，甲得四，乙得三，丙得二。乙母視甲母得四分之三，則甲子視乙子亦得四分之三。丙母視甲母得二分之一，則甲子視丙子亦得二分之一。丙母視乙母得三分之二，則乙子視丙子亦得三分之二。

解：此異母同子者，母大則子小，母小則子大。本母大於異母之數，即本子小於異子之數，本母小於異母之數，則本子大於異子之數也。試依併法推之，三母徧乘得一千五百三十六為共母。甲母除之得九十六，以甲子乘之得三百八十四；乙母除之得一百二十八，以乙子乘之得五百一十二；丙母除之得一百九十二，以丙子乘之得七百六十八。以約法推之，甲乙二子相較，对減去一百二十八，相同，以除乙子得四，以除甲子得三，是為四之三；甲丙二子相較，对減去三百八十四，相同，以除丙子得二，以除甲子得一，是為二之一；以乙丙二子相較，对減去二百五十六，相同，以除丙子得三，以除乙子得二，是為三之二。只撮約數推之，以二三四徧乘得二十四為共母，甲母除得六，子乘仍得六；乙母除得八，子乘仍得八；丙母除得一十二，子乘仍得一十二，以子相較同。一凡奇零叅析法，子中出子，猶實也，以母乘母為母，以乘子為子。

問：今有零七之四，又五分四之三，應定零若干。　答：三十五之一十二

法：以少母五乘老母七，得三十五；以少子三乘老子四，得一十二，合問。

解：此二位析法，七為老母，四為老子，非四又五分之三，以為少母於五分又得三，以為少子，以五乘七，即老母化成少母之吳，以化母求老子當

子小於異子之數；本母小於異母之數，即本子大於異子之數也。試依併法推之，三母徧乘，得一千五百三十六，爲共母。甲母除之，得九十（三）［六］，以甲子乘之，得三百八十四；乙母除之，得一百二十八，以乙子乘之，得五百一十二；丙母除之，得一百九十二，以丙子乘之，得七百六十八。以約法推之，甲乙二子相較對減至一百二十八相同，以除乙子得四，以除甲子得三，是爲四（十）［之］三。甲丙二子相較對減至三百八十四相同，以除丙子得二，以除甲子得一，是爲二之一。以乙丙二子相較對減至二百五十六相同，以除丙子得三，以除乙子得二，是爲三之二。只據約數推之，以二三四徧乘，得二十四爲共母。甲母除得六，子乘仍得六；乙母除得八，子乘仍得八；丙母除得一十二，子乘仍得一十二。以子相較，同。

一、凡奇零纍析法[1]，子中出子，欲定子實者，以母乘母爲母，以［子］乘子爲子。

1.問：今有零七之四，又五分四之三，應定零若干？

答：三十五之一十二。

法：以少母五乘老母七，得三十五；以少子三乘老子四，得一十二。合問[2]。

解：此二位析者。七爲老母，四爲老子。將四又五分之，以爲少母；於五分又得三，以爲少子。以五乘七，則老母化成少母矣。以化母求老子，當

1 法見《同文算指前編》卷下“奇零纍析約法第八”。

2 五分四之三，即分子四的五分之三，此題解法如下：

$$\frac{4\times\frac{3}{5}}{7}=\frac{4\times3}{7\times5}=\frac{12}{35}$$

命三十五之二十以左子求分子爲命二十之一十一今以化母求分子數云三十五之一十二也

問今有零五之三又二分三之二又四分二之三應定零若干

答六十之一十八

法三乘五得一十五四乘一十五得六十二乘三得六三乘六得一十八合問

解數多位析者要多者可推六十之一十八照前約法再對減至六六相同以除六十得十以除一十八得三是爲十分之三也

一凡奇零加法積零子數多以母歸之餘仍以原母命之○

問今有七分之六又七分之五又七分之四又七分之三求整數零若干

答整數二零七之四

法三四五六併得一十八以七歸之得二七一十四餘四是爲整數二餘零七分之四

解若同母者其異母者照前例併法會爲其母以母除子乘之至若子整後加之

一凡奇零減法以零減零則以二數對減之○以零減整則抽整以零母化之○

問今有零一十七之八減一十七之五餘若干

答餘一十七之三

法二數相減合問

解數以零減零者

命三十五之二十；以老子求少子，當命二十之一十二。今以化母求少子，故云三十五之一十二也。

2.問：今有零五之三，又三分三之二，又四分二之三，應定零若干[1]？

答：六十之一十八。

法：三乘五得一十五，四乘一十五得六十；二乘三得六，三乘六得一十八。合問。

解：此多位析者，更多者可推。六十之一十八，照前約法，對減至六相同。以（餘）［除］六十得十，以（餘）［除］一十八得三，是爲十分之三也。

一、凡奇零加法[2]，積零子數多，以母歸之，餘仍以原母命之。

1.問：今有七分之六，又七分之五，又七分之四，又七分之三，求整零各若干[3]？

答：整二零七之四。

法：三四五六併得一十八，以七歸之，得二七一十四，餘四，是爲整二餘七分之四。

解：姑舉同母者。其異母者，照前併法，會爲共母，以母除子乘，定其各子，然後加之。

一、凡奇零減法[4]，以零減零，則以二數對減之；以零減整，則抽整以零母化之。

1.問：今有零一十七之八，減一十七之五，餘若干[5]？

答：餘一十七之三。

法：二數相減。合問。

解：此以零減零者。

1 此題解法如下：

$$\frac{3\times\frac{2\times\frac{3}{4}}{3}}{5}=\frac{3\times2\times3}{5\times3\times4}=\frac{18}{60}$$

以上二題，俱出《同文算指前編》卷上“奇零纍析約法第八”。

2 奇零加法，即分數相加。法見《同文算指前編》卷下“奇零加法第十”，《九章算術·方田章》稱作“合分”。

3 此題出《同文算指前編》卷下“奇零加法第十”。

4 奇零減法，即分數相減。法見《同文算指前編》卷上“奇零加法第十一”，《九章算術·方田章》稱作“減分”。

5 此題出《同文算指前編》卷下“奇零加法第十一”。

問今有整數十減五之四餘若干　答餘九零五之一

法用十抽一餘九整數再將抽之一化為五減四餘一合問

解此以零減整也

問今有整數十二原帶零十六分之五今減十六分之八餘若干

答餘十一零十六分之十三

法原零少減零多將整數再抽一數以零母十六化之併原零為十六分之二十一減八餘十六分之十三

解此原有零而原數不足減者以上皆取同母至異母此用前併法得共母各子然後減之

一凡奇零乘法兩零相乘則以母乘母子乘子零與整數相乘則以零子乘整數以零母歸之整帶零與整數相乘則以零母化整併入零子以整數乘之以零母歸之再與零數相乘亦以零化整併入零子乘之以兩母相乘歸之整帶零又與整帶零相乘兩整俱以各母化之併入各子相乘以兩母相乘歸之

問今有零四之三與零三之二乘得若干　答一十二之六

法以兩母相乘得一十二兩子相乘得六合問

2. 問：今有整數十，減五之四，餘若干？

答：餘九零五一之一。

法：十內抽一餘九整數，其所抽之一化爲五，減四餘一。合問。

解：此以零減整者。

3. 問：今有整數十二，原帶零十六分之五，今減十六分之八，餘若干？

答：餘十一零十六分之一十三。

法：原零少，減零多，將整數再抽一數，以零母十六化之，併原零爲十六分之二十一，減八，餘十六分之一十三。

解：此原有零而原數不足減數者。以上皆取同母。其異母者，用前併法，得共母、各子，然後減之。

一、凡奇零乘法[1]，兩零相乘，則以母乘母，子乘子。零與整相乘，則以零子乘整，以零母歸之。整帶零與整數相乘，則以零母化整，併入零子，以整乘之，以零母歸之「若與零數相乘，亦以零化整，併入零子乘之，以兩母相乘歸之。整帶零又與整帶零相乘，兩整俱以各母化之，併入各子相乘，以兩母相乘歸之。

1. 問：今有零四之三，與零三之二乘，得若干[2]？

答：一十二之六。

法：以兩母相乘，得一十二，兩子相乘得六。合問。

1 奇零乘法，即分數相乘，法見《同文算指前編》卷下"奇零乘法第十二"。《九章算術·方田章》稱作"乘分"。

2 奇零乘法五道例問，均出《同文算指前編》卷下"奇零乘法第十二"。

解此兩零相乘，異母者亦同母，則但以子相乘，以母歸之而已。

問今有零五之四與整八數相乘，應得若干。

答六餘五之二

法以零子四與整八相乘，得三十二，以零母五除之，得六，餘二，是為五之二。

解此零與整數相乘法。

問今有數整三零六之五與整八相乘，應得若干。

答三十餘六之四

法以零母六化整三，得一十八，併子五，得二十三，與八相乘，得一百八十四，以零母六歸之，得三十餘四，是為六之四。

解此整帶零與整相乘法。

問今有數整四又三之二與零二之一相乘，應得若干。

答二餘六之二

法置整四以母化之，得十二，併子二，得一十四，與零子一相乘，仍得一十四，以兩母相乘得六為法除之，得二，是為六之二。

解此整帶零與零相乘法。

問今有整數四零二之一與整三零五之一相乘，應得若干。

答一十四餘一十之四

解：此兩零相乘異母者。若同母，則但以子相乘，以母［自乘］歸之而已。

2.問：今有零五之四，與整八數相乘，應得若干？餘若干？

答：六餘五之二。

法：以零子四與整八相乘，得三十二。以零母五除之，得六，餘二，是爲五之二。

解：此零與整數相乘者。

3.問：今有數整三零六之五，與整八相乘，應得若干？餘若干？

答：三十餘六之四。

法：以零母六化整三，得一十八，併子五，得二十三，與八相乘，得一百八十四。以零母六歸之，得三十，餘四，是爲六之四。

解：此整帶零與整相乘者。

4.問：今有數整四又三之二，與零二之一相乘，應得若干？餘若干？

答：二餘六之二。

法：置整四，以本零母化之，得十二，併子二，得一十四，與零子一相乘，仍得一十四。以兩母相乘得六，爲法除之，得二，［餘二］，是爲六之二。

解：此整帶零與零相乘者。

5.問：今有整數四零二之一，與整三零五之一相乘，應得若干？

答：一十四餘一十之四。

法置整四以本母化之得八併子一得九置整三以本母化之得一十五併子一
得一十六二數相乘得一百四十四以兩母相乘得一十為法歸之得十四餘四是
為一十之四　　解曰整帶零又與整帶零相乘者
一凡帶零除法原數除數倒而乘之以母乘子以子乘母互乘得之數
即除數也原數除數俱帶零者以本母為母本子為子取二數內有
一整者立一以為母以整為子有一整而帶零者以零母為母將整
數以零母化之併入零子為子二數俱以整帶零者以零母為
母以各母化各整併入各子為子互倒乘之法約一也若並零雖除
若者以本母乘他母為母以本子乘他母併入他子為子據而命
之即除盡之數少位數多者從大而小次第而併之
問今有零一十二之六以四之三除之又以三之二除之答得若干
答四之三除得三之二　三之二除得四之三
法以零倒乘以零子三乘零母一十二得三十六以零母四乘零子六得
二十四是為問三十六之二十四約之為三之二以零子二乘母一十二得二十四以
零母三乘零子六得一十八是為二十四之一十八約之為四之三合問
解曰以零除零其凡母大則子小母小則子大一定之數若母大而子數多

法：置整四，以本母化之得八，併子一得九；置整三，以本母化之得一十五，併子一得一十六。二數相乘，得一百四十四。以兩母相乘得一十，爲法歸之，得十四，餘四，是爲一十之四。

解：此整帶零又與整帶零相乘者。

一、凡奇零除法，原數、除數倒而乘之，以母乘子，以子乘母，其乘得之數即除數也。原數、除數俱零者，各以本母爲母，本子爲子。或二數内有一整者，立一以爲母，以整爲子。有一整而帶零者，以零母爲母，將整數以零母化之，併入零子爲子。二數俱以整帶零者，各以零母爲母，以各母化各整，併入各子爲子。其倒乘之法則一也[1]。若重零欲除盡者，以老母乘少母爲母，以老子乘少母，併入少子爲子，總而命之，即除盡之數。其位數多者，從大而小，次第而併之[2]。

1.問：今有零一十二之六，以四之三除之，或以三之二除之，各得若干？

答：四之三除，得三之二；

三之二除，得四之三。

法：二零倒乘，以零子三乘零母一十二，得三十六；以零母四乘零子六，得二十四，是謂三十六之二十四[3]，約之爲三之二。◎以零子二乘母一十二，得二十四；以零母三乘零子六，得一十八，是爲二十四之一十八，約之爲四之三。合問。

解：此以零除零者，凡母大則子小，母小則子大。一定之數，若母大而子數多，

1 奇零除法，即分數相除，見《同文算指前編》卷下“奇零除法第十三”。《九章算術·方田章》稱作“經分”。

2 重零除盡法，見《同文算指前編》卷下“奇零除法第十三”：“歸除不盡曰奇零。然原數之内本來先帶奇零者，是大奇零數内又有小奇零也。”分子内又帶有分數，稱作重零。解詳例問。

3 謂，原書作“爲”，墨筆校改作“謂”。按：作“爲”是。

母小而子數少，則兩者亦能相准。假如原數一十二之六，除數二十四之十二，是皆二之一也。倒而乘之，十二乘十二得一百四十四，六乘二十四亦得一百四十四。蓋原數母雖小而子亦少，乃可以當二除數母雖大而子亦多，亦可以當之故也。吾於不拘者而差數睹矣。如上問十二之六約之爲二分之一，乃母之極小者，以三之二除之，母稍大矣，較原母一倍有半，然以二爲子，則兩倍原子矣，以子較母湊三之一，故除之而得四之三也。以四之三除之，母益大矣，較原母三倍，然以三爲子，則三倍原子矣，以子較母湊二之一，故除之而得三之二也。四之三於全數爲七五，三之二於全數爲六六六，不足湊三之一於全數爲三三三，不足湊二之一於全數爲五。是以法除實，法多則得實少，法少則得實多故也。此以倒乘者，以其中藏自然之率，故取其直捷而簡易耳。若以常法求之，置十二以四除之得三，以三乘之得九爲法，以六爲實，法除實得六六六不足全數，爲三分之二。〇又置十二以三除之得四，以二乘之得八爲法，以六爲實，法除實得七五，於全數爲四分之三也。此問與乘法首問相表裏。

問：今有零數二之一，以六之一除之，應得若干？　答：一之三

法：子母倒乘，以一乘二得二，以六乘一得六，是爲二之六，約之爲一之三，合問。

母小而子數少，則兩者亦能相准。假如原數一十二之六，除數二十四之十二，是皆二之一也。倒而乘之，十二乘十二，得一百四十四；六乘二十四，亦得一百四十四。蓋原數母雖小而子少，一可以當二[1]；除數母雖大而子多，二可以當一故也。至於不相當，而差數睹矣。如上問十二之六，約之爲二分之一，乃母之極小者。以三之二除之，母稍大矣，視原母一倍有半；然以二爲子，則兩倍原子矣，以子視母，溢三之一，故除之而得四之三也。以四之三除之，母益大矣，視原母二倍；然以三爲子，則三倍原子矣，以子視母，溢二之一，故除之而得三之二也。四之三於全數爲七五，三之二於全數爲六六六不盡，溢三之一於全數爲三三三不盡，溢二之一於全數爲五。蓋以法除實，法多則得實少，法少則得實多故也。所以倒乘者，以其中藏自然之率，故取其直捷而簡易耳。若以常法求之，置一十二，以四除之得三，以三乘之得九爲法，以六爲實，法除實，得六六六不盡，於全數爲三分之二。◎又置十二，以三除之得四，以二乘之得八爲法，以六爲實，法除實得七五，於全數爲四分之三也。此問與乘法首問相表裏。

2.問：今有零數二之一，以六之一除之，應得若干？

答：一之三。

法：子母倒乘，以一乘二得二，以六乘一得六，是爲二之六。約之，爲一之三。合問。

---

1 一，原作“乙”。按：算書中“一”“乙”有時混寫，此處當爲“一”，下文“二可以當一”，“一”亦寫作“乙”。本書中，凡“一”“乙”混寫之處，徑改從本字，不復出校。

解此求以零除零法以常法求之二之一爲五以爲實置十而六歸之得
一六六六不盡以爲法三除實得三是爲一之三也但有不盡之數不能
上法之妙譬如一年十二月二之一則六月也六之一則二月也以二割六得三
〇子同而母異以母相除母視原母大三倍故子小三倍

問今有整六以三之二除之應得幾何　答一之九
法借一於原六上爲母以整爲子是爲一之六倒乘之以零子二乘整
母一得二以零母三乘整子六得一十八是爲二之一十八約之得一之九合問
解此以零數除整數者三之二於全數爲六之六不盡以除六得九

問今有零三之二以整六除之應得幾何　答九之一
法借一於除六上爲母以整爲子以整子六乘零母三得一十八以整母
一乘零母（子）二得二是爲一十八之二約之得九之一合問
解此以整數除零數者

問今有數整六零五之二以整八除之應得幾何　答五之四
法以零母五化原整六得三十加零子二得三十二是爲五之三十二借一於八爲
除整母以整八爲子倒乘之以五乘八得四十以三十二乘一仍得三十二是爲
四十之三十二約之爲五之四

解：此亦以零除零者。以常法求之，二之一爲五，以爲實；置十而六歸之，得一六六六不盡，以爲法。法除實，得三，是爲一之三也。但有不盡之數，不如上法之妙。譬如一年十二月，二之一則六月也，六之一則二月也，以二剖六得三。◎子同而母異，以母相較，母視原母大三倍，故子小三倍。

3.問：今有整六，以三之二除之，應得若干？

答：一之九。

法：借一於原六上爲母，以整爲子，是爲一之六。倒乘之，以零子二乘整母一，得二；以零母三乘整子六，得一十八，是爲二之一十八。約之，得一之九。合問。

解：此以零數除整數者，三之二於全數爲六六六不盡，以除六得九。

4.問：今有零三之二，以整六除之，應得若干？

答：九之一。

法：借一於除六上爲母，以整爲子。以整子六乘零母三，得一十八；以整母一乘零子二，仍得二，是爲一十八之二。約之，得九之一。合問。

解：此以整數除零數者。

5.問：今有數整六零五之二，以整八除之，應得若干？

答：五之四。

法：以零母五化原整六，得三十，加零子二，得三十二，是爲五之三十二。借（以）［一］爲除整母[1]，以整八爲子，倒乘之，以五乘八得四十；以三十二乘一，仍得三十二，是爲四十之三十二。約之，爲五之四。

1 以，據文意當作"一"，音近而訛。

解 斯以整正除整正帶零分與前乘法以第二問相表裏

問 今有數整正六零五之二以五之四除之應得若干 答一之八

法 以零母五代原整正六得三十加零子二得三十二與除數倒乘之以五乘四得二十以三十二乘五得一百六十約之為一之八

解 斯以零分除整正帶零分亦與前乘法第二問相表裏

問 今有整正數六以整正四零三之二除之應得若干 答整一餘七之二

法 原數六借一於上為母以六為子得一之六以除母三代整正四得十二加子二得一十四是為三之一十四倒乘之以除子一十四乘原母一仍得一十四以除母三乘原子六得十八是為十四之十八以母十四歸之得整正一餘十四之四為七之二

解 斯以整正除帶零分

問 今有零數三之二以整正六零二之一除之應得若干

答三十九之四

法 以除母二乘整正六得一十二加零子一得十三是為二之十三與原數倒乘以除子十三乘原母三得三十九以除母二乘原子二得四是三十九之四

解 斯以整正帶零分除零分

解：此以整除整帶零者，與前乘法第二問相表裏。

6.問：今有數整六零五之二，以五之四除之，應得若干？

答：一之八。

法：以零母五化原整六得三十，加零子二得三十二，是爲五之三十二。與除數倒乘之，以五乘四得二十，以三十二乘五得一百六十。約之，爲一之八。

解：此以零除整帶零者，亦與前乘法第二問相表裏。

7.問：今有整數六，以整四零三之二除之，應得若干？

答：整一餘七之二。

法：原數六借一於上爲母，以六爲子，是爲一之六。以除母三化整四得一十二，加子二得一十四，是爲三之一十四。倒乘之，以除子一十四乘原母一，仍得一十四；以除母三乘原子六得十八，是爲十四之十八。以母十四歸之，得整一，餘十四之四，爲七之二。

解：此以整帶零而除整者。

8.問：今有零數三之二，以整六零二之一除之，應得若干？

答：三十九之四。

法：以除母二乘整六得一十二，加零子一得十三，是爲（三之十二）［二之十三］。與原數倒乘，以除子十三乘原母三得三十九，以除母二乘原子二得四，是三十九之四。

解：此以整帶零而除零者。

問今有整六零二之一以整三零五之二除之應得若干

答整一零三十四之三十一

法以原零母二化整六得十二加子一得十三是為二之十三以除零母五化整三得十五以除子十七乘原母二得三十四以除母五乘原子十三得六十五是為三十四之六十五以母三十四歸之得一整零三十四之三十一

解此整帶零而除整帶零者

問今有數十五零三之二以四除之不足四之三零三之二照除應得若干

答一十二之一十一

法四之三為大奇三之二為小奇以二母三四相乘得十二以大奇子三乘小奇母三得九併入子二得十一是為十二之十一

解此二位重零

問今有數五十三零五之二又零四之三又零三之二以七除之不足七之五之二四之三三之二照除應得若干

答八十四之五十五

法先以第一母七與第[illegible]母五乘得三十五以第一子四與第二母五乘得二十加子二得二十二是為三十五之二十二卻以新母三十五與第三母四乘得一百四十以新子二十二與第三母四乘得八十八加子三得九十一是為一百四十之九十一為新母子卻以新母一百四十與第四母三

9.問：今有整六零二之一，以整三零五之二除之，應得若干[1]？

答：整一零三十四之三十一。

法：以原零母二化整六得十二，加零子一得十三，是爲二之十三。以除零母五化整三得十［五，加零子二得十七，是爲五之十七。倒乘］之[2]，以除子十七乘原母二，得（二）［三］十四；以除母五乘原子十三，得六十（六）［五］，是爲三十四之六十五。以母三十四歸之，得一整，零三十四之三十一。

解：此整帶零而除整帶零者。

10.問：今有數十五零三之二，以四除之，不盡四之三零三之二。欲除盡，應若干？

答：一十二之一十一。

法：四之三爲大奇，三之二爲小奇。以二母三、四相乘得十二；以大奇子三乘小奇母三得九，併入子二，得十一，是爲十二之十一[3]。

解：此二位重零。

11.問：今有數五十三零五之二，又零四之三，又零三之二。以七除之，不盡七之四、五之二、四之三、三之二。欲除盡，應若干[4]？

答：八十四之五十五。

法：先以第一母七與第二母五乘，得三十五；以第一子四與第二母五乘，得二十，加子二，得二十二，是爲三十五之二十二。却以新母三十五與第三母四乘，得一百四十；以新子二十二與第三母四乘，得八十八，加子三，得九十一，是爲一百四十之九十一，爲新母子。却以新母一百四十與第四母三

---

1 以上第二至四、七至九例問，俱出《同文算指前編》卷下“奇零除法第十三”。

2 原書有抄脱，據演算補。

3 此題運算過程如下所示：

$$\frac{3\frac{2}{3}}{4}=\frac{\frac{3\times3+2}{3}}{4}=\frac{3\times3+2}{3\times4}=\frac{11}{12}$$

其中，$\frac{3}{4}$爲大奇，$\frac{2}{3}$爲小奇。

4 以上二問，俱出《同文算指前編》卷下“重零除盡法第十四”。

乘得四百二十以較子九十一與第四母三乘得二百七十三加子二得二百七十五是為四百二十之二百七十五以法約之合問○另法以母子各乘以母七乘五得三十五乘四得一百四十乘三得四百二十為共母以子四乘五得二十加二為二十二乘四得八十八加三為九十一乘三得二百七十三加二為二百七十五並同

解此四位奇零更多倣此　以上奇零化法至此皆出同文算指泰西利瑪竇、徐李之藻譯以上皆推明奇零之法以下求積據之皆用前法然不能盡也自可以例推之

一凡縱橫兩徑俱有零數母同相積者先整步俱以母化之加入子數縱橫相乘得積為實以母自乘為法除之

問今有方形縱橫五十步三分步之二求積若干

答二千五百六十七步零九分步之一

法置五十步以母三化之得一百五十分加入子二得一百五十二分自乘得二萬三千一百〇四分以母三自乘得九為法除之合問　解此因母同子此

一凡縱橫兩徑俱有零數異母求積者兩母互乘為母兩子交乘為子將整步用乘母化之加入乘子縱橫相乘得積為實又以乘母

乘，得四百二十；以新子九十一與第四母三乘，得二百七十三，加子二，得二百七十五，是爲四百二十之二百七十五。以法約之[1]，合問。◎又法：母子各乘，以母七乘五，得三十五，乘四得一百四十，乘三得四百二十，爲共母。以子四乘五，得二十，加二爲二十二，乘四得八十八，加三爲九十一，乘三得二百七十三，加二爲二百七十五[2]。（並）［合］問。

解：此四位重零，更多倣此。從“奇零化法”至此，皆出《同文算指》，泰西利瑪竇傳，李之藻譯。以上皆推明奇零之法，以下求積，總之皆用前法，然不能盡也，自可以例推之。

一、凡縱横兩徑俱有零數，母同（相）［求］積者[3]，其整步俱以母化之，加入子數，縱横相乘得積爲實，以母自乘爲法除之。

1.問：今有方形，縱横五十步三分步之二，求積若干？

答：二千五百六十七步零九分步之一。

法：置五十步，以母三化之，得一百五十分，加入子二，得一百五十二分，自乘得二萬三千一百〇四分。以母三自乘得九，爲法除之。合問。

解：此同母同子者。

一、凡縱横兩徑俱有零數，異母求積者，兩母互乘爲母，兩子交乘爲子，將整步用乘母化之，加入乘子，縱横相乘得積爲實，又以乘母

1 此題運算過程如下所示：

$$\frac{4\frac{2\frac{3\frac{2}{3}}{4}}{5}}{7}=\frac{(4\times5+2)\times\frac{3\frac{2}{3}}{4}}{5\times7}$$

$$=\frac{22\frac{3\frac{2}{3}}{4}}{35}=\frac{(22\times4+3)\times\frac{2}{3}}{35\times4}$$

$$=\frac{91\frac{2}{3}}{140}=\frac{91\times3+2}{140\times3}$$

$$=\frac{275}{420}=\frac{55}{84}$$

2 此法如下所示：

$$\frac{4\frac{2\frac{3\frac{2}{3}}{4}}{5}}{7}=\frac{[(4\times5+2)\times4+3]\times3+2}{7\times5\times4\times3}=\frac{275}{420}=\frac{55}{84}$$

3 相，當作“求”，據文意改。

自乘為法除之○或只以各母併之加入各子相乘為實以兩母相乘為法除之

問今有直田廣二步二十分步之九縱九十七步四十九分步之七求積幾何

答二百四十步

法以母二十乘母四十九得九百八十分為共母以乘廣得一千九百六十分以子九乘異母四十九得四百四十一加入全步共廣二千四百〇一分次以共母乘縱得九萬五千〇六十分以子四十七乘異母二十得九百四十加入全步共縱九萬六千縱廣相乘得二萬三千〇四十九萬六千分以共母九百八十分自乘得九十六萬〇四百分除之合問○又法置廣二步以本母二十化之得四十加子九得四十九置縱九十七步以本母四十九化之得四千七百五十三分加子四十七得四千八百以廣縱相乘得二十三萬五千二百為實以二母相乘九百八十為法除之合問

解曰法求積一也但後法以闊二十分步四十九分為一步之實止可用於直形若帶縱闊方必以前法方密

一凡縱橫兩徑一有零一無零者以無零之徑併以零母化之相乘為實母自乘為法除之

自乘爲法除之。◎或只以各母化之，加入各子，相乘爲實，以兩母相乘爲法除之。

1.問：今有直田，廣二步二十分步之九，縱九十七步四十九分步之［四十］七，求積若干[1]？

答：二百四十步。

法：以母二十乘母四十九，得九百八十分爲共母，以乘廣，得一千九百六十分；以子九乘異母四十九，得四百四十一，加入全步，共廣二千四百〇一分。次以共母乘縱，得九萬五千〇六十分；以子四十七乘異母二十，得九百四十，加入全步，共縱九萬六千。縱廣相乘，得二萬三千〇四十九萬六千分。以共母九百八十分自乘，得九十六萬零四百分除之[2]。合問。◎又法：置廣二步，以本母二十化之，得四十，加子九，得四十九。置縱九十七步，以本母四十九化之，得四千七百五十三分，加子四十七，得四千八百。以廣縱相乘，得二十三萬五千二百爲實，以二母相乘九百八十爲法除之[3]。合問。

解：二法求積一也。但後法以濶二十分、長四十九分爲一步之實，止可用於直形。若帶縱開方，必如前法方密。

一、凡縱橫兩徑，一有零一無零，將無零之徑併以零母化之，相乘爲實，母自乘爲法除之。

---

1 此題爲《算法統宗》卷三方田章“帶分母用約分”第一題。

2 此題運算過程如下所示：

$$\begin{aligned}&2\frac{9}{20}\times 97\frac{47}{49}\\&=\frac{2\times(20\times 49)+(9\times 49)}{20\times 49}\times\frac{97\times(20\times 49)+(47\times 20)}{20\times 49}\\&=\frac{(1960+441)\times(95060+940)}{(20\times 49)^2}\\&=\frac{230496000}{960400}\\&=240\end{aligned}$$

3“又法”運算過程如下所示：

$$\begin{aligned}&2\frac{9}{20}\times 97\frac{47}{49}\\&=\frac{2\times 20+9}{20}\times\frac{97\times 49+47}{49}\\&=\frac{49\times 4800}{20\times 49}\\&=240\end{aligned}$$

問今有直田長五十步潤四十步五分步之二求積若干 答二千〇二十步

法置潤四十步以五化之得二百分加子二得二百〇二分長五十步亦以五化之得二百五十分長潤相乘得五萬〇五百分以母自乘得二十五為法除之合問

一凡圓角諸形徑有零數者借五為步加法求得成數然後以母自乘除之

問今有圓形徑六步十三分步之十二求積若干

答三十五步零一百六十九之一百五十一

法置六步以十三化之得七十八加子十二共九十自乘得八千一百以七五乘之得六千〇七十五為圓實卻以十三自乘得一百六十九為法除之合問

解圓形方形但有零數者不同母同子

問今有角形底潤五步二分步之一中徑八步三分步之二求積若干

答二十三步零三十六分步之三十

法二母乘得六為共母以乘潤五步得三十以子一乘徑母得三加之共得三十三再以共母乘徑八步得四十八以子二乘潤母得四加之共得五十二徑相乘得一千七百一十六折半得八百五十八為實以共母自乘三十六為法

1.問：今有直田，長五十步，闊四十步五分步之二，求積若干？

答：二千〇二十步。

法：置闊四十步，以五化之，得二百分，加子二，得二百〇二分。其長五十步，亦以五化之，得二百五十分。長闊相乘，得五萬〇五百分。以母自乘得二十五，爲法除之[1]。合問。

一、凡圓角諸形徑有零數者，借五爲步[2]，如法求得成數，然後以母自乘除之。

1.問：今有圓形，徑六步十三分步之十二，求積若干[3]？

答：三十五步零一百六十九之一百（五十一）［六十］。

法：置六步，以十三化之，得七十八，加子十二，共九十，自乘得八千一百。以七五乘之，得六千〇七十五，爲圓實。却以十三自乘得一百六十九，爲法除之[4]。合問。

解：圓形方形但有零數者，必同母同子。

2.問：今有角形，底闊五步二分步之一，中徑八步三分步之二，求積若干[5]？

答：二十三步零三十六分步之三十。

法：二母乘得六爲共母，以乘闊五步，得三十；以子一乘徑母得三加之，共得三十三。再以共母乘徑八步，得四十八，以子二乘闊母得四加之，共得五十二。徑相乘，得一千七百一十六，折半得八百五十八爲實。以共母自乘三十六爲法

---

1 此題運算如下所示：

$$
\begin{aligned}
&50\times 40\frac{2}{5}\\
&=\frac{5\times 50}{5}\times\frac{40\times 5+2}{5}\\
&=\frac{250\times 202}{5\times 5}\\
&=\frac{50500}{25}\\
&=2020
\end{aligned}
$$

2 借五爲步，語義不通，“五”似當作“子”。即先將分母置於一邊，借用分子作爲整步，求得成數之後，除以分母自乘積，即所求積。如例問一圓徑 $6\frac{12}{13}$，將分子 12 當作整步，則原步數 6 化作 78 步，加入分子 12 得 90，除以分子自乘積，即所求。

3 此題爲《算法統宗》卷三方田章“帶分母用約分”第三題。

4 此題運算過程如下所示：

$$
\begin{aligned}
\left(6\frac{12}{13}\right)^2\times 0.75&=\left(\frac{90}{13}\right)^2\times 0.75\\
&=\frac{90^2\times 0.75}{13^2}=\frac{6075}{169}=35\frac{160}{169}
\end{aligned}
$$

5 此題爲《算法統宗》卷三方田章“帶分母用約分”第二題。角田，《算法統宗》作“圭田”。

解 此異母異子者

除之得數合問

問今有環形内周六十二步四分步之三外周一百一十三步二分步之一

求積若干　　答七百四十五步六十四分步之三十五

法兩母互乘得八為共母以子三乘異母二得六以子一乘異母得四兩各

子得内周六十二步以八化之得四百九十六加子六得五百〇二卽外内

一百十三步以八化之得九百〇四加子四得九百〇八以内周減外周餘

四百〇六以六除之得六十七分六六厘六六不盡之為環徑卻併内外周

一千四百十折半得七百〇五以環徑乘之得四萬七千七百〇五以母

自乘得六十四除之合問

解 此異母異子者以内外二周參差故有異母

問今有方環外徑五十步五分步之三内徑三十步五分步之二求積

若干　　答一千六百三十六步零二十五分步之五

法置外徑以五化之得二百五十加子三得二百五十三自乘得六萬四千

〇〇九以母自乘二十五除之得二千五百六十步零二十五分步之九

為全方積再置内徑以五化之得一百五十加子二共一百五十二自乘

二萬三千一百〇四以母二十五除之得九百二十四步零二十五分步之四

除之，得數合問[1]。

解：此異母異子者。

3. 問：今有環形，内周六十二步四分步之三，外周一百一十三步二分步之一，求積若干[2]？

答：七百四十五步六十四分步之二十五。

法：兩母互乘得八，爲共母；以子三乘異母二得六，以子一乘異母［四］得四，爲各子。將内周六十二步以八化之，得四百九十六，加子六，得五百〇二。將外（内）［周］一百十三步以八化之，得九百〇四，加子四，得九百〇八。以内周減外周，餘四百〇六，以六除之，得六十七分六厘六六不盡，爲環徑。却併内外周一千四百一十，折半得七百〇五。以環徑乘之，得四萬七千七百〇五，以母自乘得六十四除之[3]。合問。

解：此異母異子者，以内外二周參差，故可異母。

4. 問：今有方環，外徑五十步五分步之三，内徑三十步五分步之二，求積若干？

答：一千六百三十六步零二十五分步之五。

法：置外徑，以五化之，得二百五十，加子三，共二百五十三，自乘得六萬四千〇〇九，以母自乘二十五除之，得二千五百六十步零二十五分步之九，爲全方積。再置内徑，以五化之，得一百五十，加子二，共一百五十二，自乘二萬三千一百〇四，以母二十五除之，得九百二十四步零二十五分步之四，

---

1 此題運算過程如下所示：

$$
\begin{aligned}
&5\frac{1}{2}\times 8\frac{2}{3}\times\frac{1}{2}\\
&=\frac{5\times2\times3+1\times3}{2\times3}\times\frac{8\times2\times3+2\times2}{2\times3}\times\frac{1}{2}\\
&=\frac{33\times52\times\frac{1}{2}}{6^{2}}\\
&=\frac{858}{36}\\
&=23\frac{30}{36}
\end{aligned}
$$

2 此題爲《算法統宗》卷三方田章“帶分母用約分”第四題。

3 運算過程如下所示：

$$
\begin{aligned}
\text{環田積}&=\frac{\text{外周}-\text{内周}}{6}\times\frac{\text{外周}+\text{内周}}{2}\\
&=\frac{113\frac{1}{2}-62\frac{3}{4}}{6}\times\frac{113\frac{1}{2}+62\frac{3}{4}}{2}\\
&=\frac{\left(\frac{908-502}{8}\right)}{6}\times\frac{\left(\frac{908+502}{8}\right)}{2}\\
&=\frac{\frac{406}{6}\times\frac{1410}{2}}{8^{2}}\\
&=\frac{47705}{64}\\
&=745\frac{25}{64}
\end{aligned}
$$

以識全積合問

解：此因母異子故當異母齊子排。凡方圓形縱橫斷，與異母異子之理。若環形雖方圓之廓，而內虛自為一形，與外實者無與，故同母異母皆可也。以上略取數形為率，其餘圭弧及雜形不能盡舉，可以類推之。

一凡以積零求徑零者，若零母以平方開之為法，除之全步之餘即為零徑。若零母原有可開方者，將零母自乘為母，以零母乘零子為子。（應以開方，即將整數同化零母化之，加入零分，以平方開之為實，次將零母以平方開之為法。）

問：今有一十一步二十五分步之十四，形化方形全步之外當餘若干。

答：三步零五分步之二。

法：置積一十一步，以零母二十五化之，得二百七十五，加子十四，得二百八十九，平方開之得徑十七為實，母二十五平方開之得五為法，以除十七，得三數正步，餘合問。

解：五五二十五，此零母原可開方者。

問：今有積五百四十七步零五分步之二分八釐，形化方形全步之外當餘若干。

答：二十三步零五分步之二。

法：零母五自乘得二十五，零子二分八釐以五乘得十四，卻置積五百四十以減全積[1]。合問。

解：此同母異子者，其異母者可推。◎凡方圓形，縱橫如一，斷無異母異子之理。若環形，雖方圓之屬，而内虚自爲一形，與外實無與，故同母異母皆可也。◎以上畧取數形爲率。其諸圭（孤）［弧］及雜形，不能盡舉，可以類推也。

一、凡以積零求徑零者，若零母原可開方，即將整數同零母化之，加入零子，以平方開之爲實；次將零母以平方開之，爲法除之，全步之餘，即爲零徑。◎若零母原不可開方者，將零母自乘爲母，以零母乘零子爲子。

1.問：今有［積］一十一步二十五分步之［一］十四[2]，欲作方形，全步之外，其餘若干？

答：三步零五分步之二。

法：置積一十一步，以零母二十五化之，得二百七十五；加子十四，得二百八十九。平方開之，得徑十七爲實；母二十五平方開之，得五爲法，以除十七，得三整步，餘合問[3]。

解：五五二十五，此零母原可開方者。

2.問：今有積五百四十七零五分步之二分八厘，欲作方形，全步之外，其餘若干？

答：（三）［二］十三步零五分步之二。

法：零母五自［乘］得二十五，零子二分八厘以五乘，得十四。却置積五百四十

1 此題運算過程如下所示：

$$
\begin{aligned}
\text{方環積} &= \text{外徑}^2 - \text{内徑}^2 \\
&= \left(50\frac{3}{5}\right)^2 - \left(30\frac{2}{5}\right)^2 \\
&= \left(\frac{253}{5}\right)^2 - \left(\frac{152}{5}\right)^2 \\
&= \frac{64009}{25} - \frac{23104}{25} \\
&= 2560\frac{9}{25} - 924\frac{4}{25} \\
&= 1636\frac{5}{25}
\end{aligned}
$$

2 一，朱筆校補。

3 此題運算過程如下所示：

$$\sqrt{11\frac{14}{25}} = \sqrt{\frac{289}{25}} = \frac{17}{5} = 3\frac{2}{5}$$

七以二十五約之得一萬三千六百七十五加子十四共一萬三千六百八十九、

平方開之、得一百十七分爲實以母五爲法除之得整步二十三餘合問、

解、零母五不可開方故用自乘求之蓋自乘得積開方得徑、故爲徑綫也、

問、今有直形積四十七步三十六分步之二十四、其闊五步六分步之三、形求徑全步之外零餘若干、

答八步零六分步之四、

法、母三十六以乘四十七步得一千六百九十二以子二十四加之共一千七百一十六、

再置闊五步以母六乘之得三十加子三得三十三分以除總積得五十二、

以六除之得八餘數合問以法約之爲三之二、

解、積以自乘爲子母闊以闊方爲子母三十六平開之得六六自乘三十六也、

一凡開方零形求徑零者用減隅之法以母自乘以乘全步得積次以子減母以子乘之得數以減全積平方開之以母約之則開方零爻爲徑零矣、

問、今有積十二步、闊廷九步、餘爲七分步之三、今照爻爲徑零、全分中應減若干、實並積若干、

答、全分五百八十八、　減分十二、　實並五百七十六、

七，以二十五化之，得一萬三千六百七十五，加子十四，共一萬三千六百八十九。平方開之，得一百十七分爲實，以母五爲法除之，得整步二十三，餘合問[1]。

解：零母五不可開方，故用自乘求之。蓋自乘得積，開方得徑，相爲經緯者也。

3.問：今有直形積四十七步三十六分步之二十四，其濶五步六分步之三，求長徑全步之外，其餘若干？

答：八步零六分步之四。

法：母三十六以乘四十七步，得一千六百九十二，以子二十四加之，共一千七百一十六。再置闊五步，以母六化之，得三十，加子三，得三十三分。以除總積，得五十二。以六除之，得八，餘數合問。以法約之，爲三之二[2]。

解：積以自乘爲子母，闊以開方爲子母，三十六平開之得六，六自乘三十六［也］[3]。

一、凡開方零欲求徑零者[4]，用減隅之法，以母自乘，以乘全步得積；次以子減母，以子乘之，得數，以減全積。平方開之，以母約之，則開方零變爲徑零［矣］[5]。

1.問：今有積十二步，開過九步，餘爲七分步之三。今欲變爲徑零，全分中應減若干？實在積分若干？

答：全分五百八十八。

減分十二；　　實在五百七十六。

---

1 此題運算過程如下所示：

$$\sqrt{547\frac{2.8}{5}}=\sqrt{547\frac{14}{25}}=\sqrt{\frac{13689}{25}}=\frac{117}{5}=23\frac{2}{5}$$

2 此題運算過程如下所示：

$$47\frac{24}{36}\div 5\frac{3}{6}=\frac{1716}{36}\div\frac{33}{6}=\frac{1716}{36}\times\frac{6}{33}=\frac{52}{6}=8\frac{4}{6}=8\frac{2}{3}$$

3 也，朱筆校補。

4 開方零，即開方命法所得到的餘積命分，詳開方命法。徑零，即帶零數方根。當原積開方不盡時，得到方根整數和開方命分；將開方命分繼續開方，得到帶零數方根，此即開方零化徑零。設原積爲 S ，開過整數方根爲 a ，餘積 S_2 ，兩廉一隅積 $m=2a+1$ 。據開方命分法，得：

$$\sqrt{S}\approx a+\frac{S_2}{m}$$

原積 S 化作 $\frac{m^2S}{m^2}$ ，繼續開方，得到帶零數方根爲：

$$\frac{\sqrt{m^2S-(m-S_2)\ S_2}}{m}$$

例問稱 m^2S 爲全分；$m^2S-(m-S_2)\ S_2$ 爲實在分，即開盡之積；$(m-S_2)S_2$ 爲減分，即未開盡之積。通過繼續開方，在理論上可以無限接近方根真值。此法出《同文算指通編》卷六“開平奇零法第十三”。

5 矣，朱筆校補。

法置十二步爲平方開之得三步倍之爲廉加一爲隅共七步爲母徑三
步清過九步餘正三步爲子是爲七分步之三母七自乘得四十九
以乘十二得五百八十八是爲全分母七減子三餘四以子三乘得十二以減
全分餘五百七十六分平方開之得二十四以母七約之得三整步餘略得
七分步之三合問

解舉數之少者以便推演精者見後推之其理同也

問今有積五千步開過七十步餘爲一百四十一分步之一今欲變爲徑零
全分中應減若干實在積分若干

答全分九千九百四十萬〇五千

減分四千一百

實在九千九百四十萬〇五千

法五千步平方開之得七十步清四千九百步餘一百步爲子兩廉二之一百
四十加一隅共一百四十一爲母是爲一百四十一分之一百母自乘得一萬九千八百
八十一分以乘全積五千得九千九百四十萬〇五千爲全分以子一百乘之
得四千一百以減全積餘九千九百四十萬〇九百以平方開之得九千九
百七十分以母一百四十一約之得七十步餘數略得一百四十一分之一百

解開方零分兩廉一隅而爲母乃虛設之數而徑零之實在者原不相

法：置十二步，平方開之，得三步。倍之爲廉，加一爲隅，共七步爲母。徑三步，消過九步，餘止三步爲子，是爲七分步之三。母七自乘得四十九，以乘十二，得五百八十八，是爲全分。母七減子三，餘四，以子三乘得十二，以減全分，餘五百七十六分。平方開之，得二十四。以母七約之，得三整步，餘恰得七分步之三[1]。合問。

解：舉數之少者，以便推演，稍多見後。推之無窮，其理同也。

2.問：今有積五千步，開過七十步，餘爲一百四十一分步之一［百］。今欲變爲徑零，全分中應減若干？實在積分若干？

答：全分九千九百四十萬〇五千；

減分四千一百；　　實在九千九百四十萬〇（五千）［九百］。

法：五千步平方開之，得七十步，消四千九百步，餘一百步爲子。兩廉二七一百四十，加一隅，共一百四十一爲母，是一百四十一分之一百。母自乘，得一萬九千八百八十一分，以乘全積五千，得九千九百四十萬〇五千，爲全分。［母一百四十一減子一百，餘四十一］，以子一百乘之，得四千一百，以減全積，餘九千九百四十萬〇九百。以平方開之，得九千九百七十分，以母一百四十一約之，得七十步，餘數恰得一百四十一分之一百。

解：開方零合兩廉一隅而爲母，乃虛設之致，與徑零之實在者，原不相

1 原積 12，開過 9，不盡 3，根據開方命法，命分即開方零爲 $\frac{3}{7}$。欲將開方零化作徑零，即作進一步開方，得到帶零數方根爲：

$$\frac{\sqrt{7^2\times12-3\times(7-3)}}{7}=\frac{\sqrt{588-12}}{7}=\frac{\sqrt{576}}{7}=\frac{24}{7}=3\frac{3}{7}$$

其中，588 稱作全分，12 稱作減分，576 稱作實在分。原積 12 化爲 $\frac{588}{49}$，開過之數爲 $\frac{576}{49}$，即 $11\frac{37}{49}$，未開盡數爲 $\frac{12}{49}$。

得分形借為徑零數須減積既以整步作之為徑零以全徑為母以不及徑為子母自乘為中方之全步子母相乘為兩廉子自乘為一隅原非全數其闊方之零實皆全步但不能滿兩廉一隅之數再減闊就步於成廉隅則既零之子皆以母為步以子為闊至兩廉與徑法同而一隅祇徑零之子自乘其實多母餘乘子之數故須減之而後合也如上記零一百步以母自乘代之得一百九十八萬八千一百分以母一百四十一乘子一百得一萬四千一百為一零步之積以兩廉一百四十乘之消零積一百九十七萬四千餘常有一萬四千一百分一隅為子自乘消積一萬餘四千一百分故減之也

凡開方有零形還原其開還之數自乘以零續之○或以步自乘減子不及母之數○或用補隅之法以母化徑加子得數自乘為一數以子減母餘以子乘之為一數併二數以母自乘為法除之

問今有方形徑七十步餘積一百四十一之一百求原積若干　答五千步

法　七十步自乘得四千九百步加子一百步合問○第二法以七十一步自乘得五千○四十一步以子不及母四十一減之合問○第三法七十步

涉。今欲借爲徑零，勢須減積。所以然者，何也？蓋徑零以全徑爲母，以不及徑爲子，母自乘爲中方之全步，子母相乘爲兩廉，子自乘爲一隅，原非全數。若開方之零，實皆全步，但不能滿兩廉一隅之數耳。減闊就長，化成廉隅，則所零之子，皆以母爲長，以子爲闊。其兩廉與徑法同。而一隅視徑零之子自乘者，實多母餘乘子之數，故須減之而後合也。如上問零一百步，以母自乘化之，得一百九十八萬八千一百分。以母一百四十一乘子一百，得一萬四千一百，爲一零步之積。以兩廉一百四十乘之，消零積一百九十七萬四千，餘尚有一萬四千一百分。一隅爲子，自乘消積一萬，餘四千一百分，故減之也。

一、凡開方有零欲還原者，將開過之數自乘，以零續之。◎或加一步自乘，減子不及母之數。◎或用補隅之法，以母化徑，加子得數自乘爲一數；以子減母，餘以子乘之爲一數。併二數，以母自乘爲法除之。

1.問：今有方形，徑七十步，餘積一百四十一之一百，求原積若干？

答：五（十）［千］步。

法：七十步自乘，得四千九百步，加子一百步。合問。◎第二法：以七十一步自乘，得五千〇四十一步，以子不及母四十一減之。合問。◎第三法：七十步

以母一百四十一代之得九千八百七十分加入子一百得九千九百七十分
自乘得九千九百四十萬〇〇九百分另以子母相減餘四十一步與子
二百相乘得四千一百分併入前數通九千九百四十萬〇五千分
却以母一百四十一自乘得一萬九千八百八十一分除之合問
解第三法母自乘爲一步之積也以七十乘之再以七十乘之共全方之積也以母
相乘又以子乘餘數之積也今要爲徑零則子母相乘又以母乘之也母自
乘又以子乘與母子相乘又以母乘二數一也但兩廣合子母相乘之數而一
隅則係子自乘內少一子不及母之數故補之而後方也見刻行算者有
云方田面十二步四分步之一其法置十二步以四代之得四十八加子一得四十九自
乘得二千四百〇一分又以子減母餘三以子乘之得四共積二千四百〇四分以母自乘
十六除之得一百五十步五分此後以徑零作開方零也夫以徑零二五之則云
四分步之二以開方零二五之當云二十五之十二又十六分步之面也十六分步之
四原在整步之外其數乃步之零十二以法代之當得兩廣一隅之實又乃合一
百五十二分故須用補隅之法今擬十二步零四分步之二以法推之正二千
五百分零已何處又容四分哉蓋徒知開方原述有補隅之法而未深明此
以然之故也今各依本法演之後扣數徑法十二步零四分步之二以原法代得

以母一百四十一化之，得九千八百七十分，加入子一百，得九千九百七十分，自乘得九千九百四十萬〇〇九百分。另以子母相減餘四十一步與子一百相乘，得四千一百分，併入前數，通九千九百四十萬〇五千分。却以母一百四十一自乘，得一萬九千八百八十一分除之[1]。合問。

解：第三法母自乘者，一步之積也。以七十乘之，再以七十乘之者，全方之積也。以母（相）［自］乘，又以子乘，餘數之積也。今變爲徑零，則子母相乘，又以母乘之也。母自乘，又以子乘；與母子相乘，又以母乘，二數一也。但兩廉合子母相乘之數，而一隅則係子自乘，内少一子不及母之數，故補之而後合也。

見刻行算書有云方田面十二步四分步之二，其法置十二步，以四化之，得四十八，加子二得五十，自乘得二千五百分。又以子減母餘二，以子乘之得四，共積二千五百〇四分。以母自乘十六除之，得一百五十六步五分[2]。此誤以徑零作開方零也。夫以徑零言之，則云四分步之二；以開方零言之，當云二十五之十二又十六分步之四也[3]。十六分步之四，原在整步之外，其整步之零十二，以法化之，當得兩廉一隅之實，又盈一百五十二分，故須用補隅之法。今據十二步零四分步之二，以法推之，止二千五百分而已，何處又容四分哉？蓋徒知開方還原有補隅之法，而不深明所以然之故也。今各依本法，演之於後。徑法十二步零四分步之二，如原法化得

---

1 第三法如圖 2-2，原積 $S=S_{AEGI}+S_{FJKG}$，其中：

$$S_{AEGI}=\left(70+\frac{100}{141}\right)^2=\frac{(70\times141+100)^2}{141^2}=\frac{99400900}{141^2}$$

$$S_{FJKG}=\frac{100}{141}\times\frac{141-100}{141}=\frac{100\times41}{141^2}=\frac{4100}{141^2}$$

求得原積：

$$S=S_{AEGI}+S_{FJKG}=\frac{99400900}{141^2}+\frac{4100}{141^2}=\frac{99405000}{19881}=5000$$

參“開方有零還原圖説”。

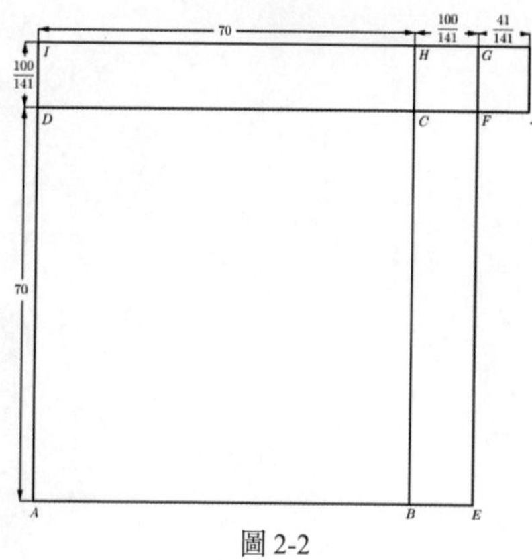

圖 2-2

2 即《算法統宗》卷三方田章“帶分母用約分”第五題。

3 方面自乘得原積：

$$\left(12\frac{2}{4}\right)^2=\left(\frac{50}{4}\right)^2=\frac{2500}{16}=156\frac{4}{16}$$

開過整數 12，餘數命分爲：

$$\frac{156\frac{4}{16}-12^2}{2\times12+1}=\frac{12\frac{4}{16}}{25}$$

即開方零數。

二千五百分不用補除以十六為法除之得一百五十六步十六分步之四以法
約之為四分之一蓋照原法零五分是十六分之八矣○開方法原積一
百五十六步十六分步之四除十六分步之四未成一步姑置不算止算實
積一百五十六步十二自乘為方開過一百四十四步餘十二步為子倍徑十
二得二十四加隅一共二十五為母是為二十五之十二也將徑十二步以母二十五
化之得三百分加子十二得三百十二分自乘得九萬七千三百四十四以子十二
減母二十五餘十三以子十二乘之得一百五十六併入前數共九萬七千五百
以母二十五自乘六百二十五除之得一原積一百五十六步○凡以整步為
方以零為廉隅以隅為子自乘不論方多寡母不能滿一步
而廉以子依母之闊雖不及全步而亦與之等中方數後則
可積至奇零

二千五百分，不用補隅，以十六爲法除之，得一百五十六步十六分步之四，以法約之，爲四分之一。若照原法零五分，是十六分之八矣。◎開方法：原積一百五十六步十六分步之四，除十六分步之四，未成一步，姑置不算，止算實積一百五十六步。十二自乘爲方，開過一百四十四步，餘十二步爲子；倍十二得二十四，加隅一，共二十五爲母，是爲二十五之十二也。將徑十二步以母二十五化之，得三百分，加子十二，得三百十二分，自乘得九萬七千三百四十四。以子十二減母二十五，餘十三，以子十二乘之，得一百五十六，併入前數，共九萬七千五［百］。以母二十五自乘六百二十五除之，得原積一百五十六步。◎凡以整步爲方，以零爲廉隅，其隅爲子自乘，不論方多寡，必不能滿一步。若廉以子依母，其濶雖不及全步，而長與之等，中方數侈，則可積至無窮［也］[1]。

1 也，原書無，朱筆校補。

奇零命法一　徑零

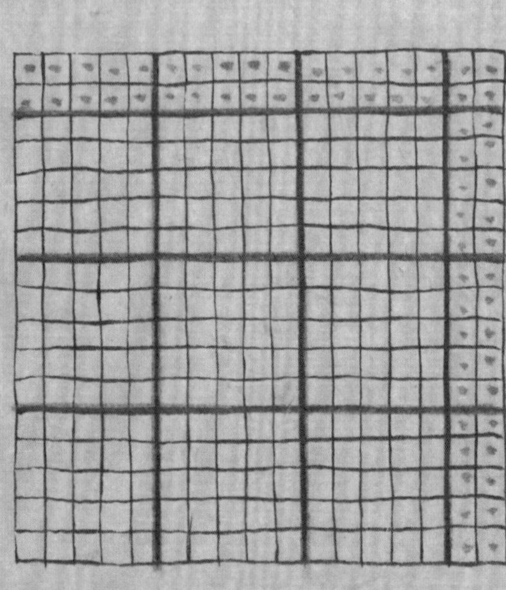

如田徑三步零二尺，每步縱橫五尺，以徑計之，當十五尺，併零二尺，共十七尺，則當以全步之徑爲母，以見在零數爲子，命曰整三步零五分步之二，蓋零數於全步中五分得其二也。

【奇零圖説】

奇零命法一 徑零

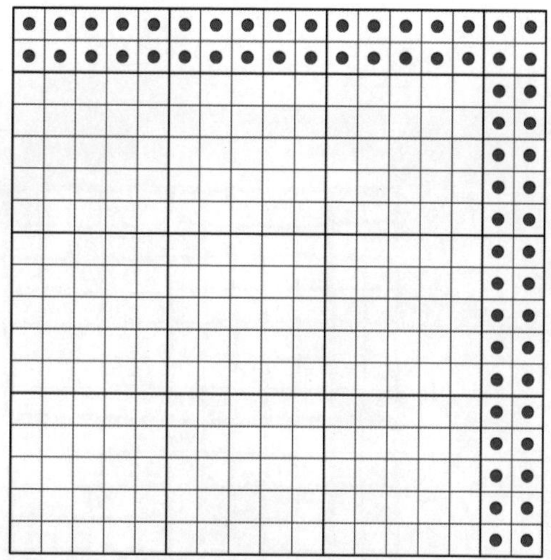

如田徑三步零二尺，每步縱横五尺，以徑計之，當十五尺，併零二尺，共十七尺。則當以全步之徑爲母，以見在零數爲子，命曰整三步零五分步之二。蓋零數於全步中，五分得其二也。

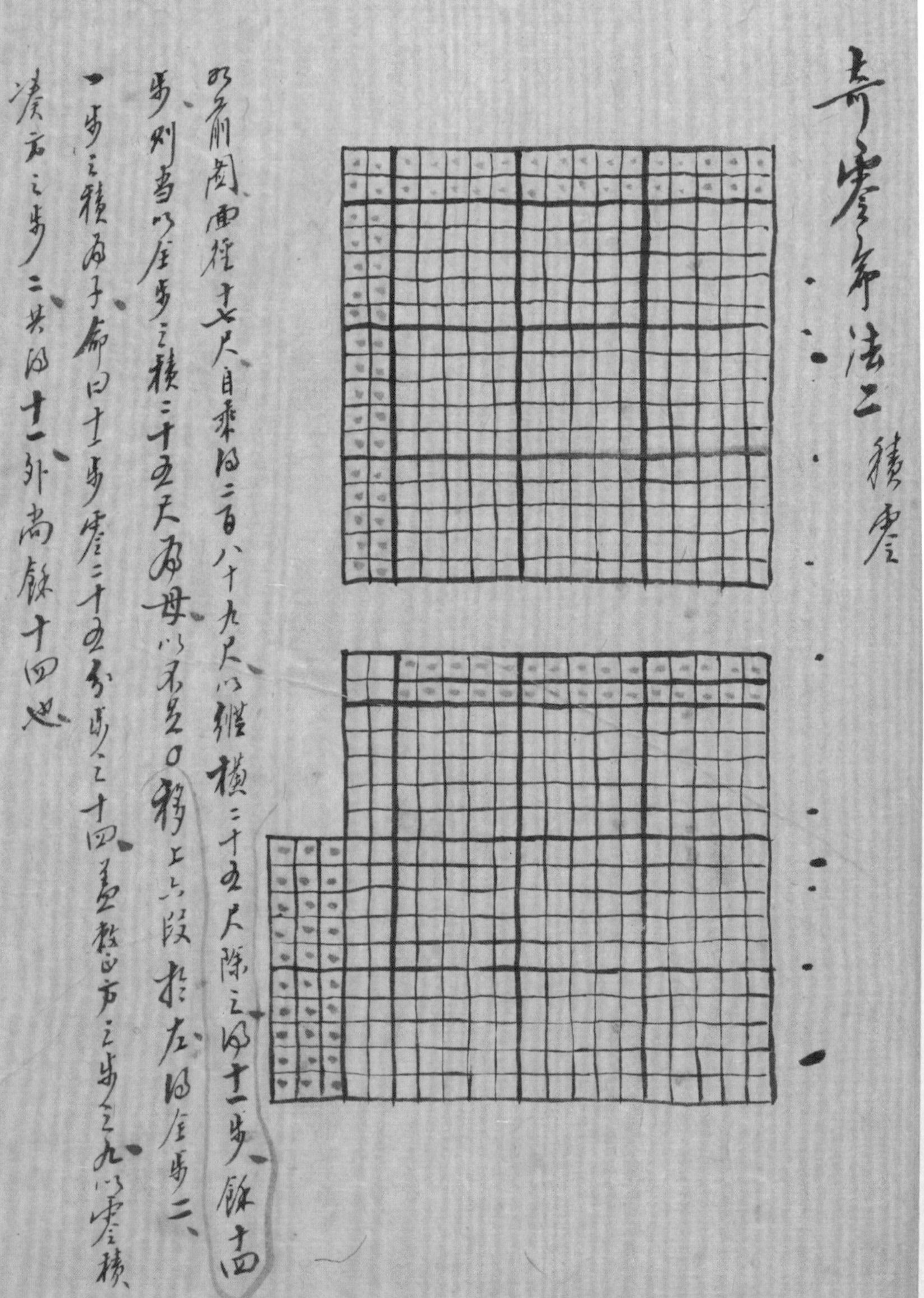

奇零開法二　積零

以前圖面徑十七尺自乘得二百八十九尺以縱橫二十五尺除之得十一步餘十四步則當以全步之積二十五尺為母以不足之積移上六段於左得全步二一步之積為子命曰十一步零二十五分步之十四是數正方之步之九以零積湊方之步二共得十一外尚餘十四也

奇零命法二 積零

如前圖，面徑十七尺，自乘得二百八十九尺。以縱横二十五尺除之，得十一步，餘十四（步）[尺]。則當以全步之積二十五尺爲母，以不足一步之積爲子，命曰十一步零二十五分步之十四。

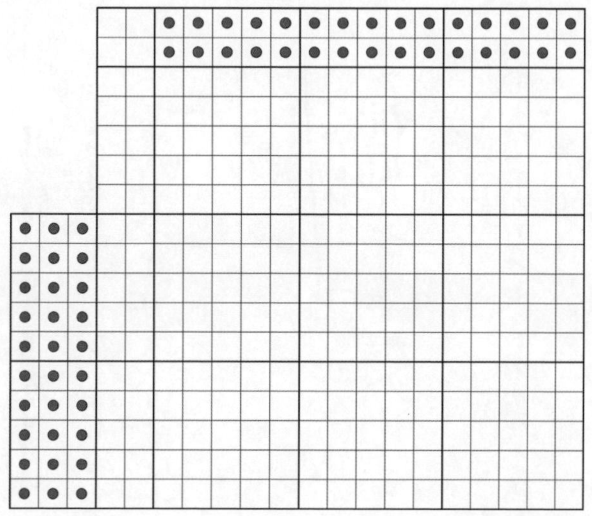

◎移上六段於左，得全步二。蓋整方之步之九，以零積湊方之步二，共得十一，外尚餘十四也[1]。

1 原書語序錯亂，據文意校正。

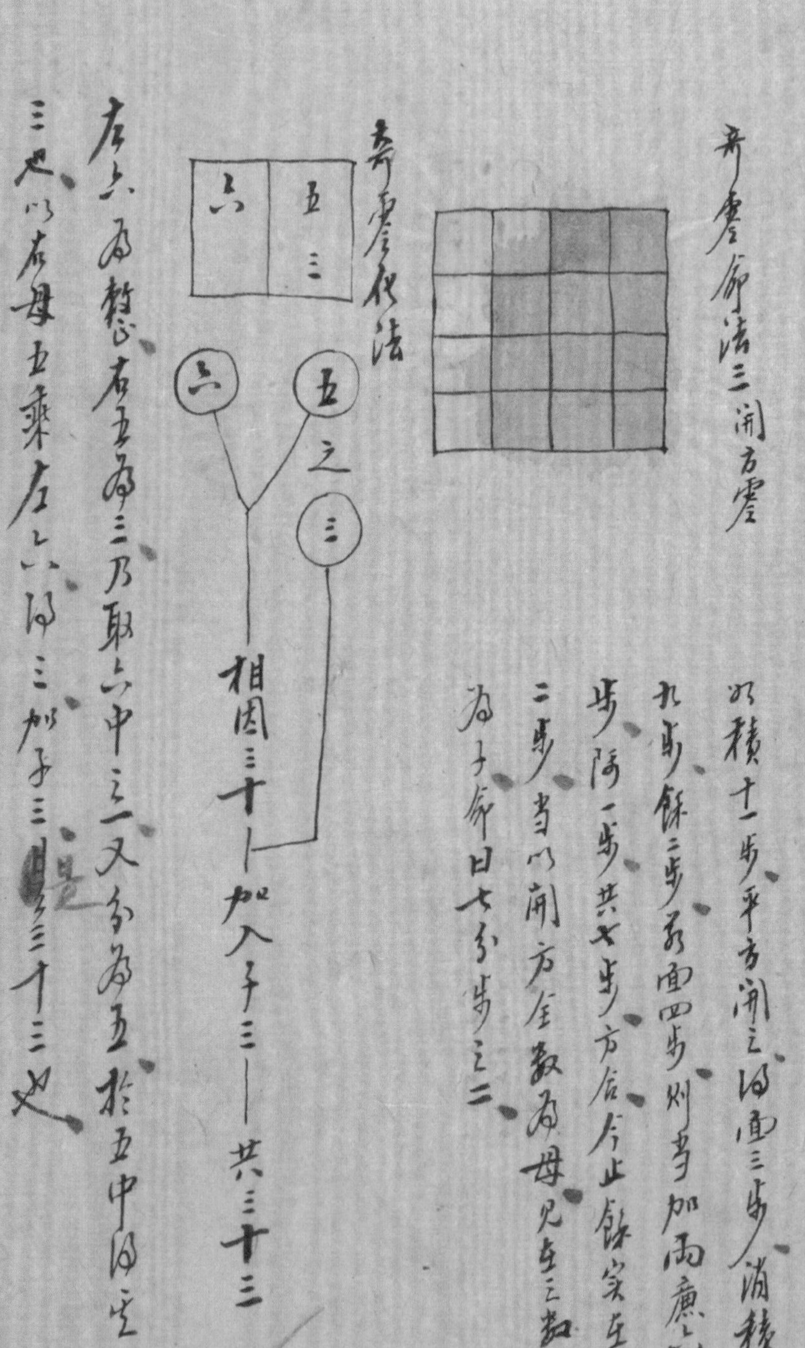

奇零命法三開方零

以積十一步平方開之得面三步餘積九步餘二步若面四步則當加兩廉六步隅一步共七步方合今止餘實在二步當以開方全數爲母見在之數爲子命曰七分步之二

奇零化法

右六爲整右五爲三乃取六中之一又分爲五於五中得其三也以右母五乘右六得三十加子三是三十三也

奇零命法三 開方零

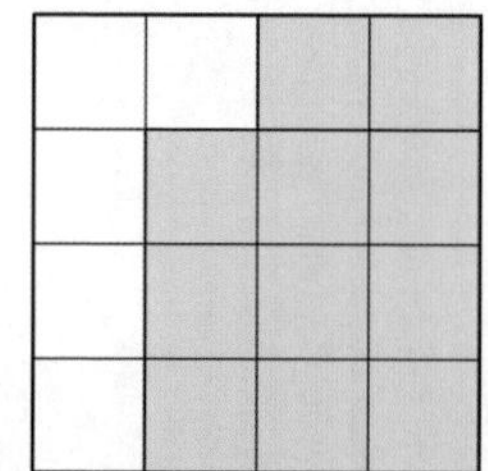

如積十一步，平方開之，得面三步，消積九步，餘二步。若面四步，則當加兩廉六步，隅一步，共七步方合。今止餘實在二步，當以開方全數爲母，見在之數爲子，命曰七分步之二。

奇零化法

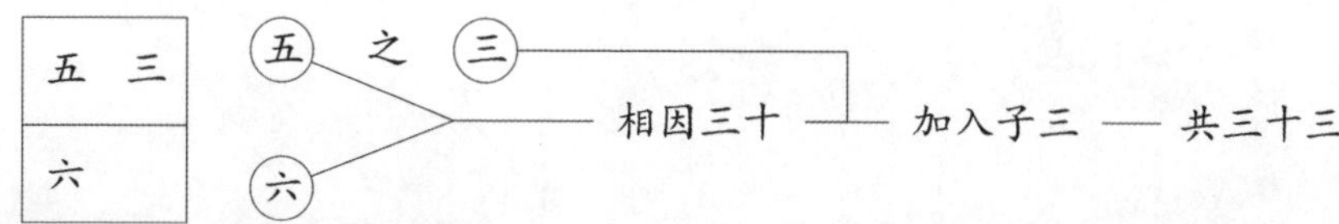

左六爲整，右五（爲）［之］三[1]，乃取六中之一，又分爲五，於五中得其三也。以右母五乘左六，得三［十］，加子三，是三十三也。

1 爲，當作“之”，據文意改。

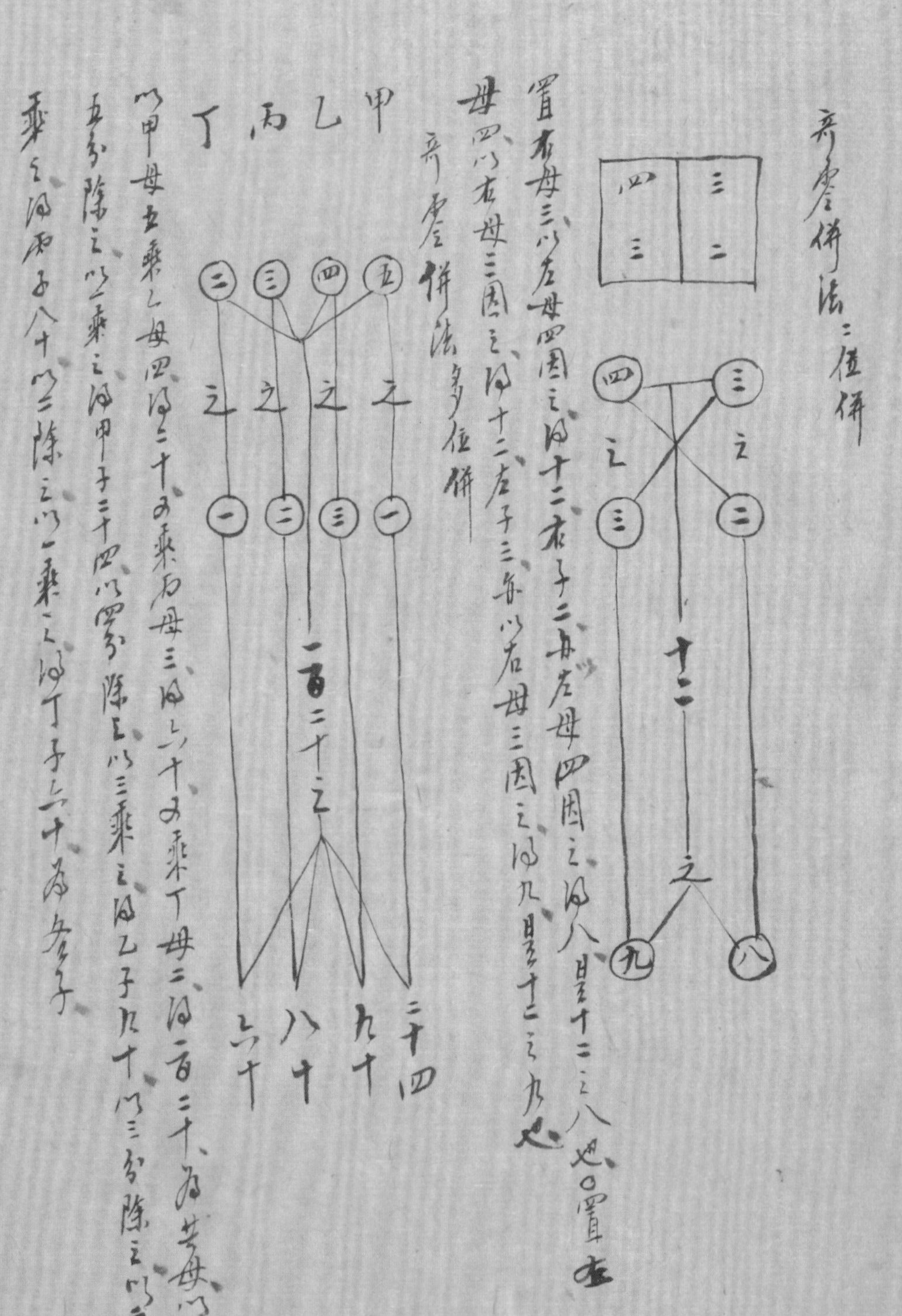
奇零併法二位併

置右母三以左母四因之得十二右子二再左母四因之得八是十二之八也○置左母四以右母三因之得十二左子三再以右母三因之得九是十二之九也

奇零併法多位併

以甲母五乘乙母四得二十又乘丙母三得六十又乘丁母二得一百二十為共母以五分除之以一乘之得甲子二十四以四分除之以三乘之得乙子九十以三分除之以二乘之得丙子八十以二除之以一乘之得丁子六十為各子

奇零併法 二位併

三	二
四	三

三 之 二 —— 八
十二 —— 之
四 之 三 —— 九

置右母三，以左母四因之，得十二；右子二，亦［以］左母四因之，得八，是十二之八也。◎置左母四，以右母三因之，得十二；左子三，亦以右母三因之，得九，是十二之九也。

奇零併法 多位併

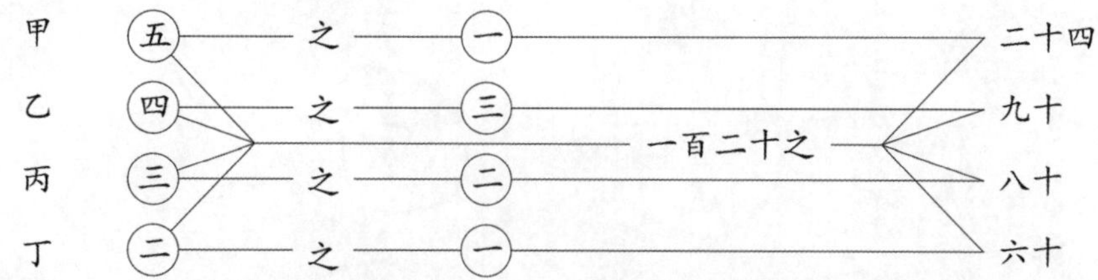

以甲母五乘乙母四，得二十；又乘丙母三，得六十；又乘丁母二，得一百二十，爲共母。以五分除之，以一乘之，得甲子二十四；以四分除之，以三乘之，得乙子九十；以三分除之，以二乘之，得丙子八十；以二除之，以一乘之，得丁子六十，爲各子。

奇零約法 紐約

置母二千三百五十二減子一千五百六十八餘七百八十四置子一千五百六十八以
七百八十四減之餘亦七百八十四是爲兩數相同爲紐數以除母得三以除子
得二是爲三之二此对減兩端而得紐者乃有數十端而後得紐者期以相
同爲主有对減至盡竟無同者則法不可約即以見數命之如五十九之四十七

奇零約法 紐約

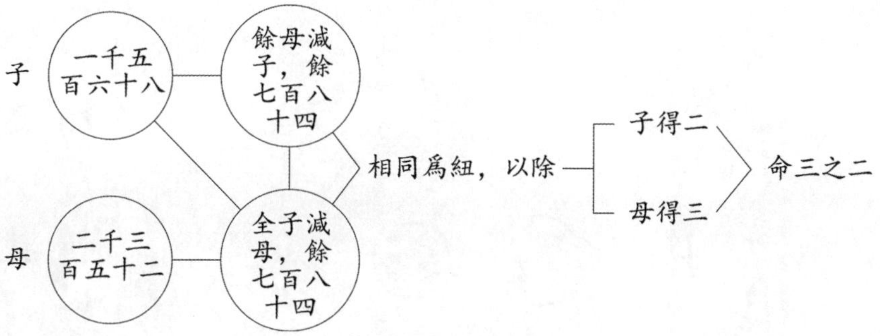

子 一千五百六十八 — 餘母減子，餘七百八十四
母 二千三百五十二 — 全子減母，餘七百八十四
相同爲紐，以除 — 子得二 / 母得三 — 命三之二

置母二千三百五十二，減子一千五百六十八，餘七百八十四；置子一千五百六十八，以七百八十四減之，餘亦七百八十四。是爲兩數相同，爲紐數。以除母得三，以除子得二，是爲三之二。◎此對減兩轉而得紐者，又有數十轉而後得紐者，期以相同爲主。有對減至盡，竟無同，不復可約，即以見數命之。如五十九之四十七，

以子減母餘十二又以十二三轉減四十九餘十九又以十一減十二餘一非不可約者即命之曰五十九之四十七取一百十八之九十四對減去二移開即以二為紐除母得五十九餘子得四十七則五十九四十七為紐數矣

奇零約法二 自約

一百二十 之 六十 即二之一

一百二十 之 四十 即三之一

以子六除母一百二十得二是為二之一以子四十除母一百二十得三是為三之一以子除母而得故曰自約

以子減母，餘十二；又以十二三轉減四十（九）[七]，餘十（九）[一]；又以十一減十二，餘一。此不可約者，即命之曰五十九之四十七。如一百[一]十八之九十四[1]，對減至二相同，即以二爲紐，除母得五十九，（餘）[除]子得四十七，則五十九、四十七爲紐數矣。

奇零約法[二]自約

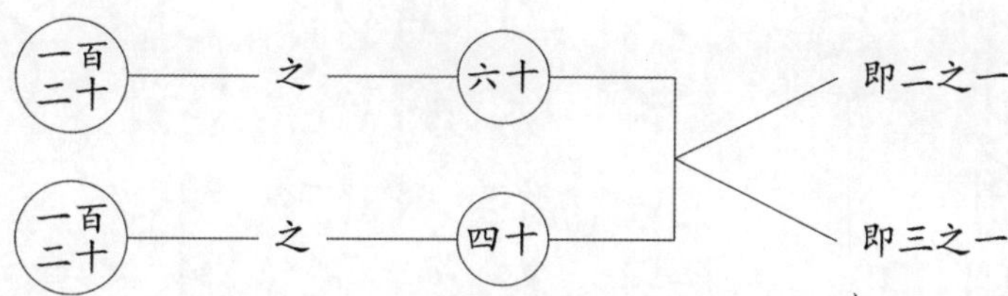

以子六[十]除母一百二十得二，是爲二之一；以子四十除母一百二十得三，是爲三之一。以子除母而得，故曰“自約”。

1 一十八，原書作十八，“一”字係朱筆校補。

奇零約法三 通約

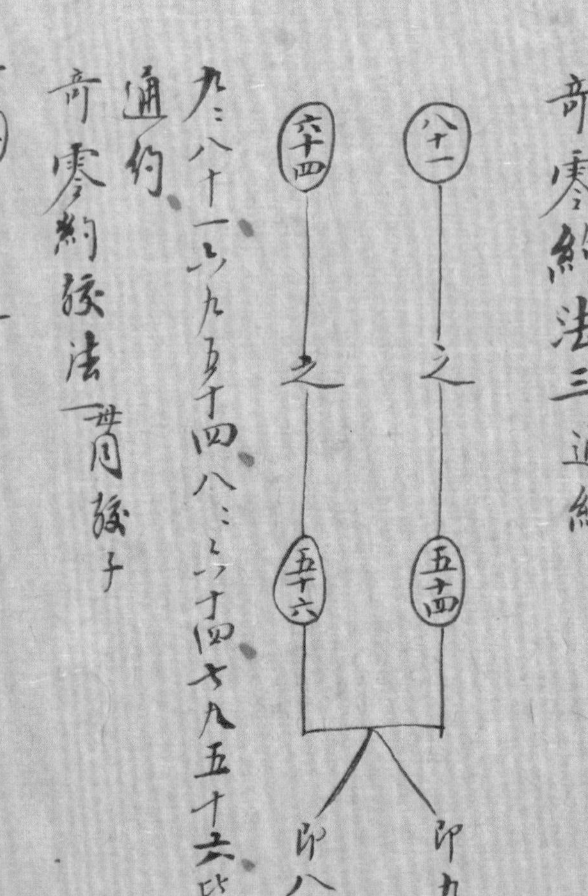

九之八十一六九五十四八之六十四七九五十六皆現成簡而易曉故曰通約

奇零約較法 母同較子

乙 八之三
甲 八之四
四之三

如用前約法二母相乘六十四八乘四得甲子三十二八乘三得乙子二十四是爲三十二之二十四用通法四八三十二三八二十四皆居四分之三故以論母從此子較之居四分之二〇甲大乙小

奇零約法三 通約

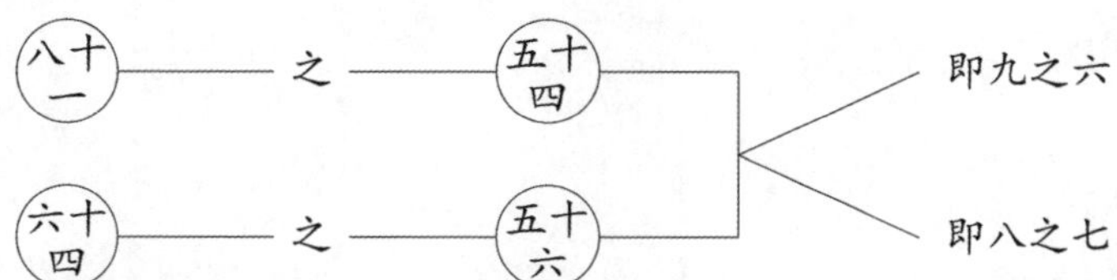

九九八十一，六九五十四，八八六十四，七八五十六，皆現成，簡而易曉，故曰“通約”。

奇零較法一 母同較子

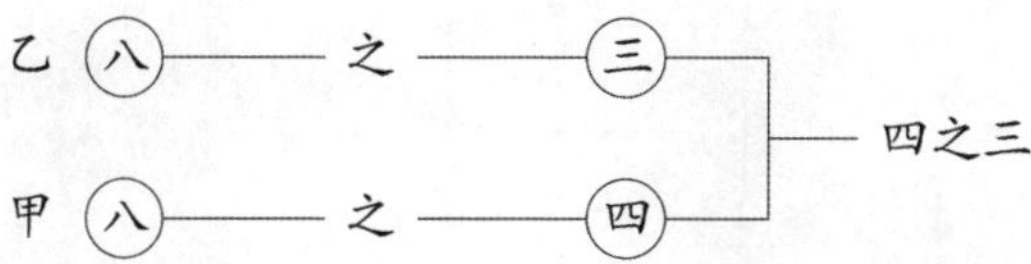

若用前約法：二母相乘六十四，八乘四得甲子三十二，八乘三得乙子二十四，是爲三十二之二十四。用通法：四八三十二，三八二十四，恰合四分之三。故［不］必論母[1]，徑以子較，定爲四分之（二）［三］。◎甲大乙小。

1 不，原書無，朱筆校補。

奇零發法二　子同發母

乙　六　之　四

甲　八　之　四

四之二

前用約法二母相乘四十八　八乘四得乙子三十二　六乘四得甲子二十四　是為三十二之二十四　用通法八四三十二　六四二十四　皆合八之六　故不論子　但以母發　定為八分之六　即四之三　又○母大則分數多　故子小　母小則分數少　故子大　乙母少於甲母　故甲子止得乙子八分之六　又○甲定小乙大

奇零發法三　母子俱異　用約法定之然後相發

乙　六　之　五

甲　八　之　四

四十八

四十　二十四

五之三

用前約法二母相乘四十八　六之五為四十八之四十　八之四為四十八之二十四　定為四十八之四與四十八之二十四　然後用通法發之　五八四十　三八二十四　是甲子得乙子五分之三　又○甲小乙大

奇零較法二 子同較母

乙 ⑥六——之——④四
甲 ⑧八——之——④四
——四之(二)[三]

若用前約法：二母相乘四十八，八乘四得乙子三十二，六乘四得甲子二十四，是爲三十二之二十四。用通法：八四三十二，六四二十四，恰合八之六。故不論子，徑以母較，定爲八分之六，即四之三也。◎母大則分數多，故子小[1]母小則分數少，故子大。乙母少於甲母，故甲子止得乙子八分之六也。◎甲小乙大。

奇零較法三 母子俱異，用約法定之，然後相較。

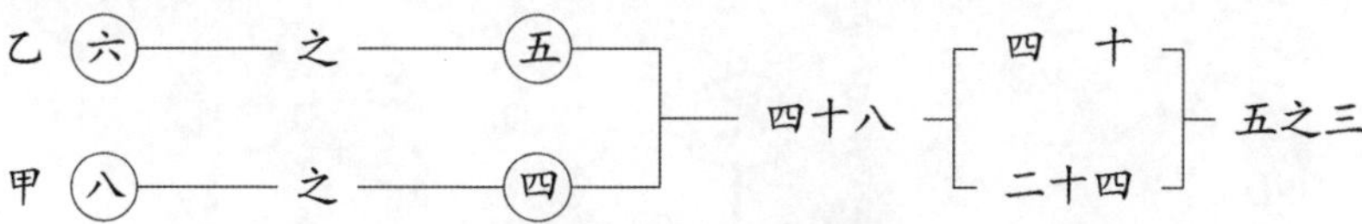

用前約法：二母相乘四十八，六之五爲四十，八之四爲二十四，定爲四十八之四[十]與四十八之二十四。然後用通法較之，五八四十，三八二十四，是甲子得乙子五分之三也。◎甲小乙大。

奇零較法四子母係異而實同以母視母乃以子視子相等故兩子等

乙 六——之——三——二十四

甲 八——之——四——四十八——二十四 等

乙母視甲母得四分之三子視甲子亦四分之三子母相稱故得數必等

序之為一十六之八與十二之六等二十四之十二與十八之九等更多可推其為甲乙等

奇零彙析二位

少 五——之——三

老 七——之——四

三十五之一十二

七為老母五為少母少母之五乃七之四中將四數每一數化為五也以少母乘老母得三十五以少子乘老子得十二是為三十五之一十二蓋少子視本母得五分中之三視老子則為二十分中之一十二視老母則為三十五分中之一十二也○若多位則將少母變為老母少子變為老子以最細母為子最大共為母可以類推

奇零彙析三位

奇零較法四 子母俱異而實同，以母視母與子視子相等，故兩子等。

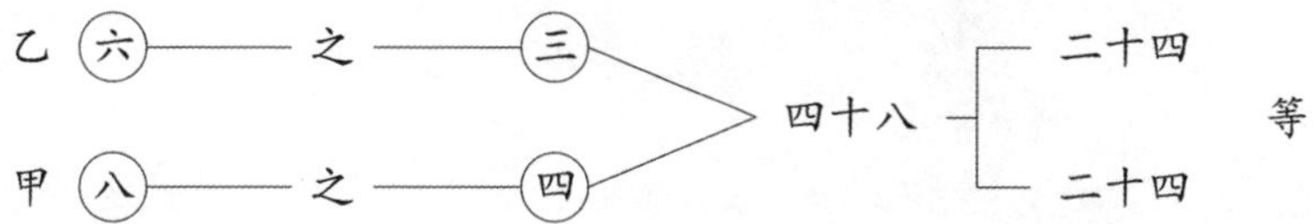

乙母視甲母得四分之三，子視甲子亦四分之三，子母相稱，故得數必等。廣之爲一十六之八與十二之六等，二十四之十二與一十八之九等，更多可推，是爲甲乙等。

奇零彙析 二位

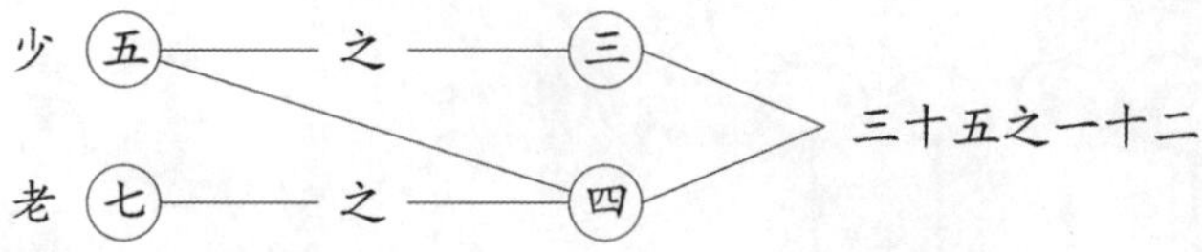

七爲老母，五爲少母。少母之五，乃七之四中將四數每一又化爲五也。以少母乘老母，得三十五，以少子乘老子，得十二，是爲三十五之一十二。蓋少子視本母，得五分中之三，視老子則爲二十分中之一十二，視老母則爲三十五分中之一十二也。◎若多位，則將少母變爲老母，少子又變爲老子。以最細者爲子，最大者爲母，可以類推。

奇零彙析 三位

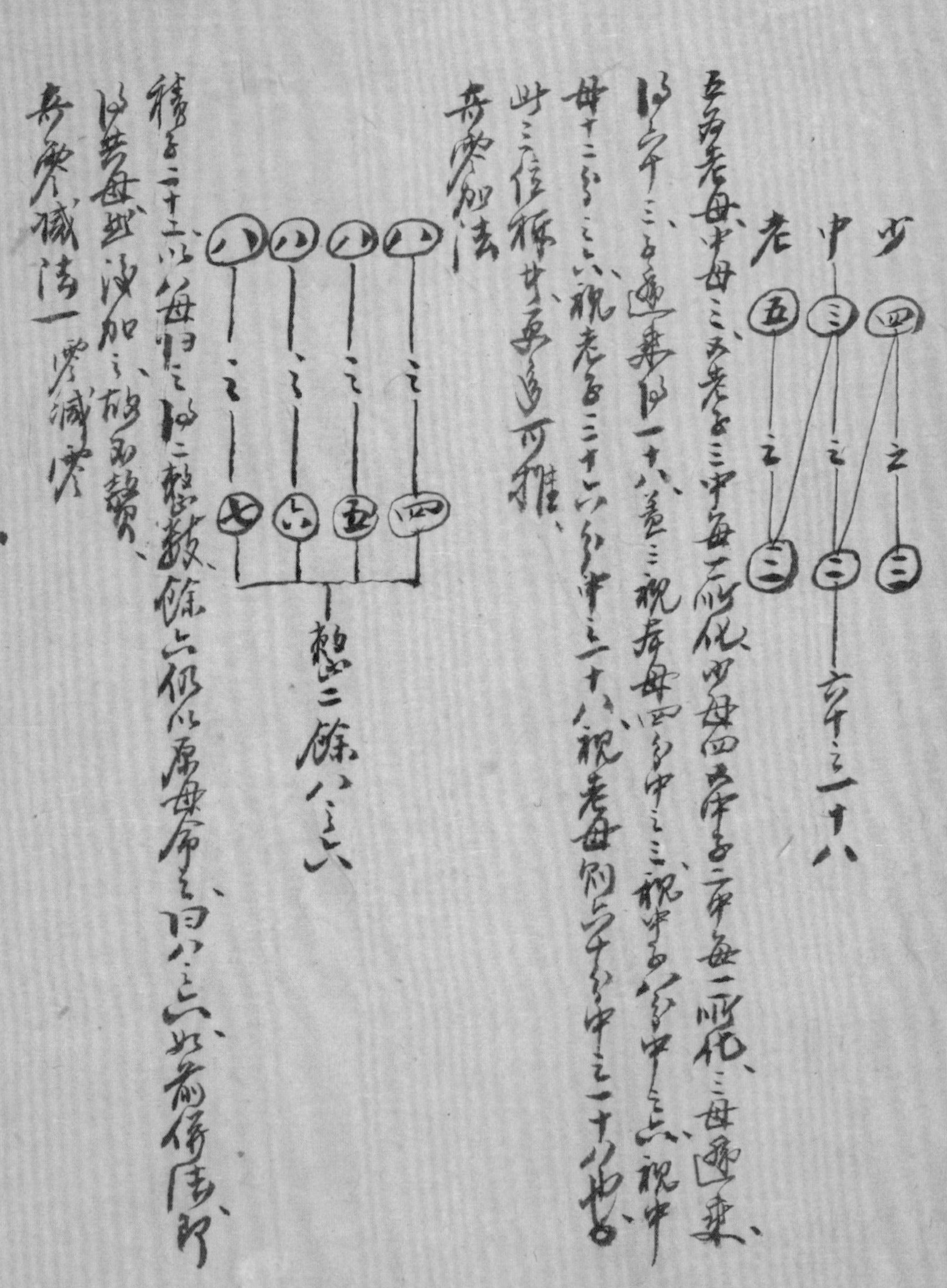

互乘老母、中母三、五，老子三，中子二所化，以母四、子三，少母一所化，三母遞乘，得六十，三子遞乘得一十八，蓋三視老母四分中之三，視中子分中之二，視中母十二分之六，視老子三十六分中之一十八，視老母則六十分中之一十八也。

此三位稱共乘遞可推。

奇零加法

積子二十二，以母八除之，得二整數，餘六，仍以原母命之，得八之六，如前條法，即以共母為法加之，故不贅。

奇零減法一　零減零

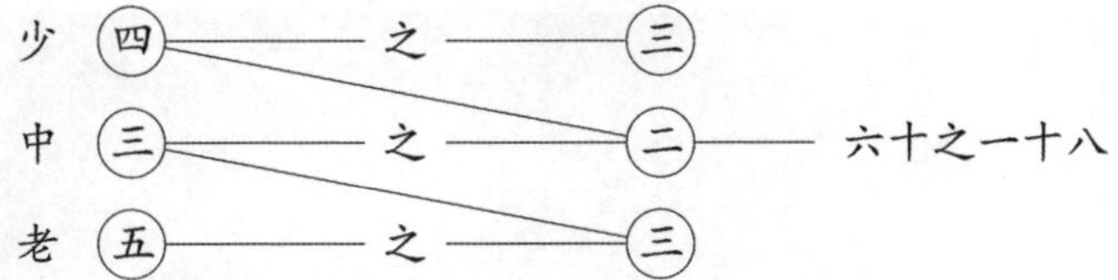

五爲老母。中母三，又老子三中每一所化。少母四，又中子二中每一所化。三母遞乘，得六十；三子遞乘，得一十八。蓋三視本母四分中之三，視中子八分中之六，視中母十二分之六；視老子三十六分中之一十八，視老母則六十分中之一十八也。◎此三位析者，更多可推。

奇零加法

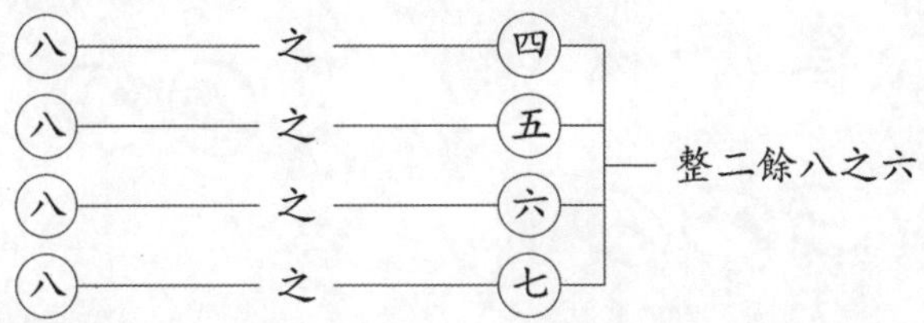

積子二十二，以八母歸之，得二整數，餘六。仍以原母命之，曰八之六。如前併法，即得共母，然後加之，故不贅。

奇零減法一 零減零

減　⑧—三—⑤—減五餘二

原　⑧—三—⑦

二零同母，減數少於原數，故置七減五餘二，以直減之而已。

奇零減法二　零減整

減　⑧—三—⑤—減五餘整八零八之三

原　⑨

原無零可減，故於整九中抽一化八，原整止餘八，抽一所化之八減五餘三，

是爲整八餘八之三也。

奇零減法三　零減整帶零

今減　⑧—三—六—減六餘整十一零八之七

原零　⑧—三—五

原整　一十二

二零同母，因減零多於原零，故於整一十二中抽一化八，原整止餘一十一，

抽一所化之八併入原零八之五，通得八之十三，於八之十三中減六餘七，是爲

整十一零八之七也。

奇零減法四　整帶零減整帶零

減 ㊇——之——㊄—— 減五餘二
原 ㊇——之——㊆

二零同母，減數少於原數，故置七，減五餘二，以直減之而得。

奇零減法二 零減整

減 ㊇——之——㊄—— 減五餘整八零八之三
原 ㊈

原無零可減，故於整九中抽一化八。原整止餘八，抽一所化之八減五餘三，是爲整八餘八之三也。

奇零減法三 零減整帶零

今減 ㊇——之——㊅—— 減六餘整十一零八之七
原零 ㊇——之——㊄
原整 （一十二）

二零同母，因減零多於原零，故於整一十二中抽一化八，原整止餘一十一。抽一所化之八，併入原零八之五，通得一十三，於一十三中減六餘七，是爲整一十一零八之七也。

奇零減法四 整帶零減整帶零

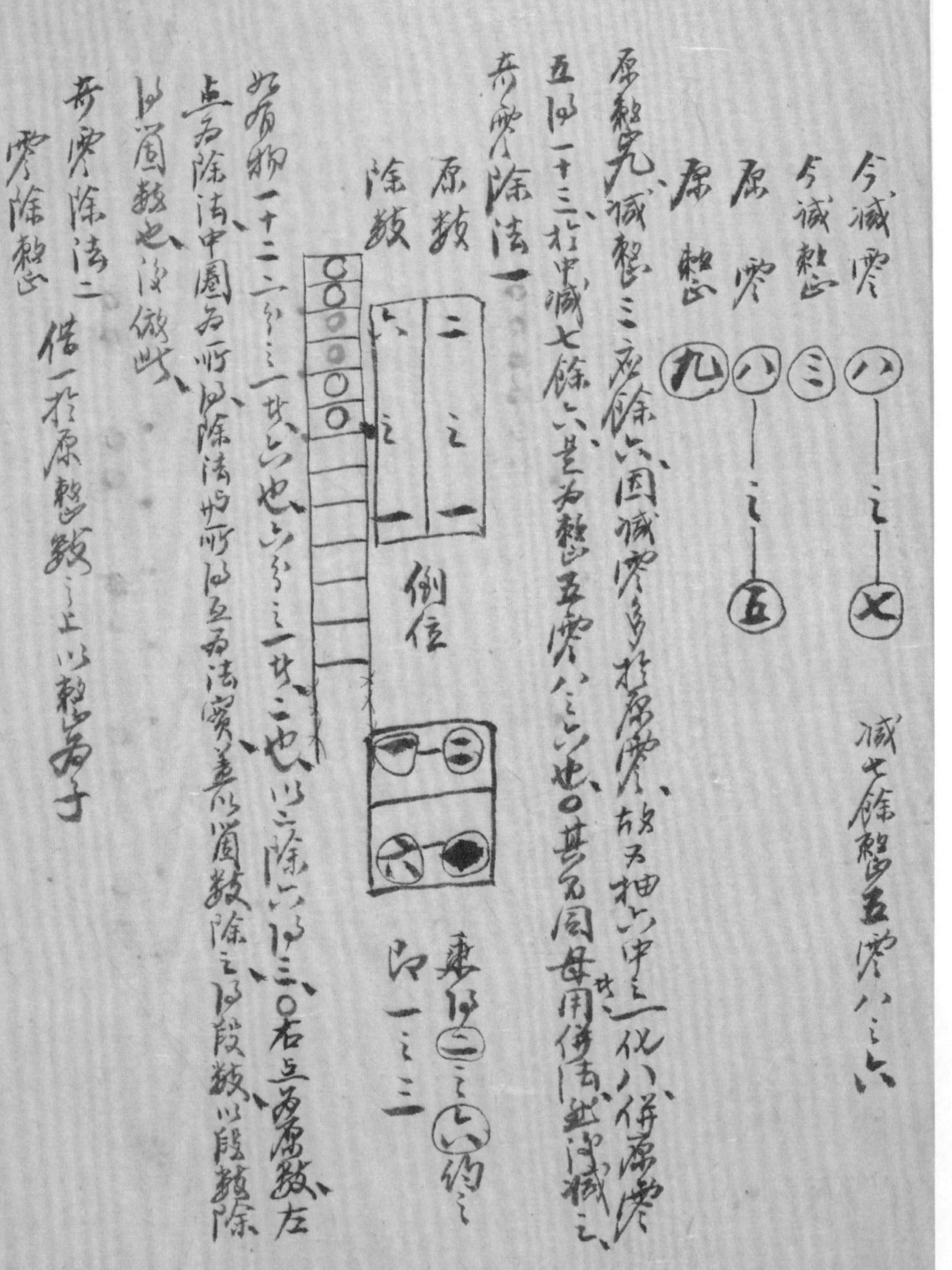

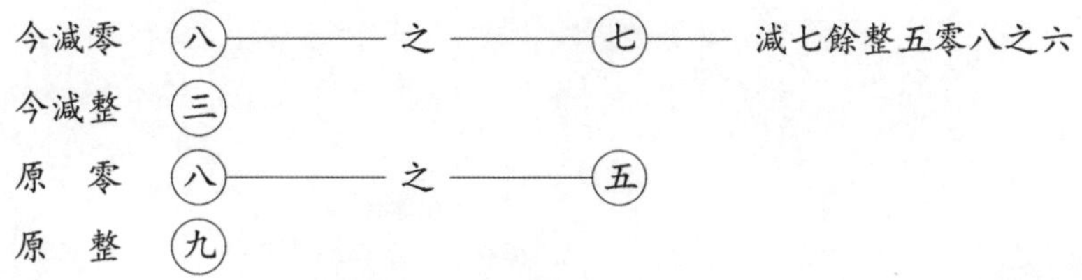

原整九，減整三，應餘六。因減零多於原零，故又抽六中之一化八，併原零五得一十三，於中減七餘六，是爲整五零八之六也。◎其不同母者，用併法，然後減之。

奇零除法一

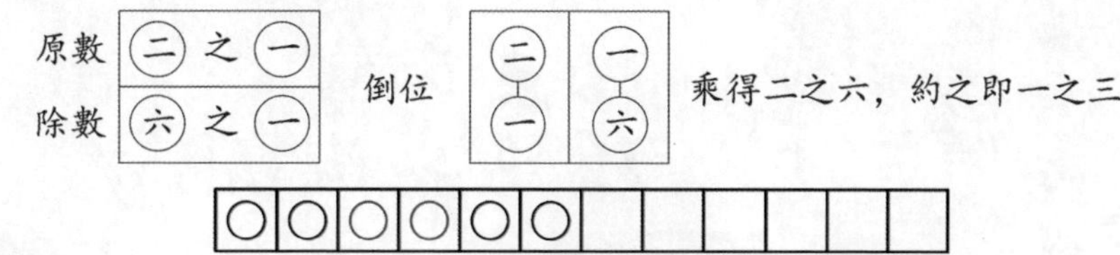

如有物一十二,二分之一者六也，六分之一者二也，以二除六得三。◎右點爲原數，左點爲除法，中圈爲所得。除法與所得互爲法實，蓋以箇數除之，得段數「以段數除，得箇數也。後倣此。

奇零除法二 零除整

借一於原整數之上，以整爲子。

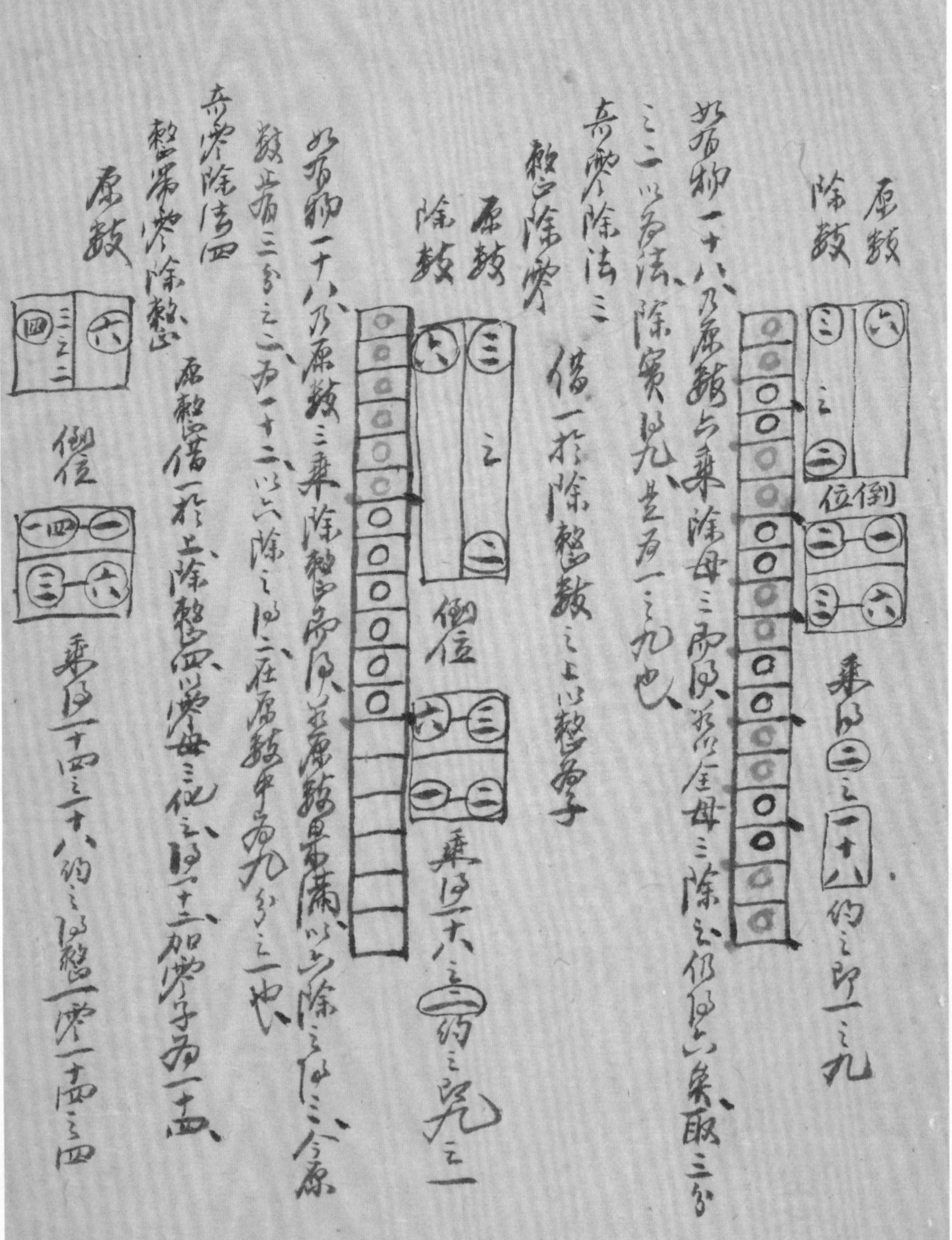

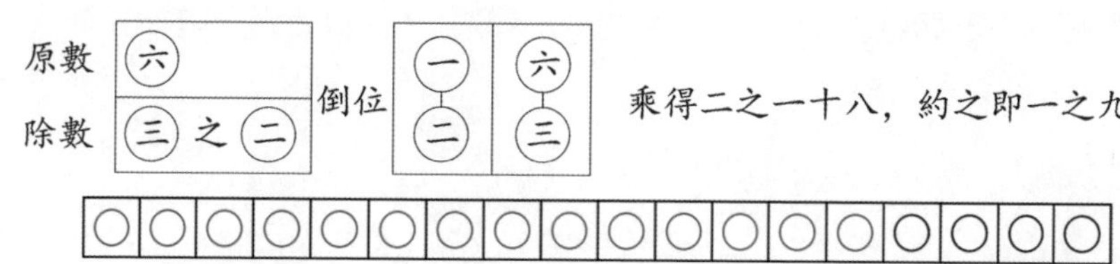

如有物一十八，乃原數六乘除母三而得，若以全母三除之，仍得六矣。取三分之二以爲法，除實得九，是爲一之九也。

奇零除法三 整除零

借一於除整數之上，以整爲子。

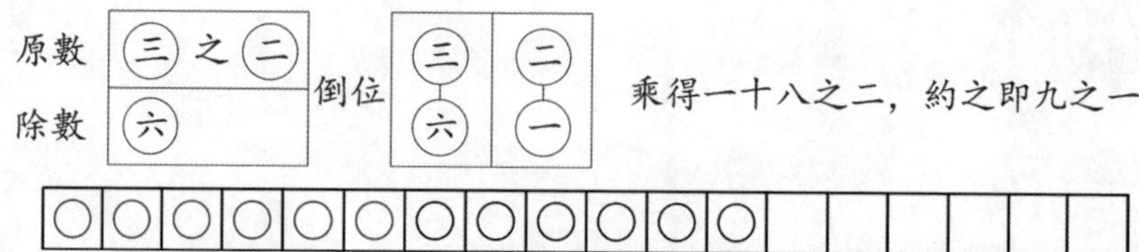

如有物一十八，乃原數三乘除整而得。若原數果滿，以六除之得三。今原數止有三分之二，爲一十二，以六除之得二，在原數中爲九分之一也。

奇零除法四 整帶零除整

原整借一於上；除整四，以零母三化之得一十二，加零子爲一十四。

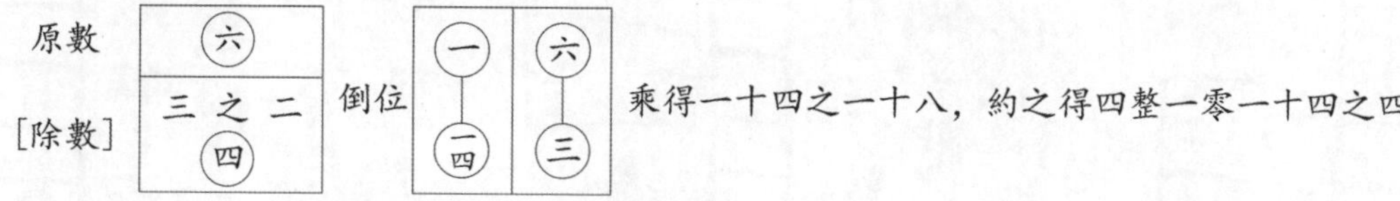

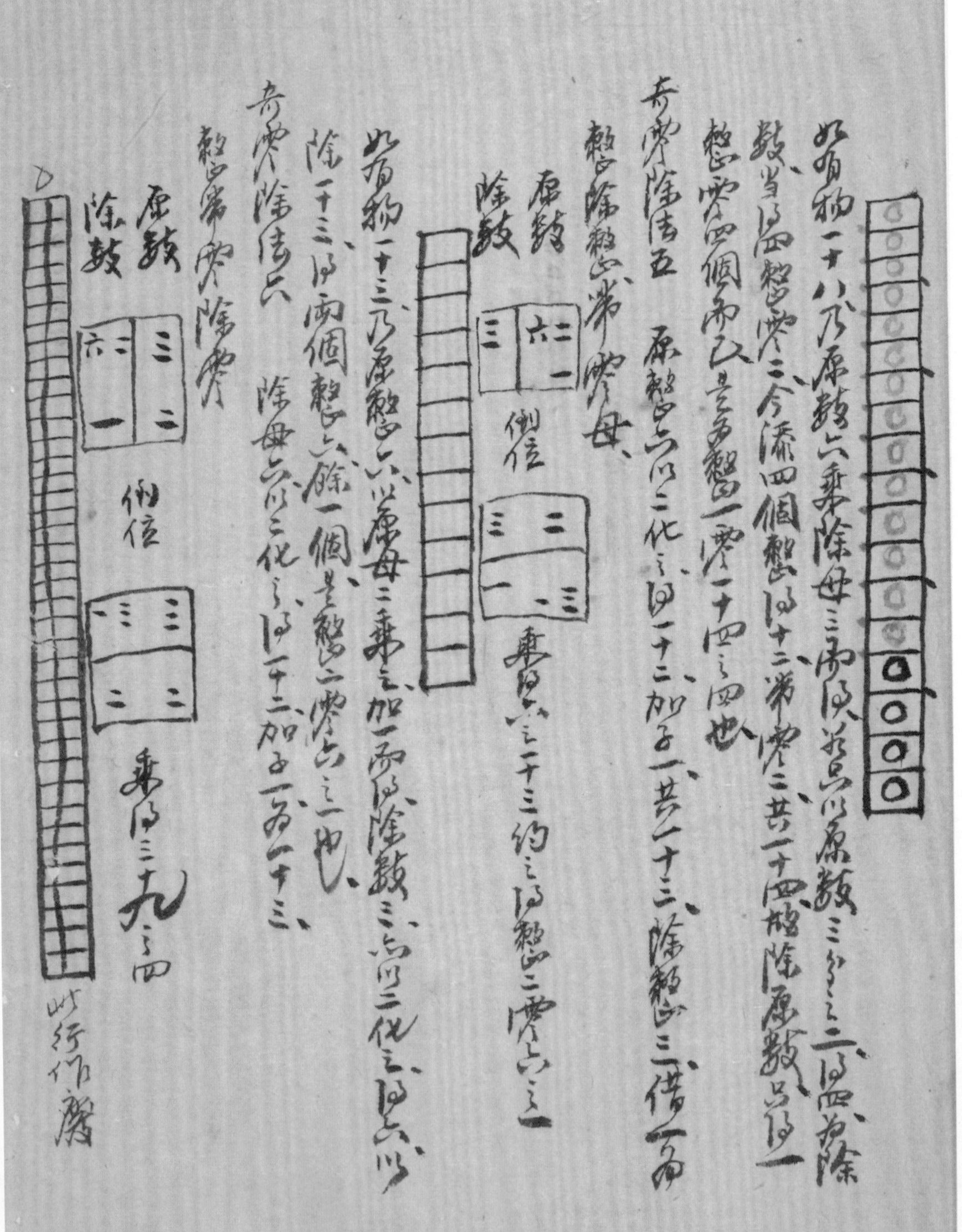

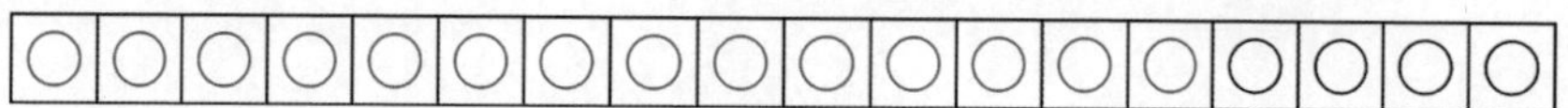

如有物一十八，乃原數六乘除母三而得。若只以原數三分之二得四爲除數，當得四整零二。今添四個整得十二，帶零二，共一十四。故除原數，只得一整零四個而已，是爲整一零一十四之四也[1]。

奇零除法五 整除整帶零

原整六，以二化之得一十二，加子一，共一十三。除整三，借一爲母[2]。

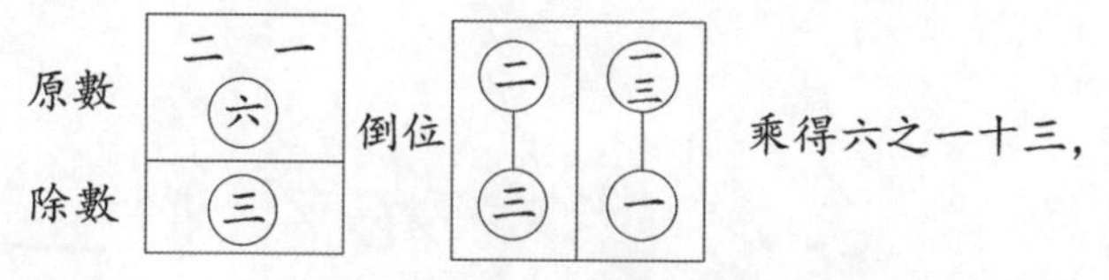

如有物一十三，乃原整六以原母二乘之，加一而得。除數三，亦以二化之，得六。以除一十三，得兩個整六，餘一個，是整二零六之一也[3]。

奇零除法六 整帶零除零

除母六，以二化之得一十二，加子一，爲一十三。

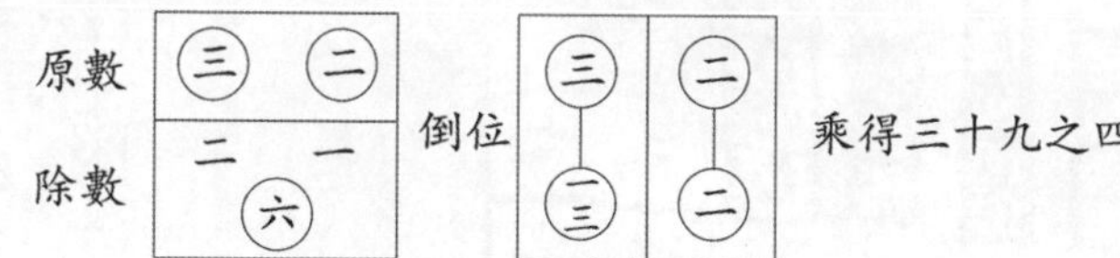

---

1 運算過程如下所示：

$$6 \div 4\frac{2}{3} = \frac{6 \times 3}{3} \div \frac{4 \times 3 + 2}{3} = \frac{18}{3} \div \frac{14}{3} = \frac{18}{14} = 1\frac{4}{14}$$

2 “母”字原誤植於“整除整帶零”下，今據文意校正。

3 原圖無圈，據前圖補繪。紅圈爲除數六，紅圈、黑圈併爲原數十二。

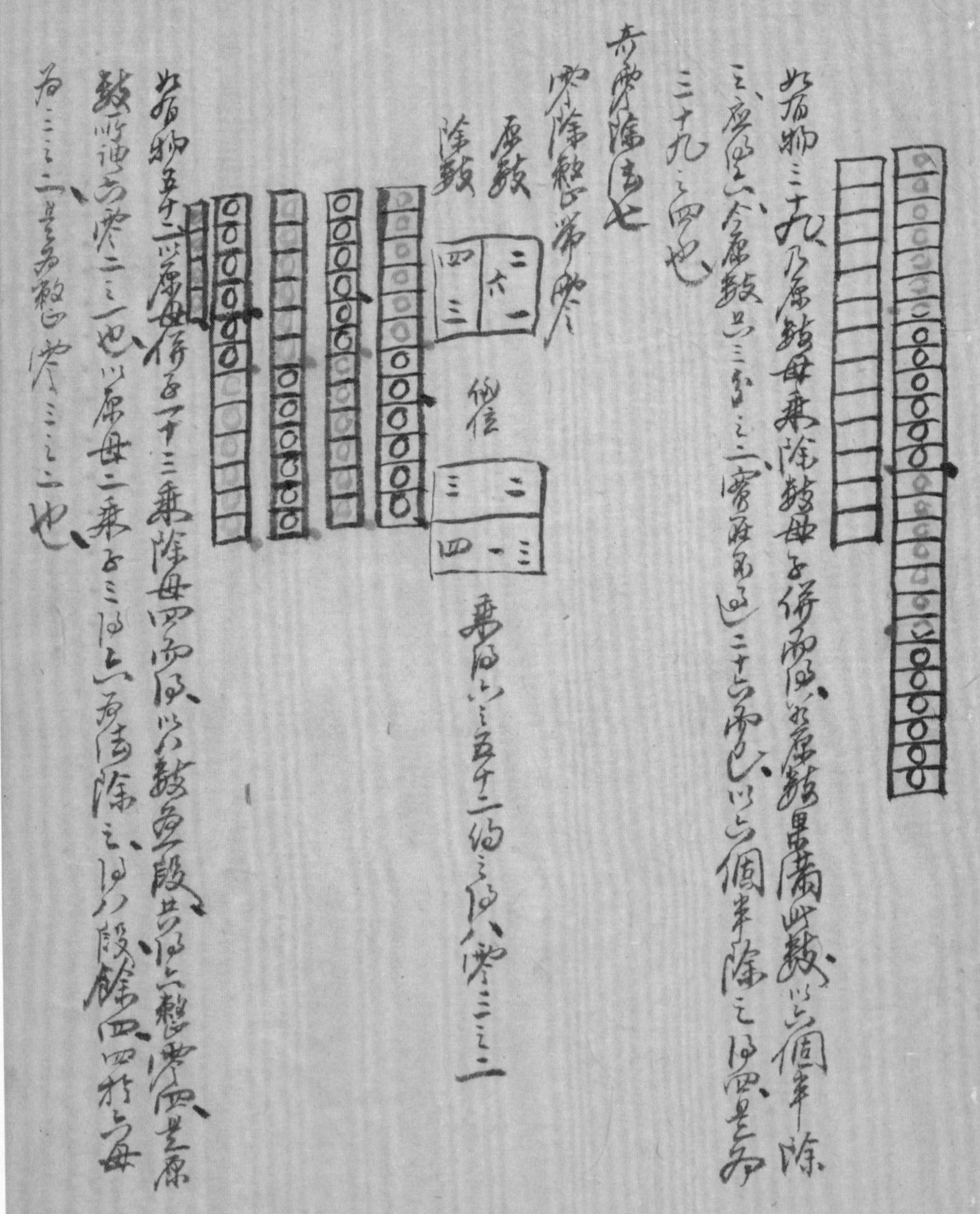

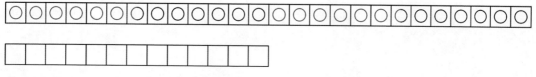

如有物三十九，乃原數母乘除數母子併而得。若原數果滿此數，以六個半除之，應得六。今原數只三分之二，實在不過二十六而已，以六個半除之得四，是爲三十九之四也[1]。

奇零除法七 零除整帶零

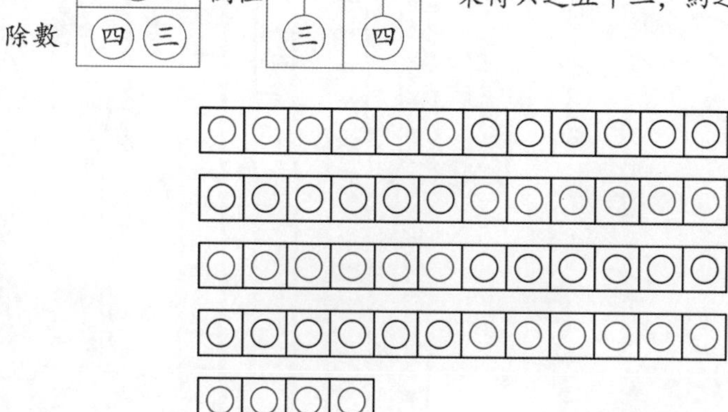

如有物五十二，以原母併子一十三乘除母四而得。以八數爲一段，共得六整零四，是原數所謂六零二之一也。以原母二乘［除］子三得六，爲法除之，得八段餘四。四於六母爲三之二，是爲整［八］零三之二也[2]。

---

1 原數母爲 3，除數母子併爲 $6\times2+1=13$，相乘得 39。運算過程如下所示：

$$\frac{2}{3}\div6\frac{1}{2}=\frac{2\times2}{3\times2}\div\frac{(6\times2+1)\times3}{2\times3}=\frac{4}{6}\div\frac{39}{6}=\frac{4}{39}$$

2 運算過程如下所示：

$$6\frac{1}{2}\div\frac{3}{4}=\frac{(6\times2+1)\times4}{2\times4}\div\frac{3\times2}{4\times2}=\frac{52}{8}\div\frac{6}{8}=\frac{52}{6}=8\frac{2}{3}$$

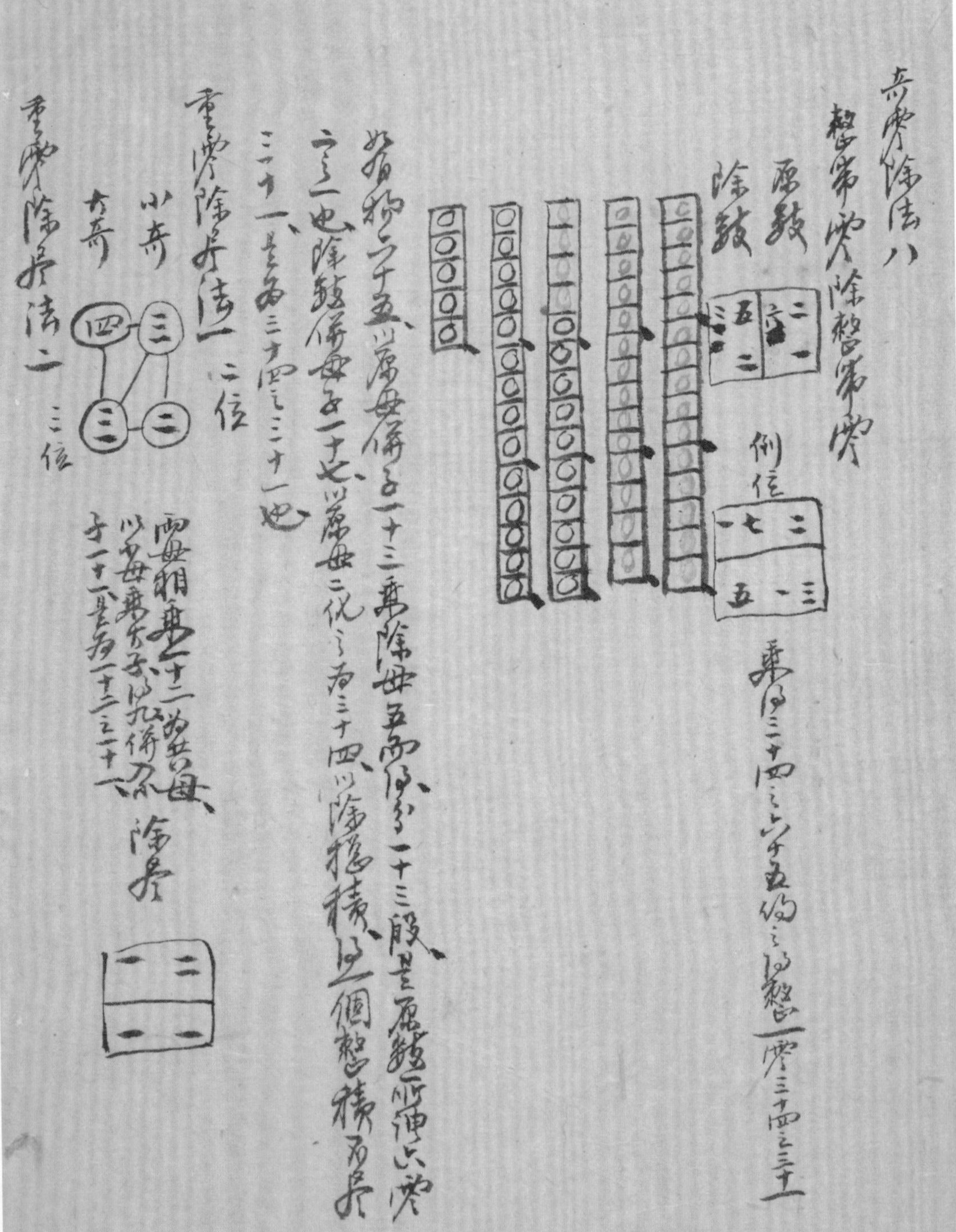

奇零除法八

整帶零除整帶零

原數

除數

例位

乘得三十四之六千五約之得整一零三十四之三十一

如有積六千五、以原母係子一十三乘除母五而得子一十三段是原數所通之零

之一也除數係母子一十七、以原母二化之為三十四、以除總積得一個整積為是

三十一、是為三十四之三十一也

重零除法一　二位

小奇

大奇

兩母相乘十二為共母、以母乘子得九係除子十八是為一十二之二十一

除是

重零除法二　三位

奇零除法八 整帶零除整帶零

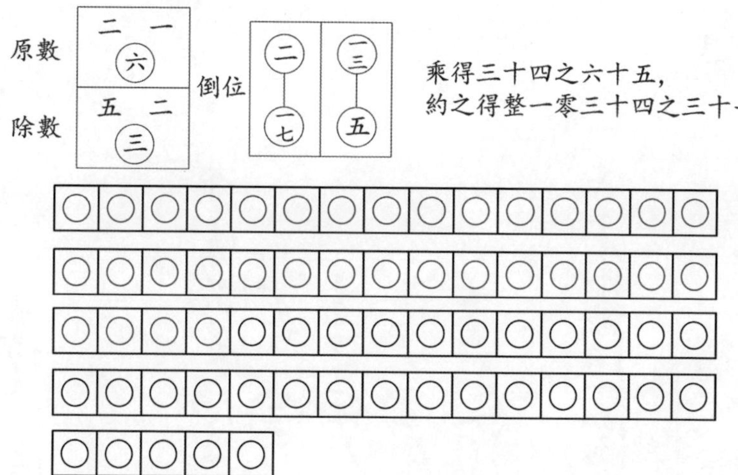

如有物六十五，以原母併子一十三乘除母五而得，分一十（三）段，是原數所謂六零二之一也。除數併母子一十七，以原母二化之，爲三十四。以除總積，得一個整積，不盡三十一，是爲三十四之三十一也[1]。

重零除盡法一 二位

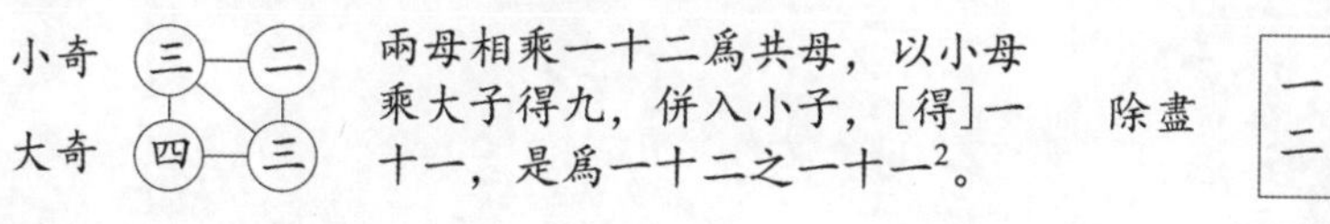

兩母相乘一十二爲共母，以小母乘大子得九，併入小子，[得]一十一，是爲一十二之一十一[2]。

除盡

一	一
二	一

重零除盡法二 三位

1 原母併子爲 $6\times2+1=13$，除母爲 5，相乘得 65。以 10 個爲一段，共計整六段零半段，即 $6\frac{1}{2}$。此係將原数（被除数）$6\frac{1}{2}$ 化作 65，除數 $3\frac{2}{5}$ 化作 34，相除得 $1\frac{31}{34}$。運算過程如下所示：

$$6\frac{1}{2}\div3\frac{2}{5}=\frac{(6\times2+1)\times5}{2\times5}\div\frac{(3\times5+2)\times2}{5\times2}=\frac{65}{10}\div\frac{34}{10}=\frac{65}{34}=1\frac{31}{34}$$

2 運算過程如下所示：

$$\frac{3\frac{2}{3}}{4}=\frac{3\times3+2}{3\times4}=\frac{11}{12}$$

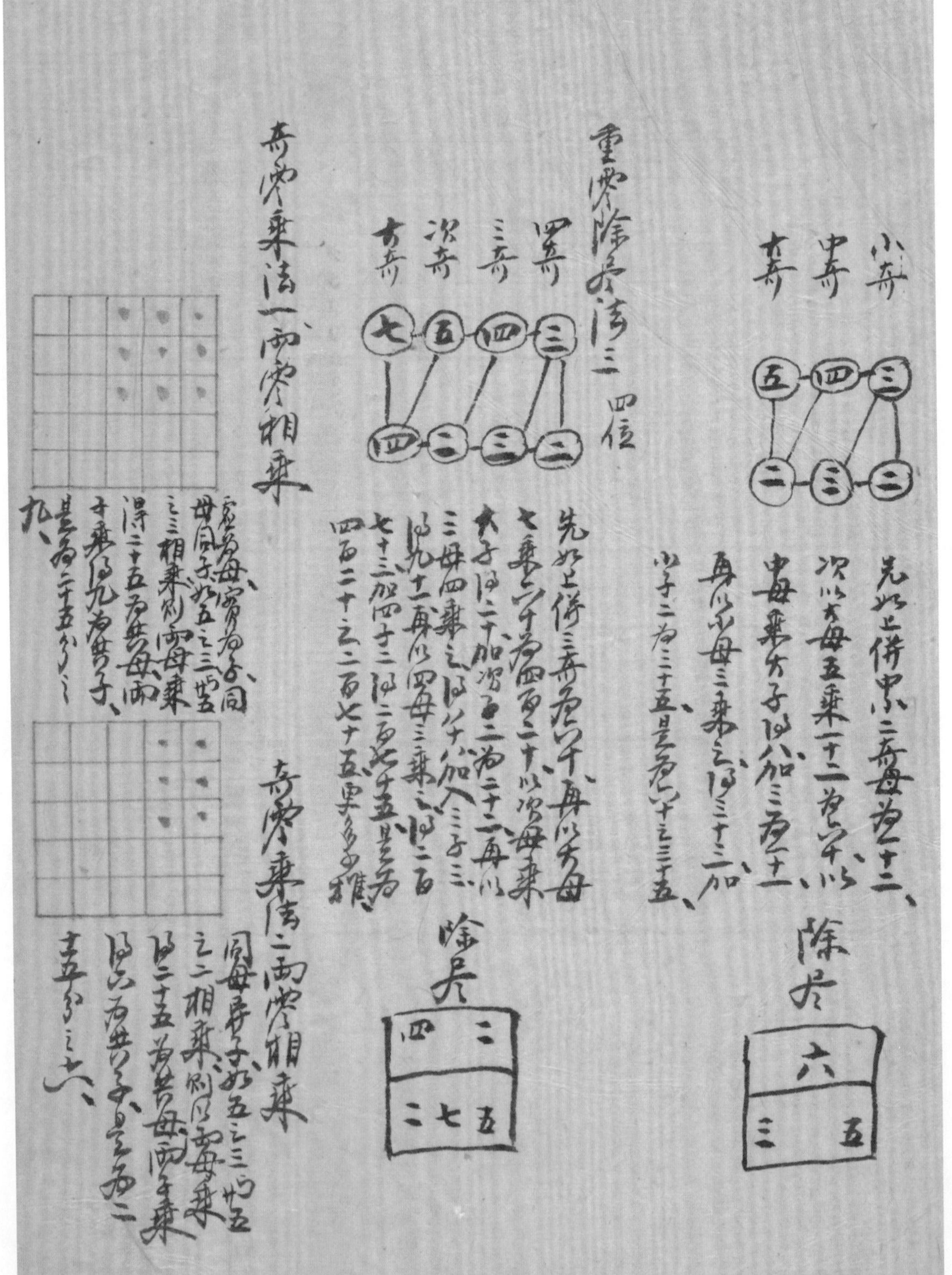

小奇
中奇
大奇

三　四　五
二　三　二

先以上併中小二奇母為之十二，次以大母五乘一十二為六十，以中母乘大子得八，加三為之十一，再以小母三乘之得三十三，加小子二為三十五，是為六十之三十五。

除法

六
三　五

重零除分法三　四位

四奇
三奇
次奇
大奇

三　四　五　七
二　三　二　四

先以上併三奇為六十，再以大母七乘六十為四百二十，以次母乘大子得二十，加次子二為二十二，再以三母四乘之得八十八，加入三子三得九十一，再以四母三乘之得二百七十三，加四子二得二百七十五，是為四百二十之二百七十五，更多可推。

除法

四　二
二　七　五

奇零乘法一兩零相乘

定分母，分母為子，同母同子，如五之三與五之三相乘，則兩母乘得二十五為共母，兩子乘得九為共子，是為二十五分之九。

奇零乘法二兩零相乘

同母異子，如五之三與五之二相乘，則以兩母乘得二十五為共母，兩子乘得六為共子，是為二十五分之六。

小奇 三—二
中奇 四 三
大奇 五—二

先如上，併中小二奇母爲一十二，次以大母五乘十二爲六十。以中母乘大子得八，加三爲一十一；再以小母三乘之，得三十三，加小子二爲三十五。是爲六十之三十五[1]。

除盡 六 三五

重零除盡法三 四位

四奇 三—二
三奇 四 三
次奇 五 二
大奇 七—四

先如上，併三奇爲六十，再以大母七乘六十爲四百二十。以次母乘大子得二十，加次子二爲二十二；再以三母四乘之，得八十八，加入三子三，得九十一；再以四母三乘之，得二百七十三，加四子二，得二百七十五。是爲四百二十之二百七十五[2]。更多可推。

除盡 四二 二七五

奇零乘法一 兩零相乘

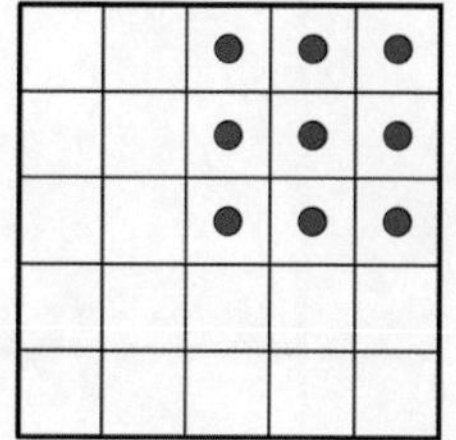

虛爲母，實爲子[3]。同母同子，如五之三與五之三相乘，則兩母乘得二十五爲共母，兩子乘得九爲共子，是爲二十五分之九。

奇零乘法二 兩零相乘

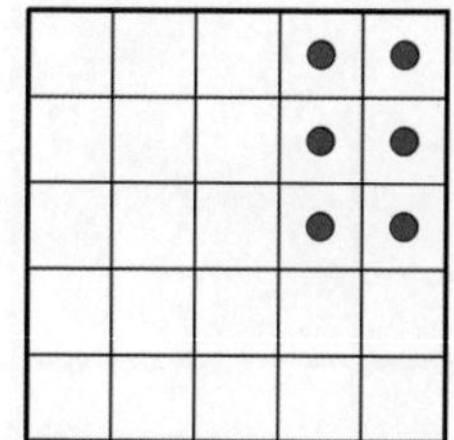

同母異子，如五之三與五之二相乘，則以兩母乘得二十五爲共母，兩子乘得六爲共子，是爲二十五分之六。

---

1 運算過程如下所示：

$$\frac{2\frac{3\frac{2}{3}}{4}}{5}=\frac{(2\times4+3)\times3+2}{3\times4\times5}=\frac{35}{60}$$

2 運算過程如下所示：

$$\frac{4\frac{2\frac{3\frac{2}{3}}{4}}{5}}{7}=\frac{\left[(4\times5+2)\times4+3\right]\times3+2}{3\times4\times5\times7}=\frac{275}{420}$$

3 圖中有點爲實，無點爲虛。

奇零乘法三兩零相乘

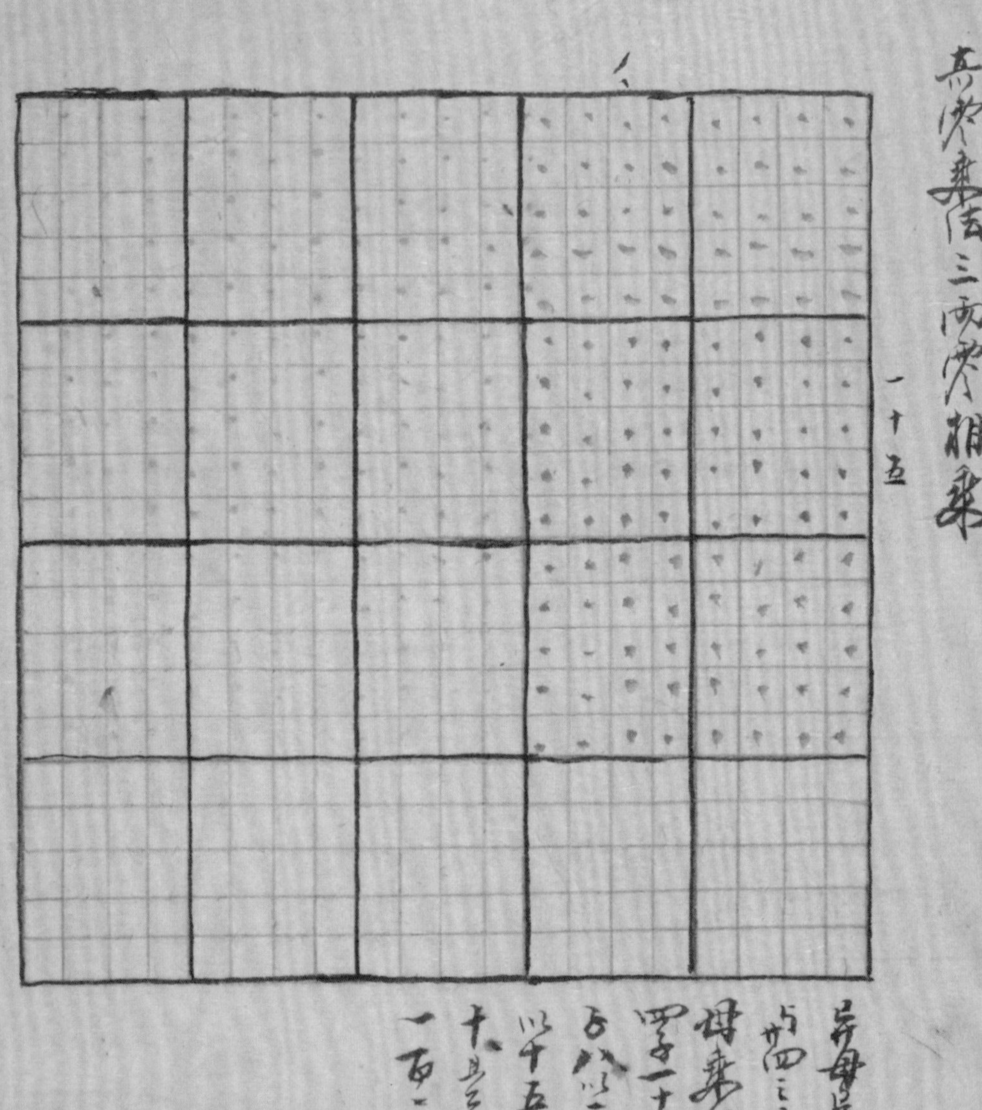

異母異子，如五之二與四之三相乘，則兩母乘得二十五，母乘子二十五，子母乘五與八，以二十自乘而得以十五乘八，二百之十，是為四百分之一百二十也。

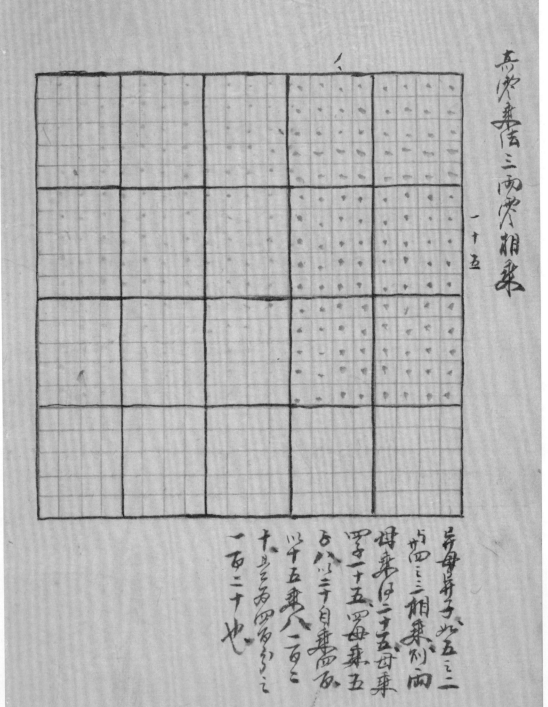

奇零乘法三 兩零相乘

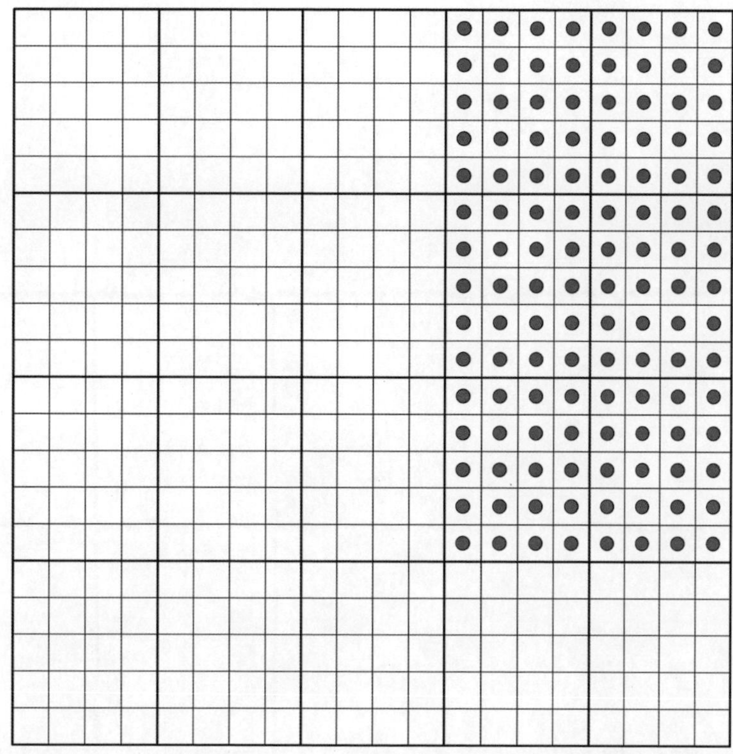

異母同子，如五之三與四之三相乘，則以兩母乘得二十，五母乘四子［得］一十五，四母乘五子［得］八。以二十自乘［得］四百，以十五乘八［得］一百二十，是爲四百分之一百二十也[1]。

1 運算過程如下所示：

$$\frac{2}{5}\times\frac{3}{4}=\frac{2\times4}{5\times4}\times\frac{3\times5}{4\times5}=\frac{8}{20}\times\frac{15}{20}=\frac{120}{400}$$

奇零乘法四兩零相乘

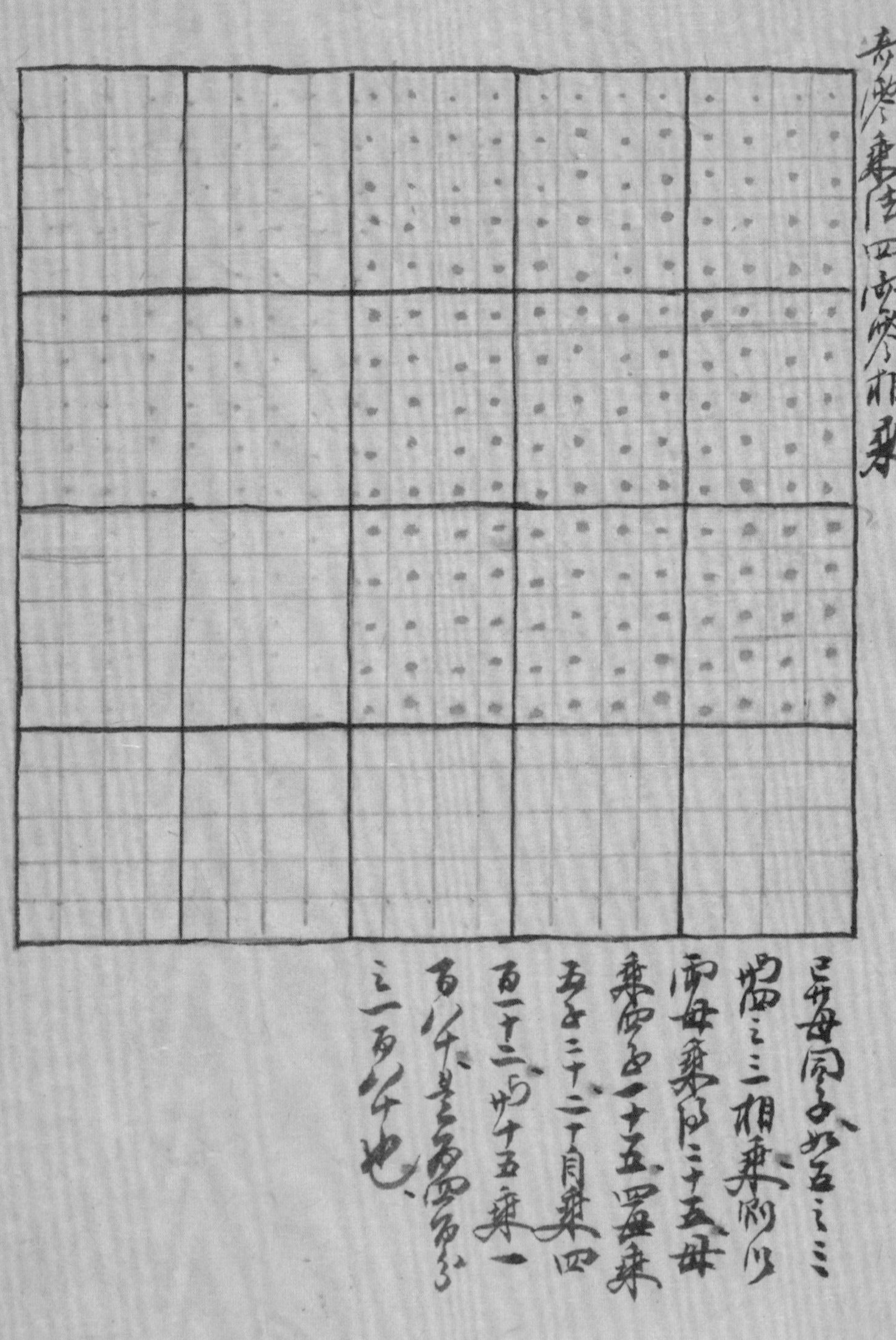

二母同子、如五之三與之三相乘、所以兩母乘得二十五、母乘兩子一十五、置母乘五子二十二、下自乘四百一十二、與廿十五乘一百八千、是為四百分之一百八千也、

奇零乘法四 兩零相乘

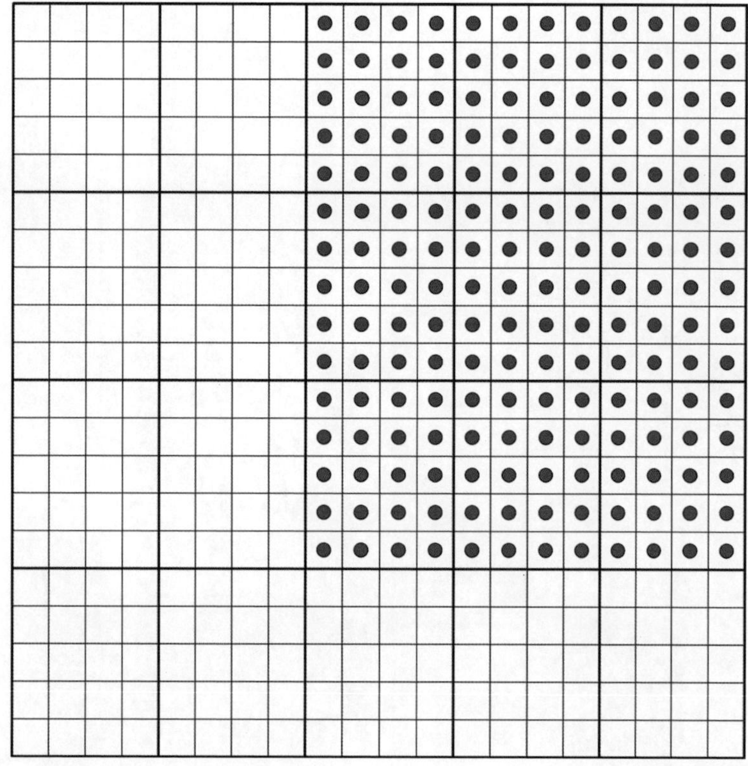

異母同子，如五之三與四之三相乘，則以兩母乘得二十，五母乘四子［得］一十五，四母乘五子［得］（二十）［一十二］。二十自乘［得］四百，一十二與十五乘［得］一百八十，是爲四百分之一百八十也[1]。

1 運算過程如下所示：

$$\frac{3}{5}\times\frac{3}{4}=\frac{3\times4}{5\times4}\times\frac{3\times5}{4\times5}=\frac{12}{20}\times\frac{15}{20}=\frac{180}{400}$$

奇零乘法五　零與帶整乘

如整步方五尺、今以三步與帶三
尺相乘、是為五分步之三與帶
三步相乘也、則以三步以五化之、得十五、與帶分三相乘、得四十五、以母自
乘二十五歸之、得一步、餘二十五分步之二十、以約分母十五歸之、得三、以零分
三歸之、得十五、

奇零乘法六
整帶零與零乘

如整三步又零二尺、今以零三尺與之相乘、是為五分步之三與帶三步
五分步之二相乘也、則以三步以五母化之、得一十五、加零二共得十七、與零
三相乘、得五十一、以母自乘二十歸之、得整二步、餘二十五分步之一、以
整帶零十七歸之、得三、以零三歸之、得一十七、

奇零乘法五 零與整乘

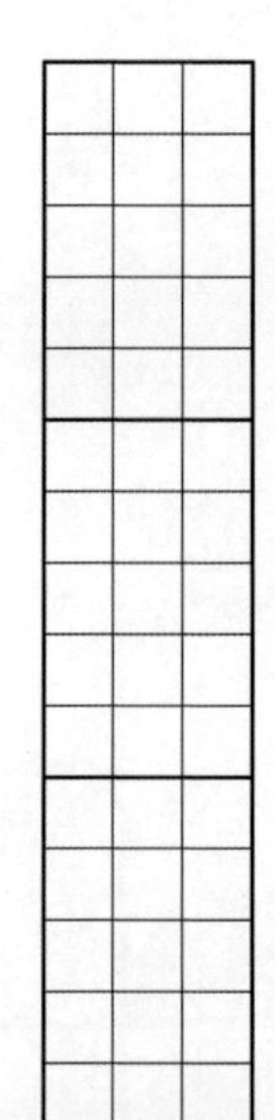

如整步方五尺，今以三步與三尺相乘，是爲五分步之三與三步相乘也。則將三步皆以五化之，得十五，與子三相乘，得四十五。以母自乘二十五歸之，得一步，餘二十五分步之二十[1]。以化母十五歸之得三，以零子三歸之得十五。

奇零乘法六 整帶零與零乘

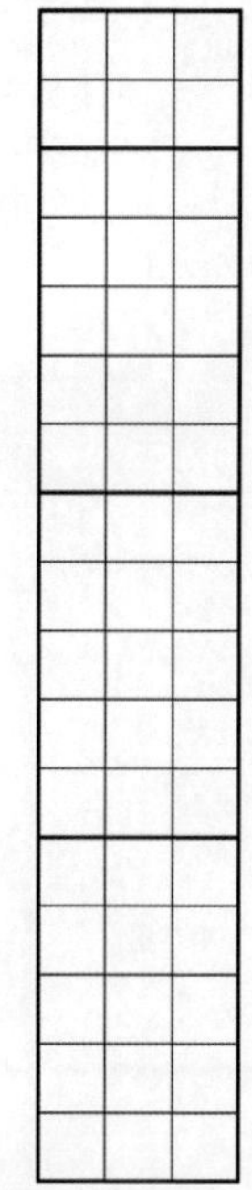

如整三步又零二尺，今以零三尺與之相乘，是爲五分步之三與三步零五分步之二相乘也。則將三步皆以五母化之，得一十五，加零二共十七，與零三相乘得五十一。以母自乘二十[五]歸之，得整二步，餘二十五分步之一[2]。以整帶零十七歸之得三，以零三歸之得一十七。

1 運算過程如下所示：

$$3\times\frac{3}{5}=\frac{3\times5}{5}\times\frac{3}{5}=\frac{15}{5}\times\frac{3}{5}=\frac{45}{25}=1\frac{20}{25}$$

2 運算過程如下所示：

$$3\frac{2}{5}\times\frac{3}{5}=\frac{3\times5+2}{5}\times\frac{3}{5}=\frac{17}{5}\times\frac{3}{5}=\frac{51}{25}=2\frac{1}{25}$$

奇零乘法七

整帶零與整乘

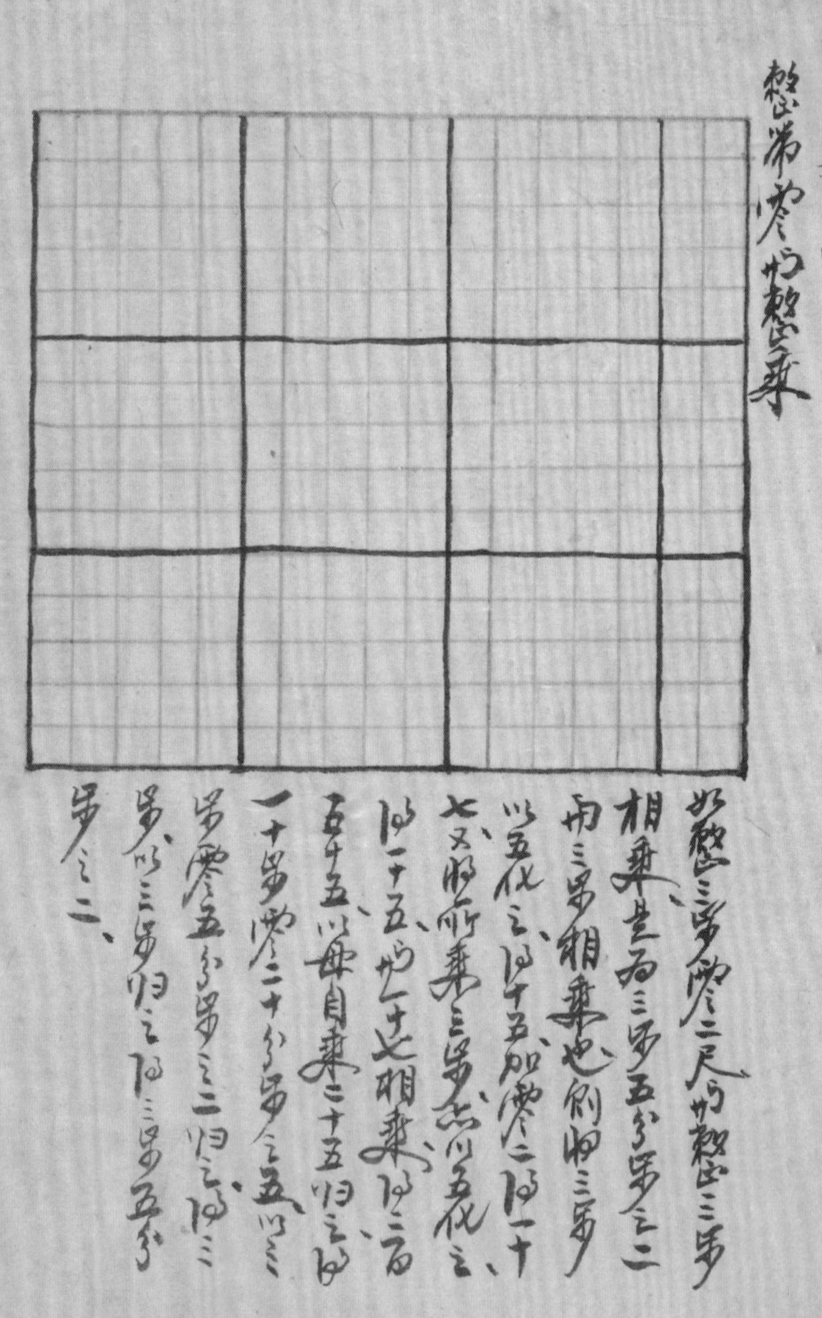

如整三步零二尺與整三步相乘、是為三步五分步之二與三步相乘也，例以三步以五化之、得十五、加零二、得一十七、又以所乘三步亦以五化之、得一十五、與此十七相乘、得二百五十五、以母自乘二十五归之、得一十步零二十分步之五、以之步零五分步之二、归之、得三步、以三步归之、得三步五分步之二、

奇零乘法七 整帶零與整乘

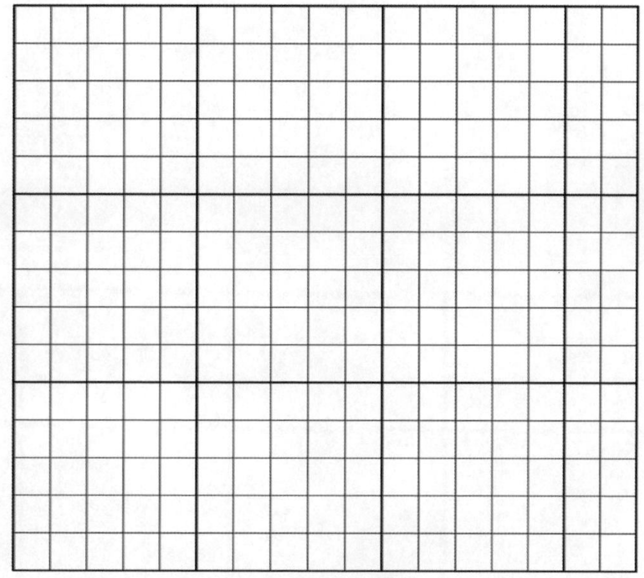

如整三步零二尺與整三步相乘，是爲三步五分步之二與三步相乘也。則將三步以五化之，得十五，加零二得一十七；又將所乘三步亦以五化之，得一十五，與一十七相乘，得二百五十五。以母自乘二十五歸之，得一十步零二十［五］分步之五[1]。以三步零五分步之二歸之，得三步；以三步歸之，得三步五分步之二。

1 運算過程如下所示：

$$3\frac{3}{5}\times 3=\frac{3\times 5+2}{5}\times\frac{3\times 5}{5}=\frac{17}{5}\times\frac{15}{5}=\frac{255}{25}=10\frac{5}{25}$$

奇零乘法八

整帶零與整帶零相乘

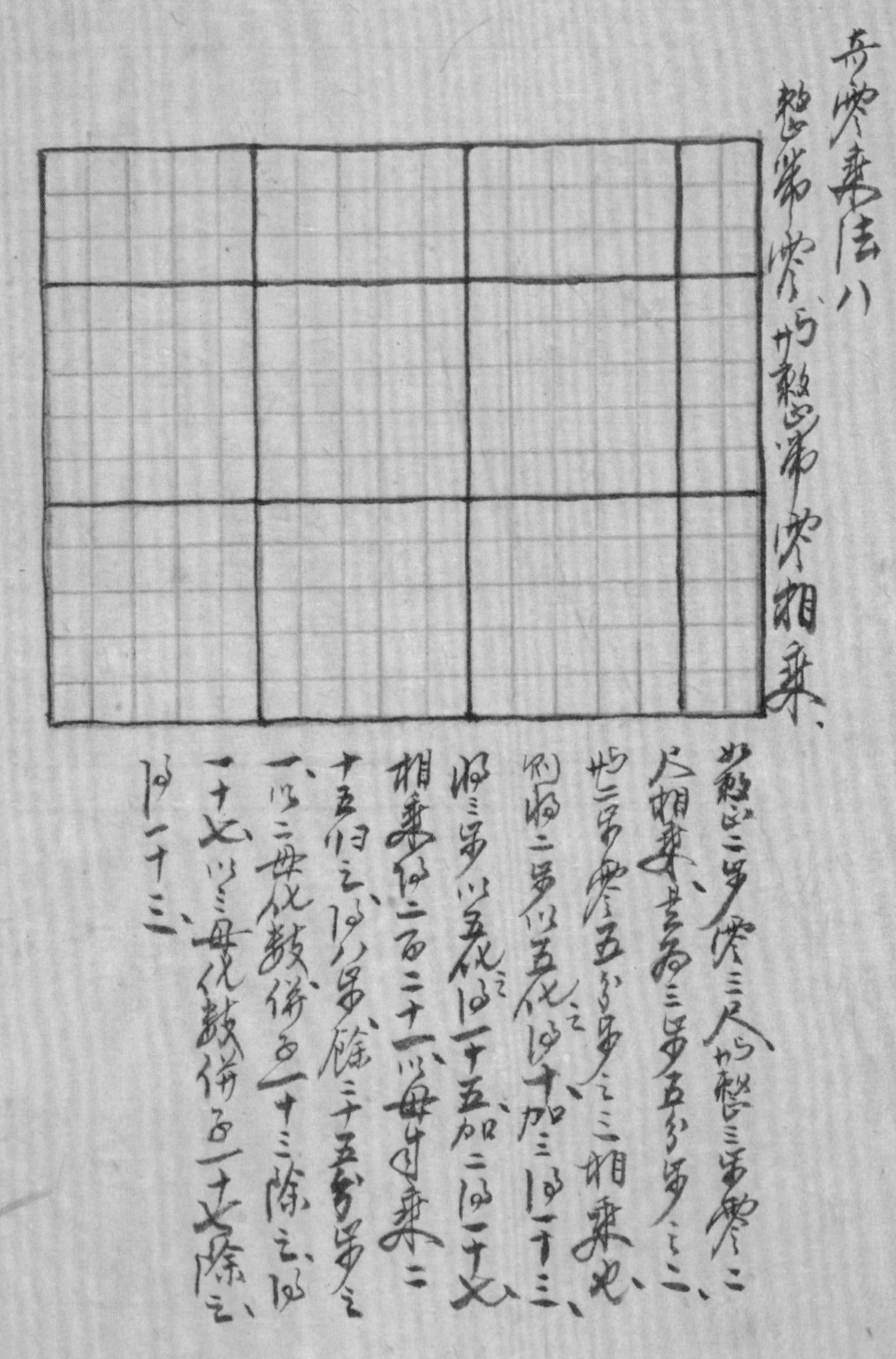

如整三步零二尺與整二步零三尺相乘，法為三步五分步之二，與二步零五分步之三相乘也。則將二步以五化之，得十，加三得一十三；將三步以五化之，得一十五，加二得一十七。相乘得二百二十一，以母母相乘二十五歸之，得八步，餘二十五分步之一。以二母化數併為一十三除之，得一十七；以三母化數併為一十七除之，得一十三。

奇零乘法八 整帶零與整帶零相乘

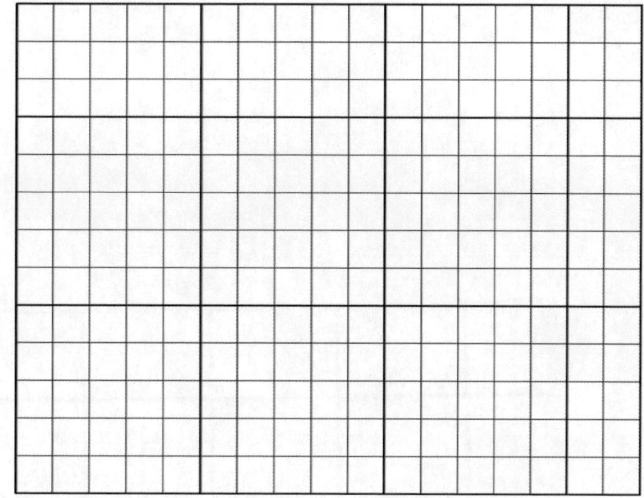

如整二步零三尺與整三步零二尺相乘，是爲三步五分步之二與二步零五分步之三相乘也。則將二步以五化之，得十，加三得一十三；將三步以五化之，得一十五，加二得一十七，相乘得二百二十一。以母自乘二十五歸之，得八步，餘二十五分步之［二十］一[1]。以二母化數併子一十三除之，得一十七；以三母化數併子一十七除之，得一十三。

1 運算過程如下所示：

$$2\frac{3}{5}\times3\frac{2}{5}=\frac{2\times5+3}{5}\times\frac{3\times5+2}{5}=\frac{13}{5}\times\frac{17}{5}=\frac{221}{25}=8\frac{21}{25}$$

縱橫兩零同母同子求積

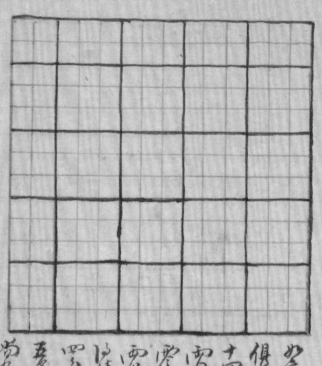

如方四步零三分步之二，則將四步俱以三母化之為一十二，加入子共一十四。縱橫相乘，得一百九十六，却以兩母相乘得九除之，得二十一步零九分步之七。蓋中方一十六步，兩母三為縱，以子二為橫，計八步，以積四十八分，一隅以兩子相乘得四分，共五十二分，以九分為一步，成五步，合中方為二十一整步，餘尚有七分，共為九分步之七也。

縱橫兩零同母同子求積

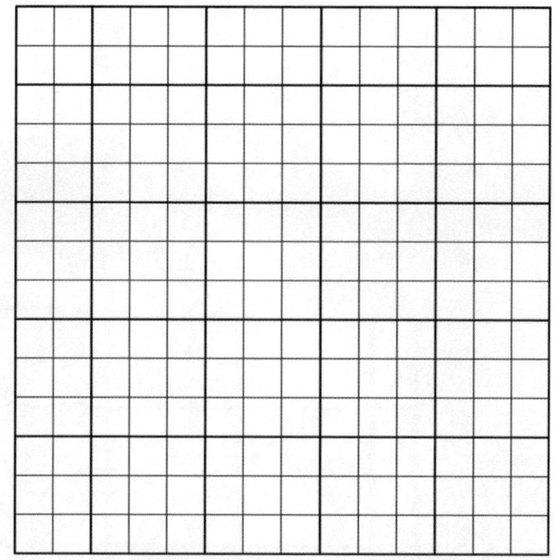

如方四步零三分步之二，則將四步俱以三母化之，爲一十二，加入子共一十四。縱橫相乘，得一百九十六。却以兩母相乘得九除之，得二十一步零九分步之七[1]。蓋中方一十六步，兩［廉］以母三爲縱[2]，以子二爲横，計八步[3]，得積四十八分；一隅以兩子相乘得四分，共五十二分，以九分爲一步，成五步，合中方爲二十一整步。餘尚有七分，是爲九分步之七也。

1 運算過程如下所示：

$$\left(4\frac{2}{3}\right)^2=\left(\frac{4\times3+2}{3}\right)^2=\left(\frac{14}{3}\right)^2=\frac{196}{9}=21\frac{7}{9}$$

2 廉，原書脱落，據文意補。

3 兩廉含矩形八段，每段積六分，與每步積九分之方不同。這裏作“八步”不確，似當作“八段”。

縱橫兩零同母異子求積

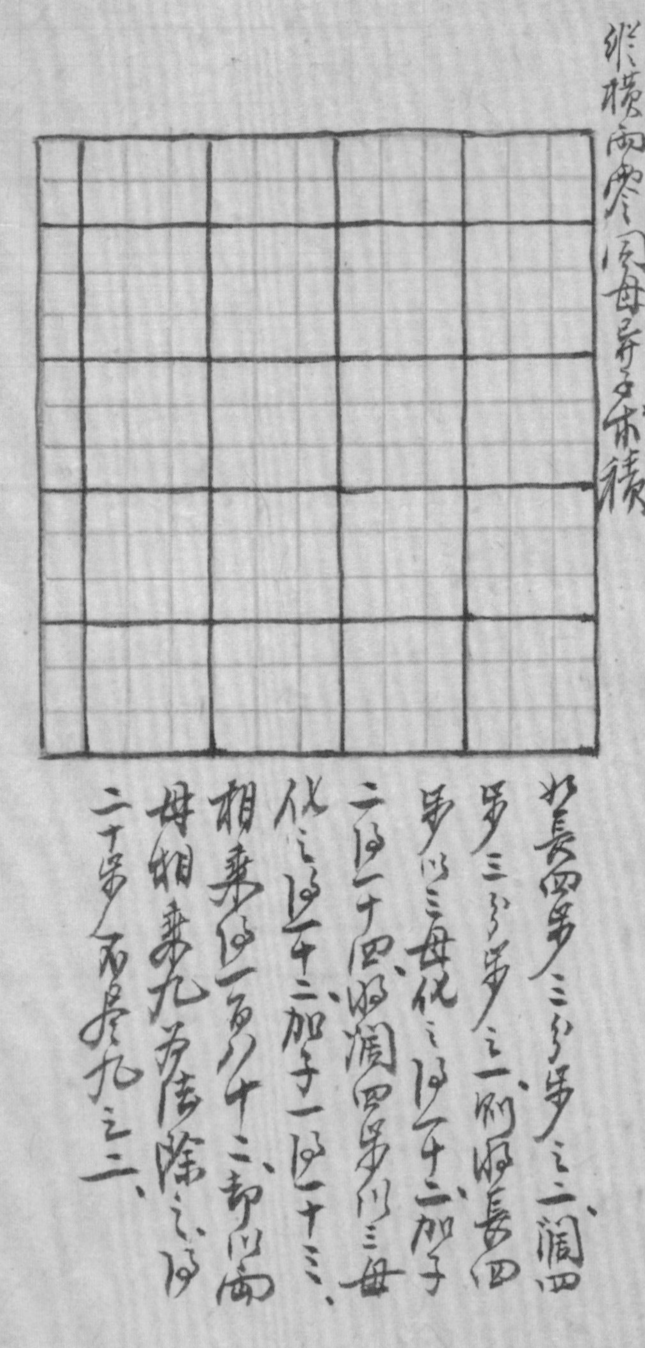

如長四步三分步之二、闊四步三分步之一、則以長四步以三母化之得十二、加子二得十四。以闊四步以三母化之得十二、加子一得十三、相乘得一百八十二、却以兩母相乘九爲法除之得二十步九分步之二、

縱横兩零同母異子求積

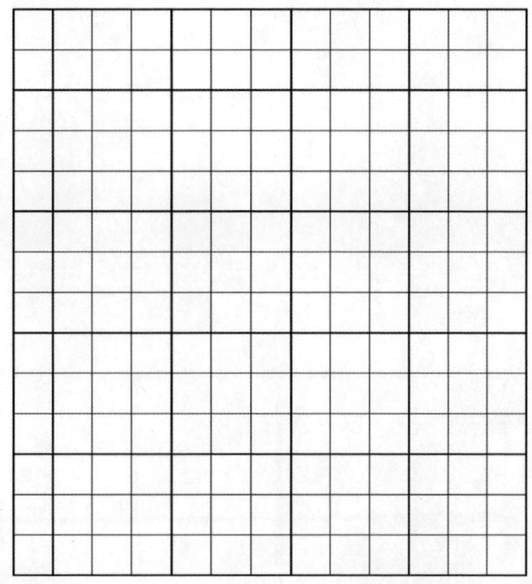

如長四步三分步之二，闊四步三分步之一。則將長四步以三母化之，得一十二，加子二得一十四；將闊四步以三母化之，得一十二，加子一得一十三，相乘得一百八十二。却以兩母相乘九爲法除之，得二十步，不盡九之二[1]。

1 運算過程如下所示：

$$4\frac{2}{3}\times4\frac{1}{3}=\frac{4\times3+2}{3}\times\frac{4\times3+1}{3}=\frac{14}{3}\times\frac{13}{3}=\frac{182}{9}=20\frac{2}{9}$$

縱橫兩零異母求積

如長四步四分步之三、闊四步三分步之二、則以四母化長一十六、加子三為一十九、以三母化闊一十二、加子二為一十四、相乘得二百六十六分、以兩母相乘一十二除之、得二十二步、不盡一十二分之二、

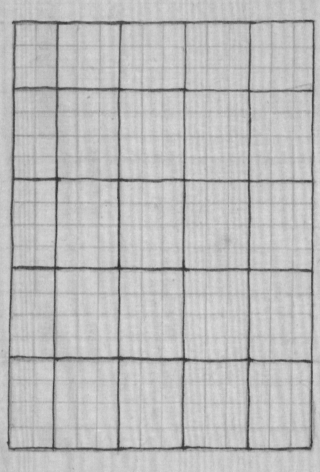

縱横兩零異母求積

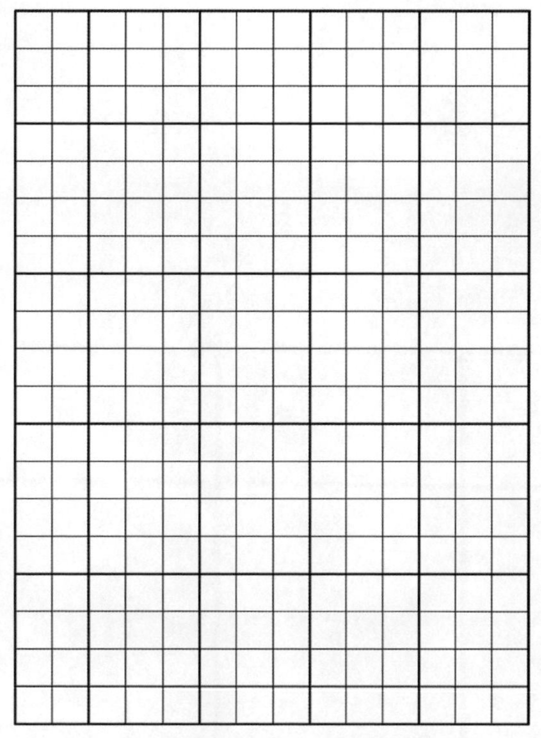

如長四步四分步之三，闊四步三分步之二。則以四母化長一十六，加子三爲一十九；以三母化闊一十二，加子［二］爲一十四，相乘得二百六十六分。以兩母相乘一十二除之，得二十二步，不盡一十二分之二[1]。

1 運算過程如下所示：

$$4\frac{3}{4}\times4\frac{2}{3}=\frac{4\times4+3}{4}\times\frac{4\times3+2}{3}=\frac{19}{4}\times\frac{14}{3}=\frac{266}{12}=22\frac{2}{12}$$

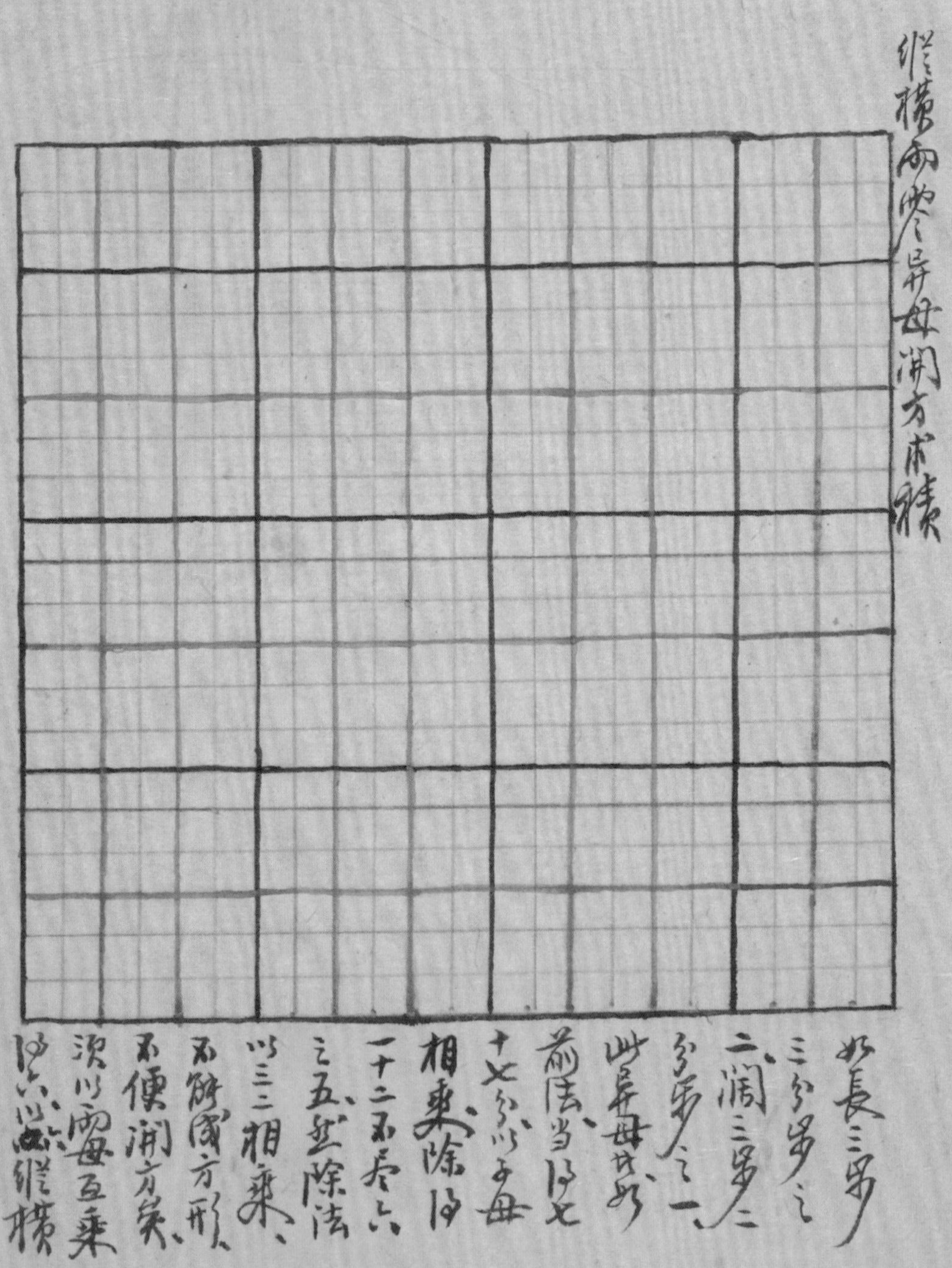

縱橫兩零異母闊方求積

如長三步三分步之二，闊三步五分步之一，此異母者，如前法，當以七十七分以乘母相乘除，以一十二為長六之五，然除法以三三相乘，不能成方形，不便闊方矣，須以兩母互乘得六，以六為縱橫

縱橫兩零異母開方求積

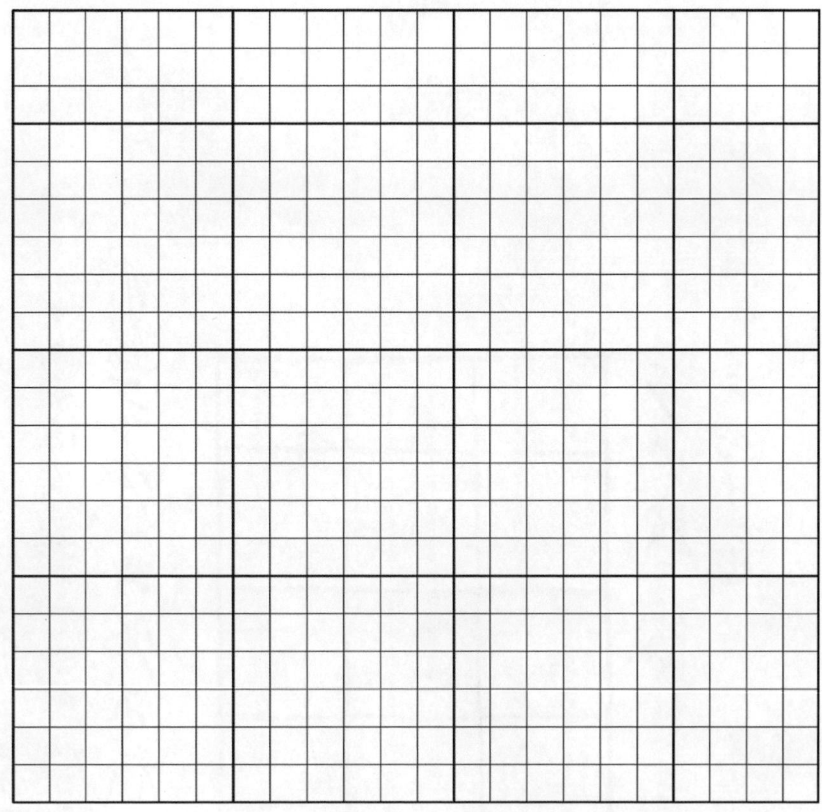

如長三步三分步之二，闊三步二分步之一。此異母者，如前法，當得七十七分，以子母相乘，除得一十二，不盡六之五。然除法以三二相乘，不能成方形，不便開方矣。須以兩母互乘得六，以六縱橫三步，俱以十八分。零長三之二，以闊法二乘得四，加入長共二十二；零闊二之一，以長法三乘得三，加入闊共二十一，相乘得四百六十二步，即以化母六自乘三十六為法除之，不足三十六之三十，則成方形矣。

縱橫一有零一無零求積

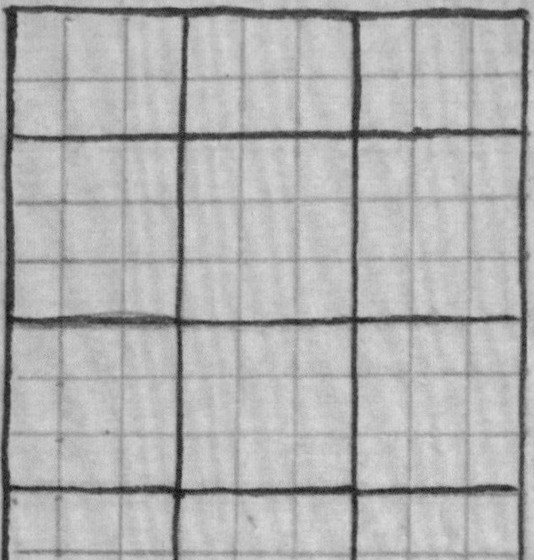

如長四步三分步之二，闊三步，則將長四步以三母化之，得一十二，加子二共一十四步，將闊三步以三母化之，得九步，相乘得一百二十六步，以三母相乘九分除之，得一百四十整步，零數三段，成整二步，蓋每段六步，三六一十八，整母九步，二九一十八也。

三步，俱得一十八分。零長三之二，以闊法二乘得四加入長，共二十二；零闊二之一，以長法三乘得三加入闊，共二十一，相乘得四百六十二步。却以化母六自乘三十六爲法除之，不盡三十六之三十，則成方形矣[1]。

縱横一有零一無零求積

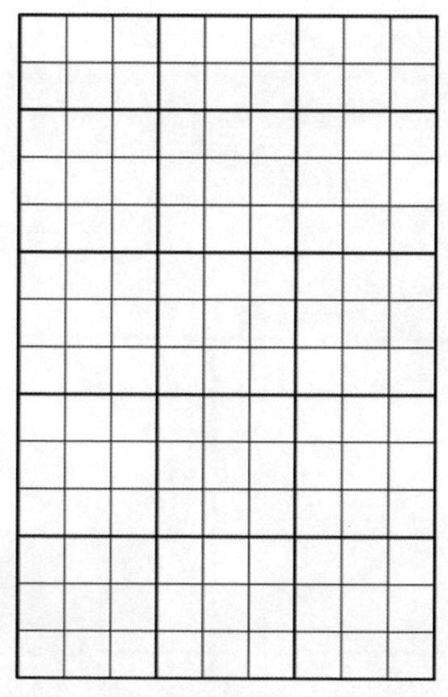

如長四步三分步之二，闊三步。則將長四步以三母化之，得一十二，加子二，共一十四步；將闊三步以三母化之，得九步，相乘得一百二十六步。以三母相乘九分除之，得（一百四十）[一十二]整步，零數三段，成整二步[2]。蓋每段六步，三六一十八；整母九步，二九一十八也。

---

1 運算過程如下所示：

$$3\frac{2}{3}\times 3\frac{1}{2}=\frac{(3\times 3+2)\times 2}{3\times 2}\times\frac{(3\times 2+1)\times 3}{2\times 3}=\frac{22}{6}\times\frac{21}{6}=\frac{462}{36}=12\frac{30}{36}$$

2 運算過程如下所示：

$$4\frac{2}{3}\times 3=\frac{4\times 3+2}{3}\times\frac{3\times 3}{3}=\frac{14}{3}\times\frac{9}{3}=\frac{126}{9}=14$$

其中，得十二段整步，餘三段湊成兩整步，共十四整步。

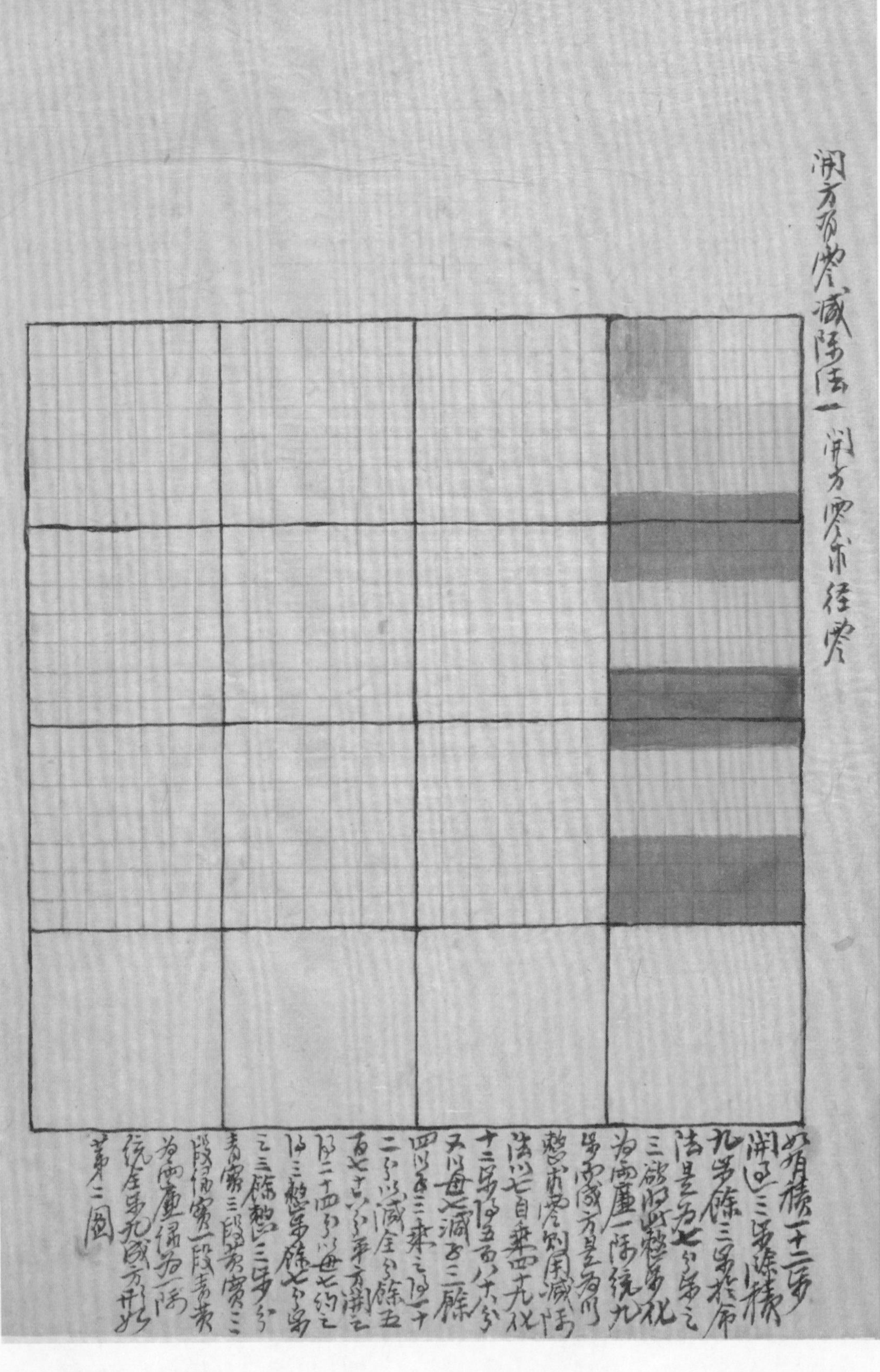

開方帶零減隅法一　開方零求徑零

如有積一十二步開得三步除積九步餘三步於命法是為七分步之三欲歸此整步化為兩廉一隅繞九步而成方是為帶整求零則用減隅法以七自乘四十九化十二步得五百八十八分又以母七減去三餘四以乘三乘之得一十二分以減全分餘五百七十六分平方開之得二十四分以母七約之得三整步餘七分步之三餘整三步分青寄三段黃寄三段滿寄一段青黃為兩廉隅為一隅繞全步九成方形如第二圖

開方有零減隅法一[1] 開方零求徑零

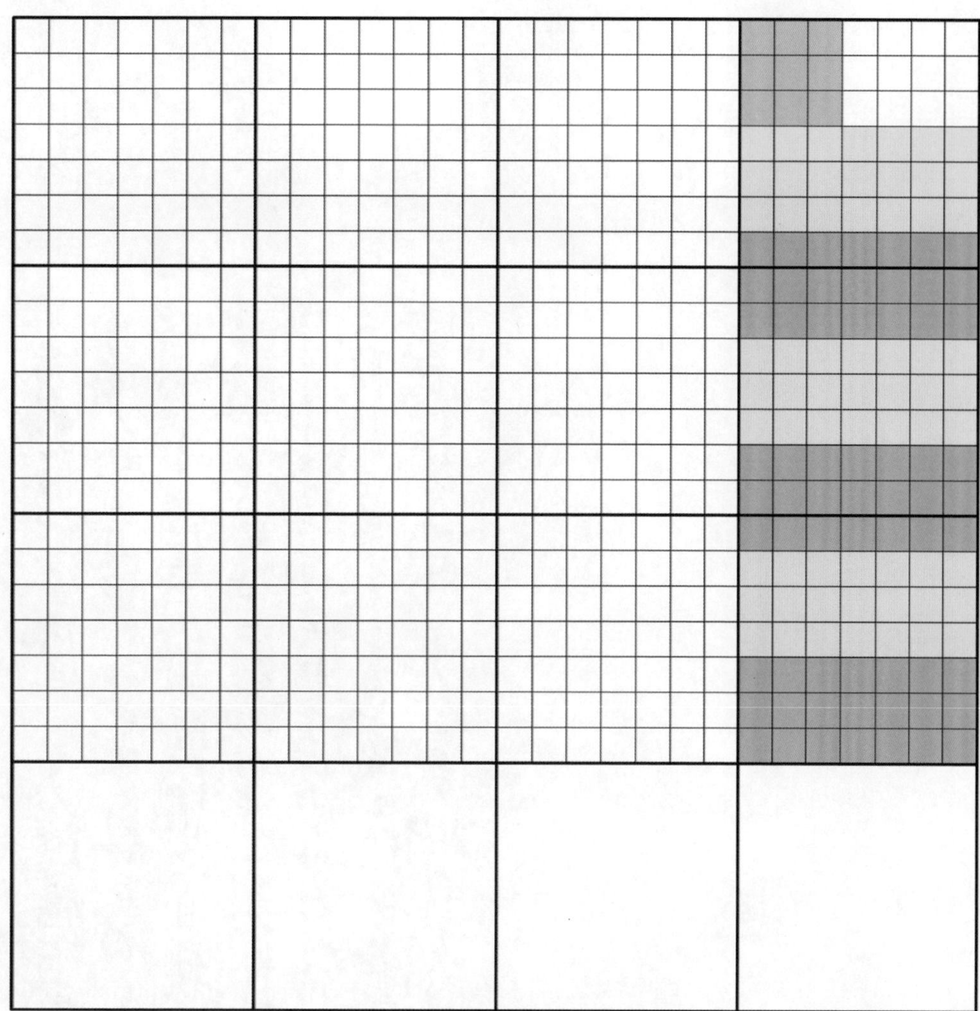

1 本頁圖説文字與次頁重複，今删除，詳次頁。

如有積一十二步、闊四三步、除積九步、餘三步、於命法是為七
分步之三。以此數步作兩處一隅、統九步而成方。是
為以數術要、以用減隅法、以七自乘得四十九、化十二步得五百八十八
分、又以母七減子三、餘四、以母之三乘之、得十二分、以減全分、餘五百
七十六分、平方開之、得二十四分、以母七約之、得三數步、餘七分步之
三。餘數三步、分青實三段、黃實三段、綠實一段、青黃為
兩處、綠為一隅、統全步九成方形、如下第二圖。

如有積一十二步，開過三步，除積九步，餘三步，於命法是爲七分步之三。欲將此整步化爲兩廉一隅，統九步而成方，是爲以整求零，則用減隅法。以七自乘四十九化十二步，得五百八十八分。又以母七減子三餘四，以子三乘之，得一十二分。以減全分，餘五百七十六分，平方開之，得二十四分。以母七約之，得三整步，餘七分步之三。

餘整三步，分青實三段、黄實三段、緑實一段。青黄爲兩廉，緑爲一隅，統全步九成方形，如下第二圖。

闊方有零減隅法二　方零求徑零

此為圖餘三秭之步
分之青黃俱零也段
青黃為兩廉綠為
一隅減方形縱橫二十
四分以徑法七約之得
三步零七分步之三
以法四十九步約之得
一十一步餘四十九之三十
七此以闊方零求徑零也
若以徑零求闊方零則
用補隅法加一十二分仍得
全步一十二為方三步零
七分步之三

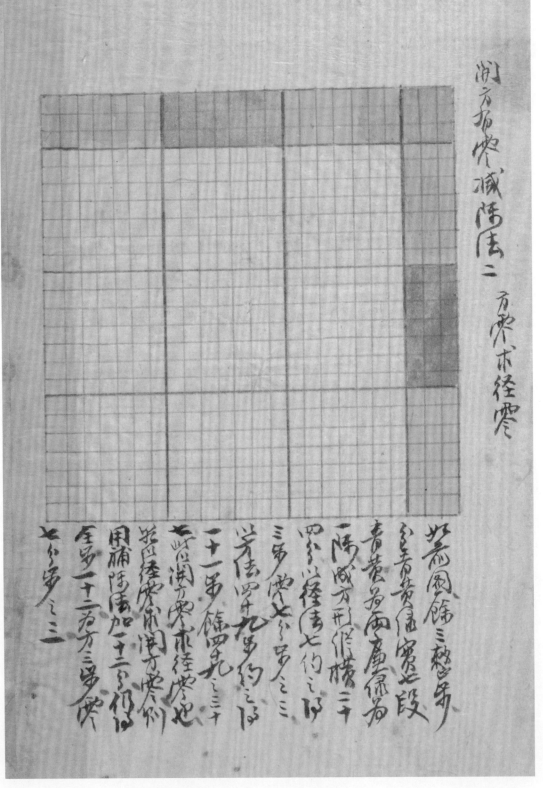

開方有零減隅法二 方零求徑零

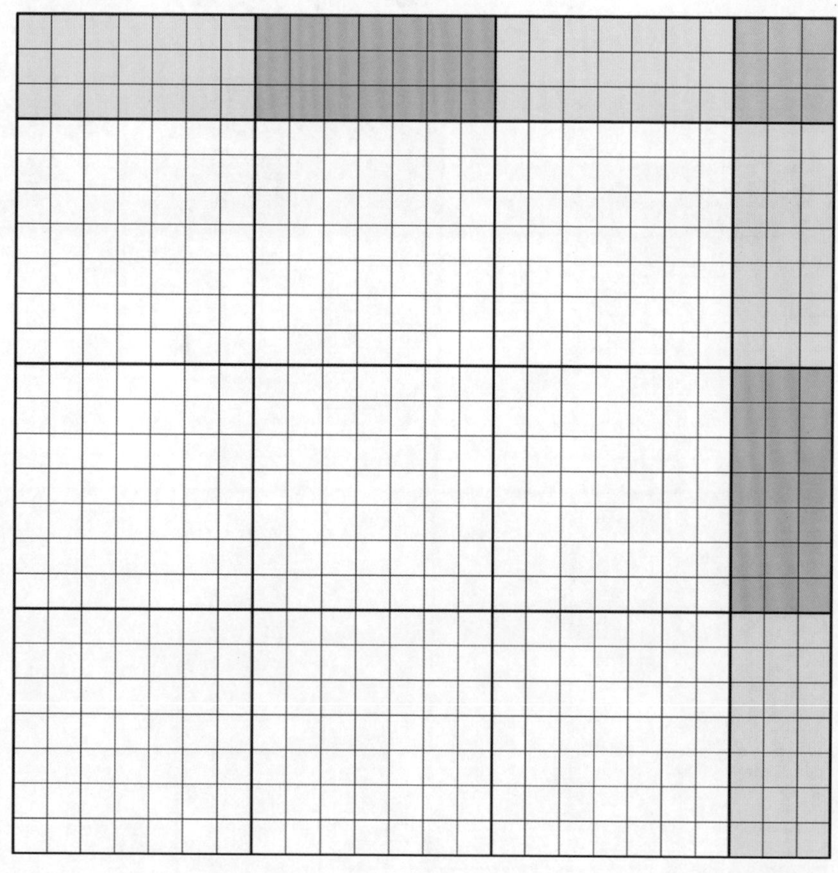

如前圖，餘三整步，分青黄緑實七段。青黄爲兩廉，緑爲一隅，成方形，縱横二十四分。以徑法七約之，得三步零七分步之三；以方法四十九步約之，得一十一步，餘四十九之三十七。此以開方零求徑零也。

若以徑零求開方零，則用補隅法，加一十二分，仍得全步一十二，爲方三步零七分步之三。

徑零補隅法一

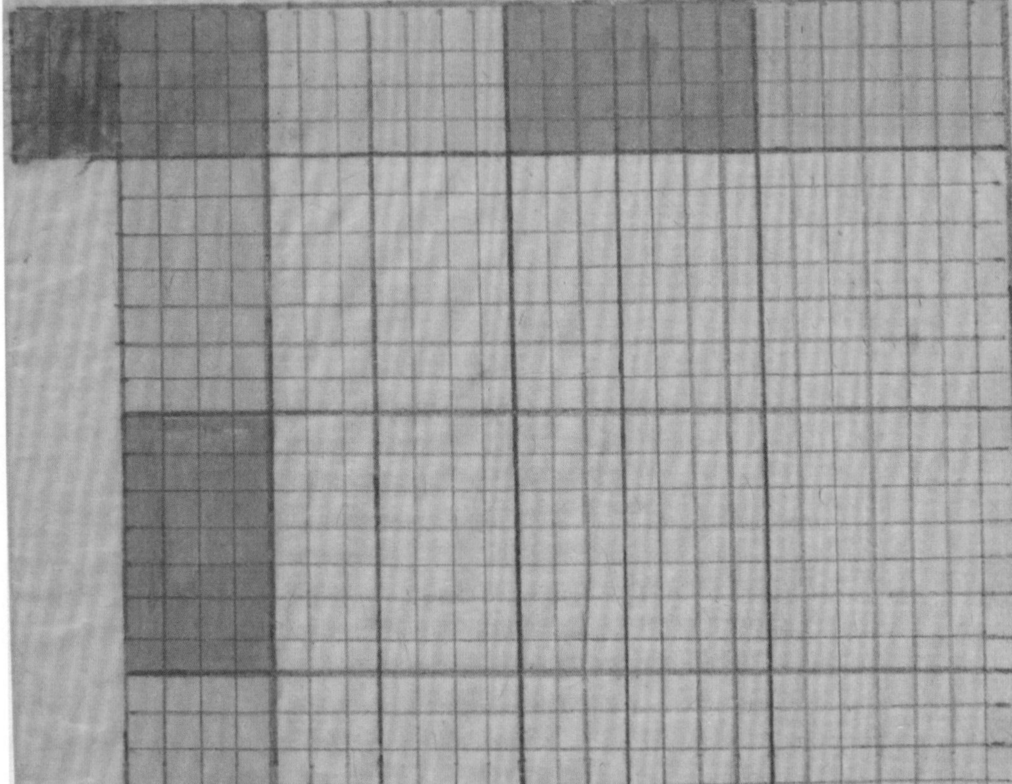

如有徑零三步餘七分步
之四則以餘徑化成闊方之廣
則用補隅法先以整步乘
七化之加子四共二十五相乘得
六百二十五母七減子四餘三以
子四乘之得十二加入前積
共六百三十七又以兩母相乘
四十九除之得十三步闊
方九步餘四步是為廣七分
之四

徑零補隅法一

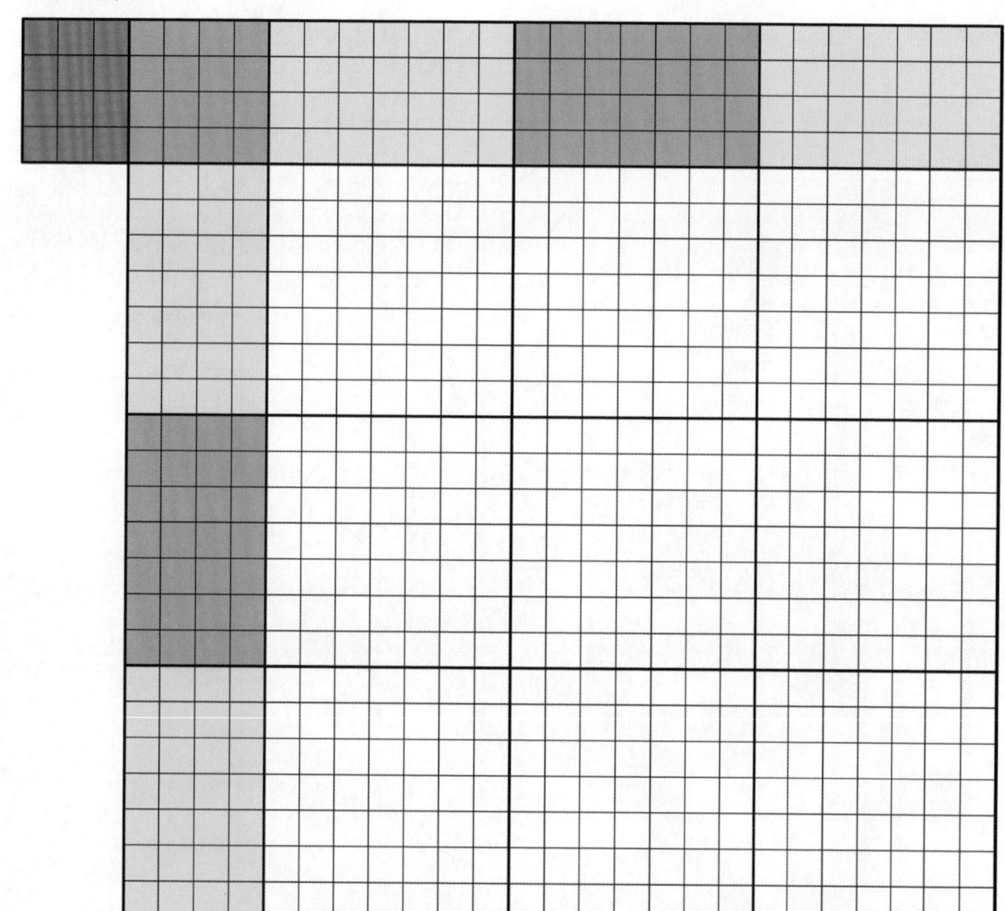

如有徑零三步，餘七分步之四，欲將餘徑化成開方之零，則用補隅法。先將整步以七化之，加子四，共二十五，相乘得六百二十五。母七減子四餘三，以子四乘之，得一十二，加入前積，共六百三十七分。以兩母相乘四十九除之，得一十三步。開方九步，餘四步，是爲七分之四。

經零補隙法二

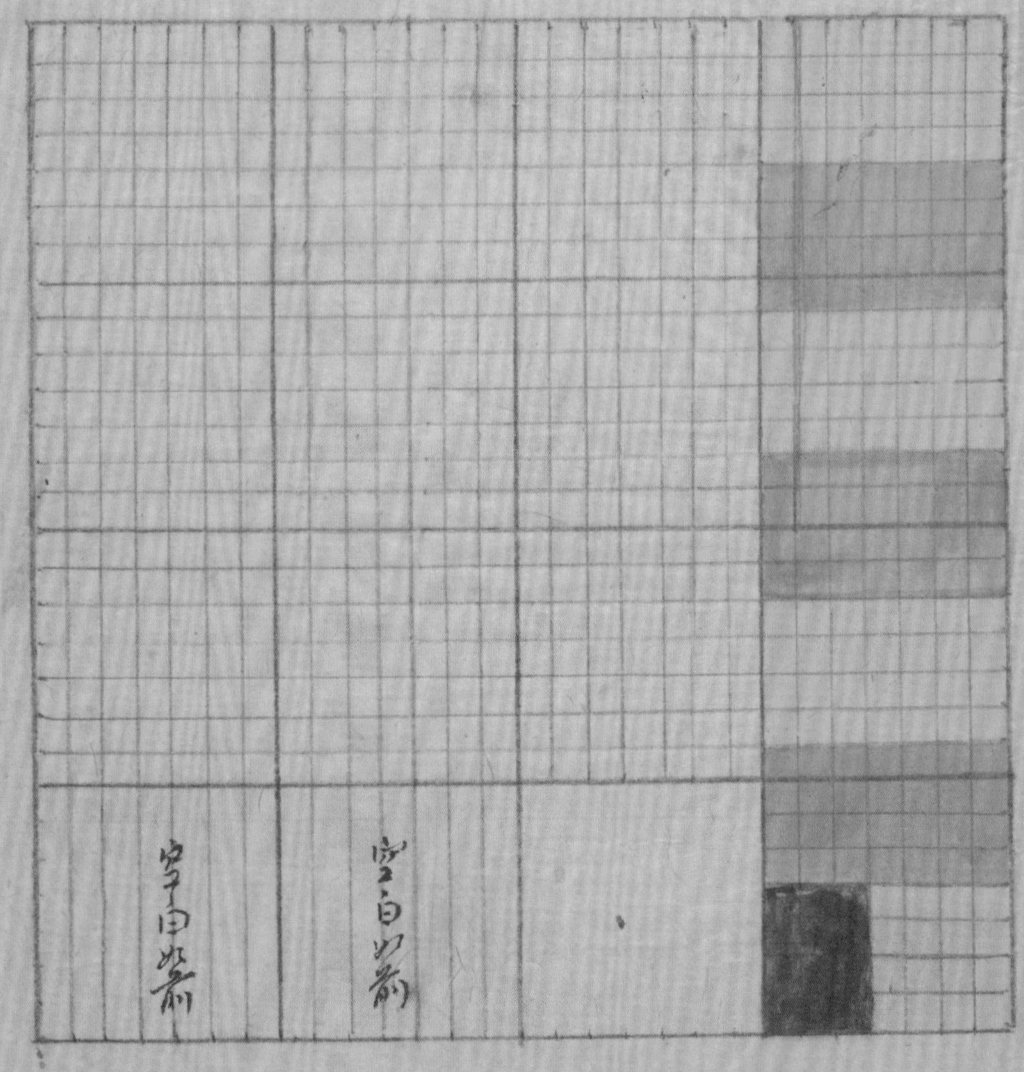

前整步外之經零以整步為縱以零步為橫兩層作六段縱橫皆零為隙併補乃二十二步遂與廿廣積等之減七段湊成兩整步以使原闊三步是為七之四

徑零補隅法二

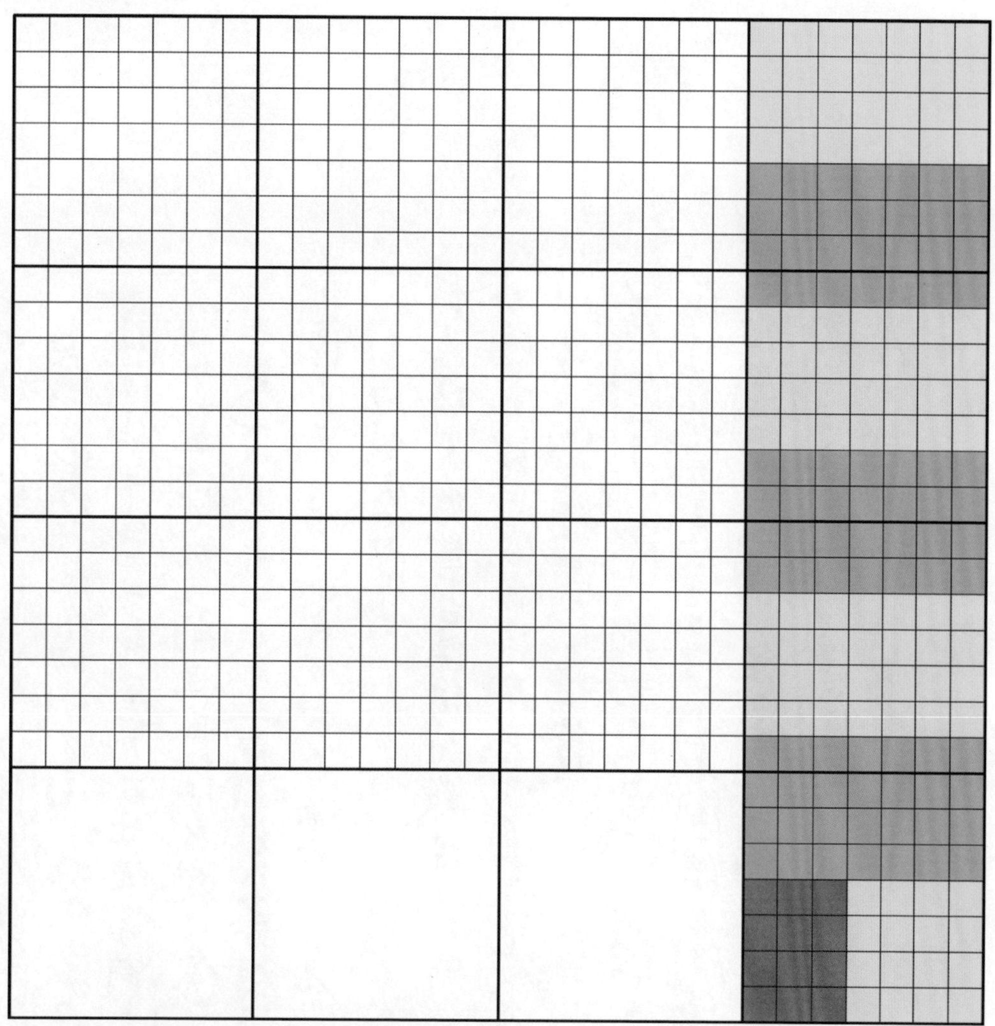

前整步外之徑零，以整爲縱，以零爲横，兩廉得六段，縱横皆零爲一隅，併補入一十二步，遂與廉積等，成七段，湊成四整步，以統原開三步，是爲七之四。

右四圓減隅補隅之法既使徑零之數為潤方零潤方零之數為徑零
然其要在徑零與潤方同母若干分為母使係潤也三步母九分為
母使係潤也四步母十一分為母使係潤也五步母廿則徑數不論若干
皆以此母化之故以潤方求徑反乘必合也若徑自為零原不從潤方
而來如八分之六六分之三此潤方原不相涉却用補減求之則屈拘
滯之甚矣此則行算者不論零之若何紛用補減故為此圖以明之

句股密率

顧應祥算術載古法併劉徽祖沖之術
如問黄鍾之管其容九分其圓徑若干
以古法圓三徑一求之得幾
答圓一十分零三厘九毫二絲　徑三分四厘六毫四絲
術曰置九分三歸四因得十二為圓法以圓法十二乘九得一百零八平方潤之
得圓以三歸圓得徑〇十二之圓法即方實也所以用九乘之耳徑實一
圓實三再三之方四平潤之而得徑也
以魏劉徽術求之得幾
答白圓一十零分六厘三毫二絲　徑三分三厘八毫六絲

右四圖減隅、補隅之法，能使徑零變爲開方零，開方零變爲徑零。然其要在徑零與開方同母，如七分爲母，便係開過三步者；九分爲母，便係開過四步者；十一分爲母，便係開過五步者。則徑整不論若干，皆以此母化之，故以開方求徑，反覆皆合也。若徑自爲零，原不從開方而來，如八分之六、六分之三，與開方原不相涉，却用補減求之，則畫蛇添足矣。近見刻行筭書，不論零之若何，槩用補減，故爲此圖以明之。

句股密率[1]

顧應祥《筭術》[2]載古法併劉徽、祖沖之術[3]。

如問黄鍾之管空容九分，其圍、徑各若干？

以古法圍三徑一求之，得幾？

答：圍一十零分三厘九毫二絲；　　徑三分四厘六毫四絲。

術曰：置九分，三歸四因，得十二爲圓法。以圓法十二乘九，得一百零八。平方開之，得圍。以三歸圍，得徑[4]。◎十二之圓法，即方實也。所以用九乘之者，徑實一，圍實三，再三之，方可平開之，而得徑也[5]。

以魏劉徽術求之，得幾？

答曰：圍一十零分六厘三毫二絲；徑三分三厘八毫六絲。

1 以下至“此黄鐘之原也”，出邢雲路《古今律曆考》卷三十五“律吕 · 句股密率”。凡抄脱訛誤，皆據《古今律曆考》校改。

2 指顧應祥《弧矢算術》。

3 顧應祥《弧矢算術》“方圓術”載：“古法圍三徑一，徽術周一百五十七徑五十，密術周二十二徑七。”徽術出《九章算術 · 方田》劉徽注，圓周 157，直徑 50，則圓周率：

$$\pi=\frac{157}{50}=3.14$$

密術，即祖沖之術，出《隋書 · 律曆志上》：“密率：圓徑一百一十三，圓周三百五十五；約率：圓徑七，周二十二。”即：

$$\text{密率}=\frac{355}{113}，\text{約率}=\frac{22}{7}$$

唐李淳風在《九章算術 · 方田》第三十一題等若干處注釋中，將《隋書》所載祖沖之約率稱作“密率”，後世沿訛未改，遂以周二十二徑七爲密率，此處仍舊。

4 設管徑爲 d，空圍即律管圓周爲 C，空容即律管横截面積爲 S，由 $S=\frac{C^2}{12}$ 得：

$$C=\sqrt{12S}=\sqrt{12\times 9}=\sqrt{108}\approx 10.392\text{分}$$

徑得圓周三分之一：

$$d=\frac{C}{3}=\frac{10.392}{3}=3.464\text{分}$$

5 十二之圓法，即圓周自乘積與圓面積的比率。求法如下：

$$S=\frac{3}{4}d^2=\frac{3}{4}\times\left(\frac{C}{3}\right)^2=\frac{C^2}{4\times 3}=\frac{C^2}{12}$$

此法不見於《古今律曆考》。

術曰徽之周法一百五十七徑法五十以周法一百五十七倍之得三百一十四爲積
法以周黄鐘之九得二千八百二十六以徑法五十折半爲二十五除之得一百一十
三零四平方開之得圜以徑法五十因之得五百三十一六以周法一百五十
七除之得徑
以宋祖冲之術求之得幾
答曰圜一十零八分六釐二毫六絲　徑三分三釐八毫六絲
術曰冲之之周法二十二徑法七以周法二十二四之得八十八爲積法以因黄鐘之
九得七百九十二以徑法七歸之得一百一十三一四二八平方開之得七十四四
五以周法二十二除之得徑
以今真密率求之得幾
答曰圜一十零分八釐一毫六絲六忽有奇
徑三分四釐六毫零二忽有奇
術曰以周徑圓法十三乘黄鐘之九得一百一十七平方開之得圜以徑
圓法三一二六除周得徑
按古法圜三徑一用三歸四因法西疏益算術徑一不止圜三是系
劉祖二術及密率沈安三歸四因之法密于三歸四因四歸以加倍折

術曰：徽之周法一百五十七，徑法五十。以周法一百五十七倍之，得三百一十四爲積法，以因黄鐘之九，得二千八百二十六。以徑法五十折半爲二十五除之，得一百一十三零四。平方開之，得圍。以徑法五十因之，得五百三十一六，以周法一百五十七除之，得徑[1]。

以宋祖沖之術求之，得幾？

答曰：圍一十零分六厘三毫六絲；

徑三分三厘八毫（六）[四]絲。

術曰：沖之之周法二十二，徑法七。以周法二十二四之，得八十八爲積法，以因黄鐘之九，得七百九十二，以徑法七歸之，得一百一十三一四二八。平方開之，[得圍。以徑法七因之]，得七十四四五，以周法二十二除之，得徑[2]。

以今真密率求之，得幾？

答曰：圍一十零分八厘一毫六絲六忽有奇；

徑三分四厘六毫零二忽有奇。

術曰：以周取圓法十三乘黄鐘之九，得一百一十七。平方開之，得周。以徑[取]圓法三一二六，除周得徑[3]。

按：古法圍三徑一，用三歸四因法爲疏，蓋筭術徑一不止圍三是矣。劉、祖二術反密[4]，然既變三歸四因之法，而乃暗用四因四歸，以加倍折

---

1 以徽術求得圓周、圓徑分别爲：

$$C=\sqrt{4\pi S}=\sqrt{4\times\frac{157}{50}\times 9}=\sqrt{113.04}\approx 10.632\text{分}$$

$$d=\frac{50}{157}C=\frac{50\times 10.632}{157}\approx 3.386\text{分}$$

2 以祖沖之密術求得圓周、圓徑分别爲：

$$C=\sqrt{4\pi S}=\sqrt{4\times\frac{22}{7}\times 9}=\sqrt{113.1428}\approx 10.636\text{分}$$

$$d=\frac{7}{22}C=\frac{7\times 10.636}{22}\approx 3.384\text{分}$$

3 真密率，邢雲路《古今律曆考》卷六十九云："古率圍三徑一，魏劉徽以一百五十七之五十爲密率，宋祖沖之以二十二之七爲密率，皆未善也。須以圓取實量圓中求徑，乃得真率。圓徑相取，皆三一二六爲率；虚實積取率，皆十三爲準。"據此，圓周率 $\pi=3.126$，圓周自乘積與原積比率爲：$\frac{C^2}{S}=13$，求得圓周、圓徑分别爲：

$$C=\sqrt{13S}=\sqrt{13\times 9}=\sqrt{117}\approx 10.8166\text{分}$$

$$d=\frac{C}{\pi}=\frac{10.8166}{3.126}\approx 3.4602$$

此率不如徽術與祖術精確。

4 劉祖二術反密，《古今律曆考》作"徽、沖之二術近密"。

半藏其術杭州之著四之說也蓋亦以意仿之未以實測之也今定密
率之法周取圓不以用四之形方有奇徑取圓不以用三之形方有奇蓋以
周圍之實數量之以句股之密率算之自方而圓毫無一爽故圓
一十四分八厘一毫五絲六忽有奇徑三分四厘六毫二忽有奇為其的
以徑取圓法乘徑得周自之以周取圓法而一得九還原即容九分
乃九立方分為黃鐘之面冪以每寸之九分乘之得千一分有奇九寸乘之
得長百二十九分為黃鐘九寸之積實即是以容黍黍容九寸凡千二百黍
以九寸除千二百黍得每寸一百三十三黍三分黍之一以九分除一百三十三黍三
分黍之一得每分十四黍八一四八不盡以冪九立方分以
九立方分除十四黍八一四八不盡得每立方分容一黍六四六九不
盡以長百二十九之一也由一黍之容以圓之還得千二百黍此黃鐘之
原也
古法圓與方相求以形論之圓為方四之三以積求之亦然故古法從
積以合以下三法似不晰以積與形混為一也更令學者茫然耳此案
乙按所云則推論形而論積於理為愈耳
太乙書

半藏其術，猶朝三暮四之説也。蓋亦以意約之，未以實布之也。今定密布之法，周取圍不止用四，四猶有奇；徑取圍不止用三，三猶有奇。蓋以周圍之實數量之，以句股之密率筭之，自大至細，毫無一爽。故圍一十〇分八厘一毫六絲六忽有奇，徑三分四厘六毫二忽有奇，爲真的。以徑取圓法乘徑得周，周自之，以周取圓法而一得九[1]，還原，即容九分，乃九立方分，爲黄鐘之面冪[2]。以每寸之九分乘之，得八十一分；又以九寸乘之，得七百二十九分，爲黄鐘九寸之積實[3]。即是以容黍，管九寸，凡千二百黍，以九寸除千二百黍，得每寸一百三十三黍三分黍之一；以九分除一百（二）［三］十三黍三分黍之一，得每分十四黍八一四八不盡，即面冪。每分容九立方分，以九立方分除十四黍八一四八不盡，得每一立方分容一黍六四六零九不盡，即七百二十九［分］之一也[4]。由一黍之容累因之，還得千二百黍。此黄鐘之原也。

古法圓與方相求，以形論之，圓得方四之三，以積求之亦然。故首法縱横皆合，以下三法似不晰。以積與形混爲一處，更令學者茫然耳。若《太乙書》所云[5]，則惟論形不論積，於理爲啚耳。

太乙書

1 以徑取圓，即圓周率 3.126；以周取圓，即圓周自乘積與圓面積比率 13。

2 黄鐘面冪，即黄鐘律管的横截面積，應爲平方，原書則稱作“立方”。此段凡稱立方者，皆指平方。

3 黄鐘律管長 9 寸，每寸爲 9 分，則長得 81 分。乘黄鐘面冪 9 平方分，得 729 立方分，爲黄鐘積實，即容積。

4 算法如下：

$$\frac{1200}{9\times 9\times 9}=\frac{1200}{729}\approx 1.64609$$

即每立方寸分容黍之數。

5 太乙書，明邢雲路撰，凡十卷。《明史 · 藝文志三》“子部 · 五行類”著錄，今不存。

今有黄鐘與圍九分，問徑及面冪若干。
答曰：徑二分八厘八毫三絲三忽九微有奇，
面冪六分三厘三毫五絲零忽六微有奇。
法曰：置圍九分，自乘得實，以太乙三才奇率三一三三二零三四為法而
一得徑，以圍徑相乘得二寸五分九厘五毫零五忽一微，以太乙三才
定率四一六一七六為法而一得面冪，合問。
以上皆出邢士登律曆考中微密二術，皆定率篇徑一圍三論
中所標也。其太乙之法乃士登之所自撰述，於古不審出於何家，但
知視微密之術又較為密，而不審其果無纖毫之錯否也。僥以
俟之知者。

今有黄鐘空圍九分，問徑及面冪各若干？

答曰：徑二分八厘八毫三絲三忽九微有奇；

面冪六分二厘三毫五絲四忽六微有奇。

法曰：置空圍九分爲實，以太乙三才奇率三一二一三二零三四爲法而一，得徑。以周徑相乘，得二寸五分九厘五毫零五忽一微，以太乙三才變率四一六一七六爲法而一，得面冪[1]。合問。

以上皆出邢士登《律曆考》中[2]。徽、密二術，即"定率篇"徑一圍三論中所稱也。其太乙之法，乃士登所自撰述，於古不審出於何家。但知視徽、密二術，又較爲密。亦不審其果無纖毫之錯否也，統以俟之知者。

---

1 太乙三才奇率，即圓周率 $\pi=3.12132034$。太乙三才變率，即周徑乘積與圓面積比率：$\frac{dC}{S}=4.16176$。以太乙法求得圓徑爲：

$$d=\frac{C}{\pi}\approx\frac{9}{3.12132034}\approx 2.88339$$

面冪即圓面積得：

$$S=\frac{dC}{4.16176}\approx\frac{2.88339\times 9}{4.16176}\approx 6.23546$$

2 邢士登，即邢雲路，字士登，明安肅（今河北徐水縣）人。著有《古今律曆考》七十二卷、《戊申立春考證》一卷、《太乙書》十卷。

中西數學圖說　寅

卷之三

招遠李篤培作

衰分

第一篇 單準

一 凡以一物求多物共問五圖五

一 凡以多物求一物共問二圖二

一 凡以數帶餘數共問二圖四

解法以求餘餘求以

多求每

穀米相求

三問列乘減法

四問列乘加法

第二篇 疊準

一 凡以兩物相求先見本物共

一問第一法至第五法

變乘位二問圖一

一 凡就物抽分

卷之三

招遠李篤培仁宇甫著

粟布

第一篇 單準

一凡以一物求多物者　問五 圖五
一凡以多物求一物者　問二 圖二
一凡正數帶餘數者
問二　圖四
解後正求餘
餘求正
多求每
穀米相求
三問　列率／減法
四問　列率／加法

第二篇 纍準

一凡以兩物相求先見本物者
［一問　第一法至第五法
二問至四問　圖三
一凡兩物相求先見他物者］
一問　第一法至第五法／變率位
二問　圖一
一凡就物抽分

一問　第一法二　總求正先除 / 總求餘先除
第二法二　總求正先乘 / 總求餘先乘
解後第三法　總求正米爲法 / 總求餘米爲法
　　第四法　總求正銀除銀爲法 / 總求餘銀除銀爲法
　　第五法 總求正銀爲法 / 總求餘銀爲法
　　第六法 總求正化餘作正 / 總求餘化正作餘
附正求總法二 先 [除] / 先乘
附餘求總法二 先 [除] / 先乘
附正求餘法二 先乘 / 先 [除]
附餘求正法二 先 [除] / 先乘
附物求價第一法 總求正先除 / 總求餘先除
　　第二法 總求正先乘 / 總求餘先乘
二問　總求正先乘 / 總求餘先乘
一凡貴賤相求者
一問　賤求貴先乘
解後第二法至第五法
　　變準法
　　重準法初測
　　重準法再測
　　貴求賤
附物求價用互換法
　　用變準法

用重準法初測
用重測法再測
二問　化緑作紅化紅作緑
解後圖二
一凡數有子母者
問（八）［七］　圖（八）［七］
解後圖二
一凡整數帶零數者　問二　圖二
一凡物有遞數者
一問　圖六 初 / 再 / 三
［解後 初 / 再 / 三］
二問　圖三 初 / 再 / 三
三問　圖四 初 / 再 / 三 / 四
四問　圖四 初 / 再 / 三 / 四
五問　遞除遞乘法 初 / 再 / 三 / 四
併子併母法

［六問　　圖四 初／再／三／四］
（六）［七］問 遞除遞乘法 初／再／三
並母並子法
（七）［八］問 遞除遞乘法 初／再／三
並母並子法

第叁篇 變準

一凡原今兩物各具兩層數
一問　　第一法至第五法
［變位］
二問　　圖一
一凡原今兩物各有多層
問二　　圖二
一凡物有褓數展轉相推者
一問　　初／再／三／四
二問　　初／再／三／四　共八圖
一凡珠寶果品之類
問一[1]

1 此後原有第四篇重準目次，見“卯集”卷四目録，此處重出，今刪去不録。

卷之三

粟布

粟穀也布錢也衣服之布亦謂之布如帛謂之幣珠玉金銀亦謂之幣之取貨也布取通也以財貨之轉名也然凡帛為布亦易以貨之所周而流行此乃平準之所自起也先王設度以求長短設量以求多寡設衡以權輕重以所以守財物御民事而平天下也交易交通不平取平此粟布之所錄是舊法所列粟布之屬以為類分之如粟穀糧米錢鈔皆金織成絹及貿易抽分之類名目雖別法則勝出要其法流其勢智者能通其變近見西國算法布準測之法又有六次準有重準因法法若僅疊除今依其法文演為單準雙準並無準重準而匯其法為類隨法附見蓋以法為經以物為緯錯手繁然極有綱領至於量之多寡度之長短雖有舊章然因時異宜不足為據且今升斗石分寸尺丈以斤以斤之數亦易求惟兩之以十六而累乘勢須會通然後可求特立斤兩法金有成色西成色法算有月日折算月法盤量之法原出少廣以附粟布為用於是粟

卷之三

招遠李篤培仁宇甫著

校

粟布

粟，穀也。布，錢也，衣服之布亦謂之布[1]。如帛謂之幣，珠玉金銀亦謂之幣。幣取贄也，布取通也，皆財賄之總名也。炎帝爲市交易，而各得其所[2]；周有泉府[3]，此平準之所自起也[4]。先王設度以求長短，設量以求多寡，設衡以权輕重，皆所以守財物、御民事而平天下也。交易變通，不平取平，此粟布之要領矣。舊法所列粟布之屬，以事類分之。如礱穀成米[5]，鍊鑛得金，織絲成絹，及貿易抽分之類，名目雖别，法則襍出。愚者徒滋其棼，智者殊覺其複。近見西國筭書，有準測之法，又有變準，有重準[6]。因法立名，層疊深入。今依其法，又演爲單準、纍準，並變準、重準而四。其諸事類，隨法附見。蓋以法爲經，以事爲緯，觸手燦然，極有綱領。至於量之多寡，度之長短，雖有舊率，然因時異宜，不足爲據。且合升斗石、分寸尺丈，皆以十登之，整而易求。惟兩之與斤，以十六爲率，勢須會通，然後可求，特立斤兩法。金有成色，爲成色法。年有月日，爲年月法。盤量之法，原出少廣，以貯粟爲用，故從粟

1《算法統宗》卷四粟布章云："粟是米也，布是錢也。以粟稻等率求米之精粗，以斛斗求糧之多寡，以丈尺求帛之長短，以斤兩求物之輕重，以御變易。"

2《周易·繫辭下》："包犧氏沒，神農氏作，……日中爲市，致天下之民，聚天下之貨，交易而退，各得其所。"神農，即炎帝。

3《周禮·地官·泉府》："泉府，掌以市之征布，斂市之不售，貨之滯於民用者。"

4 平準，平抑物價。《史記·平準書》索隱云："大司農屬官有平準令丞者，以均天下郡國轉販。貴則賣之，賤則買之，貴賤相權輸，歸于京都，故命曰'平準'。"

5 礱，磨去穀殼。

6《同文算指通編》卷一有三率準測法、變測法、重準測法。

布○共四八篇○

布，共得八篇。

第一篇

單準

西有準測之法，以分為四率，以已知推未知。假如第一率為原物，第二率為原價，三率為今物，四率為今價。蓋第一與第三相準，而已知之二與未知之四相準也。今分為單準、纍準，以便初學次第而入。此篇先論單準，以一求多，以多求一，或乘或除，只以一為法，簡而易曉，然後多者推此可觸類而長耳。

一凡以一物求多物者，以一物為第一率，以一物所得為第二率，以今物為第三率，以二率乘三率，得第四率。若先見所得，反求今物者，則以二率除三率。

問：原穀一石，得糙米四斗，今有穀八百五十八石五斗，求米幾何？

答：三百四十三石四斗。

法：原穀一石為第一率，得糙米四斗為第二率，今穀八百五十八石五斗為第三率，以二率乘三率，得第四率，合問。

一率　穀　一石

二率　糙米　四斗　乘

第一篇

單準

西書有準測之法，分爲四率，以已然推未然。假如第一率爲原物，第二率爲原價，三率爲今物，四率爲今價，蓋第一與第三相準，而已知之二與未知之四相準也。今分爲單準、纍準，以便初學次第而入。此篇先論單準，以一求多，以多求一，或乘或除，皆以一爲法，簡而易曉。然後多者襍者，可以觸類而長耳[1]。

一、凡以一物求多物者，以一物爲第一率，以一物所得爲第二率，以今物爲第三率，以今物所得爲第四率。以二率乘三率，得第四率。若先見所得，反求今物者，則以二率除三率。

1. 問：原穀一石，得糙米四斗。今有穀八百六十八石五斗，求米若干[2]？

答：三百四十七石四斗。

法：原穀一石爲第一率，得糙米四斗爲第二率，今穀八百六十八石五斗爲第三率。以二率乘三率，得第四率。合問。

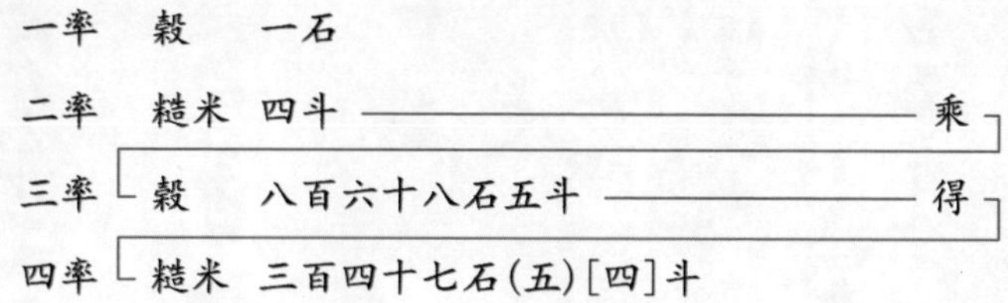

1《同文算指通編》卷一“三率準測”云：“數有顯隱，必賴顯以徵隱。故列前三率，求後一率。先定三率之位，大都取其相準，如貨準貨，錢準錢之類。凡第三率必與第二率相乘，而以第一率除之，因得第四率爲所求。舊名‘異乘同除’。”

2 此題據《算法統宗》卷四粟布章“穀米麥麻金”第一題改編。原題與“多物求一物”第一題同，題設數據略異。

三率　穀八百八十八石五斗　得

四率　糙米三百四十七石五斗

解　以每穀一石為一率，此用乘法，故曰單準

問每銀一兩買布四足，今有銀一百零六兩二錢五分，求布幾何

答　四百二十五足

法　銀一兩為一率，布四足為二率，銀一百零六兩二錢五分為三率，以二率乘

三率合問

一率　銀　一兩

二率　布　四足　乘

三率　銀　一百零六兩二錢五分　得

四率　布二百四十五足

解　前問舉粟，此問舉布，推見可類，一切可推

問每糙米一石用穀二石五斗，今糙米三百四十七石五斗，求用穀幾何

答　八百六十八石五斗

法　依問列率，二率乘三率，得四率，合問

一率　糙米　一石

解：以每穀一石爲率，止用乘法，故曰單準。

2.問：每銀一兩，買布四疋。今有銀一百零六兩二錢五分，求布若干？

答：四百二十五疋。

法：銀一兩爲一率，布四疋爲二率，銀一百零六兩二錢五分爲三率，以二率乘三率。合問。

一率　銀　一兩

二率　布　四疋 ——— 乘

三率　銀　一百零六兩二錢五分 ——— 得

四率　布　(二百四十五)[四百二十五]疋

解：前問舉粟，此問舉布，粗見事類，一切可推。

3.問：每糙米一石，用穀二石五斗。今糙米三百四十七石四斗，求用穀若干？

答：八百六十八石五斗。

法：依問列率。二率乘三率，得四率。合問。

二率　穀　二石五斗　乘
三率　糙米　三百四十七石四斗　得
四率　穀　八百六十八石五斗

解此就第一問反求之設問以前反覆相求舉此見例四以上以此亦多而
先見每物若干之價問

問每穀一石得糙米四斗今欲得糙米三百四十七石四斗求用穀若干
答八百六十八石五斗
法置穀一石爲一率糙米四斗爲二率今糙米三百四十七石四斗爲三率以二率除
三率得四率合問

一率　穀一石
二率　米四斗　除
三率　糙米三百四十七石四斗　得
四率　穀八百六十八石五斗

解凡列率第一與第三第二與第四相應如第一與第三係穀第二
與第四係米則用二三相乘之法今先見他物一率是穀二率是米三率
又是米是先得四率而與第一不相應是以交乘而爲除也

一率	糙米	一石	
二率	穀	二石五斗	乘
三率	糙米	三百四十七石(五)[四]斗	得
四率	穀	八百六十八石五斗	

解：此就第一問覆求之，諸問皆可反覆相求，舉此見例。◎以上皆以一求多而先見本物者，謂之順問。

4.問：每穀一石，得糙米四斗。今欲得糙米三百四十七石四斗，求用穀若干？

答：八百六十八石五斗。

法：置穀一石爲一率，糙米四斗爲二率，今糙米三百四十七石四斗爲三率。以二率除三率，得四率。合問。

一率	穀	一石	
二率	米	四斗	除
三率	糙米	三百四十七石四斗	得
四率	穀	八百六十八石五斗	

解：凡列率，第一與第三相應，第二與第四相應。如第一與第三俱穀，第二與第四俱米，則用二、三相乘之法。今先見他物，一率是穀，二率是米，三率又是米，是先得四率，而與第一不相應矣，所以變乘而爲除也。

問每糙米一石用穀二石五斗今有穀八百六十八石五斗求米若干

答三百四十七石四斗

法依問列率以二率除三率得四率合問

一率　糙米　一石

二率　穀　二石五斗　除

三率　穀　八百六十八石五斗　得

四率　米　三百四十七石四斗

解上問即第一問此問即第三問但更置其二率耳○以上以一求多亦先見所得斤價之例同

一凡以多物求一物者以多物為一率以多物所得為二率以一物為三率以一物所得為四率以一率除二率得四率若以所得為三率則以二率除一率

問今有穀八百六十八石五斗得糙米三百四十七石四斗今有穀一石得米若干

答米四斗

法依問列率以一率除二率得四率合問

一率　穀八百六十八石五斗　除

二率　米三百四十七石四斗　得

5.問：每糙米一石，用穀二石五斗。今有穀八百六十八石五斗，求米若干？

答：三百四十七石四斗。

法：依問列率。以二率除三率，得四率。合問。

一率　糙米　一石

二率　穀　二石五斗——除

三率　穀　八百六十八石五斗——得

四率　米　三百四十七石四斗

解：上問即第一問，此問即第三問，但更置其率耳。◎以上以一求多而先見所得者，謂之倒問。

一、凡以多物求一物者，以多物爲一率，以多物所得爲二率，以一物爲三率，以一物所得爲四率。以一率除二率，得四率。若以所得爲三率，則以二率除一率。

1.問：今有穀八百六十八石五斗，得糙米三百四十七石四斗。今有穀一石，得米若干[1]？

答：米四斗。

法：依問列率。以一率除二率，得四率。合問。

一率　穀　八百六十八石五斗——除

二率　米　三百四十七石四斗——得

三率　穀　一石

四率　米　四斗

1 此題爲《算法統宗》卷四粟布章“穀米麻麥金”第一題，題設數據畧異，糙米三百四十七石四斗，《算法統宗》原作“四百一十六石八斗八升”。

三率 穀一石

四率 未算

解穀米俱係多數以所求者一石之數故入單準以前條相表裏以米每十石百石千石萬石隔位求之法此係求一先見亦爲物等順例

例以銀一百零六兩二錢五分買布四百二十五足買布一足所用銀若干

答價銀二錢五分

法依例列率以二率除一率得四率合問

一率 銀一百零六兩二錢五分

二率 買布四百二十五足

三率 買布一足

四率 價銀二錢五分

解此係求一先見所得爲例例〇西法準例之例以二率三率相乘以一率除之今以一物求多物原物是一故不必用除多物求一物所求是一故不必用乘也〇凡物得之相求以已知爲首未知爲主從横反覆以循八端如前數例已舉大都以數象多樣以概舉之再以銀錢相換列爲八端未之假如銀一兩換錢八百文求銀二十五兩應得錢若干文此爲一求多順例

解：穀米俱係多數，以所求爲一石之數，故入單準，與前條相表裡。若求每十石、百石、千石、萬石，改位不改法。◎此多求一先見本物者，順問。

2. 問：今有銀一百零六兩二錢五分，買布四百二十五疋。今買布一疋，求用銀若干？

答：價銀二錢五分。

法：依問列率。以二率除一率，得四率。合問。

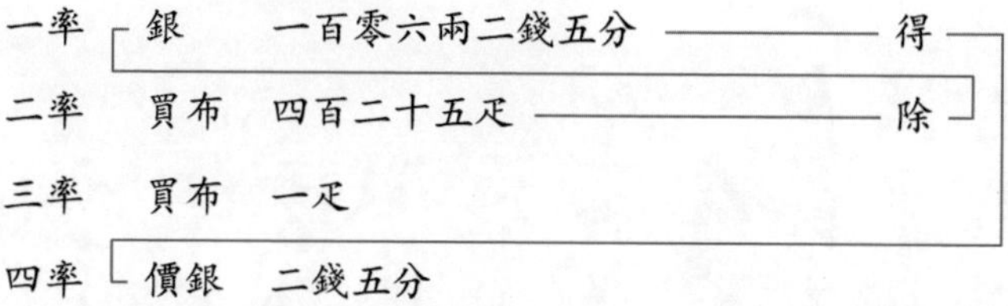

一率	銀	一百零六兩二錢五分	得
二率	買布	四百二十五疋	除
三率	買布	一疋	
四率	價銀	二錢五分	

解：此多求一先見所得者，倒問。◎西書準測之例，皆以二率與三率相乘，以一率除之。今以一物求多物，原物是一，故不必用除；多物求一物，所求是一，故不必用乘也。◎凡物對立相求，以已知爲客，未知爲主，縱橫反覆，皆有八端。如前數問，已舉大都，事類繁多，難以概舉。今再以銀錢相換，列爲八端求之。

假如銀一兩換錢八百文，求銀二十五兩應得錢若干文？此爲一求多順問者。則

以二率乘三率得錢二十千文〇銀一兩换錢八百文求錢二十千文應用銀若干
兩此為一求多倒例如法以二率除三率得銀二十五兩〇銀二十五兩换錢二十千
文求銀一兩應得錢若干文此為多求一順例如法以一率除二率得錢八百文
〇銀二十五兩换錢二十千文求錢一千應用銀若干兩此為多求一倒例如法以
二率除三率得銀一兩二錢五分此得銀為一之四率也〇假如錢一千文换銀一
兩二錢五分求錢二十千文應得銀若干此為一求多順例如法得銀二十五
兩〇錢一千文换銀一兩二錢五分求銀二十五兩應用錢若干此為一求多倒
例如法得錢二十千文〇錢二十千文换銀二十五兩求錢一千文應得銀若干此
為多求一順例如法得銀一兩二錢五分〇錢二十千文换銀二十五兩求銀
一兩應用錢若干文此為多求一倒例如法得錢八百文此得錢為一之四率也
合之得八端餘可類推疊準安準重準倣此
一凡正數帶餘數者以每一百為正法以每一應餘之數為餘法合正餘為併
法若據求實置總數以併法除之或用減法於正求總者置正數以併
法乘之或用加法前率則每一百為一率餘為二率見數為三率所求為四率
例如有實糧三千三百二十八石每石耗米四升求正米若干
答三千二百石

以二率乘三率，得錢二十千文。◎銀一兩换錢八百文，求錢二十千文應用銀若干兩？此爲一求多倒問者。則以二率除三率，得銀二十五兩。◎銀二十五兩换錢二十千文，求銀一兩應得錢若干文？此爲多求一順問者。則以一率除二率，得錢八百文。◎銀二十五兩换錢二十千文，求錢一千應用銀若干兩？此爲多求一倒問者。則以二率除一率，得銀一兩二錢五分。此以銀爲一之四率也。◎假如錢一千文换銀一兩二錢五分，求錢二十千文應得銀若干？此爲一求多順問，如法得銀二十五兩。◎錢一千文换銀一兩二錢五分，求銀二十五兩應用錢若干？此爲一求多倒問，如法得二十千文。◎錢二十千文换銀二十五兩，求錢一千文應得銀若干？此爲多求一順問，如法得銀一兩二錢五分。◎錢二十千文换銀二十五兩，求銀一兩應用錢若干文？此爲多求一倒問，如法得錢八百文。此以錢爲一之四率也。合之得八端，餘可類推。纍準、變準、重準倣此。

一、凡正數帶餘數者，以每一爲正法，以每一應餘之數爲餘法，合正、餘爲併法。若總求正者，置總數，以併法除之，或用減法[1]；若正求總者，置正數，以併法乘之，或用加法[2]。列率則每一爲一率，餘爲二率，見數爲三率，所求爲四率。

1.問：今有官糧三千三百二十八石，每石耗米四升，求正米若干[3]？

答：三千二百石。

1 減法，又稱“身外減法”。以減代除，即珠算定身除法。是除數（法）首位爲 1 的除法簡捷算法。具體操作過程，詳後文例題。

2 加法，又稱“身外加法”。以加代乘，即珠算定身乘法。是乘數（法）首位爲 1 的乘法簡捷算法。具體操作過程，詳後文例題。

3 官糧帶耗算題，見《算法統宗》卷四粟布章，有例問三道。

法以每石爲一率，四升爲二率，推米爲三率，併前二率，乘一率四除三率，合問

一率　一石　除

二率　四升　併一石四升

三率　三千三百二十八石　得

四率　三千二百石

本法列三千三百二十八石爲四位，首位減起，以四爲法，三四一十二，次位減一存二，

三位減二是，次減次位二四如八，四位減八是存數，合問

四　八石減是

二　二十減是

二　三百　試一十存二二四　又減八存四位減　二百

三　三千　三四又減一十二次位　減一，三位減二　三十

以四爲法，從左起，滿位減減

十則操位減

解此推求正

問：今有正糧三千二百石，每石耗米四升，求推米若干？

答三千三百二十八石

法以每一石爲一率，四升爲二率，正米爲三率，併前二率，乘一率四乘三率，合問

法：以每石爲一率，四升爲二率，總米爲三率。併前二率一零四，除三率。合問。

一率　一石
　　　　　併一石四升 ——— 除
二率　四升
三率　三千三百二十八石 ——— 得
四率　三千二百石

又法：列三千三百二十八石爲四位，首位減起，以四爲法，三四一十二，次位減一存二,三位減二盡，次減次位二四如八,四位減八盡，存數合問[1]。

三千　三四應減一十二，次位減一，三位減二　三千

二　三百　減一十存二，二四又減八，在四位減　二百

二十　減盡

四　八石　減盡

以四爲法，從左起隔位減，成十則挨位減。

解：此總求正。

2. 問：今有正糧三千二百石，每石耗米四升，求總米若干？

答：三千三百二十八石。

法：以每一爲一率，四升爲二率，正米爲三率。併前二率一零四，乘三率。合問。

1 運算過程如下所示：

	千	百	十	石	
實	3	3	2	8	法 1.04，4 在首位 1 隔位，除去首位 1，法三位 4 依次與實各位相乘，得數從隔位減起，遇十則從次位減
		-1	-2		實首位 3 與法 4 相乘，3×4=12，隔位減 2，次位減 1
	3	2	0	8	
				-8	實次位 2 與法 4 相乘，2×4=8，隔位減 8
商	3	2	0	0	得 3200

一率　一石　係一石價　乘
二率　四升　係四升
三率　三千二百石
四率　三千三百二十八石　得

法列三千二百為二位，從末位加起，以四為法，二四如八，隔位加八，次從前位加三四一十二，次位加一，成數合問

四　〇　〇　八　　八石　以四為法，從右起
〇　〇　二　　二十　隔位加，成十則
三　二　百　二四如加八，在四位　三百　挨位加
三千　三四如加一十二，在三位二在二位　三千

解此正求總〇前正餘相求，置正四因之，以餘置餘四歸之得正，即一求多之法，以共正求共餘，求每正每餘，即多求一之法〇前一多相求，並係同物，而並列二宗，此則就一宗內分其孰為正孰為餘，此為異耳

假如前章米穀之問，若以穀為總，以米為正，以糠為餘，作問云：每米一石糠一石五斗七分，穀八百六十八石五斗，求米若干，則係一石與廿一石五斗，推法除之，得米三百四十七石四斗，即合與此問同矣，此問亦可以此推之

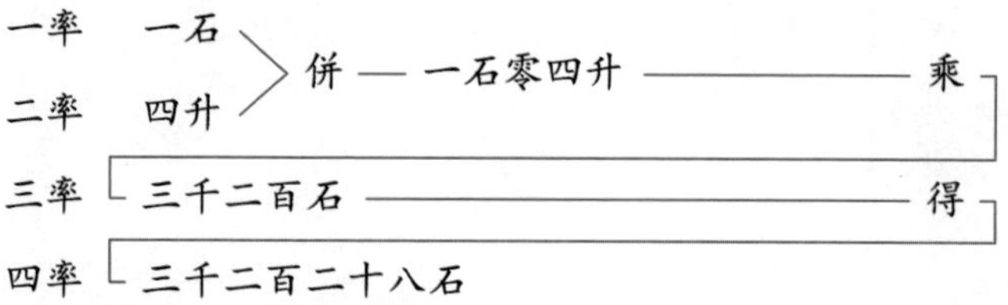

一率　一石
　　　　　　＞併 — 一石零四升 ———————— 乘
二率　四升

三率　三千二百石 ———————————— 得

四率　三千二百二十八石

又法：列三千二百爲二位，從末位加起，以四爲法，二四如八，隔位加八；次從前位加三四一十二，次位加一，成數合問[1]。

四　　〇〇　八　　　　　　　　　　　　　　　　　　八石

　　　〇〇　二　　　　　　　　　　　　　　　　　　二十

　三　二百　　　　二四應加八，在四位　　　　　　　三百

　　　三千　　　　三四應加一十二，一在二位，二在三位　　三千

以四爲法，從右起隔位加，成十則挨位加。

解：此正求總。◎若正餘相求，置正四因之，得餘；置餘四歸之，得正，即一求多之法。若共正共餘求每正每餘，即多求一之法。◎前一多相求，雖係同物，而並列二宗。此則就一宗内分其孰爲正，孰爲餘，此爲異耳。假如前章米粟之問，若以粟爲總，以米爲正，以糠爲餘，作問云：每米一石，糠一石五斗。今有穀八百六十八石五斗，求米若干？則併一石與一石五斗，爲法除之，得米三百四十七石四斗，即全與此同矣。諸問皆可以此推之。

1 運算過程如下所示：

	千	百	十	石	
實	3	2	0	0	法 1.04，4 在首位 1 隔位，除去首位 1，法三位 4 依次與實各位相乘，得數從隔位加起，遇十則加於本位
				8	實次位 2 與法 4 相乘，2 × 4=8，隔位加 8
	3	2	0	8	
積		1	2		實首位 3 與法 4 相乘，3 × 4=12，隔位加 2，次位加 1
積	3	3	2	8	得 3328

正求餘以一求多法順問

一率　正一石

二率　耗四升——乘

三率　今正三千二百石——得

四率　應耗一百二十八石

餘求正以一求多法倒問

一率　正一石

二率　耗四升——除

三率　今耗一百二十八石——得

四率　應正三千二百石

多求每以多求一法

一率　正三千二百石——除

二率　耗一百二十八石——得

三率　每正一石

四率　耗四升

穀米相求改前法為今法

正求餘 即一求多法順問

一率　正　一石

二率　耗　四升————————乘

三率　今正　三千二百石————得

四率　應耗　一百二十八石

餘求正 即一求多法倒問

一率　正　一石

二率　耗　四升————————除

三率　今耗　一百二十八石————得

四率　應正　三千二百石

多求每 即多求一法

一率　正　三千二百石————除

二率　耗　一百二十八石————得

三率　每正　一石

四率　耗　四升

穀米相求 改前法如今法

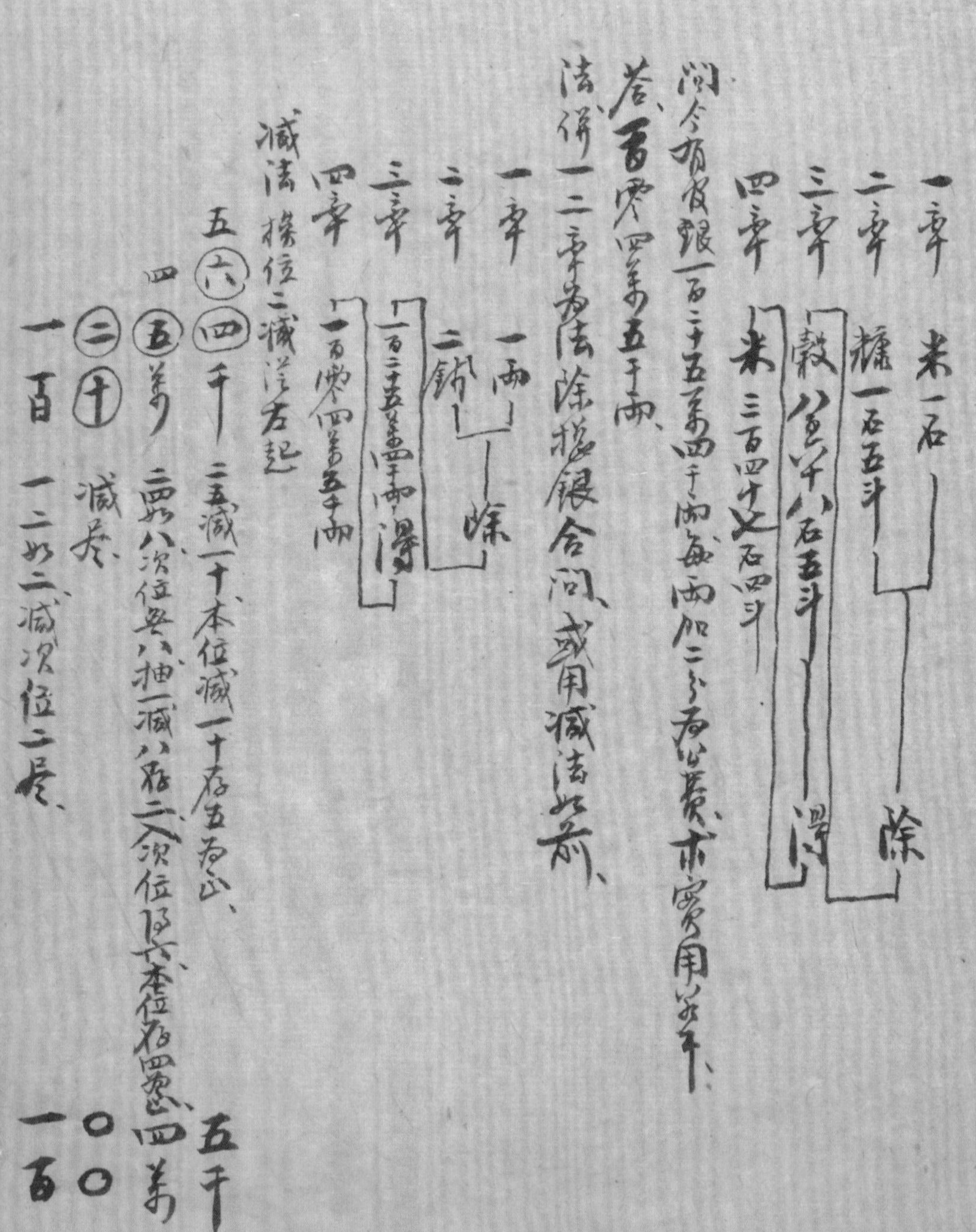

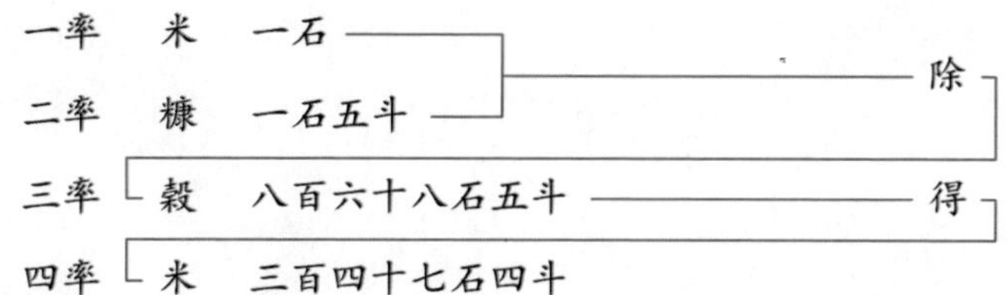

3.問：今有官銀一百二十五萬四千兩，每兩加二（分）［錢］爲公費[1]，求實用若干？

答：一百零四萬五千兩。

法：併一二率爲法，除總銀。合問。或用減法如前。

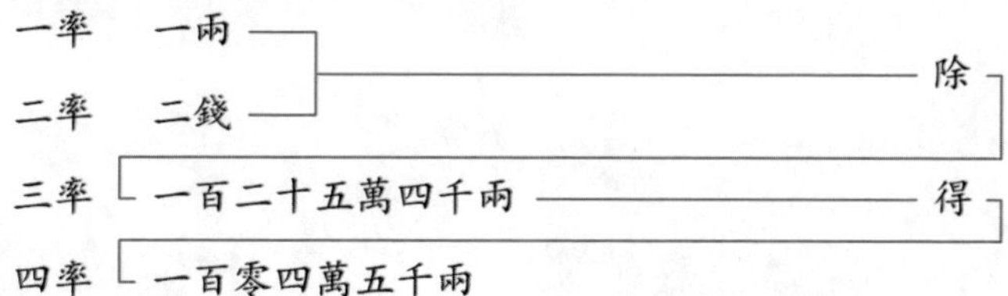

減法 挨位二減從左起[2]

一 百　一二如二，減次位二盡　一百

(二) 十　減盡　〇〇

四 (五) 萬　二四如八，次位無八，抽一減八存二，入次位得六，本位存四爲正　四萬

五 (六) (四) 千　二五減一十，本位減一十，存五爲正　五千

1 分，當作“錢”，據後文改。

2 運算過程如下所示：

	百	十	萬	千	
實	1	2	5	4	法 1.2，除去首位 1，法次位 2 依次與實各位相乘，得數從次位減起，遇十從本位減
		-2			實首位 1 與法 2 相乘，1×2=2，次位減 2
	1	0	5	4	
				-8	次商空。實三位 5 與法 2 相乘，5×2=10，不夠減。三位作 4，4×2=8，次位減 8
	1	0	4	6	
				-1	實四位 6，與法 2 相乘，不夠減。作 5，5×2=10，本位減 1
商	1	0	4	5	得 1045000

解此總本正前條所得位、此係總位、

問今有銀一百零四萬五千兩、每兩加二錢為火耗、求總用銀若干、

答一百二十五萬四千兩、

法併一二率為法、乘原銀合問、或用加法亦可、

一率　一兩 ┐
二率　二錢 ┘ 乘
三率　一百零四萬五千兩 ┐ 得
四率　一百二十五萬四千兩 ┘

加法

四 ⑧ ⑥ ⑤ 千　二五一十、加十於本位得六、六合前位加八得十四、進十於前本位為四、　四

五 ④ 萬　二四如八、加八於次位成十四、進十於本位成五、　五

二 ○ ○　二

一 百　一二如二、加二於次位、　一

解此正求總、係總位加⊙、凡加法有外加有內扣、此上問乃外加者、每一兩加二錢、是以十二兩為十二兩也、若內扣者、每一兩扣二錢、是以十兩為八兩也、相近而實不同、如前條總求原以八乘之、止得原一百萬零三千二百兩、少四萬一千八百兩矣、宜求總以八除

解：此總求正，前條係隔位，此係挨位。

4. 問：今有官銀一百零四萬五千兩，每兩加二錢爲公費，求總用銀若干？

答：一百二十五萬四千兩。

法：併一二率爲法，乘正銀。合問。或用加法如前。

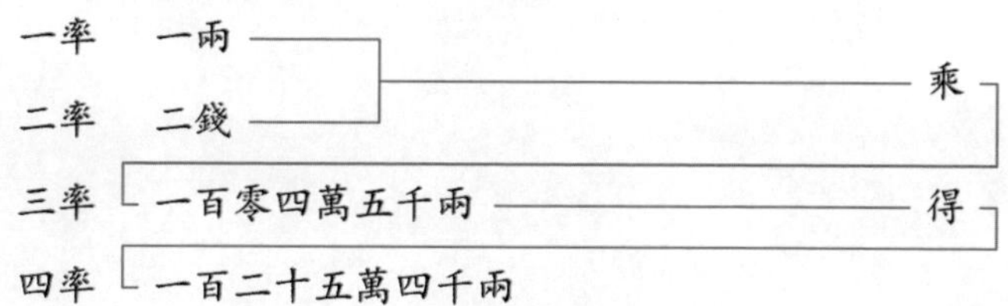

加法[1]

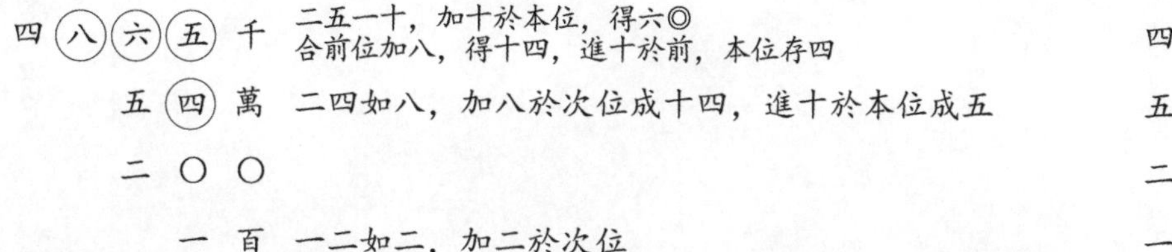

解：此正求總，係挨位加。◎凡加法，有外加，有内加[2]。如上問，皆外加者，每一兩加二錢，是以十二兩爲十兩也。若内（扣）［加］者[3]，每一兩扣二錢，是以十兩爲八兩也。相近而大不同。如前條總求正，以八乘之，止得正一百萬零三千二百兩，少四萬一千八百兩矣。正求總，以八除

1 運算過程如下所示：

	百	十	萬	千	
實	1	0	4	5	法 1.2，除去首位 1，法次位 2 依次與實隔位相乘，得數從次位加起，遇十加於本位。
				1	實末位 5 與法 2 相乘，5×2=10，本位加 1
	1	0	4	6	
				8	實三位 4 與法 2 相乘，4×2=8，次位加 8
	1	0	5	4	
		2			實首位 1 與法 2 相乘，1×=2，次位加 2
商	1	2	5	4	得 1254000

2 加，原誤作“扣”，塗改作“加”。

3 扣，當作“加”，涉下文“每一兩扣二錢”而訛，據文意改。

三、當得二百三十萬零六千二百五十兩、以五萬二千二百五十兩乘、〇以所除之、求正、

法同上、不贅、

之，當得一百三十萬零六千二百五十兩，多五萬二千二百五十兩矣。◎正求餘，餘求正，法同上，不贅。

第二篇

絫準

前篇係以一物求多物。此係以多物求多物。就兩多之中。富其多寡。乃屬絫準求之。故曰絫準。如銀幾兩買物幾個。物幾個值銀幾兩是也。然多之中自有每一之數。兩數相較。又可以互求之。

凡以兩物相求。先見本物若干。以原本物爲一率。本物所得爲二率。今本物爲三率。今物所得爲四率。用異乘同除之法。以二率乘三率。以一率除之。○或以一率除二率。以三率乘之。○或以二率除一率。以除三率。○或以一率除三率。以二率乘之。○或以三率除一率。以除二率。俱得四率。

問銀四十四兩。糴米五十二石。今有銀二百二十兩。求糴米若干。

答。二百六十石。

法係問列率。原銀一。原米二。今銀三。以三率乘二率。得一萬一千四百四十。以一率除之。得四率合問。○或以一率除二率。得一石一斗八升一合八一八一不盡。以三率乘之。○或以二率除一率。得八四六一五三不盡。以除三率。○或以一率除三率。得五。以二率乘之。○或以三率除一率。得二。以除二率。俱同。

第二篇

纍準

前篇以一物求多物，此以多物求多物。就兩多之中，審其多寡，乃層纍而求之，故曰纍準。如銀幾兩買物幾個，物幾個值銀幾兩是也。然多之中自藏每一之數，兩數相較，又可以互求焉。

凡以兩物相求先見本物者，以原本物爲一率，本物所得爲二率，今本物爲三率，今物所得爲四率。用異乘同除之法，以二率乘三率，以一率除之。◎或以一率除二率，以三率乘之。◎或以二率除一率，以除三率。◎或以一率除三率，以二率乘之。◎或以三率除一率，以除二率，俱得四率。

1. 問：銀四十四兩糴米五十二石，今有銀二百二十兩，求糴米若干[1]？

答：二百六十石。

法：依問列率。原銀一，原米二，今銀三。以二率乘三率，得一萬一千四百四十；以一率除之，得四率。合問。◎或以一率除二率，得一石一斗八升一合八一八一不盡，以三率乘之。◎或以二率除一率，得八四六一五三不盡，以除三率。◎或以一率除三率，得五，以二率乘之。◎或以三率除一率，得二，以除二率，俱同。

1 此題據《同文算指通編》卷一“三率測法”第六題改編，原題與後第四問相同。

第一法

一率　銀四十四兩——除

二率　米五十二石——乘

三率　銀二百二十兩——萬一千一百四十——得

四率　米二百六十石

第二法

一率　銀四十四兩——除

二率　米五十二石——一石一斗八升一合八一八奇——乘

三率　銀二百二十兩——得

四率　米二百六十石

第三法

一率　銀四十四兩——八四六一五三八奇——除

二率　米五十二石——除

三率　銀二百二十兩——得

四率　米二百六十石

第四法

一率　銀四十四兩——除——乘

二率　米五十二石

三率　銀二百二十兩——五——得

四率　米二百六十石

第五法

一率　銀四十四兩——二——除

二率　米五十二石——得

三率　銀二百二十兩——除

四率　米二百六十石

解第一法以前三率推四率為同一今為異故云異乘同除〇第二法先求每銀一兩

第一法

一率　銀　四十四兩 —— 除
二率　米　五十二石 —— 乘
三率　銀　二百二十兩 —— 萬一千(一)[四]百四十 —— 得
四率　米　二百六十石

第二法

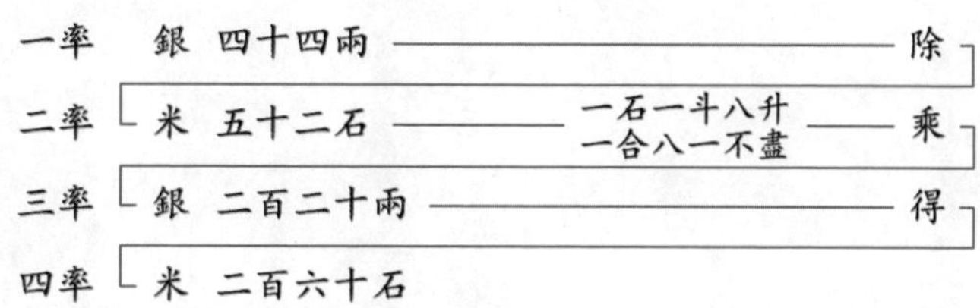

第三法

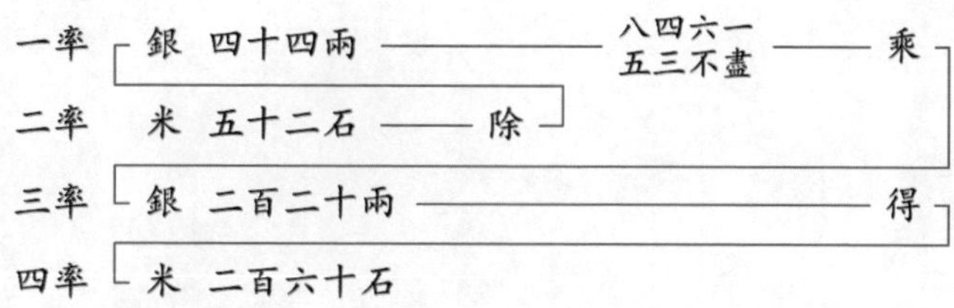

第四法

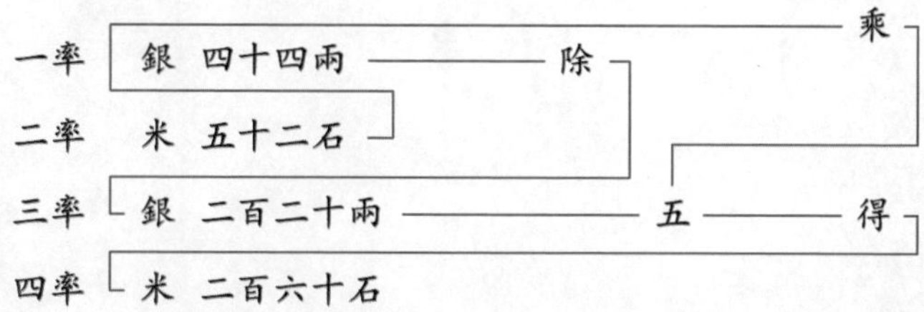

第五法

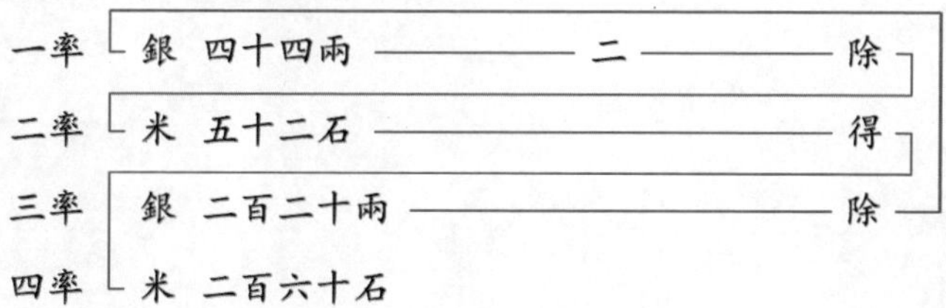

解：第一法以前三率有兩原爲同，一今爲異，故云異乘同除。◎第二法先求每銀一兩

得米若干，并設以今銀合之。蓋知一兩之數，即知多兩之數也。但先除後乘，恐有不盡之數，不如第一法之捷。○第三法即第二法倒求之，乃每米一石價銀若干，即以價銀若干為法，便知物數。○第四法先定兩銀之分數，並設以原米合之，蓋今價視原價幾倍，則知今物視原物幾倍矣。○第五法即第四法倒求之，是少除多，得幾倍；多除少，得幾分，以幾分為法，便知全數。諸法乘除雖同，但分先後。○凡兩物相求，或物求價，或價求物，或少求多，或多求少，此則以價求物，以少求多者。

問銀二百二十兩，糴米二百六十石，今有銀四十四兩，求糴米若干。

答五十二石。

法依問列率，以二率乘三率，得一萬一千四百四十，以一率除之，得四率，合問。

一率　銀二百二十兩——除

二率　米二百六十石——乘

三率　銀四十四兩——一萬一千四百四十　得

四率　米五十二石

解：此舉第一法，除法之推。○此問亦以價求物，但以二百二十兩求四十四兩，為以多求少，易三率為一，四率為二，一率為三。○若前問第三法，以銀除銀，係少除多，則所得為幾倍；此問並用前法，以銀除銀，係多除少，則所得為幾分也。

得米若干，然後以今銀合之，蓋知一兩之數，即知多兩之數也。但先除后乘，有零星不盡之數，不如第一法之捷。◎第三法即第二法倒求之，乃每米一石價銀若干，即以價銀若干爲法，便知物數。◎第四法先定兩銀之分數，然後以原米合之，蓋今價視原價幾倍，則知今物視原物幾倍矣。◎第五法即第四法倒求之，蓋少除多得幾倍，多除少得幾分，以幾分爲法，便知全數。諸法乘除本同，但分先後。◎凡兩物相求，或物求價，或價求物，或少求多，或多求少。此則以價求物，以少求多者。

2.問：銀二百二十兩糴米二百六十石，今有銀四十四兩，求糴米若干？

答：五十二石。

法：依問列率。以二率乘三率，得一萬一千四百四十，以一率除之，得四率。合問。

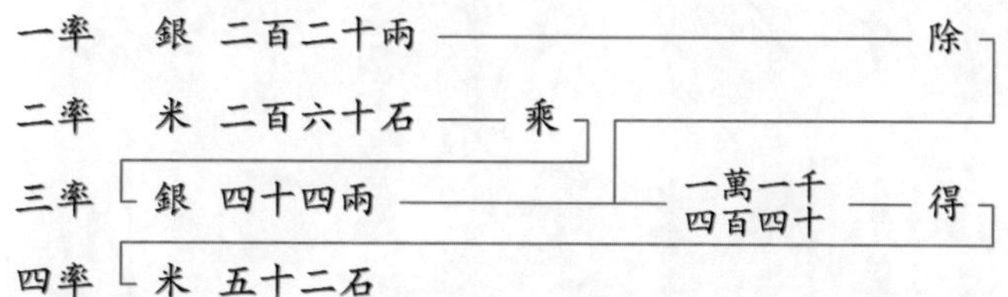

解：姑舉第一法，餘法可推。◎此問亦以價求物，但以二百二十兩求四十四兩，爲以多求少，易三率爲一，四率爲二，一率爲三。◎如前問第三法，以銀除銀，係少除多，則所得爲幾倍。此問若用前法，以銀除銀，係多除少，則所得爲幾分也。

問米五十二石價銀四十四兩、今米二百六十石、求價若干、

答二百二十兩、

法依問列率、以二三相乘、得一萬一千四百四十、以一率除之、得四率、

一率　米五十二石　除

二率　銀四十四兩　乘

三率　米二百六十石　一萬一千四百四十　得

四率　銀二百二十兩

問米二百六十石價銀二百二十兩、今米五十二石、求價若干、

答四十四兩

法依問列率、以二三相乘、得一萬一千四百四十、以一率除之、得四率、

一率　米二百六十石　除

二率　銀二百二十兩　乘

三率　米五十二石　一萬一千四百四十　得

四率　銀四十四兩

凡兩物相求、先見他物若干、以原有物爲一率、有物所得爲二率、今物所得爲三率、今物爲四率、亦用異乘同除之法、以一率乘三率、以二率除之、或以二率除

3.問：米五十二石價銀四十四兩，今米二百六十石，求價若干？

答：二百二十兩。

法：依問列率。以二三相乘，得一萬一千四百四十，以一率除之，得四率。

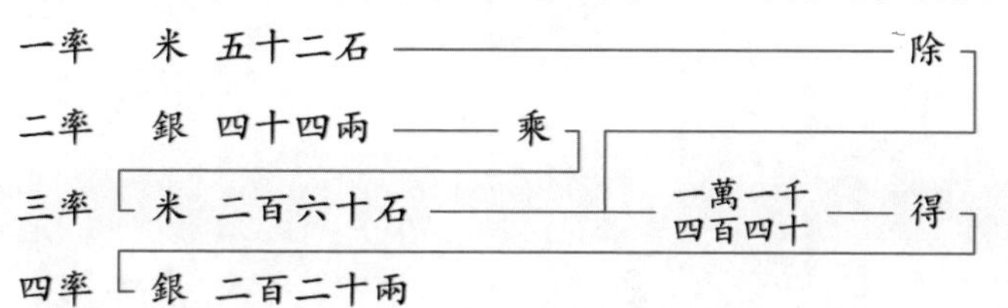

4.問：米二百六十石價銀二百二十四，今米五十二石，求價若干？

答：四十四兩。

法：依問列率。以二三相乘，得一萬一千四百四十，以一率除之，得四率。

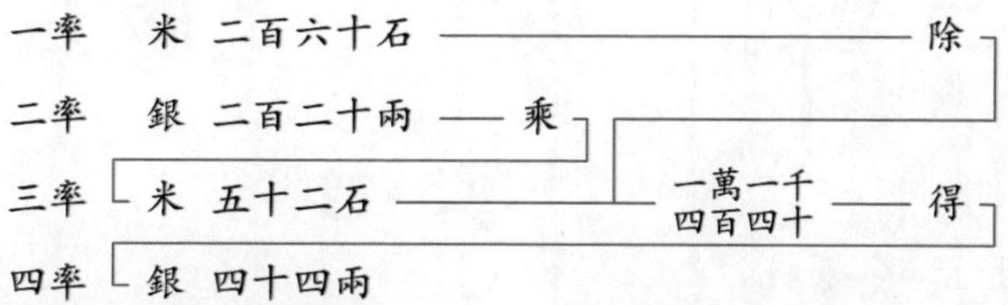

凡兩物相求先見他物者，以原本物爲一率，本物所得爲二率，今物所得爲三率，今物爲四率。亦用異乘同除之法，以一率乘三率，以二率除之。◎或以二率除

一率以三率乘之，〇或以一率除二率，得數為法，以除三率，〇或以二率除三率，以一率乘之，〇或以三率除二率，以除一率，〇或变置率位，以第二為第一，以第一為第二，則仍用先見求物之法。

問銀四十四兩，糴米五十二石，今欲糴米二百六十石，求用銀若干。

荅二百二十兩。

法依問列率，以一率乘三率，得一萬一千四百四十，以二率除之，得四率，合問。〇或以二率除一率，得八四六一五三八五奇，以乘三率，〇或以一率除二率，得一一八一八不盡為法，以除三率，〇或以二率除三率，得五，以一率乘之，〇或以三率除二率，得二，以除一率，並同。〇或易率位，以一二互換，則仍用先見求物之法。

第一法

一率　銀四十四兩
二率　米五十二石
三率　米二百六十石
四率　銀二百二十兩

乘　一萬一千四百四十　除　得

第二法

一率　銀四十四兩
二率　米五十二石
三率　米二百六十石
四率　銀二百二十兩

除　乘　得

一率，以三率乘之。◎或以一率除二率得數爲法，以除三率。◎或以二率除三率，以一率乘之。◎或以三率除二率，以除一率。◎或變置率位，以第二爲第一，以第一爲第二，則仍用先見本物之法。

1. 問：銀四十四兩糴米五十二石，今欲糴米二百六十石，求用銀若干？

答：二百二十兩。

法：依問列率。以一率乘三率，得一萬一千四百四十，以二率除之，得四率。合問。◎或以二率除一率，得八四六一五三不盡，以乘三率。◎或以一率除二率，得一八一八不盡爲法，以除三率。◎或以二率除三率，得五，以一率乘之。◎或以三率除二率，得二，以除一率。並同。◎或易率位，以一二互換，則仍用先見本物之法。

第一法

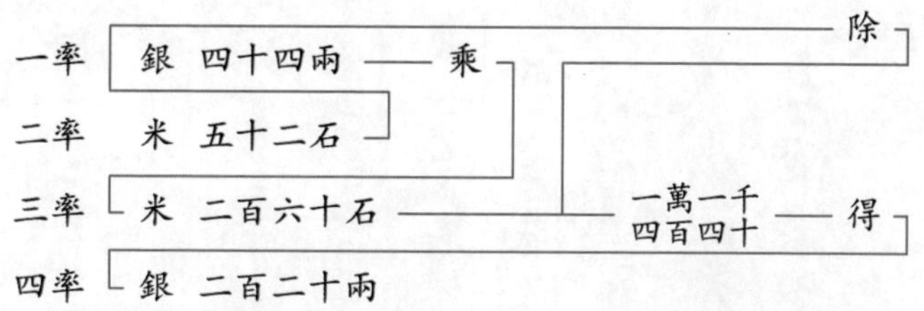

第二法

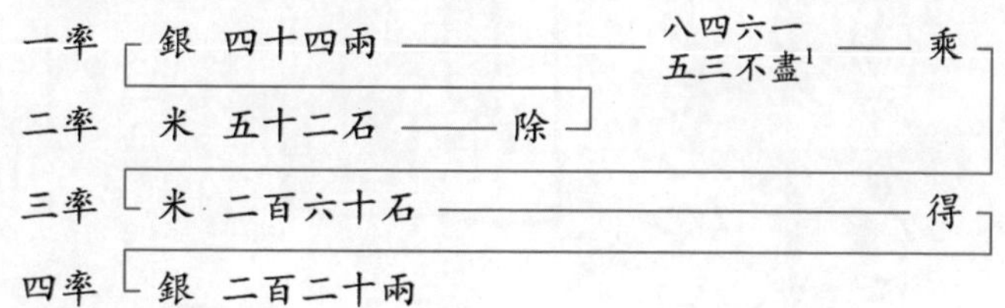

1 原書抄脱，據法文及前後體例補。

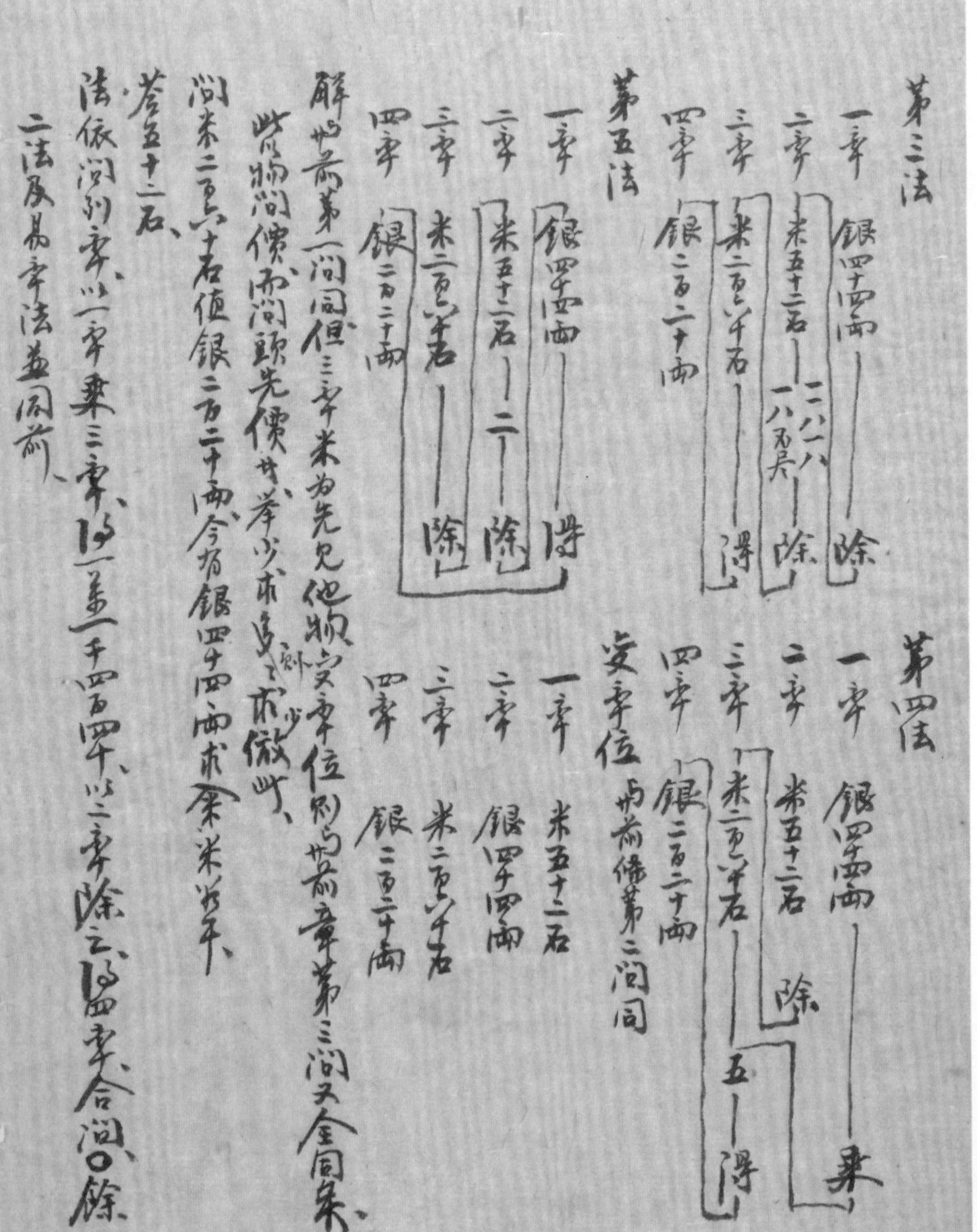

第三法

一率　銀　四十四兩 —— 除
二率　米　五十二石 ——（一）一八一 八一八不盡 —— 除
三率　米　二百六十石 —— 得
四率　銀　二百二十兩

第四法

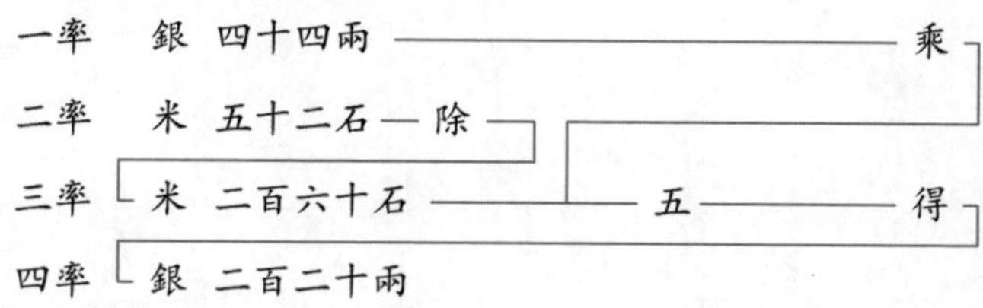

第五法

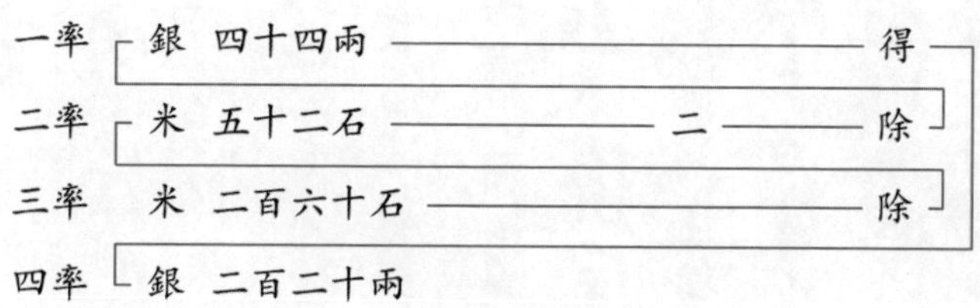

變率位 與前條第二問同

一率　米　五十二石

二率　銀　四十四兩

三率　米　二百六十石

四率　銀　二百二十兩

解：與前第一問同，但三率米爲先見他物，變率位則與前章第三問又全同矣。此以物問價而問顯先價者。舉少求多，則多求少倣此。

2.問：米二百六十石值銀二百二十兩，今有銀四十四兩，求糴米若干？

答：五十二石。

法：依問列率。以一率乘三率，得一萬一千四百四十，以二率除之，得四率。合問。◎餘二法及易率法，並同前。

一率　米二百四十石

二率　銀二百二十兩

三率　銀四千四兩

四率　米五十二石

乘　除　得　一萬二千四百四十

解此問與前章第四問同、但三率兒銀為先兒他物、安乘位則與第二問又全同矣○此價問物、兩問顯先物耳、舉多求少、求多倣此○凡兩物相求兒在箇四數、所推箇四數、本物自求箇四數、兩物交求箇兩數、上之率百千萬、下之兩分釐毫絲忽、極之又無窮焉、法實多寡互為主客、反復交換、如易之交象、一條之數無盈東而缺者也、略舉一隅、自可旁通焉耳、所謂兒在四數者、如多銀少銀多米少米是也、所謂兩四數者、每銀一米若干、每米一銀若干是也、所謂自求四數者、銀乘銀、米乘米、銀除銀、米除米是也、所謂交求四數者、今為主以少求多、則少為客、多為主以多求少、則多為客、少為主也○前三率互相乘除、各有條理、算者須詳其所以然、如物價相除、求其每一、所謂多之中自有每一之數也、物為法、以價數故遇物而乘、遇價而除、價為法、以物數故遇價而乘、遇物而除、兩物兩價相除、求其分數、少兒多、以幾倍、故用乘、多兒少、以幾分、故用除也、備舉五法、蓋以見其變通、斷其條類耳、兒之在用但取二三相乘、或先兒他物、則易其率位、

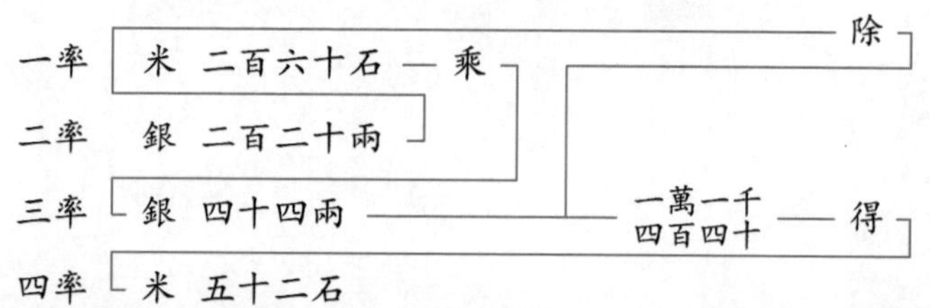

解：此問與前章第四問同，但三率見銀爲先見他物，變率位則與第二問又全同矣。◎此以價問物而問顯先物者。舉多求少，少求多倣此。◎凡兩物相求，見在有四數，所藏有四數，本物自求有四數，兩物交求有四數。上之而十百千萬，下之而分厘毫絲，各極之又無窮焉。法實多寡，互爲主客，反復變换。如《易》之爻象，一條之數，雖盈車不能盡也。畧舉一隅，自可旁通焉耳。所謂見在四數者，如多銀少銀，多米少米是也。所謂藏四數者，每銀一米若干，每米一銀若干是也。所謂自求四數者，銀乘銀，米乘米，銀除銀，米除米是也。所謂交求四數者，今爲主，以少求多，則少爲客，多爲主；以多求少，則多爲客，少爲主也。◎前三率互相乘除，各有條理，筭者須詳其所以然。如物價相除，求其每一，所謂多之中自藏每一之數也。物爲法，得價數，故遇物而乘，遇價而除；價爲法，得物數，故遇價而乘，遇物而除。兩物兩價相除，求其分數，少見多得幾倍，故用乘；多見少得幾分，故用除也。備舉五法，蓋以盡其變通，晰其條類耳。見之於用，但取二三相乘，或先見他物，則易其率位，

踈為潤布、

凡就物抽分。以每物之正價為正法。以每物之餘價為餘法。合之為併法。以總物求正餘者。以併法除總物。得數。以正法乘之為正。以餘法乘之為餘。

潤米每石價銀六錢五分。脚銀五分。今有米三千五百石。就以米扣算脚價、求正米若干。脚米若干、

荅、正米三千二百五十石、　脚米二百五十石、

法依潤分率置總米以併法七錢除之。得五。以正法六錢五分乘之。得正米。以餘法五分乘之。得餘米。或先乘後除。以正法乘總物。得二千二百七十五兩。以併法七除之。得正。以餘法乘總物。得一百五十七兩。以併法七除之。得餘、

第一法總求正先除後乘

一率　正價六錢五分 ── 乘

二率　餘價五分 ── 併入正共得七 ── 除

三率　總米三千五百石 ── 五 ── 得

四率　正米三千二百五十石

第一法總求餘先除後乘

殊爲簡易。

凡就物抽分，以每物之正價爲正法，以每物之餘價爲餘法，合之爲併法。若總物求正餘者，以併法除總物，得數，以正法乘之爲正，以餘法乘之爲餘。

1.問：米每石價銀六錢五分，腳銀五分。今有米三千五百石，就以米扣筭腳價，求正米若干？腳價若干[1]？

答：正米三千二百五十石；　　　　腳米二百五十石。

法：依問列率。置總米，以併法七錢除之，得五。以正法六錢五分乘之，得正米；以餘法五分乘之，得餘米。◎或先乘後除，以正法乘總物，得二千二百七十五兩，以併法七除之，得正。以餘法乘總物，得一百（五十七）［七十五］兩，以併法七除之，得餘。

第一法 總求正，先除後乘

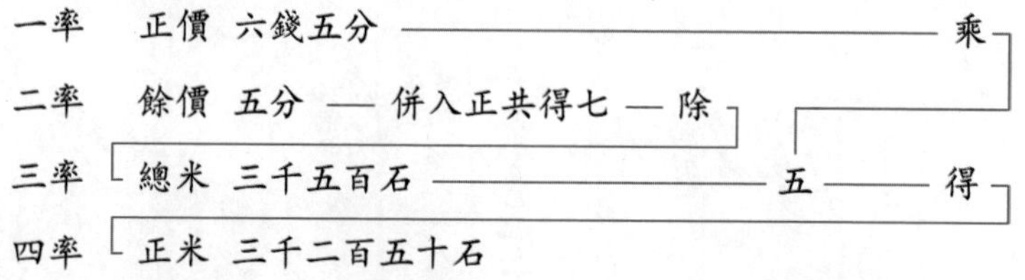

第一法 總求餘，先除後乘

1 此題爲《算法統宗》卷四粟布章"就物抽分"第一題、《同文算指通編》卷一"三率準測"第二十一題。

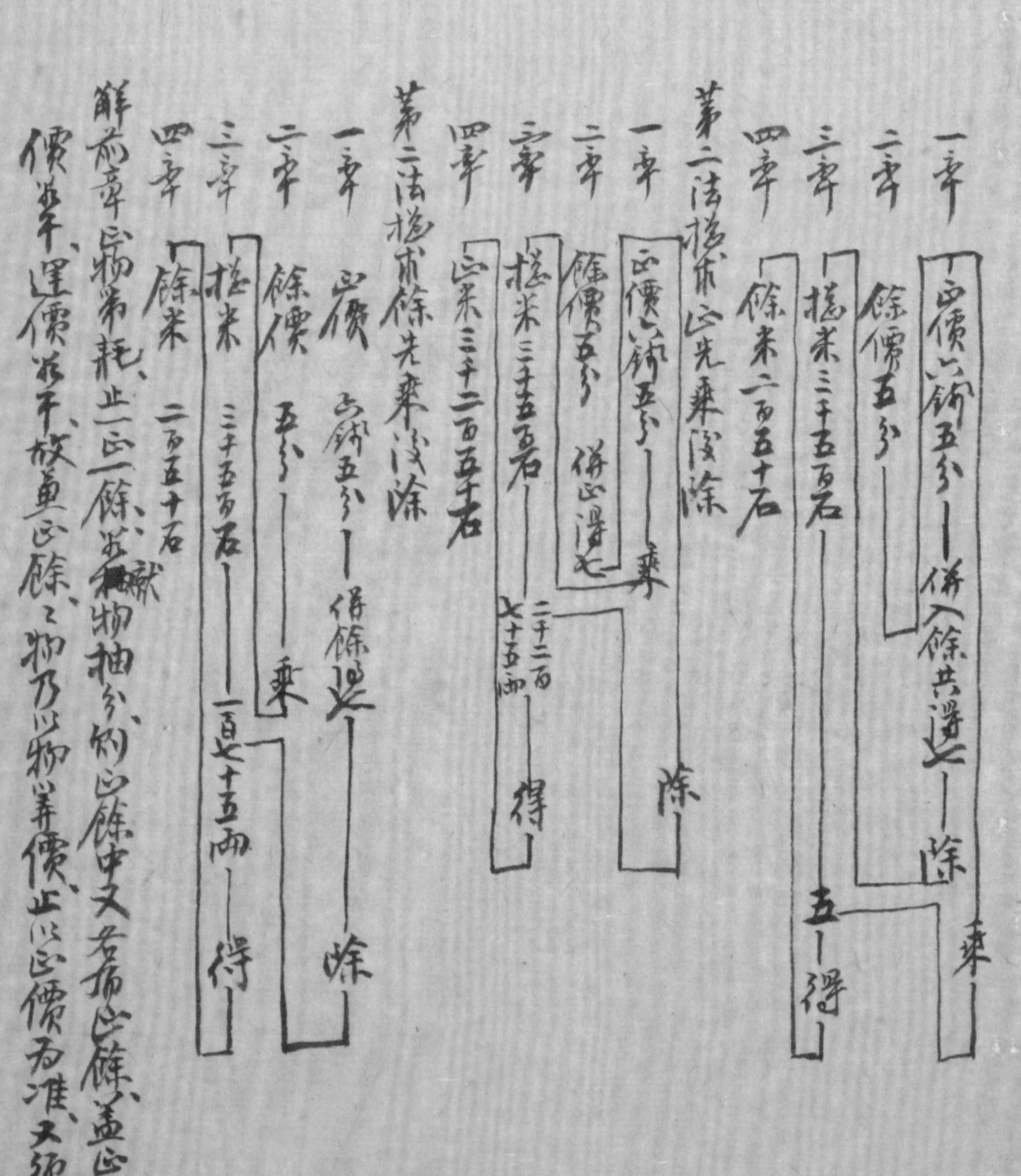

一率 原價六錢五分—併入餘共得足七—除—乘
二率 餘價五分
三率 摠米三千五百石—五—得
四率 餘米二百五十石

第二法 摠米原先乘後除
一率 原價六錢五分—乘—除
二率 餘價五分 併原得七
三率 摠米三千五百石—二千二百七十五兩—得
四率 原米三千二百五十石

第三法 摠米餘先乘後除
一率 原價 原錢五分—併餘得足七—除
二率 餘價 五分—乘
三率 摠米 三千五百石—一百七十五兩—得
四率 餘米 二百五十石

解 前率原物弟耗止一原一餘，若獻物抽分，約原餘中又若揃原餘，蓋原物買價並運價脚平放，意原餘之物，乃以物算價，止以原價為准，又須自認

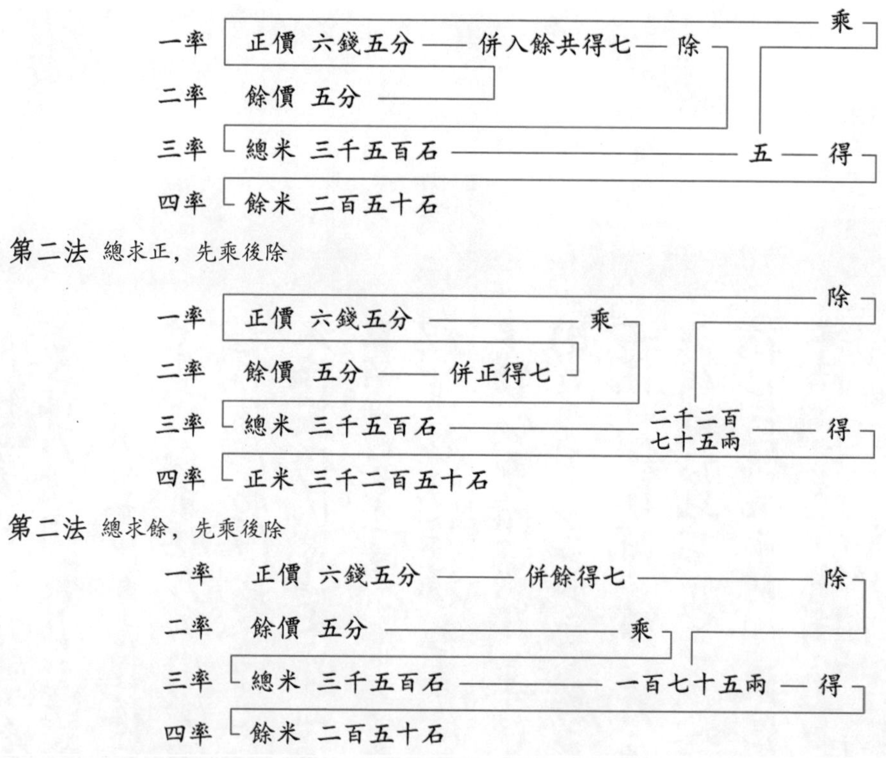

解：前章正物帶耗，止一正一餘。若就物抽分，則正餘中又各有正餘。蓋正物買價若干，運價若干，故兼正餘；餘物乃以物筭價，止以正價爲準，又須自認

脚價去、故餘物亦兼正餘也。
第一法乃借用衰分之法，以物爲人，如甲得六十五、乙得五，合之爲七十，故以七十爲分法，分之，乙得五，是在總米中五十個六十五、五十個五也。
第二法正求總，乃不用脚價之值，借法除之，則帶加脚價，止存正數，餘乘總，乃通用脚價之數，借法除之，則帶去脚價，止算實值故也。
又法，置借法以總米除之，得二，以除正法六錢五分，得正，以除餘法五分，得正餘。此即第一法倒求之義，米六廿兩銀者，有總正餘三項，總視總，正視正，餘視餘，總銀除總米，而得五，是米視銀積五倍也，則亦以五倍正爲正，五倍餘爲餘，所以用乘法也。總米除總銀，而得二，是銀視米居二分也，則亦以二分正爲正，二分餘爲餘，所以用除法也。
又法，以借法除正法，得九二八五七一四二以下不盡，以乘總米，得正，以借除餘法，得七一四二八五不盡，以乘總米，得餘，蓋以總法除正餘，乃以總一爲法，得正餘爲率，故用乘法而得。
又法，以正法除借法，得一零七六九二三〇七以下不盡，以除總米得正，以餘法除借法，得一四〇，以除總米得餘，蓋以正餘法除總法，乃以正一餘一爲法，得總爲率，故以所得爲法，以之除總，還得正餘也。

腳價去，故餘物亦兼正餘也。

第一法乃借用衰分之法，以物爲人，如甲得六十五，乙得五，合之爲七，故以七爲分法分之而得五，是於總米中五十個六十五、五十個五也。

第二法正求總，乃不用腳價之值，併法除之，則帶扣腳價，止存正數。餘乘總，乃通用腳價之數，併法除之，則帶去腳價，止筭實值故也。

又法置併法以總米除之，得二，以除正法六錢五分，得正；以除餘法五分，得餘，此即第一法倒求之[1]。蓋米與銀各有總、正、餘三項，總視總，正視正，餘視餘。總銀除總米而得五，是米視銀積五倍也，則應以五倍正爲正，五倍餘爲餘，所以用乘法也。總米除總銀而得二，是銀視米居二分也，則應以二分正爲正，二分餘爲餘，所以用除法也。

又法以併法除正法，得九二八五七一四，從二以下不盡，以乘總米得正；以併法除餘法，得七一四二八五不盡，以乘總米得餘[2]。蓋以總法除正餘，乃以總一爲法，得正餘若干，故用乘法而得。

又法以正法除併法，得一零七六九二三［零］，從七以下不盡[3]，以除總米，得正；以餘法除併法，得一四，以除總米得餘[4]。蓋以正餘法除總法，乃以正一餘一爲法，得總若干。故以所得爲法，以之除總，還得正餘也。

---

1 此法如下所示：

$$正米 = 6.5 \div \frac{6.5+0.5}{3500} = 6.5 \div 0.002 = 3250\ 石$$

$$腳米 = 0.5 \div \frac{6.5+0.5}{3500} = 0.5 \div 0.002 = 250\ 石$$

參後第三法圖。

2 此法如下所示：

$$正米 = \frac{6.5}{6.5+0.5} \times 3500 \approx 0.928571429 \times 3500 = 3250\ 石$$

$$腳米 = \frac{0.5}{6.5+0.5} \times 3500 \approx 0.0714285 \times 3500 = 250\ 石$$

參後第四法圖。

3 正法爲 6.5，併法爲 7，正法除併法得：

$$\frac{7}{6.5} \approx 1.0769230769$$

原文“得一零七六九二三”下當有“零”字，據後第五法圖及演算校補。

4 此法如下所示：

$$正米 = 3500 \div \frac{6.5+0.5}{6.5} = 3500 \div 1.07692307 = 3250\ 石$$

$$腳米 = 3500 \div \frac{6.5+0.5}{0.5} = 3500 \div 14 = 250\ 石$$

參後第五法圖。

又法以正法除餘法，得七六九二三有奇，加一於前隣位，得一零七六九二三，以除總米，得正，以餘法除正法，得一三，加一於次位，得一四，以除總米，得餘，並得正除餘。每正一於幾分加正於上，則化餘成正，以餘除正，每餘一正幾倍，加餘於下，則化正成餘，放此。

若題物與價，作問云：今有正米三千二百五十石，餘米二百五十石，每石粟價，運價共足錢，求正價若干，餘價若干者，倍照前法求之。

若正餘求總物者，以正法除正，以餘法除餘，各以倍法乘之，或先以倍法乘正以餘除之。

若正求餘，餘求正者，全如多寡互求之法，題物與價法倍同。

第三法 總求正米為法

一率 正價六錢五分 得

二率 餘價五分 倍正得七 二 除

三率 總米三千五百石 除

四率 厂正米 三千二百五十石

又法以正法除餘法，得七六九二三不盡，加一於前，隔位得一零七六九二三，除總米得正；以餘法除正法，得一三，加一於次位，得一四，以除總米得餘[1]。蓋以正除餘，每正一於幾分加正於上，則化餘成正；以餘除正，每餘一正幾倍，加餘於下，則化正成餘故也。

若顯物匿價作問云：今有正米三千二百五十石，餘米二百五十石，每石糴價運價共七錢，求正價若干、餘價若干者，俱照前法求之。

若正餘求總物者，以正法除正，以餘法除餘，各以併法乘之；或先以併法乘，以正餘除之。

若正求餘、餘求正者，全如多寡互求之法，顯物匿價法俱同。

第三法 總求正，米爲法

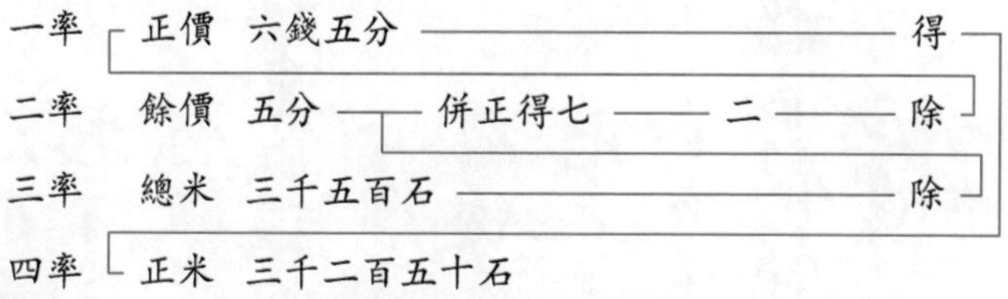

一率　正價　六錢五分 —— 得
二率　餘價　五分 —— 併正得七 —— 二 —— 除
三率　總米　三千五百石 —— 除
四率　正米　三千二百五十石

---

1 此法如下所示：

$$正米=\frac{3500}{1+\frac{0.5}{6.5}}=\frac{3500}{1.076923}=3250\,石$$

$$餘米=\frac{3500}{1+\frac{6.5}{0.5}}=\frac{3500}{14}=250\,石$$

參後第六法圖。

第三法 擡米餘米爲法、

一率 原價六錢五分 併餘即是 二 除

二率 餘價五分 即

三率 擡米三千五百石 除

四率 餘米二百五十石

第四法 擡米正銀除銀爲法、每擡一即正米若干、

一率 正價六錢五分 九二八五七一四有奇 乘

二率 餘價五分 併即是 除

三率 擡米三千五百石 得

四率 正米三千二百五十石

第四法 擡米餘銀除銀爲法、每擡一得餘米若干、

一率 原價六錢五分 併餘即是 除

二率 餘價五分 七一四二八五有奇 乘

三率 擡米三千五百石 得

四率 餘米二百五十石

第三法 總求餘，米爲法

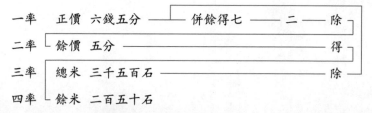

一率　正價　六錢五分 —— 併餘得七 —— 二 —— 除

二率　餘價　五分 —— 得

三率　總米　三千五百石 —— 除

四率　餘米　二百五十石

第四法 總求正，銀除銀爲法，每總一得正米若干

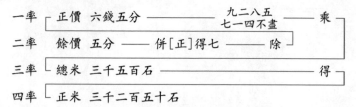

一率　正價　六錢五分 —— 九二八五七一四不盡 —— 乘

二率　餘價　五分 —— 併[正]得七 —— 除

三率　總米　三千五百石 —— 得

四率　正米　三千二百五十石

第四法 總求餘，銀除銀爲法，每總一得餘若干

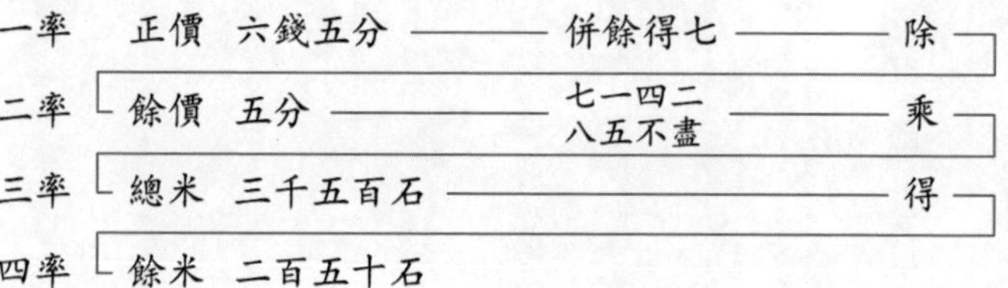
一率　正價　六錢五分 —— 併餘得七 —— 除

二率　餘價　五分 —— 七一四二八五不盡 —— 乘

三率　總米　三千五百石 —— 得

四率　餘米　二百五十石

第四法搭術正、銀爲法、每正一兩搭若干、

一率　正價六錢五分　　　　　　除

二率　餘價五分　　併正得是　　除

三率　搭米三千五百石　　一零七六九二三零　　得

四率　正米三千二百五十石

第五法搭術餘、銀爲法、每餘一兩搭若干、

一率　正價六錢五分　　併餘得是　　一四　　除

二率　餘價五分　　　　除

三率　搭米三千五百石　　　　得

四率　餘米二百五十石

第六法搭術正、化餘作正、

一率　正價六錢五分　　　　除、

二率　餘價五分　　七六九二三零乃長　　加一零七六九二三零乃長　　除

三率　搭米三千五百石　　　　得

四率　正米三千二百五十石

第五法 總求正，銀爲法，每正一得總若干

一率　正價　六錢五分 —— 除

二率　餘價　五分 —— 併餘得七 —— 一零七六九二三零 —— 除

三率　總米　三千五百石 —— 得

四率　正米　三千二百五十石

第五法 總求餘，銀爲法，每餘一得總若干

一率　正價　六錢五分 —— 併餘得七 —— 一四 —— 除

二率　餘價　五分 —— 除

三率　總米　三千五百石 —— 得

四率　餘米　二百五十石

第六法 總求正，化餘作正

一率　正價　六錢五分 —— 除

二率　餘價　五分 —— 七六九二三零不盡 —— 加 —— 一零七六九二三零不盡 —— 除

三率　總米　三千五百石 —— 得

四率　正米　三千二百五十石

第二法搭術餘作正術餘、

一率　正價二錢五分　一三　加一四　除

二率　餘價五分　除

三率　搭米三千五百石　得

四率　餘米二百五十石

附正術搭、先除後乘、并二法餘法兩推、

一率　正價二錢五分　除　乘

二率　餘價五分　併正是　五

三率　正米二千二百五十石　得

四率　搭米三千五百石

又先乘後除

一率　正價二錢五分　乘　除

二率　餘價五分　併正是　乘

三率　正米二千二百五十石　二二七五　得

四率　搭米三千五百石

第六法 總求餘，化正作餘

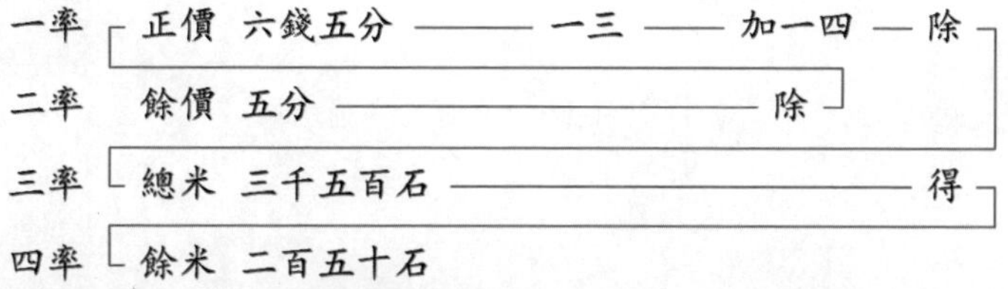

一率　正價　六錢五分 —— 一三 —— 加一四 — 除
二率　餘價　五分 —— 除
三率　總米　三千五百石 —— 得
四率　餘米　二百五十石

附 正求總，先除後乘。舉二法，餘法可推。

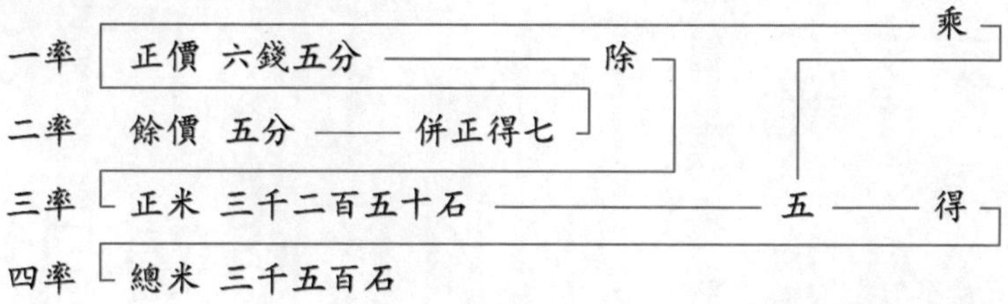

乘
一率　正價　六錢五分 —— 除
二率　餘價　五分 —— 併正得七
三率　正米　三千二百五十石 —— 五 —— 得
四率　總米　三千五百石

又 先乘後除

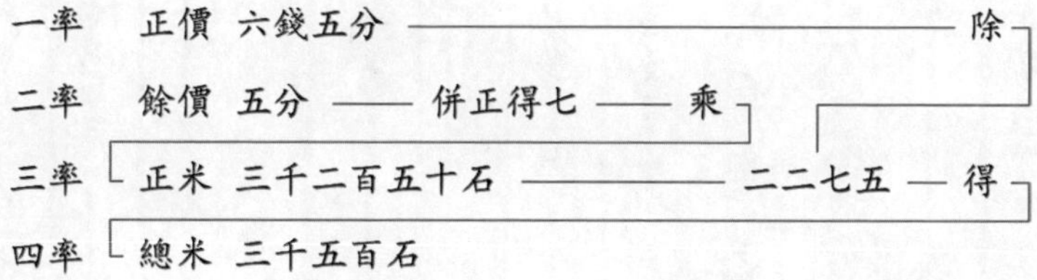

一率　正價　六錢五分 —— 除
二率　餘價　五分 —— 併正得七 —— 乘
三率　正米　三千二百五十石 —— 二二七五 — 得
四率　總米　三千五百石

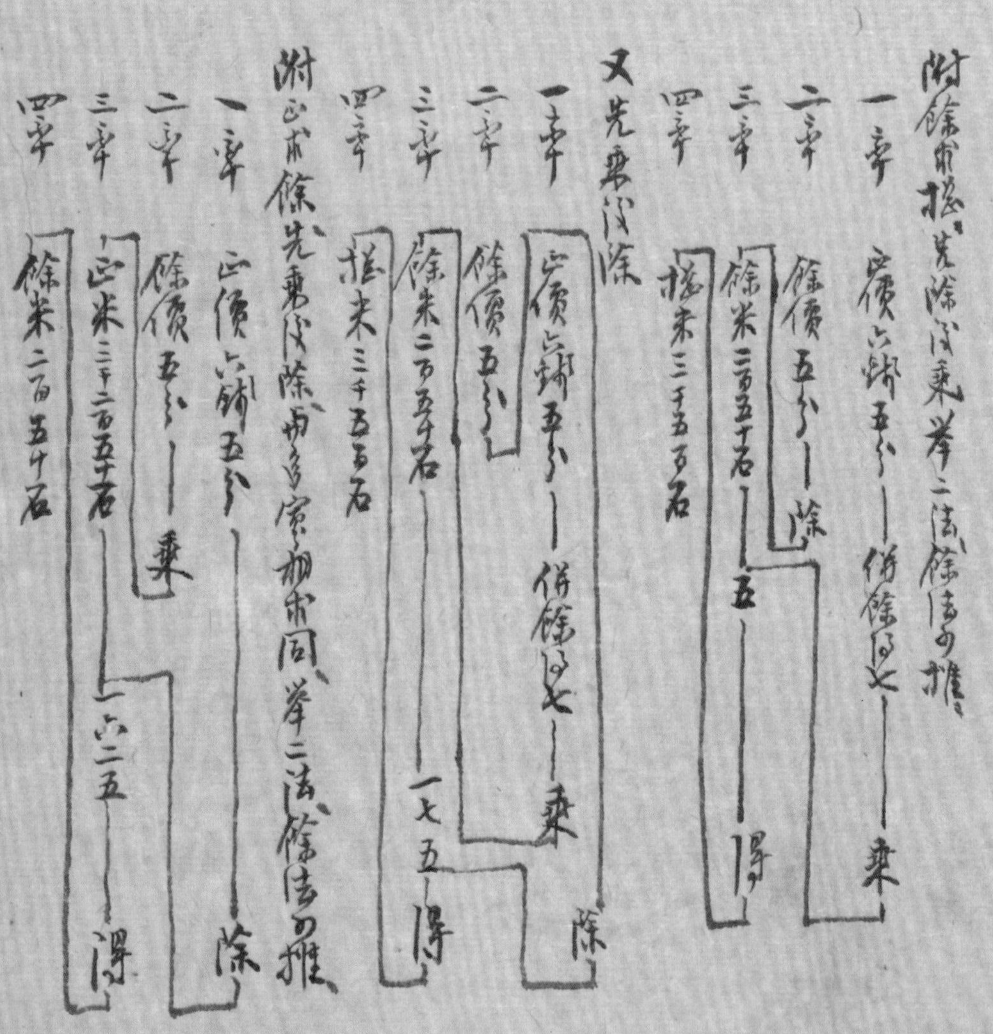
附餘米換先除後乘等二法餘法可推
一率　廣價六錢五分　併餘價七　乘
二率　餘價五分　除
三率　餘米二百五十石　五　得
四率　換米三千五百石
又先乘後除
一率　正價六錢五分　併餘價七　乘　除
二率　餘價五分
三率　餘米二百五十石　一七五　得
四率　換米三千五百石
附正米餘先乘後除雨法與前術同等二法餘法可推
一率　正價六錢五分　除
二率　餘價五分　乘
三率　正米三千二百五十石　一六二五　得
四率　餘米二百五十石

附 餘求總，先除後乘。舉二法，餘法可推。

一率　正價 六錢五分 —— 併餘得七 —— 乘

二率　餘價 五分 —— 除

三率　餘米 二百五十石 —— 五 —— 得

四率　總米 三千五百石

又 先乘後除

除

一率　正價 六錢五分 —— 併餘得七 —— 乘

二率　餘價 五分

三率　餘米 二百五十石 —— 一七五 —— 得

四率　總米 三千五百石

附 正求餘，先乘後除，與多寡相求同。舉二法，餘法可推。

一率　正價 六錢五分 —— 除

二率　餘價 五分 —— 乘

三率　正米 三千二百五十石 —— 一六二五 —— 得

四率　餘米 二百五十石

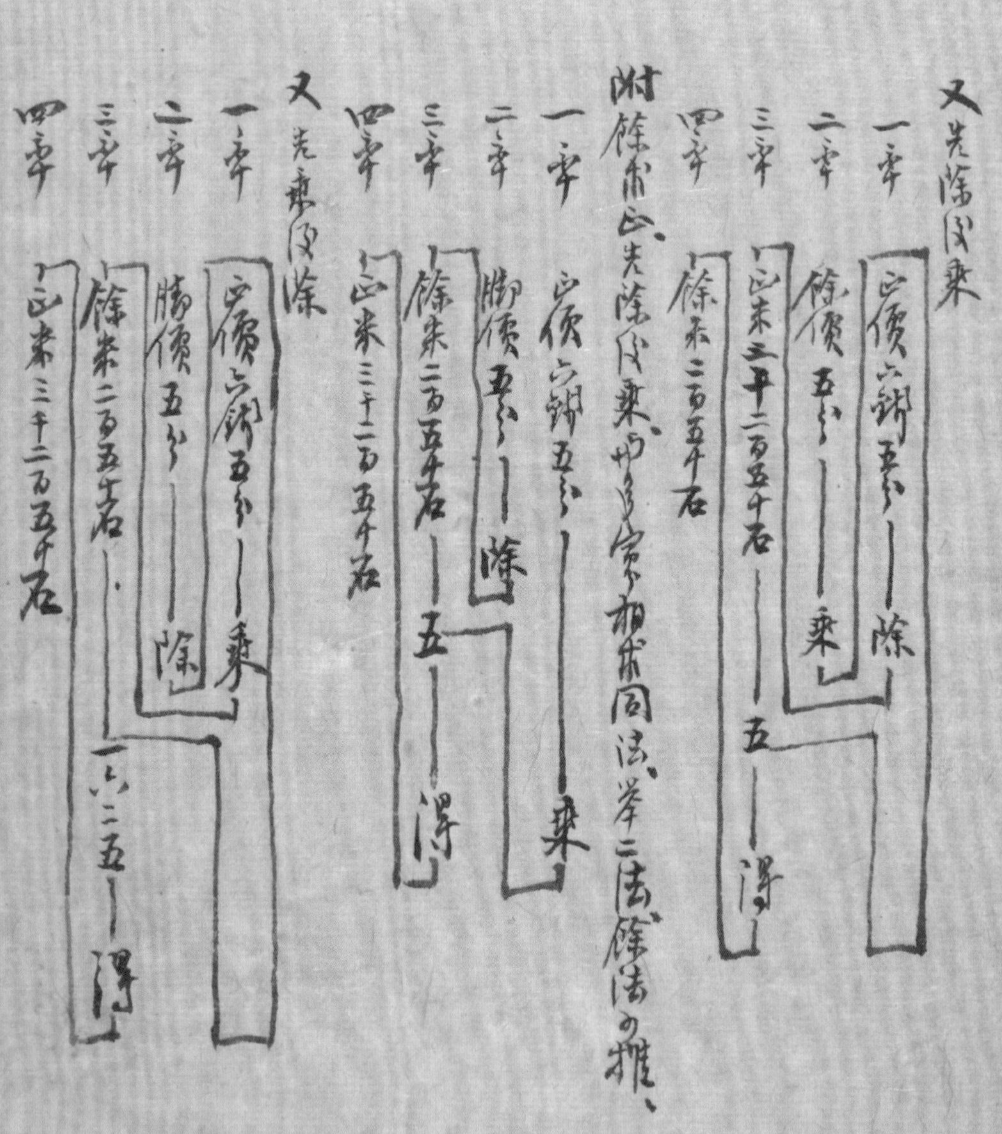

又 先除後乘

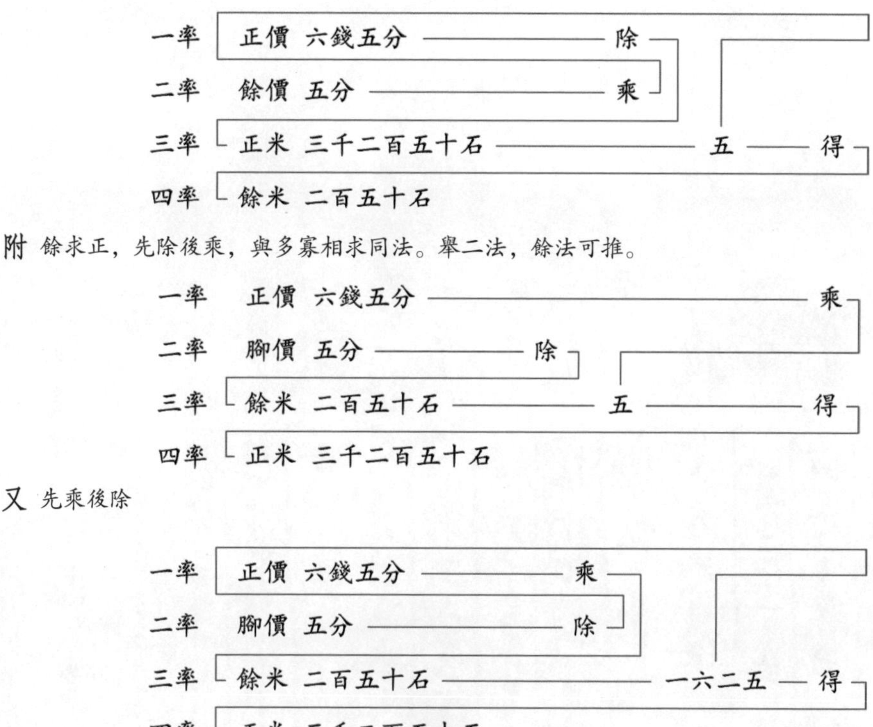
一率 正價 六錢五分 除
二率 餘價 五分 乘
三率 正米 三千二百五十石 五 得
四率 餘米 二百五十石
附 餘求正，先除後乘，與多寡相求同法。舉二法，餘法可推。
一率 正價 六錢五分 乘
二率 腳價 五分 除
三率 餘米 二百五十石 五 得
四率 正米 三千二百五十石
又 先乘後除
一率 正價 六錢五分 乘
二率 腳價 五分 除
三率 餘米 二百五十石 一六二五 得
四率 正米 三千二百五十石

附物求價，舉撙求正、撙求餘二法，其正求撙、餘求撙、餘求正，以前法推之

第一法 撙求正先除後乘

一率 正米三千二百五十石 — 乘

二率 餘米二百五十石 — 併正三千五百石 — 除

三率 撙價七錢 — 二 — 得

四率 正價六錢五分

第二法 撙求餘、先除後乘、

一率 正米三千二百五十石 — 併餘三千五百石 — 除 — 乘

二率 餘米二百五十石

三率 撙價七錢 — 二 — 得

四率 脚價五分

第三法 撙求正、先乘後除、

一率 正米三千二百五十石 — 乘 — 除

二率 餘米二百五十石 併正三千五百石

三率 撙價七錢 — 二二七五 — 得

四率 正價六錢五分

附物求價 舉總求正、總求餘二法，其正求總、餘求總、正求餘、餘求正，皆以前法推之。

第一法 總求正，先除後乘

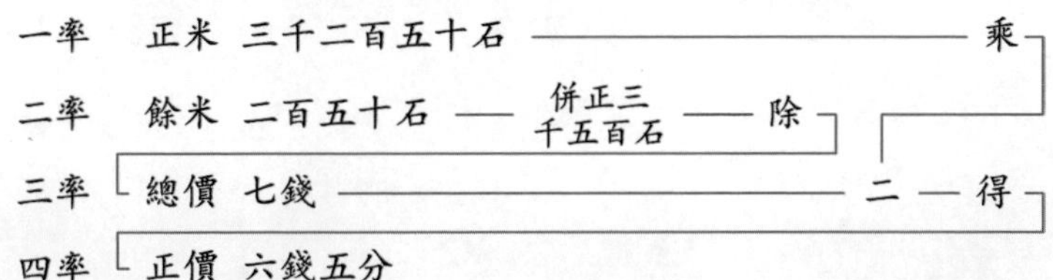

第一法 總求餘，先除後乘

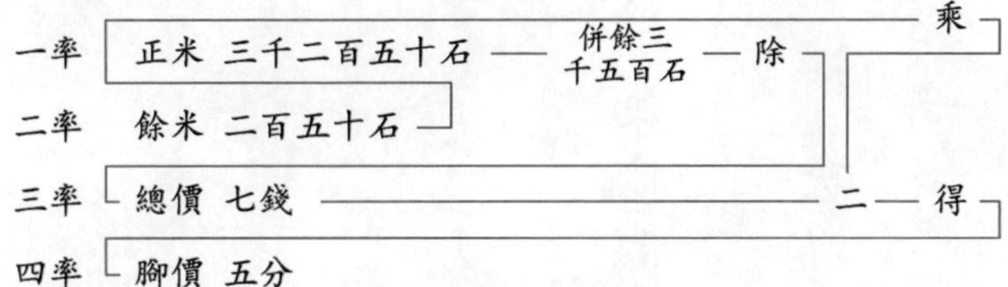

第二法 總求正，先乘後除

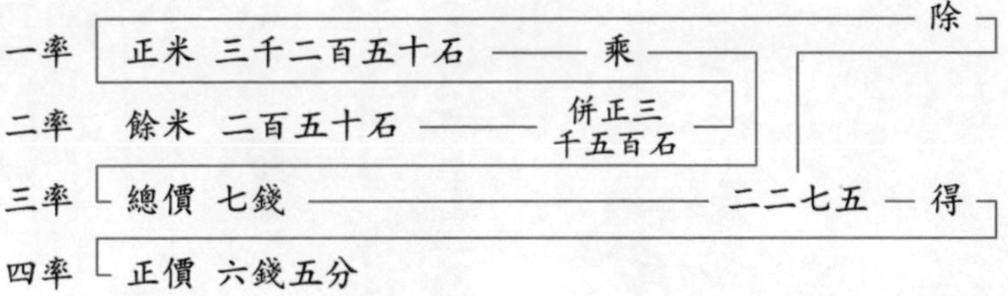

第二法損求餘、先乘後除、

一率　米三千二百五十石——係餘三千五百石——除

二率　餘米二百五十石——乘

三率　損價七錢——一七五——得

四率　脚價五分

假如羅每丈價銀八錢、染價銀二錢二分四釐、今有羅六十七丈五尺、就抽羅准染價、求色羅若干、染羅若干、

答色羅五十二丈七尺三寸四分三釐七毫五絲　染羅一十四丈七尺六寸五分六釐二毫五絲

法以色法乘損羅、得五十四兩、合色法餘法一兩零二分四釐除之、得色羅、以餘法乘損羅、得一十五兩一錢二分、合色餘二法一兩零二分四釐除之、得染羅、

損求色、先乘後除、

第二法 總求餘，先乘後除

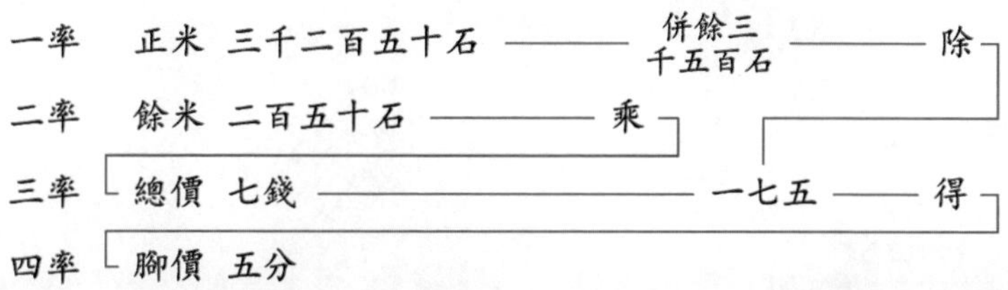

一率　正米　三千二百五十石 ——— 併餘三千五百石 ——— 除

二率　餘米　二百五十石 ——— 乘

三率　總價　七錢 ——— 一七五 ——— 得

四率　脚價　五分

2.問：羅每丈價銀八錢，染價銀二錢二分四厘。今有羅六十七丈五尺，就抽羅準染價，求色羅若干？染羅若干[1]？

答：色羅五十二丈七尺三寸四分三厘七毫五絲；

染羅一十四丈七尺六寸五分六厘二毫五絲。

法：以正法乘總羅，得五十四兩，合正法、餘法一兩零二分四厘除之，得色羅。以餘法乘總羅，得一十五兩一錢二分，合正、餘二法一兩零二分四厘除之，得染羅[2]。

總求正，先乘後除

---

1 此題據《算法統宗》卷四粟布章"就物抽分"第二題改編，原題云："今有白羅六十七丈五尺，于内抽一丈七尺五寸買顔色作染，只染得紅羅六丈二尺五寸，問各該若干？"題設稍異，所求結果同。

2 色羅即染過色的白羅，染羅即用來購買染料的白羅。羅價 8 錢爲正法，染價 2.24 錢爲餘法，據法文得：

$$色羅=\frac{正法\times總羅}{正法+餘法}=\frac{8\times67.5}{8+2.24}=\frac{540}{10.24}=52.734375丈$$

$$染羅=\frac{餘法\times總羅}{正法+餘法}=\frac{2.24\times67.5}{8+2.24}=\frac{151.2}{10.24}=14.765625丈$$

一率　正價八錢 —— 乘 —— 除
二率　染價二錢二分四釐　併正一兩零二分四釐
三率　總羅六十七丈五尺 —— 五十四 —— 得
四率　正羅五十二丈七尺三寸四分三釐七毫五絲

總求餘、先乘後除、

一率　正價八錢 —— 併餘一兩零二分四釐 —— 除
二率　染價二錢二分四釐 —— 乘
三率　總羅六十七丈五尺 —— 一十五兩一錢二分 —— 得
四率　染羅一十四丈七尺六寸五分六釐二毫五絲

解前問、米此問羅雖粗見不類、其法則一、此總求正餘、先乘後除之法、通餘法俱以前法推之○正餘求總諸法、正餘相求諸法、及以物求價諸法俱可倒推不贅、

凡物貴賤相求者○兩物互換○以價作數、用多寡相求法列率求之○

問穀一石價銀一兩七錢五分、米一石價銀二兩五錢、今穀三百九十六石、求換米若干、

答米二百七十七石弍斗、

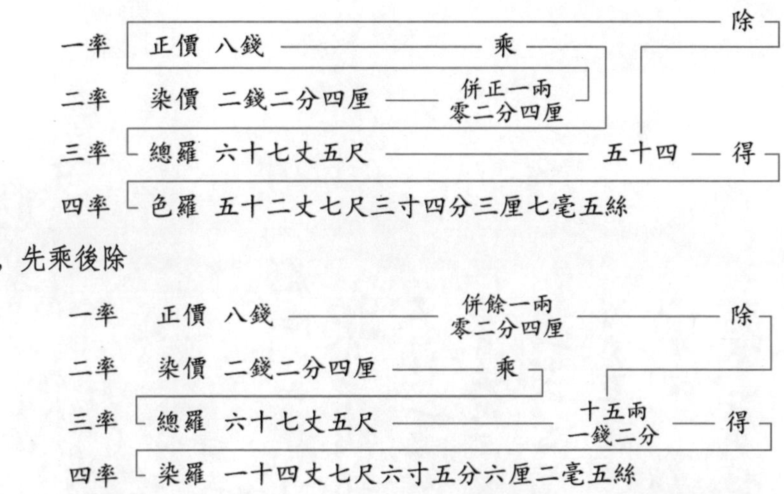

總求餘，先乘後除

解：前問米，此問羅，粗見事類，其法則一。此總求正餘，先乘後除之法也。餘法俱以前法推之。◎正餘求總諸法，正餘相求諸法，及以物求價諸法，俱可例推，不贅。

凡物貴賤相求者，兩物互換，以價作數，用多寡相求法，列率求之。

1. 問：穀一石價銀一兩七錢五分，米一石價銀二兩五錢。今穀三百九十六石，求換米若干[1]？

答：米二百七十七石二斗。

1 此題爲《同文算指通編》卷一"三率準測"第九題。

法兩物互換、以米價作穀數、以穀價作米數、列率以二率乘三率、以一率除之、得四率、合問、

賤求貴、先乘後除

一率　代米價作穀數　穀二石五斗
二率　代穀價作米數　米一石七斗五升
三率　穀三百九十六石
四率　米二百七十七石二斗

穀二石五斗——除
米一石七斗五升——乘
穀三百九十六石——乘
六百九十三——得
米二百七十七石二斗

解兩物互換、以多寡當貴賤、故以貴價之多、作賤物、賤價之寡、作貴物、自可相準也、

大法以一率除三率、得一五八四、以二率乘之、又以一率除二率、得七、以乘三率、又以三率除一率、得六三一三一三以下不盡、以除二率、又以二率除一率、得一四二八五七不盡、以除三率、俱得四率、以上四法、俱以多寡相求之例、

若不互換用定準法、以穀一石價銀一兩七錢五分為一率、以今穀三百九十六石為二率、以米一石價銀二兩五錢為三率、以一率乘二率、以三率除之、得四率、所以然者、盖多寡相求、以原今同類、此則展轉以此物之多求彼物之寡、故以兩原自乘、定物成價、然後以今除之、所謂同乘異除是也、

若用重準法、先以穀一石為一率、價一兩七錢五分為二率、今穀三百九十六石

法：兩物互换，以米價作穀數，以穀價作米數，列率。以二率乘三率，以一率除之，得四率。合問。

賤求貴，先乘後除

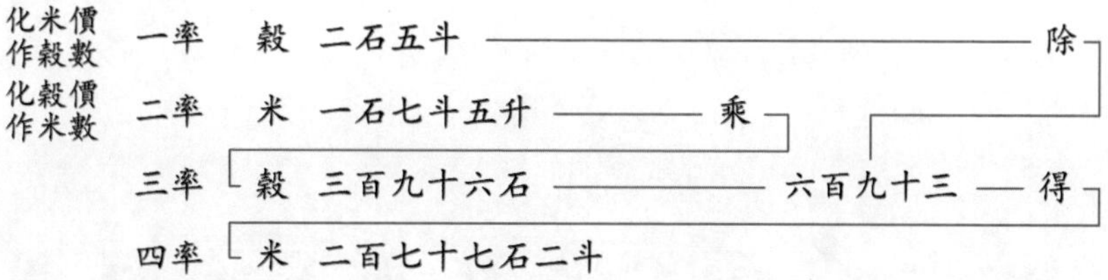

化米價作穀數	一率	穀	二石五斗			除
化穀價作米數	二率	米	一石七斗五升	乘		
	三率	穀	三百九十六石		六百九十三	得
	四率	米	二百七十七石二斗			

解：兩物互换，以多寡當貴賤，故以貴價之多化作賤物，賤價之少化作貴物，自可相準也。

又法：以一率除三率，得一五八四，以二率乘之；又以一率除二率，得七，以乘三率；又以三率除一率，得六三一三，從三以下不盡，以除二率；又以二率除一率，得一四二八五七不盡，以除三率，俱得四率。以上四法，俱如多寡相求之例。

若不互换，用變準法。以穀一石價銀一兩七錢五分爲一率，以今穀三百九十六石爲二率，以米一石價銀二兩五錢爲三率。以一率乘二率，以三率除之，得四率。所以然者，蓋多寡相求，皆原今同類。此則展轉以此物之多，而求彼物之寡，故以兩原自乘，變物成價，然後以今除之，所謂同乘異除是也。

若用重準法，先以穀一石爲一率，價一兩七錢五分爲二率，今穀三百九十六石

為三率，以二率乘三率，得銀六百九十三兩，為四率。再以米一石為一率，價三兩
五錢為二率，今銀六百九十三兩為三率，以二率除三率，得四率，所以然者，穀米
相求，問與四率實暗合，如初問應云穀一石價一兩七錢五分，今穀二百九十六石，
該價若干；繼問云米一石價三兩五錢，今銀六百九十三兩，該米若干，今合二問
為一問，言穀穫極而遞其價，言米價而遞其視穀之分數，故用重測而
比之也。

上法通係賤求貴，若貴求賤，則一率米，二率穀，三率米，四率穀，仍用前
法求之。

又上法通係價求數，若數求價，用互換法，穀價二百七十七兩二錢，米價三百
九十六兩為前兩率，第三率若先穀價，以求米價，或先米價以求穀價，
同前法求之。

第二法

一率　穀二石五斗　除　乘
二率　米一石七斗五升
三率　穀三百九十六石　一五八四　得
四率　米二百七十七石貳斗

爲三率，以二率乘三率，得銀六百九十三兩爲四率。再以米一石爲一率，價二兩五錢爲二率，今銀六百九十三兩爲三率，以二率除三率，得四率。所以然者，穀米相求，問雖四率，實暗藏八。初問應云：穀一石價一兩七錢五分，今穀三百九十六石，該價若干？轉問云：米一石價二兩五錢，今銀六百九十三兩，該米若干？今合二問爲一問，言穀總而匿其價，言米價而匿其視穀之分數，故用重測而得之也。

上法通係賤求貴，若貴求賤，則一率米，二率穀，三率米，四率穀，俱用前法求之。

又上法通係價求數，若數求價，用互换法。穀價二百七十七兩二錢、米價三百九十六兩爲前两率，第三率若見穀價以求米價，或見米價以求穀價，同前諸法求之。

第二法

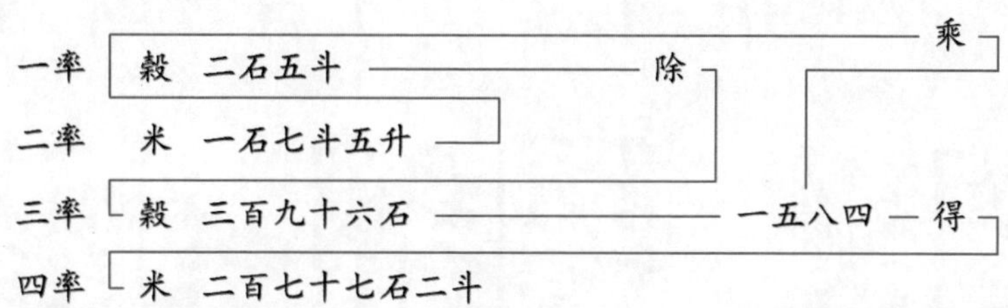

第三法

一率　穀二石五斗　除

二率　米一石七斗五升　七　乘

三率　穀三百九十六石　得

四率　米二百七十七石二斗

第四法

一率　穀二石五斗　六三一三不尽　除

二率　米一石七斗五升　得

三率　穀三百九十六石　除

四率　米二百七十七石二斗

第五法

一率　穀二石五斗　一四二八五七不尽　除

二率　米一石七斗五升　除

三率　穀三百九十六石　得

四率　米二百七十七石二斗

第三法

一率　穀　二石五斤 —— 除
二率　米　一石七斗五升 —— 七 —— 乘
三率　穀　三百九十六石 —— 得
四率　米　二百七十七石二斗

第四法

一率　穀　二石五斗 —— 六三一三不盡 —— 除
二率　米　一石七斗五升 —— 得
三率　穀　三百九十六石 —— 除
四率　米　二百七十七石二斗

第五法

一率　穀　二石五斗 —— 一四二八五七不盡 —— 除
二率　米　一石七斗五升 —— 除
三率　穀　三百九十六石 —— 得
四率　米　二百七十七石二斗

定準法

一率 穀價一兩七錢五分 乘

二率 穀三百九十六石 宂三 得

三率 米價二兩五錢 除

四率 米二百七十七石二斗

重準法初測

一率 穀一石

二率 價一兩七錢五分 乘

三率 穀三百九十六石 得

四率 價六百九十三兩

重準法再測

一率 米一石

二率 價二兩五錢 除

三率 價六百九十三兩 得

四率 米二百七十七石二斗

變準法[1]

一率	穀價	一兩七錢五分		乘
二率	穀	三百九十六石	六九三	得
				除
三率	米價	二兩五錢		
四率	米	二百七十七石二斗		

重準法 初測

一率	穀	一石	
二率	價	一兩七錢五分	乘
三率	穀	三百九十六石	得
四率	價	六百九十三兩	

重準法 再測

一率	米	一石	
二率	價	二兩五錢	除
三率	價	六百九十三兩	得
四率	米	二百七十七石二斗	

1 原圖有誤，據正文改。

貴求賤第一法，餘法可推

代穀價作米數一率　米一石七斗五升 —— 除

代米價作穀數二率　穀二石五斗 —— 乘

三率　米二百七十七石二斗 —— 六三九 —— 得

四率　穀三百九十六石

附賤求價，問原有穀三百九十六石，换米二百七十七石二斗，每石穀價一兩七錢五分，求米每石價若干。

用互换法，賤求貴，第一法，餘法可推，貴求賤倣此。

代米數作穀價一率　换穀價二百七十七兩二錢 —— 除

代穀數作米價二率　换米價三百九十六兩 —— 乘

三率　右穀價一兩七錢五分 —— 六九三 —— 得

四率　右米價二兩五錢

貴求賤 舉一法，餘法可推

化穀價作米數 一率 米 一石七斗五升 —— 除
化米價作穀數 二率 穀 二石五斗 —— 乘
三率 米 二百七十七石二斗 —— 六三九 —— 得
四率 穀 三百九十六石

附物求價

問應云：穀三百九十六石换米二百七十七石二斗，每石穀價一兩七錢五分，求米每石價若干？

用互换法，賤求貴 舉一法，餘法可推。貴求賤倣此。

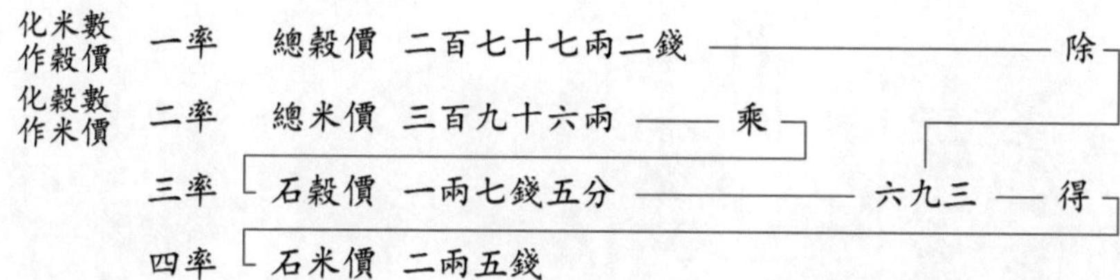

變準法 粟求價做此

一率 穀三百九十六石 乘

二率 石價一兩七錢五分 除 六九 三

三率 米二百七十七石二斗 得

四率 石價二兩五錢

重準法初測 粟求粉做此

一率 穀三百九十六石 除

二率 稻米二百七十七石二斗 得

三率 穀一石

四率 稻米七斗

重準法再測

一率 米七斗 除

二率 價一兩七錢五分 得

三率 米一石

四率 價二兩五錢

問每銀一兩買紅緞四尺，買綠緞五尺七寸，又一百七十五分寸之二十五，今買紅緞

變準法 貴求賤倣此

一率　穀　三百九十六石 —— 乘

二率　石價　一兩七錢五分 —— 六九三 —— 得

三率　米　二百七十七石二斗 —— 除

四率　石價　二兩五錢

重準法 初測 貴求賤倣此

一率　穀　三百九十六石 —— 除

二率　換米　二百七十七石二斗 —— 得

三率　穀　一石

四率　換米　七斗

重準法 再測

一率　米　七斗 —— 除

二率　價　一兩七錢五分 —— 得

三率　米　一石

四率　價　二兩五錢

2.問：每銀一兩買紅緞四尺，買緑緞五尺七寸又一百七十五分寸之二十五。今買紅緞價銀六百九十三兩，求實保假價銀若干。

答：四百八十五兩一錢。

法：兩價互換，以保假數作仁假價，為二率，以仁假摠價六百九十三兩為三率，以二率乘三率，得二千七百七十二為實，卻將一百七十五分之二十五以對減約之，得一十四分之二，以母一十四代五兩七錢，得七十九兩二錢，加入兩二，除八十兩，以除實二千七百七十二，得三十四兩六錢五分，仍以母一十四乘之，得保假摠價。

合問。　餘詳法圖前。

此為互換同異準法，以仁假數四兩為一率，仁假摠價六百九十三兩為二率，保假數五尺七寸一十四分之二為三率，以一率乘二率，以三率除之。

用重測法，先以銀一兩為一率，仁假四尺為二率，仁假摠價為三率，以二率乘三率，得二千七百七十二為四率，再以銀一兩為一率，保假五尺七寸一十四分之三為二率，摠保假二千七百七十二尺為三率，以二率除三率，得四率。

化保假數作仁假數　一率　價分寸之二十五

紅五兩七錢又一百七十五　寔數以法約之，得十四分之二，以十四代整　除

得七十二加子二得八十

化仁假數作保假數　二率　保假價四兩　乘

三率　銀六百九十三兩　二千七百七十二　三十四兩六錢五分　仍以母一十四乘之　得

四率　銀四百八十五兩一錢

價銀六百九十三兩，求買緑緞價銀若干？

答：四百八十五兩一錢。

法：兩價互换，以緑緞數作紅緞價爲一率，以紅緞數作緑緞價爲二率，以紅緞總價六百九十三兩爲三率。以二率乘三率，得二千七百七十二爲實。卻將一百七十五分之二十五，以對減約之，得一十四分之二。以母一十四化五兩七錢，得七十九兩（二）［八］錢，加入子二，得八十兩。以除實二千七百七十二，得三十四兩六錢五分，仍以母一十四乘之，得緑緞總價[1]。合問。餘諸法同前。

若不互换，用變準法。以紅緞數四（兩）［尺］爲一率，紅緞總價六百九十三兩爲二率，緑緞數五尺七寸一十四分之二爲三率。以一率乘二率，以三率除之。

用重測法，先以銀一兩爲一率，紅緞四尺爲二率，紅緞總價爲三率，以二率乘三率，得二千七百七十二爲四率。再以銀一兩爲一率，緑緞五尺七寸一十四分之二爲二率，總緑緞二千七百七十二尺爲三率。以二率除三率，得四率。

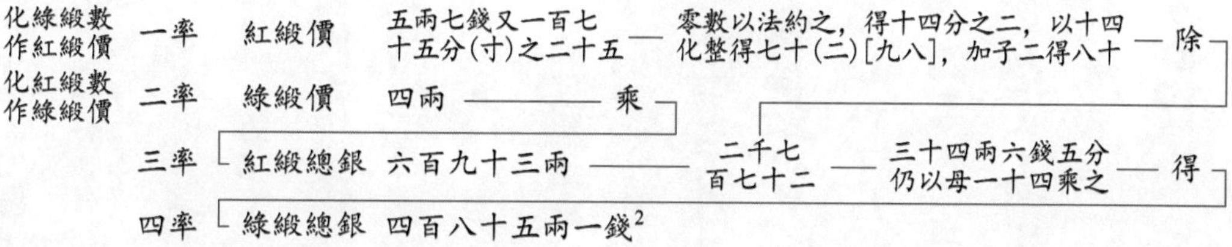

化緑緞數作紅緞價　一率　紅緞價　五兩七錢又一百七十五分(寸)之二十五 — 零數以法約之，得十四分之二，以十四化整得七十(二)[九八]，加子二得八十 — 除

化紅緞數作緑緞價　二率　緑緞價　四兩 —— 乘

三率　紅緞總銀　六百九十三兩 —— 二千七百七十二 — 三十四兩六錢五分仍以母一十四乘之 — 得

四率　緑緞總銀　四百八十五兩一錢[2]

1 據題意，欲買紅緞、緑緞尺數相同，解法如下所示：

$$\text{緑緞總銀}=\frac{40\times 693}{57\frac{25}{175}}=\frac{27720}{57\frac{2}{14}}=\frac{27720}{\frac{800}{14}}=485.1\text{兩}$$

2 此圖中“化緑緞數作紅緞價”、“化紅緞數作緑緞價”，兩“價”字原誤作“數”；又一率“紅緞價”，原脱“緞”；三率、四率，原徑作“銀”，表述不明。今皆據正文校改。爲保持圖表格式之整飭，凡校正增補文字，不用符號標註，特此説明。

解此與前問相表裏前以每物一得價若干為法求價同而物異此以每價一得物
若干為法求物同而價異反乘相減如米之二五與穀之七五相乘得四兩三錢
七分五厘為二物之細數蓋以此價除米得一石七斗五升以此價除穀得二百五
斗也紅之四與綠之五七一十四之二相乘得二丈二尺八寸五分七一四淺二以下不具為一
價之細蓋此假為綠值銀四兩此假為紅值銀五兩七錢一十四分兩之二也又以
貴價二兩五錢除賤價數三百九十六石以賤價一兩七錢五分除貴數二千七百
七十二石同得一五八四為細代為物同而價異若又以貴數四除賤價四百八
十五兩一錢以賤數五七又十四分之二除貴價六百九十三兩同得一二一二七五
為細代為價同而物異若又以多除少以二兩五錢除一兩七錢五分以三百九
十六石除二百七十七石二斗以五尺七寸一十四分之二除四尺以四百八
十五兩一錢俱得七以少除多以一兩七錢五分除二兩五錢以二百七十七石二斗
除三百九十六石以四尺除五尺七寸一十四分之二以四百八十五兩一錢除六百九十
三兩俱得一四二八五七不盡若以銀二兩五錢除米一石得四以銀一兩七錢五分
除穀一石得五七又十四分之二以紅假四除銀一兩還得二五以綠假五七又十四
分之二除銀一兩還得一七五反覆互代無不合者故用互權法則得無弊也
一百七十五之二十五約法用一十四分之二式蓋七之視母得七分之一以其用全法以一百七十

解：此與前問相表裡，上以每物一得價若干爲法，求價同而物異；此以每價一得物若干爲法，求物同而價異，反覆相明。如米之二五與穀之［一］七五相乘，得四兩三錢七分五厘，爲二物之紐，蓋以此價糴米得一石七斗五升，以此價糴穀得二石五斗也。紅之四與緑之五七一十四之二相乘，得二丈二尺八寸五分七一四，從二以下不盡，爲二價之紐。蓋此緞爲緑，值銀四兩；此緞爲紅，值銀五兩七錢一十四分兩之二也。又以貴價二兩五錢除賤數三百九十六石，以賤價一兩七錢五分除貴數二千七百七十二石，同得一五八四爲紐，化爲物同而價異矣。又以貴數四除賤價四百八十五兩一錢，以賤數五七又十四分之二除貴價六百九十三兩，同得一二一二七五爲紐，化爲價同而物異矣。又以多除少，以二兩五錢除一兩七錢五分，以三百九十六石除二百七十七石二斗，以五尺七寸一十四分之二除四尺，以六百九十三兩除四百八十五兩一錢，俱得七。以少除多，以一兩七錢五分除二兩五錢，以二百七十七石二斗除三百九十六石，以四尺除五尺七寸十四分之二，以四百八十五兩一錢除六百九十三兩，俱得一四二八五七不盡。又以銀二兩五錢除米一石，得四；以銀一兩七錢五分除穀一石，得五七又十四分之二；以紅緞四除銀一兩，還得二五；以緑緞五七又十四分之二除銀一兩，還得一七五。反覆變化，無不合者，故用互換法，則得其平也。一百七十五之二十五，約法用一十四分之二者，蓋子之視母，係七分之一。若用全法，以一百七十

五化五七得九之七五、加二五得一、以除二千二百七十二、仍得原數、以一七五乘之亦合、

用七分法、以七化五七得三九之加一得四、以除二千二百七十二、仍得原銀亡六百九十

三兩、以七乘之亦合、但此二法、以求原數相值、恐初學難解、故宜用求為

母也、以排而商之、二十一之三、二十八之四、三十五之五、四十二之六、四十九之七、五十六之八、六十三之

九、無不可也、今並譜之於後、

母

母	化五七得	加子	得
二十一	乙乙九七	三	乙二
二十八	一五九六	四	一六
三十五	一九九五	五	二
四十二	二三九四	六	二四
四十九	二七九三	七	二八
五十六	三一九二	八	三二
六十三	三五九一	九	三六

為法

五化五七，得九九七五，加二五得一[1]，以除二千二百七十二，仍得原數，以一七五乘之，亦合。用七分法，以七化五七，得三九九，加一得四[2]，以除二千二百七十二，仍得原銀六百九十三兩，以七乘之，亦合。但此二法皆與原數相值，恐初學難解，故變用十四爲母也。若推而廣之，二十一之三，二十八之四，三十五之五，四十二之六，四十九之七，五十六之八，六十三之九，無不可也。今並譜之於後。

	二十一		一一九七		三		一二	
	二十八		一五九六		四		一六	
	三十五		一九九五		五		二	
母	四十二	化五七得	二三九四	加子	六	得	二四	爲法
	四十九		二七九三		七		二八	
	五十六		三一九二		八		三二	
	六十三		三五九一		九		三六	

1 即：

$$57\frac{25}{175}=\frac{57\times175+25}{175}=\frac{9975+25}{175}=\frac{1000}{175}$$

2 即：

$$57\frac{1}{7}=\frac{57\times7+1}{7}=\frac{399+1}{7}=\frac{400}{7}$$

一二	二三一	二十一
一六	一七三二五	二十八
二〇	一三八六	三十五
二四	乙乙五五	四十二
二八	九九	四十九
三二	八六六二五	五十六
三六	七七	六十三

為法除二千七百七十二兩得

以原母乘得四百八十五兩一錢

又

數須各母共○價以母除子乘兩得分○又除母乘兩得全○并原合共母○則兩母相乘為共一母○以兩子互乘為各子○并兩三率價須各母○則以三率遞乘為共母○以各母除、以各子乘為各子○○四率各母○以價為母為母○以對減法則之○以得四率之子○以母除之○以物與共價之實數○

問、糯米每石價銀二兩二錢五分、今米八分石之七、問價若干、

答、一兩九錢六分八厘七毫五絲、

法、一率米一石、二率價二兩二錢五分、三率米八分石之七、以二三率之七子乘二率、得一五七五、以八母除、得數合問、

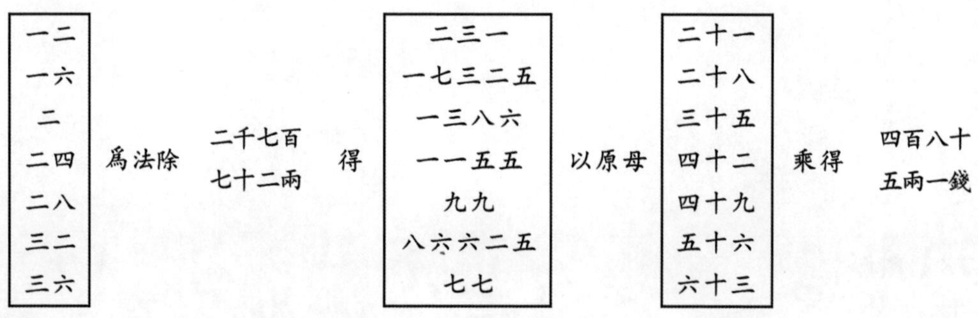

凡數有子母者，俱以母除子乘而得分，子除母乘而得全。若原今異母，則兩母相乘爲共母，以兩子互乘爲各子。若前三率俱有子母，則以三率遞乘爲共母，以各母除、以各子乘，爲各子。四率無母，即借前母爲母，以對減法約之，即得四率之子。以母除子，得物與價之實數。

1.問：稻米每石價銀二兩二錢五分，今米八分石之七，求價若干？

答：一兩九錢六分八厘七毫五絲。

法：一率米一石，二率價二兩二錢五分，三率米八分石之七。以三率七子乘二率，得一五七五，以八母除，得數合問。

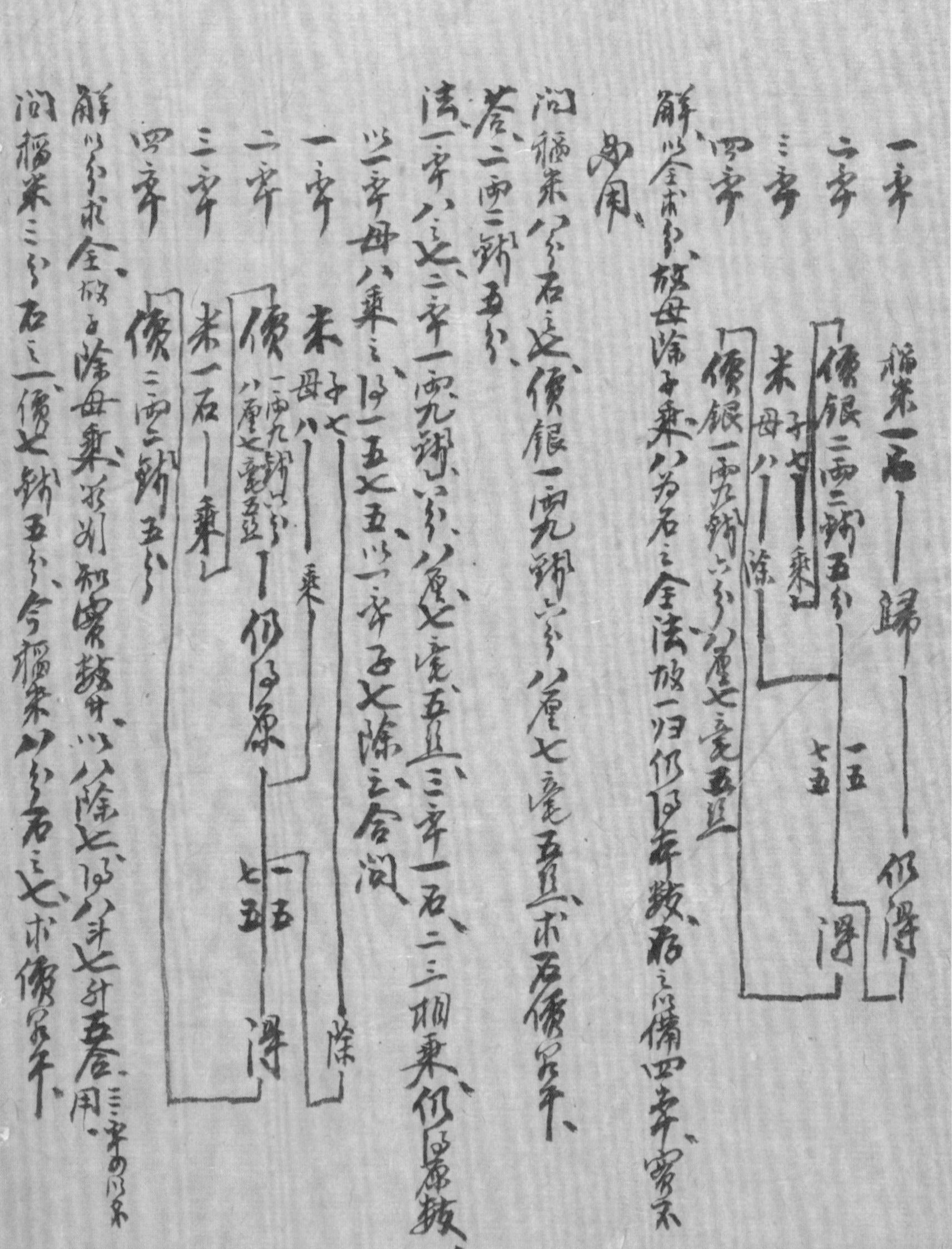

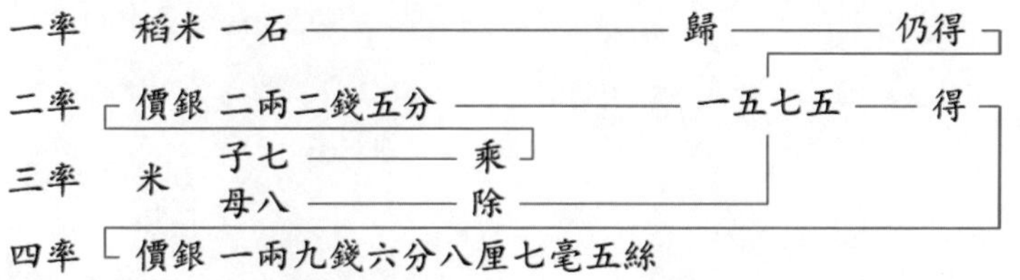

解：以全求分，故母除子乘。八爲石之全法，故一歸仍得本數。存之以備四率，實不必用。

2.問：稻米八分石之七，價銀一兩九錢六分八厘七毫五絲，求石價若干？

答：二兩二錢五分。

法：一率八之七，二率一兩九錢六分八厘七毫五絲，三率一石。二三相乘，仍得原數，以一率母八乘之，得一五七五，以一率子七除之。合問。

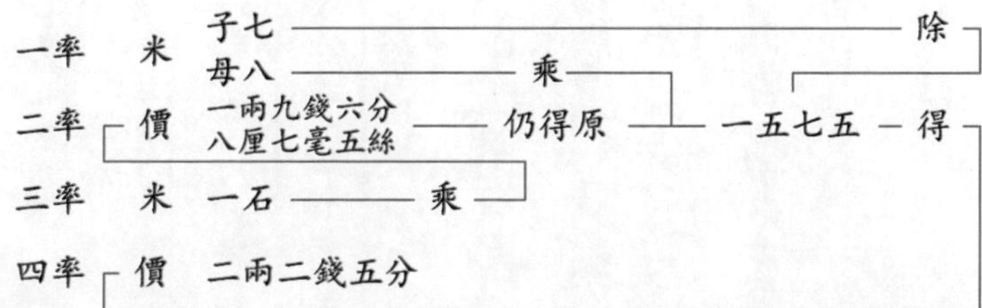

解：以分求全，故子除母乘。若欲知實數者，以八除七，得八斗七升五合。三率可以不用。

3.問：稻米三分石之一，價七錢五分。今稻米八分石之七，求價若干？

答一兩九錢六分八厘七毫五絲、

法兩母相乘二十四、以七子乘三母得二十一、以一子乘八母得八、乃以二十四之八為一率、米以七錢五分為二率、以二十四之二十一為三率、以二率乘三率、得一五七五、以一率八除之、得數合問、

一率　米二十四分石之八　除

二率　價七錢五分　乘

三率　米二十四分石之二十一　一五七五　得

四率　價一兩九錢六分八厘七毫五絲

解此物之有母共○、母同然後可以較子之多寡、故先求共母、後求各子與乘除之法、以標子數、母寡而分用、然物之全數總從母率、試置全石、以每二十四除之、得四一六六、為長、以八乘之、得三斗三升三合為長、以二十一乘之、得八斗七升五合、是原今二物之的數也、故算先乘後除一法、餘法同前、

問價七錢五分、買米三分石之一、今有價銀一兩九錢六分八厘七毫五絲、求買米幾分石之幾、

答八分石之七、

法價七錢五分為一率、米三分之一為二率、價一兩九錢六分八厘七毫五絲為

答：一兩九錢六分八厘七毫五絲。

法：兩母相乘二十四，以七子乘三母得二十一，以一子乘八母得八。乃以二十四之八爲一率，以七錢五分爲二率，以二十四之二十一爲三率。以二率乘三率，得一五七五，以一率八除之，得數合問。

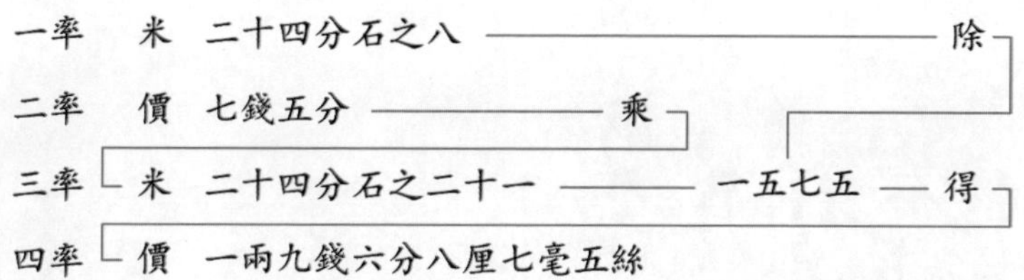

解：此物之有子母者。◎母同然後可以較子之多寡，故先求共母，後求各子。其乘除之法，皆據子數，母虛而不用。然物之全數，暗藏母中。試置全石，以母二十四除之，得四一六六不盡；以八乘之，得三斗三升三合不盡；以二十［一］乘之，得八斗七升五合，是原今二物之的數也。姑舉先乘後除一法，餘法同前。

4. 問：價七錢五分買米三分石之一，今有價銀一兩九錢六分八厘七毫五絲，求買米幾分石之幾？

答：八分石之七。

法：價七錢五分爲一率，米三分之一爲二率，價一兩九錢六分八厘七毫五絲爲

三率、以二率子一乘三率、仍得原數、以一率除之、得二六二五、以原母二千六百二十五命之、
是爲三千分之二千六百二十五、以法約之、子母各減去三百七十五、相同、以除母三
千得八、以除子二千六百二十五得七、是爲八之七、合問。

一率　價七錢五分　　除
二率　米子一　米母三　　乘
三率　價一兩九錢六分八厘七毫五絲　　仍原　得
四率　米　二六　二五　　二千六二十　六百二十五　　約　八之七　　命

解此六物分母共、但爲物之分母、求價之實數、此乃價之實數、求物之分母、四率爲母、
故備爲母爲母、以三爲三率、除得數四位、以最少爲一籌、而上之得千、故廿母、乃
法、取其整、而易求其實、得二分之二分六厘二毫五絲也、
問銀四兩一錢三分三厘、買顆羅二尺三寸二分、又每尺六價銀二十二分、兩之六千二求買
羅若干。
答八尺七寸五分、
法依問列率、兩母乘得一百二十八、爲共母、一率母乘三率子、得二百五十二、是爲一百

三率。以二率子一乘三率，仍得原數，以一率除之，得二六二五。以原每三命之，是爲三千分之二千六百二十五。以法約之，子母互減，至三百七十五相同。以除母三千得八，以除子二千六百二十五得七，是爲八之七[1]。合問。

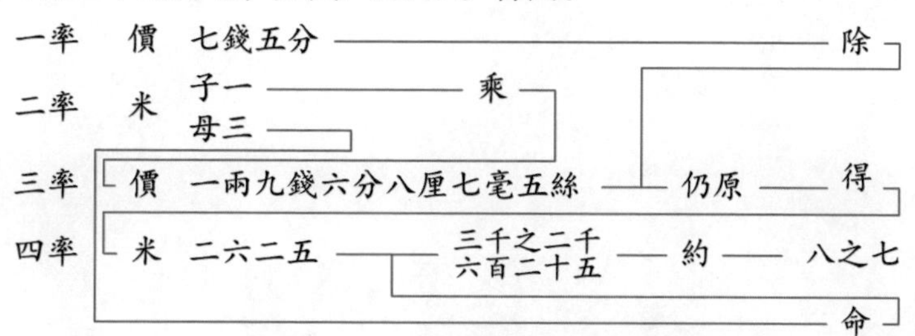

解：此亦物之有子母者。但前以物之子母求價之實數，此以價之實數求物之子母。四率無母，故借前母爲母。以三爲三千者，除得數四位，以最小爲一，等而上之得千。故升母以從子，取其整而易。求其實，即三分之二分六厘二毫五絲也。

5.問：銀四分兩之三，買鵝毳三尺三寸三分不盡[2]。今有銀三十二分兩之六十三，求買毳若干[3]？

答：八尺七寸五分。

法：依問列率。兩母乘得一百二十八，爲共母。一率母乘三率子，得二百五十二，是爲一百

---

1 此題解法如下所示：

$$\frac{\frac{1}{3}\times 196.875}{75}=\frac{\left(\frac{1\times 196.875}{75}\right)}{3}=\frac{2625}{3000}=87$$

2 毳，鸟兽细软而茂密的毛。

3 此題及下題據《同文算指通編》卷一“三率準測”第十四題改編，原題云：“問欲買鵝毳八分丈之七，價若干。曰：曾買三分丈之一，原價四分兩之三，算之。”

二十八之二百五十六、三率母乘一率子得九十六八、是爲一百二十八之九十六、以二率三三丈尺乘三率之一百五十二得八四、以一率九十六除之得數合問、

一率	價 一百二十八之九十六		除
二率	毛 三尺三寸 三三丈尺	乘	
三率	價 一百二十八之二百二十五		
四率	毛 八尺七寸五分	八四	得

解此價之增也、母皆以弟三問朋表裡、三率子多於母、

問彩毛三尺三寸三三丈尺、價四分兩之三、今八尺七寸五分、求價幾分兩之幾、

答三十二分兩之六十三、

法依問列率、以二率子三乘八尺七寸五分、得二六二五、以三三丈尺除之、得七八七五、假以爲母四分之、是爲四千分兩之七千八百七十五、以法約之、母子相減、餘一百二十五、爲約法、以除四千得三十二、以除七千八百七十五得六十三、合問、求實數、或以全母除子數、以約母除約子、得一兩九錢六分八厘七毫五絲、

一率	毛 三尺三寸 三三丈尺		除
二率	價 子三 母四	乘	
三率	毛 八尺七寸 五分	二六 二五	浮
四率	價 七八 七五	四千分兩之七千八百七十五 約	三十二分兩之六十三 命

二十八之二百五十二；三率母乘一率子，得九十六，是爲一百二十八之九十六。以二率三三不盡乘三率二百五十二，得八四，以一率九十六除之，得數合問。

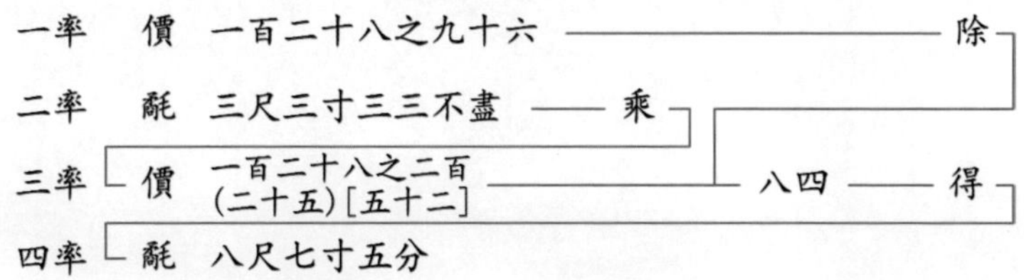

解：此價之有子母者，與第三問相表裡，三率子多於母。

6.問：鵝毤三尺三寸三三不盡，價四分兩之三。今八尺七寸五分，求價幾分兩之幾？

答：三十二分兩之六十三。

法：依問列率。以二率子三乘八尺七寸五分，得二六二五；以三三不盡除之，得七八七五。仍以原母四命之，是爲四千分兩之七千八百七十五。以法約之，母子相減，至一百二十五同。以除四千，得三十二；以除七千八百七十五，得六十三。合問。求實數，或以全母除子，或以約母除約子，得一兩九錢六分八厘七毫五絲。

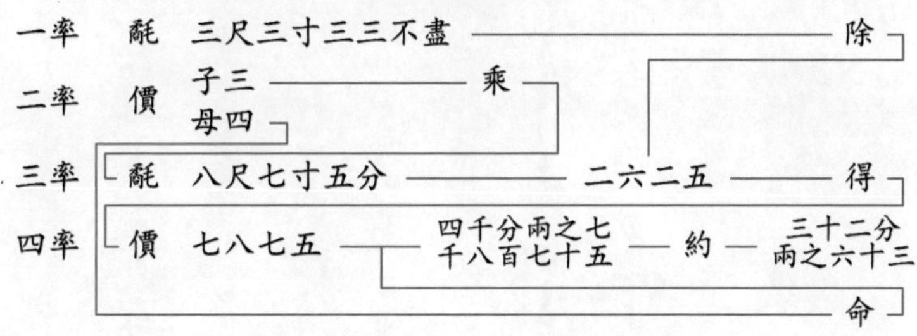

解此價之有互母者、必為第四問相表裏、其係借母法乃去非母、故得一整數又三十二之三十一、是除之所見實數

問銀四分兩之三、錢得米三分石之二七、有銀五分兩之三、求糴米幾分石之幾

答一十五分石之八

法三母通乘、得六千為共母、一率子乘母除得四十五、二率子乘母除得四千、三率子乘母除得三十六、以二率乘三率得一千四百四十、以一率四十五除之得三十二、以共母命之是為六千之三十二、以對減法約之得四伍、以除母六千得一十五、以除子三十二得八、合問

或以一率除二率得八八八不盡、以乘三率、或以二率除一率得一一二五、以除三率、或以一率除三率得八、以二率乘之、或以三率除一率得一二五、以除二率、係同以共母除子、或以約母除子、係得五斗三升三合不盡、是為米之實數、其價四分兩之三者、是錢五分兩之三者、為六錢、米三分石之二者、是六斗六升不盡、以母除子而得、

一率　銀　六千之四千五　除

二率　米　六千之四千　乘

三率　銀　六千之三十六　一千四百四十　得

四率　米　六千之三十二　約　一十五之八　舉第一法解法見前

解此物價係有互母者、舉價求物之求價必難、舉物求價之求物必難、以母數為用、以

解：此價之有子母者，與前第四問相表裡，亦係借母法。子大於母，故得一整又三十二之三十一。盡除之，即見實數。

7.問：銀四分兩之三，糴得米三分石之二。今有銀五分兩之三，求糴米幾分石之幾？

答：一十五分石之八。

法：三母遞乘，得六十爲共母。一率子乘母除得四十五，二率子乘母除得四十，三率子乘母除得三十六。以二率乘三率，得一千四百四十，以一率四十五除之，得三十二。以共母命之，是爲六十之三十二。以對減法約之，得四紐，以除母六十，得一十五；以除子三十二，得八。合問。

或以一率除二率，得八八八不盡，以乘三率；或以二率除一率，得一一二五，以除三率；或以一率除三率得八，以二率乘之；或以三率除一率，得一二五，以除二率，俱同。以共母除子，或以約母除子，俱得五斗三升三合不盡，是爲米之實數。其價四分兩之三者，爲七錢五分；五分兩之三者，爲六錢；米三分石之二者，爲六六六不盡，皆以母除子而得。

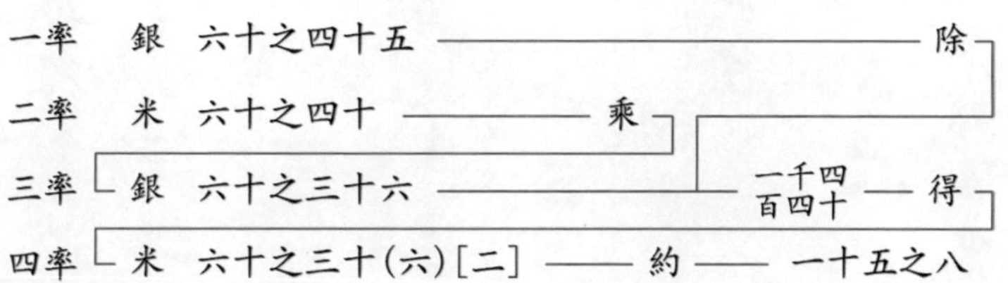

舉第一法，餘法見前。

解：此物價俱有子母者。舉價求物，物求價可推；舉多求少，少求多可推。◎母虛不用，只以

子母法全如第三問之例、

又法二率三率兩母乘得一十五兩子乘得之六是爲一十五之六、却以一率母四乘新母一十五得六十爲共母、以二率母四乘新子六得二十四、以新母十五乘一率子三得四十五、是爲四十五之二十四、對減出三個、以除母四十五、以除子二十四得八、此數與前法同、但兩番乘母不如三率兩母爲簡耳、

二率　母三　子二

一十五之六

三率　母五　子三

原母四　子三　四十五　爲法

六十

新母十五　子六　二十四　爲實

法除實得五三三不盡

凡整數帶零數〇其零數有子母者〇以零母化整〇加零爲法〇若用整實數者〇化法乘仍以母除之〇化法除仍以母乘之而得〇

問銀一兩又三十二分兩之三十一、糴得米八斗七升五合、今有銀七錢五分、亦糴米幾何、

子爲法，全如第三問之例。

又法：二率、三率兩母乘得一十五，兩子乘得六，是爲一十五之六。卻以一率母四乘新母一十五，得六十爲共母。以一率母四乘新子六，得二十四；以新母十五乘一率子三，得四十五，是爲四十五之二十四。對減至三同，以除母，亦得十五；以除子，亦得八。此數與前法同，但兩番子母，不如三率同母爲捷耳。

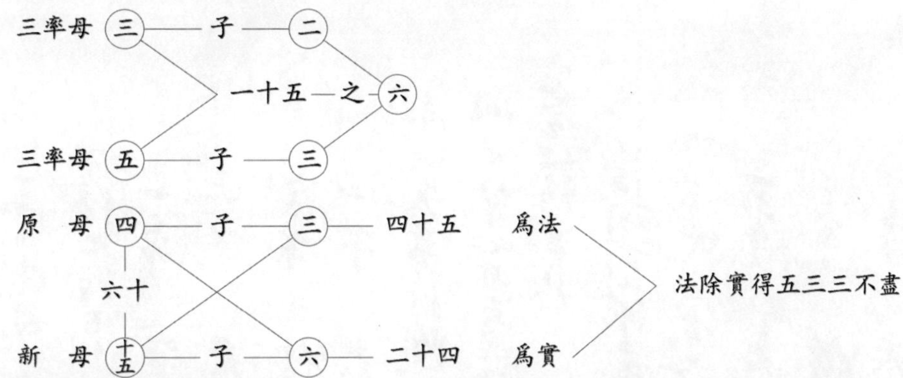

凡整數帶零數，其零數有子母者，以零母化整，加零爲法。若欲知實數者，化法乘仍以母除之，化法除仍以母乘之而得。

1.問：銀一兩又三十二分兩之三十一，糴得米八斗七升五合。今有銀七錢五分，求糴米若干？

答三斗三升三合五分奇。

法銀一兩以零母三十二化之、得三十二、加分子三十一、共六十三以為率。都以二率米八斗七升五合乘三率價七錢五分、得六五六二五、以一率六十三除之、得一零四一六六五分奇、以母三十二乘之、合問。

一率　價一兩　化三十二　加分三十一　得六十三　除

二率　米八斗七升五合　乘

三率　價七錢五分　六五六二五　得

四率　米一零四一六六五分奇　以母三十二乘之　得三三三三五分奇

解此先乘後除。

問米八斗七升五合、價一兩又三十二分兩之三十一、每米三分石之一、本價銀若干。

答七錢五分。

法化法同前。六十三為二率、置一兩三之、得三三三五分奇為三率、以一率八七五除三率、得三八零九五二五分奇、以二率六十三乘之、得二四、以母三十二除之、合問。

一率　米八斗七升五合　除

二率　價一兩　化三十二　加分三十一　得六十三　乘

三率　米三斗三升三三五分奇　三八零九五二五分奇　得

四率　價二四　以母三十二除之　得七錢五分

答：三斗三升三合不盡。

法：銀一兩以零母三十二化之，得三十二，加子三十一，共六十三，以爲一率。卻以二率米八斗七升五合乘三率價七錢五分，得六五六二五；以一率六十三除之，得一零四一六六不盡。以母三十二乘之。合問。

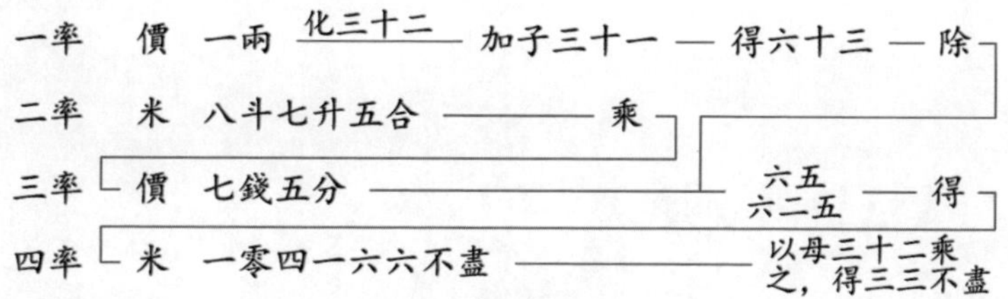

解：此先乘後除。

2. 問：米八斗七升五合，價一兩又三十二分兩之三十一。今有米三分石之一，求價銀若干？

答：七錢五分。

法：化法同前。六十三爲二率；置一而三之，得三三三不盡，爲三率。以一率八七五除三率，得三八零九五不盡；以二率六十三乘之，得二四，以母三十二除之。合問。

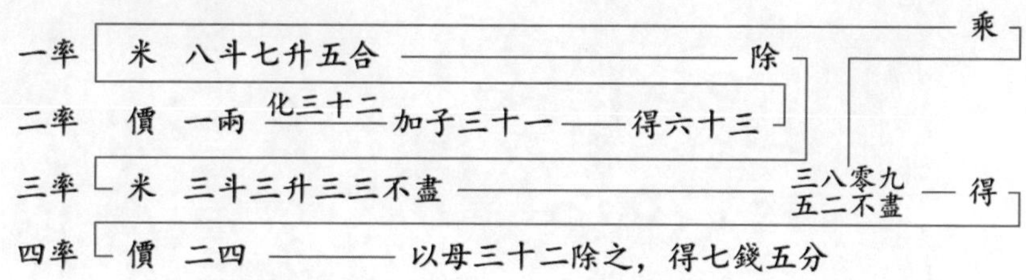

解：凡除後乘、化整爲零，則法多而實少，用爲除，得數必少；故以母乘得實數，用爲乘，得數必
多，故以母除得實數也。或以母法除分母之數，然後別率。如此問，置銀一兩，以分母三十二乘之，以
母三十二除之，得九錢六分二釐七毫五絲，加一兩爲二率，以乘三率三三三爲長，得六五六二五，以
一率八七五除之同。若先定數爲原本，而後求定數亦同。其物價母法相同。如此問求數亦
以母爲三十二爲法，則八與廿五合，爲三十二之二十八，則以一率二十八除三率三三三爲長，得一一九零四七
六一爲本，以二率六十三乘之，得七錢五分爲前問，以二率爲二十八乘三率七錢五分得二十一，以一
率六十三除之，得三三三爲長。此爲所用母法之數，所謂母同而論也。若母別相乘爲
共母，交乘爲各子，如前條之法。

凡

物有遞准者○，或物而自爲屢轉○，或多物而交相換易○。此次第求之○。以單數爲法者○，如一物得
幾倍○，則遞乘之而得多○；如一物得幾分○，則遞乘之而得少○。倒求之，如幾倍而得一○，則遞除之
而得幾分○，而得一○，則遞除之而得多○。以累數爲法者○，不論實數多寡○，以原數幾物爲
母○，所得幾物爲子○，遞以母除之○，遞以子乘之○；倒求則以子除母乘○，或乘眾母爲一母○，眾子爲
一子○，以母爲率○，以子爲率○。

問：今有商某本銀一千四百兩，初出門加倍獲息，再出門則本與息得三倍，三出門本與息得
四倍，求得本利若干。

答：三萬三千六百兩。

解：此先除後乘，化整爲零，則法多而實少。用爲除，得數必少，故以母乘得實數；用爲乘，得數必多，故以母除得實數也。或以母法除子，得零之數，然後列率。如此問，置銀一兩，以子三十一乘之，以母三十二除之，得九錢六分八厘七毫五絲，加一兩爲二率。以乘三率三三三不盡，得六五六二五，以一率八七五除之，同。蓋先定數而後求，與先求而後定數一也。若物價母法相同，如此問，米數亦以每石三十二爲法，則八斗七升五合爲三十二之二十八，則以一率二十八除三率三三三不盡，得一一九零四七六一有奇，以二率六十三乘之，徑得七錢五分。前問以二率爲二十八，乘三率七錢五分得二十一，以一率六十三除之，徑得三三三不盡，皆不必用母法定數，所謂母同只論子也。若異母則相乘爲共母，交乘爲各子，如前條之法。

凡物有遞準者，或一物而自爲展轉，或多物而交相换易，皆次第求之。以單數爲法者，如一物得幾倍，則遞乘之而得多；如一物得幾分，則遞乘之而得少。倒求之，如幾倍而得一，則遞除之而得少；幾分而得一，則遞除之而得多。以累數爲法者，不論實數多寡，皆以原數幾物爲母，所得幾物爲子，遞以母除之，遞以子乘之。倒求則子除母乘，或乘衆母爲一母，衆子爲一子以爲率，以定本率。

1.問：今有爲商者，本銀一千四百兩，初出門加倍獲息，再出門則本息得三倍，三出門本息得四倍，求得本利若干？

答：三萬三千六百兩。

法置本銀以二乘之，得二千八百；又三乘之，得八千四百；又四乘之，合問。

初
一率　本銀一兩
二率　本息二兩　乘
三率　本銀一千四百兩　得
四率　本息二千八百兩

再
一率　本銀一兩
二率　本息三兩　乘
三率　本銀二千八百兩　得
四率　本息八千四百兩

三　三率即原本之所化
一率　本銀一兩
二率　本息四兩　乘
三率　本銀八千四百兩　得
四率　本息三萬三千六百兩

解此以三層求總倍數乘之而得，倒求之，如問三萬三千六百兩，每四兩得一，又每三兩得一，又每二兩得一，則逐除之而得。

初
一率　銀四兩
二率　原本銀一兩　除
三率　銀三萬三千六百兩　得
四率　原本銀八千四百兩

再
一率　銀三兩
二率　原本銀一兩　除
三率　銀八千四百兩　得
四率　原本銀二千八百兩

法：置本銀，以二乘之，得二千八百；又三乘之，得八千四百；又四乘之。合問。

初

一率　本銀　一兩

二率　本息　二兩——乘

三率　本銀　一千四百兩——得

四率　本息　二千八百兩

再

一率　本銀　一兩

二率　本息　三兩——乘

三率　本銀　二千八百兩——得

四率　本息　八千四百兩

三　三率即原本所化

一率　本銀　一兩

二率　本息　四兩——乘

三率　本銀　八千四百兩——得

四率　本息　三萬三千六百兩

解：此以一爲法求幾倍，故乘之而多。倒求之，如問三萬三千六百兩，每四兩得一，又每三兩得一，又每二兩得一，則遞除之而得少。

初

一率　銀　四兩——除

二率　原本銀　一兩

三率　銀　三萬三千六百兩——得

四率　原本銀　八千八百兩

再

一率　銀　三兩——除

二率　原本銀　一兩

三率　銀　八千四百兩——得

四率　原本銀　二千八百兩

三　一率　銀二兩　除
上三率再化　二率　原每銀一兩
三率　銀二千八百兩　得
四率　原每一千四百兩

問：今有銀礦四十二兩，初入火每一兩得六錢，再入火每一兩得七錢，三入火每一兩得八錢，求實得銀若干。

答：一十四兩一錢一分二釐。

法：置四十二兩，遞乘三次，初六乘得二十五兩二錢，再七乘得十七兩六錢四分，再八乘合問。

初
一率　礦一兩
二率　銀六錢　乘
三率　礦四十二兩　得
四率　銀二十五兩二錢

再　三率即原礦所化
一率　礦一兩
二率　銀七錢　乘
三率　礦二十五兩二錢　得
四率　銀十七兩六錢四分

三　三率即原礦所化
一率　礦一兩
二率　銀八錢　乘

三　上三率再化

一率　銀　二兩 —— 除
二率　原本銀　一兩
三率　銀　二千八百兩 —— 得
四率　原本[銀]　一千四百兩

2. 問：今有銀礦四十二兩，初入火，每一兩得六錢；再入火，每一兩得七錢；三入火，每一兩得八錢。求實得銀若干[1]？

答：一十四兩一錢一分二厘。

法：置四十二兩，遞乘之。初六乘，得二十五兩二錢；再七乘，得一十七兩六錢四分；再八乘。合問。

初

一率　礦　一兩
二率　銀　六錢 —— 乘
三率　礦　四十二兩 —— 得
四率　銀　二十五兩二錢

再　三率即原礦所化

一率　礦　一兩
二率　銀　七錢 —— 乘
三率　礦　二十五兩二錢 —— 得
四率　銀　一十七兩六錢四分

三　三率即原礦所化

一率　礦　一兩
二率　銀　八錢 —— 乘
三率　礦　一十七兩六錢四分 —— 得
四率　銀　一十四兩一錢一分二厘

1 參例問 7。

三率　稱一千七百六錢四分 得

四率　銀一千四百兩一錢一分二厘

解　此乃爲隱術，幾分兩放乘之，而後假設銀一千四百兩一錢一分二厘，求原銀若干，則遞除之，而得後，口此之問，以一物自爲展轉耳。

問稻米一斗換粟米一斗五升，粟米一斗換黍子一斗二升五合，黍子一斗換穀一斗二升八合，穀一斗換黄豆一斗二升五合二，今有稻米八斗，求換黄豆若干。

答二石四斗。

法以八乘稻米，以下遞乘之，得粟米一石二斗，黍子一石五斗，穀一石九斗二升，黄豆二石四斗，合問。

初

一率　稻米一斗

二率　粟米一斗五升　乘

三率　稻米八斗　得

四率　粟米一石二斗

再

一率　粟米一斗

二率　黍子一斗二升五合　乘

三率　粟米一石二斗　得

四率　黍子一石五斗

三

四

解：此以一爲法，求幾分，故乘之而少。假問銀一十四兩一錢一分二厘，求原銀若干，則遞除之而得多。◎此上二問，皆一物自爲展轉者。

3.問：稻米一斗，换粟米一斗五升；粟米一斗，换黍子一斗二升五合；黍子一斗，换穀一斗二升八合；穀一斗，换黄豆一斗二升五合。今有稻米八斗，求换黄豆若干？

答：二石四斗。

法：以八乘稻米，以下遞乘之，得粟米一石二斗，黍子一石五斗，穀一石九斗二升，黄豆二石四斗。合問。

初

一率	稻米	一斗	
二率	粟米	一斗五升	乘
三率	稻米	八斗	得
四率	粟米	一石二斗	

再

一率	粟米	一斗	
二率	黍子	一斗二升五合	乘
三率	粟米	一石二斗	得
四率	黍子	一石五斗	

一率　黍一斗
二率　穀一斗二升八合　乘
三率　黍一石五斗　得
四率　穀一石九斗二升

一率　穀一斗
二率　豆一斗二升五合　乘
三率　穀一石九斗二升　得
四率　豆二石四斗

解此先求多用乘法，蓋第一遍乘，得稻米之八斗，變而為粟米之一石二斗，第二遍乘得粟米之一石二斗，變而為黍之一石五斗，由粟黍相換，出粟沈為稻之所變者也，即稻之八斗所換也，此下可推。

問黃豆一斗二升五合換穀一斗，穀一斗二升八合換黍子一斗，黍一斗二升五合換粟米一斗，粟米一斗五升換稻米一斗，今黃豆二石四斗，換稻米若干。

答八斗。

法以黃豆一斗二升五合，除二石四斗，得一九二石穀，穀以下遞除之，得一石五斗為黍子，一石二斗為粟米，合問。

初
一率　豆一斗二升五合　除
二率　穀一斗
三率　豆二石四斗　得
四率　穀一石九斗二升

再
一率　穀一斗二升八合　除
二率　黍一斗
三率　穀一石九斗二升　得
四率　黍一石五斗

三率即豆所變

三

一率　黍　一斗
二率　穀　一斗二升八合——乘
三率　黍　一石五斗——得
四率　穀　一石九斗二升

四

一率　穀　一斗
二率　豆　一斗二升五合——乘
三率　穀　一石九斗二升——得
四率　豆　二石四斗

解：此以一求多，用乘法。蓋第一遍乘，則稻米之八斗，變而爲粟米之一石二斗。第二遍乘，則粟米之一石二斗，變而爲黍之一石五斗。雖粟黍相换，然粟既爲稻之所變，是即稻之八斗所换也。以下可推。

4.問：黄豆一斗二升五合，换穀一斗；穀一斗二升八合，换黍子一斗；黍一斗二升五合，换粟米一斗；粟米一斗五升，换稻米一斗。今黄豆二石四斗，换稻米若干？

答：八斗。

法：以黄豆一斗二升五合除二石四斗，得一九二爲穀數。以下遞除之，得一石五斗爲黍子，一石二斗爲粟米。合問。

初

一率　豆　一斗二升五合——除
二率　穀　一斗
三率　豆　二石四斗——得
四率　穀　一石九斗二升

再　三率即豆所變

一率　穀　一斗二升八合——除
二率　黍　一斗
三率　穀　一石九斗二升——得
四率　黍　一石五斗

三　三率以黃豆再變

一率　黍一石二斗五升　除
二率　粟米一斗
三率　黍一石五斗　得
四率　粟米一石二斗

四　三率以黃豆三變

一率　粟米一斗二升　除
二率　稻米一斗
三率　粟米一石二斗　得
四率　稻米八斗

解　此以多求一，故用除法。黃豆以一斗二升五合而一變爲穀，穀以一斗二升八合而一變爲黍，黍以一斗二升五合而一變爲粟米，粟米以一斗五升而一變爲稻米。皆粟稻相換，以豆變生，即豆之所換也。

假如黍一石五斗，上求稻米，下求黃豆，各幾何？則乘除並用。置黍一石五斗，以一二五除之，得一石二斗，爲粟米；再以一五除之，得八斗，爲稻米。〇以一斗二升八合乘之，爲穀；以一斗二升五合乘之，爲黃豆。〇此三問多物相換，[illegible]易求，皆多物求一物同法。

以上諸問，以單換爲法，此單準同，但屬通用之耳。

問：稻米二斗換粟米三斗，粟米四斗換黍五斗，黍二斗換穀三斗八升四合，穀五斗換黃豆六斗二升五合。今稻米八斗，求換黃豆幾何？

答：二石四斗。

法：置稻米八斗，以三乘之，以二除之，得粟米一石二斗；五乘四除之，得黍一石五斗；三八四

三　三率即黄豆再變

一率　穀　一石二斗五升————除
二率　粟米　一斗
三率　黍　一石五斗————得
四率　粟米　一石二斗

四　三率即黄豆三變

一率　粟米　一斗五升————除
二率　稻米　一斗
三率　粟米　一石二斗————得
四率　稻米　八斗

解：此以多求一，故用除法。黄豆以一斗二升五合而一變爲穀，穀以一斗二升八合而一變爲黍，黍以一斗二升五合而一變爲粟米，粟米以一斗五升而一變爲稻米。雖粟稻相换，從豆而變，是即豆之所换也。

假若中舉一物，如問黍子一石五斗，上求稻米，下求黄豆各若干，則乘除分用。置黍一石五斗，以一二五除之，得一石二斗爲粟米，再以一五除之，得八爲稻米。◎以一斗二升八合乘之爲穀，以一斗二升五合乘之爲豆。◎此二問，多物相换易者。雖多物，實與一物同法。

以上諸問，皆以單數爲法，與單準同，但層遞用之耳。

5.問：稻米二斗，换粟米三斗；粟米四斗，换黍子五斗；黍子三斗，换穀三斗八升四合；穀五斗，换黄豆六斗二升五合。今稻米八斗，求换黄豆若干？

答：二石四斗。

法：置稻米八斗，以三乘之，以二除之，得粟米一石二斗。五乘之，四除之，得黍子一石五斗。三八四

乘之三除之得穀一石九斗二升以三石乘之五除之得黄豆合問

又法以母相乘得一十二以子相乘得二十八石置稻米八斗以二十八乘得數同

遞除遞乘法

初

一率 稻米三斗 除

二率 糳米三斗 乘

三率 稻米八斗

四率 糳米一石二斗

四二 得

再 三率以稻米所化

一率 糳米四斗 除

二率 黍五斗 乘

三率 糳米一石二斗

四率 黍一石五斗

六 得

三 三率以稻米再化

一率 黍三斗 除

二率 穀三斗八[illegible]合 乘

三率 黍一石五斗

四率 穀一石九斗二升

五七六 得

四 三率以稻米三化

一率 穀五斗 除

二率 豆六斗二升五合 乘

三率 穀一石九斗二升

四率 豆二石四斗

一二 得

併母併子法

乘之，三除之，得穀一石九斗二升。六（三）［二］五乘之，五除之，得黄豆。合問。

又法：諸母相乘得一十二石，諸子相乘得三十六石。置稻米八斗，以三十六乘，［以一十二除］，得數同。

遞除遞乘法

初

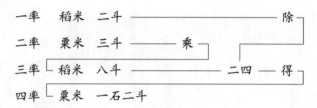

一率	稻米	二斗		除
二率	粟米	三斗	乘	
三率	稻米	八斗	二四	得
四率	粟米	一石二斗		

再 三率即稻米所化

一率	粟米	四斗		除
二率	黍	五斗	乘	
三率	粟米	一石二斗	六	得
四率	黍	一石五斗		

三 三率即稻米再化

一率	黍	三斗		除
二率	穀	三斗八升四合	乘	
三率	黍	一石五斗	五七六	得
四率	穀	一石九斗二升		

四 三率即稻米三化

一率	穀	五斗		除
二率	豆	六斗二升五合	乘	
三率	穀	一石九斗二升	一二	得
四率	豆	二石四斗		

併子併母法

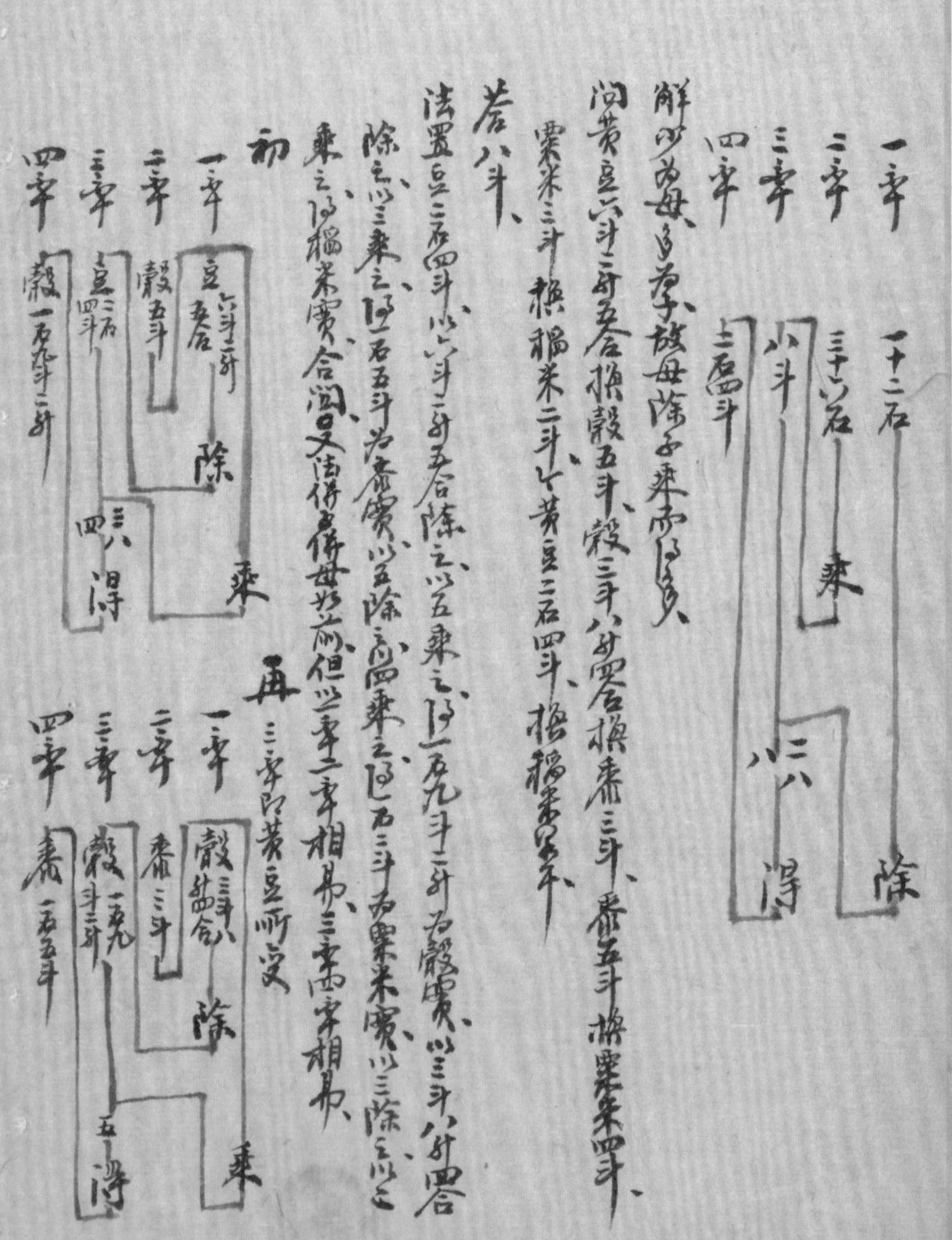

一率　一十二石　除
二率　三十六石　乘
三率　八斗
四率　二石四斗　二八　得

解此為母子母、故母除子乘而得也、

問黃豆六斗二升五合換穀五斗、穀三斗八升四合換黍三斗、黍五斗換粟米四斗、粟米三斗換稻米二斗七、黃豆二石四斗、換稻米幾何、

答八斗、

法置豆二石四斗、以六斗二升五合除之、以五乘之、得一石九斗二升為穀實、以三斗八升四合除之、以三乘之、得一石五斗為黍實、以五除之、以四乘之、得一石二斗為粟米實、以三除之、以二七乘之、得稻米實、合問、又法併子併母亦得、但以一率二率相易、三率四率相易、

初
一率　豆六斗二升五合　除
二率　穀五斗　乘
三率　豆二石四斗
四率　穀一石九斗二升　三八四　得

再　三率即黃豆所變
一率　穀三斗八升四合　除
二率　黍三斗　乘
三率　穀一石九斗二升
四率　黍一石五斗　五　得

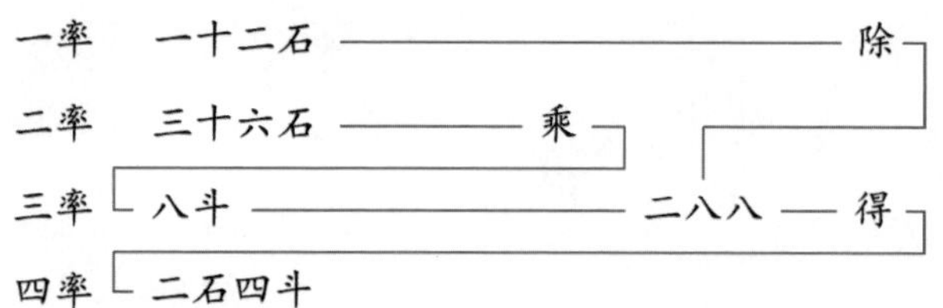

解：少爲母，多爲子，故母除子乘而得多。

6.問：黄豆六斗二升五合，换穀五斗；穀三斗八升四合，换黍三斗；黍五升，换粟米四斗；粟米三斗，换稻米二斗。今黄豆二石四斗，换稻米若干？

答：八斗。

法：置豆二石四斗，以六斗二升五合除之，以五乘之，得一石九斗二升爲穀實。以三斗八升四合除之，以三乘之，得一石五斗爲黍實。以五除之，以四乘之，得一石二斗爲粟米實。以三除之，以二乘之，得稻米實。合問。◎又法：併子併母如前，但以一率、二率相易，三率、四率相易。

初

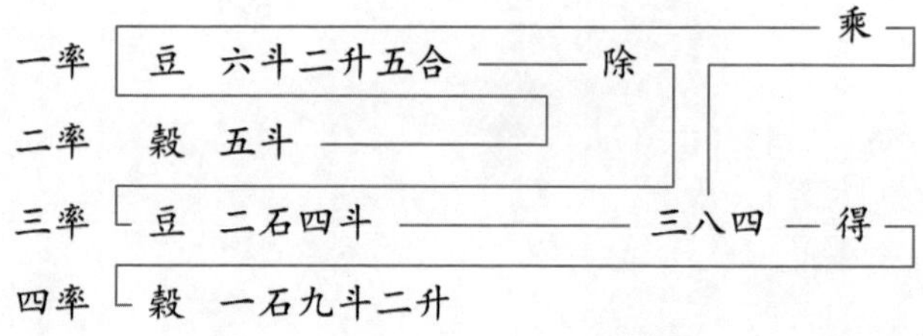

再 三率即黄豆所變

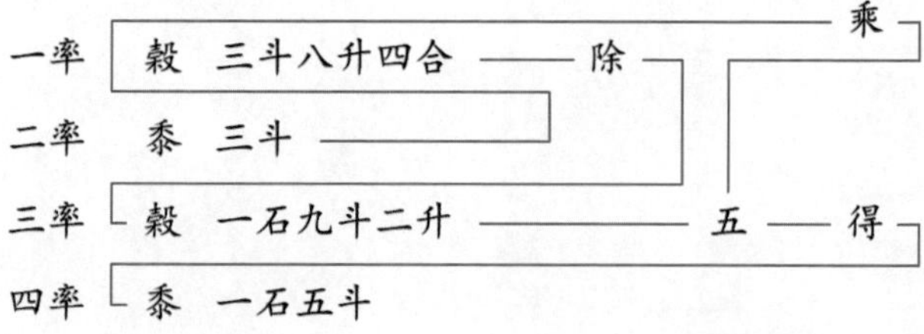

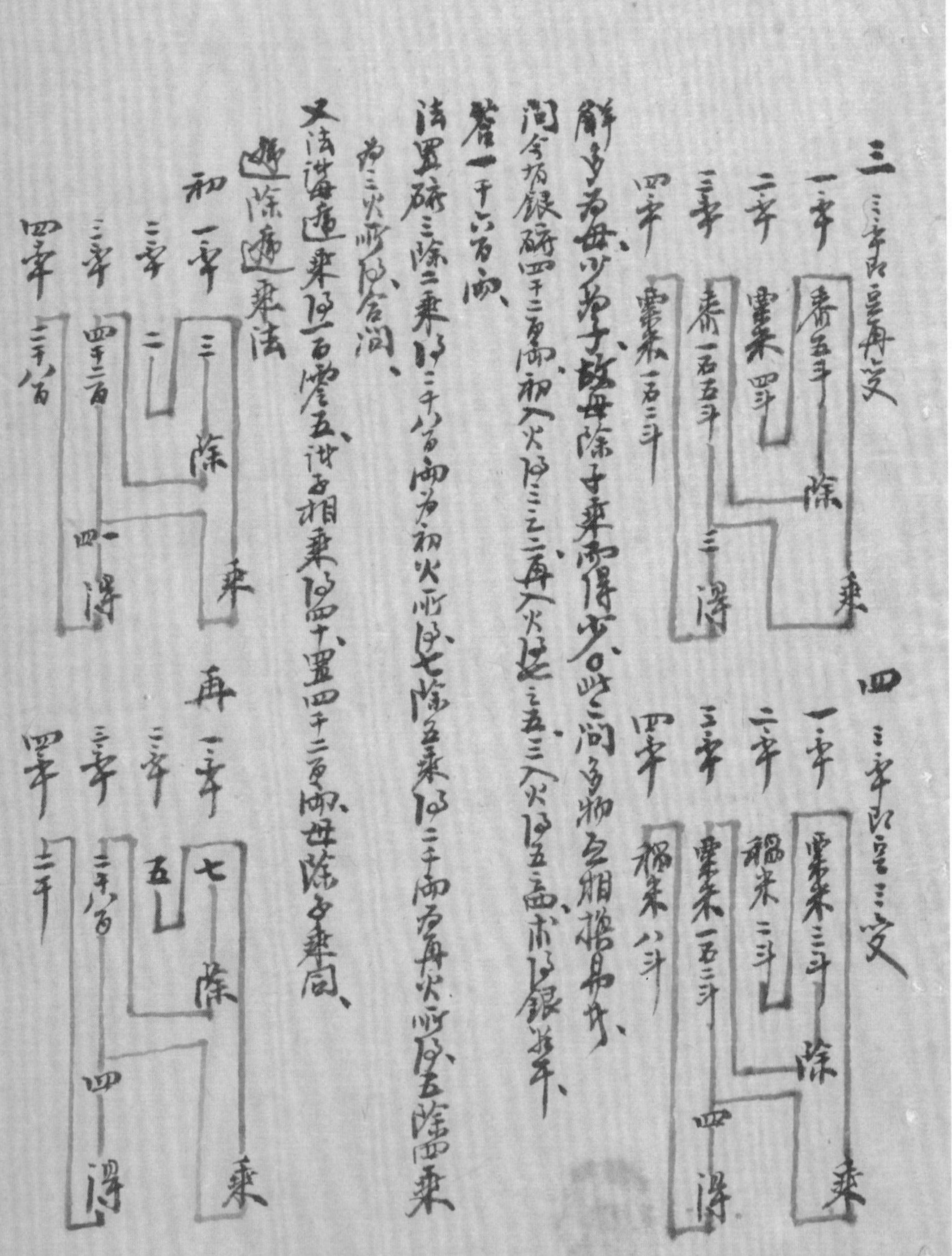

三 三率即豆再變

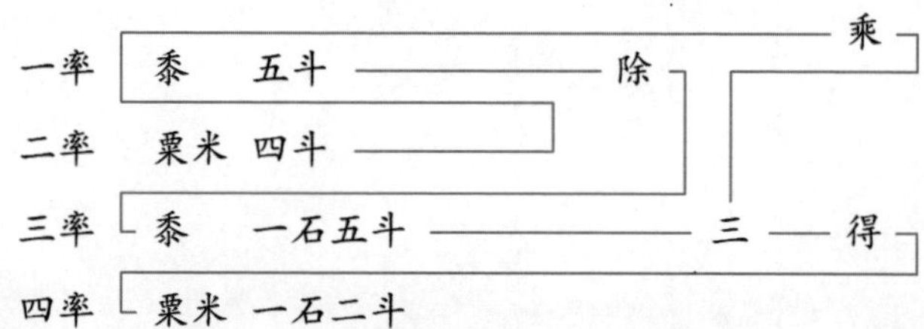

四 三率即豆三變

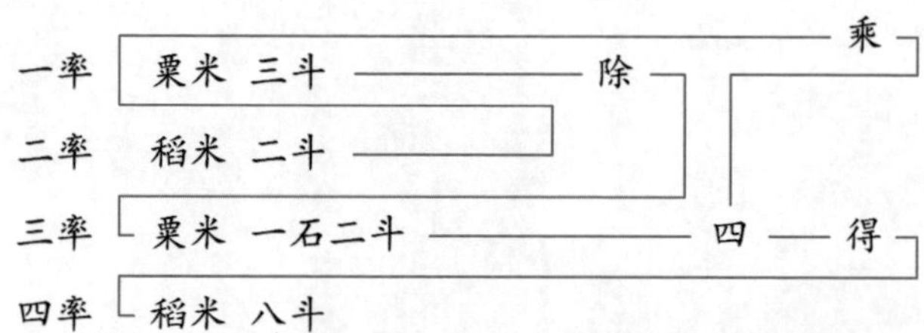

解：多爲母，少爲子，故母除子乘而得少。◎此二問，多物互相換易者。

7.問：今有銀礦四千二百兩，初入火得三之二，再入火得七之五，三入火得五之四，求得銀若干[1]？

答：一千六百兩。

法：置礦三除二乘，得二千八百兩，爲初火所得。七除五乘，得二千兩，爲再火所得。五除四乘，爲三火所得。合問。

又法：諸母遞乘，得一百零五「諸子相乘，得四十。置四千二百兩，母除子乘，同。

遞除遞乘法

初

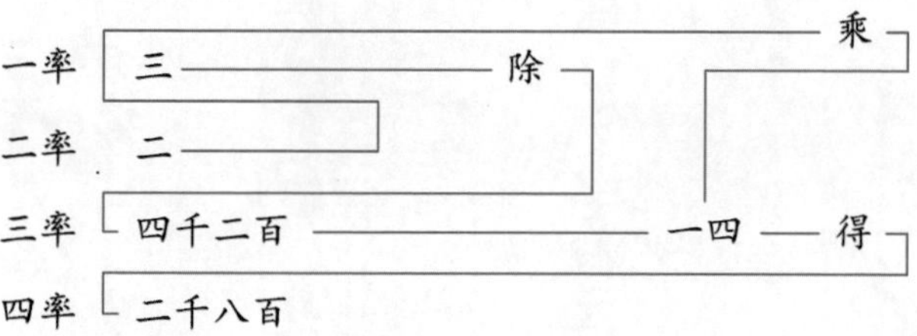

再

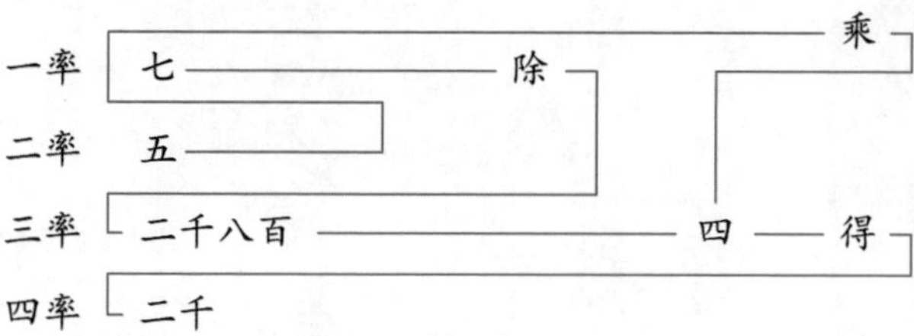

1 此題據《同文算指通編》卷一“三率準測”第十五題（《算法統宗》卷四粟布章“煉鎔銅鐵礦”第三題）改編。原題求原礦，此題求得銀，與原題互逆。題設數據略異，原題礦四十二兩、銀一十六兩。

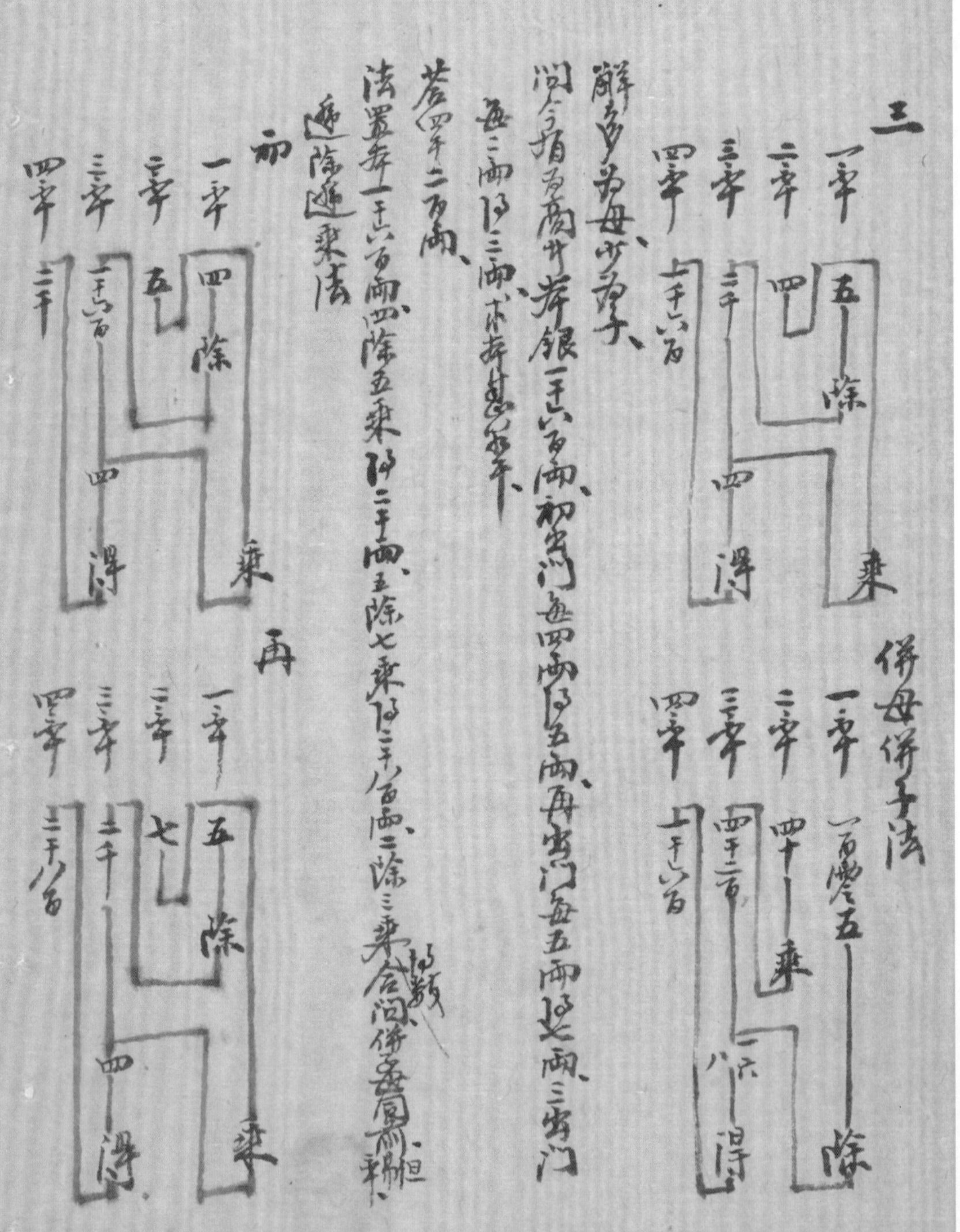

三

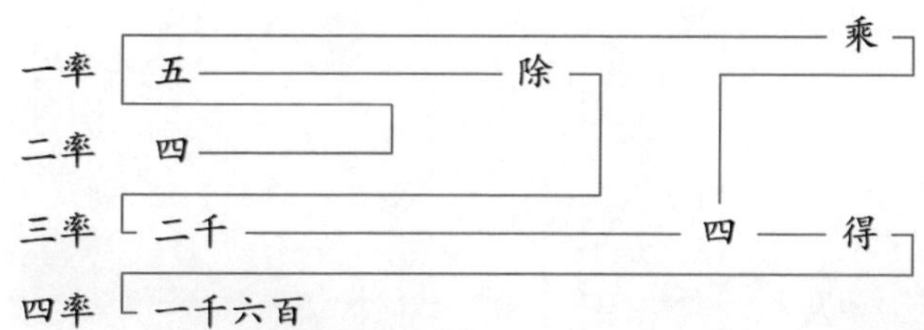

併母併子法

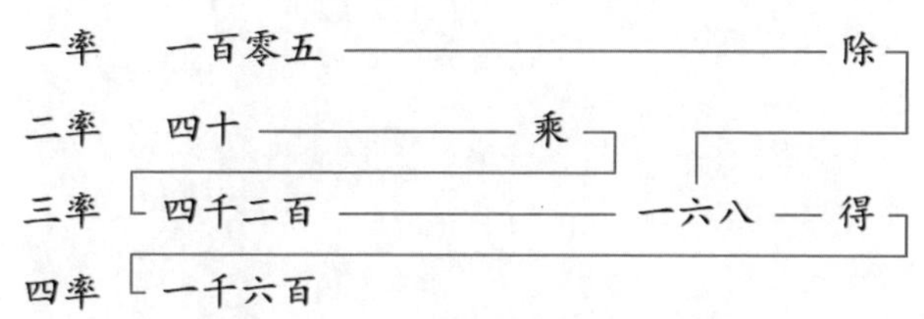

解：多爲母，少爲子。

8.問：今有爲商者，本銀一千六百兩，初出門每四兩得五兩，再出門每五兩得七兩，三出門每二兩得三兩，求本息若干？

答：四千二百兩。

法：置本一千六百兩，四除五乘，得二千兩；五除七乘，得二千八百兩；二除三乘，得數合問。併子母同前，但易率。

遞除遞乘法

初

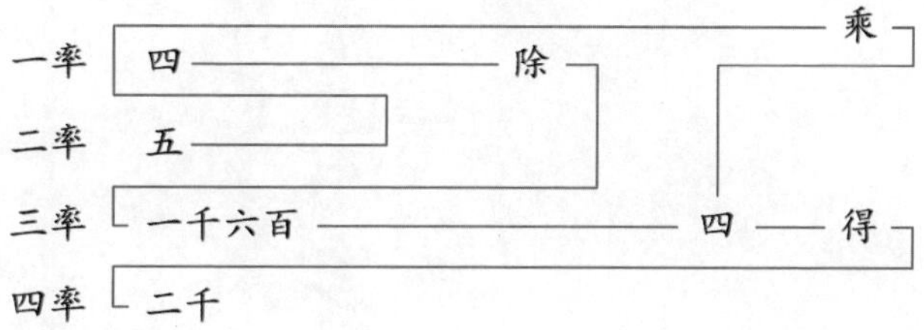

再

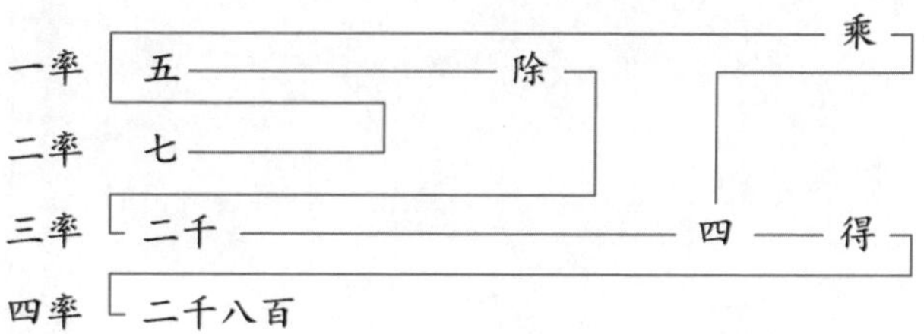

三

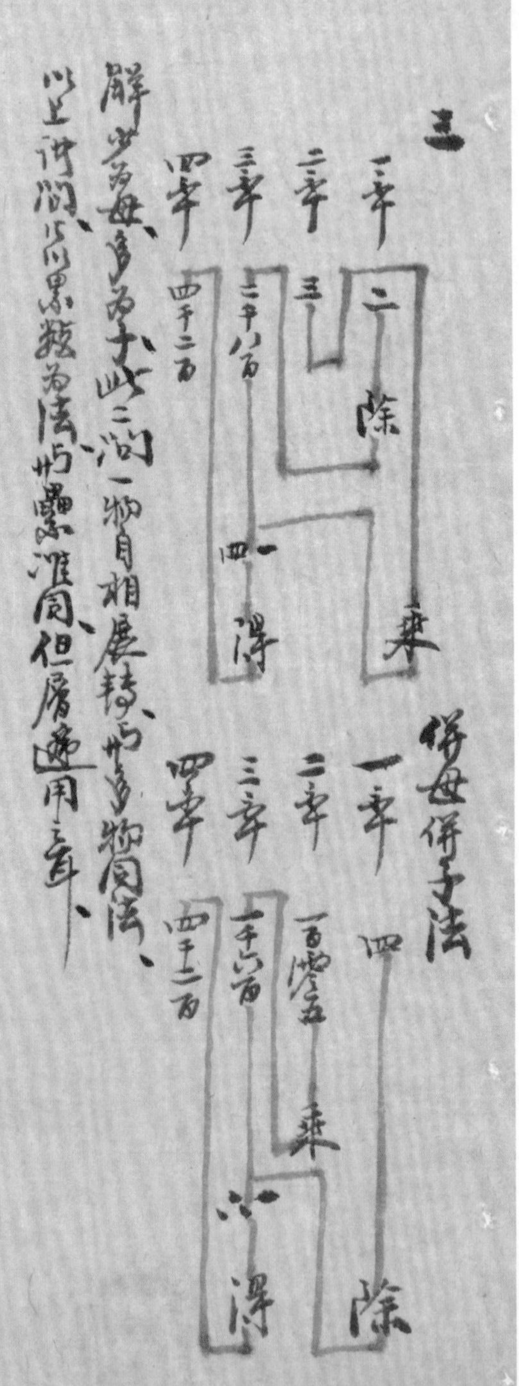

併母併子法

解曰母爲母、子爲子、此二問一物自相展轉、而子母皆同法、

以上併問、比例累積爲法、與纍準同、但層遞用之耳、

三

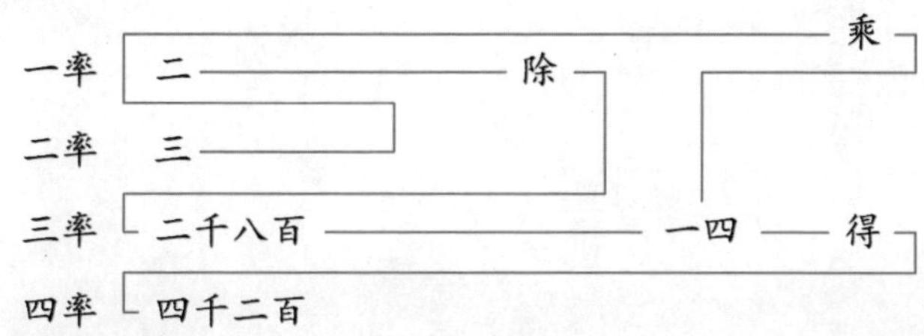

併母併子法

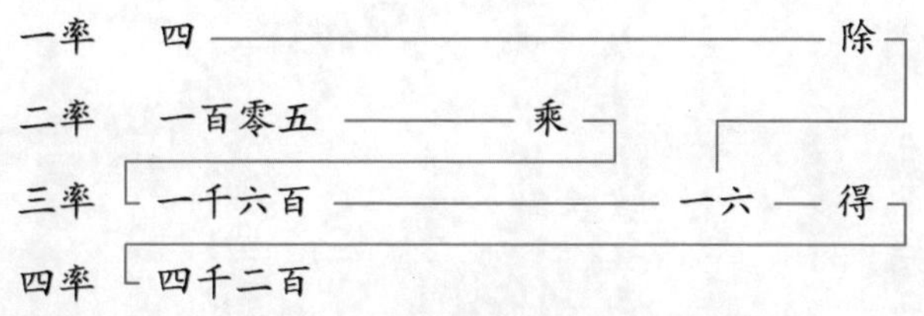

解：少爲母，多爲子。此二問，一物自相展轉，與多物同法。

以上諸問，皆以累數爲法，與纍準同，但層遞用之耳。

变準

前二篇者列四率，播之一視三，二視四，兩兩相比〇，故前兩率用除〇，三率用乘〇，若原今兩物者，雜雜數〇，四以縱橫相準，然〇則用變準測之〇，前兩相乘〇，三率除之〇，播之就兩率差處互為消息〇，其所以不列於率〇，蓋所以互同〇，故以不平取平也〇。

凡原今兩物者，皆兩層數〇，如疋有長短〇，又有闊狹〇，疋有輕重〇，又有貴賤之類〇。原物兩數與縱顯〇，今物則顯現在〇，遞所用〇，以顯者為三率〇，遞者為四率〇，原物之兩數〇，以視顯者為一率〇，以視遞者為二率〇，用同乘異除之法〇。前兩率相乘〇，以三率除之〇，或以二率除三率，以除一率〇，或以三率除二率〇，以一率乘之〇，或以一率除三率，以除二率〇，或以二率除一率〇，以二率乘之〇，或變置其位〇，以三率為一率〇，一率為二率〇，二率為三率〇，則同用變準之法〇。

問布長九丈（尺）闊三丈（尺）價銀二兩，今闊二尺價六二兩，求長若干。

答長一十二尺五寸。

法一率長，乘二率闊，以三率闊二除之，合問〇。或以二率除三率，得二三不足，以除一率，或以三率除二率，得四率五，以一率乘之，或以一率除三率，得六六不足，以除二率〇，或以三率除一率，得一五，以二率乘之〇，或易率位，以一率為二率，以二率為三率，以三率為一率，則全同變準之法。

第一法

第二法

［第三篇］

變準

前二篇各列四率，總之一視三,二視四，兩兩相比，故前兩率用除，三率用乘。若原今兩物各藏雜數，可以縱横相準抵者，則用變準測之。前兩相乘，三率除之，總之就兩參差處，互爲消息。至其所得，不列於率，蓋所得是同，故以不平取平也[1]。

凡原今兩物各具兩層數，如既有長短，又有闊狹；既有輕重，又有貴賤之類。原物兩數俱顯，今物則顯現在，匿所求。以顯者爲三率，匿者爲四率。原物之兩數，以視顯者爲一率，以視匿者爲二率。用同乘異除之法，前兩率相乘，以三率除之；或以二率除三率，以除一率；或以三率除二率，以一率乘之；或以一率除三率，以除二率；或以三率除一率，以二率乘之。或變置其位，以三率爲一率，一率爲二率，二率爲三率，則同用纍準之法。

1. 問：布長九尺，闊三尺，價銀二兩。今闊二尺，價亦二兩，求長若干[2]?

答：長一十三尺五寸。

法：一率長乘二率闊，以三率闊二除之。合問。◎或以二率除之三率，得二二二不盡，以除一率；或以三率除二率，得四十五，以一率乘之；或以一率除三率，得六六六不盡，以除二率。◎或以三率除一率，得一五，以二率乘之。◎或易率位，以一率爲二率，以二率爲三率，以三率爲一率，則全同纍準之法。

1《同文算指通編》卷一“變測法”云:“假如第一率多于第三率，而其第二率反少于第四率，或一率少于三率，而二率反多于四率者，此當審其不相準之數，而變法測之。則以第一率乘第二率，以第三率除之。舊名同乘異除。”同乘異除，見《算法統宗》卷二。

2 此題爲《同文算指通編》卷一“變測法”第一題。九尺,《同文算指通編》作“九丈”，求得長爲一十三丈五尺。

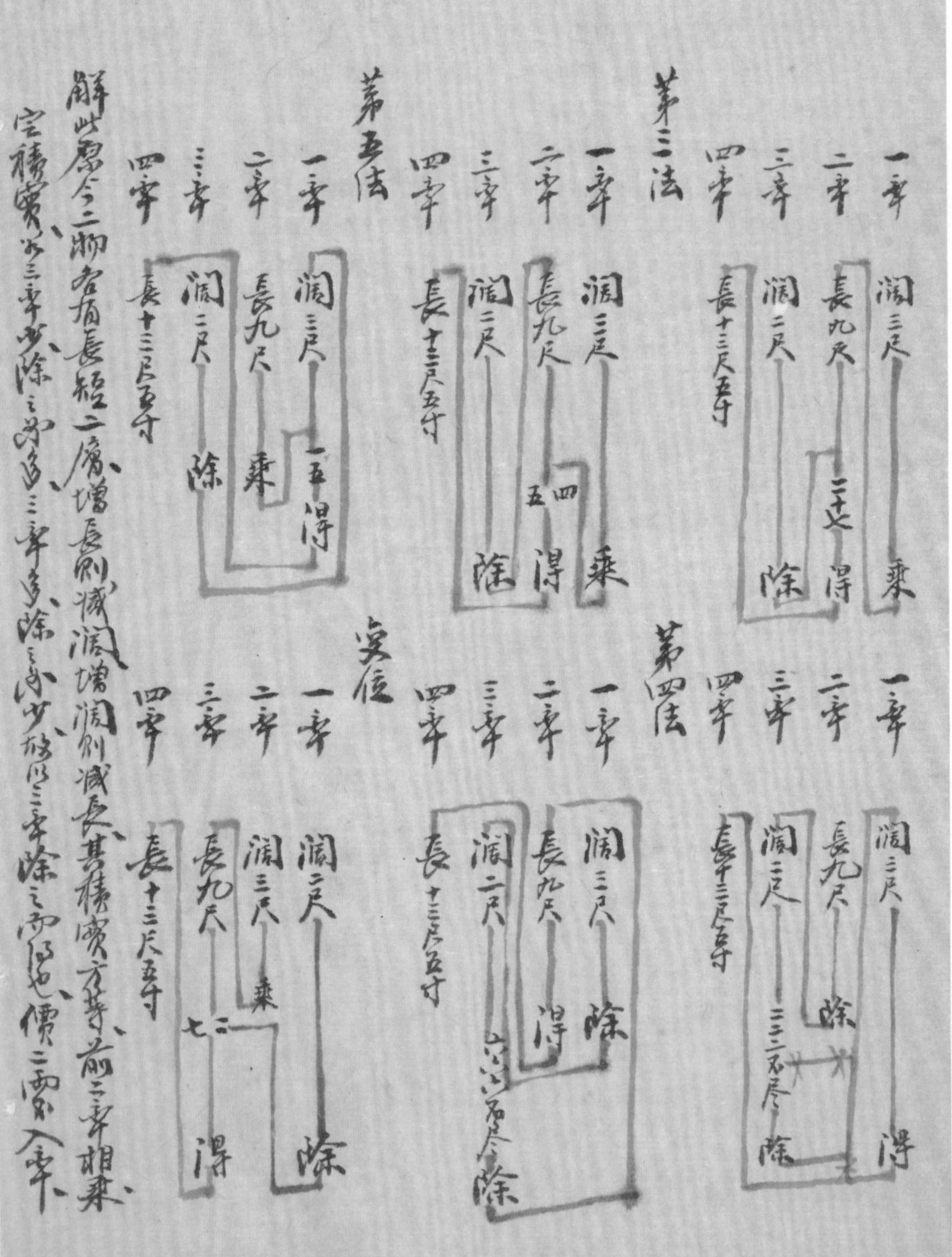

一率 闊三尺 乘
二率 長九尺 二十七尺 得
三率 闊二尺 除
四率 長十三尺五寸
第二法
一率 闊三尺 乘
二率 長九尺 四五 得
三率 闊二尺 除
四率 長十三尺五寸
第三法
一率 闊二尺 一五 得
二率 長九尺 乘
三率 闊二尺 除
四率 長十三尺五寸
一率 闊三尺 得
二率 長九尺 除
三率 闊二尺 二十七尺 除
四率 長十三尺五寸
第四法
一率 闊三尺 除
二率 長九尺 得
三率 闊二尺 二十七尺 除
四率 長十三尺五寸
定位
一率 闊二尺 除
二率 闊三尺 乘
三率 長九尺 七二 得
四率 長十三尺五寸
解此應合二術者有長短二層、增長則減闊、增闊則減長、其積實方等、前二率相乘、

第一法

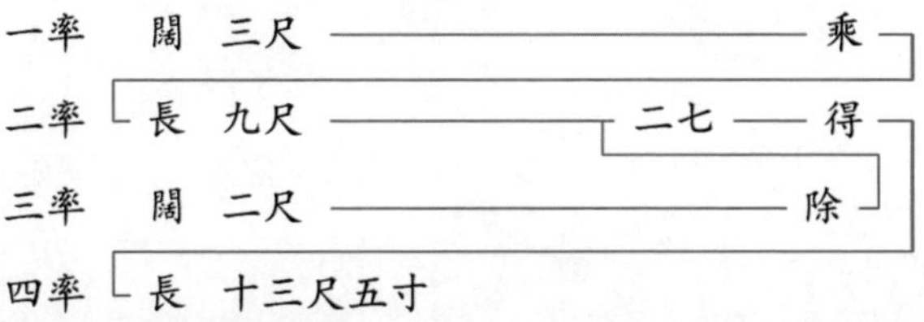

一率　闊　三尺——乘
二率　長　九尺——二七——得
三率　闊　二尺——除
四率　長　十三尺五寸

第二法

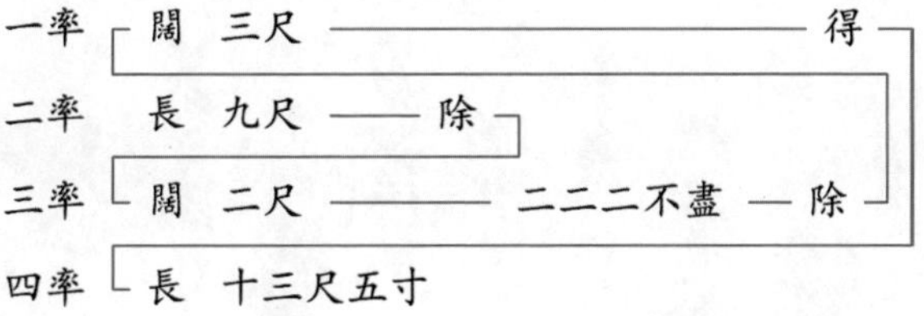

一率　闊　三尺——得
二率　長　九尺——除
三率　闊　二尺——二二二不盡——除
四率　長　十三尺五寸

第三法

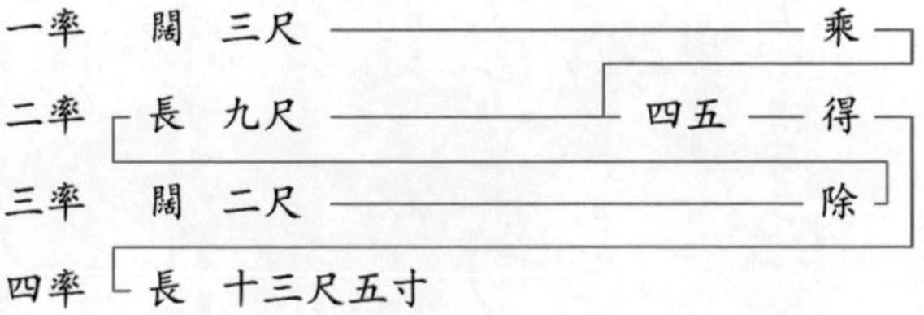

一率　闊　三尺——乘
二率　長　九尺——四五——得
三率　闊　二尺——除
四率　長　十三尺五寸

第四法

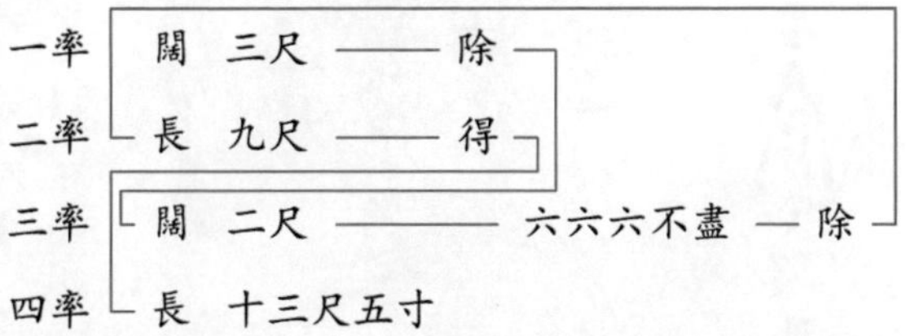

一率　闊　三尺——除
二率　長　九尺——得
三率　闊　二尺——六六六不盡——除
四率　長　十三尺五寸

第五法

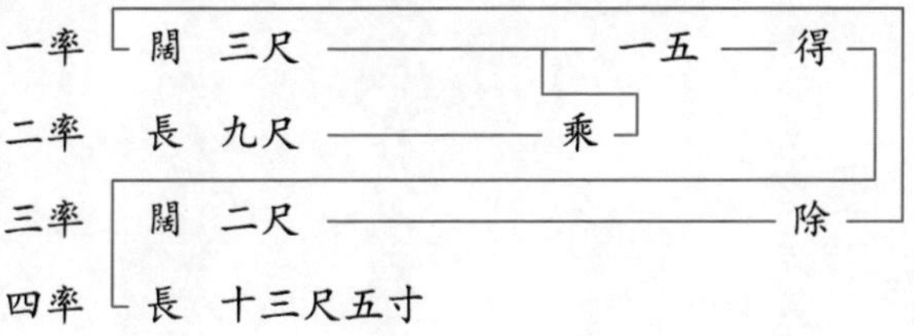

一率　闊　三尺——一五——得
二率　長　九尺——乘
三率　闊　二尺——除
四率　長　十三尺五寸

變位

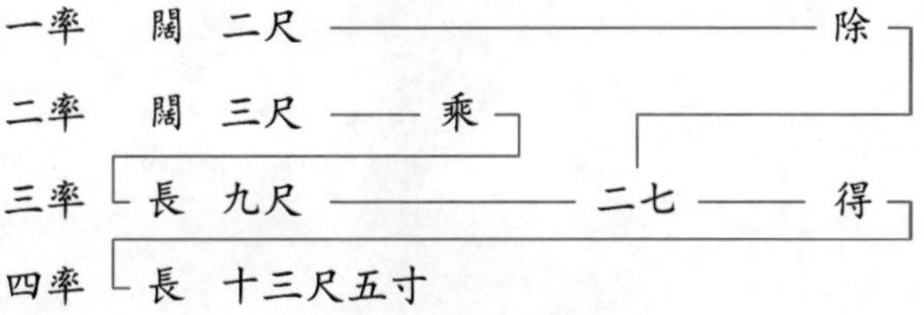

一率　闊　二尺——除
二率　闊　三尺——乘
三率　長　九尺——二七——得
四率　長　十三尺五寸

解：此原今二物各有長短二層，增長則減闊，增闊則減長，其積實方等。前二率相乘定積實，若三率少，除之必多；三率多，除之必少，故以三率除之而得也。價二兩不入率，蓋非其價同，故此兩物之不同者，務求其同也。

以闊與長，故以原闊為一率，原長為二率，今闊為三率，求得四率為今長。

第二法，長除闊，又以除闊者並長闊相為盈縮，以之視九，總得二分二厘為定數，是今闊視原長較不足也，則今長視原闊必當有餘，故以原闊以二分二厘乃乘之，而一以法少則廣多也。

第三法，即第二法倒求之，以九視二，四倍有半，是原視今闊有餘也，原闊視今長必當不足，故原闊亦四倍有半，然後合今長也。

第四法，以兩闊自相較，二尺視三尺，總得六分六厘六毫不足，今是原闊有餘也，原長必當不足，故以原闊以六六六為長，而一以法少則廣多故也。

第五法，即第四法倒求之，以三尺視二尺，得一倍有半，是今闊不足也，今長必當有餘，故今長視原長亦一倍有半也。

定位則原今錯綜，以類相比，今闊不足，原闊有餘，原長不足，今長有餘，故必乘除唯同位也。

若設長遇闊，以十三尺五寸除前兩率積實二十七，得闊二尺。

又此乃減闊增長者，若增闊減長，如闊四尺為三率，以除積實二十七，得長六尺七寸五分。

若以六尺七寸五分為三率，除積二十七，仍得闊四尺，以此倣此。

蓋惟其價同，故將兩物之不同者，務求其同也。

問顯闊匿長，故以原闊爲一率，原長爲二率，今闊爲三率，求得四率爲今長。

第二法長除闊，又以除闊者，蓋長闊相爲盈縮，以二視九，纔得二分二厘不盡，是今闊視原長數不足也，則今長視原闊，必當有餘。故將原闊以二分二厘不盡而一，以法少則實多也。

第三法即第二法倒求之，以九視二,四倍有半，是原視今闊有餘也，原闊視今長必當不足。故原闊亦四倍有半，然後合今長也。

第四法以兩闊自相較，二尺視三尺，纔六分六厘不盡，是原闊有餘也，原長必當不足。故將原闊以六六六不盡而一，亦以法少則實多故也。

第五法即第四法倒求之，以三尺視二尺得一倍有半，是今闊不足也，今長必當有餘。故今長視原長，亦一倍有半也。

變位則原今錯綜，以類相比。今闊不足，原闊有餘；原長不足，今長有餘，故與單準、纍準同法也。

若顯長匿闊，以十三尺五寸除前兩率，積實二十七，得闊二尺。

又此乃減闊增長者，若增闊減長，如闊四尺爲三率，以除積實二十七，得長六尺七寸五分；若以六尺七寸五分爲三率，除積二十七，仍得闊四尺。以後倣此。

前用準是兩物兩價相比，故三率少四率亦少，三率多四率亦多。此則以擬兩物各差，從本原求本原，故三率少四率反多，三率多四率反少也。如每尺所得本三，以此問三尺九尺相乘之積，三尺一十二尺五寸相乘亦三十七，以成每二十七尺值銀二兩之包，若兩率無四率也。

問麥貴時每石錢六百文，作餅重八兩，價十文；麥賤時每石價四百文，每餅價十文，求重若干。

答重十二兩。

法價六餅八相乘四十八，以四除之，得數為問。餘法同前。

一率	麥石六百	乘
二率	餅重八兩	四十八 得
三率	麥石四百	除
四率	餅重十二兩	

解原今兩物各有貴賤輕重兩層，此題價直遞分異時，亦先題分量一十二兩以除實四八，得重六十兩，亦得六兩除實，仍得八百文。

凡原今兩物各有多層，但可遞一餘以類之。不論所類幾層，以遞乘之，得數並減立率。求法同前。

前纍準是兩物兩價相比，故三率少，四率亦少；三率多，四率亦多。此則只據兩物參差，從不齊求齊，故三率少，四率反多；三率多，四率反少也。若兼所得求之，如此問，三尺、九尺相乘二十七，二尺、一十三尺五寸相乘，亦二十七。只成每二十七尺值銀二兩而已，止有兩率，無四率也。

2. 問：麥貴時每石錢六百文，作餅重八兩，價十文。麥賤時每石價四百文，每餅價亦十文，求重若干[1]？

答：重十二兩。

法：價六餅八相乘四十八，以四除之，得數合問。餘法同前。

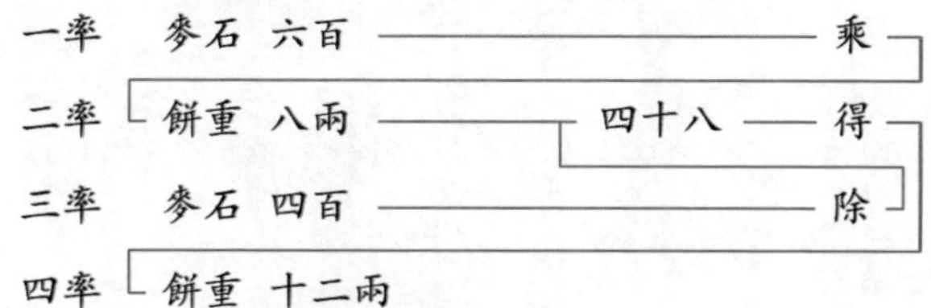

解：原今兩物各有貴賤輕重兩層，此顯價（直）[值]匿分量者。若先顯分量一十二兩，以除實四十八，得（重六兩）[價四百文]。若以六兩除實，仍得八百文。

凡原今兩物各有多層，但可匿一，餘皆顯之。不論所顯幾層，皆遞乘之，得數，然後立率，求法同前。

1 此題爲《同文算指通編》卷一“變測法”第四題，題設數據稍異。

問母銀四千兩，利三分，生意三年，得利三千六百兩。今母銀七千兩，利五分，亦得利三千六百兩，須幾年。

答：一年又三十五分年之一。

法以母銀四千兩乘利三分，得十二為一率。三年為二率。七千兩乘五分，得三十五為三率。前四率

謂乘三十六，以三率除之，餘法同前。

一率　銀四千兩　利三分　乘得一十二　乘

二率　卅三年　三十六　得

三率　銀七千兩　利五分　乘得三十五　除

四率　卅一年又三十五分年之一　即十日零三卅

解：此三層差，母銀多少一層，利多少二層，出門久近三層，題二邊一有而求數，其邊二則所一邊之數，又自相混，故另求也。

其邊母銀，但云利五分，出門一年零三十五分年之一，求母銀幾千，則化一年為三十五，加一為三十六，以利五分乘之，得一八，以除積實三十六，得二仟，以化法三十五乘之，得七千兩。

其邊利銀，但云母銀七千兩，出門一年零三十五分年之一，求利幾千，則化年為三十六，如前以七乘之，得二五二，以除實三十六，得一四二八五七，為奇，以化母三十五乘之，得五分。三層任意參差加減變化，無窮，可以例推。

年法，其細分者，一年以十二為月法，以三百六十為日法，以四千三百二十為時法，日有十二時，月有

1. 問：母銀四千兩，利三分，生意三年，得利三千六百兩。今母銀七千兩，利五分，亦得利三千六百兩，只須幾年[1]？

答：一年又三十五分年之一。

法：以母銀四千兩乘利三分得十二爲一率，三年爲二率，七千兩乘五分得三十五爲三率。前兩率相乘三十六，以三率除之。餘法同前。

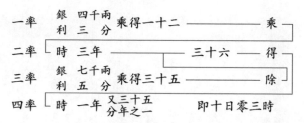

一率	銀 四千兩 利 三 分	乘得一十二		乘
二率	時 三年		三十六	得
三率	銀 七千兩 利 五 分	乘得三十五		除
四率	時 一年	又三十五 分年之一	即十日零三時	

解：此三層差，母銀多少一層，利多少二層，出門久近三層。顯二匿一，方可求數。若匿二，則所匿二數又自相混，故不可求也。

若匿母銀，但云利五分，出門一年零三十五分年之一，求母若干。則化一年爲三十五，加一爲三十六，以利五分乘之，得一八「以除積實三十六，得二。仍以化法三十五乘之，得七千兩。

若匿利銀，但云母銀七千兩，出門一年零三十五分年之一，求利若干。則化年爲三十六，如前以七乘之，得二五二；以除實三十六，得一四二八五七有奇。以化母三十五乘之，得五分。三層任意參差加減，變化無窮，可以例推。

年法若細分者，一年以十二爲月法，以三百六十爲日法，以四千三百二十爲時法。日有十二時，月有

---

1 此題據《同文算指通編》卷一“變測法”第三題改編，原題云：“母銀四千兩，生息三年。今母銀七千四百八十兩，數多于前，只須幾年，即可當前三年之息？”

三百八十卅，置三年，以四千三百二十乘之，得一萬二千九百六十卅，以前兩率乘得數十二乘之，得一十五萬五千五百二十，以三率三十五除之，得四千四百四十三卅有奇，以算法四千三百二十約之，得一年餘一百二十三卅，又以月法、以日法十二約之，得十日零三卅有奇。

問：八成金四千兩，作每卅價六換，出息三年，得利二萬五千兩，今九成金五千兩，每卅價七換，得利同前，求只該幾年。

答：一年又三百一十五分年之二百六十一。

法：成色八乘數四，為三十二，再乘價六，得一九二，萬二千為一率，以乘二率三年，得五七六，以九成乘五千，為四千五，再乘價七，得三一五，為三率，除之，合問。

色八 數四 價六 乘得 一率 一九二 乘

二率 三年 六 五七 得

色九 數五 價七 乘得 三率 三一五 除

四率 一年 零三百一十五分年之二百六十一 兑月十八日零三卅

解：此四層，首層成色，二層數目，三層價值，遠近四層，歇三與一也。

並置成色八，又色金五千兩七換，出息一年，共三百一十五分年之二百六十一，用成色半年，須化一年為三百一十五，加入二百六十一，得五七六，以金五千乘七換為三十五，又乘算法五七六，得二零一六，以除實五七六，得一八五七，一四不足，仍以化法三百一十五乘之，得九成。

三百六十時。置三年，以四千三百二十乘之，得一萬二千九百六十時。以前兩率乘得數十二乘之，得一十五萬五千五百二十；以三率三十五除之，得四千四百四十三時有奇。以年法四千三百二十約之，得一年餘一百二十三時。不足月法，以日法十二約之，得十日零三時有奇。

2.問：八成金四千兩作本，時價六換[1]，出門三年得利二萬五千兩。今九成金五千兩，時價七換，得利同前。求只須幾年？

答：一年又三百一十五分年之二百六十一。

法：成色八乘數四千爲三十二，再乘價六，得一十九萬二千爲一率[2]。以乘二率三年，得五七六。以九成乘五千爲四十五，再乘價七，得三一五爲三率，除之合問。

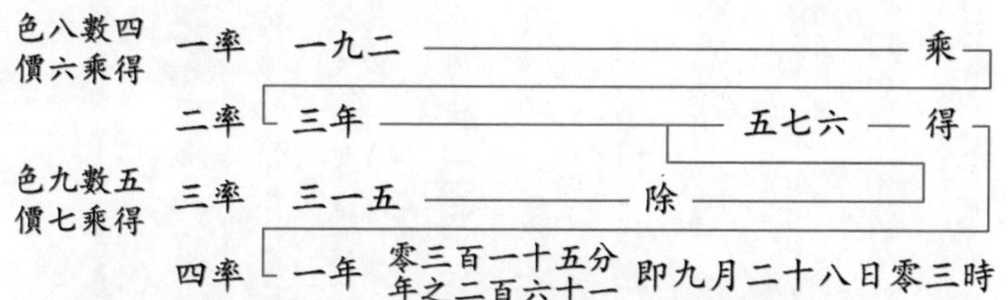

解：此四層差，成色一層，數目二層，價值三層，遠近四層，顯三匿一也。

若匿成色，只云金五千兩七換，出門一年又三百一十五分年之二百六十一，求成色若干。則化一年爲三百一十五，加入二百六十一，得五七六。以金五千乘七換，爲三十五；又乘年法五七六，得二零一六；以除實五七六，得二八五七一四不盡。仍以化法三百一十五乘之，得九成。

1 換，黃金與貨幣的比價稱作“換”。六換，意爲每兩金可換銀六兩。

2 按：$0.8\times4000\times6=19200$ 兩，原文“一十九萬二千”當作“一萬九千二百”。

求逐數目。以足金九成七換，出門一年又三百一十五分年之二百六十一，求原本若干。按年平例，以九七相乘六十三，又乘年法五七六，得三六二八八，以除實五七六，得一五八七三零為分，以化法三百一十五乘之，得五千兩。

求逐價值。以足金九成五千兩，出門一年又三百一十五分年之二百六十一，求價值若干。按年平例，以九五相乘四十五，再乘年法五七六，得二五九二，以除實五七六，得二二二為分，以化法三百一十五乘之，得七換。以上舉四層，更多亦如推。

凡物有雜較展轉相推者，○遞用交推例之○先以上法以原物求得今物○，次以今物為原物○，三率化一率○，四率化二率，轉求餘物○。

問稻米八斗，換粟米一石二斗；粟米一石二斗，換黍一石五斗；黍一石五斗，換穀一石九斗二升；穀一石九斗二升，換黃豆二石四斗。今稻米每斗價三錢，求餘價若干。

答粟米價二錢，黍價一錢六分，穀價一錢二分五釐，豆價一錢。

法先以稻八斗為一率，價三錢為二率，相乘得二兩四錢，粟米一石二斗為三率，除之得四率，粟米價二錢。次以粟米一石二斗為一率，價二錢為二率，黍一石五斗為三率，求得價一錢六分為四率。次以黍一石五斗為一率，價一錢六分為二率，穀一石九斗二升為三率，求得價一錢二分五釐為四率。次以穀一石九斗二升為一率，價一錢二分五釐為二率，黃豆二石四斗為三率，求得價一錢為四率。

若匿數目，只云金九成七换，出門一年又三百一十五分年之二百六十一，求原本若干。則以九七相乘六十三，又乘年法五七六，得三六二八八；以除實五七六，得一五八七三零不盡。以化法三百一十五乘之，得五千兩。

若匿價值，只云金九成五千兩，出門一年又三百一十五分年之二百六十一，求價值若干。則九五相乘四十五，再乘年法五七六，得二五九二；以除實五七六，得二二二不盡。以化法三百一十五乘之，得七换。

以上舉四層，更多可推。

凡物有雜數展轉相推者，遞用變準測之。先如上法，以原物求得今物，次將今物爲原物，三率化一率，四率化二率，轉求餘物。

1.問：稻米八斗换粟米一石二斗，粟米一石二斗换黍一石五斗，黍一石五斗换穀一石九斗二升，穀一石九斗二升换黄豆二石四斗。今稻米每斗價三錢，求餘價值各若干？

答：粟米價二錢；　　黍價一錢六分；

穀價一錢二分五厘；　　（穀）［黄豆］價一錢。

法：先以稻八斗爲一率，價三錢爲二率，相乘得二兩四錢；粟米一石二斗爲三率，除之得四率粟米價二錢。次以粟米一石二斗爲一率，價二錢爲二率，黍一石五斗爲三率，求得價一錢六分爲四率。次以黍子一石五斗爲一率，價一錢六分爲二率，穀一石九斗二升爲三率，求得價一錢二分五厘爲四率。次以穀一石九斗二升爲一率，價一錢二分五厘爲二率，黄豆二石四斗爲三率，求得價一錢爲四率。

初

一率　穄米八斗

二率　斗價三錢

三率　粟米一石二斗

四率　斗價二錢

乘　除　四二　得

再

一率　粟米一石二斗

二率　斗價二錢

三率　黍一石五斗

四率　斗價一錢六分

乘　除　四二　得

三

一率　黍一石五斗

二率　斗價一錢六分

三率　穀一石九斗二升

四率　斗價一錢二分五釐

乘　除　四二　得

四

一率　穀一石九斗二升

二率　斗價一錢二分五釐

三率　豆二石四斗

四率　斗價一錢

乘　除　四二　得

解　貴賤多寡二層所得同二兩四錢末入率、此以較問價也、

問　穄米每斗價銀三錢、粟米每斗價二錢、黍每斗價一錢六分、穀每斗價一錢二分五釐、豆每斗價一錢、今穄米八斗、求換各色若干、

答　粟米一石二斗、黍一石五斗、穀一石九斗二升、黃豆二石四斗、

法　先以價三錢爲一率、八斗爲二率、相乘二十四、價二錢爲三率、除之得一石二斗、以下皆如前法次第求之、

初

再

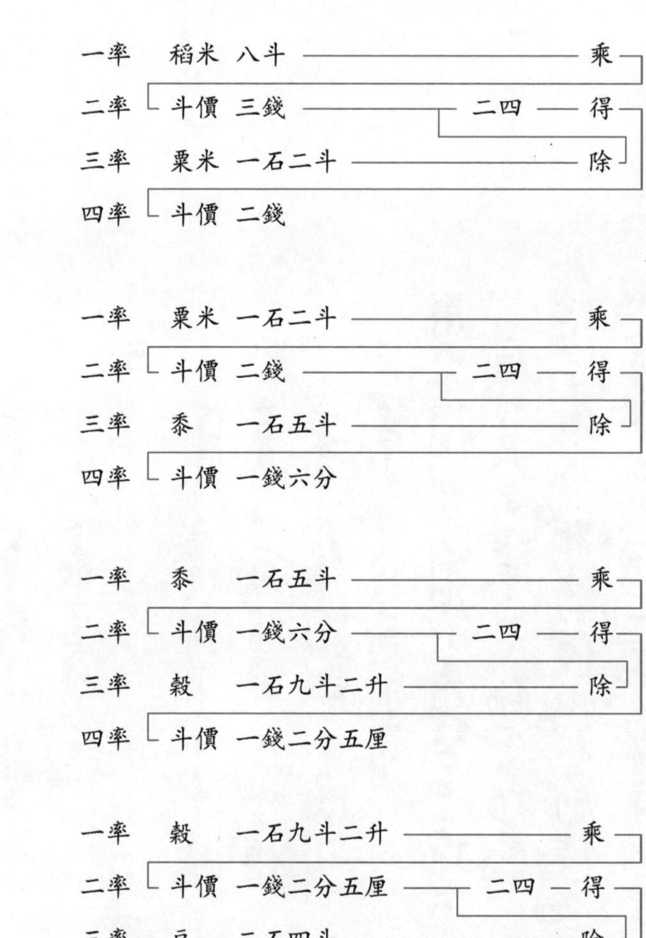

解：貴賤、多寡二層，所得同二兩四錢，不入率。此以數問價也。

2. 問：稻米每斗價銀三錢，粟米每斗價二錢，黍每斗價一錢六分，穀每斗價一錢二分五厘，豆每斗價一錢。今稻米八斗，求換各色若干？

答：粟米一石二斗；黍一石五斗；
穀一石九斗二升；黄豆二石四斗。

法：先以價三錢爲一率，八斗爲二率，相乘二十四；價二錢爲三率，除之得一石二斗。以下如前法次第求之。

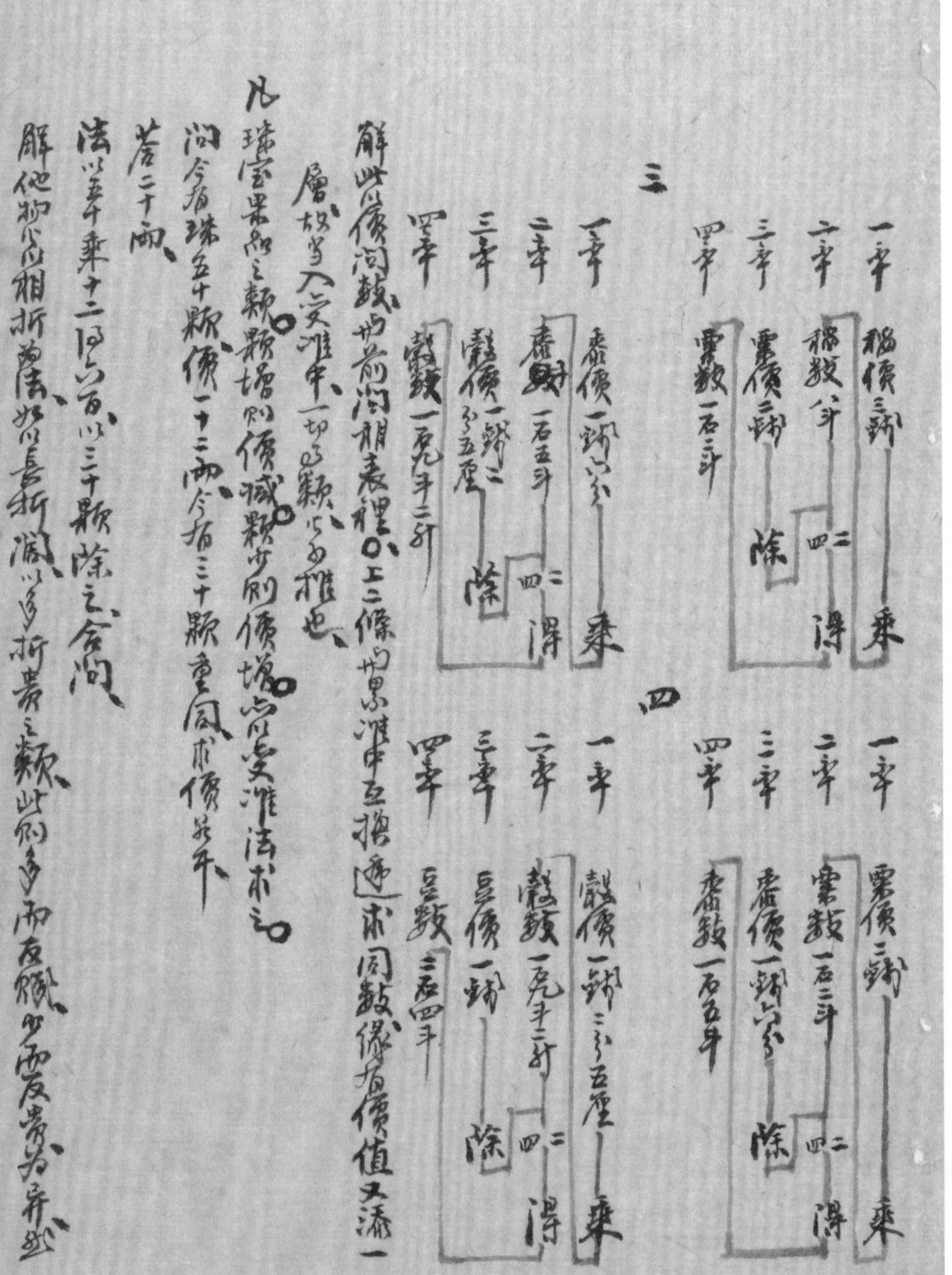

一率　稻價三錢　乘
二率　稻數一斗　得
三率　粟價二錢　除　四二
四率　粟數一石二斗

三

一率　麥價一錢八分　乘
二率　麥數一石五斗　得
三率　穀價一錢二分五厘　除　四二
四率　穀數一石九斗二升

一率　粟價三錢　乘
二率　粟數一石二斗　得
三率　麥價一錢八分　除　四二
四率　麥數一石五斗

四

一率　穀價一錢二分五厘　乘
二率　穀數一石九斗二升　得
三率　豆價一錢　除　四二
四率　豆數二石四斗

解此以價問數，與前問相表裏。以上二條，與粟米章中互換通求同數，係有價值，又添一層，故為入變準中，一切以類比推也。

凡瑞寶果品之類，顆增則價減，顆少則價增，皆變準法求之。

問今有瑞五十顆，價一十二兩，今有三十顆重同，求價若干。

答二十兩。

法以五十乘十二兩得六百，以三十顆除之，合問。

解他物以相折為法，此以長折澗，以多折貴之類，此則多而反賤，少而反貴為異也。

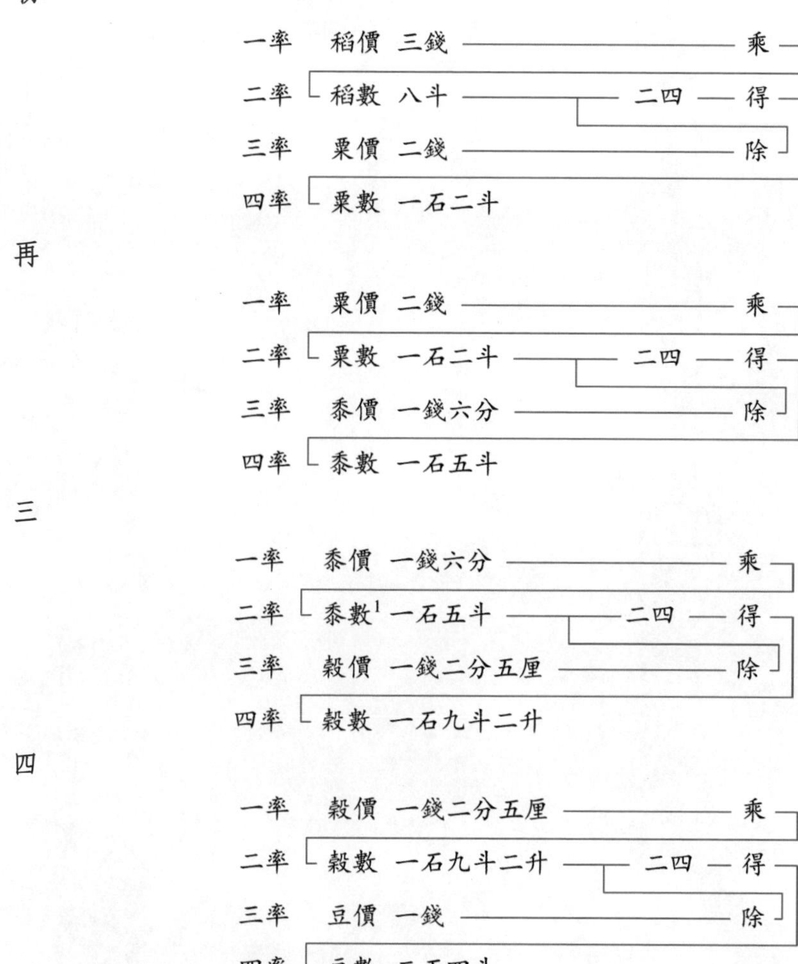

解：此以價問數，與前問相表裡。

◎上二條與纍準中互換遞求同數，緣有價值，又添一層，故當入變準中。一切事類，皆可推也。

凡珠寶果品之類，顆增則價減，顆少則價增，亦以變準法求之。

1.問：今有珠五十顆，價一十二兩。今有三十顆，重同，求價若干[2]？

答：二十兩。

法：以五十乘十二得六百，以三十顆除之。合問。

解：他物皆以相折爲法，如以長折闊，以多折貴之類。此則多而反賤，少而反貴，爲異。然

---

1 原文二率作"黍數"，墨筆改"數"作"子"。按，依上下文例，作"黍數"是。

2 此題爲《算法統宗》卷二"同乘異除"例問。

法可相通也、

此係以顆問價、若價問顆者、宜以前二率相乘六百為實、以價二十除之、得三十顆、

此以錢問粟、若粟問錢者、以三十与廿十二相乘得六百、以顆五十除之、得十二、以價十二除之、得

五十、

法可相通也。

此係以顆問價。若價問顆者，亦以前二率相乘六百爲實，以價二十除之，得三十顆。

此以賤問貴。若貴問賤者，以三十與十二相乘，得六百；以顆五十除之，得十二；以價十二除之，得五十。

中西數學圖説 卯

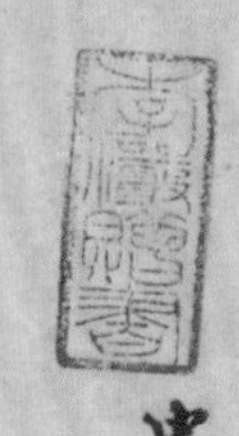

中西數學圖說

卯集

第四篇

重准

卯集

第四篇　重準

第五篇

成分法

第六篇

斤兩法

三問　（推）［挨］位七加

四問　挨位三加／挨位四加

一凡物有各數並藏者

一問　初測／再測／［解後價求物法］

二問　初測／再測

三問　初測／再測

一凡物有各數如本色折色之類

一問　初測／再測／三測

二問　初測／再測／三測

（三問　初測／再測）

一凡物内兼兩數異母異子又欲倒求者

一問　初測／再測／三測

二問　初測／再測／三測

第五篇　成色法

一凡足與色相求者　［問三］

［一凡色與色相求者］　問二］

一凡二數相混者　問二

一凡本色與攙和相求者　問二

第六篇　斤兩法

一凡斤求兩者　問一 立成

一凡兩求斤者　問一 立成

一凡斤下帶兩者

一問　化兩從斤

二問　化斤從兩

一凡秤有大小不齊者　問三

一凡以多兩求斤者　問二

一凡以一數求各數者　　　　問二
一凡斤兩各有子母者　　　　問一

第七篇　　年月法

一凡年月日時大小相求者
　問（二）［三］　　無圖
　（三）［四］問　　元會運世年月日時總圖
一凡年月日時大數帶小數者
　問三　　求月法

第八篇　　盤量法

一凡倉法
　一問　　方倉圖一
　二問　　［無圖］
　［三問］　　圓倉圖一
一凡堆法
　一二三問　　無圖
　四問　　［平地堆／倚壁堆／內角堆／外角堆］
一凡方積
　一問　　上中下層／解後圖二
　二問　　無圖
　三問　　解後圖三
一凡積求形還原者
　一問　　圖一
　二三問　　無圖
　四問　　圖一
　　解後盈法／朒法／減隅法／減隅誤商少法／減隅誤商多法 圖五
　五問　　圖一
　　解後盈法／解後朒法／減廉法／上求下遞加法／下求上遞減法 圖五

重準

原今兩物各有雜數欲求所得次第兩列之謂之重準與兩次準異者

相準者所得具同重之雜數任其參差所得具有异安其列所得於

一所得為第四率全如異乘準但須增加乘過數而已若所得一率二率之雜數以乘法

併之則仍是異乘準之法耳

如原今兩物各有雜數先於原物雜數中任意取一為一率以所得為二率以今物雜數

中如前所取相應者為三率求得四率次於原物中如前所未取之數為一率以前所得之四率

為二率以今物中前所未取之數與一率相應者為三率求得四率併所二三相乘以一除之餘四

法同前又有併法以原今兩物之雜數各乘得數歸併為一然後列率求法同

問布長九尺闊三尺價一兩五錢今布長十五尺闊二尺求價應若干

答一兩六錢又二十七分錢之一十八

法先取布長九尺為一率一兩五錢為二率十五尺為三率二三相乘得二二五以九除之得二

兩五錢次取闊三尺為一率以先所得二兩五錢為二率以闊二尺為三率二三相乘得五以

率三尺除之合問

又法以長九闊三乘得二十七為一率價一兩五錢為二率以長十五闊二乘得三十為三率

二三相乘四十五以一率二十七除之同

[第四篇]

重準

原今兩物各有雜數，欲求所得者，次第而測之，謂之重準[1]。其與變準異者，變之雜數，務相準抵，所得是同；重之雜數，任其參差，所得是異。變者不列所得於率中；重則以所得爲第四率，全如纍準，但增加遞數而已。若將一率三率之雜數，以乘法併之，則仍是纍準之法耳。

凡原今兩物各有雜數者，先於原物雜數中，任意取一爲一率，以所得爲二率，以今物雜數中與前所取相應者爲三率，求得四率。次於原物中前所未取之數爲一率，以前所得之四率爲二率，以今物中前所未取之數與一率相應者爲三率，求得四率。俱以二三相乘，以一除之。餘四法同前。又有併法，將原今兩物之雜者各乘得數，歸併爲一，然後列率，求法同。

1. 問：布長九尺，闊三尺，價一兩五錢，今布長十五尺，闊二尺，求價應若干?

答：一兩六錢又二十七分錢之一十八。

法：先取布長九尺爲一率，一兩五錢爲二率，十五尺爲三率。二三相乘得二二五，以九除之，得二兩五錢。次取闊三尺爲一率，以先所得二兩五錢爲二率，以闊二尺爲三率。二三相乘得五，以一率三尺除之。合問。

又法：以長九闊三乘得二十七爲一率，價一兩五錢爲二率，以長十五闊二乘得三十爲三率。二三相乘四十五，以一率二十七除之，同。

1《同文算指通編》卷一“重準測法”云:“凡數兩相較者，兩兩相準，故以已然爲一二率，見在爲三率，以測四率。若已然者先有雜數，見在者又有雜數，此當以類次第歸併，而疊用三率之法推之，準而又準，測而又測，爲重準測法。”

初測

一率　長九尺　除

二率　價一兩五錢　乘

三率　長一十五尺　二二五　得

四率　價二兩五錢

再測

一率　濶三尺　除

二率　價二兩五錢　乘

三率　濶二尺　五　得

四率　價一兩六錢又二十七分錢之一十八即六分六釐六六是

併法

一率　長九濶三　乘二十七尺　除

二率　價一兩五錢　乘

三率　長一十五尺濶二尺　乘三十　四十五　得

四率　價一兩六錢又二十七分錢之一十八

解第一遍只取長不取濶，然二率之一兩五錢實暗藏濶在其中矣。四率之二兩五錢、即係長一十五尺濶三尺之所得也。第二遍卻得一十五尺又暗藏於濶內，蓋一十五尺濶三尺中價二兩五錢，一十五尺濶二尺共價止一兩六錢有奇也。全以兩處互相影射而得之。算先取濶三尺為一率，銀二兩五錢為二率，濶二尺為三率，二三相乘得三十，以一率三尺除之，得價一兩[illegible]。次取長九尺為一率，銀一兩五錢為二率，長十五尺為三率，二三相乘仍得一十五，以一率九除之同。

初測

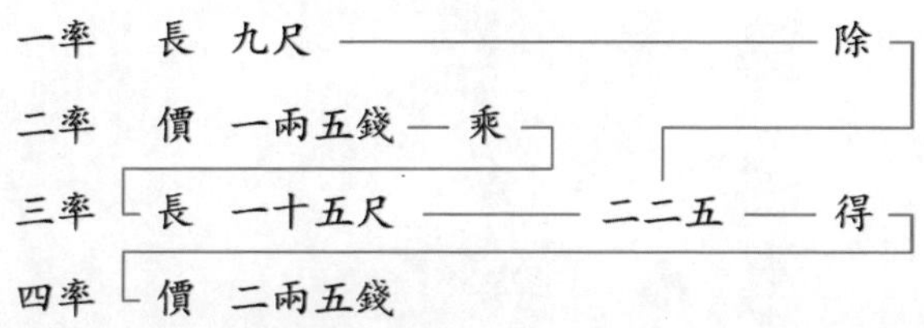

再測

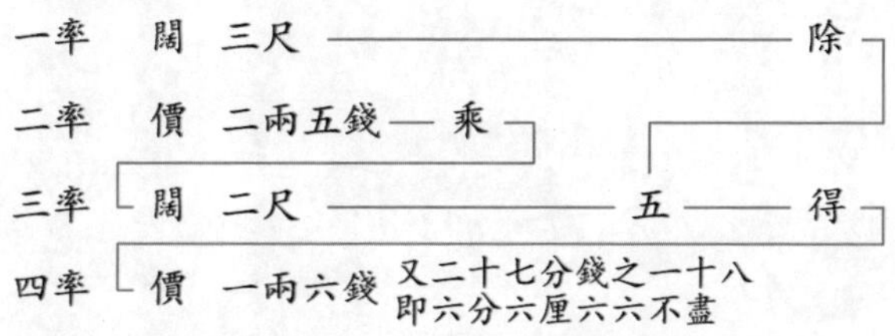

併法

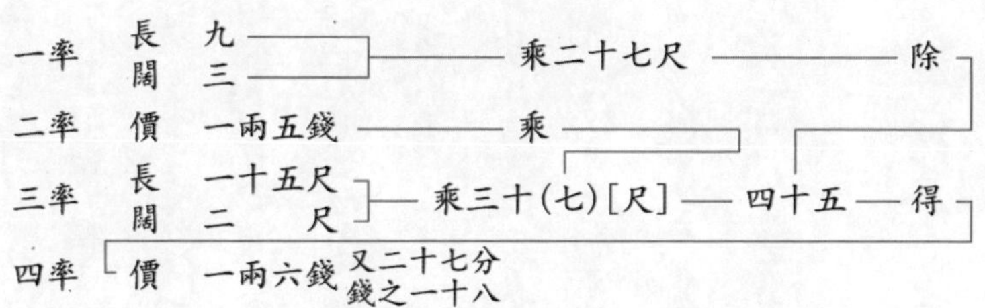

解：第一遍只取長，不取闊，然二率之一兩五錢，實暗藏闊在其中矣。四率之二兩五錢，即係長一十五尺闊二尺之所得也。第二遍卻得一十五尺，又暗藏於闊内，蓋［長］一十五尺闊三尺者，價二兩五錢;［長］一十五尺闊二尺者，價止一兩六錢有奇也。全以虚處互相映射而得之。若先取闊三尺爲一率，銀一兩五錢爲二率，闊二尺爲三率，二三相乘得三十，以一率三尺除之，得價一兩。次取長九尺爲一率，銀一兩爲二率，長十五尺爲三率，二三相乘仍得一十五，以一率九除之，同。

原今兩物所得之兩係同其出之準中原長九尺闊二尺價二兩今長十三尺五寸闊三尺依重準法

求之長九尺為一率銀二兩為二率長十三尺五寸為三率求得三兩為四率再以闊二尺為一

率銀三兩為二率闊三尺為三率求得價[illegible]兩此雜數中有遞有歸不列所得故神之寔

雜數者歸並列所得故神之重準或係同而立法之意為求異而設不為求同而設也

或曰此與比例準中展轉相求何異曰彼原無雜數乃是求得一宗遞數相及又求一宗此

乃一宗中先有先兩數析求之原乳展轉也又展轉法初測所得即係實數此初測

所得止是假借再測方的耳

歸併法與通併一三兩率先用乘法即是合兩層為一層故亦神之重準也

　其一二相乘一三相除等西法其前不贅

凡原今兩物雜數多者加多其次數求之省用歸併法則不論幾層俱以遞乘法約為一

或多數中有一數係同者即省一次同多異少只取異者為法又相應者無不同而立之相

同可以準抵其亦殊之

問母銀四千兩利三分出門三年得息三千五百兩今有銀七千兩利五分出門四年求得息若干

答　一萬三千六百一十一兩一錢有奇

法先以母銀四千兩為一率息三千五百兩為二率銀七千兩為三率二三相乘得二千四百五

原今兩物所得，亦有偶同者。若變準中原長九尺闊（二）［三］尺，價二兩，今長十三尺五寸闊二尺[1]，依重準法求之，長九尺爲一率，銀二兩爲二率，長十三尺五寸爲三率，求得三兩爲四率。再以闊三尺爲一率，銀三兩爲二率，闊二尺爲三率，求得價亦二兩。然雜數中有匿有顯，不列所得，故謂之變；雜數盡顯，兼列所得，故謂之重。雖或偶同，而立法之意，爲求異而設，不專爲求同而設也。

或曰：此與纍準中展轉相求何異？曰：彼原無雜數，乃是求得一宗，連類相及，又求一宗；此乃一宗中先有先兩數，析而求之，原非展轉也。又展轉法初測所得，即係實數；此初測所得，止是假借，至再測方的耳。

歸併法要簡便，一三兩率先用乘法，即是合兩層爲一層，故亦謂之重準也。

其一二相乘、一三相除等四法，具前不贅。

凡原今兩物雜數多者，加多其次數求之。若用歸併法，則不論幾層，俱以遞乘法約爲一。或多數中有一數偶同者，即省一次。同多異少，只取異者爲法。又相應者雖不同，而交互相同可以準抵者，亦如之。

1.問：母銀四千兩，利三分，出門三年，得息三千五百兩。今有銀七千兩，利五分，出門四年，求得息若干？

答：一萬三千六百一十一兩一錢有奇。

法：先取母銀四千兩爲一率，息三千五百兩爲二率，銀七千兩爲三率。二三相乘，得二千四百五

1 即卷三變準篇“原今兩物各具兩層”第一問。

十萬以一年零十兩除之得六千一百二十五兩次取利三分爲一年六千一百二十五兩爲二年利五分爲
三年二三相乘得三萬零六百二十五兩以一年三分除之得一萬零二百零八兩三錢三
三分三厘文取三年爲一年一萬零二百零八兩三錢零爲二年四年爲三年二三相乘得四
萬零八百三十三兩三錢三三分三厘以一年三年除之合問
又法四年兩乘利三分得一萬二千文乘三年得三萬六千爲一年本息三千五百爲二年七千兩
乘利五分得三萬五千文乘四年得一十四萬爲三年二三相乘得四億九千萬以一年三萬
六千除之同

初測　　　　　　　　　　　　再測

一年　四年　除　　　　　　一年　三分　除

二年　三千五百　乘　　　　二年　六千一百二十五　乘

三年　七千　二四五　得　　三年　五分　三零六二五　得

四年　六千一百二十五　　　四年　一萬零二百零八兩三錢三三分三厘

三測

一年　三年　除　四三三再乘得此數

二年　一萬零二百零八兩三錢三三分三厘　乘

三年　四年　四零八三三三分三厘　得　七五四再乘得此數

四年　一萬三千六百一十一兩一錢一分一厘有奇

十萬；以一率四千兩除之，得六千一百二十五兩。次取利三分爲一率，六千一百二十五兩爲二率，利五分爲三率。二三相乘，得三萬零六百二十五兩；以一率三分除之，得一萬零二百零八兩三錢三三不盡。又取三年爲一率，一萬零二百零八兩三錢零爲二率，四年爲三率。二三相乘，得四萬零八百三十三兩三錢三三不盡；以一率三年除之[1]。合問。

併法：四千兩乘利三分，得一萬二千，又乘三年，得三萬六千爲一率；息三千五百爲二率；七千兩乘利五分，得三萬五千，又乘四年，得一十四萬爲三率。二三相乘，得四億九千萬，以一率三萬六千除之，同[2]。

初測

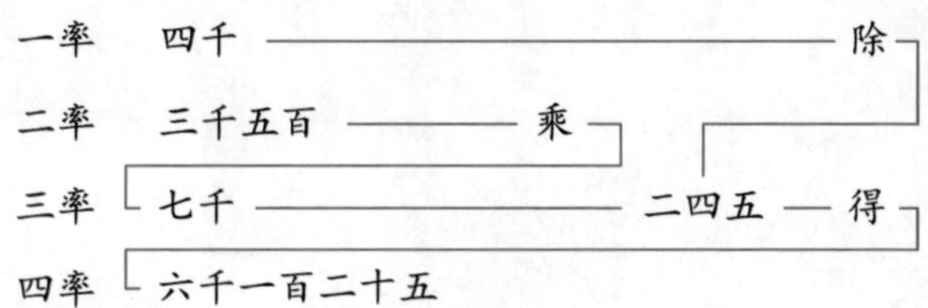

再測

一率 三分 除
二率 六千一百二十五 乘
三率 五分 三零六二五 得
四率 一萬零二百零八兩三錢三三不盡

三測

一率 三年 除
二率 一萬零二百零八兩三錢三三不盡 乘
三率 四年 四零八三三不盡 得
四率 一萬三千六百一十一兩一錢有奇

---

1 解法如下所示：

$$\frac{3500\text{兩}\times 7000\text{兩}}{4000\text{兩}}=6125\text{兩}$$

$$\frac{6125\text{兩}\times 5\text{分}}{3\text{分}}\approx 10208.333\text{兩}$$

$$\frac{10208.333\text{兩}\times 4\text{年}}{3\text{年}}\approx 13611.11\text{兩}$$

2 併法如下所示：

$$\frac{3500\text{兩}\times(7000\text{兩}\times 5\text{分}\times 4\text{年})}{4000\text{兩}\times 3\text{分}\times 3\text{年}}\approx 13611.11\text{兩}$$

備法

一率　三萬六千　　除

二率　三千五百　乘

三率　一十四萬

四率　一萬三千六百一十一兩一錢有奇　　四九　得

解初測所得乃一四千一七千同利三分歲門三年之數次測所得乃一四千利三分一七千利五分同

歲門三年之數至三測利三層俱晰參差三層更多龐雜

閱母銀四千兩利三分歲門三年得息三千五百兩今母銀七千兩利三分歲門四年求得息若干

答八千一百六十六兩六錢六分有奇

法先設原母銀四千兩為一率息三千五百兩為二率今母銀七千兩為三率二三相乘得二四五

以四除之得六千一百二十五兩次以歲門三年為一率六千一百二十五兩為二率今歲門四年為三

率二三相乘得二四五以一率三除之

或原數三層乘得三六為一率今數乘得十四為三率以三千五百為二率二三相乘得二

九四以一率三六除之

初測

再測

併法

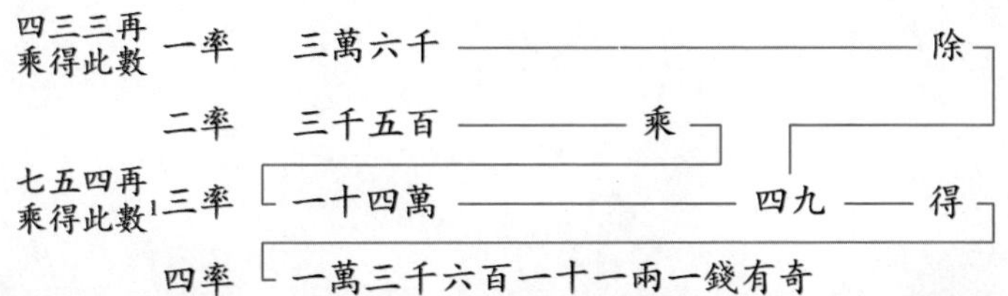

解：初測所得，乃一四千、一七千，同利三分、出門三年之數。次測所得，乃一四千利三分、一七千利五分，同出門三年之數。至三測，則三層俱晰矣。姑舉三層，更多可推。

2.問：母銀四千兩，利三分，出門三年，得息三千五百兩。今母銀七千兩，利三分，出門四年，求得息若干？

答：八千一百六十六兩六錢六六不盡。

法：先取原母銀四千兩爲一率，息三千五百兩爲二率，今母銀七千兩爲三率。二三相乘，得二四五，以四除之，得六千一百二十五兩。次以出門三年爲一率，六千一百二十五兩爲二率，今出門四年爲三率。二三相乘，得二四五，以一率三除之[2]。

或原數三層乘得三六爲一率，今數乘得八四爲三率，以三千五百爲二率。二三相乘，得二九四，以一率三六除之[3]。

初測

1 四三三再乘得此數、七五四再乘得此數，原書誤抄在前圖下，今移置此處。

2 解法如下所示：

$$\frac{7000\text{兩}\times3500\text{兩}}{4000\text{兩}}=6125\text{兩}$$

$$\frac{4\text{年}\times6125\text{兩}}{3\text{年}}\approx8166.666\text{兩}$$

3 併法如下所示：

$$\frac{(7000\text{兩}\times3\text{分}\times4\text{年})\times3500\text{兩}}{4000\text{兩}\times3\text{分}\times3\text{年}}\approx8166.666\text{兩}$$

一率　銀四十兩　除
二率　共三千五百兩　乘
三率　銀七十兩　二四五　得
四率　共六千一百二十五兩

一率　三尺　除
二率　共六千一百二十五兩　乘
三率　四尺　二四五　得
四率　共八千一百六十六兩六錢六分六釐六毫長

借法
一率　三六　除
二率　三五　乘
三率　八四　二九四　得
四率　八千一百六十六兩六錢六分六釐六毫長

解三分利同故省却一遍只再以所得假令利同三分出以五司三年以利以便宜省兩遍矣

闊布七十五疋每疋長四丈闊二尺價銀二十三兩今布亦七十五疋每疋長四丈闊止一尺六寸求價若干

答一十八兩四錢

法以闊二尺為一率銀二十三兩為二率闊一尺六寸為三率二三相乘得三六八以一率二尺除之合問

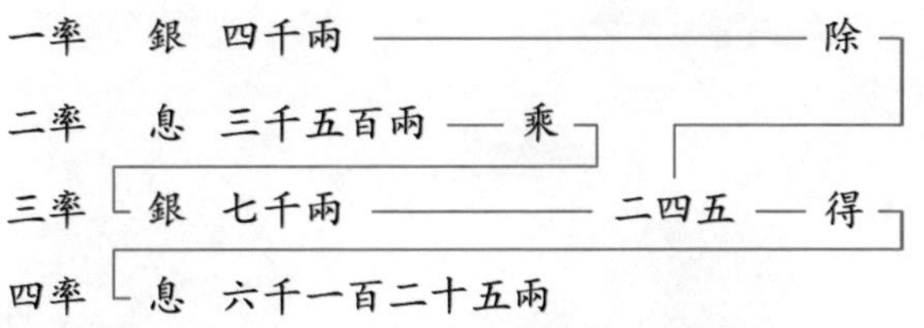

再測

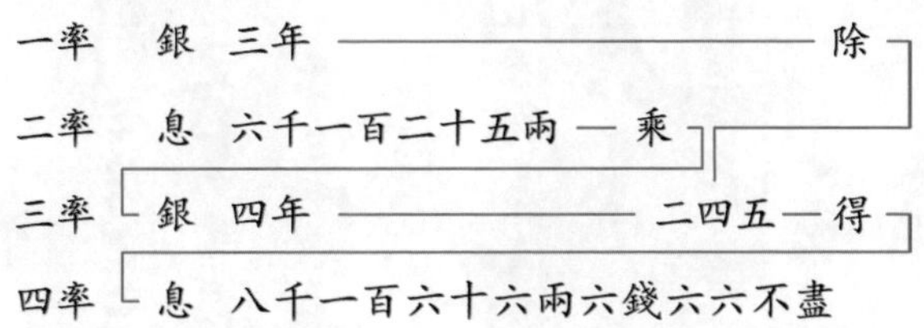

併法

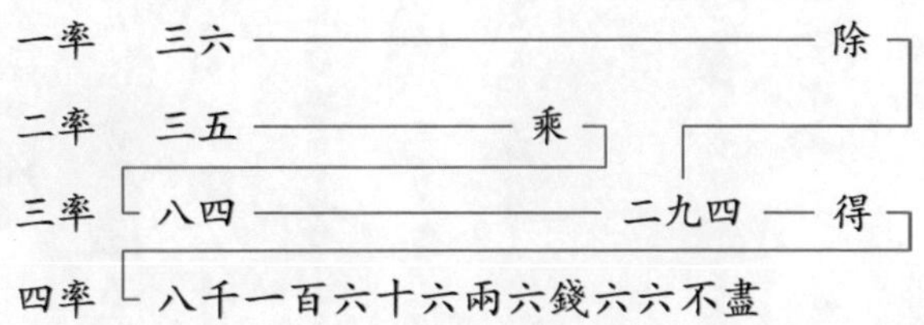

解：三分利同，故省卻一遍，只再測而得。假令利同三分，出門又同三年，則初測便定，省兩遍矣。

3.問：布七十五匹，每疋長四丈闊二尺，價銀二十三兩。今布亦七十五疋，每疋亦長四丈，闊止一尺六寸，求價若干？

答：一十八兩四錢。

法：以闊二尺爲一率，銀二十三兩爲二率，闊一尺六寸爲三率。二三相乘，得三六八，以一率二尺除之。合問。

一年 闊二尺 除

二年 銀二十二兩 乘

三年 闊一尺八寸 一二六八 得

四年 銀一十八兩四錢

解 三層中二同一異，只以異者為法，不用重測，只一測而得。若用旧借法，七十五疋乘四丈，又乘二丈，得六千。再於原闊內減一尺八寸，餘四寸，以乘七十五疋，又乘四丈，得一千二百。以六千為一率，二十二兩為二率，一千二百為三率，二三相乘，得二之六，以一率六千除之，得四兩四錢，以減原價，即數同。然不如其同減異之為捷也。蓋單數同者，異者亦暗藏其中矣。

問 母銀三千兩，利四分，生息五年，得息六千兩；今母銀四千兩，利五分，生息四年，求息若干。

答 八千兩

法 三千為一率，六千為二率，四千為三率，二三相乘，得二千四百萬，以一率三千除之，合問。

一年 母銀三千兩 除

二年 息六千兩 乘

三年 母銀四千兩 二四 得

四年 息八千兩

解 三層每者異，而實互相同，不以准擬，故亦一測而得。

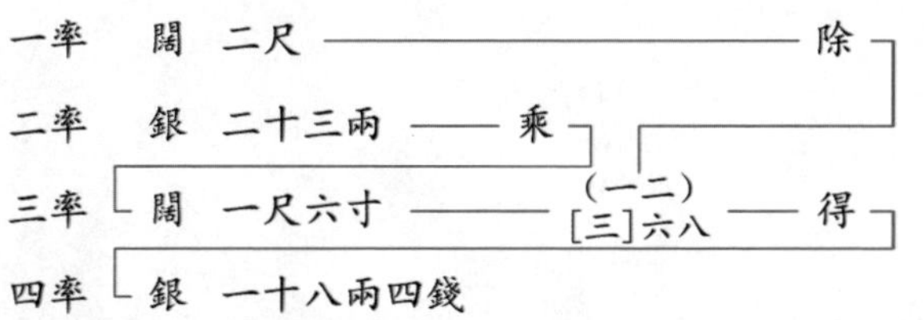

解：三層中二同一異，只以異爲法，不用重測，只一測而得。若用歸併法，七十五疋乘四丈，又乘二（丈）［尺］，得六千。再於原闊内減一尺六寸，餘四寸，以乘七十五疋，又乘四丈，得一千二百。以六千爲一率，二十三兩爲二率，一千二百爲三率。二三相乘，得二七六，以一率六千除之，得四兩六錢。以減原價，得數同，然不如棄同取異之爲捷也。蓋單取同者，異者亦暗藏其中矣。

4.問：母銀三千兩，利四分，生意五年，得息六千兩。今母銀四千兩，利五分，生意四年，求息若干？

答：八千兩。

法：三千爲一率，六千爲二率，四千爲三率。二三相乘，得二千四百萬，以一率三千除之。合問。

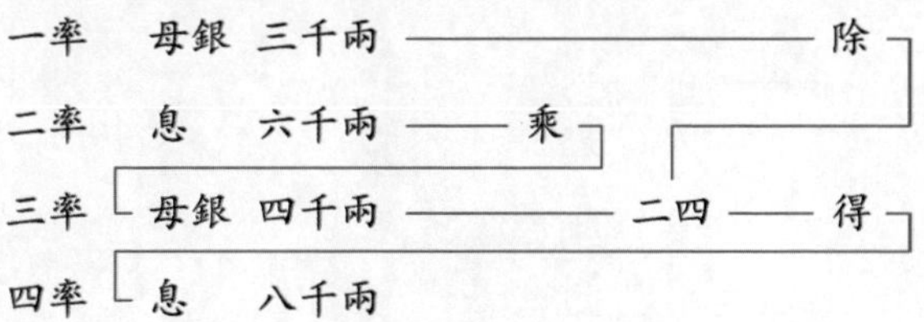

解：三層雖各異，而交互相同，可以準抵，故亦一測而得。

凡原今兩物數若干雜所得共年先題得數反逆離數共伸之例求安准與重准兼用之初測用安准原物離數中視題共為一率視逆共為二率今物之題共為三率一二相乘以三除之再測用重准原物所得為一率雜所得之四率為二率今物所得為三率二三相乘以一除之

問母銀三千兩出門四年得息三千六百兩今母銀五千兩得息七千五百兩亦是幾年所得

答五年

法初測用安准母銀三千兩為一率出門四年為二率母銀三千兩為三率一率二率相乘得一二以三率銀五千兩除之得二年又四再測用重准息三千六百兩為一率初測所得之二年四為二率息七千五百兩為三率二率三率相乘得一八以一率三千六百除之

初測安准

一率	母銀三千兩	乘
二率	出門四年	一二　得
三率	母銀五千兩	除
四率	出門二年又四	

再測重准

一率	息三千六百兩	除
二率	出門二年又四	乘
三率	息七千五百兩	一八　得
四率	出門五年	

解原物離數兩屬兼列所得年宜用重准因今物離數逆一題一例同安准惟所得不同為并故安重兼用以初測之三千四年相乘為積實以三率除之應得二年十分年之四所積共乃同得息三千六百兩不入率共也故伸之安准求知三千六百兩為二年又十分年之四

凡原今兩物數各帶雜，所得又異，先顯得數，反匿雜數者，謂之倒求，變準與重準兼用之。初測用變準，原物雜數中，視顯者爲一率，視匿者爲二率，今物之顯者爲三率。一二相乘，以三除之。再測用重準，原物所得爲一率，新所得之四率爲二率，今物所得爲三率。二三相乘，以一除之。

1.問：母銀三千兩，出門四年，得息三千六百兩。今母銀五千兩，得息七千五百兩，求是幾年所得？

答：五年。

法：初測用變準，母銀三千兩爲一率，出門四年爲二率，母銀（三）［五］千兩爲三率。一率二率相乘，得一二，以三率銀五千兩除之，得二年又四。再測用重準，息三千六百兩爲一率，初測所得之二年四爲二率，息七千五百兩爲三率。二率三率相乘，得一八，以一率三千六百除之[1]。

初測變準

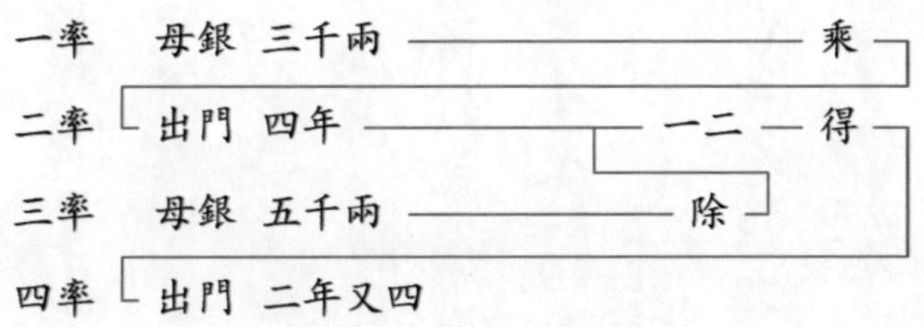

再測重準

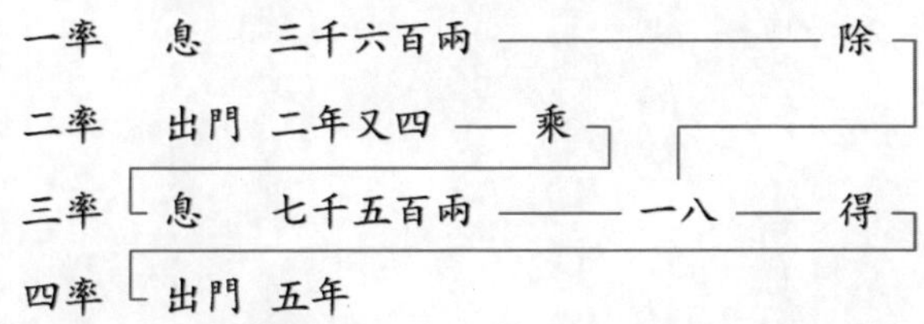

解：原物雜數兩層，兼列所得，本宜用重準。因今物雜數匿一顯一，例同變準，惟所得不同爲異，故變重兼用以測之。三千、四年相乘爲積實，以三率除之，應得二年十分年之四。所藏者乃同得息三千六百兩，不入率者也，故謂之變準。既知三千六百兩爲二年又十分年之四

---

1 解法如下所示：

$$\frac{3000\text{兩}\times 4\text{年}}{5000\text{兩}}=2.4\text{年}$$

$$\frac{2.4\text{年}\times 7500\text{兩}}{3600\text{兩}}=5\text{年}$$

所得因知七千五百兩為五年所得比類相知全如累準以偽再測故謂之重準也

又法借用變準例先以原物中雜數視題某為一率視遞某為二率原所得為三率再以新所得為四率今物所得為二率今物之題某為三率係以二三相乘以三除之此法與變準無實非變準也何以證之初測前兩率求得積實是求變準法與三率卻非以題定遞乃是每銀一兩應分得積實若干四率又非所遞之數乃是兩雜相混應該得此數故不同也再測三率為題四率為遞亦是求變準法其一率係兩雜相混無論所得之數不與題相應二率乃總銀之數不與某遞相應並相乘得積實然是以無定總而得積實故不同也此變準而非變準故曰借用

又法亦用重準初測以原物視題為一率原物所得為二率今物之題某為三率再測以新得之四率為一率原物視遞某為二率今物所得為三率係以二三相乘以一除之此法初測求重測暗藏某焉同四率也再測應以原四率為一率新得之息數為二率今率分為三率息數為四率因從題原例先題實息數反而算分故一三兩率交換位以類從此法亦非所重測膠合乃通融為之故曰變用

此題數遞某於題某遞數亦以類推

借用變準

初測

再測

所得，因知七千五百兩爲五年所得，比類相知，全如纍準。以係再測，故謂之重準也。

又法：借用變準例。先以原物中雜數視顯者爲一率，視匿者爲二率，原所得爲三率。再以新所得爲一率，今物所得爲二率，今物之顯者爲三率。俱以一二相乘，以三除之[1]。此法雖若變準，然實非變準也。何以明之？初測前兩率求得積實，是真變準法。至三率卻非以顯定匿，乃是每銀一兩應分得積實若干；四率又非所匿之數，乃是兩雜相混，應總得此數，故不同也。再測三率爲顯，四率爲匿，亦是真變準法。其一率係兩雜相混，每兩所得之數，不與顯相應；二率乃總銀之數，不與匿相應。雖相乘得積實，然是以每定總而得積實，故不同也。似變準而非變準，故曰借用。

又法：變用重準。初測以原物視顯爲一率，原物所得爲二率，今物之顯者爲三率。再測以新得之四率爲一率，原物視匿者爲二率，今物所得爲三率。俱以二三相乘，以一除之[2]。此法初測真重測，暗藏者出門同四年也。再測應以原四年爲一率，新得息數爲二率，今年分爲三率，息數爲四率。因問顯原倒先顯息數，反求年分，故一二兩率交換，使以類從。此法亦非與重測脗合，乃通融爲之，故曰變用。

此顯數匿時。若顯時匿數，可以類推。

借用變準

初測

1 借用變準法如下所示：

$$\frac{3000\text{兩}\times 4\text{年}}{3600\text{兩}}\approx 3.33\text{年}$$

$$\frac{3.33\text{年}\times 7500\text{兩}}{5000\text{兩}}=5\text{年}$$

2 變用重準法如下所示：

$$\frac{3600\text{兩}\times 5000\text{兩}}{3000\text{兩}}=6000\text{兩}$$

$$\frac{4\text{年}\times 7500\text{兩}}{6000\text{兩}}=5\text{年}$$

一率　母銀三千兩　乘　　一率　雜揉三三不足　乘
二率　息門四年　二　得　　二率　息七千五百兩　五二　得
三率　息三千六百兩　除　　三率　母銀五千兩　除
四率　雜揉三三不足　　四率　息門五年

定用重準

初測
一率　母銀三千兩　除
二率　息三千六百兩　乘
三率　母銀五千兩　八一　得
四率　息六千兩

再測
一率　息六千兩　除
二率　息門四年　乘
三率　息七千五百兩　三　得
四率　息門五年

問布長九尺闊三尺價銀二兩今布長十五尺三寸價銀四兩求闊幾何

答闊三尺五寸二分九厘四毫有奇

法初測用定準長九尺一率闊三尺二率長十五尺三寸三率一二率相乘得二十七以三率除之得闊一尺七寸六分四厘七毫有奇再測用重準價二兩一率闊一尺七寸六分四厘七毫二率價四兩三率二三率相乘得七○五八八有奇以一率二兩除之合問

用定用重同前推之

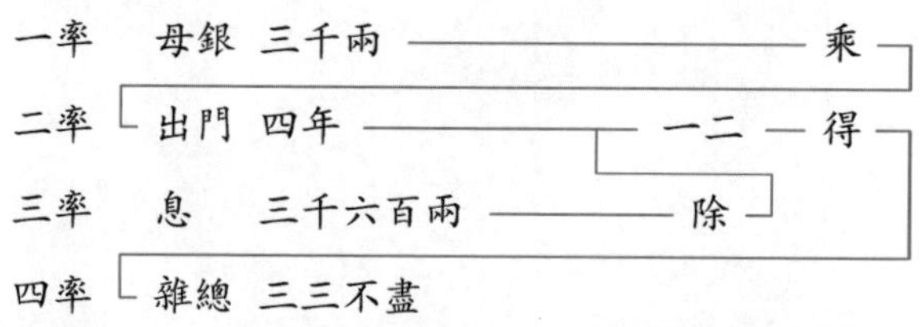

再測

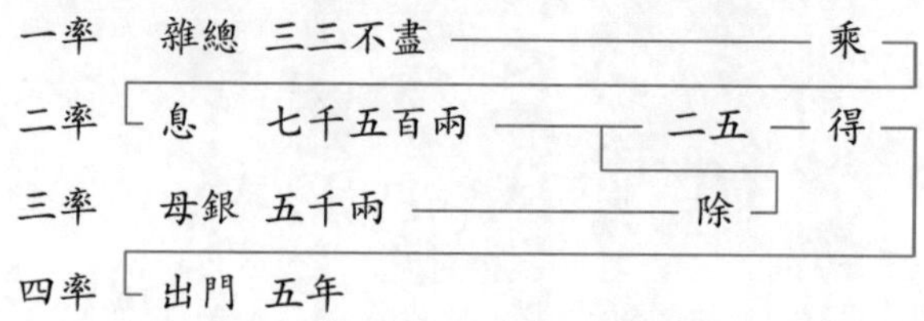

變用重準

初測

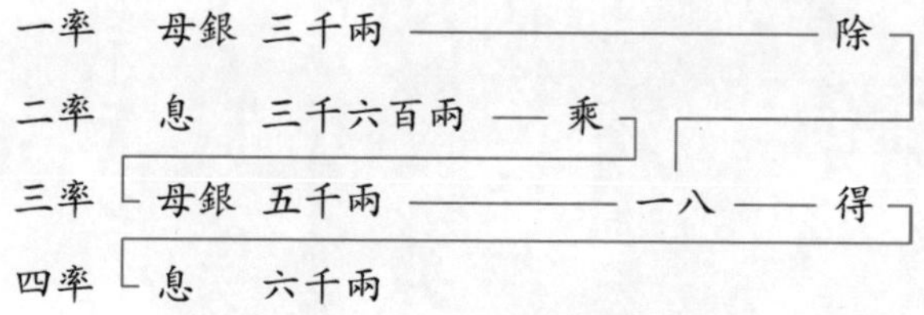

再測

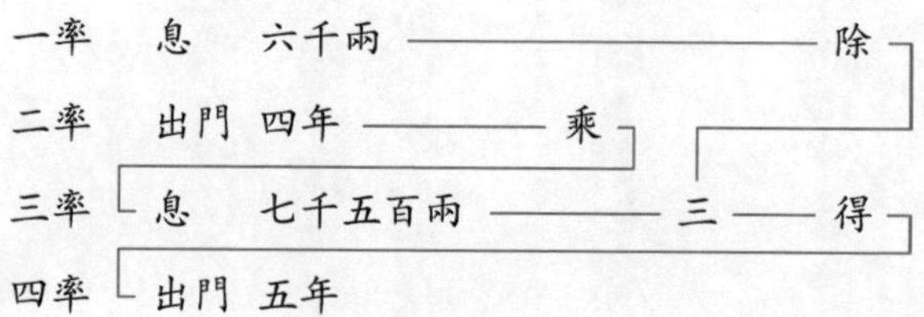

2.問：布長九尺，闊三尺，價銀二兩。今布長十五尺三寸，價銀四兩，求闊若干？

答：闊三尺五寸二分九厘四毫有奇。

法：初測用變準，長九尺一率，闊三尺二率，長十五尺三寸三率。一二率相乘，得二十七，以三率除之，得闊一尺七寸六分四厘七毫有奇。再測用重準，價二兩一率，闊一尺七寸六分四厘七毫二率，價四兩三率。二三率相乘，得七零五八八有奇，以一率二兩除之。合問。

用變用重，同前推之。

初測用安准

一率 長九尺 乘

二率 闊三尺 七二 得

三率 長十五尺三寸 除

四率 闊一尺七寸六分四釐七毫

再測用重准

一率 價二兩 除

二率 闊一尺七寸六分四釐七毫 乘

三率 價四兩 七尺五八 八有奇 得

四率 闊三尺五寸二分九釐四毫有奇

解題長短闊求縱闊短長做此率安重並用餘法可推

凡物有兩相換易者有自為展轉者有並雜者有分用者有前後差相混者亦用重准測之以貴賤互相換易視其闊蹤並以數求彼數者初測用順物前法價以得價次測用逆價前物法以得數以價求價亦如之

闊賤物價每三個價二錢貴物價每七個價七錢五分今賤物四十五個應換貴物幾個

答二十八個

法初測順推以物三為一率價二錢為二率物四十五為三率二三相乘得九十以一率三除之得三再測逆推以七錢五分為一率物七為二率初測所得四率之三十為三率二三相乘得二十一以一率七五除之合問

初測物前價後　再測價前物後

初測用變準

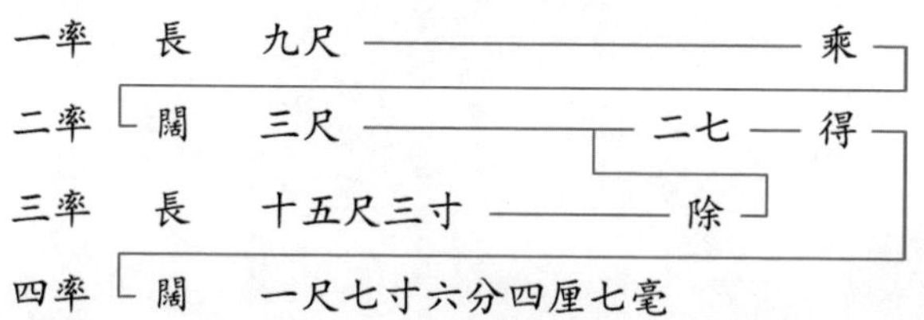

一率 長 九尺 乘
二率 闊 三尺 二七 得
三率 長 十五尺三寸 除
四率 闊 一尺七寸六分四厘七毫

再測用重準

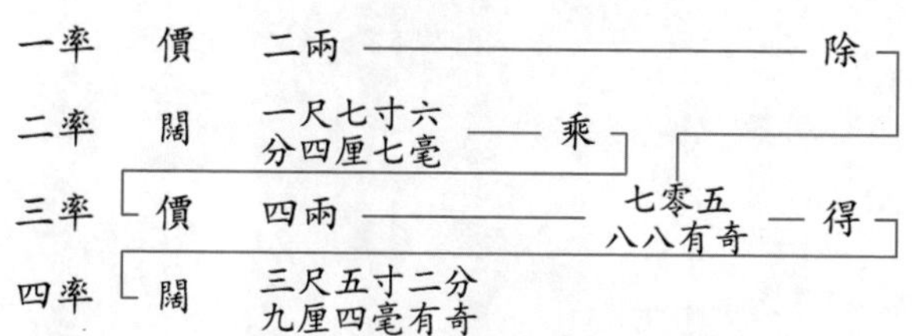

解：顯長匿闊。若顯闊匿長，倣此。舉變重兼用，餘法可推。

凡物有兩相换易者，有自爲展轉者，有並藏者，有分用者，有參差相混者，皆用重準測之。以貴賤互相换易，視其問顯，若以此數求彼數者，初測用順，物前價後以得價；次測用逆，價前物後以得數。以價求價亦如之。

1.問：賤物價每三個價二錢，貴物價每七個價七錢五分。今賤物四十五個，應换貴物若干？

答：二十八個。

法：初測順布，以物三爲一率，價二錢爲二率，物四十五爲三率。二三相乘，得九，以一率三除之，得三。再測逆布，以七錢五分爲一率，物七爲二率，初測所得四率之三爲三率。二三相乘，得二十一，以一率七五除之。合問。

初測物前價後

一率　賤物三個　除
二率　賤價二錢　乘
三率　賤物四十五個　九　得
四率　賤價三兩

一率　貴價七錢五分　除
二率　貴物七個　乘
三率　貴價三兩　一二　得
四率　貴物二十八個

解重測之法原合者有多層故先啟一層相比再啟一層相比兩測內係有異原合兩數此則二物者為一測但以同其為細蓋價同故可相換也又重測初次之四率原非實數乃是假借與之次測方定此則初測所得止為實數次測但以此實數定彼實數耳

又求一法置賤價二錢以賤物三除之得六分六六不盡為賤價之實置貴價七錢五分以貴物七除之得一〇七一四二八五七以下不盡為貴價之實二實既定或用互換法以賤物一個零七釐一毫四絲二忽八微不盡為一率換得貴物六分六釐六毫六絲六忽六微不盡為二率今賤物四十三個為三率一三相乘得三以一率一〇七一四二八五除之得數同此即穀米中相換之法但彼原以一為法故不用互換此則以三為法一段為除法乃是累數故不如互換求之為直捷然後前法不用也或用定準法以賤物四十五個為一率賤物之實六分六六不盡為為二率貴實一〇七一四二八五不盡為三率一二相乘得三以三率貴實除之得數同蓋四十五為物數六六六不盡為價數亦是兩層難所得之三兩乃相同不列於率故也一二相乘得三為積實故以價除之而得物數假令以數二十八除之還得價一錢零七

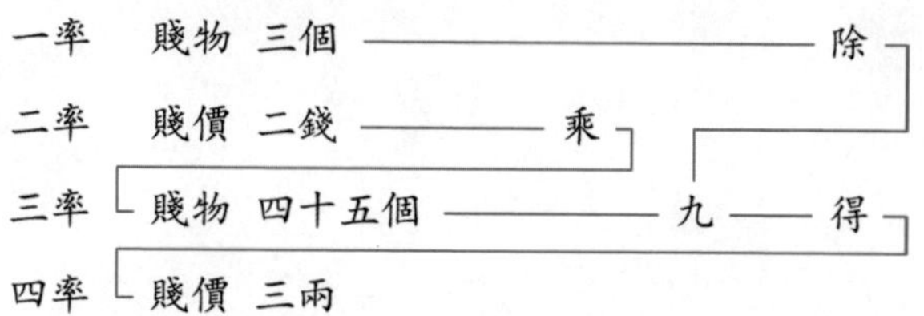

再測價前物後

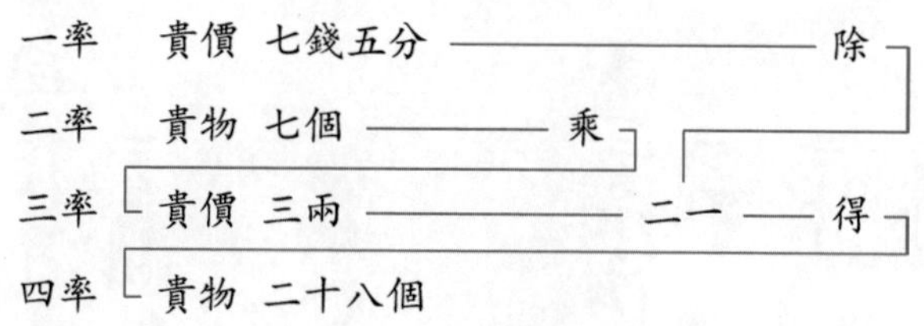

解：重測之法，原今各有多層，故先取一層相比，再取一層相比，兩測内俱有原今兩數；此則二物各爲一測，但以同者爲紐，蓋價同故可相换也。又重測初次之四率，原非實數，乃是假借，如此至次測方定；此則初測所得即爲實數，次測但以此實數定彼實數耳。

又求一法。置賤價二錢，以賤物三除之，得六六六不盡，爲賤價之實。置貴價七錢五分，以貴物七除之，得一零七一四二八五，從七以下不盡，爲貴價之實。二實既定，或用互换法，以賤物一個零七厘一毫四絲二忽八微不盡爲一率，换得貴物六分六厘六毫六絲六忽六微不盡爲二率，今賤物四十三個爲三率。二三相乘得三，以一率一零七一四二八五除之，得數同。此即穀米中相换之法[1]，但彼原以一爲法，故可用互换；此則一以三爲法，一以七爲法，皆是累數，故不可互换，必約之爲一，然後前法可用也。或用變準法，以賤物四十五個爲一率，賤（物）［實］六六六不盡爲二率[2]，貴實一零七一四二八五不盡爲三率。一二相乘得三，以三率貴實除之，得數同。蓋四十五爲物數，六六六不盡爲價數，亦是兩層雜。所得之三兩，乃相同不列於率者也。一二相乘，得三爲積實，故以價除之而得物數。假令以數二十八除之，還得價一錢零七

1 即卷三單準篇“多物求一物”第一問。

2 賤物，“物”當作“實”，與後文“貴實”相對。賤實，即前文“賤價之實”，後“求一變準法”圖作“賤價”，義同。據改。

一四二八五不尽以七乘之仍是七錢五分之數

又通數法二腳相乘得二十五為共數三乘七五得二二五為貴實七乘二得一四為賤實或

互換二三相乘得六三以一率二二五除之或変準一三相乘得六三以二率二二五除之數

同此法當以累數為法此所以一為法同於一所謂與同算論子也

求一互換法

換貴作賤　一率　賤一〇七一四二八五不尽　除

換賤作貴　二率　貴六六六不尽　乘

三率　賤四五　三

四率　貴二十八　得

求一変準法

一率　賤物四五　乘

二率　賤價六六六不尽　三　得

三率　貴價一〇七一四二八五不尽　除

四率　貴物二十八

物求價求一変準法

一四二八五七不盡，以七乘之，仍是七錢五分之數。

又通數法。二物相乘得二十（五）［一］爲共數，三乘七五得二二五爲貴實，七乘二得一四爲賤實。或互換，二三相乘得六三，以一率二二五除之；或變準，一二相乘得六三，以三率二二五除之，數同。此法雖以累數爲法，然與以一爲法同者，所謂母同單論子也。

求一互換法

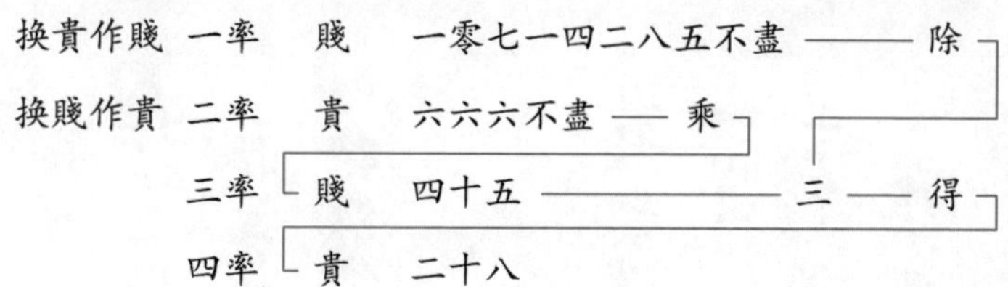

換貴作賤 一率 賤 一零七一四二八五不盡 除
換賤作貴 二率 貴 六六六不盡 乘
三率 賤 四十五 三 得
四率 貴 二十八

求一變準法

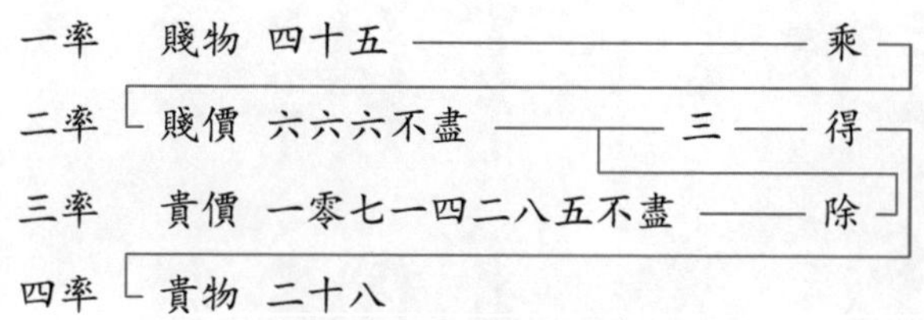

物求價求一變準法

一率　賤物四十五　乘
二率　賤價六六六不盡　三　得
三率　貴物二十八　除
四率　貴價一錢零七一四二八五不盡七乘除之錢五分

通數互換法
換貴作賤　一率　賤二二五　除
換賤作貴　二率　貴一四　乘
三率　賤四十五　六三　得
四率　貴二十八

通數定準法
一率　賤數四十五　乘
二率　賤價一四　六三　得
三率　貴價二二五　除
四率　貴數二十八

物求價通數定準法
一率　賤數四十五　乘
二率　賤價一四　六三　得
三率　貴數二十八　除
四率　貴價二二五　三除之是錢五分

問銀二錢買賤物三個，銀七錢五分買貴物七個，今賤價銀三兩，求貴價若干。
答四兩八錢二分又七分分之一

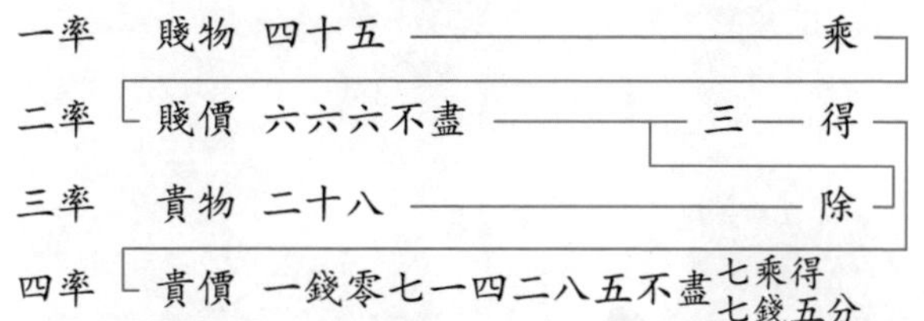

通數互換法

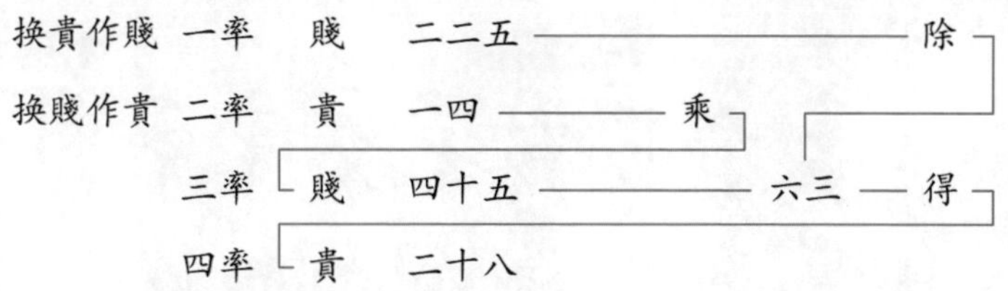

通數變準法

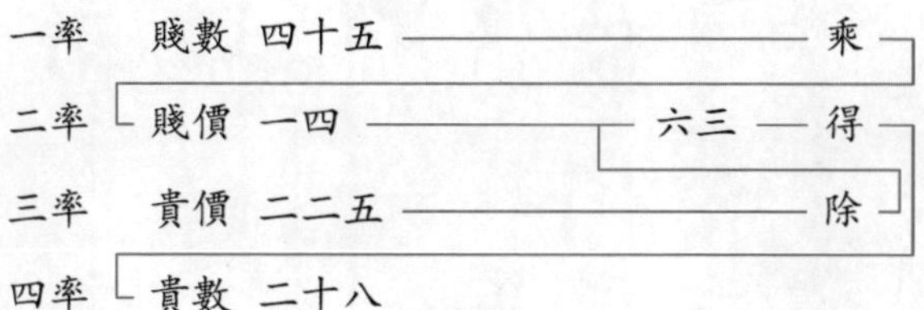

物求價通數變準法

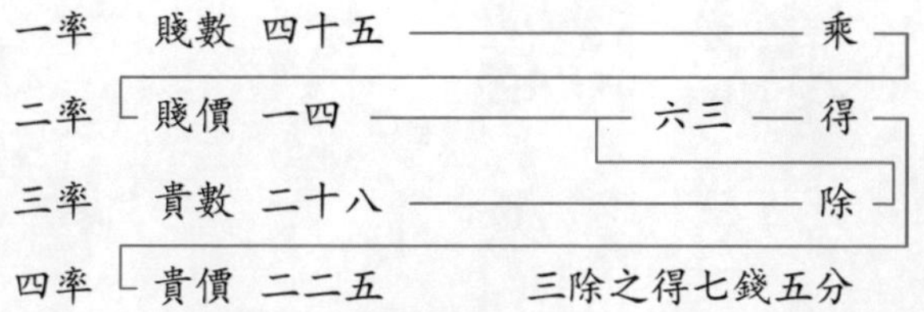

2. 問：銀二錢買賤物三個，銀七錢五分買貴物七個。今賤價銀三兩，求貴價若干？
答：四兩八錢二分又七分分之一。

法初測順布賤價二錢為一率賤物三個為二率賤價三兩為三率二三相乘得九以一率二除之得四十五次測逆布貴物七個為一率貴價七錢五分為二率貴物四十五為三率二三相乘得三三七五以一率七除之合問

初測

一率　賤價　二錢
二率　賤物　三個　乘
三率　賤價　三兩　九
四率　賤物　四十五　得　除

再測

一率　貴物　七
二率　貴價　七錢五分　乘
三率　貴物　四十五　三三七五
四率　貴價　四兩八錢二分又七分分之一　得　除

解前測数求数故價同而数异此價求價故数同而價异也

求一法以價二錢除物三個得一五為賤物之實以價七錢五分除物七個得九三三不盡為貴物之實通数法二價相乘得一五為共数七五乘三得二二五為賤實二乘七得一四為貴實或互換或交准俱同前法○举賤求貴貴求賤倣此

求一互換法

換貴作賤　一率　賤價　九三三不盡　除
換賤作貴　二率　貴價　一五　乘
三率　賤價　三兩　四十五　得
四率　貴價　四兩八錢二分又七分分之一

法：初測順布，賤價二錢爲一率，賤物三個爲一率，賤價三兩爲三率。二三相乘得九，以一率二除之，得四十五。次測逆布，貴物七個爲一率，貴價七錢五分爲二率，貴物四十五爲三率。二三相乘，得三三七五，以一率七除之。合問。

初測

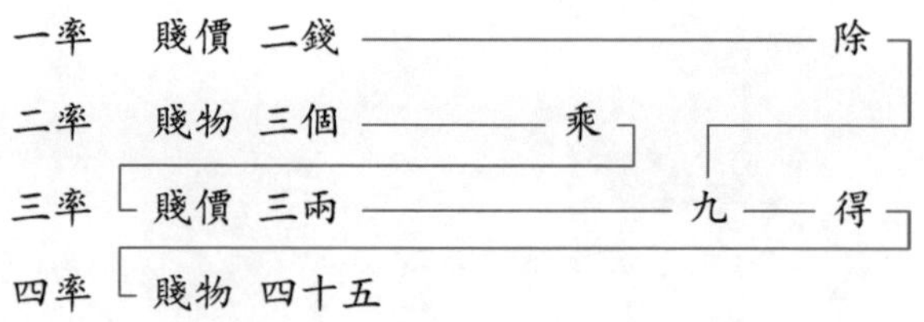

再測

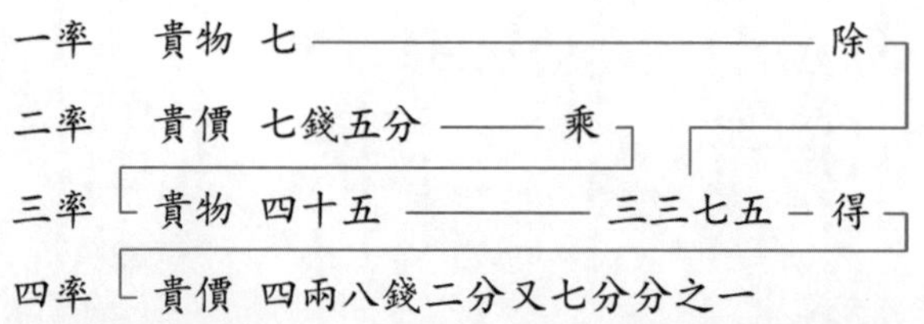

解：前問數求數，故價同而數異；此價求價，故數同而價異也。

求一法。以價二錢除物三個，得一五，爲賤物之實；以價七錢五分除物七個，得九三三不盡，爲貴物之實。

通數法。二價相乘得一五，爲共數。七五乘三得二二五，爲賤實；二乘七得一四，爲貴實。或互換，或變準，俱同前法。◎舉賤求貴，貴求賤倣此。

求一互換法

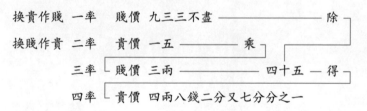

換貴作賤 一率 賤價 九三三不盡 除
換賤作貴 二率 貴價 一五 乘
三率 賤價 三兩 四十五 得
四率 貴價 四兩八錢二分又七分分之一

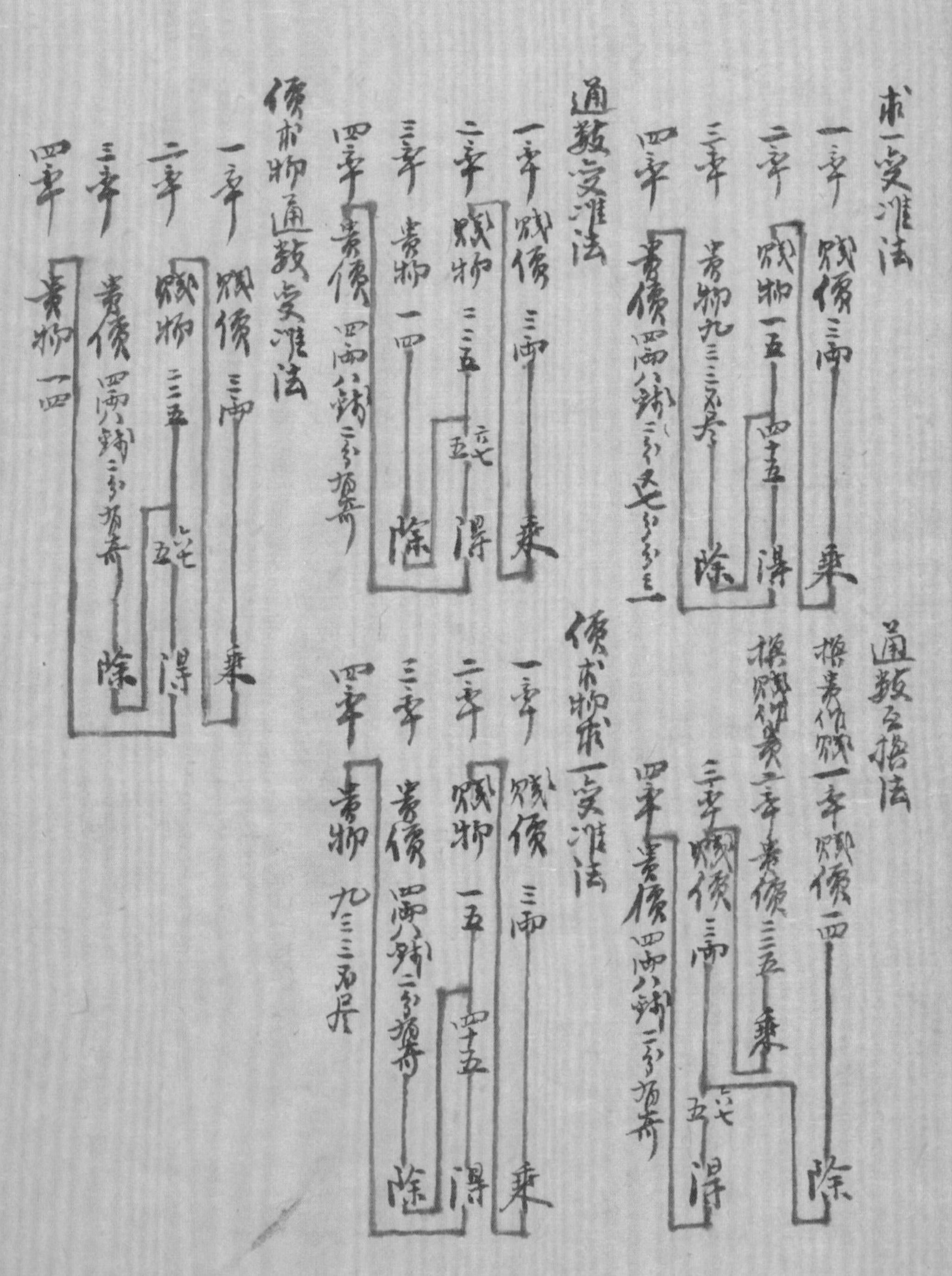
求一安準法
一率 賤價 三兩
二率 賤物 一五
三率 貴物 九三三不尽
四率 貴價 四兩八錢二分又七分分之一
乘
四十五
得
除
通數互換法
換貴作賤 一率 賤價 四
換賤作貴 二率 貴價 三五
三率 賤價 三兩
四率 貴價 四兩八錢二分有奇
乘
六七
五
得
除
通數安準法
一率 賤價 三兩
二率 賤物 三五
三率 貴物 一四
四率 貴價 四兩八錢二分有奇
六七
五
乘
得
除
價求物求一安準法
一率 賤價 三兩
二率 賤物 一五
三率 貴價 四兩八錢二分有奇
四率 貴物 九三三不尽
四十五
乘
得
除
價求物通數安準法
一率 賤價 三兩
二率 賤物 三五
三率 貴價 四兩八錢二分有奇
四率 貴物 一四
六七
五
乘
得
除

求一變準法

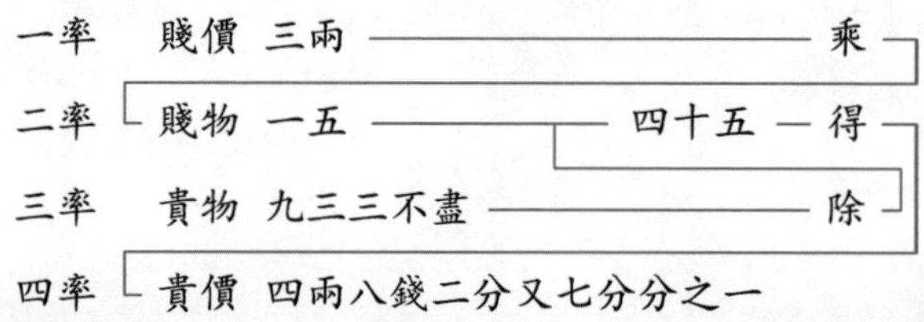

通數互换法

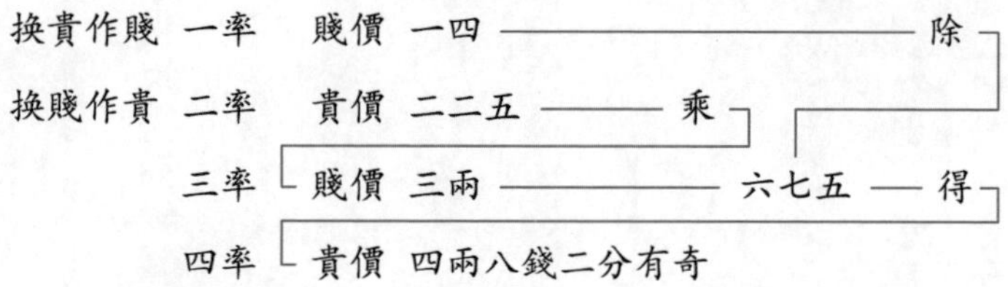

通數變準法

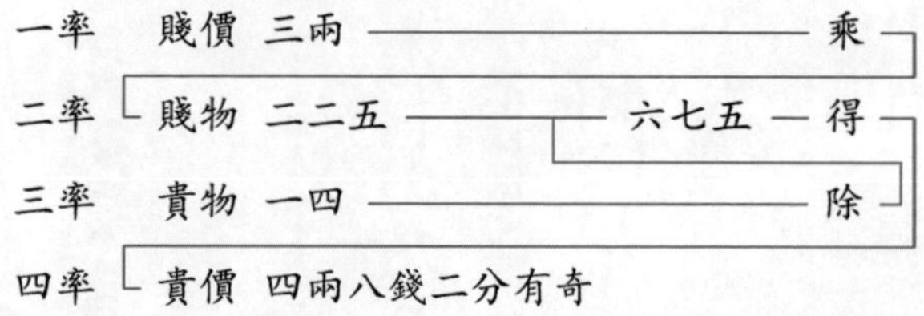

價求物求一變準法

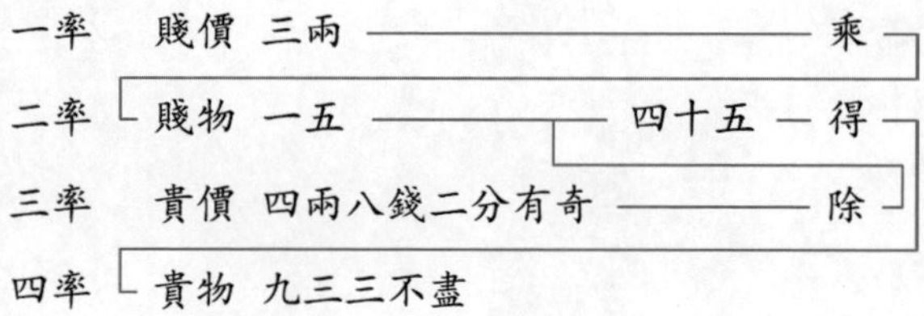

價求物通數變準法

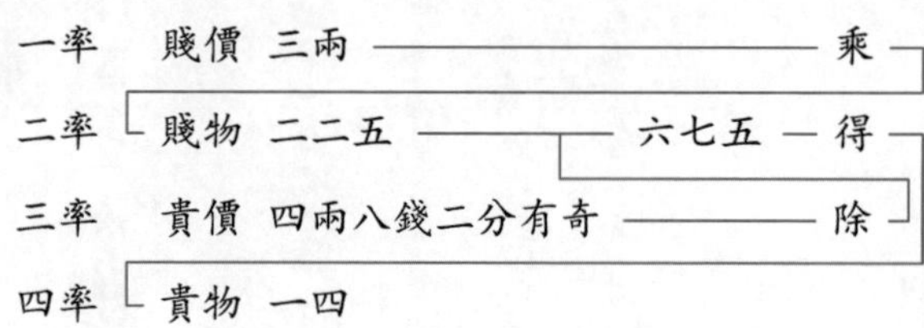

凡物之自爲展轉者隨其轉數層遞之轉而多於本之積甚轉而多於根之第耗以本數爲正法本數之外爲餘法合之爲併法或正求總正求餘或餘求總餘求正或總求正總求餘以法與實相視而列率有實而無法者以正除餘而得法或原有法今無法者以初測前法設實以得實再測前實設法以得法俱以同正爲紐若層加層減則正數亦層變

問有商初次每本銀三兩得息九錢五分再次每本銀五兩得息二兩二錢五分今有本銀一千五百兩求每次得利若干

答初次息四百七十五兩連本一千五百七十五兩再次息六百七十五兩連本二千一百七十五兩

法初測正法本三兩爲一率餘法利九錢五分爲二率再測正法本五兩爲一率餘法利二兩二錢五分爲二率俱以一千五百兩爲三率得二次之息數初測正法三兩爲一率併正餘三兩九錢五分爲二率再測正法五兩爲一率併正餘七兩二錢五分爲二率俱以一千五百兩爲三率得二次之總數俱二三相乘以一率除之合問

初測正求餘

一率　正法三兩
二率　餘法九錢五分
三率　正實一千五百兩
四率　餘實四百七十五兩

乘　一四二五　除　得

再測正求餘

一率　正法五兩
二率　餘法二兩二錢五分
三率　正實一千五百兩
四率　餘實六百七十五兩

乘　三三七五　除　得

凡物之自爲展轉者，隨其轉數層測之。轉而多，如本之獲息；轉而少，如糧之帶耗，皆以本數爲正法，本數之外爲餘法，合之爲併法。或正求總，正求餘；或餘求總，餘求正；或總求正，總求餘，皆以法與實相視而列率。有實而無法者，以正除餘而得法；或原有法今無法者，初測前法後實以得實，再測前實後法以得法，俱以同正爲紐。若層加層減，則正數亦層變。

1.問：爲商初次每本銀三兩，得息九錢五分；再次每本銀五兩，得息二兩二錢五分。今有本銀一千五百兩，求每次得利若干？

答：初次息四百七十五兩，連本一千（五）［九］百七十五兩；

再次息六百七十五兩，連本二千一百七十五兩。

法：初測正法本三兩爲一率，餘法利九錢五分爲二率；再測正法本五兩爲一率，餘法利二兩二錢五分爲二率。俱以一千五百兩爲三率，得二次之息數。

初測正法三兩爲一率，併正餘三兩九錢五分爲二率；再測正法五兩爲一率，併正餘七兩二錢五分爲二率。俱以一千五百兩爲三率，得二次之總數。俱二三相乘，以一率除之。合問。

初測正求餘

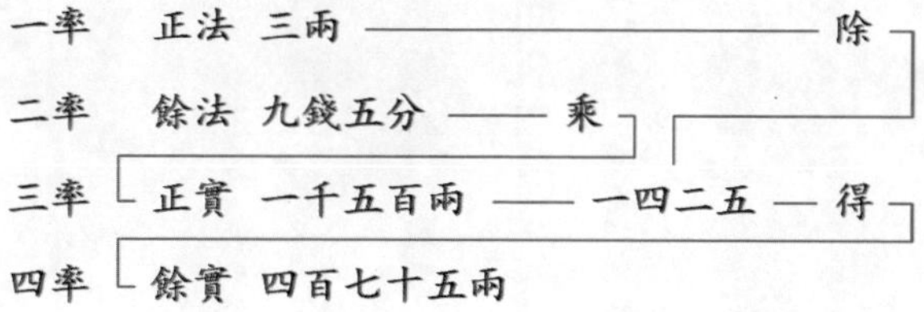

一率　正法　三兩 —— 除

二率　餘法　九錢五分 —— 乘

三率　正實　一千五百兩 —— 一四二五 —— 得

四率　餘實　四百七十五兩

再測正求餘

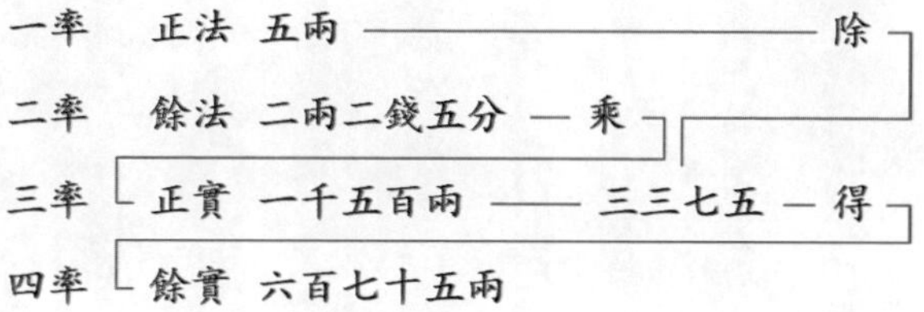

一率　正法　五兩 —— 除

二率　餘法　二兩二錢五分 —— 乘

三率　正實　一千五百兩 —— 三三七五 —— 得

四率　餘實　六百七十五兩

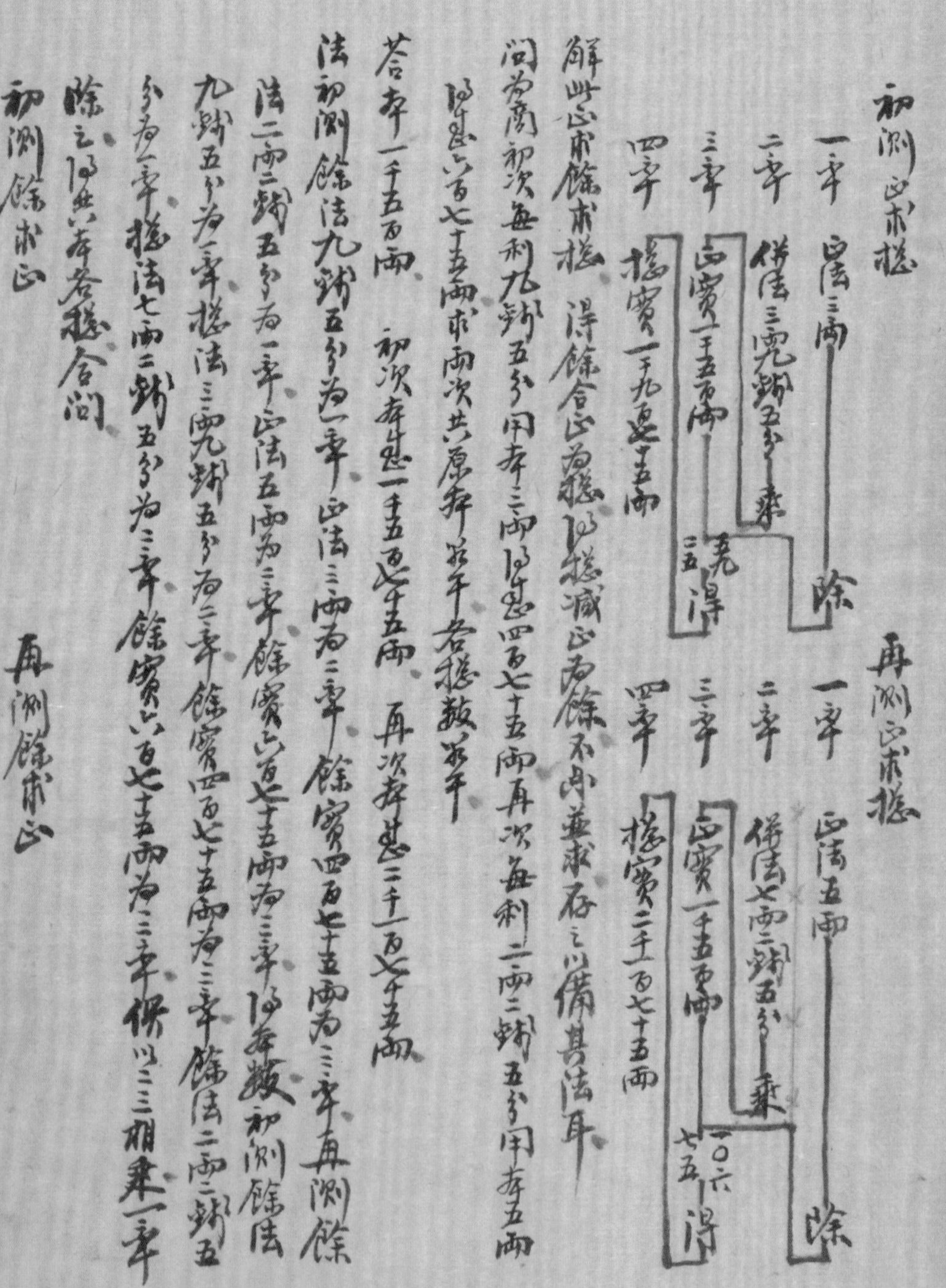

初測正求總

一年　置三兩　除

二年　併法三兩九錢五分　乘

三年　正實一千五百兩　三九　二五　得

四年　總實一千九百七十五兩

再測正求總

一年　正法五兩　除

二年　併法七兩二錢五分　乘

三年　正實一千五百兩　一〇六　七五　得

四年　總實二千二百七十五兩

解此正求餘求總　得餘合正為總以總減正為餘不必並求存之以備其法耳

問當商初次每利九錢五分用本三兩得息四百七十五兩再次每利二兩二錢五分用本五兩得息六百七十五兩求兩次共原本若干各總數若干

答本一千五百兩　初次本息一千九百七十五兩　再次本息二千二百七十五兩

法初測餘法九錢五分為一率正法三兩為二率餘實四百七十五兩為三率再測餘法二兩二錢五分為一率正法五兩為二率餘實六百七十五兩為三率得本數初測餘法九錢五分為一率總法三兩九錢五分為二率餘實四百七十五兩為三率餘法二兩二錢五分為一率總法七兩二錢五分為二率餘實六百七十五兩為三率俱以二三相乘一率除之得共本各總合問

初測餘求正　再測餘求正

初測正求總

一率　正法　三兩——除
二率　併法　三兩九錢五分——乘
三率　正實　一千五百兩——五九二五——得
四率　總實　一千九百七十五兩

再測正求總

一率　正法　五兩——除
二率　併法　七兩二錢五分——乘
三率　正實　一千五百兩——一〇（六）[八]七五——得
四率　總實　二千一百七十五兩

解：此正求餘求總。得餘，合正爲總；得總，減正爲餘。不必並求，存之以備其法耳。

2.問：爲商初次每利九錢五分，用本三兩，得息四百七十五兩；再次每利二兩二錢五分，用本五兩，得息六百七十五兩。求兩次共原本若干？各總數若干？

答：本一千五百兩。

初次本息一千（五）[九]百七十五兩；

再次本息二千一百七十五兩。

法：初測餘法九錢五分爲一率，正法三兩爲二率，餘實四百七十五兩爲三率。再測餘法二兩二錢五分爲一率，正法五兩爲二率，餘實六百七十五兩爲三率，得本數。

初測餘法九錢五分爲一率，總法三兩九錢五分爲二率，餘實四百七十五兩爲三率；餘法二兩二錢五分爲一率，總法七兩二錢五分爲二率，餘實六百七十五兩爲三率。俱以二三相乘，一率除之，得共本各總。合問。

初測餘求正

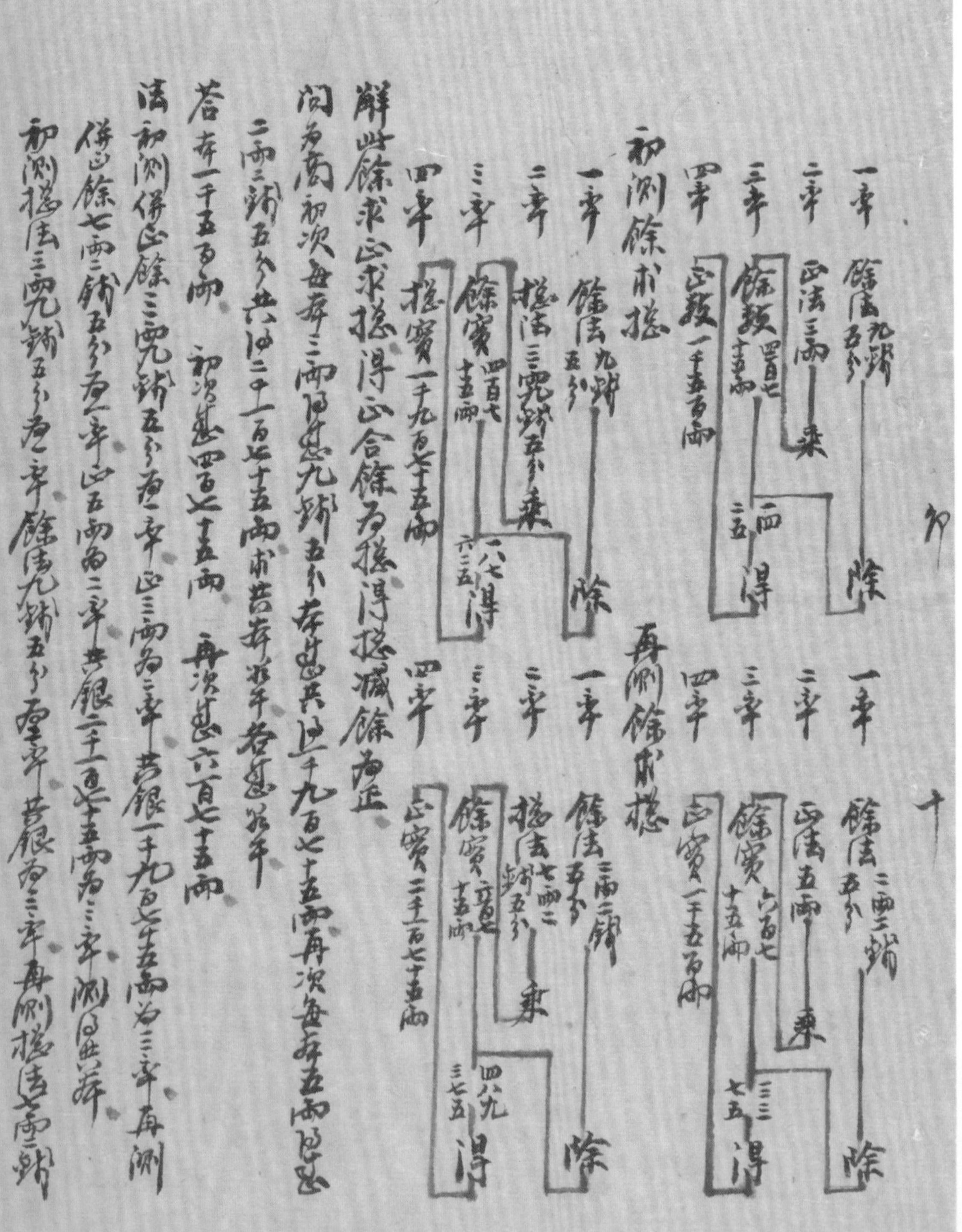

加

十

一率　餘法九錢五分　除

二率　正法三兩　乘

三率　餘數四百七十五兩

四率　正數一千五百兩

二五 兩　得

初測餘求總

一率　餘法九錢五分　除

二率　總法三兩九錢五分　乘

三率　餘實四百七十五兩

一八七 六二五　得

四率　總實一千九百七十五兩

一率　餘法二兩二錢五分　除

二率　正法五兩　乘

三率　餘實六百七十五兩

四率　正實一千五百兩

二三 七五　得

再測餘求總

一率　餘法二兩二錢五分　除

二率　總法七兩二錢五分　乘

三率　餘實六百七十五兩

四八九 三七五　得

四率　正實二千一百七十五兩

解　此餘求正求總得正合餘爲總得總減餘爲正

問多商初次每本三兩得息九錢五分本得息共迎一千九百七十五兩再次每本五兩得息

二兩二錢五分共迎二千一百七十五兩求共本若干年息若干

答　本一千五百兩　初次息四百七十五兩　再次息六百七十五兩

法　初測併正餘三兩九錢五分爲一率正三兩爲二率共銀一千九百七十五兩爲三率再測

併正餘七兩二錢五分爲一率正五兩爲二率共銀二千一百七十五兩爲三率測得四率

初測總法三兩九錢五分爲一率餘法九錢五分爲二率共銀爲三率再測總法七兩二錢五分

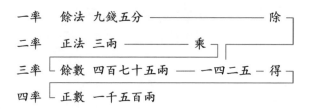

一率　餘法　九錢五分 —— 除

二率　正法　三兩 —— 乘

三率　餘數　四百七十五兩 —— 一四二五 — 得

四率　正數　一千五百兩

再測餘求正

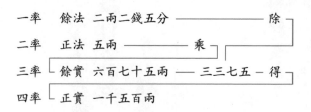

一率　餘法　二兩二錢五分 —— 除

二率　正法　五兩 —— 乘

三率　餘實　六百七十五兩 —— 三三七五 — 得

四率　正實　一千五百兩

初測餘求總

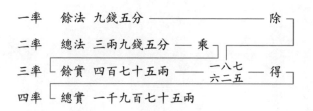

一率　餘法　九錢五分 —— 除

二率　總法　三兩九錢五分 — 乘

三率　餘實　四百七十五兩 —— 一八七六二五 — 得

四率　總實　一千九百七十五兩

再測餘求總

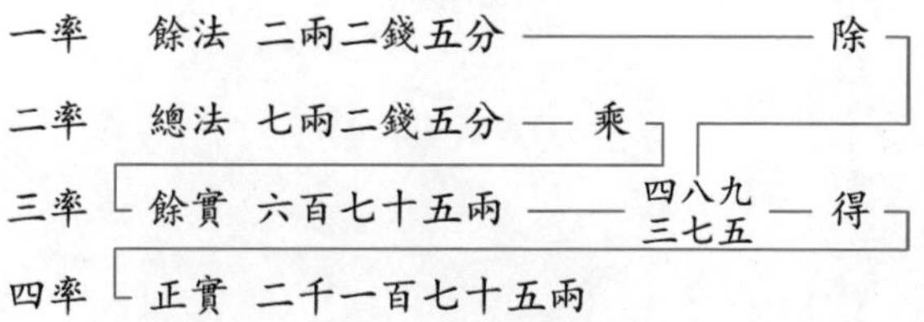

解：此餘求正求總。得正，合餘爲總；得總，減餘爲正。

3.問：爲商初次每本三兩，得息九錢五分，本息共得一千九百七十五兩；再次每本五兩，得息二兩二錢五分，共得二千一百七十五兩。求共本若干？各息若干？

答：本一千五百兩。

初次息四百七十五兩；　　　　再次息六百七十五兩。

法：初測併正餘三兩九錢五分爲一率，正三兩爲二率，共銀一千九百七十五兩爲三率；再測併正餘七兩二錢五分爲一率，正五兩爲二率，共銀二千一百七十五兩爲三率，測得共本。

初測總法三兩九錢五分爲一率，餘法九錢五分爲二率，共銀爲三率；再測總法七兩二錢

五分為一年餘法二兩二錢五分為二年共銀為三年問得各利合問

初問總求本

一率　併法三兩九錢五分　除

二率　正法三兩　乘

三率　總數一千九百七十五兩　五九二五　得

四率　正數一千五百兩

初問總求餘

一率　併法三兩九錢五分　除

二率　餘法九錢五分　乘

三率　總數一千九百七十五兩　一八七六二五　得

四率　餘數四百七十五兩

再問總求本

一率　併法七兩二錢五分　除

二率　正法五兩　乘

三率　總數二千一百七十五兩　一〇八七五　得

四率　正數一千五百兩

再問總求餘

一率　併法七兩二錢五分　除

二率　餘法二兩二錢五分　乘

三率　總數二千一百七十五兩　四八九三七五　得

四率　餘數六百七十五兩

解此總求正求餘〇減餘為正減正為餘不必另求存之以備其法耳

問原本銀一千五百兩一次換銀一千九百七十五兩是每錢幾分一次換銀二千一百七十五兩是每錢幾分

答初次每錢三分一釐六毫六六不盡　再次每錢四分五釐

五分爲一率，餘法二兩二錢五分爲二率，共銀爲三率，測得各利。合問。

初測總求本

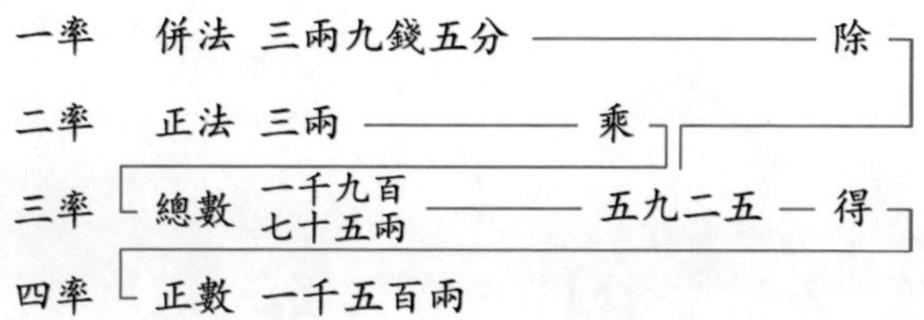

再測總求本

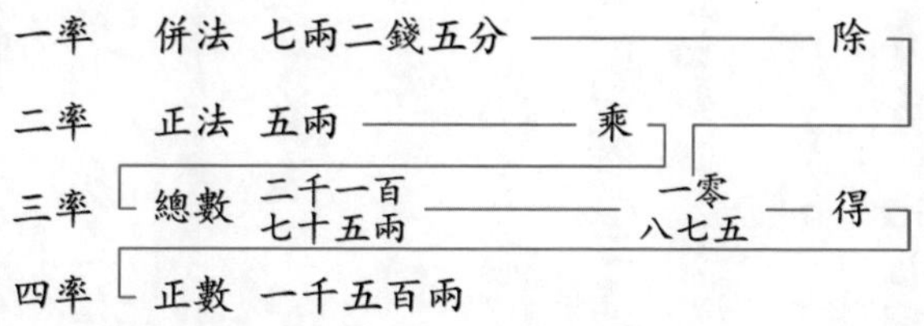

初測總求餘

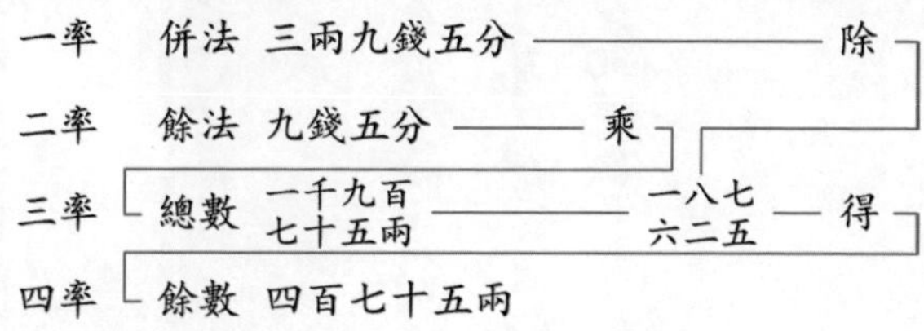

再測總求餘

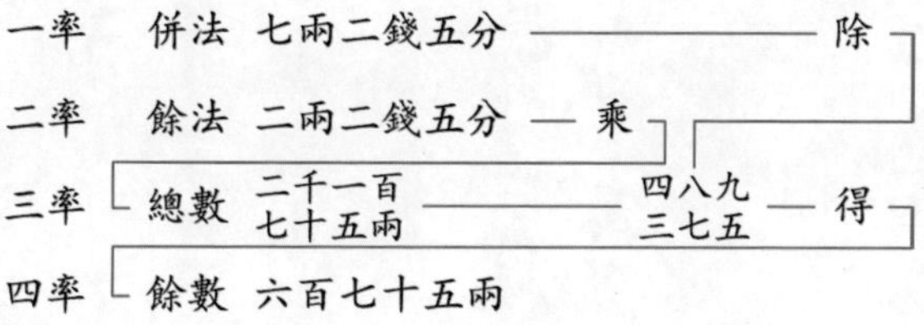

解：此總求正求餘。◎減餘爲正，減正爲餘。不必另求，存之以備其法耳。

4.問：爲商本銀一千五百兩，一次獲銀一千九百七十五兩，是息幾分？一次獲銀二千一百七十五兩，是息幾分？

答：初次息三分一厘六毫六六不盡；　　再次息四分五厘。

法置總數，各以本減之，一餘四百七十五兩，一餘六百七十五兩，各以本除之

初例

一率　本一千五百兩　除

二率　息四百七十五兩　得

三率　本一兩

四率　息三分一厘六六不盡

再例

一率　本一千五百兩　乘

二率　息六百七十五兩　得

三率　本一兩

四率　息四分五厘

解此摘實無法可使之倒求，以所求是一殊三率，要當用於所備四率之例則

以二率乘三率，仍以二率並後以除之，此初例之第四率，以三乘之，再例之四率

以五乘之，仍是前條九錢五分及三兩二錢五分之數，置前條之數，以三五各除之，還得其數

問為商一次得本息一千九百七十五兩，計每三兩是本息九錢五分，再次得本息二千一百七十五兩

計每五兩是本息幾錢分

答三兩二錢五分

法初例借法，三兩九錢五分為一率，置法三兩為二率，總實一千九百七十五兩為

三率，再例以初例之四率為一率，置總數二千一百七十五兩，減去一率，餘六百

七十五兩為二率，以五兩為三率，以二三相乘，以一除之，合問

初例總求正

再例實求法

法：置總數，各以本減之。一餘四百七十五兩，一餘六百七十五兩，各以本除之。

初測

一率　本　一千五百兩——除

二率　息　四百七十五兩——得

三率　本　一兩

四率　息　三分一厘六六不盡

再測

一率　本　一千五百兩——(乘)[除]

二率　息　六百七十五兩——得

三率　本　一兩

四率　息　四分五厘

解：此有實無法者，謂之倒求。以所求是一，故三率虛而不用。若欲備四率之例，則以二率乘三率，仍得二率，然後以一［率］除之。若初測之第四率以三乘之，再測之四率以五乘之，仍是前條九錢五分及二兩二錢五分之數。置前條之數，以三、五各除之，還得此數。

5.問：爲商一次得本息一千九百七十五兩，計每三兩是息九錢五分。再次得本息二千一百七十五兩，計每五兩是息幾分？

答：(三)［二］兩二錢五分。

法：初測併法三兩九錢五分爲一率，正法三兩爲二率，總實一千九百七十五兩爲三率；再測以初測之四率爲一率，置總數二千一百七十五兩減去一率，餘六百七十五兩爲二率，以五兩爲三率。皆以二三相乘，以一除之。合問。

初測總求正

一率 併法三兩九錢五分 除
二率 正法三兩 乘
三率 總實一千九百七十五兩 三五 得
四率 正實一千五百兩

一率 正實一千五百兩 除
總實減正實得耗數 二率 餘實四百七十五兩 乘
三率 正法五兩 三三 七五 得
四率 餘法二兩二錢五分

解 此為重準法今無法者〇以上少積而多者〇反以每一兩法係單準之重者以每耗數為法係果準之重者以一數所得之法以耗數乘之即果法耗數所得之法仍以耗數除之即單法其實一也如此問置兆錢五分以三除之得每正一兩餘三一六六不盡為單法卻併正餘一兩三錢一分六六不盡為二率正法一兩為二率總實一千九百七十五兩為三率以一率除三率再以正實一千五百兩為二率餘實四百七十五兩為三率正法一兩為三率以二率除三率得數併同以正法是一故求亦為用也〇以問率故以初測之四率為再測之一率

問某粮銀收火耗每兩五分府收火耗每兩三分今有銀一千七百二十六兩二錢五分求縣兌過若干府兌過若干

答縣兌一千五百七十五兩 府兌一千五百兩

法初測以併法一兩零五分為一率正法一兩為二率總數一千七百二十六兩二錢五分為三率再測以併法一兩零三分為一率正法一兩為二率初測之四率為三率求得一率除三

一率　正實　一千五百兩 —— 除

總實減正實得此數　二率　餘實　六百七十五兩 — 乘

三率　正法　五兩 —— 三三七五 — 得

四率　餘法　二兩二錢五分

再測實求法

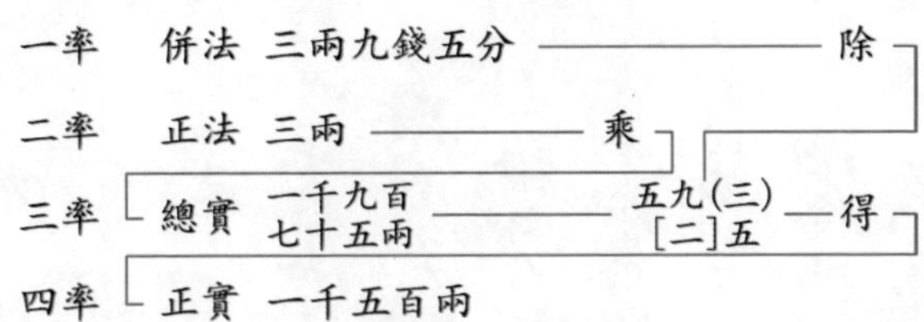

解：此原有法今無法者。◎以上皆轉而多者。◎凡以每一爲法，係單準之重者；以每幾爲法，係累準之重者。然一數所得之法，以幾數乘之，即累法；幾數所得之法，仍以幾數除之，即單法。其實一也。如此問，置九錢五分，以三除之，得每正一兩，餘三一六六不盡，爲單法。卻併正餘一兩三錢一分六六不盡爲一率，正法一兩爲二率，總實一千九百七十五兩爲三率，以一率除三率；再以正實一千五百兩爲一率，餘實六百七十五兩爲二率，正法一兩爲三率，以一率除二率，得數俱同。以正法是一，故虛而不用也。◎以同本，故以初測之四率爲再測之一率。

6.問：兑糧縣收火耗每兩五分，府收火耗每兩三分。今有銀一千六百二十二兩二錢五分，求縣兑過若干？府兑過若干？

答：縣兑一千五百四十五兩；　府兑一千五百兩。

法：初測以併法一兩零五分爲一率，正法一兩爲二率，總數一千六百二十二兩二錢五分爲三率；再測以併法一兩零三分爲一率，正法一兩爲二率，初測之四率爲三率。皆以一率除三

本兩得合問

初測損率正

一率　倍法一兩零五分　除
二率　正法一兩
三率　損數一千六百二十二兩二錢五分　得
四率　正數一千五百四十五兩

再測損率正

一率　倍法一兩零三分　除
二率　正法一兩
三率　損數一千五百四十五兩　得
四率　正數一千五百兩

解　此以下積零少并積零多，以正率損為主，積零多以損率正為主，以倍層減損以初測之正為
再測之損

問　兌糧粟火耗每兩五分，府火耗每兩三分，今有銀一千六百二十二兩二錢五分，求府餘
若干、粟餘若干

答　府餘四十五兩　粟餘七十七兩二錢五分

法　初測倍法一兩零五分為一率，餘法五分為二率，倍實一千六百二十二兩二錢五分
為三率；再測倍法一兩零三分為一率，餘法三分為二率，倍實減去初測四率七
十七兩二錢五分，存一千五百四十五兩為三率，俱以二三相乘以一除之合問

初測損率餘

再測損率餘

率而得。合問。

初測總求正

一率　併法　一兩零五分 —— 除
二率　正法　一兩
三率　總數　一千六百二十二兩二錢五分 —— 得
四率　正數　一千五百四十五兩

再測總求正

一率　併法　一兩零三分 —— 除
二率　正法　一兩
三率　總數　一千五百四十五兩 —— 得
四率　正數　一千五百兩

解：此以下轉而少者。轉而多以正求總爲主，轉而少以總求正爲主。以係層減，故以初測之正爲再測之總。

7.問：兑糧縣火耗每兩五分，府火耗每兩三分。今有銀一千六百二十二兩二錢五分，求府餘若干？縣餘若干？

答：府餘四十五兩；　縣餘七十七兩二錢五分。

法：初測併法一兩零五分爲一率，餘法五分爲二率，併實一千六百二十二兩二錢五分爲三率；再測併法一兩零三分爲一率，餘法三分爲二率，併實減去初測四率七十七兩二錢五分，存一千五百四十五兩爲三率。俱以二三相乘，以一除之。合問。

初測總求餘

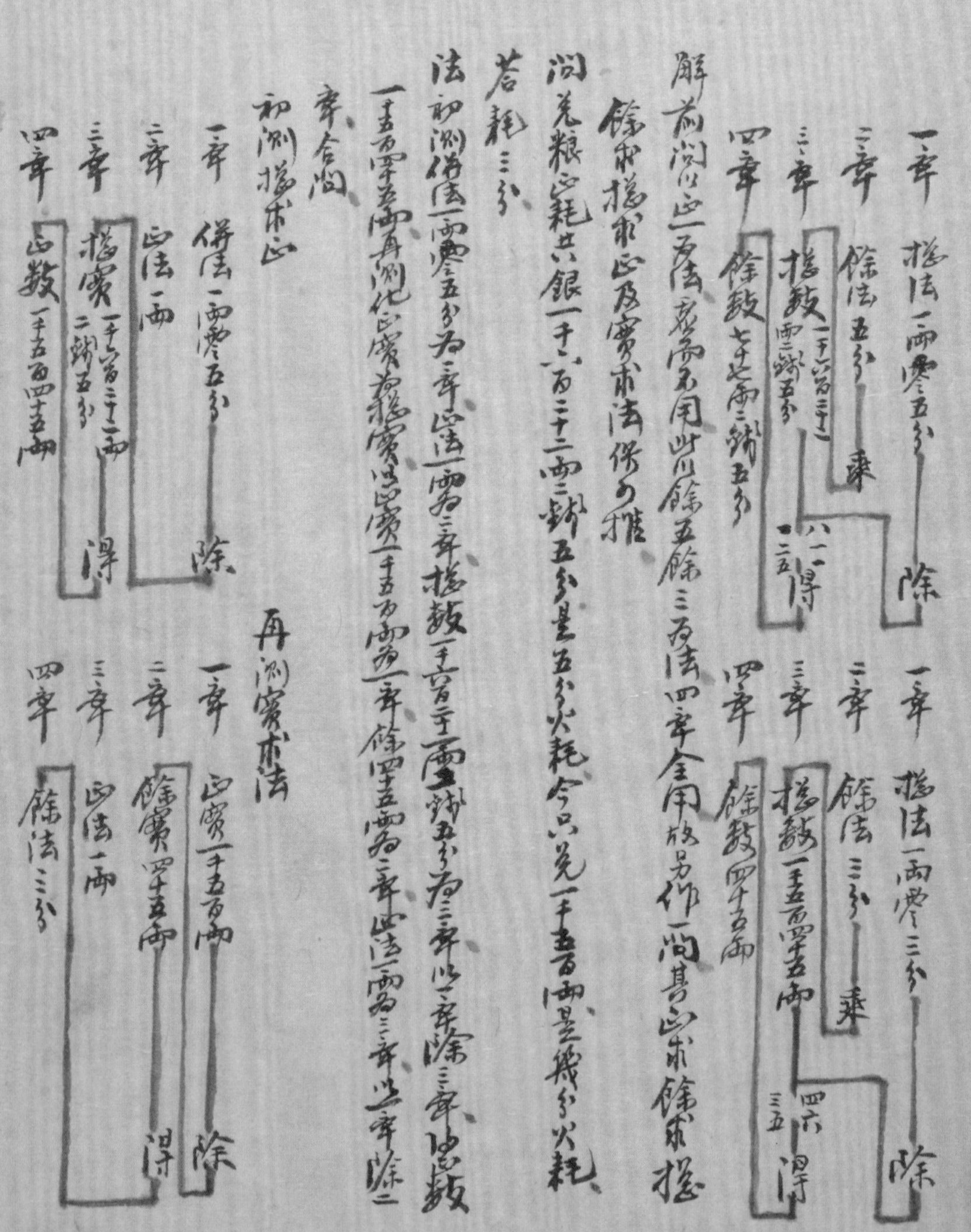

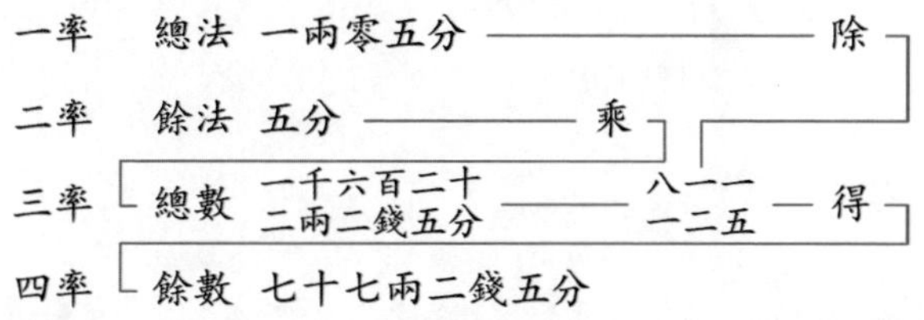

再測總求餘

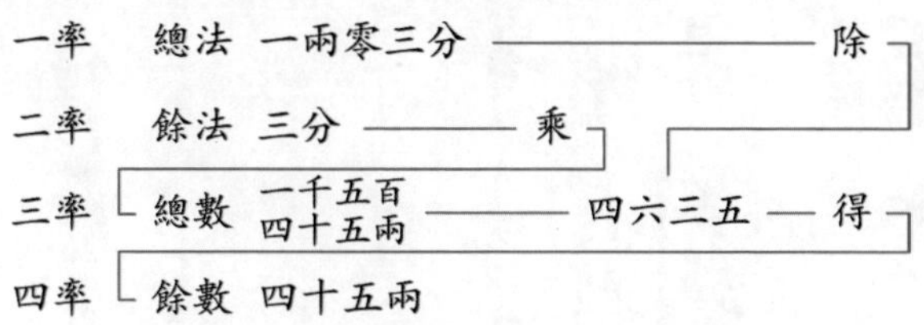

解：前問以正一爲法，虚而不用；此以餘五、餘三爲法，四率全用，故另作一問。其正求餘求總，餘求總求正，及實求法，俱可推。

8.問：兑糧正耗共銀一千六百二十二兩二錢五分，是五分火耗。今只兑一千五百兩，是幾分火耗？

答：耗三分。

法：初測併法一兩零五分爲一率，正法一兩爲二率，總數一千六百二十二兩二錢五分爲三率。以一率除三率，得正數一千五百四十五兩。再測化正實爲總實，以正實一千五百兩爲一率，餘四十五兩爲二率，正法一兩爲三率。以一率除二率，合問。

初測總求正

一率 併法 一兩零五分 —— 除
二率 正法 一兩
三率 總實 一千六百二十二兩二錢五分 —— 得
四率 正數 一千五百四十五兩

再測實求法

一率 正實 一千五百兩 —— 除
二率 餘實 四十五兩 —— 得
三率 正法 一兩
四率 餘法 三分

解：此係層減，剝除正數內又除耗，故初測之四率，比再測之一率，大同所謂層遞。

問：知縣見銀用一千五百七十五兩，是五分耗；府見用銀一千五百六十兩；布政司見用銀一千五百四十五兩；部見用銀一千五百三十兩。各耗幾分？

答：府耗四分，司耗三分，部耗二分。

法：初測係法一兩零五為一率，正法一兩為二率，總數一千五百七十五兩為三率，以一除三亦得四率正數一千五百兩。以下者以一千五百兩為一率，總數內減正一千五百兩餘廿為二率，以除二合問。

初測

一率　係法一兩零五分　除

二率　正法一兩

三率　總數一千五百七十五兩　得

四率　正數一千五百兩

再測

一率　正數一千五百兩　除

二率　餘數六十兩　得

三率　正法一兩

四率　餘法四分

三測

一率　正數一千五百兩　除

二率　餘數四十五兩　得

三率　正法一兩

四率　餘法三分

四測

一率　正數一千五百兩　除

二率　餘數三十兩　得

三率　正法一兩

四率　餘法二分

解：此係層減，則將正數内又除耗，故初測之四率與再測之一率不同，所謂層變也。

9.問：縣兑（銀用）［用銀］一千五百七十五兩[1]，是五分耗。府兑用銀一千五百六十兩，布政司兑用銀一千五百四十五兩，部兑用銀一千五百三十兩，各耗幾分？

答：府耗四分；　司耗三分；

部耗二分。

法：初測併法一零五爲一率，正法一爲二率，總數一千五百七十五兩爲三率。以一除三，求得四率正數一千五百兩。以下各以一千五百兩爲一率，總數内減正一千五百兩，餘者爲二率，以一除二。合問。

初測

一率	併法	一兩零五分	除
二率	正法	一兩	
三率	總數	一千五百七十五兩	得
四率	正數	一千五百兩	

初測

一率	正數	一千五百兩	除
二率	餘數	六十兩	得
三率	正法	一兩	
四率	餘法	四分	

三測

一率	正數	一千五百兩	除
二率	餘數	四十五兩	得
三率	正法	一兩	
四率	餘法	三分	

四測

一率	正數	一千五百兩	除
二率	餘數	三十兩	得
三率	正法	一兩	
四率	餘法	二分	

1 用銀，原倒作“銀用”，據後文“府兑用銀”、“布政司兑用銀”、“部兑用銀”改。

解此以同上為紐故以初商之四本為一本

問今有當鋪五分起利一年計收本息三千二百兩若半年一收一季一收一月一收各該本

利共若干

荅半年一收本利共三千二百八十兩一季一收本利共三千二百九十八兩零一分有奇

一月一收本利共三千五百九十二兩七錢一分零

法初商五分以十二月乘得六為餘法以除得一兩六錢為二本正法一兩為三本搃數三千二

百兩為三本以之除三得原本二千兩再商以一為實為一本以三為餘法除得一三為二

本原本二千為三本二三相乘共三千三百八十兩三商以之為正法以一分半為餘法以乘原本

二千得三百兩連本二千三百兩再以一五乘之得二千六百四十五兩連本二千三百兩得二千六百四十五

兩再以一五乘之得三百九十六兩七錢五分連本二千六百四十五兩得三千零四十一兩七錢五分再以

一五乘之得四百五十六兩二錢六分二釐五毫連本三千零四十一兩七錢五分共三千四百九十八

兩零一分二釐五毫四商以一為正法以五釐為餘法以乘原本二千求得二千一百兩為正月

本息共數再加五得二千二百零五兩為二月數二千三百一十五兩二錢五分為三月二千四百三十一

兩零一分二釐五毫為四月■二千五百五十二兩五錢六分三釐一毫二絲五忽為五月二千六百八十

兩一錢九分一釐二毫八絲一忽二微為六月二千八百一十四兩二錢零六釐八毫四絲五忽二微為七月

二千九百五十四兩九錢一分零八毫八絲七忽五微為八月三千一百零二兩六錢五分六釐四毫八

解：此以同正爲紐，故皆以初測之四率爲一率。

10.問：今有當鋪五分起利，一年計收本息三千二百兩。若半年一收，一季一收，一月一收，各該本利共若干？

答：半年一收，本利共三千三百八十兩；

一季一收，本利共三千四百九十八兩零一分有奇；

一月一收，本利共三千五百九十一兩七錢一分零。

法：初測五分以十二月乘得六爲餘法，即以併一兩六錢爲一率，正法一兩爲二率，總數三千二百兩爲三率。以一除三，得原本二千兩。

再測以一爲正法，爲一率；以三爲餘法，併正法得一三，爲二率；原本二千爲三率。二三相乘，[得二千六百兩。再以一三乘之]，共三千三百八十兩[1]。

三測以一爲正法，以一分半爲餘法，以乘原本二千，得三百兩，連本二千三百兩。再以一五乘之，得三百四十五兩，連本二千三百兩，得二千六百四十五兩。再以一五乘之，得三百九十六兩七錢五分，連本二千六百四十五兩，得三千零四十一兩七錢五分。再以一五乘之，得四百五十六兩二錢六分二厘五毫，連本三千零四十一兩七錢五分，共三千四百九十八兩零一分二厘五毫[2]。

四測以一爲正法，以五（厘）[分]爲餘法，[併正法得一零五]，以乘原本二千，求得二千一百兩，爲正月本息共數[3]。再加五，得二千二百零五兩爲二月數，二千三百一十五兩二錢五分爲三月，二千四百三十一兩零一分二厘五毫爲四月，二千五百五十二兩五錢六分三厘一毫二絲五忽爲五月，二千六百八十兩一錢九分一厘二毫八絲一忽二微爲六月，二千八百一十四兩二錢零零八毫四絲五忽二微爲七月，二千九百五十四兩九錢一分零八毫八絲七忽五微爲八月，三千一百零二兩六錢五分六厘四毫八

1 半年息爲：5分×6＝0.3兩，本金2000兩，求得上半年本利共爲：

$$2000\times(1+0.3)=2600\text{兩}$$

以之作本，求得下半年本利共爲：

$$2600\times(1+0.3)=3380\text{兩}$$

原書文字有抄脱，據演算補。

2 季息爲：5分×3＝0.15兩，依法文，求得春、夏、秋、冬四季本利分別爲：

春 $2000+2000\times0.15=2000+300=2300$ 兩

夏 $2300+2300\times0.15=2300+345=2645$ 兩

秋 $2645+2645\times0.15=2645+396.75=3041.75$ 兩

冬 $3041.75+3041.75\times0.15=3041.75+456.2625=3498.0125$ 兩

3 月息五分，本金2000兩，求得正月本利共爲：

$$2000\times(1+0.05)=2100\text{兩}$$

依次遞乘本利共1.05兩，得餘各月本利共數。

絲一忽九微爲九月三千二百五十七兩七錢八分九厘二毫零六忽相并爲十月三千四百二十兩零六錢七分八厘七毫七絲七忽一微相并爲十一月三千五百九十二兩七錢一分二厘七毫相并爲十二月之數

初例求原本

一率 併法一兩六錢 除

二率 母法一兩

三率 總法三千二百兩

四率 母數二千兩 得

再例上半年

一率 母法一兩

二率 併法一兩三錢 乘

三率 母數二千兩

四率 總數二千六百兩 得

再例下半年

一率 母法一兩

二率 併法一兩三錢 乘

三率 母數二千六百兩

四率 總數三千三百八十兩 得

三例 春季

一率 母法一兩

二率 併法一兩一錢五分 乘

三率 母數二千兩

四率 總數二千三百兩 得

三例 夏季

一率 母法一兩

二率 併法一兩一錢五分 乘

三率 母數二千三百兩

四率 總數二千六百四十五 得

絲一忽九微爲九月[1]，三千二百五十七兩七錢八分九厘三毫零六忽有奇爲十月，三千四百二十兩零六錢七分八厘七毫七絲七忽一微有奇爲十一月，三千五百九十一兩七錢一分二厘七毫有奇爲十二月之數。

初測 求原本

一率 併法 一兩六錢 ——— 除
二率 正法 一兩
三率 總法 三千二百兩 ——— 得
四率 正數 二千兩

再測 上半年

一率 正法 一兩
二率 併法 一兩三錢 ——— 乘
三率 正數 二千兩 ——— 得
四率 總數 二千六百兩

再測 下半年

一率 正法 一兩
二率 併法 一兩三錢 ——— 乘
三率 正數 二千六百兩 ——— 得
四率 總數 三千三百八十兩

三測 春季

一率 正法 一兩
二率 併法 一兩一錢五分 ——— 乘
三率 正數 二千兩 ——— 得
四率 總數 二千(六)[三]百兩

三測 夏季

一率 正法 一兩
二率 併法 一兩一錢五分 ——— 乘
三率 正數 二千三百兩 ——— 得
四率 總數 二千六百四十五

1 八月本利共數約爲 2954.9108875，求得九月本利共數爲：

$$2954.9108875 \times 1.05 \approx 3102.6564319$$

原文“八絲”當作“三絲”。然以下各月本利共數皆據“八絲”之數計算得來，姑從原書不改。

三淛秋季

一年　實一兩

二年　併法一兩一錢五分　乘

三年　正數三千六百四十五　得

四年　總數三千零四十一兩一錢五分

三淛冬季

一年　實一兩

二年　併法一兩一錢五分　乘

三年　正數三千零四十一兩一錢五分　得

四年　總數三千四百九十八兩有奇

四淛正月

一年　實一兩

二年　併法一兩零五分　乘

三年　正數二千　得

四年　總數二千一百兩

四淛二月　以下俱作十次法皆同

一年　正一兩

二年　併一兩零五分　乘

三年　正數二千一百兩　得

四年　總數二千二百零五兩

解此係層加，則正數外之息通作正數，息又加息，故初淛之四年即再淛之一年，本同所謂層累也。

以上皆以每正為法，皆以每餘為實。正一兩加耗五分，以五除一得二錢，其每餘一兩得正二十兩也。則以每一為餘法，二為正法，二一為併法。餘求正，正求總，如餘七十五兩，以正二乘之得一千五百兩為正，以併二乘之得一千五百七十五兩為總。正求餘求總，如正一千五百兩，以正二除之得七十五兩為餘，以併二一乘之得三一五，以正法二除之得一千五百七十五兩為總。總求正求餘如總

三測 秋季

一率 正法 一兩

二率 併法 一兩一錢五分 —— 乘

三率 正數 二千六百四十五 —— 得

四率 總數 三千零四十一兩七錢五分

三測 冬季

一率 正法 一兩

二率 併法 一兩一錢五分 —— 乘

三率 正數 三千零四十一兩七錢五分 —— 得

四率 總數 三千四百九十八兩有奇

四測 正月

一率 正法 一兩

二率 併法 一兩零五分 —— 乘

三率 正數 二千[兩] —— 得

四率 總數 二千一百兩

四測 二月。以下仍作十次，法皆同。

一率 正 一兩

二率 併 一兩零五分 —— 乘

三率 正數 二千一百兩 —— 得

四率 總數 二千二百零五兩

解：此係層加，則正數外之息通作正數，息又加息，故初測之四率與再測之一率不同，所謂層變也。

以上皆以每正爲法。若以每餘爲法，正一兩加耗五分，以五除一得二錢，是每餘一兩得正二十兩也。則以每一爲餘法，二爲正法，二一爲併法。餘求正求總，如餘七十五兩，以正二乘之，得一千五百兩爲正；以併二一乘之，得一千五百七十五兩爲總。正求餘求總，如正一千五百兩，以正二除之，得七十五兩爲餘；以併二一乘之，得三一五，以正法二除之，得一千五百七十五兩爲總。總求正求餘，如總

一千五百七十五兩以併法二一除之得七十五兩爲餘以乘法二乘之得三一五以併法二十一除之得

一千五百兩爲正餘以一爲法故單乘單除也以二爲法總以二一爲法故乘除兼用也

凡物有展轉多少相求者不別存用加減法者存同用併法存異則爲求之加從末位起減

從首位起各以應得法次第加減之

問兌銀舊耗五分新耗三分今存銀一千六百二十兩應兌若干

答一千五百兩

法一千首位六百二位二十三位併三五得八爲減法先從首位起每兩八分則第三位應減八

千

原止二十無八於次位六百抽一百存五百所抽一百內減八餘二併入三位共四十再於次位

五百以八法減之五八成四十進至次位減足

隔位八減

三位四二十　此位應減八無八抽二位一減八餘二併之得四十

二位五六百　抽一存五

一位〇一千　從此減起三位應減八

三位　四十　減足

二位　〇五百　從此減二位應減四十

一位　〇一千

解舊新併以一千五百爲存其同存故用併法〇減法隔位至成十則挨入次位矣故再

減只挨位減四十

一千五百七十五兩，以併法二一除之，得七十五兩爲餘；以正法二乘之，得三一五，以併法二十一除之，得一千五百兩爲正。餘以一爲法，故單乘單除；正以二爲法，總以二一爲法，故乘除兼用也。

凡物有展轉多少相求，若不列率，用加減法者，本同用併法，本異則層求之，加從末位起，減從首位起，各以應得法次第加減之。

1. 問：兑銀縣耗五分，府耗三分。今有銀一千六百二十兩，應兑若干？

答：一千五百兩。

法：一千首位，六百二位，二十三位，併三五得八爲減法。先從首位起，每兩八分，則第三位應減八，原止二十，無八，於次位六百内抽一百，存五百；所抽一百内減八餘二，併入三位二十，共四十。再於次位五百，以八法減之，五八成四十，進至次位減盡[1]。

隔位八減

一位	○	一	千	從此減起，三位應減八
二位	五	(六)	百	抽一存五
三位	四	(二)	十	此位應減八。無八，抽二位一，減八餘二，併之得四十

一位	○	一	千	
二位	○	五	百	從此減，三位應減四十
三位		(四)	(十)	減盡

解：府縣俱以一千五百爲本，是同本，故用併法。◎減法隔位，至成十，則挨入次位矣，故再減，即挨位減四十。

---

1 設本銀爲 x，則縣耗爲 $0.05x$，府耗爲 $0.03x$，三者併得 1620 兩：

$$x+0.05x+0.03x=1620$$

即：

$$x=\frac{1620}{1.08}$$

以 8 爲隔位減法，運算過程如下所示：

	千	百	十	兩	
實	1	6	2	0	法 8
			-8	0	實首位 1 與法 8 相乘得 8，隔位減 8
	1	5	4	0	
			-4	0	實次位 5 與法 8 相乘得 40，次位減 4
商	1	5	0	0	得 1500 兩

問兑粮毎耗五分原銀一千二百二十二兩二錢五分應兑若干出府又於兑過數内耗三
分應兑若干

答毎兑一千五百四十五兩　府兑一千五百兩

法以一千為首位六百為二位二十為三位二兩為四位二錢為五位五分為六位以五減為法首
位一千應於三位減五因無五於次位六百内抽一餘五改六為五抽内減五餘五併入三位
成七改二為七次位五百應減二千五於三位七中減二餘五四位無五再於三位五中又抽一減五餘
五入四位二成七三位改四四位改七三位四應減二十於四位中減二餘五改七為五四位五應減二十五
五位減二六位減五恰盡以一千五百四十五兩再以一千為首位五百二位四十三位五兩四位以
三為法首位一千應於三位減三餘一改四為一次位五百應減一十五三位減一四位減五恰

其合問

初減隔位五減

六位　五分
五位　二錢
四位　二兩
三位　七（二）十　此無五抽二位一減五餘五併入得七
二位　五（六）百　抽一入次位本位存五
一位　〇一千　從此起三位應減五

六位　五分
五位　二錢
四位　七（二）兩　此無五抽三位一減五餘五併入得七
三位　四（七）十　減二又抽一入次位本位存四
二位　〇五百　從此起二位應減二四位
一位　〇一千　應減五

六位　五分
五位　二錢
四位　五（七）兩減二餘五
三位　〇四十　從此起四位應減二五
二位　〇五百
一位　〇一千

六位　（五分）減盡
五位　（二錢）減盡
四位　〇五兩　從此起五位應減二六位應減五
三位　〇四十
二位　〇五百
一位　〇一千

2.問：兑糧縣耗五分，原銀一千（二）［六］百二十二兩二錢五分，應兑若干？至府又於兑過數内耗三分，應兑若干？

答：縣兑一千五百四十五兩；　　　　　府兑一千五百兩。

法：以一千爲首位，六百爲二位，二十爲三位，二兩爲四位，二錢爲五位，五分爲六位，以五减爲法。首位一千，應於三位减五，因無五，於次位六百内抽一餘五，改六爲五；抽内减五餘五，併入三位，得七，改二爲七。次位五百，應减二十五，於三位七中减二餘五；四位無五，再於三位五中，又抽一减五餘五，入四位二得七，三位改四，四位改七。三位四，應减二十，於四位中减二餘五，改七爲五。四位五，應减二十五，五位减二，六位减五，恰盡，得一千五百四十五兩[1]。

再以一千爲首位，五百二位，四十三位，五兩四位。以三爲法，首位一千，應於三位减三餘一，改四爲一。次位五百，應减一十五，三位减一，四位减五，恰盡。合問。

初减隔位五减

一位	○	一	千	從此起，三位應減五
二位	五	六	百	抽一入次位，本位存五
三位	七	二	十	此無五，抽二位一，減五餘五，併入得七
四位		二	兩	
五位		二	錢	
六位		五	分	

一位	○	一	千	
二位	○	五	百	從此起，三位應減二，四位應減五
三位	四	七	十	減二，又抽一入次位，本位存四
四位	七	二	兩	此無五，抽三位一，減五餘五，併入得七
五位		二	錢	
六位		五	分	

一位	○	一	千	
二位	○	五	百	
三位	○	四	十	從此起，四位應減二
四位	五	七	兩	減二餘五
五位		二	錢	
六位		五	分	

一位	○	一	千	
二位	○	五	百	
三位	○	四	十	
四位	○	五	兩	從此起，五位應二，六位應減五
五位		二	錢	減盡
六位		五	分	減盡

1 實 1622.25 兩，以 5 爲隔位减法，運算過程如下所示：

	千	百	十	兩	錢	分	
實	1	6	2	2	2	5	法 5
			-5				實首位 1 與法 5 相乘得 5，隔位减 5
	1	5	7	2	2	5	
			-2	-5			實次位 5 與法 5 相乘得 25，次位减 2，隔位减 5
	1	5	4	7	2	5	
				-2			實三位 4 與法 5 相乘得 20，次位减 2
	1	5	4	5	2	5	
					-2	-5	實四位 5 與法 5 相乘得 25，次位减 2，隔位减 5
商	1	5	4	5	0	0	得 1545 兩

再減隔位三減

四位 五兩

三位 一 四十 減三存一

二位 五百

一位 〇 一千 注此位起三位應減三

四位 五兩 減盡

三位 一十 減盡

二位 〇 五百 注此位起三位應減一四位減五

一位 〇 一千

解此算本數初求之正數又後加耗故層層減之

問有貨初次耗三分再次耗四分原本一千五百兩共得本耗若干

答二千五百五十兩

法併三四得七為加法以一千首位五百次位從末位起五百應加三十五本位加三得八百下位添五次位五除八共一千八百五十再於首位一千應於次位加七併八得十五進一於首位得二千次位餘五進位所添之五共得二千五百五十兩

換位七加

三位 五十 添此位

二位 八 五百 注此起本位加三併三位添五

一位 一千

三位 五十

二位 五 八百 加七併原八得十五進一於首位 本位餘五

一位 二 一千 注此起二位應加七

解此算同此用併法

再減隔位三減

一位	○	一	千	從此位起，三位應減三	一位	○	一	千	
二位		五	百		二位	○	五	百	從此位起，三位應減一，四位減五
三位	一	㊃	十	減三存一	三位		㊀	㊉	減盡
四位		五	兩		四位		㊄	(兩)	減盡

解：此異本者，初求之正數，又復加耗，故層減之。

3.問：爲商初次息三分，再次息四分，原本一千五百兩，共得本息若干？

答：二千五百五十兩。

法：併三、四得七爲加法，一千首位，五百次位，從末位起，五百應加三十五，本位加三得八百，下位添五，次位五改八，共一千八百五十。再於首位一千，應於次位加七，併八得一十五，進一於首位，得二千，次位餘五，連位所添之五，共二千五百五十兩[1]。

挨位七加

一位		一	千		一位	二	㊀	千	從此起，二位應加七
二位	八	㊄	百	從此起，本位加三得八，三位添五	二位	五	㈧	百	加七，併原八得一十五，進一於首位，本位存五
三位		五	十	添此位	三位		五	十	

解：此本同者，用併法。

1 本銀 1500 兩，以 7 爲挨位加法，從末尾加起，運算過程如下所示：

	千	百	十	兩	
實	1	5	0	0	法 7
		3	5		實末位 5 與法 7 相乘得 35，本位加 3，次位加 5
	1	8	5	0	
		7			實首位 1 與法 7 相乘得 7，次位加 7
積	2	5	5	0	得 2550 兩

設有商本銀一千五百兩，初次三分息，二次並息作本四分息，應得本息共若干。

答二千七百三十兩。

法一千首位，五百次位，從末位起以三爲法加之，三五一十五，本位作六，下位添五，一三如三，次位加三成九，共一千九百五十兩，爲初本之數，再以一千爲首位，九百二位，五十三位，以四爲法加之，五四二十，三位得七，四九三十六，次位成一十二，三位成一十三，一四如四，次位進一，餘二合三位所進三一得三，加四成七，共二千七百三十兩。

挨位三加

三位　　五千　添

二位　六　五百　從此起本位加一得六　三位添五

一位　一　一千

挨位四加一

三位　七　五千　從此起本位加二得七

二位　九　九百

一位　一　一千

三

二

三位　　五十

二位　九　六百

一位　○　一千　從此起二位加三得九

三位　三　七千　加六得一十三進一於二位　本位存三

二位　三　九百　從此起本位加二得一十二進一於一位　本位存二　三位應加六進一於此位得三

一位　二　一千

4.問：爲商本銀一千五百兩，初次三分息，二次並息作本四分息，應得本息共若干？

答：二千七百三十兩。

法：一千首位，五百次位，從末位起，以三爲法加之。三五一十五，本位作六，下位添五；一三如三，次位加三成九，共一千九百五十，爲初求之數。

再以一千爲首位，九百二位，五十三位，以四爲法加之。五四二十，三位得七；四九三十六，次位成一十二，三位成一十三；一四如四，次位進一餘二，合三位所進之一，得三，加四成七，共二千七百三十兩[1]。

挨位三加

一位		一	千	
二位	六	(五)	百	從此起，本位加一得六，三位添五
三位		五	十	添

一位	〇	一	千	從此起，二位加三得九
二位	九	(六)	百	
三位		五	十	

挨位四加 一

一位		一	千	
二位		九	百	
三位	七	(五)	十	從此起，本位加二得七

二

一位	二	(一)	千	
二位	三	(九)	百	從此起，本位加三得一十二，進一於一位，本位存二；三位應加六，進一於此位得三
三位	三	(七)	十	加六得一十三，進一於二位，本位存三

三

---

1 本銀 1500 兩，初次三分息，即以 3 爲挨位加法，從末尾加起，運算過程如下所示：

	千	百	十	兩	
實	1	5	0	0	法 3
		1	5		實末位 5 與法 3 相乘得 15，本位加 1，次位加 5
	1	6	5	0	
		3			實首位 1 與法 3 相乘得 3，次位加 3
積	1	9	5	0	得 1950 兩

以 1950 兩作本，二次四分息，即以 4 爲挨位加法，從末位加起，運算過程如下所示：

	千	百	十	兩	
實	1	9	5	0	法 4
			2	0	實末位 5 與法 4 相乘得 20，本位加 2
	1	9	7	0	
		3	6		實次位 9 與法 4 相乘得 36，本位加 3，次位加 6
	2	3	3	0	
		4			實首位 1 與法 4 相乘得 4，次位加 4
積	2	7	3	0	得 2730 兩

三位　三十

二位　七　三百　加四得七

一位　二十　從此起二位加四擬原數一千加

解此算者初率之數並以作本依層加之

凡物有若干數並從其如粟有糴價又有運價布有織價又有染價皆以每數為一率每數之法為二率搭物為三率分而測之此一有法一無法初測有法其定其實再測於搭實內減有法之實餘其搭物除之

問米每石價二兩運價三錢今米一百二十五石求糴價運價各若干

答糴價二百五十兩　運價三十七兩五錢

法初測米一石為一率價二兩為二率米一百二十五石為三率再測米一石為一率運價三錢為二率米一百二十五石為三率各二三相乘合問

初測

一率　米一石

二率　糴價二兩

三率　米一百二十五石　乘　得

四率　糴二百五十兩

再測

一率　米一石

二率　運價三錢

三率　米一百二十五石　乘　得

四率　運價三十七兩五錢

一位　　二千　從此起，二位加四，據原數一千加

二位　七　(三)百　加四得七

三位　　三十

解：此異本者，初求之息並以作本，故層加之。

凡物有各數並藏者，如粟有糴價，又有運價；布有織價，又有染價，皆以每數爲一率，每數之法爲二率，總物爲三率，分而測之。若一有法一無法，初測有法者定其實，再測於總實内減有法之實，餘者以總物除之。

1.問：米每石價二兩，運價三錢。今米一百二十五石，求糴價、運價各若干？

答：糴價二百五十兩；　　運價三十七兩五錢。

法：初測米一石爲一率，價二兩爲二率，米一百二十五石爲三率；再測米一石爲一率，運價三錢爲二率，米一百二十五石爲三率。各二三相乘，合問。

初測

一率　米　一石

二率　糴價　二兩——乘

三率　米　一百二十五石——得

四率　糴　二百五十兩

再測

一率　米　一石

二率　運價　三錢——乘

三率　米　一百二十五石——得

四率　運價　三十七兩五錢

解此號求價以價求物如云銀二百八十七兩五錢應得米若干答曰以併價二兩三錢為一率米一石為二率總價為三率以一率除三率得總米

價求物法

一率　併價二兩三錢　除
二率　米一石
三率　總銀二百八十七兩五錢　得
四率　總米一百二十五石

問布每二尺織價四文每四尺染價六文今布一百二十尺求織價若干染價若干

答織價二百四十文　染價一百八十文

法初測布二尺為一率價四文為二率布一百二十尺為三率再測布四尺為一率價六文為二率布一百二十尺為三率二三相乘以一除之

初測

一率　布二尺　除
二率　織價四文　乘
三率　布一百二十尺　四八得
四率　織價二百四十文

再測

一率　布四尺　除
二率　染價六文　乘
三率　布一百二十尺　七二得
四率　染價一百八十文

解：此以物求價。若價求物，如云銀二百八十七兩五錢，應得米若干。則以併價二兩三錢爲一率，米一石爲二率，總價爲三率，以一率除三率，得總米。

價求物法

一率　併價　二兩三錢 —— 除
二率　米　一石
三率　總銀　二百八十七兩五錢 —— 得
四率　總米　一百二十五石

2.問：布每二尺織價四文，每四尺染價六文。今布一百二十尺，求織價若干？染價若干？

答：織價二百四十文；　染價一百八十文。

法：初測布二尺爲一率，價四文爲二率，布一百二十尺爲三率；再測布四尺爲一率，價六文爲二率，布一百二十尺爲三率。二三相乘，以一除之。

初測

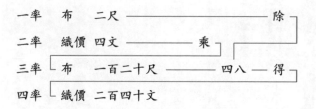

一率　布　二尺 —— 除
二率　織價　四文 —— 乘
三率　布　一百二十尺 —— 四八 —— 得
四率　織價　二百四十文

再測

一率　布　四尺 —— 除
二率　染價　六文 —— 乘
三率　布　一百二十尺 —— 七二 —— 得
四率　染價　一百八十文

解前係單準此係累准

問布一百二十尺織價染價共四百二十文織價每尺二文求染價每尺幾文

答一文半

法初例布一尺為一率織價二文為二率總布一百二十尺為三率二三相乘得二百四十文為四率再例布一百二十尺為一率總價四百二十文減二百四十文餘一百八十文為二率布每一尺為三率一率除三率得數合問

初例

一率　布一尺

二率　織價二文　乘

三率　布一百二十尺　得

四率　織價二百四十文

再例

一率　布一百二十尺　除

二率　染價一百八十文　得

三率　布一尺

四率　染價一文半

解此有法一無法并先得染價求織價可推

凡物有合數分用如本色折色之類或總求每用除或每求總用乘先定其應得之數然後以各法分例之

問有兵三十萬人五個月支糧一百三十五萬石糧價每石銀八錢值錢七百文今欲折色計之每人每日給銀應若干給錢應若干

解：前係單準，此係纍準。

3.問：布一百二尺，織價、染價共四百二十文，織價每尺二文，求染價每尺幾文？

答：一文半。

法：初測布一尺爲一率，織價二文爲二率，總布一百二十尺爲三率。二三相乘，得二百四十文爲四率。再測布一百二十尺爲一率，總價四百二十文減二百四十文，餘一百八十文爲二率，布每一尺爲三率。一率除三率，得數合問。

初測

一率　布　一尺
二率　織價　二文——乘
三率　布　一百二十尺——得
四率　織價　二百四十文

再測

一率　布　一百二十尺——除
二率　染價　一百八十文——得
三率　布　一尺
四率　染價　一文半

解：此一有法一無法者，先得染價，求織價可推。

凡物有各數分用，如本色折色之類，或總求每用除，或每求總用乘，先定其應得之數，然後以各法分測之。

1.問：有兵三十萬人，五個月支糧一百三十五萬石。糧價每石銀八錢，值錢七百文。今欲折色與之，每人每日給銀應若干？給錢應若干？

荅給銀二分四厘　給錢二十一文

法初測五月一百五十日以三十萬乘之得四千五百萬為一率粮一百三十五萬石為二率每人一日為三率以一率除三率得三升為每人一日之數再測以每一石為一率價八錢為二率粮三升為三率三測以每一石為一率價七百文為二率粮三升為三率俱以二三相乘合問

初測

一率　人四千五百萬　除

二率　粮一百三十五萬　得

三率　人一日

四率　粮三升

再測

一率　粮一石

二率　銀八錢　乘

三率　粮三升　得

四率　銀二分四厘

三測

一率　粮一石

二率　錢七百文　乘

三率　粮三升　得

四率　錢二十一文

解此以按求每日共有人數無月分有月分無人數者更為簡易一率只用本數不必用乘法

答：給銀二分四厘；　　　　　　　　給錢二十一文。

法：初測五月一百五十日以三十萬乘之，得四千五百萬爲一率，糧一百三十五萬石爲二率，每人一日爲三率。以一率除二率，得三升，爲每人一日之數。再測以每一石爲一率，價八錢爲二率，糧三升爲三率；三測以每一石爲一率，價七百文爲二率，糧三升爲三率。俱以二三相乘[1]，合問。

初測

率	物	數	
一率	人	四千五百萬	除
二率	糧	一百三十五萬	得
三率	人	一日	
四率	糧	三升	

再測

率	物	數	
一率	糧	一石	
二率	銀	八錢	乘
三率	糧	三升	得
四率	銀	二分四厘	

三測

率	物	數	
一率	糧	一石	
二率	錢	七百文	乘
三率	糧	三升	得
四率	錢	二十一文	

解：此以總求每。◎其有人數無月分。有月分無人數者，更爲簡易，一率只用本數，不必用乘法。

---

1 據題意，先求每人每日給糧數：

$$\frac{1350000}{300000 \times 5} = 0.03\text{石}$$

糧換成銀，得：

$$0.03 \times 8 = 0.24\text{錢}$$

糧換成錢，得：

$$0.03 \times 700 = 21\text{文}$$

問今有兵三十萬人五個月每人每日糧三升糧價每石價銀八錢價錢七百文今將折色

共之應給銀若干錢若干

荅銀一百零八萬兩錢九億四千五百萬文

法初測一人一日為一率三升為二率人四千五百萬為三率以二率乘三率得一百三十五萬

石再測糧一石為一率價銀八錢為二率一百三十五萬石為三率三測糧一石為一率

價七百文為二率糧一百三十五萬石為三率依二二相乘合測

初測

一率　人　一日

二率　糧　三升　乘

三率　人　四千五百萬　得

四率　糧　一百三十五萬

再測

一率　糧　一石

二率　銀　八錢　乘

三率　糧　一百三十五萬　得

四率　銀　一百零八萬兩

三測

一率　糧　一石

二率　錢　七百文　乘

三率　糧　一百三十五萬石　得

四率　錢　九億四千五百萬文

2.問：今有兵三十萬人，五個月每人每日糧三升，糧價每石價銀八錢，值錢七百文。今欲折色與之，應給銀若干？錢若干？

答：銀一百零八萬兩；　　　　錢九億四千五百萬文。

法：初測一人一日爲一率，三升爲二率，人四千五百萬爲三率。以二率乘三率，得一百三十五萬石。再測糧一石爲一率，價銀八錢爲二率，一百三十五萬石爲三率；三測糧一石爲一率，價七百文爲二率，糧一百三十五萬石爲三率。俱二三相乘，合問。

初測

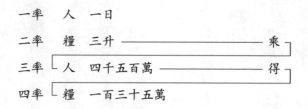

一率　人　一日

二率　糧　三升——乘

三率　人　四千五百萬——得

四率　糧　一百三十五萬

再測

一率　糧　一石

二率　銀　八錢——乘

三率　糧　一百三十五萬——得

四率　銀　一百零八萬兩

三測

一率　糧　一石

二率　錢　七百文——乘

三率　糧　一百三十五萬石——得

四率　錢　九億四千五百萬文

解此以每術推。分用與並雜異者，並雜乃二物中累兩數並需之，如是價買價合，
於一物而兩數分用，則只用其一。如用錢則不用銀，用銀則不用錢，只取其相當而已。
其立法，以銀準錢，或錢分銀，或錢分錢，又在隨宜測之。

凡一物而兼兩數，每兩每分又有倒求者，謂之隱雜。以兩母相乘為母，兩子交乘併之為子，以為法，然後列率，照定總數，然後分求。

問：布每二尺織價四文，每四尺染價六文，今用錢四百二十文，求共布若干，各價若干。

答：布一百二十尺，織價二百四十文，染價一百八十文。

法：初測，二尺乘四尺得八尺，以為共母；織價四文以四尺乘之，得一十六，為甲子；染價六文以二尺乘之，得一十二，為乙子；併之得二十八，為共子。乃以二十八為一率，八尺為二率，錢四百二十文為三率，二三相乘得三三六〇，以一率二八除之，得總布一百二十尺。再測、三測，用並雜法求之。

初測

一率　錢二十八文
二率　布八尺
三率　錢四百二十文
四率　布一百二十文
乘　除　得三三六〇

再測

一率　二尺
二率　四文
三率　一百二十尺
四率　二百四十文
乘　除　得四八〇

三測

解：此以每求總。◎分用與並藏異者，並藏乃一物中具兩數，兼而用之，如運價、買價會於一物之内。若分用，則只用其一，如用錢則不用銀，用銀則不用錢，只取其相當而已。若立法半銀半錢，或幾分銀，或幾分錢，又在隨變測之。

凡物内兼兩數，異母異子，又欲倒求者，謂之隱雜。以兩母相乘爲母，兩子交乘併之爲子，以爲法，然後列率。既定總數，然後分求。

1.問：布每二尺織價四文，每四尺染價六文。今用錢四百二十文，求共布若干？各價若干？

答：布一百二十尺。

織價二百四十文；　　染價一百八十文。

法：初測二尺乘四尺得八尺，以爲共母。織價四文，以四尺乘之，得一十六爲甲子；染價六文，以二尺乘之，得一十二爲乙子。併之，得二十八爲共子。乃以二十八爲一率，八尺爲二率，錢四百二十文爲三率。二三相乘，得三（六）［三］六，以一率二八除之，得總布一百二十尺。再測、三測用並藏法求之[1]。

初測

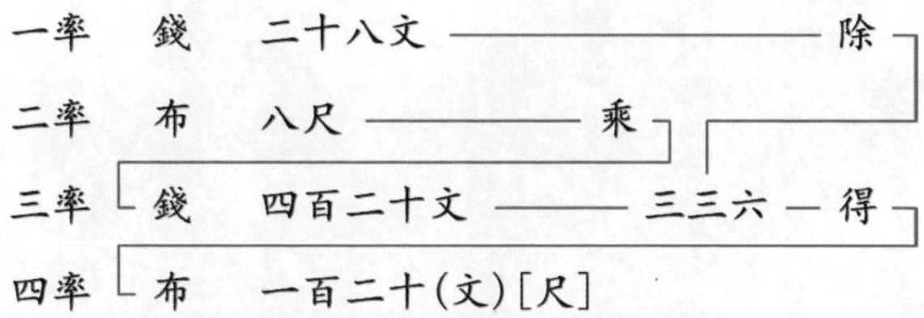

一率　錢　二十八文 —— 除
二率　布　八尺 —— 乘
三率　錢　四百二十文 —— 三三六 —— 得
四率　布　一百二十(文)[尺]

再測

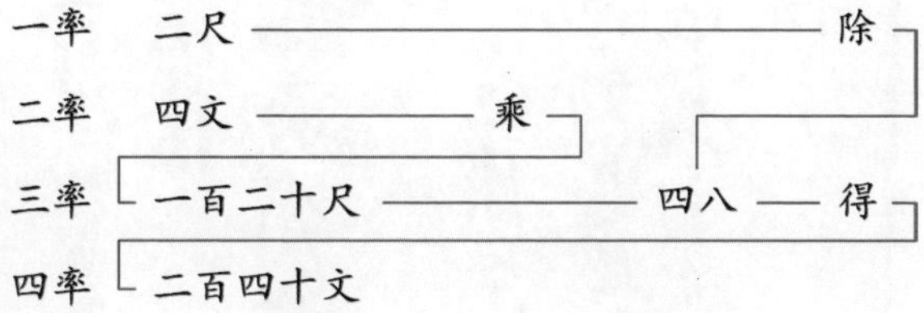

一率　二尺 —— 除
二率　四文 —— 乘
三率　一百二十尺 —— 四八 —— 得
四率　二百四十文

三測

1 據題意，先求共布，如下所示：

$$\frac{(2\text{尺}\times 4\text{尺})\times 420\text{文}}{2\text{尺}\times 6\text{文}+4\text{尺}\times 4\text{文}}=\frac{3360}{28}=120\text{尺}$$

次求得織價爲：

$$\frac{4\text{文}\times 120\text{尺}}{2\text{尺}}=240\text{文}$$

染價爲：

$$\frac{6\text{文}\times 120\text{尺}}{4\text{尺}}=180\text{文}$$

一率　尺　除

二率　六丈　乘

三率　一百二十　得　二七

四率　一百斤

解此問並從條內第二問同但前每石每卻係順求先以總數此係倒求則不知總數

[illegible]特隱且二數混於一處[illegible]特之難須用此法

問米每三石糶價銀六兩每四石運價銀一兩二錢今用銀二百八十七兩五錢求共米若干石

價若干

答總米一百二十五石　糶價二百五十兩　運價三十七兩五錢

法初測以四石乘六兩得二十四兩以三石乘一兩二錢得三兩六錢併之得二十七兩六錢為一率三石四石相乘得一十二石為二率總銀二百八十七兩五錢為三率二三相乘得三四五以一率二七六除之得總米一百二十五石再測三測用並從法

初測

一率　價　二十七兩六錢　除

二率　米　一十二石　乘

三率　價　二百八十七兩五錢　得　三四五

四率　米　一百二十五石

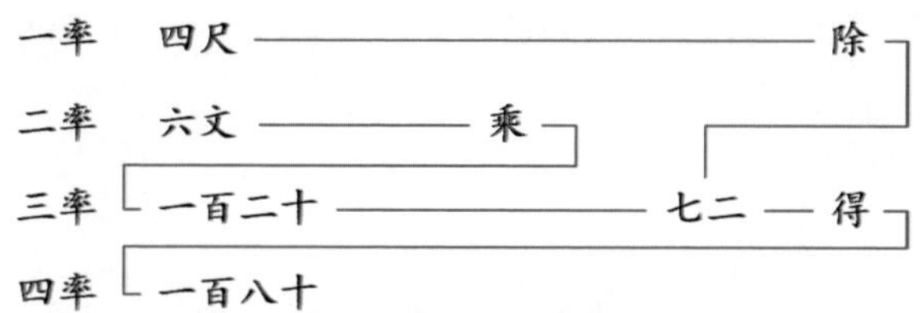

解：此與並藏條内第二問同，但前雖異母，卻係順求，先見總數；此係倒求，則不知總數，謂之隱。且二數混於一處，謂之雜，須用此法。

2. 問：米每三石糴價銀六兩，每四石運價銀一兩二錢。今用銀二百八十七兩五錢，求共米若干？各價若干？

答：總米一百二十五石。

糴價二百五十兩；　　運價三十七兩五錢。

法：初測以四石乘六兩，得二十四兩；以三石乘一兩二錢，得三兩六錢，併之得二十七兩［六錢］爲一率；三石、四石相乘得一十二爲二率；總銀二百八十七兩五錢爲三率。二三相乘，得三四五，以一率二七六除之，得總米一百二十五石。再測、三測用並藏法。

初測

一率　價　二十七兩六錢　——　除

二率　米　一十二石　——　乘

三率　價　二百八十七兩五錢——三四五—得

四率　米　一百二十五石

再例

一率 三石
二率 六兩
三率 一百三十五石
四率 二百七十兩

除 乘 七 五 得

三例

一率 四石
二率 一兩二錢
三率 一百二十五石
四率 三十七兩五錢

除 乘 一 五 得

解此與前並前條內第一問解中例求法同但彼係單數同母故徑用借法此係異母故
先設通法然後之借也
凡順求先見數母同單論子係之隨數求之惟此異母又當通求然通法見之此與前互換
條通法畧同但彼係兩數同方之兩物相比此則兩數歸之一物是為異耳

再測

一率　三石——除
二率　六兩——乘
三率　一百二十五石——七五——得
四率　二百五十兩

三測

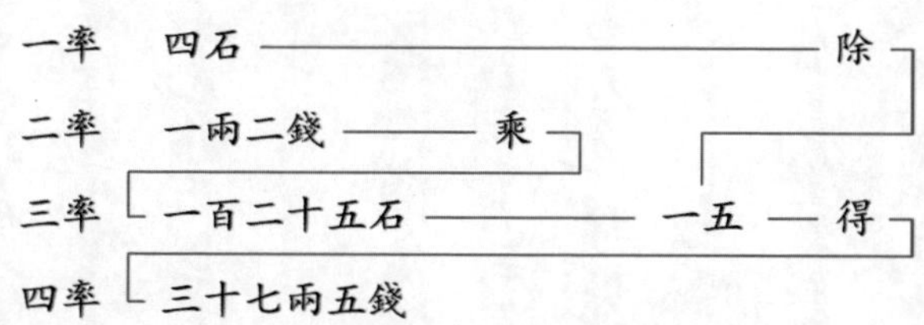

解：此與並藏條内第一問解中倒求法同，但彼係單數同母，故徑用併法；此係異母，故先設通法，然後可併也。

凡順求先見數，母同單論子，俱可隨數求之。惟既異母，又逆求，非通法不可。此與互换條通法畧同，但彼係兩數同，方可兩物相比；此則兩數歸之一物，是爲異耳。

第五篇

成色法

物之精粗美惡不可勝窮也或各物其質自成一物者如金之成色數須而換縮物之成

其各物來此偽之端而欺之弊也有術以折衷之色與數相低昂而定其換此成

色法之所由作也

凡足兩色相求色定足以色與數相乘而得足兩色置足之數以色除之而得數以數除之

而得色

問今有九成金八成七成六成金各四十兩求足金各若干

答九成三十六兩足　八成三十二兩足　七成二十八兩足　六成二十四兩足

法置各色條以四十兩乘之合問

解此色求足也

問今有足金共一萬一千一百二十兩求九成若干八成若干七成若干六成若干

答九成一萬[illegible]千[illegible]百兩　八成一萬八千九百兩　七成二萬五千六百兩　六成二萬五千二百兩

法置足數以各色除之

解足求色以色定數

問今有足金三千零二十四兩今鎔得三千三百六十兩是九成三千七百八十兩是幾成四千三

第五篇

成色法

物之精粗美惡，不可勝窮也。然各如其分，自成一物焉。至金之成色，數浮而質縮，物不成其爲物矣，此僞之端而欺之藪也。有術以折衷之，色與數相低昂，而定其質。此成色法之所由作也。

凡足與色相求，色定足，以色與數相乘而得；足求色，置足數，以色除之而得數，以數除之而得色。

1.問：今有九成金，八成、七成、六成金，各四十兩，求足金各若干？

答：九成三十六兩足；八成三十二兩足；
七成二十八兩足；六成二十四兩足。

法：置各色，俱以四十兩乘之。合問。

解：此色求足也。

2.問：今有足金（五萬一千）［一萬五千］一百二十兩，求九成若干？八成若干？七成若干？六成若干？

答：九成一萬六千八百兩；八成一萬八千九百兩；
七成二萬一千六百兩；六成二萬五千二百兩。

法：置足數，以各色除之。

解：足求色，以色定數。

3.問：今有足金三千零二十四兩，今鎔得三千三百六十兩是（九）［幾］成[1]？三千七百八十兩是幾成？四千三

1 九，當作“幾”，後答云“三千三百六十兩是九成色”，可知“三千三百六十兩”與后三條同例，皆係設問。幾，俗體作“几”，與“九”形近而訛。

百二十兩是幾成五千零四十兩是幾成

答三千三百六十兩是九成色三千七百八十兩是八成色四千三百二十兩是七成色五千零四十兩是六成色

解是求色以數定色

以色與數相求之法皆施於用如云足金三十六兩買物二百件今九成金四十兩應買物幾干照以色數相乘得三十六兩則實物應同二百件若九成金止三十六兩以九乘三十六止折足金三十二兩四錢以乘物二百得六千四百八以三十六除之得應買物一百八十件是也其餘可推

凡色與色相求實原色原數相乘得足實數以今色除之得今數若以今數除之得今色

問原借九成色五十四兩今以八成還之該數若干

答六十兩零七錢五分

法九成乘五十四得四十八兩六錢以八除之合問

解色除得數此重彼輕輕求重做此

問原借八成金六十兩零七錢五分今還五十四兩是幾成

答九成

法八色六十兩零七錢五分相乘得四十八兩六錢以五十四兩除之合問

解數除得色此輕彼重重求輕做此

凡二數相混其足與雜色以色折足併足之數為實併原二數為法除之得色與雜

百二十兩是幾成？五千零四十兩是幾成？

答：三千三百六十兩是九成色；　　三千七百八十兩是八成色；

四千三百二十四兩是七成色；　　五千零四十兩是六成色。

解：足求色，以數定色。

以上色與數相求之法，若施於用，如云足金三十六兩，買物二百件，今九成金四十兩，應買物若干？即以色、數相乘，亦得三十六兩，則買物應同二百矣。若九成金亦止三十六兩，以九乘三十六，止折足金三十二兩四錢，以乘物二百，得六四八，以三十六除之，只應買物一百八十件而已。其餘可推。

凡色與色相求，置原色原數相乘，得足實。然後以今色除之，得今數；若以今數除之，得今色。

1.問：原借九成色五十四兩，今以八成還之，該數若干？

答：六十兩零七錢五分。

法：九成乘五十四，得四十八兩六錢，以八除之。合問。

解：色除得數。此重求輕，輕求重倣此。

2.問：原借八成金六十兩零七錢五分，今還五十四兩，是幾成？

答：九成。

法：八與六十兩零七錢五分相乘，得四十八兩六錢，以五十四兩除之。合問。

解：數除得色。此輕求重，重求輕倣此。

凡二數相混者，足與色雜求色，以色折足，併足數爲實，併原二數爲法除之。若色與色雜，

要定色者二色各折足以二足併為實以二數併為法除之

問八八色銀四十四兩與十足色銀三十五兩鎔一處求色幾何

答九三強

法八八乘四十四兩得足三十八兩七錢二分併足銀七十三兩七錢二分為實併二數七十九兩除之

解色與十足雜

問七色銀與九色銀各四十四兩鎔一處求色幾何

答八色

法七色折得三十兩零八錢九色折得三十九兩六錢併之七十兩四錢併原二數八十八除之

解色與十色雜

凡本色與十換之和相求者置本色為實以成色歸之得數減本色餘為換之和置換之和為實於十數內減色數餘為法歸之得數減換之和餘為本色

問今有足金三十五兩二錢作八八色應換銀若干

答四兩八錢

法置足金以八八除之得四十兩內減原金餘合問

問銀七百五十兩換金作八八色內金若干

答金五千五百兩

更定色者，二色各折足，以二足併爲實，以二數併爲法除之。

1.問：八八色銀四十四兩，與足色銀三十五兩鎔一處，求色幾何？

答：九三強。

法：八八乘四十四兩，得足三十八兩七錢二分，併足銀七十三兩七錢二分爲實，併二數七十九兩除之。

解：色與足雜。

2.問：七色銀與九色銀各四十四兩，誤鎔一處，求色幾何？

答：八色。

法：七色折得三十兩零八錢，九色折得三十九兩六錢，併之七十兩四錢，併原二數八十八除之。

解：色與色雜。

凡本色與攙和相求者，置本色爲實，以成色歸之，得數減本色，餘爲攙和。置攙和爲實，於十數内減色數，餘爲法歸之，得數減攙和，餘爲本色。

1.問：今有足金三十五兩二錢，作八八色，應攙銀若干？

答：四兩八錢。

法：置足金，以八八除之，得四十兩。内減原金，餘合問。

2.問：銀七百五十兩，攙金作八八色，内金若干？

答：金五千五百兩。

法置十數減八八餘一二以除七百五十兩得六千二百五十兩內減原銀餘合問

解曰每本一兩應有換和一錢二分故以一二為法

若以數求色者併本色換和六千二百五十兩為法以除本色兩得即前以數定色之法

法：置十數，減八八，餘一二，以除七百五十兩，得六千二百五十兩。内減原銀，餘合問。

解：每本一兩，應有攙和一錢二分，故以一二爲法。

若以數求色者，併本色攙和六千二百五十兩爲法，以除本色而得，即前以數定色之法。

第六篇

斤兩法

度量衡，先王之所以御物也。度有伊引尋常等法，量有鍾釜庾秉等法，而世罕施用，惟丈尺石斗爲數以十進之，總而易算。惟兩之于斤以十六爲率，故須通之，是爲斤兩法

凡斤求兩，以十六乘之

假令有物一斤二斤以至九斤，各兩幾何？

答 一數一六 二數三二 三數四八 四數六四 五數八〇 六數九六 七數一百一十二 八數一二八 九數一四四

法 各以十六乘之

立成

一斤 十六	十斤 一百六十兩	一百斤 一千六百兩	一千斤 一萬六千兩	一萬斤 一十六萬兩
二斤 三十二兩	二十斤 三百二十兩	二百斤 三千二百兩	二千斤 三萬二千兩	二萬斤 三十二萬兩
三斤 四十八兩	三十斤 四百八十兩	三百斤 四千八百兩	三千斤 四萬八千兩	三萬斤 四十八萬兩
四斤 六十四兩	四十斤 六百四十兩	四百斤 六千四百兩	四千斤 六萬四千兩	四萬斤 六十四萬兩
五斤 八十兩	五十斤 八百兩	五百斤 八千兩	五千斤 八萬兩	五萬斤 八十萬兩

第六篇

斤兩法

度量衡，先王之所以御物也，度有仞[1]、引[2]、尋[3]、常等法[4]，量有鐘[5]、釜、庾、秉等法[6]，而世罕施用。惟以丈、尺、石、斗爲數，以十登之，整而易筭。惟兩之與斤，以十六爲率，勢須通之，是爲斤兩法。

凡斤求兩，以十六乘之。

1.問：今有物一斤、二斤，以至九斤，各兩若干？

答：一數一六；　二數三二；　三數四八；
四數六四；　五數八；　六數九六；
七數一百一十二；　八數一二八；　九數一四四。

法：各以十六乘之。

立成

一斤 十六	十斤 一百六十兩	一百斤 一千六百兩	千斤 一萬六千兩	萬斤 一十六萬兩
二斤 三十二兩	二十斤 三百二十兩	二百斤 三千二百兩	二千斤 三萬二千兩	二萬斤 三十二萬兩
三斤 四十八兩	三十斤 四百八十兩	三百斤 四千八百兩	三千斤 四萬八千兩	三萬斤 四十八萬兩
四斤 六十四兩	四十斤 六百四十兩	四百斤 六千四百兩	四千斤 六萬四千兩	四萬斤 六十四萬兩
五斤 八十兩	五十斤 八百兩	五百斤 八千兩	五千斤 八萬兩	五萬斤 八十萬兩

1 仞，説法不一。《説文 · 人部》："仞，伸臂一尋，八尺。"《廣韻 · 震韻》："七尺曰仞。"《小爾雅 · 廣度》："四尺謂之仞。"

2 引，《漢書 · 律曆志上》："十尺爲丈，十丈爲引。"

3 尋，説法不一。《説文 · 寸部》："度人之兩臂爲尋，八尺也。"《廣韻 · 侵韻》："六尺曰尋。"

4 常，《小爾雅 · 廣度》："四尺謂之仞，倍仞謂之尋。尋，舒兩肱也。倍尋謂之常。"

5 鐘，説法不一。《左傳 · 昭公三年》："齊舊四量，豆、區、釜、鍾。四升爲豆，各自其四，以登於釜，釜十則鍾。" 據此，四升爲豆，一斗六升爲區，六斗四升爲釜，六斛四斗爲鍾。《淮南子 · 要略》："一朝用三千鐘贛"，高誘注："鐘，十斛也。"《後漢書 · 郎顗傳》："納累鐘之奉"，李賢注："大斛四斗曰鐘。"

6 釜庾秉，《算法統宗》卷一 "量"："釜，六斗四升。庾，十六斗。秉，十六斛。"

六斤 九十六兩　六十斤 九百六十兩　六百斤 九千六百兩　六千斤 九萬六千兩　六萬斤 九十六萬兩

七斤 一百一十二兩　七十斤 一千一百二十兩　七百斤 一萬一千二百兩　七千斤 一十一萬二千兩　七萬斤 一百一十二萬兩

八斤 一百二十八兩　八十斤 一千二百八十兩　八百斤 一萬二千八百兩　八千斤 一十二萬八千兩　八萬斤 一百二十八萬兩

九斤 一百四十四兩　九十斤 一千四百四十兩　九百斤 一萬四千四百兩　九千斤 一十四萬四千兩　九萬斤 一百四十四萬兩

以兩求斤以十六除之

假令有物一兩二兩以至十五兩各若干斤幾何

答 一數六二五　二數一二五　三數一八七五　四數二五　五數三一二五　六數三七五

七數四三七五　八數五　九數五六二五　十數六二五　十一數六八七五　十二數七五

十三數八一二五　十四數八七五　十五數九三七五

法各以十六除之

立成

一兩 六厘二毫五絲　十兩 六分二厘五毫　一百兩 六斤二分五厘　一千兩 六十二斤五分　一萬兩 六百二十五斤

二兩 一分二厘五毫　二十兩 一斤二分五厘　二百兩 一十二斤五分　二千兩 一百二十五斤　二萬兩 一千二百五十斤

三兩 一分八厘七毫五絲　三十兩 一斤八分七厘五毫　三百兩 一十八斤七分五厘　三千兩 一百八十七斤五分　三萬兩 一千八百二十五斤

四兩 二分五厘　四十兩 二斤五分　四百兩 二十五斤　四千兩 二百五十斤　四萬兩 二千五百斤

五兩 三分一厘二毫五絲　五十兩 三斤一分二厘五毫　五百兩 三十一斤二分五厘　五千兩 三百一十二斤五分　五萬兩 三千一百二十五斤

六斤九十六兩	六十斤九百六十兩	六百斤九千六百兩	六千斤九萬六千兩	六萬斤九十六萬兩
七斤一百一十二兩	七十斤一千一百二十兩	七百斤一萬一千二百兩	七千斤一十一萬二千兩	七萬斤一百一十二萬兩
八斤一百二十八兩	八十斤一千二百八十兩	八百斤一萬二千八百兩	八千金一十二萬八千兩	八萬斤一百二十八萬兩
九斤一百四十四兩	九十斤一千四百四十兩	九百斤一萬四千四百兩	九千斤一十四萬四千兩	九萬斤一百四十四萬兩

凡兩求斤，以十六除之。

1.問：今有物一兩二兩，以至十五兩，各筭斤幾何?

答：一數六二五；二數一二五；三數一八七五；

四數二五；五數三一二五；六數三七五；

七數四三七五；八數五；九數五六二五；

十數六二五；十一數六八七五；十二數七五；

十三數八一二五；十四數八七五；十五數九三七五。

法：各以十六除之。

立成

一兩六厘二毫五絲	十兩六分二厘五毫	一百兩六斤二分五厘	一千兩六十二斤五分	一萬兩六百二十五斤
二兩一分二厘五毫	二十兩一斤二分五厘	二百兩一十二斤五分	二千兩一百二十五斤	二萬兩一千二百五十斤
三兩一分八厘七毫五絲	三十兩一斤八分七厘五毫	三百兩一十八斤七分五厘	三千兩一百八十七斤五分	三萬兩一千八百(二)[七]十五斤
四兩二分五厘	四十兩二斤五分	四百兩二十五斤	四千兩二百五十斤	四萬兩二千五百斤
五兩三分一厘二毫五絲	五十兩三斤一分二厘五毫	五百兩三十一斤二分五厘	五千兩三百一十二斤五分	五萬兩三千一百二十五斤

六兩三分七厘五毫　六十兩三斤七分五厘　六百兩三十七斤五分　六千兩三百七十五斤　六萬兩三千七百五十斤

七兩四分三厘七毫五絲　七十兩四斤三分七厘五毫　七百兩四十三斤七分五厘　七千兩四百三十七斤五分　七萬兩四千三百七十五斤

八兩五分　八十兩五斤　八百兩五十斤　八千兩五百斤　八萬兩五千斤

九兩五分六厘二毫五絲　九十兩五斤六分二厘五毫　九百兩五十六斤二分五厘　九千兩五百六十二斤五分　九萬兩五千六百二十五斤

十兩見前　一百兩見前　一千兩見前　一萬兩見前　十萬兩合一六卅九

十一兩合十六卅一　一百一十兩合百六卅一十　一千一百兩合千六卅一百　一萬一千兩合萬六卅一千　十一萬兩合十六卅一

十二兩合十六卅二　一百二十兩合百六卅二十　一千二百兩合千六卅二百　一萬二千兩合萬六卅二千　十二萬兩合十六卅二

十三兩合十六卅三　一百三十兩合百六卅三十　一千三百兩合千六卅三百　一萬三千兩合萬六卅三千　十三萬兩合十六卅三

十四兩合十六卅四　一百四十兩合百六卅四十　一千四百兩合千六卅四百　一萬四千兩合萬六卅四千　十四萬兩合十六卅四

十五兩合十六卅五　一百五十兩合百六卅五十　一千五百兩合千六卅五百　一萬五千兩合萬六卅五千　十五萬兩合十六卅五

解一兩之六二五乃十六分斤之六厘二毫五絲也十兩之六二五乃十六分斤之六分二厘五毫也一兩之應

歸位神十兩應歸位神

凡斤下帶兩以斤命法則化兩從斤以兩命法則化斤從兩

問今有物一百二十五斤一十四兩以斤求之應幾何

答一百二十五斤八分七厘五毫

法以上不動十四兩以法十六除得八分七厘五毫合問

六兩 三分七厘五毫	六十兩 三斤七分五厘	六百兩 三十七斤五分	六千兩 三百七十五斤	六萬兩 三千七百五十斤
七兩 四分三厘七毫五絲	七十兩 四斤三分七厘五毫	七百兩 四十三斤七分五厘	七千兩 四百三十七斤五分	七萬兩 四千三百七十五斤
八兩 五分	八十兩 五斤	八百兩 五十斤	八千兩 五百斤	八萬兩 五千斤
九兩 五分六厘二毫五絲	九十兩 五斤六分二厘五毫	九百兩 五十六斤二分五厘	九千兩 五百六十二斤五分	九萬兩 五千六百二十五斤
十兩 見前	一百兩 見前	一千兩 見前	一萬兩 見前	十萬兩 合一與九
十一兩 合十與一	一百一十兩 合百與十	一千一百兩 合千與百	一萬一千兩 合萬與千	十一萬兩 合十與一
十二兩 合十與二	一百二十兩 合一百與二十	一千二百兩 合千與二百	一萬二千兩 合萬與二千	十二萬兩 合十與二
十三兩 合十與三	一百三十兩 合一百與三十	一千三百兩 合千與三百	一萬三千兩 合萬與三千	十三萬兩 合十與三
十四兩 合十與四	一百四十兩 合一百與四十	一千四百兩 合千與四百	一萬四千兩 合萬與四千	十四萬兩 合十與四
十五兩 合十與五	一百五十兩 合一百與五十	一千五百兩 合千與五百	一萬五千兩 合萬與五千	十五萬兩 合十與五

解：一兩之六二五，乃十六分斤之六厘二毫五絲也。十兩之六二五，乃十六分斤之六分二厘五毫也。一兩應隔位布，十兩應聯位布。

凡斤下帶兩，以斤命法，則化兩從斤；以兩命法，則化斤從兩。

1. 問：今有物一百二十五斤一十四兩，以斤求之，應幾何？

答：一百二十五斤八分七厘五毫。

法：[斤] 以上不動，十四兩以法十六除，得八分七厘五毫。合問。

解若施於用者每斤價三錢以乘求得數應價三兩七錢六分二厘五毫是正價也

化兩為斤法 以斤兩歌解位佈算

四兩 此位除得二分五厘

一十 此位除得六分二厘五毫

五斤以上不易

二十

一百

五 第四位除得零數

七 合二厘五厘

八 合六分二分

五

二

一

問今物四百三十二斤一兩以兩求之應幾何

答六千九百一十三兩

法實有四百三十二斤以十六乘之併兩合問

解若施於用者每兩價一錢二分五厘以求得數乘之應價八百六十四兩一錢

二分五厘是正價也

化斤為兩 以兩歌隔位佈算

一兩

○○

三兩 合原數一兩與卅二斤之所化二兩得此

一十 二斤所化之三十二進三於前存位存一

解：若施於用，如每斤價三錢，以乘求得數，應值三十七兩七錢六分二厘五毫，是正價也。

化兩從斤法 以十兩，故聯位布算

		一	
一百		二	
二十		五	
五斤	以上不動	八	合六分二分
一十	此位除得六分二厘五毫	七	合二厘五厘
四兩	此位除得二分五厘	五	第四位除得零數

2.問：今物四百三十二斤一兩，以兩求之，應幾何？

答：六千九百一十三兩。

法：兩不動，四百三十二斤以十六乘之，併兩合問。

解：若施於用，如云每兩價一錢二分五厘，以求得數乘之，應值八百六十四兩一錢二分五厘，是正價也。

化斤從兩 以一兩，故隔位步算

九百　合四百所化之四百三十所化之四百八十二斤
所化之三十減九百餘一於下位

六十　四百所化

二斤　此位乘得三十二

三十　此位乘得四百八十

四百　此位乘得六千四百

凡秤有大小不齊者以本秤乘斤為實以本秤除之倒求則以現得之數除實

問今有物六十七斤其秤重四十六兩八錢若秤重二十六兩當得幾斤

答物重一百二十斤又二十六之一十五六約之得五分斤之三

法以秤四十六兩八錢乘物重六十七斤得三一三五六以二十六除之得一百二十斤又二十六之一十五分六厘約之五二相同以除二十六得五以除一五六得三是得五之三置十六之因之

得四十八五歸之得九兩六錢

解此先求小數是變法也

問今有物一百二十斤九兩六錢其秤重二十六兩若秤重四十六兩八錢當得幾何

答物重六十七斤

法以法化九兩六錢為十六分斤之六加物重一百二十斤共一百二十斤零六以秤二十六乘之得三一三五六以四十六八除之合問

解此小求大

問有物重六十七斤其秤重四十六兩八錢以本秤稱之重一百二十斤零六其秤幾何

四百	此位乘得六千四百		
三十	此位乘得四百八十	六千	四百所化
二斤	此位乘得三十二	九百	合四百所化之四百，三十所化之四百八十，二斤所化之三十，成九百，餘一於下位
〇〇		一十	二斤所化之三十二，進二於前，本位存一
一兩		三兩	合原數一兩與二斤之所化二兩，得此

凡秤有大小不齊者，以本權乘斤爲實，以異權除之，倒求則以現得之數除實。

1.問：今有物六十七斤，其權重（六十四）［四十六］兩八錢。若權重二十六兩，當得幾斤[1]？

答：物重一百二十斤又二十六之一十五六，約之得五分斤之三。

法：以權四十六兩八錢乘物重六十七斤，得三一三五六。以二十六除之，得一百二十斤又二十六之一十五分六厘。約至五二相同，以除二十六，得五；以除一五六，得三，是謂五之三。置十六，三因之，得四十八；五歸之，得九兩（二）［六］錢。

解：此大求小，即變準法也。

2.問：今有物一百二十斤九兩六錢，其權重二十六兩。若權重四十六兩［八錢］，當得幾何？

答：物重六十七斤。

法：以法化九兩六錢，爲十（六）分斤之六[2]，加物重一百二十斤，爲一百二十斤零六。以權二十六乘之，得三一三五六，以四六八除之。合問。

解：此小求大。

3.問：有物重六十七斤，其權重四十六兩八錢。今異秤稱之，重一百二十斤零六，其權幾何？

1 此題據《算法統宗》卷四粟布章“衡法”第二十題改。

2 九兩六錢化爲斤，得：

$$\frac{9.6}{16}=0.6\text{斤}$$

即十分斤之六。原文作“十六分斤之六”，前“六”係衍文，據刪。

荅叔重二十六兩

法以叔求積三一三五六以一二零六除之合問

解此係倒求舉重求輕之求重倣此

凡以兩求斤者求出斤止餘存之為兩如以斤為法凡滿斤者以十六為法乘之即兩

問今有物萬兩千兩百兩求斤數若干

荅萬兩六百二十五斤　千兩六十二斤八兩　百兩六斤四兩

法萬法除其千法除二位止百法除一位止合問

解此用兩定斤之下留兩之法

問有錢物二百五十斤換貨物八十八斤今有百斤十斤一斤一兩各換貨若干

荅百斤換三十五斤三兩二錢　十斤換三斤八兩三錢二分　一斤換五兩六錢三分二釐　一兩換三錢

五分二釐

法以乘八十八仍以一各以二百五十除之俱得三五二一百斤法二位以斤法乘之一十斤法二

位以斤法乘之一斤法首位以斤法乘之一兩斤照原數

解以斤求斤之下要兩之法一兩照原斤兩沈為千六分之一故以斤乘之約當以斤除之故

凡以一數求各數者上求用除下求用乘

即斤法以斤兩法省便也

答：權重二十六兩。

法：如前求積三一三五六，以一二零六除之。合問。

解：此係倒求。舉重求輕，輕求重倣此。

凡以多兩求斤者，求至斤止，餘存之爲兩。若以斤爲法，不滿斤者，以十六爲法，乘之得兩。

1.問：今有物萬兩、千兩、百兩，求斤若干？帶兩若干？

答：萬兩者，六百二十五斤。

千兩者，六十二斤八兩。

百兩者，六斤四兩。

法：萬法除盡，千法除二位止，百法除一位止。合問。

解：此以兩定斤，斤下留兩之法。

2.問：有賤物二百五十斤，換貴物八十八斤。今百斤、十斤、一斤、一兩，各換若干？

答：百斤換三十五斤三兩二錢。

十斤換三斤八兩三錢二分。

一斤換五兩六錢三分二厘。

一兩換三錢五分二厘。

法：以一乘八十八，仍得（一）[八十八]，各以二百五十除之，俱得三五二。一百者，從三位以斤法乘之；一十者，從二位以斤法乘之；一斤者，從首位以斤法乘之；一兩者，照原數。

解：以斤求斤，斤下變兩之法，一兩照原者，兩既爲十六分之一，若以斤乘之，仍當以斤除之，故即斤法以當兩法，從省便也。

凡以一數求各數者，上求用除，下求用乘。

問今有物六百斤問幾何石幾何鈞幾何兩幾何銖

答五石每石為鈞共四為斤共一百二十為兩共一千九百二十為銖共四萬六千零八十二十鈞每鈞為斤共三十為兩共四百八十為銖共一萬一千五百二十九千六百兩每兩為銖共二十四二十三萬零四百銖

法置六百斤以三十除之得鈞再以四除之得石以一十六乘之得兩再以二十四乘之得銖或以百二十徑除得石以三百八十四徑乘得銖同

問今有物五石二十鈞九千六百兩二十三萬零四百銖以斤法求之當幾何

答俱六百斤

法置五石以百二十乘之置二十鈞以三十乘之置九千六百兩以十六除之置二十三萬零四百銖以三百八十四除之合問

解前問石鈞為上求銖兩為下求此問石鈞為下求銖兩為上求故乘除各異

又

斤兩若有分每斤通作得一數然後以法求之

問今有物十斤零五分斤之二又八兩零二分兩之一用價一十四兩五錢七分五厘求每物一斤或一兩值價幾何每銀一兩買物幾何

答每物一斤值價一兩三錢三分三三不盡 每物一兩值價八分三厘三毫三三不盡 每銀一兩買物十二兩

法置十斤以十六乘之得一百六十兩又將一斤以二乘之以五除之得四以十六乘之得六兩四錢

1.問：今有物六百斤，問幾何石？幾何鈞？幾何兩？幾何銖？

答：五石。每石爲鈞者四，爲斤者一百二十，爲兩者一千九百二十，爲銖者四萬六千零八十。

二十鈞。每鈞爲斤者三十，爲兩者四百八十，爲銖者一萬一千五百二十。

九千六百兩。每兩爲銖者二十四。

二十三萬零四百銖。

法：置六百斤，以三十除之，得鈞；再以四除之，得石。以一十六乘之，得兩；再以二十四乘之，得銖。或以一百二十徑除得石，以三百八十四徑乘得銖，同。

2.問：今有物五石、二十鈞、九千六百兩、二十三萬零四百銖，以斤法求之，當幾何？

答：俱六百斤。

法：置五石，以一百二十乘之；置二十鈞，以三十乘之；置九千六百兩，以十二除之；置二十三萬零四百銖，以三百八十四除之。合問。

解：前問石鈞爲上求，銖兩爲下求；此問石鈞爲下求，銖兩爲上求，故乘除各異。

凡斤兩各有子母者，通約得一數，然後以法求之。

1.問：今有物十斤零五分斤之二，又八兩零二分兩之一，用價一十四兩五錢七分五厘，求每物一斤或一兩值價幾何？每銀一兩買物幾何？

答：每物一斤值價一兩三錢三分三三不盡；

每物一兩值價八分三厘三毫三三不盡。

每銀一兩買物十二兩。

法：置十斤，以十六乘之，得一百六十兩；又將一斤以二乘之，以五除之，得四，以一十六乘之，得六兩四錢，合之共一百六十六兩四錢，去整一兩，以二除之，得五錢，合八兩，共八兩五錢，併二數，通得一百七十四兩九錢，用以除價，得每物一兩之值，以十六乘之，得每物一斤之值，以價除物，得所買之物數。

解：斤兩法已詳於前，爲斤兩法略舉其一端耳，識者可以意推。

其問每物值價幾何，每幾兩買物幾何，此等推法求之，不贅。

合之共一百六十六兩四錢。又將一兩以二除之，得五錢，合八兩，共八兩五錢。併二數，通得一百七十四兩九錢。用以除價，得每物一兩之值。以十六乘之，得每物一斤之值。以價除物，得所買之物數。

解：子母法已詳於前。爲斤兩法，畧舉其大端耳，諸凡可以意推。

若問每物值價幾何，每幾兩買物幾何，如纍準法求之，不贅。

第七篇

年月法

夫天時地生財，時也者，天之所以化物也。物力之盈虛，人食之度數，物時無所考之，乃年月日時不一其數。法以齊之，為年月法。

凡年月日時，大求小，以其法除之；小求大，以其法乘之。

問：一元統十二會，一會統三十運，一運統十二世，一世統三十年，求一元之會之運者幾年。

答：元十二萬九千六百年，會一萬零八百年，運三百六十年。

法：置世三十年，以十二乘之得運，以三十乘之得會，以十二乘之得元。

解：小求大。

問：十二世為一運，三十運為一會，十二會為一元。元一十二萬九千六百年，求會運世者幾年。

答：會一萬零八百年，運三百六十年，世三十年。

法：置一十二萬九千六百年，以十二除之得會，以三十除之得世。

解：大求小。

問：年有十二月，月有三十日，日有十二時，求一年幾千時，月幾千時。

答：年四千三百二十時，月三百六十時。

法：置十二時，以三十乘之得月之時，再以十二乘之得年之時。

第七篇

年月法

天下時，地生財[1]。時也者，天之所以紀物也。物力之盈虛，人官之遲數，非時無所考之。乃年月日時，不一其數，法以齊之，爲年月法。

凡年月日時，大求小，以其法除之；小求大，以其法乘之。

1.問：一元統十二會，一會統三十運，一運統十二世，一世統三十年。求一元、一會、一運各若干年[2]？

答：元十二萬九千六百年；　會一萬零八百年；

運三百六十年。

法：置世三十年，以十二乘之得運，以三十乘之得會，以十二乘之得元。

解：小求大。

2.問：十二世爲一運，三十運爲一會，十二會爲一元，元一十二萬九千六百年，求會、運、世各若干？

答：會一萬零八百年；　運三百六十年；

世三十年。

法：置一十二萬九千六百年，以十二除之得會，以三十除之得世。

解：大求小。

3.問：年有十二月，月有三十日，日有十二時，求年若干時？月若干時？

答：年四千三百二十時；　月三百六十時。

法：置十二時，以三十乘之，得月之時；再以十二乘之，得年之時。

1 語出《呂氏春秋·士容論》："天下時，地生財，不與民謀。"

2 元會運世，出邵雍《皇極經世書》卷一："三十年爲一世；十二世計三百六十年，爲一運；三十運計一萬八百年，爲一會；十二會十二萬九千六百年，爲一元。"

解：此以小求大。

問：三十日為一月，十二月為一年，一年有四千三百二十時，求月日各若干時。

答：月三百六十時，日十二時。

法：置時四千三百二十，以十二除之，得月之時，再以三十除之，得日之時。

解：此以大求小。

元會運世年月日時總圖　有字用乘法，為字用除法

元有一十二會有三百六十運有四千三百二十世有一十二萬九千六百年有一百五十五萬五千二百月有四千六百六十五萬六千日有五億五萬九千八百七十二萬時

會一十二為元有三十運有三百六十世有一萬零八百年有十二萬九千六百月有三百八十八萬八千日有四千六百六十五萬六千時

運三百六十為元三十為會有十二世有三百六十年有四千三百二十月有十二萬九千六百日有一百五十五萬五千二百時

世四千三百二十為元三百六十為會一十二為運有三十年有三百六十月有一萬零八百日有十二萬九千六百時

年十二萬九千六百為元一萬零八百為會三百六十為運三十為世有十二月有三百六十日有四千三百二十時

月一百五十五萬五千二百為元一十二萬九千六百為會四千三百二十為運三百六十為世一十二為年有三十日有三百六十時

日四千六百六十五萬六千為元三百八十八萬八千為會十二萬九千六百為運一萬零八百為世三百六十為年三十為月有一十二時

時五億五萬九千八百七十二萬為元四千六百六十五萬六千為會一百五十五萬五千二百為運十二萬九千六百為世四千三百二十為年三百六十為月十二為日

凡年月日時○大數帶小數○求以大數為率○以大法除小數○以小數為率○以小法乘大數而得。

解：此小求大。

4.問：三十日爲一月，十二月爲一年，年有四千三百二十時，求月日各若干時？

答：月三百六十時；　　　　　　　　日十二時。

法：置時四千三百二十，以十二除之，得月之時；再以三十除之，得日之時。

解：此大求小。

元會運世年月日時總圖“有”字用乘法，“爲”字用除法

元	有一十二會	有三百六十運	有四千三百二十世	有一十二萬九千六百年	有一百五十五萬五千二百月	有四千六百六十五萬六千日	有五億五萬九千八百七十二萬[1]時
會	一十二爲元	有三十運	有三百六十世	有一萬零八百年	有一十二萬九千六百月	有三百八十八萬八千日	有四千六百六十五萬六千時
運	三百六十爲元	三十爲會	有十二世	有三百六十年	有四千三百二十月	有十二萬九千六百日	有一百五十五萬五千二百時
世	四千三百二十爲元	三百六十爲會	一十二爲運	有三十年	有三百六十月	有一萬零八百日	有一十二萬九千六百時
年	一十二萬九千六百爲元	一萬零八百爲會	三百六十爲運	三十爲世	有十二月	有三百六十日	有四千三百二十時
月	一百五十五萬五千二百爲元	一十二萬九千六百爲會	四千三百二十爲運	三百六十爲世	一十二爲年	有三十日	有三百六十時
日	四千六百六十五萬六千爲元	三百八十八萬八千爲會	十二萬九千六百爲運	一萬零八百爲世	三百六十爲年	三十爲月	有一十二時
時	五億五萬九千八百七十二萬爲[2]元	四千六百六十五萬六千會	一百五十五萬五千二百爲運	十二萬九千六百爲世	四千三百二十爲年	三百六十爲月	十二爲日

凡年月日時大數帶小數，若以大數爲率，以大法除小數；以小數爲率，以小法乘大數而得。

1 五億五萬九千八百七十二萬，當作“五億五千九百八十七萬二千”

2 五億五萬九千八百七十二萬，當作“五億五千九百八十七萬二千”。

問今有存歛一十五年十個月零六日以年為主算息求年法若干

答十五年又八分五厘

法十五年不動十個月以年法十二除之得八三三不盡六日以年法三百六十除之得一六六不盡

合之得八分五厘併年合問

又法以日以月法三十除之得二分合月為十個月零二分以年月法十二除之同

又法十個月以日法三十乘之得三百日合六日為三百六日以年日法三百六十除之同

解此算為率年月日係以法化從年第一法經化為年第二法先化月後化年第三

法先化日後化年大率用大數者捷用小數者穩假如每年利息二千兩當得三萬

一千七百兩

前條以法除寔故乘之而大除之而小此以數合法故乘之而小除之而大

問今有作工十五年十一個月二十四日將給工食以日算起當算若干日

答五千七百五十四日

法十五年不動十一月以三十乘之得三百三十日十五年以三百六十乘之得五千四百日併

之得五千七百三十日加二十四日共五千七百五十四日合問

解此以日為率年月俱以法化從日假如每日五分該得二百八十七兩七錢

問今有一十二年一十一月一十二日一十一時求以月為法幾何以日為法幾何

1.問：今有爲商一十五年十個月零六日，以年爲主算息，求年法若干？

答：十五年又八分五厘。

法：十五年不動，十個月以年法十二除之，得八三三不盡；六日以年法三百六十除之，得一六六不盡，合之得八分五厘，併年合問。

又法：六日以月法三十除之，得二分，合月爲十個月零二分。以年月法十二除之，同。

又法：十個月以日法三十乘之，得三百日，合六日爲三百六日。以年日法三百六十除之，同。

解：此以年爲率，月日俱以法化從年。第一法徑化爲年；第二法先化月，後化年；第三法先化日，後化年。大率用大數者捷，用小數者整。假若每年利息二千兩，當得三萬一千七百兩。

前條以法除實，故乘之而大，除之而小；此以數合法，故乘之爲小，除之爲大。

2.問：今有作工十五年十一個月二十四日，欲給工食，以日筭起，當筭若干日？

答：五千七百五十四日。

法：二十四日不動，十一月以三十乘之，得三百三十日；十五年以三百六十乘之，得五千四百日，併之，得五千七百三十日。加二十四日，共五千七百五十四日。合問。

解：此以日爲率，年月俱以法化從日。假若每日五分，得二百八十七兩七錢。

3.問：今有一十二年一十一月一十二日一十一時，求以月爲法幾何？以日爲法幾何？

答月法一百五十五個月四分三厘零五五不足、日法四千六百五十日九分一厘六六六不足、

法曰月不齊年十二以年法十二乘之得一百四十四個月十日以月法三十除之得三厘零五五不足併之得月數合問

求日曰不齊年十二以年法三百六十乘之得四千三百二十日月十一以月法三十乘之得三百三十日時一十一以時法十二除之得九分一六六六不足併之得日數合問

解月日以年為法上首年月下首日時故上用乘下用除

凡年月日時順序遞推如大求小先以年化月次月化日次日化時小求大先將時化日次日化月次月化年均不齊盤位而得

若隔位徑求如年法求日之法求年之類須節次坐盤并照原位照零截例

整塞某合圖如後

答：月法：一百五十五個月四分三厘零五五不盡；

日法：四千六百六十二日九分一厘六六不盡。

法：[求月]，（日）月不動[1]，年十二以年法十二乘之，得一百一十四個月。十二日以月法三十除之，[得四分。一十一時以月法三百六十除之][2]，得三厘零五五不盡。併之，得月數。合問。

求日，日不動，年十二以年法三百六十乘之，得四千三百二十日。月十一以月法三十乘之，得三百三十日。時一十一以時法十二除之，得九分一六六不盡。併之，得日數。合問。

解：月日以中爲法，上有年月，下有日時，故上用乘，下用除。

凡年月日時，順序遞推。如大求小，先將年化月，次月化日，次日化時；小求大，先將時化日，次日化月，次月化年，則不動盤位而得。

若隔位徑求，如年法求日、日法求年之類，須節次登盤。若照原位，非零截則壅塞矣。今圖如後。

---

1 據後文"求日日不動"，此處當作"求月月不動"，據補"求月"二字。"日"係衍文，據文意刪。

2 抄脱文字據演算補。

求月法

八	七	六	五	四	三	二	一
一時	一十	二日	一十	一月	一十	二年	一十

一化時作日，得九一六六不盡

左起用除，先將此二位以時法十二

六六不盡，以日法三十化日作月，得四分三厘零五五不盡

左起用除，次將此二位聯後化日共一十二日九一六

二位不動

併前後共一百五十五月四分三厘零五五不盡

右起用乘，將此二位以月法十

二化年作月，得一百四十四月

得數遞加入高位上

求月法

一 二	一十 二年	右起用乘。將此二位，以月法十二化年作月，得一百四十四月。
三 四	一十 一月	二位不動　併前後共一百五十五月四分三厘零五五不盡。
五 六	一十 二日	左起用除，次將此二位，聯後化日，共一十二日九一六六不盡。以日法三十化日作月，得四分三厘零五五不盡。
七 八	一十 一時	左起用除，先將此二位，以時法十二化時作日，得九一六六不盡。

得數遞加不動位上。

第八篇

盤量法

盤量者以高下長闊定積實步步亦係以貯粟為用故舊法全本粟中斛法原以二尺五寸為石與步田法以二百四十步為畝其因册所道殊無一定今首係畧者見規則以淺只以定積為主不設斛法以便通融

凡倉法方者自乘又以高乘得積其長闊相乘又以高乘得積圓者以周自乘又以高乘以十二除之得積以斛法除之得石數

問今有方倉方一十五尺高十五尺每二尺五寸為一石問積粟若干

答積三千三百七十五尺　粟一千三百五十石

法一十五尺自乘得二百二十五尺再以高一十五尺乘得三千三百七十五尺以二尺五寸除之合問

方一十五尺 一十五尺　乘得二百二十五尺　又乘高一十五尺　得　三千三百七十五尺

方倉圖

假此分作兩長形一闊七一闊八高者係一十五各二乘之

七闊者積一千五百七十五尺八闊者積一千八百尺合之得總

再以高乘

圖列左

第八篇

盤量法

盤量者，以高下長闊定積，實出少廣。緣以貯粟爲用，故舊法入之（布粟）[粟布]中。斛法原以二尺五寸爲石[1]，政如田法以二百四十步爲畝。然因時所宜，殊無一定。今首條畧見規則，以後只以定積爲主，不設斛法，以便通融。

凡倉法，方者自乘，又以高乘，得積；長者長闊相乘，又以高乘，得積；圓者以周自乘，又以高乘，以十二除之，得積。以斛法除之，得石數。

1.問：今有方倉，方一十五尺，高十五尺，每二尺五寸爲一石，問積粟若干[2]？

答：積三千三百七十五尺；　粟一千三百五十石。

法：一十五尺自乘，得二百二十五尺；再以高一十五尺乘，得三千三百七十五尺。以二尺五寸除之，合問。

方一十五尺
一十五尺　乘得二百二
十五尺　又乘高一十五尺　得三千三百七十五尺

方倉圖

假如分作兩長形，一闊七，一闊八，高長俱一十五，各三乘之。七闊者，積一千五百七十五尺；八濶者，積一千八百尺，合之得總。再以高乘。圖列左。

1《算法統宗》卷四粟布章“盤量倉窖”云:“古斛法，以積方二尺五寸爲一石，謂長一尺、闊一尺、高二尺五寸是也。”
2 以下倉、窖、堆法各問，均出《算法統宗》卷四粟布章“盤量倉窖”。

問今有方倉長二十八尺闊一十八尺高一十二尺問積若干

荅六千零四十八尺

法置二十八尺以一十八尺乘之得五百零四尺又以高一十二尺乘之合問

解若以斛法除之得二千四百一十九石二斗

問今有圓倉周三十六尺高八尺問積若干

荅八百六十四尺

法置周三十六尺自乘得一千二百九十六尺以圓法十二除之得一百零八尺以高八尺乘之合問

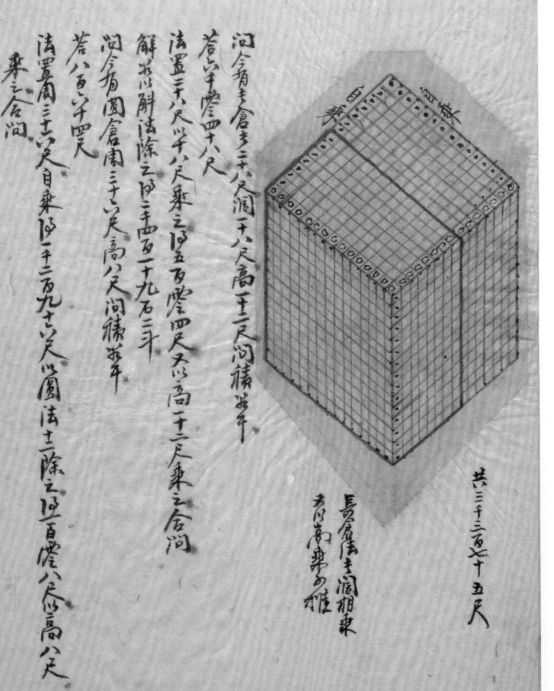

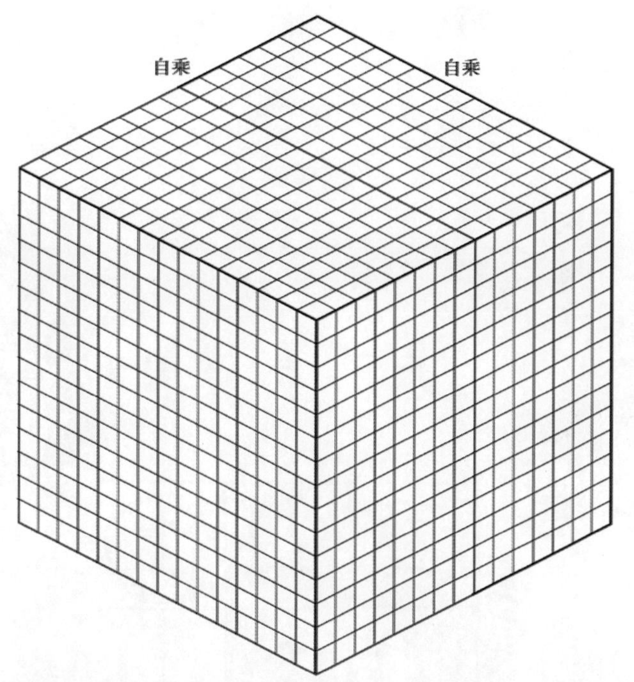

共三千三百七十五尺。

長倉法，長闊相乘，又以高乘，可推。

2.問：今有長倉長二十八尺，闊一十八尺，高一十二尺，問積若干？

答：六千零四十八尺，

法：置二十八尺，以十八尺乘之，得五百零四尺。又以高一十二尺乘之，合問。

解：若以斛法除之，得二千四百一十九石二斗。

3.問：今有圓倉周三十六尺，高八尺，問積若干？

答：八百六十四尺。

法：置周三十六尺，自乘得一千二百九十六尺。以圓法十二除之，得一百零八尺。以高八尺乘之，合問。

解圓法所以十二者徑一圍三以周自乘是展周爲方徑化圓爲方也每周三徑共得方徑廿九方內圓得四分之三四角虛四分之一每三方餘出一圓九方餘出三圓得十二故以十二爲圓法也或徑自乘之則以七五乘之或以周徑相乘則以四歸之得數並同

解見方田中

圓倉圖

周自乘

三十六尺

十二	十二	十二
十二	十二	十二
十二	十二	十二

三十六尺

周三十六尺三歸之得徑一十二尺周自乘得徑十二尺共九每圓積一占方積四分之三三方積餘出一圓積九方積餘出三圓積故以十二除之總積一千二百九十六尺以九除之得一百卌四是方積之實以十二除之得一百八是圓積之實也

凡堆法以周自乘又以高乘平地率三十六倚壁率十八內倚壁率九外倚壁率二十七除之

問今有平地堆米下周二丈四尺高九尺問積若干

答一百卌四尺

解：圓法所以十二者，徑一圍三，以周自乘，是展周而爲徑，化圓而爲方也。每周三徑，共得方徑者九。方内圓得四分之三，四角居四分之一，每三方餘出一圓，九方餘出三圓，得十二，故以十二爲圓法也。或徑自乘之，則以七五乘之；或以周徑相乘，則以四歸之，得數並同。解見方田中。

圓倉圖

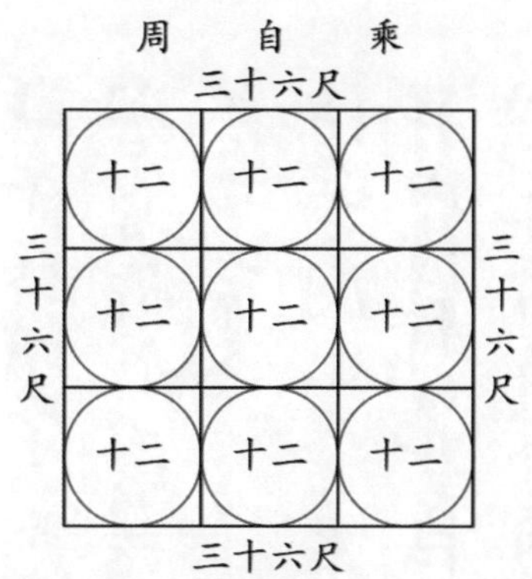

周三十六尺，三歸之，得徑一十二尺。周自乘，得徑十二尺者九。每圓積一，占方積四分之三，三方積餘出一圓積，九方積餘出三圓積，故以十二除之。總積一千二百九十六尺，以九除之，得一百四十四，是方積之實；以十二除之，得一百八，是圓積之實也。

凡堆法，皆以周自乘，又以高乘。平地率三十六，倚壁率一十八，内倚壁率九，外倚壁率二十七除之。

1.問：今有平地堆米，下周二丈四尺，高九尺，問積若干？

答：一百四十四尺。

法置下周二丈四尺自乘得五百七十六尺以三十六除之得一十六尺以高九尺乘之合問

解 尖法所以三十六者平尖得平圓三分之一圓以十二爲率故尖以三十六爲率

問今有倚壁堆下周六十尺高一十二尺問積若干

荅二千四百尺

法置下周六十尺自乘得三千六百尺用倚壁率十八除之得二百尺以高十二尺乘之合問

解 倚壁堆以十八爲率者平地圓堆三十六倚壁是半個圓堆故以十八爲法

問今有倚壁內角堆下周三十尺高一十二尺問積若干

荅一千二百尺

法置下周三十尺自乘得九百尺以內角率九除之得一百尺以高一十二尺乘之合問

解 內倚壁以九爲法者平地圓堆三十六倚壁內角得四分之一故以九爲法

問今有倚壁外角堆下周九十尺高一十二尺問積若干

荅三千六百尺

法置下周九十尺自乘得八千一百尺用外角率二十七除之得三百尺以高一十二尺乘之合問

解 外倚壁以二十七爲法者平地圓堆三十六倚壁外角得四分之三故以二十七爲法

法：置下周二丈四尺，自乘得五百七十六尺。以三十六除之，得一十六尺。以高九尺乘之，合問。

解：尖法所以三十六者，尖得平圓三分之一，圓以十二爲率，故尖以三十六爲率。

2.問：今有倚壁堆，下周六十尺，高一十二尺，問積若干？

答：二千四百尺。

法：置下周六十尺，自乘得（二）[三]千六百尺。用倚壁率十八除之，得二百尺。以高十二尺乘之，合問。

解：倚壁堆以十八爲率者，平地圓堆三十六，倚壁是半個圓堆，故以十八爲法。

3.問：今有倚壁内角堆，下周三十尺，高一十二尺，問積若干？

答：一千二百尺。

法：置下周三十尺，自乘得九百尺。以内角率九除之，得一百尺。以高一十二尺乘之，合問。

解：内倚壁以九爲法者，平地圓堆三十六，倚壁内角得四分之一，故以九爲法。

4.問：今有倚壁外角堆，下周九十尺，高一十二尺，問積若干？

答：三千六百尺。

法：置下周九十尺，自乘得八千一百尺。用外角率二十七除之，得三百尺。以高一十二尺乘之，合問。

解：外倚壁以二十七爲法者，平地圓堆三十六，倚壁外角得四分之三，故以二十七爲法。

平地堆

平地尖堆法三十六除
三分之一

倚壁堆

倚壁堆法十八除
平地尖一半

內角堆

內角堆法九除
平地尖
四分之一

外角堆

外角堆法二十七除
平地尖四分之三

凡方積四面上下俱不等者，上自乘為一數，下自乘為一數，上下相乘為一數，作三層除之，然後以深乘之。圓積亦如方法，但以三十六除之。三斜不等者，加中斜為三倍，併上下斜，以四除之。

問今有粟一方窖，上方八尺，下方十二尺，深十五尺，求積若干。

荅千五百二十尺

法上自乘六十四尺，下自乘一百四十四尺，上下相乘九十六尺，共三百零四尺，以深十五尺乘之，得四千五百六十尺，以三除之，合問。

上層六十四、
中層九十六、
下層一百四十四、

共三百零四尺｜乘一十五尺｜得四千五百六十尺｜三除之｜得一千五百二十尺。

平地堆

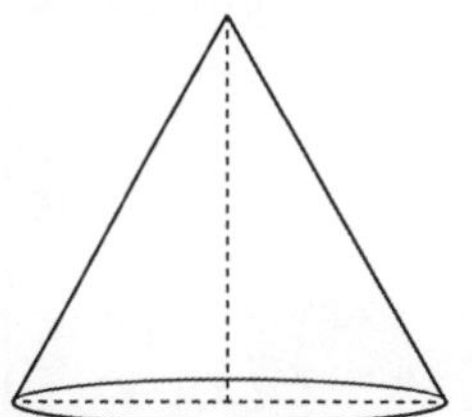

平地尖堆法三十六，
得圓三分之一。

倚壁堆

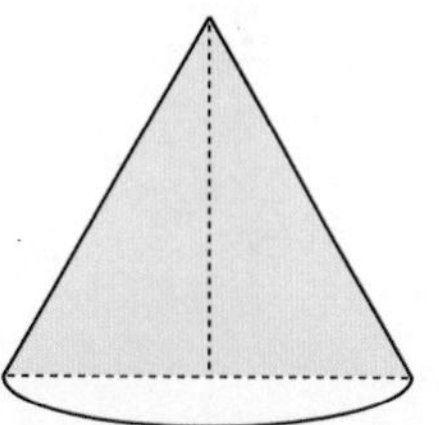

倚壁堆法十八，
得平地尖一半。

内角堆

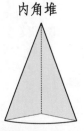

内角堆法九，得平
地尖四分之一。

外角堆

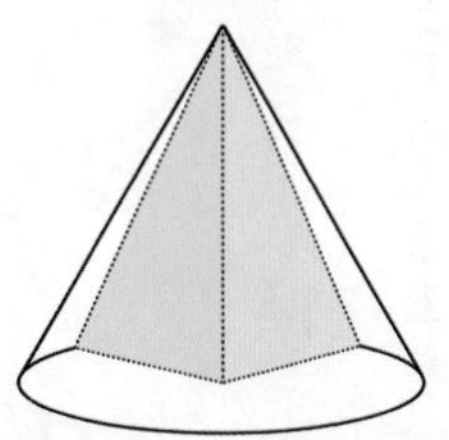

外角堆法二十七，得
平地尖四分之三。

凡方積四面上下俱不等者，上自乘爲一數，下自乘爲一數，上下相乘爲一數，作三層除之，然後以深乘之[1]**。圓積亦如方法，但以三十六除之**[2]**。三廣不等者，加中廣爲二倍，併上下廣，以四除之**[3]**。**

1.問：今有粟一方窖，上方八尺，下方十二尺，深十五尺，求積若干？

答：一千五百二十尺。

法：上自乘六十四尺，下自乘一百四十四尺，上下相乘九十六尺，共三百零四尺。以深十五尺乘之，得四千五十六尺。以三除之。合問。

---

1 此即方窖，形如方臺，上下底面皆爲正方形。設上方爲 a，下方爲 b，高爲 h，求積公式爲：

$$V=\frac{(a^2+b^2+ab)\ h}{3}$$

2 此即圓窖，形如圓臺，上下底面皆爲圓形。上周 C_1，下周 C_2，高 h，求積公式爲：

$$V=\frac{(C_1^{\ 2}+C_2^{\ 2}+C_1C_2)\ h}{36}$$

3 三廣不等者，即上中下三廣不相等的幾何圖形，由兩個等高且有共同底的等腰梯形構成。設三廣中闊爲 c、上下兩闊爲 a、b，中長爲 h，則三廣求積公式爲：

$$S=\frac{(2c+a+b)}{4}\cdot h$$

船倉兩頭側面即爲三廣形，中間稍寬，上下稍窄。設小頭上廣爲 a_1、下廣爲 b_1、中廣爲 c_1；大頭上廣爲 a_2、下廣爲 b_2、中廣爲 c_2，倉長爲 l，倉深爲 h，則船倉求積公式爲：

$$V=\frac{1}{2}\left(\frac{2c_1+a_1+b_1}{4}+\frac{2c_2+a_2+b_2}{4}\right)hl$$

詳例問三。

解上狹下濶平窖者並上下兩濶折半而得窖形四面收撮又兆折半所餘者故三乘三除以帶之中層不止八尺六寸至廿二尺但設法折算無此者以半方濶之面得九尺七寸九分有奇

平直濶狹不等以並濶折半而得

此形為實併濶則減兩倍故折半得實

窖形四面收撮兆折半餘平故作三層求之

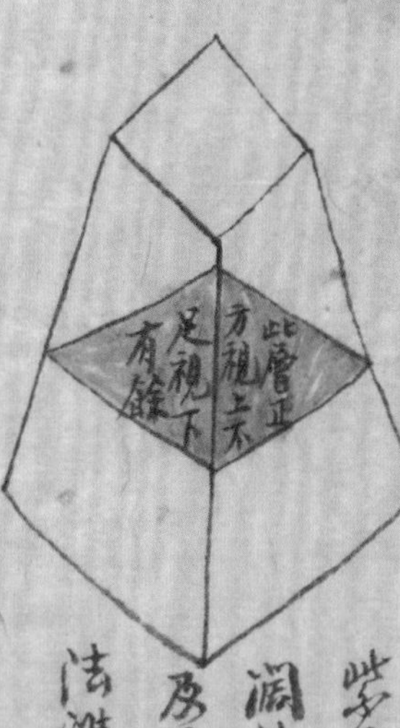

此窖中層其形六方無濶狹其徑多於上窄少於下上下相乘乃設法准折耳

問今有圓窖上周一十八尺下周二十四尺深一十二尺問積若干

答四百四十四尺

法上周一十八尺自乘得三百二十四尺以下周二十四尺自乘得五百七十六尺又以上周乘下周得四百三十二尺併三百共得一千三百三十二尺以深一十二尺乘之得一萬五千九百八十四尺用圓率三十六除之合問

解三乘三除法同方窖圓率十二今用三十六者以三層在內故以三倍總除之耳

解：上狹下闊平而直者，並上下兩闊折半而得。窖則四面收撮，又非折半所能盡，故三乘三除以求之。中層不止八尺，亦不止十二尺，但設法折筭如此耳。若平方開之，應得九尺七寸九分有奇。

平直闊狹不等，以並闊折半而得

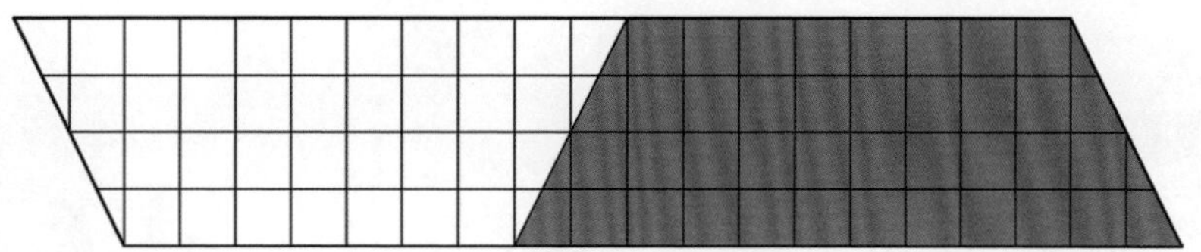

紫形爲實，併闊則成兩倍，故折半得實。

窖形四面收撮，非折半能平，故作三層求之

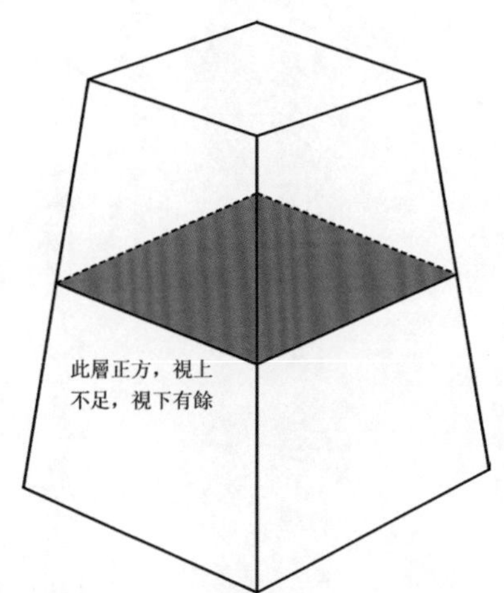

紫爲中層，其形亦方，無闊狹。其徑多於上，而不及於下，上下相乘，乃設法準折耳。

2.問：今有圓窖，上周一十八尺，下周二十四尺，深一十二尺，問積若干？

答：四百四十［四］尺。

法：上（用）［周］一十八尺自乘，得三百二十四尺；以下周二十四尺自乘，得五百七十六尺；又以上周乘下周，得四百三十二尺。併三（百）［數］，共得一千三百三十二尺。以深一十二尺乘之，得一萬五千九百八十四尺。用圓率三十六除之，合問。

解：三乘三除，法同方窖。圓率十二，今用三十六者，以三廣在內，故以三倍總除之耳。

問今有船倉一頭面廣六尺腰廣六尺五寸底廣五尺一頭面廣七尺腰廣七尺五寸底廣六尺深二尺四寸長九尺求積若干

荅一百四十尺四寸

法以一頭腰廣六尺五寸倍之得一十三尺併入面廣六尺底廣五尺共二十四尺以四除之得六尺以一頭腰廣七尺五寸倍之得一十五尺併入面廣七尺底廣六尺共二十八尺以四除之得七尺併二數一十三尺折半得六尺五寸以深二尺四寸乘之得一十五尺六寸以長九尺乘之得一百四十尺四寸合問

解凡二廣之數從狹至闊上下平直故以合併折半爲法三廣則腰數不齊無可定率故加腰一倍並爲兩段盛之後可定以四除之并即兩折半也若上下相去勻井亦可用折半法

二廣上下平直故以折半爲率

假如移青一段於右則上下各六尺直且勻矣故以倍廣折半爲法

三廣腰一倍作四除

如此則上三下四相去不勻故加中腰一倍作二段求之

如此則上下相去勻亦可用折半之法移青於左則直方矣

3.問：今有船倉，一頭面廣六尺，腰廣六尺五寸，底廣五尺；一頭面廣七尺，腰廣七尺五寸，底廣六尺。深二尺四寸，長九尺，求積若干？

答：一百四十尺四寸。

法：以一頭腰廣六尺五寸，倍之得一十三尺，併入面廣六尺、底廣五尺，共二十四尺，以四除之，得六尺。另以一頭腰廣七尺五寸，倍之得一十五尺，併入面廣七尺、底廣六尺，共二十八尺，以四除之，得七尺。併二數一十三尺，折半得六尺五寸。以深二尺四寸乘之，得一十五尺六寸。以長九尺乘之，得一百四十尺四寸。合問。

解：凡二廣之類，從狹至闊，上下平直，故以合併折半爲法。三廣則腰數不齊，不可定率，故加腰一倍，若兩段然，然後可定。以四除之者，即兩折半也。若上下相去匀者，亦可用折半法。

二廣上下平直，故以折半爲率

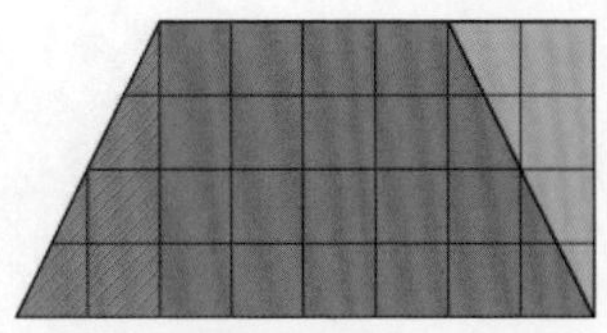

假若移青一段於右，則上下各六尺，直且匀矣。故以倍廣折半爲法。

三廣加中一倍，作四除

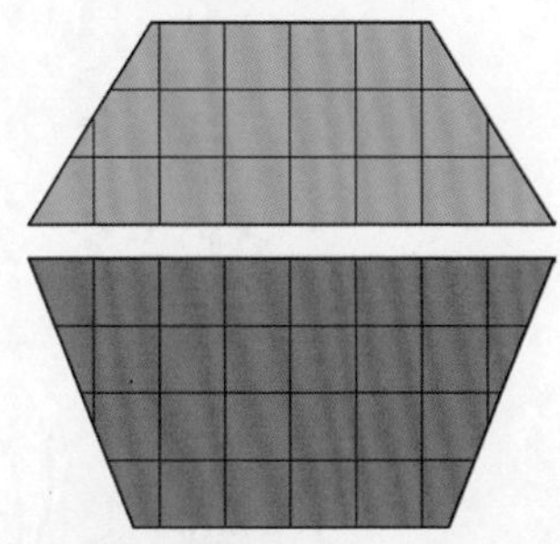

如此形上三下四，相去不匀，故加中爲二倍，如二段求之。

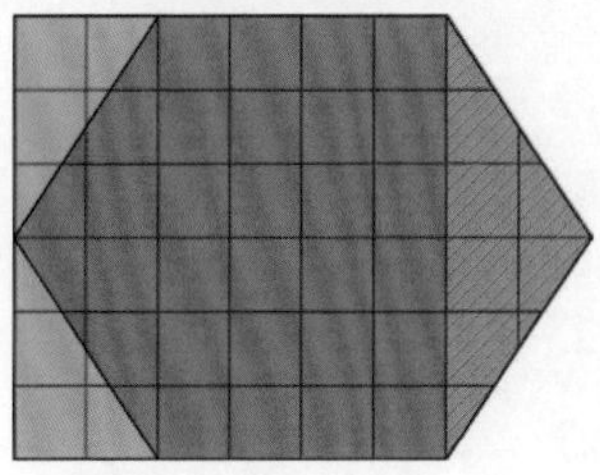

如此形上下相去［匀］[1]，亦可用折半之法，移青於左，則直方矣。

1 匀，據正文“若上下相去匀者”補。

凡積求形還原者再乘方以長闊乘除積得高以高長乘除積得闊以高闊乘除積得

長圓亦如方形但以十二除乘之上下四面俱不等者上下相求者以深除積得數三乘之爲實如先

得上方以上自乘減積仍以上爲帶縱先得下方以下自乘減積仍以下爲帶縱用開方求之

問今有長倉積六千零四十八尺其長二十八尺闊一十八尺高一十二尺假以長闊求高以長高

求闊以高闊求長各若干

答長闊求高得一十二尺　長高求闊得一十八尺　高闊求長得二十八尺

法置六千零四十八尺以長闊問高法亦以長二十八尺闊一十八尺相乘得五百零四尺以除

原積得高〇以長高問闊法亦以長二十八尺高一十二尺相乘得三百三十六尺以除原積

得闊〇以闊高問長法亦以闊高相乘得二百一十六尺以除原積得長

再乘方積求形

乘得五百〇四　乘得三百三十六　乘得二百一十六

長二十八尺　闊一十八尺　高一十二尺

除　除　除

積六千零四十八

得高　得闊　得長

問今有方倉積三千三百七十五尺高一十五尺求方若干　方一十五尺求高若干

答俱一十五尺

法高求方置積以十五尺除之得二百二十五尺平方開之得方合問方求高十五尺自乘

凡積求形還原者，再乘方以長闊乘，除積得高；以高長乘，除積得闊；以高闊乘，除積得長。圓亦如方形，但以十二除乘之。上下四面俱不等，上下相求者，以深除積，得數三乘之爲實。若先得上方，以上自乘減積，仍以上爲帶縱；先得下方，以下自乘減積，仍以下爲帶縱，用開方求之[1]。

1.問：今有長倉積六千零四十八尺，其長二十八尺，闊一十八尺，高一十二尺。假以長闊求高，以長高求闊，以高闊求長，各若干？

答：長闊求高，得一十二尺；　　長高求闊，得一十八尺；

高闊求長，得二十八尺。

法：置六千零四十八尺，以長闊問高法，應以長二十八尺、闊一十八尺相乘，得五百零四尺。以除原積，得高。◎以長高問闊法，應以長二十八尺、高一十二尺相乘，得三百三十六尺。以除原積，得闊。◎以闊高問長法，應以闊、高相乘，得二百一十六尺。以除原積，得長。

再乘方積求形

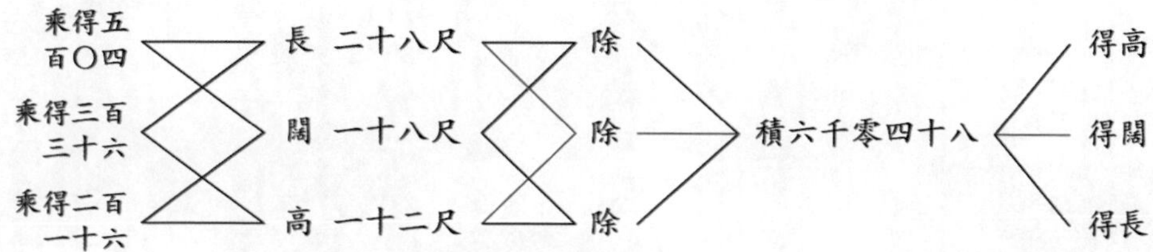

2.問：有方倉積三千三百七十五尺，高一十五尺，求方若干？方一十五尺，求高若干？

答：俱一十五尺。

法：高求方，置積以十五尺除之，得二百二十五尺。平方開之，得方。合問。方求高，十五尺自乘

1 積求形還原，係以倉窖及求倉窖長寬高，即倉窖求積的逆運算。此類問題涉及開方，《算法統宗》收入卷六少廣章“米求倉窖”中。

得二百二十五尺除積得高合問

問今有圓倉積八百六十四尺高八尺求周幾何　周三十六尺求高幾何

答高求周三十六尺　周求高八尺

法高求周置積十二乘之得一萬零三百六十八尺以高八尺除之得一千二百九十六尺平方

開之得周　求高周自乘得一千二百九十六以十二除之得一百零八以除積得高合問

解高求周用開方故以十二乘周求高用自乘故以十二除

問今有窖一窖積一千五百二十尺共深一十五尺上方八尺求下方幾何

答一十二尺

法置積一千五百二十尺三乘之得四千五百六十尺以深一十五尺除之得三百零四尺以上徑八尺自乘

得六十四尺減之得二百四十尺以八爲帶縱商一十除一百餘一百四十尺又除帶縱一八如八十尺

餘六十尺再商二以下法乘之得四除四十餘二十尺又除隅四餘十六尺除帶縱二八十六恰

盡計得十二尺合問

上求下

上層減尽

中層帶縱

下層開方

初商十開方一百帶縱八十白點是再商二兩廉四十帶縱一十六黑點是一隅四青點是共除積二百四十恰尽知爲一十二

得二百二十五尺，除積得高。合問。

3.問：今有圓倉積八百六十四尺，高八尺，求周若干？周三十六尺，求高若干？

答：高求周，三十六尺；　　周求高，八尺。

法：高求周，置積十二乘之，得一萬零三百六十八尺。以高八尺除之，得一千二百九十六尺，平方開之得周。周求高，周自乘得一千二百九十六，以十二除之，得一百零八，以除積，得高。合問。

解：高求周用開方，故以十二乘；　　周求高用自乘，故以十二除。

4.問：今有粟一窖，積一千五百二十尺，其深一十五尺，上方八尺，求下方若干？

答：一十二尺。

法：置積一千五百二十尺，三乘之得四千五百六十尺。以深一十五尺除之，得三百零四尺。以上徑八尺自乘六十四尺減之，得二百四十尺。以八爲帶縱，商一十，除一百，餘一百四十尺；又除帶縱一八如八十尺，餘六十尺。再商二，以下法乘之得四，除四十，餘二十尺；又除隅四，餘十六尺；除帶縱二八一十六，恰盡。計得一十二尺。合問[1]。

上求下

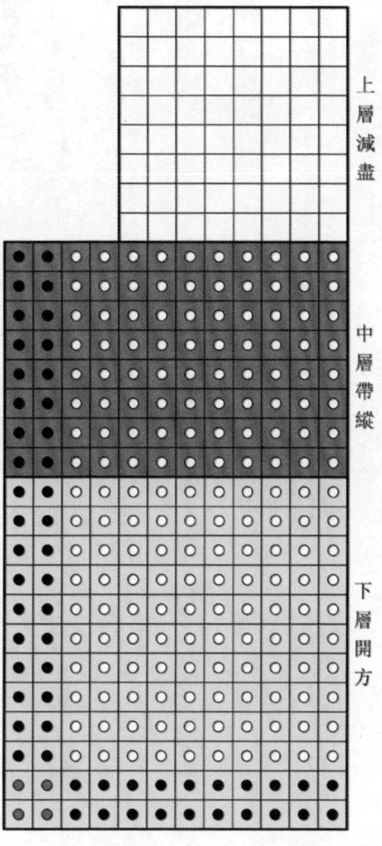

初商十，開方一百，帶縱八十，白點是。再商二，兩廉四十，帶縱一十六，黑點是。一隅四，青點是。共除積二百四十，恰盡，知爲一十二。

1 此係方窖。已知窖積 $V=1520$，深 $h=15$，上方 $a=8$，求下方 b，據方窖求積公式 $V=\frac{(a^2+b^2+ab)\,h}{3}$，得：

$$b^2+8b=\frac{3V}{h}-a^2=\frac{3\times1520}{15}-8^2=240$$

用開帶縱平方法解得：$b=12$。帶縱開方法詳少廣章。

解三百零四尺，即上自乘下自乘上下相乘又併之之數，減去上層自乘餘并乃下層自乘及中層上與并下相乘之數，故取平方以得下層，以上法為帶縱以得中層也

又法用盈朒求之，假如任商下十尺，自乘得百尺，與并上八相乘八十尺，併上層自乘六十四尺，共二百四十四尺，以減原數三百零四尺，餘六十尺，是為朒。法倍所商十尺得二十尺，加入上法八尺，共二十八尺除之，得二，餘四，知商數不足二，加二合問。如任商下一十五尺，自乘得二百二十五尺，與并上八相乘一百二十尺，併上自乘六十四，共四百零九尺，以原數三百零四尺減之，餘一百五尺，是為盈。法倍所商十五尺為三十尺，加入上法八尺，共三十八尺除之，得三，下位應除二十四，今止一十五，不足九，知商數多三，減三合問。此法盈朒篇中但加入上法八尺為異，以多一中層，故帶此以消之也

又法用減隅求之，三倍上積六十四，得一百九十二，以減三百零四尺，餘一百一十二尺，減并乃三層平冪各六十四之數，餘并乃中層多於上及下層多於上之數也。三其八得二十四為法，商四，四四十六，於一百一十二尺中減一十六，餘九十六尺，卻以商四與法二十四相乘，得九十六，知下層多於上四數。八加四得十二合問。三其八為法者，中層每多一數，即多八尺；下層每多一數，兩廉共多二八一十六尺，是中下二層共多三個八，故以二十四為法，所以知有縱層也。其減隅者，中層無隅可減，只下層廉之外又有隅，差二與四，差三與九，此又在三八之外，故減之也。或先以法二十四除實一百一十二尺，得四，減去同

解：三百零四尺，即上自乘、下自乘、上下相乘又併之之數。減去上層自乘，餘者乃下層自乘及中層上與下相乘之數。故取平方，以得下層；以上法爲帶縱，以得中層也。

又法：用盈縮求之。假如任商下十尺，自乘得百尺，與上八相乘八十尺，併上層自乘六十四尺，共二百四十四尺。以減原數三百零四尺，餘六十尺，是爲朒法。倍所商十尺得二十尺，加入上法八尺，共二十八尺，除之得二，餘四，知商數不足二，加二合問。

如任商下一十五尺，自乘得二百二十五尺，與上八相乘一百二十尺，併上自乘六十四，共四百零九尺。以原數三百零四尺減之，餘一百五尺，是爲盈法。倍所商十五尺，爲三十尺，加入上法八尺，共三十八尺，除之得三。下位應除二十四，今止一十五，不足九，知商數多三，減三合問。此法盈朒篇中，但加入上法八尺爲異，以多一中層，故帶此以消之也。

又法：用減隅求之。三倍上積六十四，得一百九十二，以減三百零四尺，餘一百一十二尺。減者乃三層平等各六十四之數，餘者乃中層多於上及下層多餘上之數也。三其八得二十四爲法，商四,四四一十六，於一百一十二尺中減一十六，餘九十六尺；卻以商四與法二十四相乘，恰得九十六。知下層多於上四數，八加四得十二，合問。三其八爲法者，中層每多一數，即多八尺；下層每多一數，兩廉共多二八一十六尺，是中下二層共多三個八，故以二十四爲法，即知有幾層也。其減隅者，中層無隅可減，只下層廉之外又有隅，差二必四，差三必九，此又在三八之外，故減之也。或先以法二十四除實一百一十二尺，得四減去，同。

或有誤商者假如應商四却以商二二二減四餘一百零八以商二與法二十四相乘得四十八減之仍餘六十為實却以誤商二加上法八得二十八倍之得五十六再加八得六十四為法除之得二餘四知是少二加之合問

又如誤商五五五二十五以減一百一十二餘八十七以商五與法二十四相乘得一百二十今止八十七少三十三為實以誤商五加上法八得一十三倍之為二十六加八得三十四為法除之得一下位應減四今止三不足一知是多一減之合問餘六十者乃下層餘外兩廉二路共四十中層二路二八十六度陽四之數也故並廉法二十中法八為法又減陽四得誤商併入上法者乃下層之徑數其誤多反不足者蓋誤少則以所少者為法故除數有餘誤多則以所之多者為法故除數不足也○此上示下

隅法

青實紫實黄實三段共二百四十乃誤商之數隅六十也白者是也合下層廉二十中層八共二十八為法除之得二層除積五十六黑點是餘四為隅紅點是共除六十恰盡知所商少二層增之得一十二

或有誤商者，假如應商四，卻只商二，二二減四，餘一百零八。以商二與法二十四相乘，得四十八，減之，仍餘六十爲實。卻以誤商二加上法八得十，倍之得二十，再加八得二十八，爲法除之，得二餘四，知差少二，加之合問。

又如誤商五，五五二十五，以減一百一十二，餘八十七。以商五與法二十四相乘，得一百二十，今止八十七，少三十三爲實。以誤商五加上法八，得一十三，倍之爲二十六，加八得三十四，爲法除之，得一。下位應減四，今止三，不足一，知差多一，減之合問。

餘六十者，乃下層餘外兩廉二路共四十、中層二路二八一十六及一隅四之數也。故並廉法二十、中法八爲法，又減隅而得。誤商併入上法者，乃下層之徑數。其誤多反不足者，蓋誤少只以內之少者爲法，故隅數有餘；誤多則以外之多者爲法，故隅數不足也。◎此上求下。

朒法

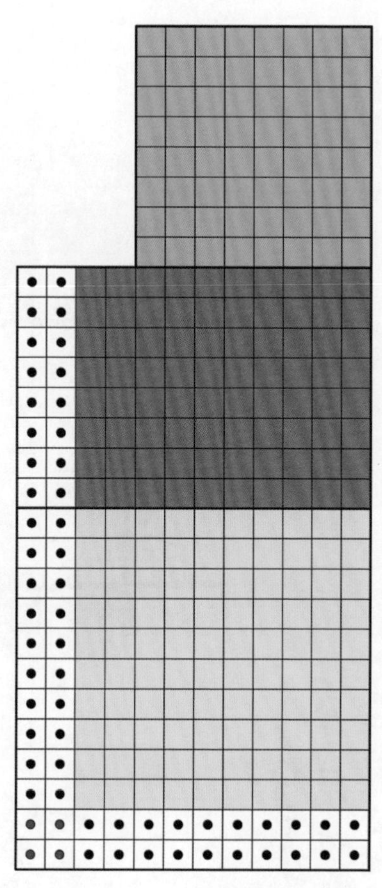

青實、紫實、黃實三段，共二百四十四，乃誤商之數；朒六十，空白者是也。合下層兩廉二十，中層八，共二十八，爲法除之，得二層，除積五十六，黑點是；餘四爲隅，紅點是，共除六十恰盡。知所商少二層，增之得一十二。

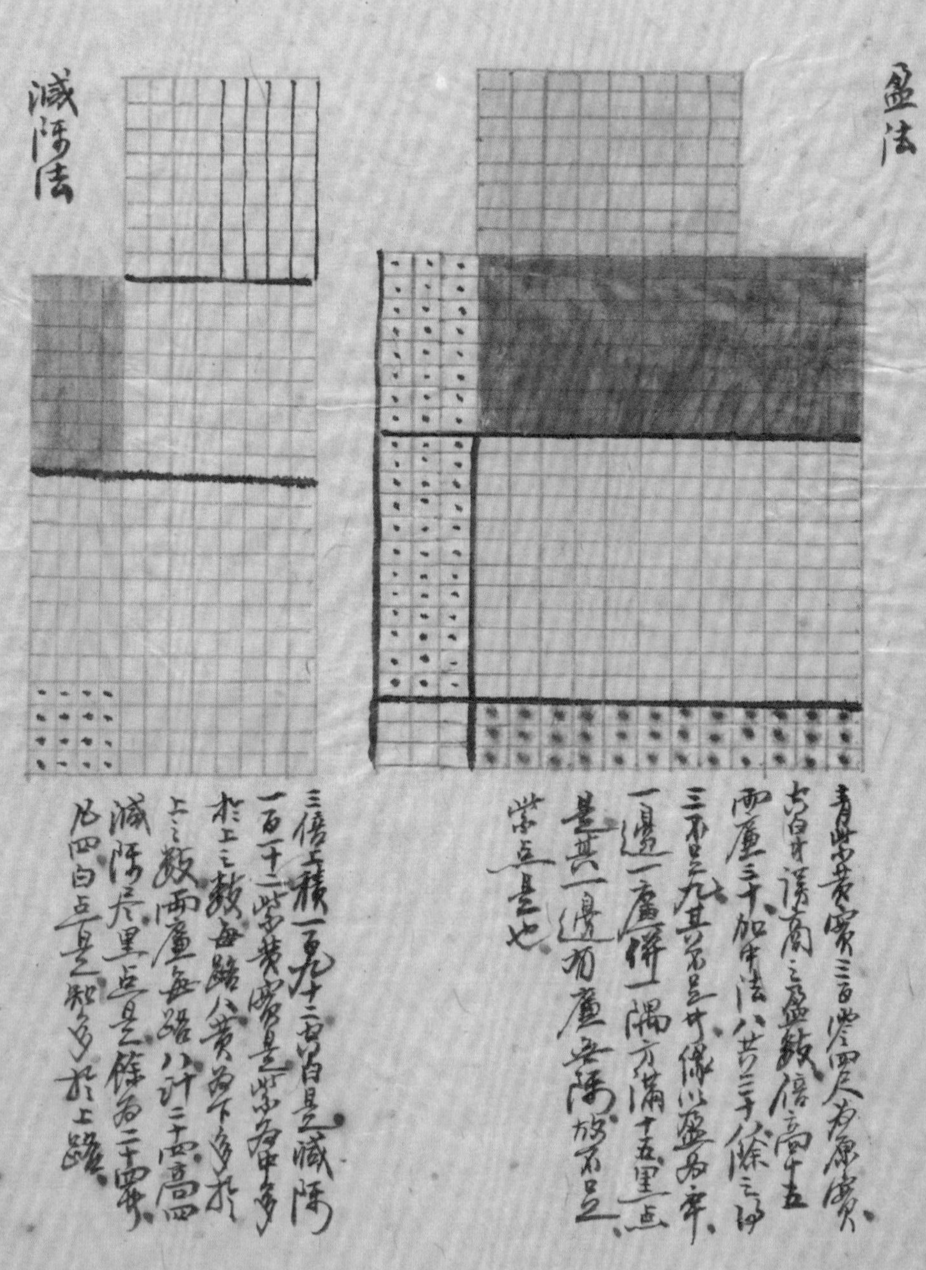
盈法

盈法

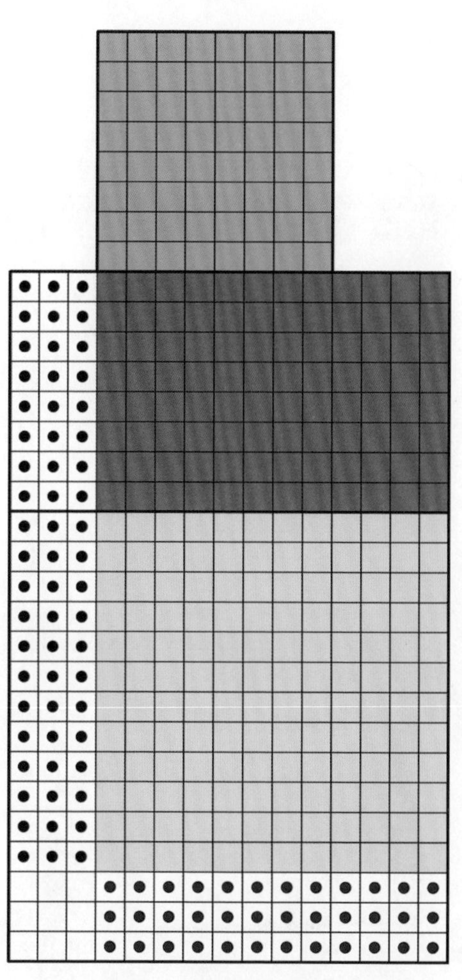

青、紫、黄實三百零四尺爲原實，空白者誤商之盈數。倍高十五，兩廉三十，加中法八，共三十八，除之得三，不足九。其不足者，緣以盈爲率，一邊一廉併一隅，方滿十五，黑點是；其一邊有廉無隅，故不足，紫點是也。

減隅法

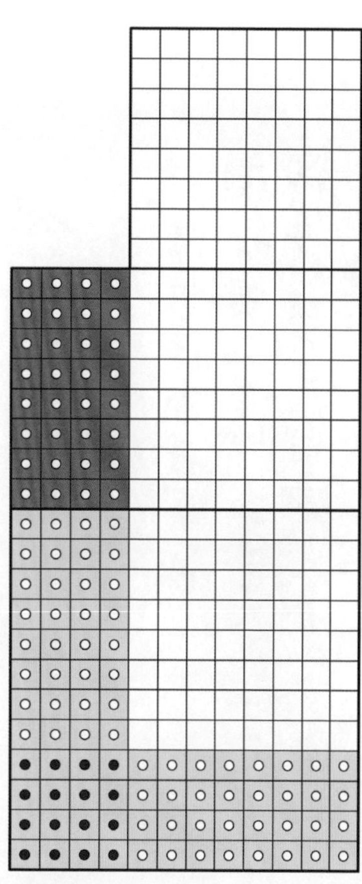

三倍上積一百九十二，空白是。減（隅）[餘]一百一十二，紫、黄實是。紫爲中多於上之數，每路八；黄爲下多於上之數，兩廉每路八，計二十四。（高）[商]四，減隅盡，黑點是。餘爲二十四者凡四，白點是[1]，知多於上路[四][2]。

1 原圖無白點，據圖説補繪。
2 四，據文意補。

減隅誤商多帶縱盤法圖

其白為原積多帶縱黃二塊二十三為誤商即以誤商五加原徑得十三兩廉共二十六加中法八共三十四為除除之不足一數知多商一邊廉帶隅滿十三白點是邊角廉無隅故少一黑點為原徑青點為商數

減隅誤商少帶縱法圖

盈朒乃減方之誤商此又減隅法之誤商甚寡也

帶縱二塊為誤商除原積五十二仍餘七千即以商十帶八為法下層兩廉各十帶中層八共二十八除之不足二帶縱點其一隅四青點是除之恰足知商少二墨點對均係其白

問今有窖一窖積一千五百三十二尺深一十五尺下方一十二尺求上方若干　答八尺

法置積以深除之得三百零四尺以下方徑十二尺自乘一百四十四尺減之餘一百六十尺以十二尺為帶縱闊之商八尺減六十四尺餘九十六尺以帶縱十二乘八尺恰得九十六尺知八尺合問

減隅誤商多 此與盈法同

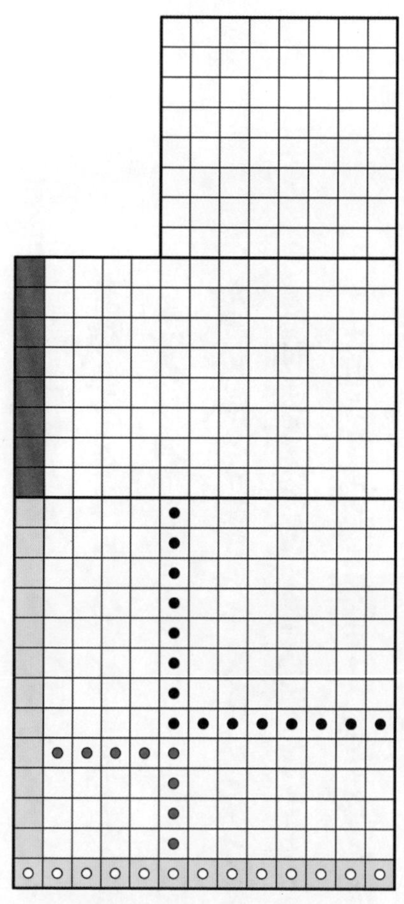

空白爲原積，多紫、黄二實三十三，爲誤商。即以誤商五加原徑得十三，兩廉共二十六，加中法八，共三十四爲法，除得一，不足一數，知多商一。一邊廉帶隅滿十三，白點是；一邊有廉無隅，故少一。黑點爲原徑，青點爲商數。

減隅誤商少 此與朒法同

紫、黄二實爲誤商，除原積五十二，仍餘六十[1]。即以商十帶八爲法，下層兩廉各十，帶中層八共二十八除之，又得二，紫、黄點是；一隅四，青點是。除之恰盡，知商少二。墨點者均係空白。

盈朒乃開方之誤商，此又減隅法之誤商，其實一也。

4.問：今有粟一窖，積一千五百二十尺，深一十五尺，下方一十二尺，求上方若干？

答：八尺。

法：置積如前，求得三百零四尺，以下徑十二尺自乘一百四十四尺減之，餘一百六十尺。以一十二尺爲帶縱開之，商八尺，減六十四尺，餘九十六尺；以帶縱十二乘八尺，恰得九十六尺，知八尺。合問。

1 原積 304，減去三隅積 192，餘 112。誤商 2，得積 52，圖紫黄二實。"除原積五十二，仍餘六十"，當理解爲：從原餘積 112 中減去 52，仍舊餘 60，即圖中紫、黄、藍點之積。

隅十二，其一邊有一廉少隅，故減廉以二倍十二爲法也。如誤廣用前法求之

又法：上求下，初層加一，次每層遞加二爲法；下求上，初層減一，次每層遞減二爲法，當遞

於燦然定無誤。如上八全積三百零四尺，減二倍上積一百九十二，餘一百一十二尺，以三八

二十四爲法，再加一除二十五，餘八十七，再加二除二十七，餘六十，再加二除二十九，餘三十一，再

加二恰除三十一，是知下多四層。○如下十二自乘得一百四十四，三倍之得四百三十二，減

原積三百零四，餘一百二十八，以三倍十二三十六爲法，減一除三十五，餘九十三，再減除三

十三，餘六十，再減二除三十一，餘二十九，再減二恰二十九，是知上少四層。蓋每層兩

廉一隅，共多三，其一隅與兩層相當，然餘二故也。說詳方田中。

盈法

此皆爲原實，青紫二實爲盈數，上層一邊廉常隅滿十數，定是一邊有廉無隅，黃色是，故以三十二爲法除得二，少四知高多二。

得十二，其一邊有廉少隅，故減廉以二倍十二爲法也。若誤商，用前法求之。

又法上求下，初層加一次，每層遞加二爲法；下求上，初層減一次，每層遞減二爲法。雖近於煩，然定無誤。如上八，全積三百零四尺，減三倍上積一百九十二，餘一百一十二尺。以三八二十四爲法，再加一，除二十五，餘八十七；再加二，除二十七，餘六十；再加二，除二十九，餘三十一；再加二，恰除三十一盡。知下多四層。◎如下十二自乘，得一百四十四,三倍之得四百三十二，減原積三百零四，餘一百二十八。以三倍十二三十六爲法，減一，除三十五，餘九十三；再減［二］，除三十三，餘六十；再減二，除三十一，餘二十九；再減二，恰二十九盡。知上少四層。蓋每層兩廉一隅，共多三，其一隅與内層相當，猶餘二故也。説詳方田中。

盈法

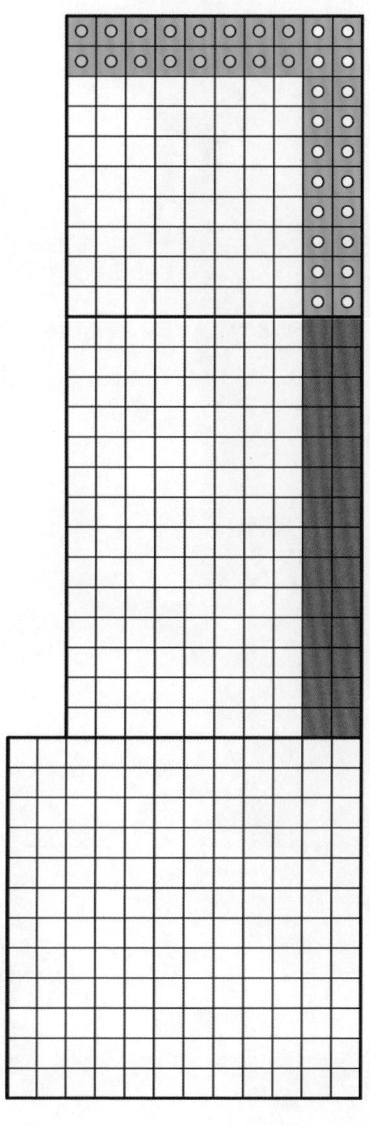

空白爲原實，青、紫二實爲盈數。上層一邊廉帶隅，滿十數，白點是；一邊有廉無隅，黄點是。故以三十二爲法，除得二，少四，知商多二。

朒法

全為原價青與紫兩段為誤商少五十二尺而廛各六除十二紫點是中層以下十二為法青點是共二十四除之得二餘四為一隔黑點是知商少二

減廛法

青紫黃三段為原積餘一百二十八乃三倍下積多於原積之數商四乃下層多於上層之徑也其積數為八四八相乘三十二為廛減去黑點是餘九十六上層中層各以十二廛除之得四黃點是知下多於上四蓋一边廛滿隔滿十二一边有廛無隔故

朒法

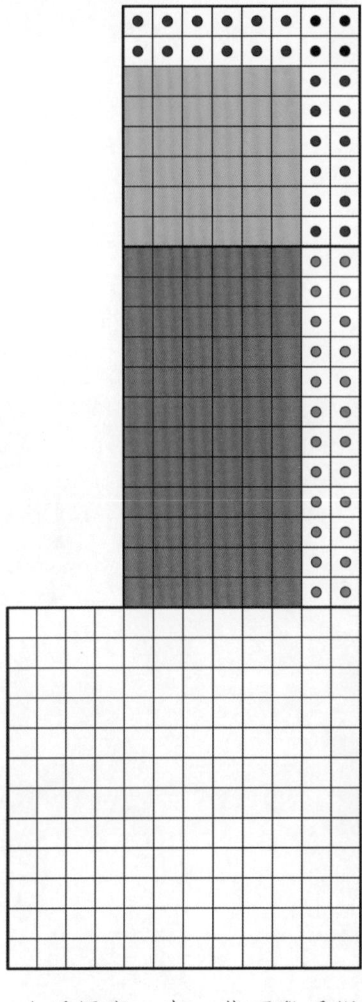

全爲原實，青、紫兩段爲誤商，少五十二尺。兩廉各六，得十二，紫點是；中層以下十二爲法，青點是。共二十四除之，得二，餘四爲一隅，黑點是。知商數少二。

減廉法

青、紫、黄三段爲原積，餘一百二十八，乃三倍下積多於原積之數。商四，乃下層多於上層之徑也。其本數應八，四八相乘三十二爲一廉，減去，黑點是。餘九十六，上層、中層各以十二爲法，除之得四，黄點是。知下多於上四，蓋一邊廉帶隅滿十二，一邊有廉無隅，故

減之而合

上而下遞加　底積內減三倍上積也自是

以上為法三倍之應二十四乃初層青點二十五多一二層黃點二十七三層紫點二十九四

層黑點三十一自兩外每層多二〇若求省便者或併之為法如初二層四十八加

隔四為五十二每二層皆以加四五十六為法又加隔四為六十減法同

上求下遞加 原積内減三倍上積，空白是減之而合。

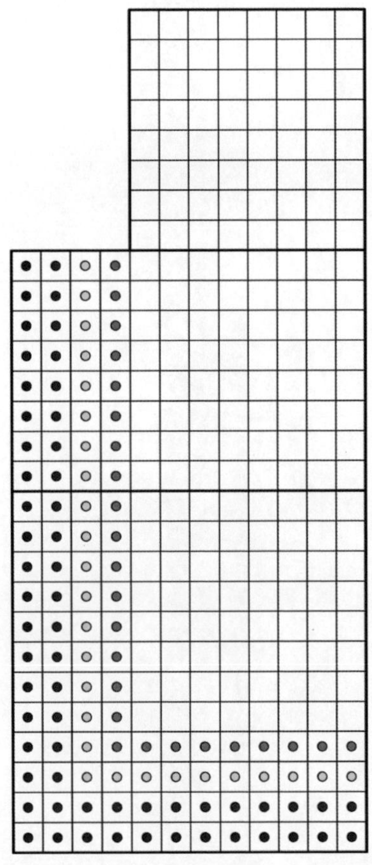

以上爲法，三倍之，應二十四，乃初層青點二十五，多一；二層黄點二十七；三層紫點二十九；四層黑點三十一。自内而外，每層多二。◎若求省便者，或併之爲法，如初二層四十八，加隅四爲五十二；再二層即以加四，五十六爲法，又加隅四爲六十。減法同。

下求上遞減　三倍下積內減原積與自之

紫層三倍之應三十六乃初層青点三十五少一二層黃点三十三三層紫

点三十一四層黑点二十九自外而內每層少二

其路以上初隔一百三隔五百以至無窮皆可推也

下求上遞減 三倍下積内減原積，空白是

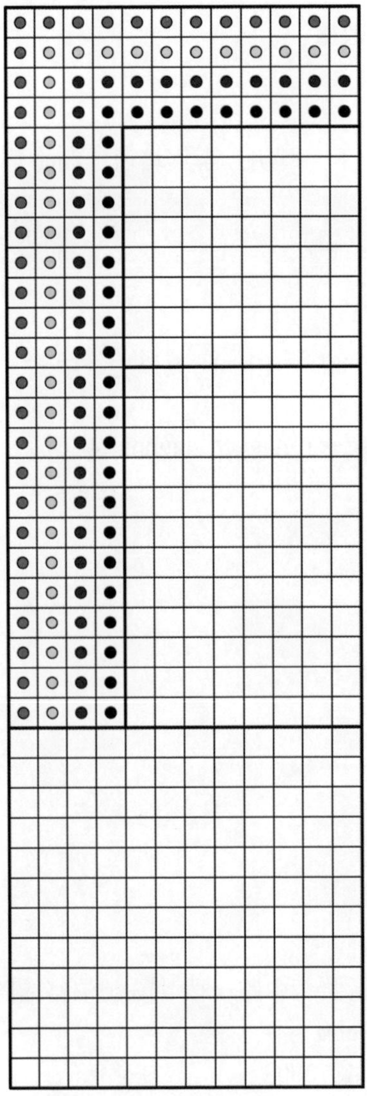

以下爲法，三倍之，應三十六，乃初層青點三十五，少一；二層黄點三十三；三層紫點三十一；四層黑點二十九。自外而内，每層少二。

若十路以上，初隅一百，三隅五百，以至無窮，皆可推也。

圖書在版編目（ＣＩＰ）數據

中西數學圖説 （上、中、下）/［明］李篤培著；高峰整理. — 長沙 : 湖南科學技術出版社, 2022.5
（中國科技典籍選刊. 第五輯）
ISBN 978-7-5710-1486-5

Ⅰ. ①中… Ⅱ. ①李… ②高… Ⅲ. ①數學史－中國－明代 Ⅳ. ①O11

中國版本圖書館 CIP 數據核字(2022)第 032095 號

中國科技典籍選刊（第五輯）
ZHONGXI SHUXUE TUSHUO
中西數學圖説（上）

著　　者：[明]李篤培
整　　理：高　峰
出 版 人：潘曉山
責任編輯：楊　林
出版發行：湖南科學技術出版社
社　　址：湖南省長沙市開福區芙蓉中路一段 416 號泊富國際金融中心 40 樓
网　　址：http://www.hnstp.com
郵購聯係：本社直銷科 0731-84375808
印　　刷：長沙市雅高彩印有限公司
（印裝質量問題請直接與本廠聯係）
廠　　址：長沙市開福區中青路 1255 號
郵　　編：410153
版　　次：2022 年 5 月第 1 版
印　　次：2022 年 5 月第 1 次印刷
開　　本：787mm×1096mm　1/16
本册印張：41.25
本册字數：792 千字
書　　號：ISBN 978-7-5710-1486-5
定　　價：1600.00 圓（共叁册）

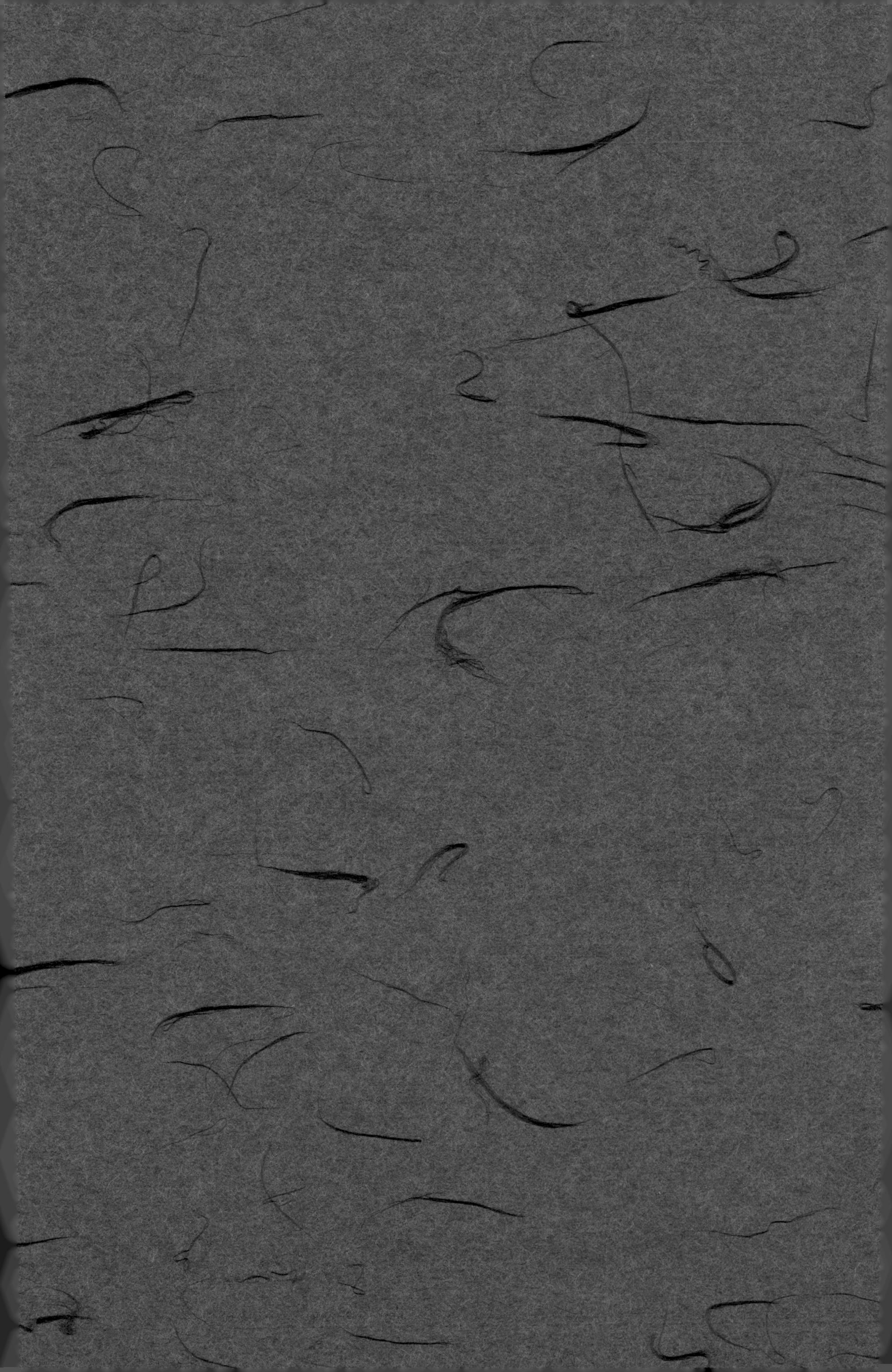